Todeszone 4: Der Kampf gegen die Killerviren

Joseph B. McCormick
Susan Fisher-Hoch
Leslie Alan Horvitz

Todeszone 4: Der Kampf gegen die Killerviren

Ein Tatsachenthriller

Aus dem Englischen
von Olga Rinne

Scherz

Die Originalausgabe erschien unter dem Titel
«Level 4. Virushunters Of The CDC» bei Turner Publishing Atlanta
Einzig berechtigte Übersetzung aus dem Englischen von Olga Rinne

Erste Auflage 1997

«Biosafety Level 4 – Sicherheitsstufe 4 – ist für die Arbeit mit gefährlichen, fremden Erregern, die ein hohes individuelles Risiko für lebensbedrohliche Erkrankungen darstellen, erforderlich. Das Laborpersonal ist speziell und gründlich dafür ausgebildet, mit extrem gefährlichen, infektiösen Erregern umzugehen, und ist sich der Notwendigkeit der primären und sekundären Sicherheitsmaßnahmen (Schutzausrüstung, Betrieb der Laboranlage als solcher) bewußt. Die Mitarbeiter werden von kompetenten, erfahrenen Wissenschaftlern überwacht, die für die Arbeit mit diesen Erregern ausgebildet sind. Der Zugang zu den Laborräumen wird vom Leiter des Labors strikt kontrolliert. Die Laboreinrichtung befindet sich entweder in einem besonderen Gebäude oder in einem getrennten, überwachten Bereich innerhalb eines Gebäudes, der von allen anderen Bereichen vollständig isoliert ist. Ein Handbuch mit genauen Anweisungen für die Handhabung der Laboreinrichtung wird bereitgestellt.

Innerhalb der Arbeitsbereiche der Einrichtung sind alle Aktivitäten auf Isolierkammern der Sicherheitsstufen III, II oder I beschränkt; obligatorisch ist außerdem ein geschlossener, an ein lebenserhaltendes Ventilationssystem angeschlossener einteiliger Druckanzug. Die spezielle bauliche und technische Gestaltung des Hochsicherheitslabors verhindert die Ausstreuung von Mikroorganismen in die Umgebung.»

(«Level 4»-Standarddefinition des CDC/NIH aus den Vorschriften der US-Regierung für Sicherheitsmaßnahmen in mikrobiologischen und biomedizinischen Laboratorien, 1993)

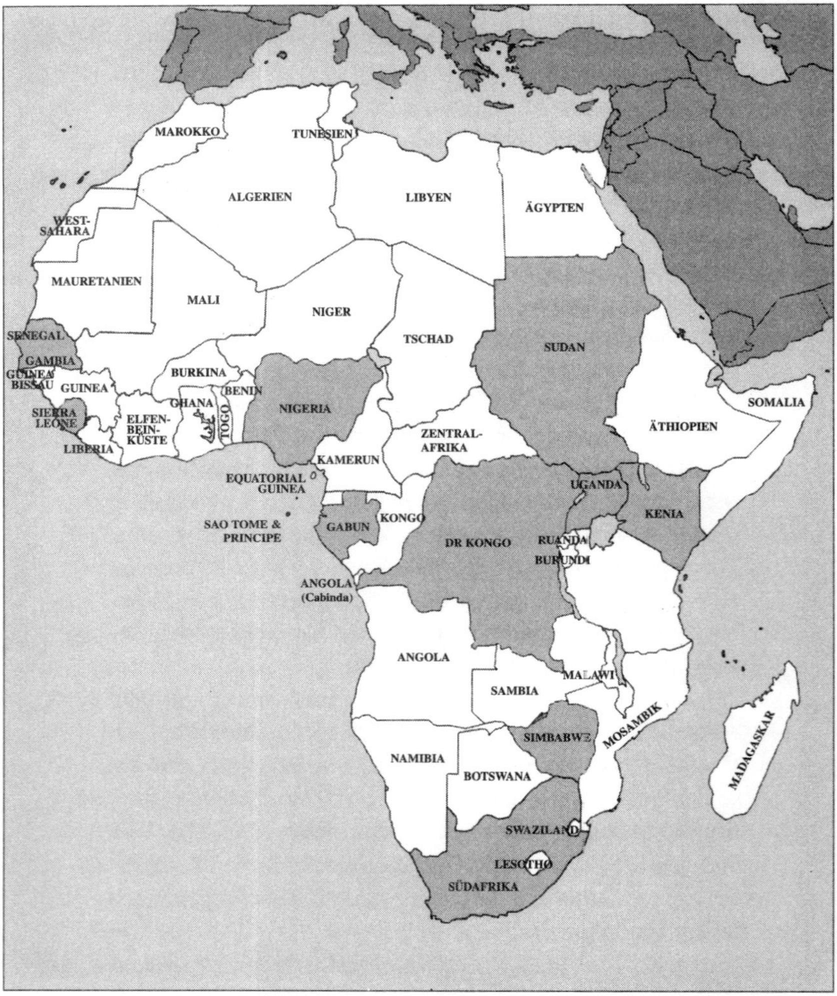
MAROKKO
TUNESIEN
ALGERIEN
LIBYEN
ÄGYPTEN
WEST-
SAHARA
MAURETANIEN
MALI
NIGER
TSCHAD
SUDAN
SENEGAL
GAMBIA
GUINEA
BISSAU
GUINEA
BURKINA
GHANA
BENIN
TOGO
NIGERIA
SIERRA
LEONE
ELFEN-
BEIN-
KÜSTE
LIBERIA
SOMALIA
ÄTHIOPIEN
ZENTRAL-
AFRIKA
KAMERUN
EQUATORIAL
GUINEA
UGANDA
KENIA
SAO TOME &
PRINCIPE
GABUN
KONGO
DR KONGO
RUANDA
BURUNDI
ANGOLA
(Cabinda)
ANGOLA
MALAWI
SAMBIA
SIMBABWE
MOSAMBIK
MADAGASKAR
NAMIBIA
BOTSWANA
SWAZILAND
LESOTHO
SÜDAFRIKA

Inhalt

Vorwort

Dieses Buch erzählt von unserer Jagd auf Level-4-Viren und den Erfahrungen, die wir dabei sammelten. Level 4 ist die höchste Sicherheitsstufe für Laboratorien, in denen mit Mikroorganismen experimentiert und gearbeitet wird. Level-4-Viren lösen bei Menschen tödliche Erkrankungen aus und reagieren zum größten Teil nicht auf überkommene Behandlungsmethoden. Bekannt geworden – und berüchtigt – sind insbesondere das Ebola- und das Lassa-Virus. Diese Elitegruppe von Mikroorganismen übt eine starke Faszination auf die Öffentlichkeit aus. Uns, die wir sie studieren, eröffnen sie einen flüchtigen Blick auf ein mysteriöses und komplexes Universum, das wir gerade erst zu verstehen beginnen.

Wir verfolgen mit diesem Buch die Absicht, interessierten Laien Einblick in das Verhalten dieser gefährlichen Organismen unter unterschiedlichsten Bedingungen – in Krankenhäusern, in der Natur, im Labor – zu geben. Wir hoffen, durch unseren Erfahrungsbericht vermitteln zu können, wie es ist, schwer an hämorrhagischem Fieber erkrankte Patienten unter primitivsten Bedingungen zu behandeln, in fernen Dschungeln oder Wüsten nach der Quelle gefährlicher Mikroorganismen zu forschen, in einem «Raumanzug» zu arbeiten oder durch ein Elektronenmikroskop zu schauen, auf der Suche nach einem neuen Virus. Wir laden unsere Leserinnen und Leser ein, uns auf dieser Jagd zu begleiten, die uns in die verlassensten Gebiete Zaires, Senegals oder Südafrikas führte, und ebenso in dichtbevölkerte, wimmelnde Städte wie Kinshasa oder Karachi.

Unser Bericht ist nicht als wissenschaftliche Studie über Viren oder von Viren ausgelöste Epidemien gedacht. Wir wollen vielmehr unsere Arbeit beschreiben, so wie wir sie erlebten, und die Abenteuer, die uns dabei im Lauf der letzten dreißig Jahre begegneten. Alle Menschen, die in diesem Buch auftreten, sind real, und alle Ereignisse, die wir schildern, haben tatsächlich stattgefunden. Wir haben aus Gründen der ärztlichen Schweigepflicht nur die Namen der Patienten verändert.

Wir hatten unsere Fehlschläge und unsere Erfolge. Aber im Lauf der vielen Jahre ist uns bewußter geworden, daß der Kampf gegen diese winzigen Organismen, den wir zu gewinnen glaubten, noch längst nicht vorüber ist. Tatsächlich ist es so, daß sich jedesmal, wenn wir meinen, einen Sieg errungen zu haben, der Kriegsschauplatz verlagert. Eine neue Epidemie bricht aus, ein neues Virus tritt auf, wir stehen wieder vor einem Rätsel. Aber machen wir uns nichts vor: Die treibende Kraft hinter dem Auftreten all dieser Level-4-Viren ist unsere eigene Spezies. Diese Mikroorganismen lauern nicht in irgendeiner dunklen Ecke, um sich aus dem Hinterhalt auf ihre menschliche Beute zu stürzen. Wir sind es, die in ihr Habitat eindringen, nicht umgekehrt. Solange sie nicht aufgestört werden, überleben sie erfolgreich – und oft völlig unauffällig – in biologischem Gleichgewicht mit ihren natürlichen Wirten. Erst wenn der Mensch in ihre Umwelt eindringt, wird er zu ihrer Beute. Dem äußeren Anschein zum Trotz ist es äußerst selten, daß neue Viren sich plötzlich «entwickeln». Sie werden vielmehr durch die Überbevölkerung und die Expansion der menschlichen Siedlungen und Aktivitäten unfreiwillig aus ihren Verstecken herausgetrieben. Für ein Virus, das hämorrhagisches Fieber auslöst, ist die Menschheit ohne Wert; es braucht keine Menschen für sein langfristiges Überleben. Ganz im Gegenteil: als Wirte sind wir für diese Mikroorganismen eine Sackgasse; wenn wir sterben, sterben sie auch.

Von wenigen Ausnahmen abgesehen, sind virale hämorrhagische Fieber die Krankheiten der Ärmsten der Armen. Die Kette der Ereignisse, die den Fall eines einzelnen – vielleicht bei der Rodung im Regenwald oder durch das Töten eines wilden Tieres – Infizierten in eine Epidemie verwandelt, ist ein modernes Phänomen. Paradoxerweise tragen die Praktiken der westlichen Medizin und ihre allmähliche globale Verbreitung in beträchtlichem Maß zur Ausbreitung von Krankheiten bei, dadurch zum Beispiel, daß ein Arzt unwissentlich einen infizierten Patienten operiert oder daß eine kontaminierte Spritze beim nächsten Patienten wiederverwendet wird. Das heißt jedoch nicht, daß die westliche Medizin als solche zu verdammen wäre. Aufgrund ihrer Leistungen leben viele Menschen länger, und Millionen von Kindern, die sonst keine Chance hätten, das Erwachsenenalter zu erreichen, überleben. In vielen Teilen der Welt wird die westliche medizinische Technologie jedoch übernommen, ohne daß die kulturellen Grundvoraussetzungen, die zu ihrer Entwicklung führten und die ihren Erfolg garantieren, berücksichtigt werden. Mangelhafte Ausbildung und Nachlässigkeit bei notwendigen Sicherheitsvorkehrungen können zu Katastrophen führen.

In den Operationssälen der Dritten Welt arbeiten unzureichend ausgebildete Ärzte unter miserablen Bedingungen; oft wird dieselbe Spritze verwendet, um einer großen Zahl von Patienten Injektionen zu verabreichen. Armut und Mangel an qualifizierten Ausbildungsmöglichkeiten sind dafür verantwortlich, daß Praktiken, die im Westen zu individuellen Tragödien und Kunstfehlerprozessen führen würden, in der Dritten Welt medizinisches Personal und Patienten dahinraffen und schließlich die gesamte Gemeinschaft bedrohen. In solchen Fällen – und leider treten sie allzu häufig auf – werden Ärzte, die eigentlich heilen sollen, zu den Mittlern und Verursachern der Verbreitung von gefährlichen Erkrankungen. Die meisten Ebola-Epidemien, die in den Medien für Aufsehen sorgten, kamen auf diese Weise zustande.

Darüber hinaus gibt es andere Viren, nicht Level 4, die wirklich ausschließlich menschliche Pathogene sind. Wir sind ihre natürlichen Wirte, und sie sind darauf aus, uns zu überfallen. Je weiter unsere Zahl anwächst und je dichter gedrängt wir zusammenleben, desto leichter ist es natürlich für diese Mikroorganismen, sich zu verbreiten und Krankheiten wie Hepatitis und AIDS auszulösen. Auch die Bedrohung durch diese Viren wird durch Praktiken wie die Wiederverwendung von Injektionsnadeln und die Transfusion ungetesteten Blutes immens gesteigert.

Während wir hämorrhagische Fieber erforschten, kamen wir allmählich zu der Erkenntnis, daß die Problematik neu auftretender Krankheiten nicht innerhalb eines medizinischen oder wissenschaftlichen Vakuums betrachtet werden kann. Wir müssen auch soziale Faktoren wie Überbevölkerung, Armut und unkontrollierbare Urbanisierung, die allesamt Druck auf das Virushabitat ausüben, berücksichtigen. Unsere Leserinnen und Leser möchten wir bitten, bei der Lektüre unseres Berichts immer im Auge zu behalten, welche Rolle der Mensch bei der Vorbereitung dieser Infektionen spielt. Wenn wir jetzt nicht anfangen, Probleme wie Überbevölkerung und Armut in Angriff zu nehmen, könnte es leicht damit enden, daß uns das Ende des zwanzigsten Jahrhunderts in nostalgischem Rückblick als eine Epoche der Gesundheit und des ruhigen Lebens erscheint. In der Welt der Viren sind wir die Invasoren.

Wir schreiben diese Geschichte beide in der ersten Person, so wie wir sie erlebt haben. Der Prolog und die ersten dreizehn Kapitel umfassen die Ereignisse, die Joseph McCormick unmittelbar betrafen, und in vielen der zweiundzwanzig weiteren Kapitel spricht Sue Fisher-Hoch mit ihrer Stimme. Aus der Überzeugung heraus, daß die Wahrheit sich aus verschiedenen Perspektiven oft unterschiedlich darstellt, schilderten wir dieselben Geschehnisse manchmal doppelt – so wie wir sie jeweils wahrnahmen.

Joseph B. McCormick, M. D.
Sue Fisher-Hoch, M. D.

Prolog: Nzara 1979

Es wurde Abend, als Roy Baron und ich in Nzara landeten. Die Nacht brachte keine Erleichterung; die Hitze war genauso erstickend wie in Juba vor unserem Ausflug. Das feuchte Klima des südlichen Sudan brachte uns zum Schmelzen. Es gab einfach keine Möglichkeit, Kühlung zu finden.

Da die Piloten nur tagsüber fliegen konnten, waren sie gezwungen, in demselben staatlichen Rasthaus zu übernachten, in dem mein Kollege und ich untergebracht waren. Das gefiel ihnen ganz und gar nicht. Der Gedanke, sich auch nur für kurze Zeit in einem Gebiet aufzuhalten, in dem eine tödliche Infektion grassierte, zerrte an ihren Nerven. Aber sie hatten keine Wahl, wenn sie den Rückflug nach Khartoum ohne Gefahr für Leib und Leben schaffen wollten.

Für mich war die Verzögerung ihrer Abreise von Vorteil; auf diese Weise hatte ich die einmalige Gelegenheit, ihnen ein Päckchen nach Khartoum mitzugeben, das sie zur amerikanischen Botschaft bringen sollten; diese würde es dann in die USA weiterschicken. Ich hatte nicht vor, die Piloten über den Inhalt des Päckchens aufzuklären, da sie sich dann zweifellos weigern würden, es mitzunehmen; sie würden genau das transportieren, was sie am meisten fürchteten: das Ebola-Virus.

Die Gefahr einer Infektion war natürlich ausgeschlossen. Ich weiß, wie man medizinische Proben so sicher verpackt, daß niemand, der sie transportiert, das mindeste Risiko eingeht. Als ich den Piloten meine Bitte vortrug, ein Päckchen nach Khartoum mitzunehmen, reagierten sie tatsächlich sehr liebenswürdig. Wir mußten unserem Labor im CDC (Centers for Disease Control), dem staatlichen epidemiologischen Zentrum in Atlanta, so schnell wie möglich Proben zum Testen schicken, um die Ursachen der Epidemie zu bestimmen. Heute gibt es schnellere und präzisere Tests, die sogar im Feld durchgeführt werden können, aber 1979 konnte man nur sichergehen, daß es sich bei dieser Krankheit tatsächlich um Ebola handelte, wenn man spezifische Antikörper feststellte oder das Virus in Zell- oder Gewebekulturen isolierte. Die klinische Beobachtung allein reichte nicht aus. In diesem Teil der Welt, in dem die durchschnittliche Lebenserwartung weniger als fünfzig Jahre beträgt, sind Infektionskrankheiten enorm verbreitet. Viele andere Infektionskrankheiten können in den frühen Stadien dasselbe Bild bieten wie Ebola. Symptome wie hohes Fieber, Bauchschmerzen und ein rauher Hals können Ebola ankündigen – aber auch eine schlichte Virusgrippe. Charakteristische Blutungen sind ein Hinweis auf Ebola, aber selbst wenn sie vorliegen, kann es äußerst schwierig sein, eine korrekte Diagnose zu stellen. Und wenn es sich bei der Infektion, die hier grassierte, tatsächlich um Ebola handelte, hatten wir eine weitere Frage zu beantworten: War es derselbe Virentypus wie 1976 oder wieder ein neuer Entwicklungsstrang, etwas, das wir noch nie gesehen hatten?

Wir entschlossen uns, noch in derselben Nacht Patienten zu untersuchen, die in Yambio, einer nicht weit von Nzara entfernten Stadt, in einem provisorischen Hospital lagen. Sobald Roy und ich einen Aufbewahrungsort für unsere Ausrüstung gefunden hatten, stellten wir alle Instrumente zusammen, die wir brauchen würden, um Serumproben von den Patienten zu nehmen. Die Proben zu bekommen, war jedoch nur der erste Schritt; wir mußten auch ihre Brauchbarkeit sicherstellen. Zuerst mußten wir den Patienten Blut abnehmen, dann die roten Blutkörperchen von dem gelblichen Serum, das die Viren enthält, trennen, die Serumproben in dem Trockeneis, das wir eigens aus Khartoum mitgebracht hatten, einfrieren und sie schließlich für den Transport sicher verpacken.

Das Hospital, das wir in Yambio vorfanden, war nichts weiter als eine fensterlose, strohgedeckte Hütte mit Lehmwänden, die innen spärlich beleuchtet war. Draußen vor dem Eingang hockte eine kleine Gruppe von Menschen – Familienmitglieder der Patienten, die drinnen im Sterben lagen. Angst spiegelte sich auf ihren Gesichtern. Roy und ich zogen Schutzanzüge an, die etwa so aussahen wie die Fallschirmspringer-Overalls, nur daß diese Anzüge aus weißem Papier mit Plastikbeschichtung gemacht waren. Dann setzten wir unsere Gasmasken auf. Sie waren nicht nur unerträglich hinderlich und lästig in der Hitze; sie hatten außerdem grundsätzlich den Effekt, Patienten zu Tode zu erschrecken – wenn Ebola uns nicht schon zuvorkam.

Innerhalb der Hütte bot sich uns ein wahrhaft makabres Bild. Im spärlichen Licht zweier Kerosinlampen konnten wir etwa ein Dutzend Patienten ausmachen, alles Erwachsene, die auf Matten auf dem bloßen Lehmboden lagen. Manche waren im Delirium und schlugen um sich, in dem vergeblichen Versuch, sich gegen die Krankheit, die ihren Körper verwüstete, zur Wehr zu setzen. Andere lagen still; ihr rasselnder Atem kündigte an, daß sie bald sterben würden. Die schreckliche Hitze der Äquatornacht drückte uns erbarmungslos die Luft ab. Die Schutzanzüge und Gasmasken machten es noch schlimmer. Wir konnten kaum atmen.

Um die Patienten zu untersuchen, mußte ich mich auf den Boden knien, mit der Kerosinlampe in der Hand. Roy hockte neben mir, nahm die Blutproben in Empfang, sobald ich sie genommen hatte, und verstaute sie. Er hatte nie zuvor in einem Entwicklungsland gearbeitet, geschweige denn die Verheerungen, die Ebola anrichtet, mit eigenen Augen gesehen, also war diese Erfahrung für ihn sicherlich ein gewaltiger Schock.

In den ersten Stadien der Ebola-Infektion sind sichtbare Blutungen selten, aber es gibt oft kleinere Hinweise wie blutunterlaufene Augen. Ich mußte mir die Augäpfel ansehen und die Nase und das Zahnfleisch nach Anzeichen von Blutungen untersuchen. Petechien – kleine punktförmige Hautblutungen – sind ebenfalls wichtige diagnostische Hinweise, aber bei den dunkelhäutigen Afrikanern sind sie schwer zu erkennen, sogar unter optimalen Bedingungen. Im schwachen Licht einer Kerosinlampe ist es völlig unmöglich, sie zu entdecken, außer im Augapfel oder am oberen Gaumen und im Rachen. In manchen Fällen löst Ebola einen feinen Hautausschlag aus, aber ich konnte bei so schlechtem Licht auch nicht damit rechnen, dieses Zeichen zu entdekken. Ein einziger Blick in den Rachen dieser Menschen lieferte mir allerdings den überzeugenden Beweis; nach einer Inkubationszeit von fünf Tagen kann Ebola zwei oder drei Tage nach dem Ausbruch der Krankheit so starke und schmerzhafte Entzündungen im Hals und Rachenraum verursachen, daß der Kranke nicht einmal seinen eigenen Speichel schlucken kann. Wenn man einen solchen Rachen untersucht, glaubt man, rohes Hackfleisch vor sich zu sehen. Manchmal sieht man auf den Mandeln eitrigen Auswurf.

Ein weiteres Zeichen für Ebola sind Blutungen aus dem Rektum. Aber wenn sie – wie es häufig der Fall ist – nicht signifikant sind, ist es schwierig, sie klar zu diagnostizieren. Entweder man fragt ein Familienmitglied, oder man nimmt eine Stuhlprobe, die man auf Blut untersucht, aber das ist sowohl aus logistischen als auch aus kulturellen Gründen oft undurchführbar.

Es war, als müßten wir unsere ärztliche Tätigkeit unter Bedingungen ausüben, wie sie im Mittelalter herrschten. Wir hatten keine Röntgengeräte, keine Blutkörperchenzählautomaten, keine Zellkulturen, keine diagnostischen Mittel außer unserem Wissen und unserer Erfahrung. Dennoch machten wir unbeirrt weiter, bis wir alle Patienten untersucht hatten.

Jeder einzelne Patient stellte eine besondere Herausforderung dar. Drei waren im Delirium, was die Sache nicht leichter machte. Um sie zu untersuchen, mußte ich die Hilfe von anderen Anwesenden in Anspruch nehmen, die ihre Arme festhielten, während ich ihnen Blut abnahm. Als wir unsere Arbeit beendet hatten, war ich ziemlich sicher, daß mindestens sieben Patienten an Ebola erkrankt waren. Bei den anderen war ich weniger überzeugt, daß ihre Krankheit dieselbe Ursache hatte. In jedem Fall waren wir verpflichtet, jene Patienten, bei denen wir uns sicher waren, daß eine Ebola-Infektion vorlag, von den anderen, deren Erkrankungen vielleicht andere Ursachen hatten, zu trennen, und sie dann zu behandeln, so gut wir konnten.

Nach etwa drei Stunden waren wir fertig. Es war fast elf Uhr abends; ich war seit mehr als zwanzig Stunden auf den Beinen und ziemlich erschöpft. Aber meine Arbeit war noch nicht beendet. Ich mußte die Sera von den roten Blutkörperchen trennen. Die Labortechniker beim CDC wären empört – und das zu Recht –, wenn sie Serumproben mit lysierten roten Blutkörperchen erhielten, denn damit konnten sie keine wirklich präzisen Tests durchführen. Da es keine Stromversorgung gab, mußte ich improvisieren. In weiser Voraussicht hatte ich eine antiquierte handbetriebene Zentrifuge mitgebracht, aber sie hatte nur zwei Behälter und konnte also nur zwei Proben gleichzeitig aufnehmen. Ich hatte dreizehn Proben zu bearbeiten. Da ich jedes Paar Röhrchen etwa zehn Minuten schleudern mußte, um eine brauchbare Trennung zu erreichen, würde ich mindestens eine gute Stunde brauchen, um die Sera zu erhalten. Dann mußte ich jede Probe in Aliquoten teilen, beschriften und in Trockeneis verpacken. Mir wurde schnell klar, daß ich in meinem erschöpften Zustand Pausen einlegen mußte, nachdem ich die Handkurbel jeweils zehn Minuten lang ununterbrochen gedreht hatte.

Ich arbeitete allein in einem Raum an einem kleinen wackligen Holztisch. Natürlich konnte ich niemanden hereinlassen; ein Röhrchen könnte zerbrechen, oder es könnte passieren, daß ich in meiner Ermüdung versehentlich Serum verschüttete. Warum sollte ich andere Menschen diesem Risiko aussetzen? Ich trug eine simple chirurgische Maske – für die Gasmaske war es einfach zu heiß – und meinen Papierschutzanzug. Da ich eine Brille trage, sah ich keinen Grund, meine Schutzbrille aufzusetzen. Trotz meiner Erschöpfung war ich so vorsichtig wie ich konnte, aber das hieß nicht, daß ich außer Gefahr war. Ich hatte bereits reichlich Gelegenheit gehabt, mich unbemerkt anzustecken. Um sicherzugehen, mußte ich die Inkubationszeit abwarten; wenn ich danach Fieber und quälende Gliederschmerzen bekäme, wäre das ein Zeichen für eine frühe Ebola-Infektion. Ich brauchte fast fünf Stunden, um alle dreizehn Proben zu bearbeiten. Jetzt war es fast fünf Uhr morgens, und ich hörte, wie die ersten Vögel in den Akazien über dem hohen Gras ihr Morgenlied anstimmten.

Ich war inzwischen in einem Zustand jenseits von Wachheit oder Erschöpfung, und der schöne Anblick der afrikanischen Morgendämmerung verschwamm mir vor den Augen. In den Räumen des kleinen Rasthauses, in dem ich etwas Schlaf zu finden versuchte, standen Metallbetten mit durchhängenden Sprungfederrahmen, die mit dünnen Baumwollmatratzen bedeckt waren. Laken gab es nicht. Zwar war es hier kühler als in dem fensterlosen Nothospital, aber die Hitze war immer noch erdrückend. Ich hatte Schwierigkeiten, einzuschlafen, und die Ruhe war auch nicht von langer Dauer. Irgendwie schaffte ich es, gegen sieben Uhr wieder aufzustehen, um den Piloten mein kostbares Päckchen mit den mühsam getrennten Sera zu übergeben, bevor sie den Rückflug nach Khartoum antraten. Und dies war nur das Vorspiel. Unsere formelle Untersuchung sollte am nächsten Tag beginnen.

Unsere Aufgabe war klar: Wir mußten das Ausmaß der Epidemie bestimmen, alle Ebola-Fälle feststellen und die Kranken isolieren, so daß sie die Infektion nicht weiter übertragen konnten. Während der nächsten Tage und Wochen begaben wir uns auf eine intensive Suche nach Menschen, die an Ebola erkrankt waren. Gleichzeitig errichteten wir ein kleines Labor, in dem wir Antikörpertests durchführen konnten, so daß wir nicht auf die Testresultate aus Atlanta warten mußten.

Zwei Tage nach unserer Ankunft war ich wieder in dem provisorischen Hospital, um eine Patientin auf Ebola-Verdacht zu untersuchen. Diesmal entschloß ich mich, die Gasmaske wegzulassen, weil sie einfach zu hinderlich war. Die Patientin, eine ältere Frau, kam aus einer Gegend, in der es nachweislich einen Ebola-Fall gegeben hatte. Sie hatte hohes Fieber und war im Delirium. Man sagte uns, daß sie unmittelbar vor der Einlieferung einen Krampfanfall gehabt hatte. Solche Anfälle kommen bei Ebola-Patienten manchmal vor, vor allem in den letzten Stadien der Erkrankung. Obwohl ich keine Anzeichen von Blutungen feststellen konnte, war die Frau offensichtlich in einem sehr schlechten Zustand. Ich kniete mich auf den Boden, um ihr Blut abzunehmen. Sie wälzte sich unruhig hin und her, und normalerweise hätte ich jemanden gebeten, ihren Arm festzuhalten, aber sie war alt und schwach, und ich glaubte, allein mit ihr fertig werden zu können. Ich faßte ihren linken Arm, hielt ihn fest, setzte die Nadel an und stach ein; dann zog ich die Spritze langsam zurück, um sicherzugehen, daß ich die Vene getroffen hatte. In diesem Augenblick riß sie ihren Arm ruckartig herum, mit einer Kraft, die ich einer so kranken Frau nie zugetraut hätte. Die Nadel rutschte ab, prallte gegen meine linke Hand und durchbohrte den Handschuh. Zunächst sah ich nur einen kleinen Tropfen Blut auf dem Handschuh – mein Blut. Erst einen Augenblick später registrierte ich den Stich der Nadel. Ich sah, daß die Haut an meinem Daumen, unmittelbar unter dem Daumennagel, aufgerissen war.

Ich fluchte leise vor mich hin. Wie konnte ich nur so nachlässig sein? Ich hatte mehr als dreihundert Lassa-Fieber-Patienten Blut abgenommen und mich nicht ein einziges Mal dabei verletzt. Mein erster Impuls war, den Handschuh abzustreifen und laut zu schreien, aber was hätte das wohl genützt? Es war passiert, und daß ich den Handschuh vorher in einer Desinfektionslösung abgespült hatte, änderte auch nichts daran. Das einzige, was ich tun konnte, war, bei der Patientin ein zweites Mal zum Blutabnehmen anzusetzen und mit meiner Arbeit weiterzumachen. Ich kann nicht behaupten, daß ich ruhig war, aber in Panik war ich auch nicht. Ich fühlte allerdings Schwäche und Übelkeit in mir aufsteigen, denn durch meine früheren Erfahrungen in Zaire wußte ich besser als jeder andere, daß die Chancen, zu überleben, wenn man sich mitten in einer tödlichen Epidemie mit einer kontaminierten Nadel sticht, alles andere als günstig sind. Tatsächlich mußte ich mir eingestehen, daß die Letalitätsrate bei hundert Prozent lag.

Natürlich war ich jetzt nicht in Zaire, sondern im Sudan. Es war möglich, daß dieser spezielle Entwicklungsstrang des Erregers weniger virulent war; es gab noch keine eindeutigen Daten. Ich wußte auch, daß ein britischer Wissenschaftler namens Geoff Platt sich in einem Speziallabor in der Nähe von Salisbury mit einer hochkontaminierten Nadel gestochen hatte, während er nach der Ebola-Epidemie in Zaire

1976 mit Mäusen experimentierte. Er erkrankte innerhalb weniger Tage so schwer, daß er in Lebensgefahr schwebte. Er hatte sich in den Daumen gestochen, genau wie ich, aber der Kratzer hatte nicht einmal geblutet. Genau wie ich hatte er die Wunde sofort desinfiziert. Später hatte ein Kollege ihn gefragt, warum er seinen Daumen nicht einfach sofort amputiert habe. Dieser Vorfall war also auch nur ein schwacher Trost. Ich konnte mir auch keine Hoffnungen auf ein Heilmittel machen, denn es gab keines; es gab keinen Impfstoff, keine Behandlungsmethode.

Oder fast keine Behandlungsmethode. Es gab eine Möglichkeit, die nicht sehr vielversprechend war, aber es war die einzige, die mir zur Verfügung stand. Man vermutete damals – 1979 –, daß Rekonvaleszentenplasma, das heißt, Plasma von Patienten, die eine Ebola-Erkrankung überlebt hatten, vielleicht eine therapeutische Wirkung haben könnte. Aber die Resultate der wenigen Experimente, die bis dahin – meistens unter unzureichenden Bedingungen – in England durchgeführt worden waren, boten nicht viel Anlaß zur Hoffnung. Ich hatte allerdings einige Einheiten des Plasmas, das wir 1976 gesammelt hatten, um Situationen genau dieser Art zu begegnen, mit in den Sudan gebracht. Das Plasma war nicht im besten Zustand, aber zumindest hatte man es durchgefiltert, so daß der größte Teil der klebrigen grünlichen Masse, die sich darin abgesetzt hatte, entfernt worden war. Also gut, dachte ich, Roy soll mir etwas davon verabreichen, und dann kann ich nur hoffen, daß es funktioniert. Was hätte ich sonst tun können? Die geltenden Regeln unserer Organisation sahen in solchen Notfällen eigentlich vor, daß man in einem Spezialflugzeug mit Feldisolator auf dem schnellsten Weg in die USA zurücktransportiert wurde. Aber das Flugzeug stand auf irgendeiner Rollbahn in Europa, und der Feldisolator war in der medizinischen Forschungsstation der Navy in Kairo in einem Lager verstaut. Und selbst wenn es gelänge, mich außer Landes zu bringen, würde das bedeuten, daß die Untersuchung der Epidemie im Sudan damit beendet wäre. Meine Mitarbeiter hatten bei weitem nicht soviel Erfahrung wie ich; sie hätten nicht allein weitermachen können. Unsere gesamte bisherige Arbeit wäre dann wertlos. Was würde geschehen, wenn ich das Land verließe? Und was, wenn ich bliebe? Ich fing an, die unterschiedlichen Szenarien im Geist durchzuspielen. Erstens: Die alte Frau starb. In diesem Fall wäre ich vermutlich in der Inkubationsphase. Aber ich stellte mir vor, daß nach ihrem Tod immer noch genügend Zeit bleiben würde, mich zu evakuieren.

Zweitens: Sie überlebte die Ebola-Krankheit. Wenn wir dann ihr Blut untersuchten und Antikörper fänden, hätten wir den eindeutigen Beweis, daß ich infiziert war, und in diesem Fall müßte ich sofort etwas unternehmen, was immer das auch sein mochte. Drittens: Vielleicht hatte ihre Krankheit eine gänzlich andere Ursache als Ebola. Wenn sich das herausstellte, nachdem ich die aufwendige Evakuierung via Kairo für mich organisiert hätte, würde ich mir sehr dumm vorkommen. Letztlich – so sagte ich mir – wäre ich mit dem Ebola-Virus im Leib in den USA nicht wirklich besser dran als hier im Sudan. Ich würde es keinesfalls in die Staaten zurück schaffen, bevor die Krankheit ausbrach. Die Inkubationszeit für Ebola – bei hohem Infektionsrisiko wie in meinem Fall – war kurz, höchstens ein paar Tage.

Eine weitere Frage ging mir durch den Kopf: Wenn ich bliebe und tatsächlich an Ebola erkrankte, würde ich dann zu einer Gefahr für meine Mitarbeiter und andere Menschen? In den frühen Stadien der Erkrankung ist das Virus nicht leicht übertragbar, es sei denn, man kommt in direkten Kontakt mit infiziertem Blut. Das gab den Ausschlag. Ich würde bleiben und es durchstehen.

An diesem Abend bereitete Roy eine Infusion vor und verabreichte mir das Plasma. Wir spülten diese Erfahrung mit einer Flasche Whiskey hinunter. Ich stellte mir vor, der Alkohol würde helfen; wenn das eine Illusion war, hatte sie zumindest eine tröstliche Wirkung. Als die Flasche geleert war, konnte ich nichts weiter tun, als mich ins Rasthaus zurückzuziehen, auf meine Pritsche mit der papierdünnen Matratze.

Von diesem Zeitpunkt an behielt ich die arme alte Dame sorgfältig im Auge; ich sah mindestens zweimal täglich nach ihr, überprüfte ihre Lebenszeichen und nahm ihr Blut ab, um festzustellen, ob sie Antikörper entwickelt hatte. Wenn ich überhaupt zum Schlafen kam, schlief ich gut und tief. Aber tagsüber ging mir die alte Frau permanent durch den Kopf, obwohl ich mit meiner normalen Arbeitsroutine fortfuhr. Was mit ihr geschah, würde wahrscheinlich auch mit mir geschehen. Ihr Schicksal war zu meinem geworden.

Zaire 1983/1965

Tränen der Wut und Frustration brannten mir in den Augen. Ich stand am Fußende eines ärmlichen Bettes im Mama-Yemo-Krankenhaus in Kinshasa und sah eine Frau sterben. Sie konnte kaum mehr als fünfundzwanzig Jahre alt sein. Ihr fast bewegungsloser Körper war auf einer fleckigen Matratze ausgestreckt. Es gab keine Laken, um ihre Nacktheit zu bedecken. Ich schlug nach den Fliegen, die mir unentwegt um die Ohren surrten. Auf der Station lagen etwa dreißig oder vierzig Frauen, und mehrere davon waren in einem ähnlichen Zustand wie die Kranke, die ich vor mir sah. Die Haare waren ihr ausgefallen, ihr Gesicht war fahl, und die Augen lagen tief in den Höhlen. Ihr Mund war von offenen Stellen bedeckt. Ihre Zunge mußte ihr große Schmerzen verursacht haben, denn als ich sie näher untersuchte, sah ich, daß sie dick mit der Hefepilzinfektion überzogen war, die, wie wir inzwischen wissen, bei AIDS-Patienten im letzten Stadium so verbreitet ist. Ihre Haut spannte sich über den Knochen; an manchen Stellen war sie mit erhabenen bläulichen Flecken übersät: Karposi-Sarkom – ein Krebs der Blutgefäße der Haut, der bei AIDS-Patienten häufig auftritt. Obwohl sie von mittlerer Größe war, konnte ihr Gewicht kaum mehr als fünfundzwanzig oder dreißig Kilo betragen. Es war niemand da, der sich um sie kümmerte – keine Familienmitglieder, keine Freunde. Das war für die Kultur von Zaire, so wie ich sie kannte, äußerst ungewöhnlich. Es gehört zur afrikanischen Tradition, daß die Familie sich um das Bett eines sterbenden Menschen versammelt und dafür sorgt, daß der Übergang vom Leben zum Tod sich so sanft wie möglich vollzieht. Wenn die Umstände es erlauben, sorgt man dafür, daß der oder die Sterbende sich in einer vertrauten Umgebung befindet, die persönlich und kulturell bedeutungsvoll ist, so daß die dahinscheidende Seele sicher sein kann, von den Ahnen willkommen geheißen zu werden. Ich hatte in Afrika Menschen an Diabetes, Tuberkulose, Lepra und an

Lassa-Fieber sterben sehen; immer waren sie von ihren Familien umgeben, und deren Beistand gab ihnen Trost. Tatsächlich war es allgemein üblich, Todkranke, für die keine Hoffnung mehr bestand, aus dem Krankenhaus fortzubringen, so daß sie zu Hause sterben konnten.

Was ich hier vor mir sah, war eine neue menschliche Tragödie, für die es in meinen Erfahrungen mit dem modernen Afrika keine Parallele gab: Eine junge Frau starb allein und von allen verlassen. Wie war es dazu gekommen? Welche katastrophalen Veränderungen hatten die traditionelle Kultur so weit zersetzt, daß dies geschehen konnte?

Früher, als ich in Zaire als Lehrer arbeitete, hatte ich wahrhaftig schon genug Elend, Armut und Krankheit gesehen. Ich hatte Menschen an Pocken und Tollwut sterben sehen. Ich hatte erlebt, wie kleine Kinder an Malaria starben, während ihre Mütter weinend und hilflos daneben saßen. Aber ich kannte keine Situation wie diese. In Afrika starben die Menschen nicht allein – hatte ich jedenfalls gedacht.

Obwohl ich an den Anblick todkranker Menschen gewöhnt war, brachten mich die Qualen dieser jungen Frau zur Verzweiflung. Für mich waren sie der Inbegriff der disharmonischen, chaotischen modernen Welt, die in Afrika Einzug gehalten hatte und in der keine der tradierten Regeln mehr galt. Ich zerbrach mir den Kopf über den Grund dieses Zerfalls.

Welche Art von Krankheit konnte die traditionelle Kultur so dramatisch und grausam verändern? Unter allen tödlichen Krankheiten, die ich in Afrika gesehen hatte – so wurde mir klar –, stellte AIDS eine Art kultureller Wasserscheide dar. Für mich hieß das nun, daß ich alle meine Erfahrungen im Kampf gegen Krankheit und Tod, die ich in den verlassensten Gegenden der Erde gesammelt hatte, neu überprüfen mußte. Ich hatte kein Gegenmittel zu bieten und keinen Trost; es gab verzweifelt wenig Zukunftshoffnungen, an die ich mich hätte halten können. Plötzlich stöhnte die junge Frau und schlug die Augen auf. Trotz ihrer Schmerzen grüßte sie mich mit den höflichen Worten «Moyo Wanji» – guten Tag, mein Herr. Das schwache Lächeln, das sie zustande brachte, ließ mich hoffen, daß sie genügend Energie hatte, einige Fragen zu beantworten. Ich fragte sie, woher sie käme. «Wembo Nyama», antwortete sie.

Ich kannte die Stadt. Dort war ich 1965 zu Beginn des Schuljahres angekommen, jung und eifrig, nach vier Jahren College und einem Jahr Französischstudium in Brüssel. Ich war gerade einundzwanzig Jahre alt geworden und nun der Assistent des Rektors an einem Gymnasium, an dem ich Mathematik und Naturwissenschaften unterrichten sollte. Fast zwanzig Jahre war das her...

Wenn mir damals im ländlichen Indiana, wo ich aufwuchs, jemand gesagt hätte, daß ich eines Tages im Inneren Zaires Schülern aus den ärmsten Bevölkerungsschichten Unterricht in Naturwissenschaften geben würde... Nun, in meiner ländlichen Heimat gab es niemanden, der mir so etwas gesagt hätte. Was mich selbst anging, bezweifle ich, daß ich überhaupt wußte, wo ich Zaire – damals noch Belgisch Kongo genannt – in einem Atlas hätte suchen sollen. Auf einer Farm, weit von jeder größeren Stadt entfernt, aufgewachsen, führte ich ein ziemlich behütetes, sehr einfaches Leben. Meine Mutter wollte, daß ich eine gute Schulbildung bekäme, aber niemand aus meiner Familie war je aufs College gegangen. In meiner gesamten High-School-Klasse machten sich überhaupt nur fünf Schüler die Mühe, sich um einen Studienplatz zu bewerben. Aber ich hatte das Glück, mit Leuten befreundet zu sein, einem Pastor namens Jim Colvert und seiner Frau Sue, die mich mehr oder weniger unter ihre Fittiche nahmen. Sue hatte das kleine, vorwiegend geisteswissenschaftliche Southern Florida State College besucht, und sie redete mir zu, mich dort zu bewerben. Ich fragte mich dennoch, wie es mir je möglich sein sollte, zu studieren, denn meine Familie hatte kein Geld. Aber die methodistische Kirche bot mir ein Teilstipendium an.

Voller Angst, Zweifel und Aufregung brach ich im Herbst 1960 in einem Greyhound-Bus nach Florida auf, mit einer Reisekiste, einem Koffer und rund fünfzig Dollar in der Tasche. Das Studium war nicht die Antwort für mich, sondern eher eine große Frage. Es erweckte in mir den Eifer, meinen Horizont zu erweitern. Ich war von den Naturwissenschaften fasziniert und belegte so viele Kurse in Physik, Chemie und Biologie, wie ich nur konnte. Und für einen amerikanischen Jugendlichen mit naturwissenschaftlichen Interessen hätten die Zeiten nicht günstiger sein können. Die Sowjetunion hatte den Sputnik ins All geschossen und drohte den USA in der Weltraumforschung den Rang abzulaufen. Nun ging in Amerika das Rennen los, den sowjetischen Vorsprung aufzuholen, und plötzlich stand für naturwissenschaftliche Studien viel Geld zur Verfügung. Ich bewarb mich bei der National Science Foundation um ein Stipendium, das es mir erlauben würde, nach dem College ein Physikstudium zu absolvieren. Aber kaum hatte ich die Zusage erhalten, war ich schon im Zweifel und fragte mich: Ist es das, was ich wirklich will? Es gab eine große Welt da draußen, über die ich nichts wußte, und außerdem war ich idealistisch, wie so viele Menschen in diesem Alter. Ich hatte das Gefühl, etwas tun, etwas verändern zu können, wenn ich nur die Chance dazu bekäme. Das Peace Corps, das erst seit einigen Jahren existierte, erschien als die logische Wahl für einen neugierigen, abenteuerlichen jungen Mann. Daß man dort bereit war, mich ans andere Ende der Welt zu schicken, sagte mir sehr zu, aber ich wollte Naturwissenschaften unterrichten – und zwar in der Landessprache der Menschen, die meine Schüler sein sollten. Das Peace Corps konnte mir jedoch nur die Möglichkeit bieten, Englischunterricht zu geben.

Wieder war die methodistische Kirche die Rettung. Man suchte dort gerade junge, unverheiratete Collegeabsolventen, die bereit waren, in Zaire als Lehrer zu arbeiten. Die neu Angeworbenen sollten Lehrer ersetzen, die während der auf die Unabhängigkeit folgenden Unruhen Anfang der sechziger Jahre getötet oder gezwungen worden waren, das Land zu verlassen. Als ich erfuhr, daß die Kirche willens war, mich Naturwissenschaften unterrichten zu lassen, und mir darüber hinaus die Möglichkeit bot, in Brüssel ein Jahr lang Französisch zu lernen, war mein Entschluß gefaßt.

Zwei Monate nach meinen Collegeabschluß befand ich mich mit derselben Reisekiste und dem alten Koffer auf einem Schiff, das in Richtung Belgien unterwegs war. Belgien brachte mich mit einer Kultur und einem Lebensstil in Kontakt, von denen ich nie gewußt hatte, daß sie existierten, aber Europa – so fremd es auch war – konnte mich natürlich in keiner Weise auf das Leben im ländlichen Afrika vorbereiten.

In den sechziger Jahren war Kinshasa, die Hauptstadt Zaires – ganz im Gegensatz zu den Zuständen, die heute dort herrschen –, eine lebensfähige Metropole. Die breiten, von Palmen flankierten belebten Boulevards waren gepflegt. Nachts war die Stadt ein Lichtermeer. Wenn man die Wasserhähne aufdrehte, kam Wasser heraus. Für mich war alles wunderbar und neu – weit weg von Indiana. In Kinshasa hörte ich zum ersten Mal von Wembo Nyama, einer kleinen Stadt in der Kasai-Provinz im Osten Zaires. Dort sollte ich als Lehrer arbeiten. Fünf Jahre waren vergangen, seit Patrice Lumumba, ein überzeugter Marxist, das Land in die Unabhängigkeit geführt hatte. Lumumba war Schüler des Internats gewesen, an dem ich unterrichten würde, und man hatte ihn damals als «Unruhestifter» von der Schule geworfen. 1961 wurde Lumumba ermordet, und ein Armee-Colonel namens

Joseph Mobutu setzte sich an die Spitze des Staates. Er war bis vor kurzem an der Macht und herrschte, durch unermeßlichen Reichtum von der Bevölkerung abgeschirmt, über ein von Rebellionen zerrissenes, demoralisiertes und völlig verarmtes Land. Während der Unruhen, die Zaire nach seiner schwierigen Geburt als Nation überschwemmten, blieb die Schule drei Jahre lang geschlossen. Erst ein Jahr vor meiner Ankunft waren in der Umgebung zwei Missionare getötet worden. Die Wiedereröffnung der Schule bedeutete für die Jugend von Wembo Nyama eine zweite Bildungschance. Es war ein Neubeginn, und ich freute mich, Teil davon sein zu dürfen.

In Wembo Nyama angekommen, stellte ich jedoch fest, daß meine Pflichten sich nicht auf das Unterrichten beschränkten. Ich war auch für Unterbringung und Verpflegung meiner Schüler verantwortlich. In den Schlafsälen, die höchstens sechzig Quadratmeter maßen, schliefen jeweils zwölf bis fünfzehn Schüler. Die Kinder brauchten mehr Platz. Da Ziegel und Mörtel nicht zur Verfügung standen, erweiterte ich die Wohnquartiere des Internats mit den Mitteln, die ich vorfand; wir benutzten vorwiegend getrockneten Lehm als Baumaterial. Außerdem mußte ich Nahrung für meine Schutzbefohlenen heranschaffen. Das bot mir die Gelegenheit, zu lernen, mich auf mich selbst zu verlassen. Die Schule konnte keine Verpflegung liefern, und das Angebot der lokalen Märkte reichte bei weitem nicht aus, um zweihundert Schüler zu versorgen. Ich wurde Experte darin, Hamsterexpeditionen ins Inland zu organisieren und alles Eßbare einzusacken, das ich finden konnte. Die Zeiten waren schlecht für Zaire (und sie sollten noch schlechter werden); die Menschen hatten genügend Schwierigkeiten, sich selbst mit Nahrung zu versorgen, es gab keinen Überschuß, den sie zum Verkauf anbieten konnten. Die Aufgabe der Nahrungsbeschaffung erforderte Geschicklichkeit, Diplomatie und nicht wenig Entschlossenheit. Die komplizierte Situation war unter anderem eine Folge des Krieges. Viele der Einwohner hatten während der letzten Jahre versteckt im Busch gelebt, und ihre Felder waren unbestellt geblieben. Wenn alle anderen Mittel versagten, stellten wir Einheimische dazu an, Wild für uns zu jagen. Ich mußte die Kinder ernähren.

Neben dem Unterrichten, Hüttenbauen und Nahrungsbeschaffen half ich auch im örtlichen Krankenhaus aus. Es war während des Bürgerkriegs schwer beschädigt worden und mußte dringend wieder instandgesetzt werden. Da ich auf einer Farm aufgewachsen war, verfügte ich über eine Menge praktischer Fertigkeiten, die sich jetzt als sehr nützlich erwiesen. Ich konnte zum Beispiel den Generator reparieren und schaffte es sogar, ein tragbares Röntgengerät zum Funktionieren zu bringen – notdürftig jedenfalls. Hier gab es keine hochempfindlichen Filme, aber es war brauchbar. Man konnte zumindest erkennen, ob ein Oberschenkelknochen gebrochen war.

Als Mechaniker und Elektriker des Krankenhauses wurde ich auch für unerwartete Aufgaben eingesetzt. Eines Nachts wurde ich aus dem Bett geholt und in den Operationssaal gerufen. Im Halbdunkel sah ich eine Gruppe von Chirurgen über einen Operationstisch gebeugt dastehen. Sie versuchten, im Licht von Taschenlampen eine Notfalloperation am Abdomen zu beenden. Der Generator war ausgefallen. Ich stand wie angewurzelt angesichts des Bildes, das sich mir bot und das ich mein Leben lang nie mehr vergessen sollte: In dem ungewissen Licht sah ich eine leblos daliegende Frauengestalt, deren Eingeweide sich zum größten Teil außerhalb des Körpers befanden.

«Na los, machen Sie schon», sagte jemand. Ich wischte mir mit der Hand über die Stirn, holte tief Luft und ging zum Generator. Ich fand ein durchgeschmortes Kabel und reparierte es.

Bald danach begann ich, die Ärzte bei der Visite zu begleiten. Ich sah nun zum ersten Mal die erschreckende Vielfalt der Krankheiten, denen die Menschen von Wembo Nyama ausgesetzt waren: Tollwut, Pocken, Tuberkulose, Cholera, Malaria, um nur einige zu nennen. Malaria traf kleine Kinder besonders hart. Bei einer Gelegenheit wurde ein acht oder neun Monate alter Säugling mit Malaria und schwerer Anämie eingeliefert. Der Kinderarzt, Ray Isley, erklärte mir, das Herz des Kindes sei in Gefahr, zu versagen. Er zeigte mir die Blutprobe, die er für einen Malariatest genommen hatte. Das Blut war so dünn, daß es eher rosa war als rot. Roy gab dem kleinen Jungen eine Bluttransfusion. Das wird helfen, sagte ich mir. Ich stand schweigend an seinem Bett und beobachtete ihn, erst in der Annahme, dann in der Hoffnung, daß er sich erholen würde. Aber die malariabedingte Anämie war zu weit fortgeschritten; der Kleine war das erste Baby, das ich sterben sah.

Es war eine schreckliche Erfahrung, das dünne, rosafarbene Blut, der kleine Körper, der so still dalag... Aber es war eine Erfahrung, die mir keine Ruhe ließ. Ich fragte mich, ob ein Arzt wie Ray Isley in einem Land wie Zaire viel verändern konnte. Wie viele Opfer wie dieser Säugling, der zu spät zu ihm gebracht wurde und für den er nichts mehr tun konnte, kamen auf jeden Patienten, den er retten konnte? Was konnte die Arbeit eines einzelnen Arztes bei einem ganzen Volk bewirken, das von so viel Elend und Krankheit umgeben war? Obwohl ich es damals nicht wußte, hatte ich mich durch diese Fragen gerade in das Feld des öffentlichen Gesundheitswesens eingeführt.

Gegen Ende meines ersten Jahres als Lehrer in Zaire stand mein Entschluß fest, mich in den USA um einen Studienplatz für Medizin zu bewerben. Ich bewog Ray Isley dazu, mir das Examen abzunehmen, das mich für den Eintritt in die *Medical School* qualifizieren würde. Aber es war alles andere als einfach, den Bewerbungsprozeß von Zaire aus in die Wege zu leiten. Zunächst einmal hatte ich praktisch keine Informationen über die verschiedenen Medical Schools der amerikanischen Universitäten. Und da ich nie zuvor an ein Medizinstudium gedacht hatte, wußte ich niemanden, den ich um Rat fragen konnte, außer den Ärzten in Wembo Nyama. Einer hatte seine medizinische Ausbildung in Minnesota erhalten und ein anderer an der Universität von Kansas. Ich hatte inzwischen auch einen guten Freund gefunden, Pete Peterson, der an der Duke Divinity School studiert hatte, und er war es, der mir riet, mich dort zu bewerben. Schließlich schrieb ich verschiedene Universitäten an, unter anderem Stanford, Harvard, Yale, Indiana und Duke. Indiana nahm an, daß ich Ausländer sei, Harvard, Yale, Stanford und Duke schrieben alle zurück, sie hätten in Zaire keine Alumni – ehemalige Absolventen –, die ein Prüfungsgespräch mit mir führen könnten, und aufgrund dessen könnten sie meine Kandidatur nicht in Erwägung ziehen.

Im Laufe der vorangegangenen Monate hatte ich eine tiefe Beziehung zu einer anderen Lehrerin, Shannon, entwickelt. Wir waren einander sehr nahe und überlegten, ob wir uns verloben sollten. (Wir verlobten uns nicht nur, 1968 heirateten wir.) Wie es der Zufall wollte, hatte ein Onkel Shannons sein Medizinstudium an der Duke Medical School absolviert. Als ich ihr den Antwortbrief von Duke zeigte, setzte sie ein scharf formuliertes Schreiben an Syd Osterhout, den für die Zulassung verantwortlichen Dekan auf, in dem sie ihrer Empörung über die pauschale Zurückweisung Ausdruck gab. Sie vergaß auch nicht zu erwähnen, daß ihr Onkel ein Duke-Absolvent war. Zu meiner Überraschung schrieb der Dekan zurück, Duke habe meine Bewerbung erneut in Erwägung gezogen und würde die Entscheidung über meinen Fall offen lassen, bis ich im Juni desselben Jahres zu einem Interview in die USA zurückkehrte.

Aber weder die Universität noch ich hatten mit den Wechselfällen der zairischen Politik gerechnet. In den frühen sechziger Jahren hatte

Mobutu belgische Söldner angeworben, um einen Aufruhr in der abtrünnigen Provinz Katanga zu unterdrücken. Inzwischen waren diese Söldner selbst zu Renegaten geworden. Die Tatsache, daß sie seit längerer Zeit keinen Sold erhalten hatten, trug nicht gerade dazu bei, ihre Loyalität dem Regime gegenüber zu fördern. Ende April und Anfang Mai 1967 konzentrierte sich die Renegatenarmee in und um Kisangani (früher Stanleyville) und unternahm einen Putschversuch; sie besetzte einige zentrale Gebäude, unter anderem die Rundfunkstation. Mobutu reagierte auf die für ihn typische Weise, indem er die weiße Bevölkerung des gesamten Landes unter Hausarrest stellen ließ. Er beorderte seine Truppen zu Krankenhäusern, Schulen und anderen Institutionen, um die weißen Mitarbeiter zu «beschützen». Kein Weißer durfte seinen Aufenthaltsort verlassen, aus welchem Grund auch immer. Unsere Schule bildete keine Ausnahme von dieser Regel. Eines Tages schwärmten zairische Regierungstruppen über den kleinen Flugplatz in der Nähe der Schule aus und blockierten die Rollbahn mit leeren Metalltonnen, so daß kein Flugzeug starten oder landen konnte. Dann verteilten die Soldaten sich über die gesamte Schule und die Schlafsäle, um sicherzustellen, daß wir blieben, wo wir waren.

Es war uns allerdings erlaubt, unserer Arbeit nachzugehen und den Unterricht fortzusetzen. Wir kamen überraschend gut mit den Soldaten aus und teilten das Lebensnotwendige – wie Essen und Comichefte – mit ihnen. Aber sie waren unter keinen Umständen bereit zu gestatten, daß wir unser Areal verließen. Sie konfiszierten unsere Funkgeräte, um sicherzugehen, daß wir keinen Kontakt mit der Außenwelt aufnahmen. Sogar elektrische Rasierapparate und ähnliches sammelten sie ein, weil sie den Verdacht hegten, es könnte sich um getarnte Radios handeln. Als die Wochen vergingen, wurde mir klar, daß meine Chancen auf einen Studienplatz rapide dahinschwanden. Ohne Funkgerät konnte ich Duke nicht einmal von den Vorgängen informieren, die mich daran hinderten, den Termin einzuhalten.

Der Juni kam und ging. Ich war verzweifelt. Ende Juli, nach zehn Wochen Hausarrest, begann ich, mit den Soldaten zu verhandeln, daß sie mich wenigstens in die Stadt fahren ließen. Welchen Schaden könnte das schon anrichten? – Nein, nichts zu machen. Die Diskussionen eskalierten immer zum Streit und endeten immer einseitig mit Nein. Schließlich hatte ich genug; ich stieg eines Tages einfach in den Landrover und steuerte auf die Straße zu. Als ich mich Mobutus Soldaten näherte, schwenkten sie drohend ihre Gewehre. Ich lächelte idiotisch und fuhr weiter. Ich versuchte, entspannt und heiter auszusehen, aber ich hatte höllische Angst. Meine einzige Hoffnung war, daß sie nicht auf die Idee kommen würden, an mir ein Exempel zu statuieren, indem sie mich mit Kugeln durchsiebten. Ich kämpfte gegen den Impuls an, mich zu ducken, um der Salve, mit der ich jeden Augenblick rechnete, auszuweichen. Aber nichts geschah.

Mein Ziel war der Flugplatz von Kananga, wo ich mir einen der kostbaren Plätze in einer DC-3 erkämpfen wollte. In der Stadt angekommen, lebte ich in der ständigen Furcht, jemand könnte bemerken, daß ein «blanc» unbewacht in den Straßen umherwanderte, aber zu meiner Erleichterung schien es niemanden zu kümmern. Ich verbrachte drei Tage mit dem Versuch, einen Platz zu buchen. Es war eine Art Lotterie, willkürlich, ohne feste Regeln. «Geh zum Flugplatz und schau, ob du einen Platz kriegen kannst», sagten mir die Leute. Also machte ich mich jeden Tag mit Koffer und Tasche zum Flughafen auf. Endlich gelang es mir, den für die Buchungen Verantwortlichen zu überzeugen, und ich bekam meinen Platz. Das war in der letzten Juliwoche.

In Kinshasa gab es weitere Verzögerungen, so daß ich erst Anfang August in New York ankam. Ich ließ mir in der Hauptverwaltung der Mission mein Gehalt auszahlen und machte mich dann auf den Weg nach Durham in North Carolina, dem Sitz der Duke University. Am nächsten Morgen erschien ich in Syd Osterhouts Büro, dürr und auf achtundfünfzig Kilo abgemagert, in einem verwaschenen Polohemd und nicht weniger ausgebleichten Khakihosen, und stellte mich vor. Ich versuchte, ihm zu erklären, was mich so lange aufgehalten hatte. Er schien amüsiert. Entweder war meine Geschichte so gut, daß es ihm gleich war, ob sie der Wahrheit entsprach, oder er glaubte mir tatsächlich. Er gab mir jedenfalls das Gefühl, willkommen zu sein, und sagte, er werde ein Zulassungsgespräch für mich arrangieren. Alle Prüfer, die mich befragten, schienen mehr daran interessiert zu sein, von meinen Abenteuern zu hören, als mir komplizierte medizinische Fragen zu stellen. Dann wurde mir gesagt, daß innerhalb von zwei Wochen eine Entscheidung fallen würde. Wenn man mich akzeptierte, hätte ich nicht viel Zeit, um mich auf den Studienbeginn vorzubereiten. Ich fuhr mit dem Bus nach Indiana, um meine Mutter zu besuchen. Sie war entsetzt beim Anblick meiner gegerbten, spindeldürren Gestalt, dem Resultat dreier Jahre Tropensonne und der Ernährungsweise des ländlichen Zaire.

Epidemiologie und Kartoffelsalat

Ein Brief von Duke: Ich war angenommen! Da die Zulassung knapp zehn Tage vor Semesterbeginn ankam, stürzte ich mich sozusagen Hals über Kopf in die Medizin und tauchte völlig darin ein – und das sollte auch so bleiben. Aber ich stellte schon bald fest, daß ich an Gebieten interessiert war, die an der Duke Medical School nicht gelehrt wurden. Mitten in meinem zweiten Studienjahr wandte ich mich an den neuen, charismatischen Professor für Pädiatrie, Sam Katz. «Ich habe in Afrika Erfahrungen gesammelt», sagte ich ihm, «und ich möchte in Entwicklungsländern arbeiten. Können Sie mir einen Rat geben, in welche Richtung ich mich spezialisieren sollte, wenn ich diese Erfahrungen nutzen will?» – «Sie könnten ein Jahr bei meinem alten Freund Tom Weller an der School of Public Health (Sektion öffentliches Gesundheitswesen) in Boston studieren», sagte Katz. «Er befaßt sich mit den Gebieten, an denen Sie interessiert sind.»

Ich flog nach Boston und suchte Dr. Thomas Weller auf, der mich höflich, wenn auch ziemlich reserviert empfing. Obwohl er um die Fünfzig sein mußte, hatte sein Gesicht noch immer etwas Jungenhaftes. Als Leiter des Tropeninstituts an der Harvard School of Public Health und Nobelpreisträger genoß er internationale Anerkennung; er war Virologe und hatte den Nobelpreis für die Isolierung des Poliovirus erhalten. Obwohl er nie zuvor einen Medizinstudenten ohne Abschluß an der School of Public Health akzeptiert hatte, war er bereit, mir eine Chance zu geben. Ich zögerte keinen Augenblick, für mein vorletztes Studienjahr nach Boston überzusiedeln.

Dr. Weller schätzte den CDC wegen seiner guten Arbeit in den Bereichen des öffentlichen Gesundheitswesens und der Epidemiologie; tatsächlich arbeiteten fünf meiner Bostoner Studienkollegen bereits für die Einrichtung. Mein Mentor riet mir, zu überlegen, ob ich nicht dort eintreten wollte. Für mein Abschlußjahr kehrte ich an die Duke University zurück und bewarb mich gleich zu Beginn meiner Zeit als Medizinalassistent beim CDC. Sam Katz hatte mein Interesse an der Kinderheilkunde geweckt, und so absolvierte ich mein Assistenzjahr in Pädiatrie am Kinderkrankenhaus von Philadelphia unter der Leitung von Dr. C. Everett Koop. Dr. Koop trug einen Vollbart und war eine imponierende Erscheinung; er sah aus wie ein gelehrter Rabbi. Er war ein hervorragender Lehrer und ein großer Chirurg, aber was mich am meisten an ihm beeindruckte, war die Art, wie er die Eltern seiner kleinen Patienten in die Behandlung einbezog. Bei den meisten seiner chirurgischen Fälle handelte es sich um Säuglinge, die unter schweren Störungen – gewöhnlich Geburtsdefekten – litten. Dr. Koop hatte eine verblüffende Fähigkeit, klar und direkt zu erläutern, worin das Problem bestand. Er erklärte den Eltern genau, welche Risiken bestanden, und obwohl er nie ungerechtfertigten Optimismus verbreitete, versuchte er, ihnen so viel Hoffnung zu machen, wie er realistischerweise konnte. Sein Umgang mit den Familien seiner Patienten war eine Inspiration für mich.

Die Pädiatrie ist mehr als jede andere klinische Disziplin mit den Bereichen der Prävention und des öffentlichen Gesundheitswesens verbunden. Man denke nur an die zentrale Rolle der Immunisierung im Leben von Säuglingen und Kleinkindern. Meine Fachausbildung in Pädiatrie war also innerhalb der Berufslaufbahn, die ich anstrebte, durchaus kein Umweg. Nach dem Abschluß meiner Assistenzzeit tat ich den nächsten Schritt und begann mein Leben beim CDC.

Ich kam im Juli 1973 gerade noch rechtzeitig im Hauptquartier des CDC in Atlanta an, um an der Ausbildung für neu rekrutierte EIS (Epidemic Intelligence Service)-Mitarbeiter teilzunehmen. Ich sollte einen Kollegen namens David Fraser ersetzen, der mit einem Forschungsstipendium an die Universität von Pennsylvania zurückkehrte, um eine Studie über Infektionskrankheiten abzuschließen. Man teilte mich der Abteilung für spezielle pathogene Mikroorganismen innerhalb der Sektion bakterielle Krankheiten zu, und ich schrieb mich für den EIS-Kurs ein. Diese wichtige Vorbereitung soll sich eigentlich über einen Monat erstrecken, aber nach einer knappen Woche betrat Roger Feldman, der Leiter meiner Abteilung, gegen zehn Uhr morgens den Seminarraum, in dem ich gerade einer Vorlesung lauschte. Roger, ein großer, schwerer Kerl mit einer beeindruckenden Baßstimme, ist schwer zu übersehen. Er entdeckte mich, tippte mir kurz auf die Schulter und sagte:

«Kommen Sie, ich schicke Sie nach Parker in Arizona in ein Indianerreservat. Wir haben erfahren, daß es dort eine Epidemie von Halsentzündungen gibt. Es könnten Streptokokken sein, aber wir sind nicht sicher.»

«Wann soll ich fahren?» fragte ich und versuchte, meine Aufregung darüber zu verbergen, daß ich so schnell Gelegenheit haben sollte, die Praxis kennenzulernen, auch wenn es um nichts Exotischeres als Halsentzündungen ging. «Sie müssen gleich heute nachmittag abreisen», sagte Roger.

Es passierte jedes Jahr, daß ein oder zwei neue Mitarbeiter aus den EIS-Kursen herausgeholt wurden, um einen Auftrag zu übernehmen, weil eine Notfallsituation eingetreten war, die den sofortigen Einsatz eines untersuchenden Arztes erforderte. Erfahrung – wenn man sie nicht schon hatte – erwarb man, indem man ins kalte Wasser sprang.

Ich war begeistert und konnte mein Glück kaum fassen. Meine erste Epidemie hörte sich phantastisch an: massenhaft auftretende Halsentzündungen mitten im Sommer! Alles, was mir gesagt wurde, war, daß die Opfer an einem Picknick zum vierten Juli, dem amerikanischen Nationalfeiertag, teilgenommen hatten. In diesem Stadium meiner Ausbildung zum Epidemiologen wußte ich noch nicht einmal, daß eine Infektion durch kontaminierte Nahrungsmittel Halsentzündungen auslösen kann.

Wie ich entdeckte, gehörte es zur ehrwürdigen Tradition des EIS, daß man als erstes lernen muß, ein Sofort-Experte zu werden. Man muß alles zusammenraffen, was man an Literatur über das entsprechende Gebiet finden kann, und es – meistens während der Anreise an den Ort des Geschehens – durchstudieren. Natürlich muß man auch die wirklichen Experten aufsuchen und um Rat fragen. Wie obskur eine Krankheit auch sein mag – beim CDC findet sich gewöhnlich jemand, der sich damit auskennt. Hauptsächlich muß man sich aber auf sich selbst verlassen. Man braucht ein Gespür für das Auffinden und Absorbieren von Informationen. Dann muß man wissen, wie man sie vernünftig gebraucht. Der Berater, dem man unmittelbar untersteht, ist gewöhnlich jemand, der schon Dutzende ähnlicher Untersuchungen geführt hat und alle Komplikationen kennt, aber jede Epidemie ist ein bißchen anders, jede hat ihre eigenen Tücken und Probleme, und es liegt bei einem selbst, die Rätsel zu lösen – oder, was noch wichtiger ist, etwas Neues dazuzulernen.

Wenn man alles zusammengetragen hat, was man braucht, um

Sofort-Experte zu werden, muß man als nächstes herumrennen und die Materialien einsammeln, die man für die Untersuchung braucht: Objektträger, Tupfer, Röhrchen, Spritzen, sterile Päckchen mit Siliziumgel, um Streptokokkenkulturen anzulegen, und so fort. Wenn man nicht allzu durcheinander ist, denkt man vielleicht noch daran, ein Paar frischer Socken und eine Unterhose zum Wechseln mitzunehmen.

Was aber keinesfalls vergessen werden darf, ist ein EPI 1. Dieses Stück Papier stellt gewissermaßen den Einsatzbefehl dar. Es bestätigt unter anderem, daß das betreffende Land oder die örtliche Gesundheitsbehörde die Hilfe des CDC angefordert hat. Als staatliche Behörde muß der CDC die Genehmigung des Landes für die Durchführung einer Untersuchung unter dessen Verwaltungshoheit einholen. Das EPI 1 benennt auch die Amtsträger im Gesundheitswesen, zu denen man Kontakt aufnehmen muß, sobald man am Zielort angekommen ist. Dann muß man sofort einen Kommunikationskanal zum CDC in Atlanta etablieren, so daß man rund um die Uhr jemanden erreichen kann, der Fragen beantwortet und hilft, Entscheidungen zu treffen. Das Wesentliche der Ausbildung ist das Lernen durch Erfahrung, unterstützt durch sorgfältige, kompetente Beratung und Supervision.

Als neuer EIS-Mitarbeiter fragt man sich immer, ob man auch genügend vorbereitet ist. Ständig gehen einem Fragen durch den Kopf: Werde ich die Quelle dieser Infektion finden? Was kann ich tun, um die Epidemie unter Kontrolle zu bringen? Werde ich es schaffen, die korrekten Daten zu sammeln, so daß ich das Problem eindeutig definieren und eine Lösung finden kann? Werden die lokalen Behörden und die Einheimischen, mit denen ich arbeiten muß, bereit sein, zu kooperieren?

Ein Repräsentant des Landesgesundheitsamtes von Arizona erwartete mich in Phoenix. Er sagte mir, er werde mich in das etwa hundert Meilen entfernte, nahe der kalifornischen Grenze gelegene Parker begleiten und mich in jeder ihm möglichen Weise unterstützen. Parker ist eine Kleinstadt, aber von großer Bedeutung, denn sie stellt die wirtschaftliche Drehscheibe für mehrere nahe gelegene Indianerreservate dar. Als ich abends ankam, traf ich mich gleich mit dem Arzt, der das kleine Krankenhaus des Reservats leitete. Er teilte mir alles mit, was er wußte. Seine Geschichte war einfach: Sie begann mit einem großen Picknick zur Feier des vierten Juli, bei dem es natürlich reichlich zu essen und jede Menge Bier gab. Dann, ein paar Tage später, erkrankten viele der Teilnehmer des Picknicks – aber nicht alle – an schlimmen, durch Streptokokken verursachten Halsentzündungen. Der Arzt hatte die meisten Patienten untersucht und festgestellt, daß das Picknick der gemeinsame Nenner war. Meine Aufgabe war es nun, herauszufinden, warum diese Party im Freien ein solches Gesundheitsrisiko dargestellt hatte, und was ich tun konnte, um weitere Erkrankungen zu verhindern. Theoretisch hörte sich das recht einfach an. Aber in der Praxis?

Bald würde ich mehr wissen. Unter den Fachartikeln, die ich an Bord des Flugzeugs gelesen hatte, war ich auf einen Bericht über eine Epidemie gestoßen, die mit dieser eine gewisse Ähnlichkeit zu haben schien. Etwa zehn Jahre zuvor waren mehrere Leute nach dem Genuß von Speisen, die mit einer speziellen Art von Streptokokken kontaminiert waren, an schweren Halsentzündungen erkrankt. Streptokokken sind der häufigste Grund für Halsentzündungen. Was die Infektion mit dieser besonderen Bakterienart so gefährlich machte, war die Tatsache, daß sich bei den Patienten, vor allem Kindern, später schwere Komplikationen einstellen konnten. Es ist bekannt, daß Streptokokkeninfektionen zu rheumatischen Herzerkrankungen, Nierenversagen, schweren Hauterkrankungen und Arthritis führen können. Obwohl diese Komplikationen selten im Zusammenhang mit einer Epidemie aufgeführt wurden, war die Möglichkeit beunruhigend. Ich mußte schnell handeln.

Die Untersuchung einer Epidemie hat sehr viel Ähnlichkeit mit der Untersuchung eines Verbrechens. Man muß vorgehen wie ein Detektiv – Fragen stellen, Spuren verfolgen und sorgfältig Beweismittel sammeln. In der Epidemiologie ist der Täter allerdings ein Mikroorganismus. Man muß diesen Täter aufspüren und dann herausfinden, wie er an seine menschlichen Opfer herangekommen ist. Und das Tatmotiv? – Für reichliche Vermehrung seiner eigenen Art zu sorgen, denke ich.

Aber man geht nicht nur mit Bakterien und Viren um, sondern mit Menschen, vor allem den infizierten Opfern. Es kostet gewöhnlich einige Anstrengung, ihnen zu erklären, was man da eigentlich tut, und sie zur Kooperation zu bewegen. Glücklicherweise war das in Parker kein Problem. Hier machten die Leute sich Sorgen wegen des Ausbruchs der Krankheit, und am meisten besorgt waren jene, die das Picknick organisiert hatten. Für mich war es das erste Mal, daß ich ein Reservat der *Native Americans* besuchte, und es sollte zu einer wesentlichen Lernerfahrung werden. Ich mußte mich beim Sammeln von Informationen an eine gewisse Hierarchie halten, um die Ältesten und Autoritätspersonen des Stammes nicht zu beleidigen. Zum Glück hatte ich in afrikanischen Dörfern bereits gelernt, wie ungemein wichtig das ist. Ich entschloß mich, diese Untersuchung nach dem Lehrbuch durchzuführen, das heißt, in Form einer Kontrollstudie. Epidemiologen bedienen sich dieser wissenschaftlichen Methode, um herauszufinden, worin die wichtigsten Unterschiede zwischen den Erkrankten und den Nichterkrankten bestehen. Wenn man diese Unterschiede ermitteln kann, besonders wenn es sich um Erkrankungen durch kontaminierte Nahrung handelt, ist man gewöhnlich nahe daran, die Ursache oder den Übertragungsweg der Infektion zu entdecken. Also teilte ich die Leute, die an dem Picknick teilgenommen hatten, in zwei Gruppen ein, in «Fälle» (Personen, die Halsentzündungen hatten) und «Kontrollpersonen» (Personen, die nicht krank geworden waren).

Gut, jetzt hatte ich meine Zielpersonen. Nun mußte ich mir überlegen, was ich von ihnen wissen wollte. Also arbeitete ich einen Fragebogen aus. Die Fragen mußten sorgfältig formuliert werden, damit sie eindeutig mit Ja oder Nein beantwortet werden konnten. Im Grunde fischte ich im trüben, auf der Suche nach Anhaltspunkten. Dennoch folgte ich natürlich einer gewissen Logik. Einige Fragen lagen auf der Hand: Haben Sie an dem Picknick teilgenommen? Was haben Sie gegessen: dies, das oder jenes? Was haben Sie getrunken: Bier, Mineralwasser, Cola?

Man muß darauf schauen, die Fragen so zu formulieren, daß sie den Leuten helfen, klar zu denken und präzise zu antworten. Bei Untersuchungen wie dieser, die ich in Arizona durchführte, kann man sehr leicht falsche Schlüsse ziehen. Menschen vergessen vieles, oder sie geben eine Antwort, von der sie glauben, daß man sie von ihnen erwartet. Sie sagen dem Arzt bestimmte Dinge und andere nicht, weil sie meinen, daß es nicht wichtig ist. Außerdem mußte ich Proben nehmen. Das kann nur mit der Einwilligung der Betroffenen geschehen, und ich habe oft erlebt, daß ich meine gesamte Überredungskunst aufbieten mußte. Bei dieser speziellen Epidemie bestand die Probe natürlich in einem Halsabstrich. Sobald ich die Abstriche hatte, mußte ich sie in Siliziumgel verpacken. Das Gel erhielt die Bakterien am Leben, bis sie in den CDC-Labors ankamen. Dort strich man sie auf speziellen Plättchen aus, die mit Agar-Agar, einem nährstoffreichen Algengelee, bedeckt waren. Wenn es Streptokokken waren, würden sie auf diesem Nährboden als gräulicher Haufen runder, von einem transparenten Hof umgebener Mikroorganismen in Erscheinung treten. Anschließende Tests würden uns präzise Auskunft geben, um welche Art von Streptokokken es sich handelte.

Ich machte mich daran, von Haus zu Haus zu gehen, mit den Leuten zu sprechen, ihre Antworten in meinen Fragebögen zu vermerken und ihnen Tupfer in den Hals zu stecken. Ich hatte bald die Bestätigung, daß das Picknick tatsächlich der gemeinsame Nenner war. Durch den Vergleich zwischen «Fällen» und Kontrollgruppe erhielt ich jedoch einen weiteren wichtigen Hinweis: All jene, die krank geworden waren, hatten bei dem Picknick etwas Spezielles gegessen: Kartoffelsalat.

Nun mußte ich diesen Kartoffelsalat auftreiben, falls noch etwas davon vorhanden war. Meine Von-Haus-zu-Haus-Ermittlungen ergaben, daß von den meisten Speisen große Portionen übriggeblieben waren. Nächste Frage: Wer hatte die Reste? Dieser Teil der Untersuchung war überraschend intim und erforderte Diplomatie. Ich mußte die Leute um Erlaubnis bitten, ihre Kühlschränke und Tiefkühltruhen durchwühlen zu dürfen. Schließlich fand ich diverse Überbleibsel des Picknicks in der Kühltruhe des Gemeinschaftshauses, packte diese kostbaren Beweismittel sorgfältig ein und schickte sie zum CDC, um zu sehen, ob das Labor den schuldigen Streptokokkus darin lokalisieren konnte.

Nachdem ich eine Woche in Parker verbracht hatte, war ich soweit, daß ich für den zweiten Teil der Untersuchung, die im Labor stattfinden würde, nach Atlanta zurückkehren konnte. Die Ära des modernen PC war noch nicht angebrochen, und um die statistischen Ergebnisse der Fragebögen und anderer Ermittlungen zu erhalten, mußte ich alle meine Daten auf Lochkarten übertragen. Im sechsten Stockwerk des CDC-Gebäudes stand eine IBM-Maschine, die Karten sortierte. Sie arbeitete ausschließlich nach einem Ja/Nein-Antwortsystem: die eingestanzten Löcher steuerten den Sortiervorgang. Obwohl die Maschine jeden Arbeitsgang sehr schnell erledigte, war eine große Zahl von Arbeitsgängen notwendig, um ein Ergebnis zu erhalten. Löcher wurden eingestanzt, wenn die Antwort ja lautete; bei «nein» fielen sie weg. Die Ja- und Nein-Karten wurden dann maschinell getrennt und gebündelt. Aber wenn man nach verschiedenen Gesichtspunkten ordnen mußte, wurde es immer schwieriger, zu einem Ergebnis zu kommen. Wenn ich zum Beispiel wissen wollte, wie viele der Frauen, die Kartoffelsalat gegessen hatten, erkrankt waren, im Vergleich zu den Männern, mußte ich die Karten zunächst nach allen Personen ordnen, die dieses Gericht verzehrt hatten, und dann nach Frauen und Männern. Als nächstes mußte ich die Karten aller Frauen, die Kartoffelsalat gegessen hatten und erkrankt waren, mit Hilfe der Maschine heraussortieren. Am Ende waren Lochkarten über den gesamten Raum verstreut. Der ganze Prozeß war äußerst mühsam. Heutzutage geben wir die Daten direkt in einen Computer ein, fügen einige Operationsbefehle hinzu und erhalten die Resultate wenige Sekunden später.

Das Labor hatte das letzte Wort: Der Kartoffelsalat beherbergte den Bösewicht. Es handelte sich definitiv um Streptokokken. Offenbar war der Kartoffelsalat zubereitet und noch warm in große Behälter gefüllt worden, die man dann im Kühlschrank aufbewahrte. Da die Kälte eine Weile braucht, um so große Nahrungsmengen zu durchdringen, blieb die Speise im Zentrum der Behälter mehrere Stunden lang warm – der ideale Nährboden für Bakterien. Wie es schien, war die Person, die den Salat vorbereitet hatte, mit Streptokokken infiziert gewesen und hatte die hygienischen Vorsichtsmaßnahmen bei der Nahrungszubereitung vernachlässigt; so waren die Bakterien in den Kartoffelsalat gelangt. Im warmen Zentrum der Behälter, sogar im Kühlschrank, fühlten die Streptokokken sich genauso wohl wie später im Rachen ihrer Opfer. Wir verfaßten also einen Bericht, EPI 2 genannt, der dem Gesundheitsamt in Parker zuging, und unterstrichen darin unsere frühere Empfehlung, den eingefrorenen Kartoffelsalat zu vernichten und alle Personen, bei denen Verdacht auf Streptokokkeninfektion bestand, in adäquater Weise mit Penicillin zu behandeln. Diese Maßnahmen genügten; die Epidemie war eingedämmt und es traten keine weiteren Fälle auf. Ich kehrte in meinen EIS-Kurs zurück, aber die praktischen Grundlagen meiner Ausbildung in den wissenschaftlichen Methoden der Epidemiologie erwarb ich während der Arbeit in Parker. Es sollte nicht lange dauern, bis ich mich in anderen Teilen der Welt wiederfand, in Nigeria auf der Jagd nach Ratten, in sudanesischen Dörfern auf der Suche nach Fällen von Lassa-Fieber und in Pakistan bei der Befragung von Patienten, die Injektionen mit kontaminierten Spritzen erhalten hatten. Mit welchen Situationen ich während meiner weiteren Tätigkeit auch konfrontiert war, ich konnte immer auf die grundlegenden Methoden zurückgreifen, die ich in einer Kleinstadt im Südwesten der USA bei der Suche nach verdächtigem Kartoffelsalat erlernt hatte.

Rettet die Kinder

Mehr als tausend Patienten waren im Emilio-Rebas-Krankenhaus in São Paulo, das nur fünfhundert Betten hatte, zusammengedrängt. Sie lagen, auf Matratzen gebettet, in den Korridoren am Boden und in allen Ecken und Winkeln. Sie litten alle an bakterieller Meningitis. Manche Räume waren nur mit Kindern belegt.

Wenn man diese Räume betrat, wollte man seinen Augen nicht trauen: Das durfte einfach nicht wahr sein. Aber es war real: Die Kinder hatten durch die Krankheit Hände, Arme, Beine und sogar Teile ihrer Ohren und Nasen verloren.

Die Form der Meningitis, einer bakteriellen Infektion der Rückenmarksflüssigkeit, die hier grassierte, wird durch den sogenannten Meningokokkus ausgelöst. Zu den Symptomen gehören Kopfschmerzen, Fieber, Übelkeit und Erbrechen. In schweren Fällen kann die Krankheit zu Krämpfen führen, besondern bei Kindern, und sogar zum Koma. Da das Bakterium sich auch im Blutstrom aufhält, kann es zu Schock und Hämorrhagien kommen. Außerdem bilden sich leicht Blutgerinnsel, die Gefäße blockieren, was dazu führt, daß die distalen Teile des Körpers – Finger, Zehen, Hände, Füße, Nase, Ohren und so fort – nicht mehr durchblutet werden. Aus diesem Grund kann es zum Verlust von Gliedmaßen kommen. Die betroffenen Körperteile werden schwarz und brandig. Obwohl diese grausame Komplikation nur bei rund zehn Prozent der Überlebenden der Krankheit auftritt – und in den USA aus unbekannten Gründen weitaus seltener ist –, waren selbst für ein Land von der Größe Brasiliens erstaunlich viele Kinder davon betroffen. Plastische Chirurgen und Physiotherapeuten zerbrachen sich den Kopf darüber, wie sie ihnen helfen könnten.

Der Verlauf dieser Entwicklung ist erschreckend schnell. Zuerst zeigen sich dunkle Flecken auf der Haut, dann verfärbt sich das Gewebe schwärzlich und beginnt sich abzulösen, und ein Finger oder Zeh, ein

Ohrläppchen oder ein Teil der Nase stirbt ab. Der Prozeß erinnert sehr an schwere Erfrierungen.

Gleichzeitig waren andere Kinder in Gefahr, an Nierenversagen – einer weiteren Komplikation dieser Krankheit – zu sterben. Es gab nur einen einzigen Weg, diese Gruppe zu retten: die Peritonealdialyse. Ich hatte in meinem Leben noch nie so viele Kinder gesehen, die sich dieser Form der Dialyse unterziehen mußten. Die Peritonealdialyse entlastet die Nieren, wenn sie nicht mehr fähig sind, ihre normalen Funktionen der Blutreinigung, Ausscheidung von Abfallprodukten und Regulierung des Wasserhaushalts zu erfüllen. Die Methode besteht im wesentlichen darin, daß Flüssigkeit durch Tuben gepumpt wird, die in das Peritoneum (Bauchfell), eine dünne, die gesamte Oberfläche des Darms bedeckende Membran, eingeführt wurden. Da das Bauchfell permeabel, das heißt, für Flüssigkeiten und andere Substanzen durchlässig ist, bewirkt die Einleitung von Flüssigkeit, daß Toxine aus dem Blutstrom herausgewachsen und durch die Tuben aus dem Körper abgeleitet werden. Natürlich muß die Flüssigkeit in regelmäßigen Abständen ersetzt und aufgefüllt werden. Dieser Prozeß ist so beschwerlich, daß die Peritonealdialyse in der Regel nur einige Tage lang aufrechterhalten wird, in der Hoffnung, daß die Nieren sich innerhalb dieses Zeitraums regenerieren können. Wenn man diese Form der Dialyse über einen längeren Zeitraum anwendet, werden die Tuben zu einem hohen Infektionsrisiko.

Der Meningokokkus ist ein kleiner, runder Organismus, der unter dem Lichtmikroskop rot erscheint, wenn er mit der Gram-Färbung behandelt wurde. Da diese Kokken gewöhnlich in Paaren auftreten, werden sie auch Diplokokken genannt. Es gibt mehrere klar unterscheidbare Typen von Meningokokken, aber die wichtigsten sind die Typen A, B und C. Die Epidemie in Brasilien war auf den Typus A zurückzuführen. Die Erkrankung ist respiratorisch, das heißt, die Bakterien, die im Nasensekret und in Atemtröpfchen enthalten sind, werden durch die Luft übertragen. Folglich ist die unmittelbare Anstekkungsgefahr sehr groß. Das besonders Tückische an dieser Form der Meningitis ist aber, daß auf jede Person, die sich infiziert und erkrankt, bis zu zehn andere Infizierte kommen, bei denen die Krankheit nie ausbricht. Menschenansammlungen und enger Kontakt begünstigen also bei jedem Ausbruch einer solchen Infektion eine rasche, epidemische Verbreitung, selbst unter scheinbar Gesunden.

Genau wie im Europa des vierzehnten Jahrhunderts, als der sogenannte Schwarze Tod wütete, hatten viele reiche Brasilianer einfach das Land verlassen und hielten sich im Ausland auf, wo sie das Ende der Epidemie abwarteten. Andere, die sich das nicht leisten konnten, verschanzten sich in ihren Häusern und ließen ihre Kinder nicht zur Schule gehen. Die Epidemie verschärfte den ohnehin krassen Gegensatz zwischen Arm und Reich, denn die Reichen betrachteten die Krankheit als eine Geißel der unteren Klassen. In ihrer Panik entließen viele ihre Dienstboten, statt sie im Haus zu behalten, in dem Glauben, daß dieser Schritt die Ansteckungsgefahr mindern würde. Die verarmten Massen Brasiliens gerieten so in noch größere Not. Sie waren von der Epidemie in jeder Hinsicht am schlimmsten betroffen.

Es war dieser unerwartete Ausbruch von Meningitis, der mich 1974 nach São Paulo brachte. Ich war als EIS-Mitarbeiter mittlerweile in meinem zweiten Jahr und auf dem Gebiet der Epidemiologie kein Anfänger mehr, aber ich war noch nie mit einer so großen Epidemie in Berührung gekommen. Mein Auftrag war, mit der Pan American Health Organisation (PAHO) und der brasilianischen Regierung zusammenzuarbeiten, um das Ausmaß der Epidemie in größeren Städten einzuschätzen und bei der Entwicklung einer Eindämmungsstrategie behilflich zu sein. In São Paulo wurde die Zahl der Fälle auf rund zwanzigtausend geschätzt. Als ich ankam, gab es bereits Berichte über Meningitisfälle, die in Rio de Janeiro, Belo Horizonte und Brasilia aufgetreten waren. Die Gesamtzahl der Erkrankten im ganzen Land schätzte man auf 120 000. Nicht nur die großen Städte waren betroffen. Auch an weniger dicht bevölkerten Orten füllten sich die Kliniken und Krankenhäuser mit Meningitisopfern. Ärzte und medizinische Einrichtungen wurden von angsterfüllten Menschen überrannt, und das erschwerte ihre Arbeit nur noch mehr.

Die Verhältnisse in Brasilien – Überbevölkerung und verheerende Armut – begünstigten die Ausbreitung der Krankheit. Die Armut, die ich in Zaire gesehen hatte, unterschied sich grundlegend von dem Elend, das hier herrschte. In Afrika gibt es zumindest eine Art Subsistenzwirtschaft als Mittel zum Überleben; außer in Zeiten langanhaltender Dürre sind die Menschen gewöhnlich in der Lage, das anzubauen, was sie für ihre eigene Ernährung brauchen. Aber in Brasilien sah ich zum ersten Mal Armut von unvorstellbarem Ausmaß, eine Epidemie eigener Art, die große Teile von São Paulo und Rio de Janeiro in grauenhafte Slums verwandelt hatte – fruchtbare Brutstätten sowohl für Gewalt als auch für tödliche Krankheitserreger. Man sagte mir, daß die

Bevölkerung in den *Favelas*, den Slums von São Paulo, die sich auf den Hügeln an der Peripherie der Stadt ausbreiteten, jedes Jahr um eine halbe Million anwuchs. Die meisten der Slumbewohner kamen aus ländlichen Gebieten, wo sie kein Auskommen mehr fanden, angelockt durch die Hoffnung auf Arbeit in der Stadt. Die Bevölkerungsexplosion in Brasilien hatte einen mörderischen Kampf um Arbeitsplätze und Ressourcen entbrennen lassen. In Rio herrschten dieselben Verhältnisse wie in São Paulo, und zu einem geringeren Grad auch in Belo Horizonte, Belém, San Salvador und Fortaleza. Brasilien stellt natürlich keinen Einzelfall dar; der Urbanisierungsprozeß vollzieht sich global in einem nie dagewesenen Tempo.

In den Favelas war Platz zum Leben ein rares Gut, und die Menschen kämpften erbittert um jedes Stückchen Territorium, das sie sich aneignen konnten. Die typische Favela ist ein Labyrinth provisorischer Hütten, die aus einigen Holzbalken, Blech, Jutesäcken und Pappe konstruiert und durch Stricke und Draht zusammengehalten werden. Wo man hinsah, spielten zerlumpte, schmutzverkrustete Kinder, die von Krätze und anderen Parasiten befallen waren, im Schlamm. Es war unmöglich, auszumachen, wer wohin gehörte. Was wir als Privatsphäre bezeichnen, existierte hier nicht; private Abgeschiedenheit war ein Luxus, der über die Vorstellungskraft dieser städtischen Armen hinausging. Die Fußböden bestanden aus festgestampftem Lehm und das Mobiliar aus einigen Matten, wackligen Stühlen und vielleicht einem zerfledderten Teppich oder primitiven Bett aus Holzbohlen. Selbst im Schlaf waren die Menschen zusammengepfercht wie Sardinen. Sanitäre Anlagen gab es natürlich auch nicht; wenn es regnete, verwandelten sich die Favelas in stinkende Sümpfe aus Abwässern und Fäkalien.

Das furchtbare Wüten der Epidemie war teilweise auch eine Folge der Ineffizienz der PAHO-Beamten, die keine Vorstellung davon hatten, wie sie die Notlage bewältigen sollten, und noch weniger Motivation demonstrierten, sich dazu etwas einfallen zu lassen. In jenen Tagen kamen die offiziellen Vertreter der PAHO aus anderen lateinamerikanischen Ländern, in denen Spanisch gesprochen wird; die Landessprache Brasiliens, Portugiesisch, beherrschten sie nicht. Das führte zu gespannten Beziehungen mit den Brasilianern; die PAHO-Beamten fanden sich oft von Entscheidungsprozessen ausgeschlossen und die Organisation wurde in ihren Möglichkeiten, den Verlauf der Epidemie zu beeinflussen, ernsthaft behindert. (Man kann nur hoffen, daß diese Situation sich inzwischen verändert hat.) Da ich nicht vorhatte, mich ebenfalls an den Rand drängen zu lassen, lernte ich so schnell ich konnte Portugiesisch. Wenn ich irgend etwas erreichen wollte, mußte ich mir überlegen, wie ich gute Beziehungen zur PAHO unterhalten und gleichzeitig eine fruchtbare Arbeitsbeziehung mit den Brasilianern etablieren konnte.

Es gab in dieser Situation nur einen Hoffnungsschimmer. Der Meningokokkus gehört zu den wenigen Bakterien, die immer noch stark auf Penicillin – ein billiges und wirksames Antibiotikum – ansprechen. Ein Problem blieb allerdings: In den frühen Stadien ist Meningitis schwer von anderen Erkrankungen zu unterscheiden; ist man aber tatsächlich davon befallen, ist der Verlauf sehr schnell, und man braucht sofort Behandlung. Die Bevölkerung war von Panik erfüllt; bei jeder Erkrankung, die sich einstellte, tauchte sofort der Verdacht auf, es könnte sich um Meningitis handeln. In Belo Horizonte, der Hauptstadt der Provinz Minas Gerais, begann ich, mit den Laboratorien der staatlichen Gesundheitsbehörde zusammenzuarbeiten, um eine diagnostische Einrichtung zu schaffen. Ehrgeiz, Ausdauer und guter Wille sind unentbehrliche Grundvoraussetzungen für diese Arbeit, aber das Wichtigste ist die Fähigkeit zu improvisieren. Es gelang uns zwar, eine Art Labor einzurichten, aber uns fehlte ein Inkubator, und dieses Gerät ist von zentraler Bedeutung, wenn man Bakterienkulturen anlegen will. Ein einfallsreicher CDC-Techniker namens George Gorman verwandelte einen alten hölzernen Schrank in einen Inkubator, indem er darin eine Glühlampe und einen Thermostat installierte. Wenn der Inkubator unser Gewächshaus war, brauchten wir immer noch «Beete», um die Bakterien heranzuzüchten und festzustellen, ob der Meningitisverdacht sich bestätigte. Wir benutzten die Behälter von Windlichtern, das heißt, von Kerzen, die in Gläser eingegossen waren. Wenn die Kerzen verbrannten, hinterließen sie in den Gläsern eine stark kohlendioxidhaltige Atmosphäre. Und genau das ist es, wonach Meningokokken lechzen. In einer solchen Umwelt gedeihen sie und produzieren Kolonien, die groß genug sind, um sie klar zu identifizieren. Man legt eine Kolonie unter das Mikroskop und behandelt sie mit Gram-Färbung. Wenn die Probe positiv ist, zeigen sich die typischen roten Diplokokken.

Aber wir hatten auch Glück, denn es war gerade ein Impfstoff auf den Markt gekommen. Es handelte sich um ein Polysaccharidvakzin, das in den späten sechziger Jahren an der Rockefeller University hauptsächlich von Emil Gotschlicht entwickelt worden war. Es war wirksam gegen Meningokokken der Typen A und C. Polysaccharide sind die Moleküle, aus denen die dichte Zuckerumhüllung des Meningokokkus-Bakteriums besteht. Das menschliche Immunsystem reagiert auf die Zuckerumhüllung genauso wie auf das ganze Bakterium. Diese Immunreaktion bietet Schutz, wenn man später mit dem Bakterium selbst in Berührung kommt. Die Epidemie in Brasilien war vorwiegend durch den Typ-A-Meningokokkus verursacht und zu einem geringen Anteil durch den Typ C; also standen die Chancen gut, daß der Impfstoff hier wirksam sein würde.

Die Impfkampagne der brasilianischen Regierung war eine heroische Anstrengung und ein durchschlagender Erfolg. Während der zwei Jahre, in denen die Epidemie wütete, gelang es den Gesundheitsbehörden, zwischen sechzig und siebzig Millionen Menschen gegen Meningitis zu impfen – rund siebzig Prozent der Gesamtbevölkerung des Jahres 1974. Daß so viele Leben gerettet wurden und so vielen Kindern grausame Entstellungen erspart blieben, kann nur Grund zur Freude sein. Der tragische Aspekt war jedoch, daß die Impfkampagne nicht früh genug kam. Als sie begann, waren bereits fünf- bis zehntausend Menschen ums Leben gekommen.

Kurz bevor ich meine Arbeit in Brasilien beendete – im Jahr 1976 –, erhielt ich einen Anruf von Bill Foege, meinem Dozenten und Berater beim CDC, der später der leitende Direktor der Einrichtung werden sollte. Bill war ein großer, schlaksiger Mann, der seinen Auftrag mit messianischem Eifer erfüllte. Auf Leute, die sich dem öffentlichen Gesundheitswesen verschrieben hatten – mich eingeschlossen –, wirkte er so hypnotisch wie der berühmte Rattenfänger von Hameln. Die zentralen Werte, die seine Arbeitsethik bestimmten, machten ihn bei gewissen Bürokraten und Politikern nicht gerade beliebt, aber eben diese Qualitäten zeichneten ihn aus: Courage, Engagement, Ehrlichkeit und Direktheit. Als er mir mitteilte, daß der CDC plante, in Sierra Leone eine Feldforschungsstation einzurichten, hörte ich also sehr genau zu. «Ich weiß, daß Sie bereits in Afrika gearbeitet haben», sagte er, «und ich möchte wissen, ob Sie daran interessiert wären, ein Projekt aufzubauen. Es geht um die Erforschung einer neuen Krankheit in Westafrika.» Ich fragte nach dem Namen der Krankheit. – «Man nennt sie Lassa-Fieber.»

Mein neuer Chef, Karl Johnson, der Leiter der Abteilung *Special Pathogens* beim CDC, arbeitete in einem Büro, dessen Maße die Norm für einen Primatenkäfig unterschritten (so drückte sich mein Kollege

Bobby Brown, ein Veterinärmediziner, aus, als ich Jahre später selbst diesen Käfig okkupierte). Als ich Karl kennenlernte, war er gerade aus Panama zurückgekehrt, wo er mit einer großen mittelamerikanischen Forschungsgruppe zusammengearbeitet hatte. Den größten Teil seiner Zeit hatte er damit verbracht, ein neues Arenavirus, das den Namen Machupo erhielt, aufzuspüren. Es wurde von einer kleinen Rattenart übertragen und verursachte bei Menschen ein verheerendes hämorrhagisches Fieber. Arenaviren – das hatte man gerade nachgewiesen – waren auch die Ursache von Lassa-Fieber. Karl ging zu diesem Zeitpunkt auf die Fünfzig zu und war eine eindrucksvolle, wenn auch recht exzentrische Erscheinung. Er war fast einen Meter neunzig groß, hatte dichtes, von grauen Strähnen durchsetztes dunkles Haar und trug einen wilden Bart, der ihn wie Che Guevara aussehen ließ. Das Image des Revolutionärs gefiel ihm zweifellos besser als das des kühlen, nüchternen Naturwissenschaftlers. Sein Bekleidungsstil war betont unkonventionell. Er hatte eine Schwäche für lange, bestickte Hemden aus Zentralamerika. Obwohl er ruhig und besonnen sprach und eine Pose der Gelassenheit kultivierte, war Karl Kettenraucher und kochte förmlich vor nervöser Energie. Als ich ihn näher kennenlernte, fand ich heraus, daß er Partys liebte und es genoß, die ganze Nacht bei einer Flasche Bourbon im Gespräch mit Freunden zu verbringen. Seine Wärme, sein Charme und sein Intellekt zogen viele Bewunderer an.

Karl hatte bald herausgefunden, daß ich nichts über Viren wußte. Aber ich kannte Afrika, ich fand mich in einem Labor zurecht, und ich konnte mit Computern umgehen. Das wußte er zu schätzen. Es zeichnete sich bereits ab, daß der Computer für die Analyse von epidemiologischen und Labordaten zu einem überaus wertvollen Hilfsmittel werden würde. Ende März 1976 saßen Karl und ich in einem Flugzeug auf dem Weg nach Sierra Leone.

Sierra Leone liegt zwischen Guinea und Liberia, ist etwa so groß wie Nordrhein-Westfalen und hat rund drei Millionen Einwohner. Früher war das Land fast völlig von Regenwald bedeckt, aber was man jetzt sah, war vorwiegend sekundäre Buschlandschaft. Unkontrollierte Abholzung und Brandrodung hatten das ökologische Gleichgewicht zerstört und Sierra Leone zu einem der ärmsten Länder der Welt gemacht. Die elf größten Stämme haben eine gemeinsame Verkehrssprache, Krio genannt, die in der Hauptstadt Freetown und in vielen anderen Landesteilen gesprochen wird. Krio ist eine Sierra-Leone-typische Form des Pidgin-English, aber sie ähnelt der Sprache, die an der afrikanischen Westküste in vielen ehemaligen britischen Kolonien gesprochen wird. Am nächsten verwandt ist sie mit dem Idiom, das auf einer winzigen Insel vor der Küste von South Carolina gesprochen wird; die Bewohner der Insel sind zum größten Teil Nachfahren von Afrikanern, die sich der Sklaverei durch die Flucht entzogen. Krio ist eine reizvolle, wenn auch recht seltsame Sprache, die viele Elemente aus dem Französischen und Portugiesischen sowie verschiedenen afrikanischen Sprachen und lokalen Dialekten übernommen hat. Typisch für diese pikante linguistische Mischung sind Wendungen wie «How de go-de-go?», was mehr oder weniger «Wie geht's?» bedeutet. «Deh» ist das Wort, das Bejahung im Sinn von «gibt es» oder «haben wir» bedeutet. Verneinung drückt man mit «No deh» aus, zum Beispiel: «Cold beer, no deh.» Das heißt, der kerosinbetriebene Kühlschrank funktioniert nicht mehr, und man macht sich besser darauf gefaßt, das Gebräu lauwarm trinken zu müssen.

Krio ist eine Sprache, die nur die Gegenwart kennt, und sie spiegelt damit die Lebenseinstellung der Menschen, die sie sprechen. Wenn man über vergangene Ereignisse oder die Zukunft sprechen will, muß man sich umständliche verbale Konstruktionen zurechtlegen. Was zählt, ist das Jetzt. Aber die Menschen von Sierra Leone mußten trotz ihrer Hier-und-Heute-Einstellung damit rechnen, morgen an Lassa-Fieber zu sterben. Die Krankheit ist endemisch, das heißt, in Sierra Leone heimisch, obwohl sie nach der nigerianischen Stadt Lassa benannt ist, wo das Virus zum ersten Mal isoliert wurde. Die charakteristischen Symptome sind Fieber, Kopfschmerzen, ein stark entzündeter Rachen, Erbrechen, Diarrhoe und qualvolle Schmerzen am ganzen Körper. Schock und Hämorrhagien führen schließlich zum Tod. Lassa-Fieber ist dem bolivianischen hämorrhagischen Fieber, das Karl in Südamerika untersucht hatte, sehr ähnlich. In diesem Fall war der Wirt und Überträger eine afrikanische Rattenart, *Mastomys natalensis*.

Wir wußten natürlich, welche Art von Hindernisrennen uns erwartete. Als wir dem Gesundheitsminister von Sierra Leone vorgestellt wurden, fragte er uns als erstes:

«CDC – was bedeutet das? Colonial Development Company (Koloniale Entwicklungsgesellschaft)?» – kein sehr vielversprechender Anfang.

Nachdem wir die Funktion unserer Einrichtung und den Zweck unserer Anwesenheit erklärt hatten, wollte der Minister wissen, wie hoch das jährliche Budget des CDC sei.

«Rund einhundertzwanzig Millionen Dollar», antwortete Karl.

Vor Verblüffung blieb dem Minister der Mund offen stehen. Er konnte es kaum glauben. Diese Summe überstieg den Jahreshaushalt seines Landes. Dann lehnte er sich zurück, sah uns nachdenklich an und kam offenbar zu dem Schluß, daß es sich lohnte, ein Projekt zu unterstützen, das von einer so wohlhabenden Organisation finanziert wurde.

Die Mitarbeiter der US-Botschaft, mit denen wir sprachen, wußten glücklicherweise, was der CDC war. Die Amerikaner wollten, daß etwas gegen das Lassa-Fieber unternommen wurde. Einige Angehörige des Peace Corps in Sierra Leone und im benachbarten Liberia hatten sich die Krankheit zugezogen. Es hatte keine Todesopfer gegeben, aber ein Mitarbeiter war taub geworden. Unsere Aufgabe war es nun, einen geeigneten Platz für die Einrichtung unserer Forschungsstation zu finden. Die Botschaft stellte uns ein Fahrzeug zur Verfügung, und wir fuhren nach Bo, einer Stadt im Nordosten, etwa einhundertsechzig Meilen von Freetown entfernt. Nachdem wir dort das Krankenhaus inspiziert hatten, fuhren wir in nördlicher Richtung weiter, nach Panguma, wo ein CDC-Team, dem unter anderen Tom Monath, Kent Campbell und David Fraser angehörten, im Jahr 1972 eine umfangreiche Studie über Lassa-Fieber durchgeführt hatte. Panguma ist ein kleines, verschlafenes Städtchen mit etwa dreitausend Einwohnern, das am Fuß einer eindrucksvollen, von Regenwald bedeckten Hügelkette liegt. Das örtliche Krankenhaus wurde von irischen Nonnen geleitet; die Schwestern waren aufgrund ihrer Fähigkeiten und ihres Engagements in der gesamten Umgebung hoch geachtet. Das Hospital war in einem weitaus besseren Zustand als das ärmliche Krankenhaus, das wir in Bo gesehen hatten; hier gab es vernünftige Betten (alle mit dicken Matratzen), und die lichtdurchfluteten Räume waren in leuchtenden Farben gestrichen. Die Schwestern hatten uns erwartet. Sie verhielten sich allerdings etwas reserviert, denn ihr Krankenhaus hatte in den Annalen des Lassa-Fiebers bereits eine Rolle gespielt, vor nur vier Jahren. Sie wollten nicht, daß ihre Einrichtung im Bewußtsein der Öffentlichkeit nur noch mit der tödlichen Krankheit assoziiert wurde. Sie empfingen uns aber dennoch mit der größten Gastfreundlichkeit und setzten uns ein wahres Festmahl vor: Reis, lokale Gemüse und gebratenes Hühner-, Rind- oder Ziegenfleisch nach Wahl. Dazu – und das war das Beste – gab es gut gekühltes Bier. Die Schwestern wußten zu leben.

Beim Essen berichteten uns die Nonnen von den zahllosen Problemen, mit denen sie hier draußen zu kämpfen hatten, um den Krankenhausbetrieb aufrechtzuerhalten. Sie brauchten sauberes Wasser. Wir wußten aus Erfahrung, wie schwer das zu beschaffen war. Außerdem brauchten sie vierundzwanzig Stunden am Tag elektrischen Strom – nahezu unvorstellbar hier auf dem Land. Und wo sollten sie ausgebildetes Personal hernehmen? Das war uns zutiefst vertraut; überall im ländlichen Afrika waren die Probleme die gleichen.

«Und wie steht es mit dem Lassa-Fieber?» fragten wir schließlich. Ja, es traten immer wieder Fälle auf, bestätigten die Nonnen. Das gehörte mittlerweile praktisch zur Routine.

Karl und ich reisten weiter nach Segbwema, einer rund fünfundzwanzig Meilen südöstlich von Panguma gelegenen Stadt. Segbwema war der Ort, an dem die damals noch namenlose Lassa-Krankheit 1952 zum ersten Mal beobachtet und in der wissenschaftlichen Literatur beschrieben wurde. Im örtlichen Krankenhaus konnten wir uns davon überzeugen, daß es in Segbwema immer noch Lassa-Fieber gab.

Nachdem wir den Ort verlassen hatten, kamen Karl und ich zu dem Schluß, daß es die beste Strategie sei, im Norden, in der Provinzhauptstadt Kenema, eine zentrale Forschungsstation einzurichten; dort konnten wir sicher sein, ausreichende Stromversorgung für ein Labor vorzufinden, und Panguma und Segbwema, wo wir mit Patienten arbeiten wollten, waren relativ leicht zu erreichen. Zunächst kehrten wir aber nach Atlanta zurück, um die finanziellen Mittel für das Projekt zu beschaffen. Als das erledigt war, ging ich allein wieder auf die Reise. In Kenema angekommen, hatte ich alle Hände voll zu tun; es waren logistische Probleme zu lösen. Wo sollte ich wohnen? Wie würde ich an die notwendigen technischen Geräte herankommen und Personal finden, das mir assistieren konnte? Es gab in Panguma und Segbwema eine große Zahl von Patienten, die behandelt werden mußten, aber wie sollten wir vorgehen, um eine wirkungsvolle Behandlungsmethode zu finden? Nach einem Monat Projektarbeit, als ich mich gerade einzurichten begann, erreichte mich ein Telegramm von Karl. Es enthielt Nachrichten über eine Krankheit, die noch dramatischer und lebensbedrohlicher war als das Lassa-Fieber.

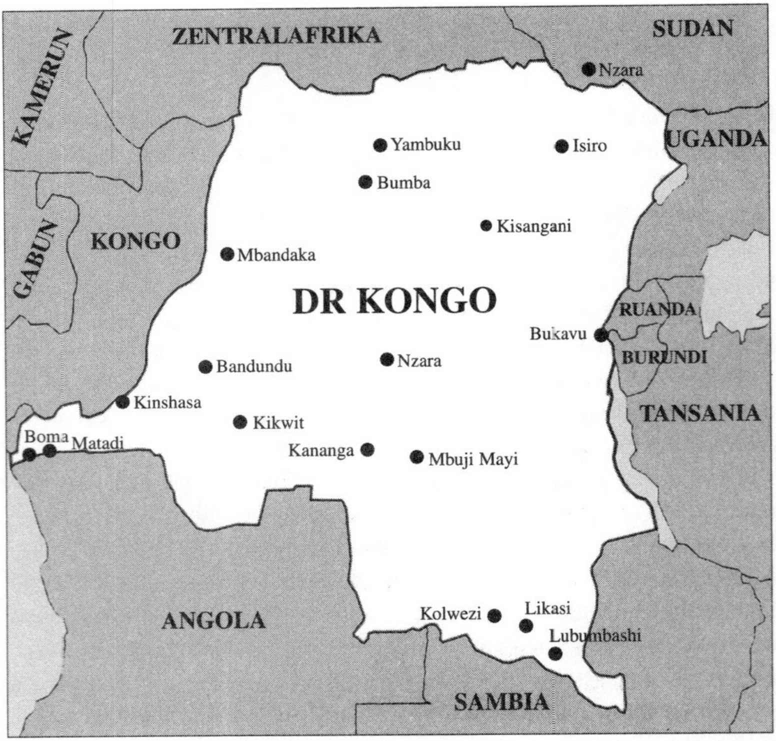
ZENTRALAFRIKA
SUDAN
KAMERUN
Nzara
Yambuku
Isiro
UGANDA
Bumba
Kisangani
GABUN
KONGO
Mbandaka
DR KONGO
RUANDA
Bukavu
Bandundu
Nzara
BURUNDI
Kinshasa
Kikwit
TANSANIA
Boma
Matadi
Kananga
Mbuji Mayi
ANGOLA
Kolwezi
Likasi
Lubumbashi
SAMBIA

Der Tod einer Krankenschwester aus Yambuku

Yambuku wurde zum Stichwort, das überall auf der Welt panische Ängste auslösen sollte, aber als ich Karls Nachricht erhielt, hatte ich noch nie von dem Ort gehört. Das Telegramm beschrieb den Ausbruch einer unbekannten Art von hämorrhagischem Fieber in Zaire. Es gab bereits Todesopfer, und ständig tauchten neue Fälle auf. Da Karl in Atlanta war, konnte er nur spekulieren, um welche Art Infektionskrankheit es sich handeln könnte: «Lassa-Fieber, Gelbfieber oder Krim-Kongo-Fieber. Es könnte auch das Marburg-Virus sein.»

Worum es sich auch handelte, eines war klar: Es war eine Infektion mit schnellem Verlauf, verheerend in ihren Auswirkungen, mit Nasen- und Zahnfleischbluten und gelegentlich massiven Blutungen aus anderen Körperteilen als Begleiterscheinungen. Die Opfer litten an so furchtbaren Durchfällen, daß sie bald dehydriert waren, ihre Haut sich wie Pergament über den Knochen spannte und die Augen tief in die Höhlen sanken. Die meisten starben nach wenigen Tagen. Alle Behandlungsversuche schlugen fehl. Ein ganzes Arsenal von Antibiotika blieb wirkungslos. Vitamingaben brachten nichts. Auch Infusionen, die den Flüssigkeitsverlust der Patienten ausgleichen sollten, hatten keinen Sinn. Die eingeleitete Flüssigkeit durchdrang die Membranen, die durch die Krankheit durchlässig geworden waren, so daß die Patienten gleichsam innerlich überflutet wurden. In vielen Fällen konnten die Opfer überhaupt nicht behandelt werden – ob wirksam oder nicht –, weil sie an abgelegenen und unzugänglichen Orten lebten.

Lassa-Fieber, die Krankheit, die mich nach Sierra Leone gebracht hatte, ist ein virales hämorrhagisches Fieber. Es wurde in Nigeria 1969 zum ersten Mal identifiziert und breitete sich nach Liberia und dann nach Sierra Leone aus, aber außerhalb Westafrikas war es nie aufgetreten. Das Lassa-Virus konnte für die Epidemie in Zaire verantwortlich sein und Symptome hervorbringen, wie Karl sie beschrieb: Fieber,

Hämorrhagien, Schwellungen, Konvulsionen und Schock. Das Marburg-Virus war eine andere naheliegende Möglichkeit; typisch für eine Infektion mit Marburg sind hohes Fieber, Ausschlag, blutiges Erbrechen und schwere Diarrhoe. Die Krankheit erhielt ihren Namen, nachdem sie in einem Forschungslabor in der deutschen Stadt Marburg mehrere Todesopfer unter den Mitarbeitern gefordert hatte (später gab es einen ähnlichen Vorfall in einer Forschungseinrichtung in Belgrad). Unter einem Elektronenmikroskop betrachtet, hat das Marburg-Virus nicht die mindeste Ähnlichkeit mit irgendeinem anderen menschlichen oder tierischen Virus. Viren, die Menschen befallen, sind gewöhnlich kleine, runde oder leicht ovale Mikroorganismen. Das Marburg-Virus dagegen ist lang und fadenförmig, mit seltsamen Schleifen und Windungen. Seine eigenartige Form bot sogar Anlaß zu Spekulationen, es müsse aus dem Weltraum gekommen sein. Von den einunddreißig Menschen, die sich mit dem Virus infiziert hatten, waren sieben gestorben.

Aber zu diesem Zeitpunkt war das Marburg-Virus nur ein einziges Mal in Erscheinung getreten, 1967, zehn Jahre zuvor. Dann war es verschwunden, genauso mysteriös wie es aufgetaucht war. Man nahm an, daß Affen – aus Uganda importierte grüne Meerkatzen – das Virus in sich trugen, und daß die menschlichen Opfer sich infiziert hatten, weil sie mit dem Blut und dem Gewebe der Tiere in direkten Kontakt gekommen waren. Später reiste ein Wissenschaftler vom CDC nach Uganda, um nach möglichen Quellen des Virus zu forschen und festzustellen, ob die Affen tatsächlich die Überträger der Krankheit waren. Die Untersuchung ergab keine schlüssigen Resultate.

Sowohl bei Marburg als auch bei Lassa war die Mortalitätsrate sehr hoch – fünfzehn bis dreißig Prozent der Infizierten überlebten die Krankheit nicht –, aber die Zahl der Opfer, die sich bei dieser Epidemie in Zaire abzeichnete, ging weit darüber hinaus. Trotzdem war es möglich, daß die Katastrophe, die sich in Yambuku abspielte, auf das Marburg-Virus zurückzuführen war. Aber angenommen, es war gar nicht das Marburg-Virus oder einer der anderen Erreger, die Karl aufgezählt hatte? Angenommen, es handelte sich hier um eine Krankheit, die die Welt noch nie gesehen hatte? Was dann?

«Wenn wir die Autorisation für eine Untersuchung erhalten», schrieb Karl in seinem Telegramm, «würdest du dich anschließen?»

Unbedingt! Ich hatte in Zaire gelehrt, ich hatte Jahre in Dörfern wie Yambuku verbracht, ich sprach Französisch, die Amtssprache Zaires, sowie zwei regionale Dialekte. Außerdem war mir noch nie eine solche Herausforderung begegnet. Zu diesem Zeitpunkt beschränkten sich meine Erfahrungen hauptsächlich auf bakterielle Erkrankungen wie Streptokokkus anthrax, Lepra und Meningitis. In die Erforschung hämorrhagischer Fieber war ich erst seit kurzem involviert, aber ein Zeitproblem gab es in Sierra Leone glücklicherweise nicht; eine Epidemie war offenbar nicht zu befürchten, aber das Lassa-Virus würde auch nicht verschwinden. Ich konnte das Projekt also ruhig verschieben, wenn die Zaire-Expedition genehmigt wurde.

Vorläufig konnte ich jedoch nur abwarten. Die Regierung von Zaire hatte noch kein grünes Licht gegeben. Das war nicht ungewöhnlich. Regierungen haben es selten eilig, einzugestehen, daß die Bevölkerung ihres Landes von einer Epidemie heimgesucht wird, die sie nicht unter Kontrolle bringen können. Ein solches Eingeständnis kann den Tourismus zum Erliegen bringen und das Land in ein wirtschaftliches Chaos stürzen. Nur war die Wirtschaft in Zaires Fall ohnehin ruiniert, ein Opfer fehlgeleiteter Bestrebungen, private Betriebe zu verstaatlichen. Was den Tourismus anging, hatte Zaire kaum Verluste zu befürchten, denn es kamen kaum noch Touristen. Urlauber sind an verarmten Menschen, schlechten Straßen und leeren Regalen in den Läden gewöhnlich nicht interessiert. Auch wirken Nachrichten über Lehrer und andere einheimische Intellektuelle und ausländische Missionare, die von abtrünnigen Söldnern abgeschlachtet werden, nicht gerade tourismusfördernd. Jetzt herrschte zwar Frieden in Zaire, aber es war ein Frieden der Toten und Sterbenden.

Karl versprach, mich über die Lage in Yambuku auf dem laufenden zu halten. In der Erwartung, daß die Regierung in Kinshasa schließlich in eine Untersuchung einwilligen würde, bereitete ich meine Abreise aus Sierra Leone vor. Feldforschung ist gewöhnlich mit Provisorien verbunden. Wenn es um merkwürdige Epidemien im Herzen Afrikas geht, kann man sicher sein, daß die verfügbaren Mittel begrenzt sind. In den USA verbringen die Leute keine schlaflosen Nächte aus Sorge, daß sie am nächsten Morgen mit Lassa-Fieber aufwachen könnten. Die Höhe der Forschungsmittel, die Organisationen wie der CDC bereitzustellen gewillt sind, steht in der Regel in direkt proportionalem Verhältnis zu dem Ausmaß an Panik, das eine spezielle Krankheit in der Bevölkerung auslöst. Je näher die Krankheit ist, desto sicherer kann man sein, daß der Kongreß angemessene Mittel zu ihrer Erforschung bewilligt. Erst als Fairfax County in Virginia vom Ebola-Virus bedroht zu sein schien, wurde der Geldhahn tatsächlich aufgedreht. Aber das lag noch weit in der Zukunft.

Da die Geldmittel fehlten, hatten Karl und ich vor meiner Abreise nach Sierra Leone einen Level-4-Feldisolator – ein mobiles Labor – entworfen. Es war dazu bestimmt, uns die Arbeit mit infektiösem Material in einer hermetisch abgeschlossenen Kammer ohne Ansteckungsrisiko zu ermöglichen. Im Grunde war es nichts anderes als ein Kasten mit seitlichen Öffnungen, in die man durch fest angeschlossene lange schwarze Latexhandschuhe hineingreifen konnte. Es war nicht gerade High Tech, aber der Ingenieur, der mit seiner Konstruktion beauftragt war, hatte geniale Arbeit geleistet. Auf ein Untergestell aus Sperrholz und Stahlrohren montiert, war das ganze Labor von einer festen Plastikumhüllung umgeben, die für den Transport zusammengelegt werden konnte. Die Hülle selbst war mit einem Gebläse ausgestattet, das die Luft absaugte und im Inneren Unterdruck erzeugte. So konnte, selbst wenn es ein Leck in der Hülle gab, kein infektiöses Material aus der Kammer entweichen. Die abgesaugte Luft wurde durch spezielle HEPA *(high efficiency particle)*-Filter geleitet, die selbst kleinste Partikel – wie Viren – auffangen können. Das Problem waren die langen, dicken Latexhandschuhe, in die man Hände und Arme einführte und mit denen man nur sehr unbeholfen hantieren konnte; wie wir später feststellten, bestand das größte Risiko nicht darin, versehentlich Erreger einzuatmen, sondern sich mit einer kontaminierten Kanüle oder einem anderen scharfen Instrument in den Finger zu stechen. Sehr viel später, als wir begriffen hatten, wo die wirkliche Gefahr lag, untersuchten wir Proben von Lassa-Fieber-Patienten in Sierra Leone am offenen Labortisch, weil wir so unsere Hände besser schützen konnten. Zu diesem Zeitpunkt hatten wir jedoch keine Ahnung, mit welcher Art von Virus wir arbeiten würden und wie es übertragen wurde. Es bestand die sehr reale Möglichkeit, daß es durch die Luft übertragbar war.

Am 19. Oktober, während ich noch mit meinen Reisevorbereitungen für Zaire beschäftigt war, gelang es Karl Johnson und Patricia Webb beim CDC, Ernie Bowen in Porton Down in England und Stefan Pattyn und Guido van der Groen in Antwerpen gleichzeitig, aus dem Blut einer infizierten Patientin aus Yambuku ein Virus zu isolieren. Das unbekannte Virus hatte eine gewisse Ähnlichkeit mit Marburg, es war fadenförmig und gewunden, aber es reagierte nicht mit den diagnostischen Reagenzien, durch die man das Marburg-Virus erkennen konnte.

Obwohl es offenbar ein enger Verwandter des Marburg-Virus war, schien es weitaus gefährlicher zu sein als dieses und alle anderen der Menschheit bekannten Erreger. Das Virus aus Zaire wuchs in Gewebekulturen im Labor mit alarmierender Geschwindigkeit und ließ Zellen gleichsam explodieren.

Niemand ahnte, daß die unbekannte Krankheit sich in Zaire bereits in Richtung Süden bewegte. Eine belgische Nonne, Schwester Myriam, die im Krankenhaus von Yambuku gearbeitet hatte, trug das Virus im Blut. In der Hauptstadt Kinshasa wurde sie ins Ngaliema-Krankenhaus eingeliefert, wo sie von einer afrikanischen Krankenschwester namens Mayinga gepflegt wurde. Nach kurzer Zeit zeigten sich auch bei Mayinga die frühen Symptome: Fieber, Kopfschmerzen und Schwäche. Da sie gesehen hatte, wie die Krankheit verlief, und die schrecklichen Geschichten aus dem Landesinneren gehört hatte, geriet Mayinga verständlicherweise in Panik. Verzweifelt und verängstigt lief sie kopflos in Kinshasa umher, machte die Runde bei Ärzten und in den Notaufnahmen anderer Kliniken und wagte es nicht, sich die schreckliche Wahrheit einzugestehen; sie wartete darauf, daß jemand ihr sagte, sie solle sich keine Sorgen machen, es sei nur Malaria. Auf ihrem Weg durch die Wartezimmer und Ambulanzen brachte sie andere, die ihr nahe kamen und sie untersuchten, in Gefahr, sich ebenfalls mit dem Erreger zu infizieren, aber das war ihr nicht bewußt. Sie kämpfte mit den Symptomen, die ihr keine Ruhe ließen. Ihr Zustand verschlechterte sich zusehends.

Man fragt sich, was sie wohl zuerst bemerkt haben mag. Die Kopfschmerzen? Das Fieber? Die Halsentzündung, die immer schlimmer wurde, und die Schmerzen beim Schlucken? In ihrer Angst verleugnete sie vor sich selbst, daß sie sich mit dem unbekannten Erreger infiziert hatte, und suchte verzweifelt nach einer anderen, alltäglichen Erklärung. Es mußte Malaria sein. Ständig hatten Leute Malaria. Und sie wurden wieder gesund. Aber Mayingas Krankheit war nicht Malaria.

Schließlich wußte sie nicht weiter und suchte Zuflucht im Ngaliema-Krankenhaus, dem Ort, wo sie sich die Krankheit zugezogen hatte. Hier wurde sie sofort zum Mittelpunkt hektischer Aktivitäten; die Ärzte beeilten sich, sie mit Marburg-Rekonvaleszentenplasma zu behandeln, in der verzweifelten Hoffnung, daß es eine therapeutische Wirkung haben möge. Alle Personen, von denen man wußte, daß sie mit Mayinga in Kontakt gekommen waren, im Krankenhaus oder andernorts in der Stadt, wurden sofort unter Quarantäne gestellt.

Mayingas Blut wurde zu einer Art Vermächtnis an die Menschheit, denn das Virus, das daraus isoliert wurde, war die eigentliche Quelle allen Wissens, das wir anschließend über den bis dahin unbekannten Erreger und seine Auswirkungen auf den menschlichen Körper erwarben.

Am 19. Oktober, dem Tag, an dem die Wissenschaftler in den USA und Europa das Virus identifizierten, verließ ich das Haus, das mir im Landesinneren Sierra Leones als Wohnort diente, und sah, wie ein Lastwagen anhielt. Der Fahrer kam auf mich zu und fragte, ob ich wüßte, wer Dr. Joseph McCormick sei. Ich gab mich zu erkennen. «Dann ist das für Sie», sagte er und händigte mir ein Schreiben von der US-Botschaft aus. Es enthielt die Nachricht, auf die ich gewartet hatte: Die WHO (Weltgesundheitsorganisation) hatte von der Regierung Zaires die Erlaubnis erhalten, eine Untersuchung durchzuführen; ich sollte sofort nach Kinshasa aufbrechen. Ich gab dem Fahrer eine Rückantwort an die Botschaft mit, in der ich darum bat, einen Flug für mich zu arrangieren. Das Abenteuer begann.

Karl war mir natürlich einen Schritt voraus. Er und ein neuer Mitarbeiter des CDC, der Epidemiologe Joel Breman, waren bereits in Zaire. Im Flugzeug von Atlanta nach Kinshasa lernten Joel und Karl zufällig einen Mann kennen, der bei der Durchführung des Projekts eine ausschlaggebende Rolle spielen sollte: Bill Close, den Direktor des Mama-Yemo-Hospitals, des größten öffentlichen Krankenhauses in Zaire und möglicherweise in ganz Afrika. Bill, ein untersetzter, rundlicher Mann, war energiegeladen, idealistisch und von humanistischem Geist erfüllt. Als ich ihn kennenlernte, rauchte er viel und stand ständig unter Spannung. Sein Französisch war perfekt, und wie ein Franzose war er fähig, seine Worte mit ungeduldiger Schärfe zu erfüllen. Sein Anliegen war utopisch: Eine Bewegung, die sich *Moral Rearmament* («moralische Wiederaufrüstung») nannte, hatte ihn dazu inspiriert, Anfang der sechziger Jahre, kurz nach der Unabhängigkeit, nach Zaire zu gehen. Es gibt wahrscheinlich wenige Menschen, die sich wie er mitten in einem Krieg mit ihren Familien in einem Land der Dritten Welt niedergelassen hätten. Aber Bill war nicht wie die meisten Menschen. Für ihn stellte Zaire die Gelegenheit dar, seine Ideale in die Tat umzusetzen und ein interessantes Leben zu führen. Nach diesen Maßstäben lebt er noch immer.

Bills Vorstellung von einem interessanten Leben war, sich mitten in eine Kampfzone – in die sich die an Bodenschätzen reiche Provinz

Katanga zu jener Zeit verwandelt hatte – hineinzubegeben und zu schauen, wo und wie er helfen konnte. Er ergriff nicht Partei in dem blutigen Aufruhr – zweifellos eine kluge Entscheidung. Ihm ging es nur darum, sich um die Verwundeten zu kümmern. Unbeeindruckt von der ständigen Gefahr behandelte er die Kranken und Verletzten; manchmal operierte er, während Soldaten die Waffe auf ihn gerichtet hielten. Alles in allem, so würde ich vermuten, war das alles wohl aufregender, als er sich gewünscht hatte. Aber der Konflikt gab ihm die Chance, einen Mann kennenzulernen, der sich später als einflußreicher Freund erweisen sollte, einen ehrgeizigen Colonel namens Mobutu Sese Seko. Mobutu, der sich später an die Spitze des Staates setzte, regierte Zaire anfangs mit Klugheit, die sich jedoch bald mit Gier und Skrupellosigkeit paarte. Dennoch war die Verbindung, wie sich herausstellen sollte, nicht nur für Bill von Vorteil. Auch die der WHO angeschlossenen Wissenschaftler profitierten davon. Karl und Joel stellten fest, daß sie mit Bills Unterstützung das Projekt in einer Weise vorantreiben konnten, die sonst nicht möglich gewesen wäre. In einem Land, in dem nichts schnell geht oder in dem überhaupt nichts geht, konnte Mobutu die Hindernisse mit ein paar Worten beseitigen – denn wer seinen Wünschen nicht Folge leistete, zahlte einen sehr hohen Preis dafür.

In Kinshasa angekommen, blieb eine Gruppe von Wissenschaftlern, die unter Karls Leitung arbeitete, in der Hauptstadt, während Joel mit einem kleineren Team in die etwa hundert Meilen nördlich gelegene Region von Yambuku reisen sollte. Vierundzwanzig Stunden nach ihrer Ankunft in Kinshasa, durch die Zeitverschiebung noch erschöpft und durcheinander, brachen Joel und seine französischen und zairischen Kollegen in einem anderen Flugzeug ins Landesinnere auf. Und dann verschwanden sie. Jeder Kontakt zu ihnen war abgebrochen.

Zu diesem Zeitpunkt – Karl hatte gerade begonnen, die Projektarbeit in Kinshasa zu organisieren – kam die Nachricht, daß Mayinga gestorben war. Nun konnte die Wahrheit nicht mehr verheimlicht werden. Die namenlose Krankheit war da. Kaum jemand glaubte, daß Mayinga das einzige Opfer bleiben würde.

Aber ich wußte von all diesen Vorgängen nichts. Ich kämpfte darum, von Sierra Leone nach Zaire zu gelangen, und das war durchaus nicht einfach. Als ich Freetown erreicht hatte, ging ich das Risiko ein, mit einer Fokker der Sierra Leone Airways zu fliegen, statt eine achtstündige Fahrt mit dem Jeep über staubige, holprige Straßen zu erdulden.

Das Problem war, überhaupt einen Flug aus Freetown heraus zu erwischen. Das Reisen in Afrika ist im günstigsten Fall eine Art Lotteriespiel mit vorwiegend unwillkommenen Überraschungen. Wenn wir heutzutage von einer afrikanischen Hauptstadt zur anderen gelangen wollen, machen wir gewöhnlich den Umweg über Europa. Es ist einfacher, unendlich viel bequemer und sicherer. In diesem Fall hatte ich jedoch keine Wahl, ich war zu sehr in Eile. Afrikanische Flugpläne sind notorisch unzuverlässig. Die beiden Fluglinien, die als die zuverlässigsten auf dem Kontinent galten – Nigeria Airlines und Ghana Airlines – tauchten auf, wann es ihnen paßte, ohne Rücksicht auf die festgesetzten Abflugzeiten. Es war nichts Ungewöhnliches, den ganzen Tag in einem schäbigen Flughafengebäude darauf zu warten, daß sich ein Flugzeug sehen ließ. Eine weitere Komplikation bestand darin, daß nur wenige andere afrikanische Länder diplomatische Beziehungen zu Sierra Leone unterhielten, und daher war es so gut wie unmöglich, die erforderlichen Visa zu bekommen.

Da ein direkter Flug nach Kinshasa jenseits des Möglichen lag, sagte man mir, ich müsse zuerst in Abidjan, Côte d'Ivoire, und dann in Douala, Kamerun, zwischenlanden. Ich hatte für keines der Länder ein Visum. Irgendwie mußte ich an beiden Orten eine Unterkunft für die Nacht finden und dafür sorgen, daß mein tragbares Labor sicher aufgehoben war. Ich mußte mich auf meinen Einfallsreichtum und den guten Willen der Grenzorgane verlassen.

Der Zollbeamte in Abidjan sah mich mißtrauisch an. Aus welchem Grund wollte ich in Côte d'Ivoire einreisen? Ich versuchte zu erklären, daß ich nur einen Platz für die Nacht brauchte, für mich und mein Labor. Wieso hatte ich dann kein Visum, wollte er wissen. Ich setzte zu einer Geschichte an, die ihm plausibel machen würde, daß ich mir in Freetown kein Visum besorgen konnte. Schließlich unterhielt Côte d'Ivoire dort kein Konsulat. In Zaire war eine Krankheit ausgebrochen, die meine sofortige Anwesenheit forderte, erklärte ich weiter. War das so schwer zu begreifen? Es war klar, daß er als Gegenleistung für eine verständnisvollere Haltung eine kleine Zuwendung erwartete. Aber ich war prinzipiell nicht bereit, Bestechungsgelder zu zahlen, obwohl der Beamte durchaus im Recht war, wenn er mir die Einreise verweigerte. Ich bezweifle, daß ein Beamter der amerikanischen Grenzbehörden sich darauf eingelassen hätte, einen Mann von der Elfenbeinküste ohne gültiges Visum in die USA einreisen zu lassen, und sei es auch nur für eine Übernachtung. Aber als Repräsentant der amerikanischen Regierung durfte ich den einfachen und in der Tat allgemein üblichen Weg, Beamte zu schmieren, nicht gehen. Da dies aber Afrika war, nahm ich an, daß ich ihn schließlich niederreden und zumindest ein Bett für die Nacht bekommen konnte. Am Ende gab er auch nach, aber er war nicht davon überzeugt, daß alles seine Ordnung hatte. «Sie müssen Ihren Paß hier hinterlegen», beharrte er.

Nun, ich hatte nicht die mindeste Absicht, meinen Paß abzugeben. Amerikanische Pässe waren wertvolle Handelsartikel, die hohe Preise erzielten. Es wäre sehr dumm von mir, mich von meinem Paß zu trennen. So händigte ich ihm statt dessen meine gelbe WHO-Impfbescheinigung aus. Der Beamte sah sie sich an und überlegte offenbar, was er damit anfangen sollte. Schließlich fand er wohl, daß sie offiziell genug aussah, und da er wußte, daß ich sie für meine Weiterreise brauchen würde, zuckte er mit den Achseln und winkte mich durch.

In Kamerun mußte ich die gesamte Prozedur noch einmal durchlaufen und ein drittes Mal bei der Ankunft in Kinshasa. Am Flughafen ging es noch genauso zu, wie ich es aus früheren Tagen in Erinnerung hatte: Lärm und Tumult, schlecht ausgebildete und bis an die Zähne bewaffnete Soldaten, die für eine düstere und bedrohliche Atmosphäre sorgten, Reisende, die sich wie Flüchtlinge bewegten. Amtsmißbrauch und Schmiergeldforderungen waren an der Tagesordnung. Ich hatte zwar kein Visum für Zaire, aber zumindest eine Kopie des offiziellen Schreibens der WHO, in dem ich aufgefordert wurde, an der Untersuchung teilzunehmen. Nicht, daß das etwas genutzt hätte. Aber diesmal wurde kein Widerspruch laut, sobald ich den Zweck meiner Einreise klargemacht hatte. Jeder am Flughafen wußte von der Epidemie – und vom Tod des ersten Opfers –, und man war nicht geneigt, sich mit Formalitäten aufzuhalten. Der Haken war nur, die Kiste, die das tragbare Labor enthielt, durch den Zoll zu bekommen.

«Qu'est-ce que vous pouvez faire pour moi aujourd'hui?» – «Was können Sie denn heute für mich tun?» –, fragte der Zollbeamte, als er die Kiste sah. Das war eine unmißverständliche Aufforderung. Ich sagte ihm, ich könne mir nicht vorstellen, daß er Verwendung für das Labor habe, aber wenn er es über Nacht bewachen wolle, bis ich am nächsten Tag mit einem WHO-Repräsentanten zurückkäme, um es abzuholen, wäre ich ihm überaus dankbar. Er gab auf, sah aber etwas geknickt aus, denn seine Träume von einem besonders profitablen Tag, den man mit einigen zusätzlichen Gläsern Simba-Bier begießen könnte, waren gerade zerronnen.

Ein Mitarbeiter aus Karls Team erwartete mich, als ich erschöpft, aber voller Spannung durch den Zoll kam.

«Schlechte Nachrichten», sagte er, als wir in den Wagen stiegen. «Die Epidemie ist schon hier. Die Leute sind in Panik. Das Ngaliema-Krankenhaus steht unter Quarantäne.» Dann sah er mich plötzlich an und sagte mit einem schwachen Lächeln: «Willkommen in Kinshasa, Dr. McCormick.»

Die Schlacht beginnt

Aus dem Autofenster schaute ich auf das Gewühl in den Straßen Kinshasas. Ich sah mit Bestürzung, wie sehr die Stadt heruntergekommen war, seitdem ich zum letzten Mal hier gewesen war. Ich konnte keine offenen Anzeichen von Panik entdecken, aber ich war sicher, daß alle von der Bedrohung durch die namenlose Krankheit wußten. Vielleicht kannten sie den Namen Mayinga nicht, aber sie hatten zweifellos alle Gerüchte über die Krankenschwester aus Yambuku gehört, die gestorben war. Und dieses Wissen mußte Angst auslösen. Alle Fremden waren automatisch verdächtig. Ein Todesopfer gab es bereits, morgen konnten es fünfzehn oder zwanzig sein. Niemand wußte Genaueres. Alle lebten in Furcht.

Das WHO-Team hatte sich in einem Gebäude der belgischen Hilfsorganisation Fometro *(Fonds Medical Tropical)* eingerichtet. Der gesamte Gebäudekomplex war eine Mischung aus Gästehaus, Warenlager und Fahrzeugdepot und diente außerdem als Zentrale für die medizinischen Programme der Organisation; dazu gehörte unter anderem die Verwaltung des Mama-Yemo-Krankenhauses. Obwohl im Mama Yemo noch keine Fälle der neuen Viruskrankheit aufgetaucht waren, gingen Bill Close und sein medizinisches Personal keine Risiken ein. Mit etwa zweitausend Betten beherbergte das Krankenhaus eine große Patientenpopulation, und täglich kamen rund einhundert Neugeborene dazu. Ein Ausbruch der neuen Virusinfektion würde hier zu einer Katastrophe führen.

Bill organisierte ein Quarantänesystem, das die Erfassung jeder möglicherweise infizierten Person sicherstellte. Neuaufnahmen wurden peinlich genau auf Symptome der Krankheit untersucht und, wenn auch nur der geringste Verdacht bestand, sofort auf eine besondere Station verlegt, wo sie sorgfältig überwacht wurden. Während es im Mama Yemo noch keine bestätigten Fälle gab, konnte man vom Ngaliema-Krankenhaus nicht dasselbe sagen. Da es dort bereits eine infizierte Patientin und ein Todesopfer gegeben hatte, war die Quarantäne so strikt, daß sie zu einer Belastung wurde. Eine Station, Pavillon 2 genannt, war zum Quarantänebereich für Patienten erklärt worden, die sich jedoch innerhalb des Krankenhauses frei bewegen durften. Eine weitere Station, Pavillon 5, war für medizinisches Personal reserviert, das mit Infizierten in Berührung gekommen war. Die Behörden hatten nicht weniger als siebenunddreißig Personen identifiziert, die mit Mayinga Kontakt gehabt hatten. Eine südafrikanische Ärztin, Margarita Isaacson, war für die Quarantänemaßnahmen verantwortlich. Sie war eine kleine, unglaublich energische Frau; die Hälfte ihres Gesichts war von einer großen Brille verdeckt. Es hieß, daß sie früher in einem israelischen Fallschirmjägerregiment gedient habe, und es war offensichtlich, daß sie daran gewöhnt war, Befehle zu geben. Widerspruch kam nicht in Frage. Sie hatte in einer höchst angespannten Atmosphäre die Dinge in die Hand genommen. Spürbare Angst ging im Krankenhaus um. In jedem Blick, auch in den Augen der Patienten, lag die stumme Frage: Habe ich es? Bin ich schon infiziert? Muß ich sterben?

Dr. Isaacson hielt die Panik in Schach, und das war unter diesen Umständen eine außerordentliche Leistung. Selbst unter den günstigsten Bedingungen ist es in einer Stadt wie Kinshasa schwer genug, dafür zu sorgen, daß etwas klappt – was es auch immer sein mag –, aber eine Quarantäne aufrechtzuerhalten war ein logistischer Alptraum. Zusätzlich zu den Runden, die sie bei ihren isolierten Patienten machte, mußte die Ärztin auch dafür sorgen, daß diese verpflegt wurden und daß ihre Angehörigen über ihren Zustand auf dem laufenden gehalten wurden. Außergewöhnlich war vor allem ihre Entschlossenheit, diese Angehörigen am Betreten der Quarantänestation zu hindern. Normalerweise gab es so etwas in Afrika nicht. Wenn ein Patient in ein Krankenhaus eingewiesen wird, zieht seine Familie praktisch mit ihm ein. Schließlich kann man sich nicht darauf verlassen, daß er oder sie dort etwas zu essen bekommt, und in aller Regel wird der erkrankten Person nicht einmal die elementarste Pflege zuteil. Diese Aufgaben fallen routinemäßig den Familien zu.

Dr. Isaacsons Besuchsverbot war also eine unbegreifliche Anordnung, etwas nie Dagewesenes. Jeden Morgen kampierten die Familien vor dem Krankenhauseingang und warteten, bis jemand vom medizinischen Personal erschien. Dann brach ein Sturm von Fragen los: Warum hinderte man sie daran, ihre geliebten Menschen zu sehen? Wer sollte sich darum kümmern, daß sie genug zu essen bekämen? Was sollte geschehen, wenn es dem Kranken schlechter ging und niemand bei ihm war, um ihn zu trösten? Dr. Isaacson ging selbst hinaus, um mit den Familien zu sprechen. Sie versicherte ihnen, daß sie ihre Sorgen verstand. «Aber ich kann wirklich nichts machen. Sie können Ihre Angehörigen erst besuchen, wenn keine Ansteckungsgefahr mehr besteht. Oder wollen Sie auch krank werden?»

Nein, das wollten sie nicht. Es schien, als sei die Sache bereinigt und ein gewisser Konsens erreicht, aber am nächsten Morgen waren sie alle wieder da und wollten wissen, was mit ihren Angehörigen war. Dr. Isaacson sprach wieder mit ihnen und erklärte, daß sie nichts tun könne. Die Quarantäne war absolut.

Seit meiner Ankunft in Kinshasa war kaum ein Tag vergangen, als ich zu meiner ersten Besprechung mit den Mitgliedern des WHO-Teams und den Vertretern des Gesundheitsministeriums gerufen wurde. Alle erhielten ihre Anweisungen von Karl. Sein überlegenes Wissen und seine umfangreichen Erfahrungen als Leiter epidemiologischer Untersuchungen in Lateinamerika, durch die er eine besondere Sensibilität für fremde Kulturen entwickelt hatte, rechtfertigten diese Position. Ohne diese Sensibilität ist die Aufgabe, eine Epidemie wie die von Yambuku einzudämmen und zu erforschen, nicht zu bewältigen.

Obwohl Karl der anerkannte Leiter des Projekts war, führte der Gesundheitsminister, Dr. Ngwete Kikchela, ein kleiner, redegewandter Mann, der seine medizinische Ausbildung in Belgien und Kanada erhalten hatte, bei den Sitzungen gewöhnlich den Vorsitz. Dr. Ngwete sprach zwar auch etwas Englisch, aber seine Kenntnisse reichten nicht aus, um problemlos mit seinen ausländischen Kollegen zu kommunizieren. Und wenn es um Infektionskrankheiten oder die komplexen Vorgänge bei der Untersuchung von Epidemien ging, geriet er völlig ins Schwimmen. Er war bereit, sich rückhaltlos einzusetzen, aber es war auch klar, daß er auf das WHO-Team vertraute, wenn es darum ging, eine Lösungsstrategie für die Krise in seinem Land zu finden. Das war schließlich auch unser Job.

Es gab allerdings ein ständiges Machtgerangel unter den Teammitgliedern, das vor allem von den Belgiern ausging. Als frühere Kolonialmacht waren sie – vermutlich gerechtfertigterweise – davon überzeugt, daß sie sich mit der Politik und der Kultur Zaires besser auskannten als wir anderen. Sie sahen sich in der Rolle der Beschützer des

Landes. Das Problem war nur, daß sie einfach nicht in der Lage waren, eine Untersuchung wie diese durchzuführen. Also blieb ihnen nichts anderes übrig, als ihrer Frustration Luft zu machen und sich gemeinsam mit einigen ihrer französischen und sogar amerikanischen Kollegen aufzuregen, wenn Entscheidungen getroffen wurden, mit denen sie nicht einverstanden waren. Aber das Virus würde nicht warten, bis wir unsere kleinlichen Differenzen beigelegt hatten. Wir befanden uns schließlich in einer Art Kriegszustand. Wir brauchten jede Information, die wir bekommen konnten, denn wir mußten versuchen, mit der Entwicklung im Landesinneren Schritt zu halten. Wir waren uns darüber im klaren, daß ständig neue Fälle auftauchten. Aber mit welcher Häufigkeit? Wie viele Personen standen unter Quarantäne? Wurde alles getan, um weitere Infektionen zu verhindern?

Darüber hinaus hatten wir ein weiteres Problem: Was war mit Joel Breman und seinen Mitarbeitern geschehen, die ins Landesinnere aufgebrochen waren? Sie hätten längst in Yambuku sein sollen, denn sie waren nur wenige Stunden nach ihrer Ankunft in Kinshasa mit einem Militärflugzeug weitergereist. Wir machten uns Sorgen um sie. In diesem abgelegenen Gebiet konnte alles mögliche passieren. Wir wußten nur, daß sie in Bumba, einer rund achtzig Meilen von Yambuku entfernten Hafenstadt, gelandet waren. Aber das war schon fünf Tage her, und wir hatten noch nichts von ihnen gehört. Niemand hatte eine Idee, wie wir mit ihnen in Verbindung treten könnten. Nach einigem Nachdenken kam ich darauf, daß es vielleicht eine relativ simple Lösung für das Problem geben könnte. Aus meiner Erfahrung in Zaire wußte ich, daß der beste Weg, irgend jemanden im Land zu erreichen, über die Missionare führte. Missionare in Afrika verständigen sich gewöhnlich über ihr eigenes, höchst effizientes «Buschtelefon», und Zaire bildete keine Ausnahme. Ich fragte mich in Kinshasa durch und erfuhr, daß es nicht weit von Yambuku eine Missionsstation gab, die von einer nordamerikanischen Missionsorganisation unterhalten wurde. Was am wichtigsten war: die Missionare dort hatten ein Funkgerät, über das sie sich täglich bei ihren Kollegen in der Hauptstadt meldeten. Am nächsten Morgen saß ich im Büro der Mission in Kinshasa am Funkgerät und wartete, daß Yambuku sich meldete. Sobald ich Kontakt mit der Missionsstation auf der anderen Seite hatte, erklärte ich unser Problem. Wäre es möglich, fragte ich, daß sie jemanden auf die Suche nach Joel Breman und seinem Team schickten und sie vielleicht ans Funkgerät holten? Oder, wenn die Suche erfolglos blieb, könnten sie vielleicht versuchen herauszufinden, was mit unseren Leuten geschehen war? Ja, wurde mir versichert, man würde sich darum kümmern, und am Abend würde jemand über Funk durchgeben, was es Neues gab. Zwölf Stunden später war ich wieder im Büro der Missionszentrale. Es gab gute Nachrichten. Joels Team war gefunden worden, und alle waren wohlauf. Dr. Breman selbst würde sich am nächsten Morgen melden.

Damals kannte ich Joel nur flüchtig. Er war ein Bär von einem Mann, hochgewachsen und kräftig, und sprach in einem melodischen Bariton, der an die Sprecher mitternächtlicher Radiosendungen erinnerte. Nichts war ihm lieber als eine große Herausforderung, und deshalb hatte er seinen bequemen Job bei den Gesundheitsbehörden von Michigan aufgegeben, um sich der Expedition in ein sehr unwirtliches Terrain anzuschließen. Er sprach fließend Französisch, wenn auch mit starkem Akzent. Da er viele Jahre in Westafrika im Kampf gegen Pockenepidemien verbracht hatte, kannte er sich mit der afrikanischen Kultur gut aus. Als wir schließlich direkt miteinander kommunizieren konnten, erzählte Joel mir, wie es ihm und seinem Team nach der Abreise aus Kinshasa ergangen war.

«Die Piloten der zairischen Luftwaffe warfen uns in Bumba buchstäblich hinaus», sagte er. «Als wir gelandet waren, weigerten sie sich, die Motoren abzustellen. Sie öffneten nur die hintere Tür der C-130 und sagten uns, wir sollten unsere Sachen nehmen und verduften. Sobald wir draußen waren, starteten sie wieder.»

Auf dem Weg nach Yambuku hielten Joel und sein Team in den Dörfern, die an der Straße lagen, an und fragten, ob in letzter Zeit jemand krank geworden sei. Obwohl das Team keine neuen Fälle entdecken konnte, war offensichtlich, daß die Dorfbewohner über die Gefahr im Bilde waren. Überall, wo sie anhielten, kamen die Menschen in Massen angelaufen und drängten sich um das Fahrzeug. Alle hatten panische Angst vor der Krankheit. Manche Dörfer hatten eigene Quarantänemaßnahmen ergriffen. Fremde durften das Dorf nicht betreten, und selbst Einheimische, die länger fort gewesen waren, wurden sorgfältig auf Anzeichen der Krankheit hin überwacht. Nachdem sie jahrelang mit Pockenepidemien gekämpft hatten, wußten die Dorfbewohner aus leidvoller Erfahrung, daß es notwendig war, solche Einschränkungen durchzusetzen.

In Yambuku angekommen, fanden Joel und sein Team das absolute Chaos vor. Das Krankenhaus war verlassen, das medizinische Personal war durch die Virusinfektion dezimiert. Einwohner, die fürchteten, sich angesteckt zu haben, waren in ihre Dörfer geflohen. Jene, die geblieben waren, warteten voller Angst, ob sich bei ihnen Symptome der gräßlichen Krankheit zeigten. Bill Close hat diese Vorgänge in seinem Roman *Ebola* hervorragend dargestellt. Obwohl als Roman geschrieben, ist sein Buch der am besten fundierte und genaueste Bericht über die Epidemie von Yambuku und die Ereignisse, die sich 1976 dort abspielten.

Joel teilte mir seinen Verdacht mit, daß das Krankenhaus in Yambuku – weit davon entfernt, eine Zuflucht für die Patienten zu sein – tatsächlich zur Verbreitung der Krankheit beigetragen habe. Der Mangel an sterilen Techniken und besonders die Wiederverwendung von Injektionsnadeln war zweifellos eines der Hauptvehikel der Übertragung.

«Wir hören immer noch von neuen Fällen», sagte Joel, «aber das Problem ist, daß wir nicht feststellen können, ob es sich definitiv um dieses neue Virus handelt. Da das Krankenhaus geschlossen ist, kommen die Leute nicht nach Yambuku. Sie bleiben in ihren Dörfern. Es ist also schwierig, sich ein genaues Bild von der Situation zu machen.»

Bevor wir den Funkkontakt beendeten, sagte ich Joel, wir würden uns mit dem zairischen Militär in Verbindung setzen und versuchen, einen Rückflug für ihn und sein Team aus Bumba zu organisieren. Es war aber alles andere als einfach, jemanden zu finden, der bereit war, nach Bumba zu fliegen. Die zairischen Militärs waren sehr besorgt, daß das Virus durch die Luft übertragbar sei und daß sie tot umfallen würden, wenn sie in Bumba nur einmal tief durchatmeten. Schlimmer noch: Ich konnte ihnen nicht mit absoluter Sicherheit garantieren, daß jedes Mitglied in Joels Team virusfrei war. Also wandten wir uns an Bill um Hilfe. Obwohl ich Bill erst flüchtig kannte, setzte ich großes Vertrauen in ihn. Er war offenbar eine Art Organisationsgenie. Wie sonst war es zu erklären, daß das Mama-Yemo-Krankenhaus unter seiner Leitung so ungemein effizient arbeitete? In einem Land, das von Korruption zersetzt war, hob er sich dadurch hervor, daß er sich weigerte, Faulheit oder Inkompetenz zu dulden. Außerdem war er ein Optimist. Der Idealismus, der ihn dazu bewogen hatte, mitten in einem blutigen Aufruhr als Arzt freiwillige Dienste zu leisten, hatte ihn auch hier nicht verlassen. Andere hätten unter dem Druck und der Frustration längst aufgegeben. Ich kann also nicht behaupten, daß ich wirklich überrascht war, als Bill von seinem Gespräch mit Mobutu zurückkam und erklärte, es werde ein Flugzeug zur Verfügung gestellt, um unsere

Wissenschaftler aus dem Norden zurückzubringen. Aber auch diesmal weigerten die Piloten sich, das Flugzeug zu verlassen, als sie in Bumba eingetroffen waren, und sie forderten Joel und seine Leute auf, sich so weit wie möglich vom Cockpit fernzuhalten.

An meinem vierten Tag in Kinshasa erhielten wir weitere schlechte Nachrichten. Noch bevor die Epidemie in Yambuku ausgebrochen war, hatte das Virus offenbar im südlichen Sudan, etwa fünfhundert Meilen nordöstlich von Yambuku, zugeschlagen. Dem Bericht zufolge war der Ausbruch der Krankheit dort ganz ähnlich verlaufen wie in Yambuku. Bestand ein Zusammenhang zwischen den beiden Epidemien? Da die Epidemie im Sudan offenbar früher begonnen hatte als die in Zaire, konnten wir – wenn es einen Zusammenhang gab – nur daraus schließen, daß die Infektion im Sudan ihren Ursprung hatte. In diesem Fall hätte sie sich über die Grenze hinweg nach Südosten ausgebreitet, einer Route folgend, die sich seit Dr. Livingstones ersten Reisen in das Gebiet um 1870 wenig verändert hatte. Jemand mußte dort hinfahren und so nahe wie möglich an die sudanesische Grenze herankommen, um herauszufinden, ob es eine Verbindung zwischen den beiden Epidemien gab. Dann dachte ich: Warum sollte ich das nicht sein?

Karl hatte gegen meinen Entschluß nichts einzuwenden, und auch von seiten der anderen Teammitglieder erhob sich kein Widerspruch. Das lag vermutlich daran, daß niemand sonst die Aufgabe übernehmen wollte. Die Region, in die ich reisen würde, war praktisch das Ende der Welt. Außerhalb dieses Gebietes wußte kaum jemand, wie es dort eigentlich aussah. Ich besorgte mir eine Michelin-Karte der Region, in der Hoffnung, daß sie mir nutzen könnte. Das stellte sich bald als Irrtum heraus, denn das Werk – offenbar von unerschütterlichen Optimisten angefertigt – war eher eine Übung im Glauben als in Kartographie. Die beigefügten Empfehlungen waren alles andere als beruhigend: «Wo es keine klaren Routen gibt, sind Navigationsinstrumente und ein einheimischer Führer unbedingt notwendig. Auch sollte man nur im Konvoi reisen; es wäre höchst unklug, die Reise in einem einzelnen Fahrzeug anzutreten.» Das war nett. Faszinierend fand ich die folgende Information: «Die Markierung internationaler Grenzen auf dieser Karte sollte nicht als maßgebend betrachtet werden.» Diese Aussage von einem Kartenhersteller mit so hohem Prestige war das jämmerliche Eingeständnis einer kartographischen Niederlage.

Während ich das Gebiet an der sudanesischen Grenze erkundete, würde das Hauptteam sich auf Yambuku konzentrieren und nachforschen, ob neue Fälle aufgetreten waren. Wenn alles gutging, würde es den Wissenschaftlern vielleicht auch gelingen, die Ausbreitung der Infektion einzudämmen. Zur gleichen Zeit würde ein anderes Mitglied des WHO-Teams, der Belgier Simon van Nieuwenhove, ein Experte für die afrikanische Schlafkrankheit, in der südlichen Provinz Haute Zaire Nachforschungen anstellen. Das Reisen im Süden war nicht ganz so mühsam, denn die Region war besser erschlossen und hatte ein Eisenbahnnetz. Es war zu befürchten, daß sich das Virus hier mit noch größerer Geschwindigkeit ausbreiten könnte. Aber um überhaupt bis in die südliche Provinz zu gelangen, mußte die Krankheit zunächst das entlegene Gebiet durchqueren, zu dem ich unterwegs war, und zweitens fuhren die Züge im Schneckentempo, und ihre Unzuverlässigkeit war legendär. Wir ließen einmal ein Faß Dieselöl mit der Eisenbahn befördern, um unsere Treibstoffvorräte zu ergänzen. Es kam nie an.

Je näher unsere Abreise nach Norden heranrückte, desto mehr gab es bei den täglichen Sitzungen in der Zentrale der Fometro zu erörtern. Wir hatten mit einer Reihe schwieriger Probleme zu kämpfen. Wie sollten wir es anstellen, Tiere und Insekten einzufangen, die als Überträger der Krankheit in Frage kämen? Wie sollten wir bei der Untersuchung der Epidemie in Yambuku vorgehen? Welche Techniken mußten wir entwickeln, um unser Feldlabor nutzen zu können? Und dann war da noch eine andere, unausgesprochene Frage, die alle beschäftigte: Was sollte geschehen, wenn sich ein Mitglied unseres Teams mit dem Virus infizierte?

Wir verbrachten die Tage mit zeitraubenden Anstrengungen, die notwendigen Vorräte und Ausrüstungsgegenstände zusammenzutragen. Wir brauchten Reagenzgläser, Objektträger, Spritzen, Kanülen, Gummihandschuhe und andere Materialien. Wir brauchten Geländefahrzeuge und Treibstoff. Im Norden würde es keinen Treibstoff geben. In wirtschaftlicher Hinsicht war Zaire das reinste Desaster. Seit seiner Unabhängigkeit im Jahr 1960 hatte das Land darum gekämpft, auf eigenen Füßen zu stehen. Aber jetzt, 1976, hatte die Lage sich drastisch verschlimmert, zum großen Teil deshalb, weil die Regierung drei Jahre zuvor alle privaten Betriebe verstaatlicht und die Wirtschaft damit in den Kollaps getrieben hatte. Wie fast überall im ländlichen Afrika gab es im Landesinneren immer noch keine Stromversorgung, und es war fast unmöglich, etwas so Simples wie eine Kerze zu kaufen. Die Zustände waren so verheerend, daß in vielen Landesteilen kein Bier erhältlich war. Bier ist das untrügliche Barometer für das Florieren oder

Darniederliegen der Wirtschaft eines afrikanischen Landes. Wenn das Bier verschwindet, weiß man, daß der tiefste Punkt erreicht ist.

Obwohl die Verhältnisse in Kinshasa etwas besser waren, hatten wir große Schwierigkeiten, die Vorräte, die wir brauchten, aufzutreiben. Bill Close und seine Kollegen am Mama-Yemo-Krankenhaus erwiesen sich als sehr einfallsreiche Helfer. Außerdem stellte die amerikanische Botschaft uns vakuumverpackte Armeerationen in Dosen, die man nur mit einem Spezialschlüssel öffnen konnte, zur Verfügung. Es waren praktisch Antiquitäten. Die Rationen, die ich erhielt, trugen das Datum 1945. Ich hoffte, daß es ein guter Jahrgang war.

Außerdem zerbrachen wir uns den Kopf darüber, mit welchen Mitteln wir die Kommunikation zwischen den Teams aufrechterhalten könnten, so daß sich die Erfahrung, die wir mit Joel Bremans Team gemacht hatten, nicht wiederholte. Wieder erwies sich der lange Arm der Missionsorganisationen als Rettung. Eine katholische Missionsstation in Kinshasa erklärte sich bereit, mir ein Funkgerät zu leihen. Es war ein phänomenales Ding – ein Rube-Goldberg-Gerät, bestehend aus einem kleinen Seitenfrequenzbandempfänger, der mit einer Zwölf-Volt-Batterie betrieben wurde. Die Antenne wurde auf das Heck des Landrovers montiert. Mit Hilfe eines Mechanismus, der an eine Fahrradpumpe erinnerte, konnte man sie zu einer Höhe von fast einhundertzwanzig Metern ausfahren. Zwei Drähte, die an ihrer Spitze befestigt waren, dienten dazu, auch schwache Funksignale aufzufangen. Das Funkgerät selbst war an die Batterie des Landrovers angeschlossen. Zu meiner großen Freude funktionierte es tatsächlich, zumindest, als ich es in Kinshasa testete. Ich konnte natürlich nicht voraussehen, ob es auch an meinem Zielort – wo immer der sein mochte – so gut arbeiten würde.

Einige Tage vor unserer Abreise nach Norden kam die Nachricht, daß die Epidemie in Yambuku abzuebben schien, aber man konnte nicht sicher sein, daß die Gefahr vorüber war. Nach allem, was wir wußten, konnte die Krankheit im Busch immer noch weiter wüten. Dieser Bericht machte es noch dringlicher, so schnell wie möglich ein zweites Team nach Yambuku zu entsenden, bevor die Fährte kalt wurde oder das Virus sich so weit über die Dörfer verbreitete, daß die Epidemie nicht mehr einzudämmen war.

Schließlich brachen wir auf. Es war der 30. Oktober, genau eine Woche nach meiner Ankunft in Kinshasa. Früh am Morgen versammelten sich die drei Gruppen – das Yambuku-Team und die zwei kleineren Teams, die von Simon und mir geleitet wurden – auf dem Militärflugplatz in N'djili. Dort warteten wir, während das Bodenpersonal die drei Landrover, vierzig Tonnen Diesel, mehrere Kisten mit gut abgehangenen Armeerationen und andere Vorräte und Materialien in eine C-130 verlud. Während ich zuschaute, stieg in mir ein vertrautes Gefühl auf, eine Mischung aus Furcht und gespannter Erwartung. Ich hatte nie eine ähnliche Aufgabe erfüllt. Ich hatte keine Ahnung, was ich vorfinden würde, konnte aber kaum erwarten, daß es endlich losging. Meine Geduld wurde allerdings auf eine weitere Probe gestellt.

Sobald wir uns in den an einer Seite des Flugzeugrumpfes aufgereihten Springersitzen niedergelassen hatten, schnallten wir uns an und machten uns fertig für den Start. Aber es tat sich nichts. Die Zeit verging. Das Flugzeug setzte sich nicht in Bewegung. Dann wurde der Grund für die Verzögerung klar. Draußen auf dem Rollfeld redete ein Luftwaffenoffizier auf den Piloten ein und erklärte ihm, das Flugzeug dürfe nicht starten, es sei denn, einige Freunde seines Vorgesetzten könnten ebenfalls an Bord kommen. Er bestand sogar darauf, daß wir noch einige weitere Kisten mitnahmen, die er nach Bumba geliefert haben wollte. Niemand kam auf die Idee, sein Ansinnen abzulehnen, solche Dinge waren in der Tat allgemein üblich. Wer in Zaire irgendeine Machtposition innehatte, nutzte sie ohne Bedenken aus. Es war sogar so: Wer über Macht verfügte und sie nicht ausnutzte, würde bald gar keine Macht mehr haben.

Der Flug nach Bumba dauerte zwei Stunden. Sobald wir auf dem Rollfeld aus rotem Lehm aufgesetzt hatten, liefen Menschen in Scharen herbei, um zu sehen, was sich da tat. Die meisten waren Kinder, die mit offenem Mund zuschauten, wie die Fracht ausgeladen wurde. In Bumba passierte nicht viel. Die Ankunft eines Transportflugzeuges war ein großes Ereignis.

Die zweite Etappe unseres Fluges führte uns nach Kisangani. Es war später Nachmittag, als wir ankamen. So nahe am Äquator wird es schon kurz nach sechs Uhr abends dunkel, und die Nacht bricht so plötzlich herein, als würde ein Vorhang fallen. Uns blieb also nur wenig Zeit, die Geländefahrzeuge und die restliche Fracht zu entladen und eine Unterkunft für die Nacht zu suchen. Ich wurde von der katholischen Missionsstation am Ort aufgenommen. Das erste, was mir auffiel, als ich das Gebäude betrat, war eine Gedenktafel mit Fotos von Missionaren, die hier früher tätig gewesen waren. Zairische Söldner, Renegaten, hatten sie vor zehn Jahren alle getötet. Die kleine Galerie war eine bittere Mahnung, die in Erinnerung rief, daß nicht nur Krankheiten diese Region so gefährlich machten.

Das Virus konnte nicht für immer anonym bleiben. Karl fiel die Aufgabe zu, ihm einen Namen zu geben. «Yambuku» schien sich aufzudrängen, aber Karl zögerte, vielleicht weil er das Städtchen nicht noch mehr stigmatisieren wollte. Als er eine Karte der Region studierte, fiel ihm ein Fluß auf, der nahe bei Yambuku verlief. Der Fluß hieß Ebola.

Die Ebola-Fährte

Als sich herausstellte, daß niemand in Kisangani etwas über den Ausbruch einer Epidemie wußte, entschloß ich mich, die anderen zu verlassen und allein nach Isiro, das etwa einhundertzwanzig Meilen nordöstlich lag, aufzubrechen. Isiro ist die größte Stadt zwischen Kisangani und der sudanesischen Grenze. Nur mein Fahrer begleitete mich. Mit seiner Persönlichkeit und seinem Temperament konfrontiert, hätte ich es allerdings vorgezogen, ganz allein zu reisen. Er war lakonisch, nahezu stumm. Sein Schweigen hatte jedoch eine aggressive Unterströmung, und er vermittelte mir den Eindruck, daß es eine unerträgliche Zumutung für ihn sei, mich herumzufahren. Außerdem stellte sich bald heraus, daß er ein schlechter Fahrer war. Er schien unsere Reise für ein Grand-Prix-Rennen zu halten und legte auf holprigen Staubstraßen ein derartiges Tempo vor, daß ich um unser beider Leben fürchtete. Wenn ich versuchte, ihn zur Vorsicht zu ermahnen, warf er mir einen düsteren Blick zu, der zu sagen schien: «Was geht's dich an, wie ich fahre?» Unglücklicherweise hatte ich, was ihn betraf, keine Wahl. Er war ein junger Expatriierter, Anfang Zwanzig, der in einer Missionarsfamilie im südlichen Zaire aufgewachsen war. Das WHO-Team hatte ihn mir zugewiesen. Man sagte mir, er sei mit dem Terrain und der lokalen Kultur vertraut, und man könne sich auf sein Urteil verlassen. Da hatte ich meine Zweifel. In der Erkenntnis, daß meine Michelin-Karten mir kaum von Nutzen sein würden, ergab ich mich jedoch in meine Lage und versuchte, das Beste daraus zu machen. Ich konnte nur hoffen, daß ich die Fahrt heil überstehen würde.

Es war Regenzeit, und die Straßenverhältnisse waren noch schlimmer als gewöhnlich. Der Regen verwandelt den Boden in zähen roten Schlamm, dessen festes Erscheinungsbild den ahnungslosen Fahrer leicht dazu verlockt, mitten in morastige Löcher hineinzusteuern. Der Boden dort besteht vorwiegend aus Laterit, einem Lehm mit gewissem

Eisengehalt, der ihm seine rostige Farbe verleiht. Wenn sie naß werden, sind Lateritstraßen spiegelglatt, und ihre Oberflächen sind so tückisch, daß Reifen, die normalerweise mit dickem Schlamm fertig werden, praktisch nutzlos sind. Unter diesen Umständen taten wir gut daran, uns im Schrittempo fortzubewegen. Im Vergleich zu anderen Straßen in diesem Landesteil war die Route nach Isiro fast eine Autobahn. Zumindest war sie klar markiert und hatte zwei tief eingefahrene Furchen, in die die Räder meines Landrovers hineinpaßten.

Der ständige dichte Nebel und das hohe Elefantengras, das den größten Teil der Savanne bedeckte, gaben der Landschaft das Aussehen eines halberinnerten Traumbilds. Das Nahen unseres Fahrzeugs scheuchte Antilopen, Paviane und andere Affen auf, die plötzlich auftauchten und wieder mit dem Hintergrund verschmolzen. Aus weiter Ferne hörten wir die durchdringenden Rufe der Tiere. Vögel flogen über uns hinweg, schattenhafte Formen, die sich im Grau des wolkenverhangenen Himmels aufzulösen schienen. Dann wieder war die Landschaft in unheimliches Schweigen gehüllt. Über lange Strecken hörten wir nur das Geräusch des Motors und das unablässige Trommeln der Regentropfen auf dem Verdeck.

In diesem Teil der Welt gab es kaum medizinische Einrichtungen und auch nur sehr wenige Ärzte. Die Menschen konnten sich bestenfalls an eine Verteilerstation – eine Art primitiver Apotheke – wenden, die sie mit einer geringen Auswahl einfacher Medikamente versorgte. Ich war überzeugt, daß die Apotheker am besten wußten, ob in ihren Distrikten eine Krankheit ausgebrochen war. Ich sprach aber auch mit den Dorfhäuptlingen und Lehrern und allen anderen, die irgendwelche Informationen haben könnten. Obwohl die Leute in aller Regel sehr hilfsbereit waren, fand ich es schwierig, mir ein Bild von der Lage zu machen. Da ich mich auf lokale Übersetzer verlassen mußte, bestand immer die Möglichkeit, daß ein wichtiger Anhaltspunkt durch die Übersetzung verlorenging. Und dann gab es noch ein generelles Problem: Ich hatte es mit einfachen Menschen aus einer traditionell schriftlosen Kultur zu tun, die dazu neigten, Ausländern besondere Kräfte zuzuschreiben. Ich konnte nie sicher sein, ob die Leute, die ich befragte, korrekte Informationen weitergaben oder einfach etwas sagten, von dem sie glaubten, daß ich es hören wollte.

«Habt ihr von irgend jemandem gehört, der krank geworden ist und Fieber und Blutungen bekommen hat?» fragte ich zum Beispiel.

«O ja», lautete die Antwort, «so was kommt vor.»

Aber dann fügten sie schnell hinzu, daß nichts dergleichen in letzter Zeit geschehen sei. Und ich konnte natürlich nicht feststellen, ob es sich bei irgendeiner Krankheit, die sie beschrieben, tatsächlich um Ebola handelte. In Afrika gibt es schließlich viele Krankheiten. Ständig werden Menschen krank und sterben, auch junge, gesunde Menschen. Selbst ein gut ausgebildeter Arzt hätte Schwierigkeiten, unter so primitiven Bedingungen eine klare Diagnose zu stellen, geschweige denn, eine wirkungsvolle Therapie einzuleiten. Ich war so darauf erpicht, Leute zu finden, die etwas über Ebola wissen könnten, daß ich alles andere darüber vergaß. Erst als es schon fast Abend war, wurde mir klar, daß wir seit unserer Abreise aus Kisangani noch nichts gegessen hatten. Vielleicht war das die Erklärung für die finsteren Blicke, die mein Fahrer mir zuwarf. Als ich vorschlug, am Marktplatz des nächsten Dorfes anzuhalten und uns etwas zu essen zu besorgen, zeigte er mehr Enthusiasmus, als ich den ganzen Tag an ihm bemerkt hatte.

Das nächste Dorf, das auf unserem Weg lag, hatte jedoch keine Nahrungsmittel zu bieten. Einen Markt, der den Namen verdiente, gab es nicht, und die Läden waren leer. Wo wir auch hinkamen, fanden wir dieselbe Situation vor. Ich war darauf eingestellt, daß in dieser Region spartanische Bedingungen herrschten, aber so schlimm hatte ich es mir nicht vorgestellt. Es war offensichtlich, daß die Leute gerade soviel anbauen konnten, wie sie für ihren eigenen Bedarf brauchten, und daß es keinen Überschuß gab, den sie hätten verkaufen können. Bis jetzt hatte ich es vermieden, die Armeerationen auszuprobieren. Wovon sollten wir uns ernähren, falls diese dreißig Jahre alten Konserven sich als verdorben und ungenießbar herausstellten?

Wir hielten am Straßenrand an, stiegen aber nicht aus. Es goß jetzt in Strömen, und wir konnten durch die Windschutzscheibe kaum noch etwas erkennen. Ich holte zwei Dosen hervor. Der Fahrer beobachtete mit unverhüllter Skepsis, wie ich sie öffnete. «Das ist schon in Ordnung», sagte ich ohne Überzeugung. Ich nahm das Hühnchen und gab ihm das Putenfleischgericht. Meine Dose enthielt außerdem Erdnüsse, Käse und Suppe. Ich nahm den Käse und biß vorsichtig hinein. Gar nicht übel! Ich versuchte das Hühnerfleisch. Es schmeckte tatsächlich recht gut. Ich nickte dem Fahrer zu, der den Inhalt seiner Dose noch nicht angerührt hatte. «Es ist o. k., fangen Sie an!» Durch mein Beispiel ermutigt, nahm er einen experimentellen Bissen. Offensichtlich schmeckte es ihm. Vielleicht würde das meine Glaubwürdigkeit in seinen Augen erhöhen, dachte ich.

Trinkwasser war ein anderes Problem. Mein Dilemma muß dem Dichter der Ballade vom alten Seemann nicht unbekannt gewesen sein. Wir waren ringsum von Wasser umgeben. Es strömte unablässig auf uns herab. Aber wir hatten keinen Tropfen zu trinken. Auch das Wasser in den Dorfbrunnen war keine Lösung, denn jetzt in der Regenzeit war es durch die Schwemme von Schmutz und Schlamm garantiert verseucht. Die einzige Möglichkeit, die mir blieb, war also, Wasser aufzufangen und es mit Jodidtabletten zu desinfizieren. Der Geschmack von Jodid ist so unerträglich, daß alle meine Befürchtungen dahinschwanden. Kein Mikroorganismus kann in einer Flüssigkeit, die so widerlich schmeckt, überleben und dann noch die Kraft haben, mich krank zu machen, dachte ich.

Als wir Isiro erreichten, wurde es dunkel. Als erstes wollte ich mein Funkgerät testen. Ich fuhr die Antenne aus, spannte die Drähte und schloß sie an. Dann schaltete ich den Empfänger ein und spielte mit dem Sucher in der Hoffnung, einen lokalen Rundfunksender zu erwischen, aber alles, was ich hören konnte, waren Gespräche zwischen Missionaren, einsame Stimmen, die in der Dunkelheit Kontakt suchten. Als nächstes probierte ich aus, ob ich über Funk jemanden erreichen könnte. Mein Fahrer beobachtete mich die ganze Zeit, aber ich ignorierte ihn.

«Hier ist Dr. Joe McCormick vom WHO-Team in Zaire», sprach ich ins Mikrophon. «Kann mich jemand empfangen?»

Keine Reaktion. Ich justierte die Antenne neu und versuchte es noch einmal: nur das Knistern und Rauschen von atmosphärischen Störungen. Was ich auch tat, ich bekam keine Antwort. Und wie hatte ich mich gefreut, ein Funkgerät bei mir zu haben, wie zuversichtlich war ich gewesen, jederzeit mit der Welt da draußen in Kontakt treten zu können! Ich fühlte mich verloren. Niemand wußte, wo ich war, mein Funkgerät funktionierte nicht, und man würde mich nie finden. Als ich in jener Nacht schlafen ging, kämpfte ich gegen den Sog der Verzweiflung und der Einsamkeit an. Schlimmer noch war die nagende Sorge, daß die ganze Anstrengung vielleicht sinnlos war, daß ich Hunderte von Meilen durch desolates Terrain fuhr, ohne Anzeichen von Ebola zu finden. Ich wußte zwar, daß im Sudan eine Epidemie ausgebrochen war, aber ich hatte keine Papiere, keine Chance, auf die andere Seite der Grenze zu gelangen. Ich mußte der Möglichkeit ins Auge sehen, daß ich von meiner ersten Suche nach einem Virus zurückkehren würde, ohne ein Ergebnis vorweisen zu können.

Am nächsten Morgen setzte ich meine Nachforschungen in Isiro fort, hatte aber auch dort kein Glück. Niemand wußte etwas über eine Infektionskrankheit wie Ebola. Es blieb mir nichts anderes übrig, als weiter nach Norden zu fahren, näher an die sudanesische Grenze heran. Unser nächstes Ziel war Dungu, eine Stadt, die etwa fünfzig Meilen entfernt lag. Die Straße, die dorthin führte, war nicht mehr als ein Pfad durch den Busch. Seit die Belgier in den Jahren 1959/60 das Land verlassen hatten, war die gesamte nördliche Region vernachlässigt worden, und Straßen und Brücken wurden nicht instandgehalten. Wir trafen so gut wie nie auf ein anderes Fahrzeug. Was um alles in der Welt hatte jemand, der noch richtig im Kopf war, überhaupt in dieser Einöde zu suchen?

Ich begann ernsthaft zu bezweifeln, daß es eine Verbindung zwischen den beiden Epidemien geben könnte. In diesem Teil der Welt gingen die Leute zu Fuß oder fuhren mit dem Fahrrad, wenn sie anderswo etwas zu erledigen hatten. Ihr Horizont beschränkte sich gewöhnlich auf die Entfernungen, die sie innerhalb eines Tages bewältigen konnten. Da es so schwierig war, von Zaire in den Sudan und zurück zu gelangen, erschien die Möglichkeit, daß die Krankheit durch Reisende von einem Ort zum anderen übertragen worden war, höchst unwahrscheinlich. Die Inkubationsphase bei einer Ebola-Infektion erstreckt sich nur über wenige Tage, und eine infizierte Person konnte in diesem Zeitraum unmöglich zu Fuß oder mit dem Fahrrad von der sudanesischen Grenze bis in die Region von Yambuku gelangen. Alle Nachforschungen, die ich anstellte, bestätigten meinen Verdacht. Niemand, mit dem ich sprach, wußte von Reiseverkehr oder Handel zwischen den beiden Ländern in diesem Grenzgebiet. Spätere Spekulationen, daß die Krankheit durch Lastwagenverkehr von einem Ort zum anderen gelangt sei, waren völlig unhaltbar. Auf der Route, die die Schauplätze beider Epidemien miteinander verband, hatte sich lange Zeit kein anderes Fahrzeug bewegt als das unsere. Simon, der in der südlichen Provinz Nachforschungen anstellte, war in einer anderen Lage: Jeder, der dort reiste, mußte sich auf bekannten und vielbefahrenen Straßen bewegen.

Die Reaktion, die meine Ankunft in einigen Dörfern auslöste, machte überdeutlich, in welchem Maß dieses einsame Grenzgebiet vom Rest der Welt abgeschnitten war. Als Außerirdischer aus dem Weltraum hätte ich kaum größeres Aufsehen erregen können. Kleine Kinder umringten mich und staunten mit offenen Mündern über die seltsame Erscheinung in ihrer Mitte. Die meisten hatten vermutlich noch nie ein hellhäutiges Gesicht gesehen. Manchmal löste mein ungewöhnliches Aussehen auch Panik aus. Einige Leute schrien auf, wenn ich nahte, und ergriffen die Flucht. Interessant – aber auch etwas enervierend.

Sobald sie den ersten Schock überwunden hatten, waren die Dorfbewohner jedoch bereit, sich mit mir abzugeben und mit mir zu sprechen. Aber diese Gespräche nahmen Zeit in Anspruch. In Afrika, vor allem in ländlichen Gebieten, gilt es als ungehörig, ein Thema anzuschneiden, ohne daß man sich zuvor wechselseitig in aller Ausführlichkeit nach dem Wohlergehen der gesamten Familie erkundigt hat. Selbst wenn man nur nach dem Weg fragte, konnte es leicht passieren, daß man in ein zweistündiges Gespräch hineingezogen wurde. Außerdem konnte man, wie ich aus Erfahrung wußte, nicht einfach den Erstbesten befragen, dem man begegnete. Das wäre ein ungeheurer Affront. Man mußte sich an die Person mit der höchsten Autorität wenden.

Kurz vor Dungu ließ ich den Fahrer anhalten, denn ich wollte noch einmal versuchen, ob ich Funkkontakt herstellen könnte. Ich war durch den vorangegangenen Fehlschlag immer noch irritiert.

«Hier ist Dr. Joseph McCormick von der Weltgesundheitsorganisation. Kann jemand mich empfangen? Bitte kommen!»

Ich wartete. Dann versuchte ich es wieder. Diesmal glaubte ich, etwas zu hören. Ich drehte nervös am Sucher.

«Hier ist Dr. McCormick; können Sie mich empfangen?»

«Ja», hörte ich eine schwache Stimme, «ich empfange Sie, Doktor.»

Es war mir gelungen, Kontakt zu einem Missionar in Bunia, etwa hundert Meilen südöstlich von unserer Position, aufzunehmen. Ich bat ihn, eine Botschaft von mir an die Zentrale des WHO-Teams in Kinshasa zu übermitteln und zu berichten, welche Fortschritte ich bisher gemacht beziehungsweise nicht gemacht hatte. Das wolle er gern tun, versicherte der Missionar. Ich war erleichtert. Die Nabelschnur, die mich mit der Welt verband, war also doch nicht durchgeschnitten.

In Dungu fanden wir Zuflucht in einer Missionsstation. Die Gastfreundschaft an solchen Orten ist rückhaltlos und aufrichtig. Besucher sind eine willkommene Abwechslung und sorgen für Unterhaltung, zumindest bis nach dem Abendessen. Der verfügbare elektrische Strom wird von privaten Generatoren erzeugt und sehr sparsam verwendet, nur wenige Stunden am Tag, nach der Abenddämmerung. Im übrigen hält man es wie die Vögel und wird bei Sonnenaufgang aktiv. Nach dem Abendessen gehen gewöhnlich alle schlafen. In den Dörfern wird es still, und wenn das letzte Herdfeuer erloschen ist, senkt sich tiefe Dunkelheit auf die Welt herab. Es ist ein wundervolles Erlebnis, in die tropische Nacht hinauszuwandern und zu einem Himmel aufzuschauen, der plötzlich von Sternen übersät ist und schimmert wie ein Juwel – ein ehrfurchtgebietender Anblick. Man hat das Gefühl, daß die Afrikaner, die in diesen entlegenen Dörfern leben, in einer besonders intimen Beziehung zum Universum stehen. Vielleicht erfüllt diese Gegenwart des Wunderbaren eine Existenz, die so schwer durch Armut und Krankheit belastet ist, mit Sinn.

Ich stand bei Tagesanbruch auf, wie die meisten Afrikaner es tun. Dies war die beste Zeit, die Dörfer in der Umgebung von Dungu nach Anzeichen von Ebola zu durchkämmen. Wieder blieb die Suche ergebnislos. Ich fand auch keinen Hinweis auf eine wie immer geartete Handelsverbindung zwischen diesem Teil Zaires und dem südlichen Sudan. Die Leute in Dungu bewegten sich selten über ihr vertrautes Terrain hinaus. Wohin sollten sie auch gehen?

Wir verließen Dungu und fuhren weiter nach Norden, in Richtung Aba, einer Stadt, die noch näher an der sudanesischen Grenze lag. Aber um dorthin zu kommen, mußten wir zunächst den Uele-Fluß auf einer Fähre überqueren, einem behelfsmäßigen Beförderungsmittel, bestehend aus vier rissigen Einbäumen, über die man Planken gelegt hatte. Es sah zu wacklig aus, um auch nur meinen Landrover zu tragen, geschweige denn einen Fünftonner, der Güter transportierte. Obwohl der Fluß die Hauptroute zwischen dem Sudan und Yambuku kreuzte, war offensichtlich, daß die Fähre selten von Fahrzeugen benutzt wurde. Dennoch versicherten uns die Fährleute freundlich lächelnd, daß sie den Landrover heil auf die andere Seite bringen würden. Wir waren skeptisch, aber da es keine Alternative gab, steuerten wir den Wagen vorsichtig auf die Planken, die durch das plötzliche Gewicht beängstigend ins Schwanken gerieten. Aber sie hielten. Mein Fahrer und ich waren nicht so verrückt, während der Überfahrt im Wagen sitzen zu bleiben. Also standen wir in den Kanus und schauten ängstlich zu, wie die Fährleute das brüchige Gefährt und seine ungesicherte Last mit Hilfe von Paddeln und Seilen voranbewegten. Andere Männer schöpften derweilen mit Blechdosen Wasser aus den lecken Einbäumen. Ich rechnete jeden Augenblick damit, daß die Fähre kippen und wir alle über Bord gehen würden. Aber wie durch ein Wunder erreichten wir unversehrt das andere Ufer. In Afrika, das hatte ich schon vor langer Zeit gelernt, findet sich für jedes Problem eine Lösung – es ist nur nicht unbedingt die Lösung, die man erwartet hat.

Die Missionare in Dungu hatten mir gesagt, es sei schwierig, mit dem Wagen nach Aba zu gelangen, aber sie hatten sich geirrt. Es war vielmehr unmöglich. Man mußte einen weiteren Fluß überqueren, aber die Fähre dort war «nicht einsatzbereit». Tatsächlich existierte sie nicht mehr, denn ein Sturm hatte sie kürzlich aus ihrer Vertäuung gerissen, und die Wassermassen hatten die Trümmer fortgeschwemmt. Es gab auch keine Brücke in erreichbarer Nähe. Also änderten wir unsere Reiseroute und fuhren nach Doruma, dem Ort, der am nächsten an der sudanesischen Grenze lag. Die beiden italienischen Padres, die dort die Missionsstation leiteten, begrüßten uns mit großer Wärme. Sie hatten lange Zeit keine Besucher gehabt und überschütteten uns mit ihrer Gastfreundschaft. Wir unterhielten uns in einem seltsamen Sprachgemisch aus Französisch, Italienisch, Englisch und einigen Brocken Spanisch.

An diesem Abend brachten die Padres das landesübliche Gericht aus Reis und Bohnen auf den Tisch und dazu in Palmöl gebratene Eier. Außerdem gab es Brot, das, wie sie sagten, eigens mir zu Ehren gebakken worden war. Es schmeckte sauer und bitter, aber daran schienen sie sich nicht zu stören. Unsere Gastgeber entschuldigten sich, daß sie uns kein Bier anbieten konnten. Wir tranken Wasser, das glücklicherweise abgekocht war, so daß ich den schrecklichen Geschmack von Jodid nicht ertragen mußte. Als die Tafel aufgehoben war, holten die Padres ihren Vorrat an lokalem Feuerwasser hervor, um mit uns anzustoßen. Ich war an Palmwein gewöhnt, aber dieses Zeug war offenbar aus Benzin und Schwefelsäure zusammengerührt, denn so ähnlich schmeckte es. Als einer der Padres dann seine Pfeife anzündete, war ich halbwegs darauf gefaßt, daß wir alle in Flammen aufgehen würden. Es drehte sich alles vor meinen Augen, als unsere Gastgeber mir mein Nachtlager zeigten: ein Feldbett, das in einem Lagerraum stand. Um das Bett herum waren Kisten mit fleckigen Kartoffeln, Mehlsäcke und Haferflocken in Dosen aufgestapelt. Ein muffiger Geruch erfüllte den Raum. Als ich einen der Säcke näher in Augenschein nahm, sah ich, daß das Mehl schimmelig war. Das war also der Grund für den merkwürdigen Geschmack des Brotes: Aspergillus. Ich war so erschöpft, daß ich sofort in tiefen Schlaf fiel. Aber das sollte nicht lange dauern. Ein hartnäckiges Geräusch, ein Quietschen und Rascheln, machte mich hellwach. Angestrengt in die Dunkelheit spähend, erkannte ich, daß ich von Ratten umgeben war, die in den Kartoffelkisten und Mehlsäcken wühlten. Was sollte ich tun? Wenn ich sie in Ruhe ließ, würden sie mich in Ruhe lassen, dachte ich schließlich, und schlief resigniert wieder ein. Aber ich kann nicht behaupten, daß es ein besonders erholsamer Schlaf war. Am nächsten Morgen gab ich den Padres höflich zu verstehen, daß sich in ihrem Vorratslager die eine oder andere Ratte zu schaffen machte. Das ließ sie jedoch völlig unbeeindruckt, und so beharrte ich nicht weiter auf dem Thema. Vielleicht betrachteten sie die Ratten als zusätzliche Proteinquelle. Nagetiere werden in weiten Teilen Afrikas gegessen und gelten sogar als Delikatesse.

Bei einem Frühstück, das aus Kaffee und Brot mit Schimmelpilzgeschmack bestand, fragte ich auch die Padres, ob sie von Ebola-Fällen wüßten. Nein, in Doruma war nichts Auffälliges geschehen. Und die Epidemie, die nur wenige Meilen entfernt jenseits der Grenze ausgebrochen war? Auch davon hatten sie nichts gehört. Dann sagte einer von ihnen:

«Wollen Sie nicht nach Nzara gehen und sich selbst überzeugen, was dort geschieht?»

«Natürlich, aber ich habe keine Papiere, kein Visum. Ich wüßte nicht, wie ich das anstellen sollte.»

«Ach», sagte der Missionar, «das ist kein Problem. Wir werden uns an einen der Distrikthäuptlinge hier in der Gegend wenden. Er wird alles arrangieren und wahrscheinlich auch darauf bestehen, Ihnen einen seiner Sprecher als Begleitung mitzugeben.»

Ein «Sprecher» war ein gebildeter Dorfbewohner, der die Funktionen eines Rechtsexperten und Übersetzers erfüllte.

Genauso geschah es dann auch. Nach dem Frühstück machten wir die Tour durch die benachbarten Dörfer, fanden schließlich einen der Häuptlinge und bekamen einen Sprecher zur Seite gestellt, der mich und meinen Fahrer über die Grenze begleiten sollte. Wie die Padres vorausgesagt hatten, erbot der Häuptling sich auch, einen Brief in Zande aufzusetzen – der Sprache, die sowohl im nördlichen Zaire als auch im südlichen Sudan gesprochen wird –, in dem er die entsprechenden staatlichen Organe aufforderte, uns das Passieren der Grenze zu gestatten. Um dem Brief das angemessene offizielle Aussehen zu verleihen, versah das Distriktsoberhaupt ihn mit seinem Stempel und seinem persönlichen Siegel. Als wir abends wieder in die Missionsstation zurückgekehrt waren, versuchte ich, meinen Leuten in Kinshasa über Funk die Nachricht zukommen zu lassen, daß ich am nächsten Tag die Grenze zum Sudan überschreiten würde. Bis jetzt hatte ich noch keine Anzeichen von Ebola entdeckt, aber das sollte sich bald ändern.

Das verlassene Krankenhaus

Zu dem Zeitpunkt, als wir Doruma verließen, waren wir seit sieben Tagen unterwegs. Aber jetzt hatte ich zumindest angenehmere Reisebegleitung. Der Sprecher, ein Lehrer, erwies sich als liebenswürdiger junger Mann, der passabel Französisch sprach und die beiden lokalen Sprachen, Lingala und Zande, beherrschte. Es war auch von großem Vorteil, daß er mit dem Gebiet, durch das wir reisen würden, vertraut war.

Die Hauptstraße, die in den Sudan hineinführte, war wieder nur ein Pfad durch den Busch. Es waren kaum Reifenspuren zu erkennen – ein unübersehbares Zeichen, daß hier selten Fahrzeuge verkehrten. Die Grenze war verlassen. Der einzige Hinweis darauf, daß wir nun den Sudan erreicht hatten, war ein provisorischer Schlagbaum, ein Holzbalken, der auf zwei gegabelten Stöcken ruhte. Er war offensichtlich nicht dazu gedacht, irgend jemanden an der Einreise zu hindern. Wir hoben ihn an und überquerten die Grenze in den Sudan. Nach einigen Meilen trafen wir auf einen liegengebliebenen Lastwagen. Ein Mann, der am Straßenrand saß, erzählte uns, die Achse sei gebrochen, und der Fahrer sei nach Kinshasa unterwegs, um eine neue zu besorgen. Kinshasa war mehr als tausend Meilen Luftlinie entfernt, der Weg über die Straßen war noch wesentlich weiter. Dieser Mann war dazu angestellt worden, den Lastwagen zu bewachen, während der Fahrer fort war. Das tat er nun bereits seit fünf Wochen, und er rechnete offenbar nicht damit, seinen Arbeitgeber in Kürze wiederzusehen. Aber es schien ihm nichts auszumachen. Er lebte in der Gegend und hatte nicht viel anderes zu tun. Ein Job war ein Job.

Etwa zehn Meilen nach der Einreise in das Gebiet, das wir für den Sudan hielten, stießen wir zufällig auf den offiziellen Grenzübergang. Einige Soldaten und der Kommandant, dem sie unterstanden, hielten sich auf dem Gelände auf. Der Kommandant, ein kräftiger, untersetzter

Mann mit Schnurrbart, trat aus einem der kleinen Gebäude heraus, um mich und meine Reisebegleiter zu begrüßen. Er schien ein wenig verwirrt durch unser Auftauchen. Vermutlich kamen aus dieser Richtung so selten Menschen über die Grenze, daß jede Reiseaktivität eine Überraschung war. Nun wird sich zeigen, dachte ich, ob der Brief des Distrikthäuptlings irgendeinen Wert hat. Das Schlimmste, das passieren konnte, war, daß wir kehrtmachen mußten, weil man uns nicht einreisen ließ. Aber das würde auch bedeuten, daß ich nie dazu käme, an dem einzigen Ort, von dem ich wußte, daß es dort Ebola-Fälle gab, eine Untersuchung durchzuführen.

Unter den neugierigen Blicken seiner Soldaten nahm der Kommandant den Brief in Empfang, den ich ihm aushändigte, nachdem ich mich vorgestellt hatte. Er überflog die Nachricht. Der Stempel und das Siegel des Distriktoberhaupts schienen ihn zu beeindrucken. Dann schaute er uns an.

«Willkommen im Sudan», sagte er. «Bitte kommen Sie herein und trinken Sie eine Tasse Tee mit uns.»

Erfreut über die freundliche Reaktion, folgten wir drei ihm in eines der kleinen wellblechgedeckten Gebäude. Es herrschte eine Atmosphäre der Trägheit und Mattigkeit. Hier schien sich nie etwas zu ereignen. Eine Ordonnanz brachte lauwarmen Tee.

«Was führt Sie in den Sudan?» fragte der Kommandant.

Ich erklärte ihm, wir hätten vom Ausbruch einer Krankheit gehört, die Fieber und Blutungen verursachte. Ich sah sofort, daß er wußte, wovon ich sprach.

«Ja, natürlich, Sie meinen die Krankheit in Nzara», sagte er. «Aber jetzt ist dieselbe Krankheit auch in Maridi ausgebrochen, der Distrikthauptstadt.»

Die Epidemie hatte sich also einige Wochen, nachdem sie in Nzara gewütet hatte, nach Maridi ausgebreitet, aber ich konnte bis jetzt noch nicht einschätzen, ob sie immer noch weitere Opfer forderte.

Dann wandte der Kommandant sich mir wieder zu.

«Aber ich verstehe immer noch nicht, warum Sie nach Nzara gehen wollen.»

«Ich bin Arzt. Ich muß feststellen, welchen Ursprung die Krankheit hat, das ist meine Aufgabe.» Davon hatte er offenbar noch nie etwas gehört.

«In Nzara», sagte er, «werden keine Ärzte mehr gebraucht. Die Leute, die Sie retten wollten, sind alle tot.»

Nzara, eine Stadt mit rund dreitausend Einwohnern, wurde um eine zur Zeit der britischen Kolonialherrschaft errichtete Baumwollfabrik herum gebaut. Die meisten Einheimischen lebten in Familiengehöften am Stadtrand. Die mehrere Jahrzehnte alte Fabrik war Nzaras Haupteinkommensquelle. Nach allem, was ich wußte, war sie auch der Ausgangspunkt der Ebola-Epidemie.

Als ich in Nzara ankam, wußte ich nicht, was mich erwarten würde. Auf den ersten Blick schien alles seinen üblichen Gang zu gehen. Die Leute gingen ihrer Arbeit nach und zeigten keine Anzeichen von Furcht oder Panik. Aber als der Sprecher einen Passanten nach dem Weg zum Krankenhaus fragte, bemerkte ich eine auffällige Veränderung in der Haltung des Mannes. Seine Miene verdüsterte sich. Dann machte er eine brüske Geste, murmelte etwas und wandte sich schnell ab. «Hat er Ihnen gesagt, wo wir das Krankenhaus finden?» fragte ich den Sprecher.

«Ja, er sagt, es ist in der Nähe, gleich am Ende dieser Straße. Aber er sagt, wir sollten nicht dorthin gehen. Er sagt, es ist ein schlechter Ort. Und er sagt, daß ohnehin niemand mehr da ist.»

«Hat er erklärt, warum?»

«Ich habe ihn gefragt, aber er wollte mir nicht antworten.»

Eher von Neugier als von Sorge angetrieben, wies ich den Fahrer an, uns zum Krankenhaus zu bringen. Er sagte nichts, aber es war überdeutlich, daß er davon nicht erbaut war. Er wollte nicht auch nur in die Nähe dieses unseligen Ortes kommen. Das Krankenhaus war ein einfaches eingeschossiges Gebäude mit unebenen graubraunen Lehmwänden. Es war kein Zeichen von Leben zu entdecken. Die Tür war offen. Als ich eintrat, fand ich mich in einer verdunkelten Eingangshalle wieder, die den Blick auf einen großen, leeren Raum freigab. Ein saurer Geruch lag in der Luft, eine Mischung aus getrocknetem Blut und Exkrementen. Es war die einzige Krankenstation in dem Gebäude, also mußte ich davon ausgehen, daß Männer und Frauen dort gemeinsam untergebracht worden waren. Die Betten waren einfache Gestelle mit lädierten metallenen Sprungfederrahmen. Die Patienten mußten offenbar ihre eigenen Matten mitbringen, vorausgesetzt, daß es überhaupt Patienten gab. «Hallo, ist jemand da?» rief ich in die Leere hinein. Ich hörte nur das dumpfe Echo meiner eigenen Stimme.

Ich wollte gerade wieder gehen, als ich das Geräusch von Schritten hörte. Ich wandte mich um und sah einen muskulösen Mann, der lächelnd auf mich zukam. Sein weißer Kittel war voller Flecken.

«Ich bin Dr. Mohammed», erklärte er.

Nachdem ich mich vorgestellt hatte, fragte ich ihn, was geschehen sei.

«Es ist niemand mehr hier», sagte er, «die Patienten, die Pfleger, die Krankenschwestern – alle sind davongelaufen.»

«Aber Sie sind geblieben.»

«Natürlich. Ich bin der Arzt. Mein Platz ist hier.»

«Warum sind alle geflüchtet?»

«Sie haben gesehen, was mit den anderen passierte. So viele Tote in so kurzer Zeit. Sie hatten Angst, daß sie auch sterben müßten. Also sind sie weggelaufen. Ich kann es ihnen nicht verübeln.»

Ich hatte das Gefühl, mit einem Kapitän zu sprechen, der bereit war, mit seinem Schiff unterzugehen.

Obwohl ich nie zuvor im Sudan gewesen war, wußte ich genug über die verworrene politische Lage im Land, um zu begreifen, in welcher schwierigen Position sich Dr. Mohammed ohnehin befunden hatte. Wie die meisten Ärzte im Sudan war er Muslim, zweifellos aus dem Norden des Landes, während seine Patienten Christen und Animisten waren. Die ethnischen und religiösen Rivalitäten zwischen dem Norden und dem Süden hatten einen Bürgerkrieg entfacht, der in regelmäßigen Abständen wieder aufflammte. Ich konnte mir vorstellen, daß es zwischen dem Arzt und den Leuten, die er behandelte, wenig Sympathien gab. Daß die Epidemie sein Krankenhaus verwaist hatte, trug sicherlich nicht dazu bei, das Vertrauen zu stärken.

Dr. Mohammed erzählte weiter, daß insgesamt dreizehn Menschen mit einer schweren Infektionskrankheit eingeliefert worden waren. Etwas Ähnliches hatte er noch nie gesehen. «Sieben sind gestorben. Ich konnte absolut nichts für sie tun», sagte er. Wut und Verzweiflung schwangen in seiner Stimme mit. Ich fragte ihn, ob immer noch neue Fälle aufträten. Nein, sagte er, seit etwa fünf Wochen sei die Epidemie vorüber.

«In Maridi gibt es allerdings noch Probleme. Die Regierung hat einen *cordon sanitaire* durchgesetzt. Es gibt keine Handelsverbindungen mit der Stadt. Niemand kann hinein oder hinaus.» (Später sollte ich erfahren, daß dieser *cordon sanitaire* auch ein WHO-Team daran hinderte, in Maridi zu helfen und nach den Ursachen der Epidemie zu forschen. Die Wissenschaftler waren gezwungen, in der südlichen Provinzhauptstadt Juba untätig herumzusitzen.)

«Können Sie mir die Symptome der Krankheit schildern?» fragte ich.

«Die Leute können nicht schlucken, sie haben furchtbare Schmerzen am ganzen Körper, die Augen sind blutunterlaufen. Auch das Zahnfleisch blutet. Sie haben sehr hohes Fieber.»

«Bitte erzählen Sie mir etwas über den ersten Patienten, den Sie mit dieser Krankheit sahen.»

Dr. Mohammed beschrieb einen jungen Mann, Anfang Zwanzig, der in der Baumwollfabrik gearbeitet und auf dem Gehöft seiner Familie außerhalb der Stadt gelebt hatte. Er war mit den typischen Symptomen in das kleine Krankenhaus eingeliefert worden, mit hohem Fieber, Halsschmerzen, Schmerzen im Unterbauch, Diarrhoe, blutigem Stuhl. Sechs Tage später war er tot. Vermutlich war dieser Patient der erste (oder «Index»)fall von Ebola im Sudan.

Bevor ich ging, sagte Dr. Mohammed:

«Warten Sie, da fällt mir noch etwas ein: Einen meiner Patienten habe ich nach Maridi geschickt. Das Krankenhaus dort ist besser.»

Er mußte eine Veränderung in meinem Gesichtsausdruck bemerkt haben. «Was ist los? Stimmt etwas nicht?»

«Nein, es ist nichts», sagte ich. Ich wollte ihm nicht noch schwerere Schuldgefühle verursachen, als er ohnehin schon hatte. Aber mir war in dem Moment klargeworden, daß Dr. Mohammed durch die Empfehlung an seinen Patienten, nach Maridi zu gehen, zur Verbreitung der Krankheit beigetragen hatte.

So unglaublich es klingt: Die Welt hätte vielleicht nie von der Epidemie in Nzara erfahren, wenn diese nicht auf Maridi übergesprungen wäre. Es kommt immer wieder vor, daß gefährliche Viren, die in entlegenen Teilen der Erde auftreten und die einheimische Bevölkerung dahinraffen, erst dann Aufmerksamkeit auf sich ziehen, wenn sie sich über ein kleines Gebiet hinaus ausbreiten und eine große Zahl von Opfern fordern. Oder wenn sie reiche Leute oder Ausländer, insbesondere Amerikaner, umbringen. Wenn Weiße aus den westlichen Industrienationen von unbekannten Krankheiten heimgesucht werden, kann man ziemlich sicher sein, daß die Sache publik wird. Aber wenn nicht die richtigen Leute infiziert werden oder sterben, bleiben Epidemien, die sich an Orten wie Nzara dauernd ereignen, unbemerkt.

Obwohl die Leute, die ich in Nzara befragte, Besorgnis über ein mögliches Wiederaufflammen der Epidemie ausdrückten, waren sie offensichtlich nicht in Panik. Der letzte Fall war vor mehr als einem Monat aufgetreten, und das bestärkte sie in der Annahme, daß das Schlimmste vorüber sei. Wie konnte ich sicher sein, daß es sich bei dieser Epidemie definitiv um Ebola handelte? Um eine präzise Einschätzung abzugeben, brauchte ich den biologischen Nachweis. Ich brauchte Reagenzien und mein tragbares Labor. Es gab nicht einmal Krankenberichte. Alles, was ich hatte, waren Gräber und mündliche Schilderungen. Fürs erste mußte das genügen.

Der erste Patient – der Indexfall – war nach afrikanischem Brauch im Krankenhaus von seiner Familie versorgt und gepflegt worden. Kurz nach seinem Tod wurde auch sein Bruder krank. Der hatte jedoch mehr Glück, er überlebte. Merkwürdigerweise blieb die Ehefrau des Toten ganz von der Krankheit verschont. Wie die serologische Untersuchung später zeigte, hatte sie sich überhaupt nicht infiziert.

Nach dem Gespräch mit dem Arzt besuchte ich die Witwe, eine junge Frau, fast noch ein Mädchen von neunzehn oder zwanzig Jahren. Sie lebte jetzt mit ihren beiden Kindern bei ihren Eltern. Als Zeichen der Trauer hatte sie ihren Kopf kahlgeschoren, aber während der gesamten Zeit, die ich mit ihr verbrachte, zeigte sie keine Gefühlsbewegung. Afrika ist faszinierend; wenn jemand stirbt oder im Sterben liegt, versammeln sich die Leute vor dem Haus, erheben lautes Wehgeschrei und schlagen sich auf die Brust. In manchen Gesellschaften reiben die Trauernden sich von Kopf bis Fuß mit weißem Kalkstaub ein. Diese Rituale erstrecken sich oft über Stunden und Tage. Aus westlicher Sicht erscheinen solche Demonstrationen von Trauer und Schmerz vielleicht übertrieben dramatisch oder unecht, aber sie sind ein integraler Bestandteil der afrikanischen Kultur und völlig authentisch. Wenn die Trauerriten vorüber sind, nehmen die Leute eine Haltung stoischer Gelassenheit ein, die sich vom Verhalten der Menschen in unseren westlichen Kulturen markant unterscheidet. Vielleicht bewirken die Riten eine Art Katharsis, die es den Menschen erlaubt, die Qualen des Verlusts bis in die Tiefen zu fühlen und auszuleben und sie dann ein für allemal hinter sich zu lassen und ihr gewöhnliches Alltagsleben fortzusetzen.

Was ich im Gespräch mit der Witwe des «Indexpatienten» (und später auch anderen Menschen in der Stadt) in Erfahrung zu bringen suchte, war, welchen Ursprung die Infektion gehabt haben könnte. Ich sah jedoch gleich, daß die Frau nervös und unruhig reagierte, denn sie war es nicht gewohnt, von Fremden ausgefragt zu werden. Außerdem gab es eine weitere Schwierigkeit: In dieser Gesellschaft wußten die Frauen wenig darüber, welchen Aktivitäten ihre Ehepartner nachgingen, nachdem sie das Haus verlassen hatten. Ich hatte auf eine möglichst genaue Schilderung der Vorgeschichte gehofft, um so einen Hinweis auf die Quelle der Infektion zu erhalten. War der Mann von einem Insekt gestochen worden? War er auf die Jagd gegangen? Hatte er möglicherweise etwas Verdorbenes gegessen? Hatte er irgendwelche Injektionen erhalten? Unter diesen Umständen war es praktisch unmöglich, brauchbare Informationen zusammenzutragen, aber ich erhielt zumindest einige Hinweise, die auf den Übertragungsweg des Virus schließen ließen. Das Krankenhaus war vermutlich für die Verbreitung der Infektion mitverantwortlich; durch die weithin verbreitete Praxis, Einmalspritzen wiederzuverwenden, und durch das Fehlen von Quarantänemaßnahmen hatte man die anderen Patienten und die Familien der Ebola-Opfer einem vermeidbaren Ansteckungsrisiko ausgesetzt. Außerdem erfuhr ich bald von einem Brauch, der für die einheimische Bevölkerung eine extrem hohe Gefährdung darstellte: In dieser Kultur berührt man die Toten, bevor sie begraben werden. Es ist eine liebevolle Geste, die ausdrückt, wieviel der oder die Verstorbene den Überlebenden bedeutete. Familienmitglieder treten gewöhnlich an den Sarg heran, um die verstorbene Person zum Abschied zu küssen. Außerdem muß der Körper des Toten für den Übergang in die andere Welt vollständig gereinigt werden. Die Leiche wird sorgfältig gewaschen und alles Unreine – Urin und Fäzes eingeschlossen – entfernt. Da der Stuhl von Ebola-Opfern unweigerlich Blut enthält, ist dieser Prozeß der schnellste Weg, die Infektion auf die Trauernden zu übertragen. Wie ich später erfuhr, waren diese Bestattungsbräuche die Hauptursache dafür, daß Ebola in Maridi so viele Opfer forderte. Zu diesem Zeitpunkt konnte ich jedoch nicht mehr tun, als die Runde durch die Gehöfte zu machen und nach Menschen zu suchen, die mir mehr Informationen über die Epidemie geben könnten. Gab es einen Hinweis auf eine allgemeine Infektionsquelle, fragte ich mich, oder war nur der Indexfall mit dem Virus in unmittelbare Berührung gekommen? Ich befragte die Familien von vier Opfern, die alle in irgendeiner Form mit dem Indexfall in Kontakt gekommen waren. Aber ihre Berichte ließen keine definitiven Schlüsse zu. Dann sah ich mir die Baumwollfabrik an. War dies der Ort, an dem das Ebola-Virus zum ersten Mal von seinem natürlichen Reservoir – was immer das sein mochte – auf den Menschen übergesprungen war?

Obwohl der leitende Direktor der Baumwollfabrik bemüht war zu helfen, brachte das Gespräch mit ihm keine neuen Erkenntnisse über die Quelle des Virus oder die mögliche Rolle der Fabrik bei der Verbreitung der Infektion. Es gab jedoch eine interessante Information: Die Produkte der Baumwollfabrik wurden über Juba den Nil hinauf nach Khartoum versandt. Nach Zaire wurden sie nicht exportiert, und es gab auch keinen Exportweg, der durch Zaire führte. Tatsächlich war der Direktor überrascht, daß ich diese Frage stellte, und antwortete lachend, es sei unmöglich, irgendwelche Güter über Zaire auf den Markt zu bringen, und in Zaire selbst gebe es seit Jahren keinen Markt mehr für seine Produkte.

Als nächstes untersuchte ich das Fabrikgelände, das früher offenbar einmal mit Blumen und Sträuchern bepflanzt, aber jetzt von ungemähtem Gras und Wildpflanzen überwuchert war. Innerhalb der rostigen Drahtumzäunung befanden sich mehrere Ziegel- und Holzgebäude, die vor fünf oder sechs Jahrzehnten im typischen Kolonialstil errichtet worden waren. Jetzt hatten die Fenster der meisten Gebäude keine Fensterscheiben mehr und standen entweder den Elementen offen oder waren mit Pappe und Brettern vernagelt. Die restlichen verglasten Fenster waren mit einer dicken Staub- und Schmutzschicht bedeckt. Im Inneren der eigentlichen Fabrikhalle herrschte trübes Licht, denn die meisten Glühlampen fehlten. An den für den Kolonialstil typischen hohen Decken waren Ventilatoren angebracht, die zum größten Teil nicht mehr funktionierten. Die auffälligsten Erscheinungen, die man nicht ignorieren konnte, waren das unglaublich laute Klappern und Schwirren der uralten Spinnmaschinen und Webstühle, die aus einem Technikmuseum zu stammen schienen, und der seltsame Geruch, der in der von Baumwollteilchen und Schwebstaub erfüllten Luft hing. Dieser Geruch war schwer zu definieren. Er kam mir vage bekannt vor, aber ich konnte ihn nicht gleich einordnen. Aber als ich nach oben schaute, war mir plötzlich klar, woher er kam. Die Decke in diesem Teil der Halle war abgehängt, und das Material war an vielen Stellen grauschwarz verfärbt oder völlig verrottet. Die Verfärbung, der Geruch – ganz klar, was die Ursache war: Fledermäuse.

Wie fast überall in solchen Gebäuden im tropischen Afrika hatten sich an der Decke Trauben von Fledermäusen angesiedelt. Bei Einbruch der Dämmerung schwärmten diese Nachtgeschöpfe aus, vermutlich durch Löcher und Spalten im Dach, und begaben sich laut kreischend auf die Suche nach ihrer Nahrung, Insekten und Früchten. Im Morgengrauen kehrten sie auf demselben Weg zurück und hakten sich in ihrer typischen Schlafhaltung mit dem Kopf nach unten an der Decke fest. Während sie dösten und mit den Flügeln raschelten, schieden sie Kot aus. Dieser Fledermauskot war für die sonderbare Verfärbung der Decke verantwortlich. An den Stellen, an denen die Decke verrottet war, fiel der Kot auf den Boden der Fabrikhalle herab und verbreitete von dort aus seinen scharfen Ammoniakgeruch. Ich hatte lange genug in Afrika gelebt, um zu wissen, daß Fledermäuse allgegenwärtig und harmlos waren. Sie schlüpften nachts in unser Haus, durch Spalten im Grasdach und der geflochtenen Deckenabhängung, und wir versuchten, sie mit unseren Baseballhandschuhen einzufangen, ohne sie zu verletzen, und sie draußen wieder freizulassen. Die Menschen hier waren an Fledermäuse gewöhnt, niemand, der in der Baumwollfabrik arbeitete, würde sich ihretwegen Gedanken machen. Aber ich fragte mich dennoch, ob die Fledermäuse irgendwie an der Übertragung von Ebola beteiligt sein könnten.

Mein Platz unter den Toten

Konnten die Fledermausexkremente die ökologische Nische des Virus sein? Und wenn das so war, wie pflanzte sich das Virus in den Fledermäusen fort? Wir mußten annehmen, daß der Mikroorganismus für Fledermäuse relativ harmlos, für Menschen und andere Primaten aber tödlich war – eine durchaus naheliegende Hypothese, nach allem, was wir über die Artenadaptation von Viren wußten. Aber wenn Fledermäuse die Überträger von Ebola waren, im Sudan oder anderswo, wäre das sehr schwer nachzuweisen. In Zaire hatten wir nichts darüber gehört, daß Ebola-Patienten mit Fledermäusen in Berührung gekommen seien, aber das hatte nicht viel zu bedeuten, denn schließlich sind Fledermäuse in Afrika ein Teil des Alltagslebens.

Nur weil es nahelag, daß die Baumwollfabrik die Quelle der Infektion in Nzara war, mußte das aber nicht notwendigerweise auch so sein. Um das Rätsel zu lösen, würden wir die Fledermäuse auf Ebola testen müssen, und das würde einen erheblichen Arbeitsaufwand erfordern. Um festzustellen, ob die Tiere überhaupt infiziert waren und ob sie zu einem so großen Prozentsatz infiziert waren, daß sie als Überträger des Virus in Frage kämen, wäre eine sehr große Anzahl von Versuchstieren notwendig. Allein und ohne Laborausrüstung hatte ich natürlich nicht die Möglichkeit, eine solche Studie durchzuführen. Das WHO-Team, das einige Tage später im Sudan eintraf, fing tatsächlich einige Tiere ein, aber die Proben reichten nicht aus. Es gelang den Wissenschaftlern nicht, das Ebola-Virus zu isolieren oder auch nur Antikörper im Blut der Fledermäuse nachzuweisen, die auf eine frühere Infektion hingedeutet hätten. Fälle, in denen Menschen sich durch direkten Kontakt mit dem natürlichen Wirt des Virus infizierten, waren offenbar eine Rarität; ich nahm daher an, daß infizierte Individuen der Wirtsspezies – um welche es sich auch handeln mochte – relativ selten waren. Auf der Suche nach dem natürlichen Reservoir des Ebola-Virus testeten Karl

Johnson und sein Team später, 1978, während einer großangelegten Studie der Dschungelfauna eine enorme Zahl von Tierarten, darunter auch braune Fledermäuse und Fruchtfledermäuse. Gene Johnson vom United States Army Medical Research Institute (USAMRIID – medizinisches Forschungsinstitut der amerikanischen Armee) unternahm wieder einige Zeit später einen weiteren Versuch, indem er in einer Höhle, in der die verdächtigen Fledermäuse in Massen anzutreffen waren, ein Forschungsprojekt durchführte. Von den Mitteln, die er zur Verfügung hatte, wagten wir beim CDC nicht einmal zu träumen. Aber dennoch kam leider nichts dabei heraus. Konnte die Infektion vom Sudan nach Zaire gelangt sein? Ich hatte starke Zweifel. Wenn Fledermäuse an der Übertragung beteiligt waren, hätten nur große Mengen von infizierten Exemplaren das Virus von einem Ort zum anderen transportieren können. Und wie ich zuvor schon festgestellt hatte, war Handels- und Fahrzeugverkehr ein ebenso unwahrscheinlicher Übertragungsweg. Warum sollte jemand die lange und beschwerliche Reise von Nzara nach Yambuku machen? Es gab keine Handelsbeziehungen. Das Baumwollgarn und die Stoffe, die in der Fabrik von Nzara produziert wurden, gelangten auf dem Weg über Juba nach Khartoum oder Nairobi. Es gab keine Möglichkeit, die Produkte über Zaire zu exportieren, und in Zaire selbst gab es keine Käufer dafür.

Bevor ich Nzara verließ, schrieb ich einen Brief an Don Francis. Es war eine Art «Doktor-Livingstone-nehme-ich-an»-Botschaft. Don war ein alter Freund, der an der Untersuchung einer Pockenepidemie im Sudan beteiligt gewesen war. Über Funkkontakte hatte ich herausgefunden, daß er nun dem WHO-Team angeschlossen war, das immer noch in Juba festsaß. Ich war jedoch sicher, daß er früher oder später nach Nzara gelangen würde, und er wollte zweifellos wissen, was sich dort ereignet hatte. Ich gab ihm den Namen des ersten Patienten – des Indexfalls – und beschrieb, wo der Mann begraben lag. Außerdem schilderte ich in allen mir bekannten Einzelheiten, wie die Epidemie verlaufen war, und gab ihm Hinweise, wie er den Arzt und die Überlebenden finden könnte. Ich muß gestehen, daß es mich mit Befriedigung erfüllte, diesen Brief zu schreiben, denn er würde beweisen, daß ich vor allen anderen Wissenschaftlern in Nzara gewesen war. Don war, wie er mir später erzählte, überrascht, als er den Brief vorfand – und auch amüsiert über meinen Eifer.

Nachdem ich drei Tage in Nzara verbracht hatte, beschloß ich, meine Nachforschungen einzustellen. Die Arbeit war interessant, aber ich konnte, auch wenn ich länger blieb, nicht den Nachweis erbringen, daß zwischen den Epidemien in Nzara und in Yambuku eine Verbindung bestand. Die einzige andere sinnvolle Tätigkeit, der ich mich widmen könnte, wäre das Sammeln von Proben und das Einfangen von Tieren, die als Überträger des Virus in Frage kamen, aber ich hatte weder die Hilfsmittel noch die Ausrüstung, um eine Untersuchung dieser Größenordnung durchzuführen. Ich hatte vor, nach Zaire zurückzukehren und dann weiter nach Norden zu reisen, in Richtung der Zentralafrikanischen Republik. Ermutigt durch den Erfolg bei der Einreise in den Sudan, wollte ich sehen, ob ich diese Erfahrung nicht in einem anderen Land wiederholen könnte. Aber als wir uns der Grenze der Zentralafrikanischen Republik auf rund fünfzehn Meilen genähert hatten, mußten wir feststellen, daß die Straße durch einen umgestürzten Baum blokkiert war. Wir konnten das Hindernis nicht beseitigen und hatten auch keine Möglichkeit, es zu umfahren. Warum war der Baum gefällt worden? Niemand wußte es, aber er lag schon seit mehreren Monaten da. Selbst wenn es uns gelungen wäre, den Baum aus dem Weg zu räumen, hätte uns das auch nicht weitergeholfen. Es hieß, wir müßten immer noch einen Fluß überqueren. Dazu hätten wir eine Fähre gebraucht. Aber es gab keine Fähre. Also machten wir kehrt. Ich mußte meine Suche nach Ebola anderswo fortsetzen.

Während des größten Teils der Fahrt regnete es in Strömen. Die Straßen wurden immer gefährlicher, weil der rote Lateritboden zunehmend aufweichte und glitschig wurde. Mein Fahrer schien sich darüber keine Sorgen zu machen, ebensowenig wie unser neuer Mitreisender, ein Mann, den wir unterwegs als Anhalter aufgelesen hatten. Aber ich wurde unruhig. Der Landrover geriet immer häufiger ins Rutschen. Gewehrkugeln und Viren waren Gefahren, mit denen man in dieser Region rechnen mußte und die ich akzeptierte. Aber ein Autounfall? Ich ermahnte den Fahrer wiederholt, das Gas zurückzunehmen und den Allradantrieb zu benutzen. Er hatte während der gesamten Reise keine besondere Neigung gezeigt, meinen Wünschen Folge zu leisten, und auch jetzt war er offenbar nicht in der Stimmung, seine Gewohnheiten zu ändern. Als wir die kleine Stadt Bili hinter uns gelassen hatten, nahm er eine abschüssige Stelle der Straße mit zu hoher Geschwindigkeit. Plötzlich geriet der Landrover heftig ins Schleudern und begann, sich wie ein Kreisel zu drehen. Das Grün der Vegetation und das Rot des Lateritschlamms verschwammen vor meinen Augen zu einem Strom ineinanderlaufender Farben, wie bei einem mit Zeitraffer aufgenommenen Film. Die Dreißig-Liter-Tonne mit Dieseltreibstoff schlug wie wild gegen die Seitenwände des Fahrzeugs. Alles, was nicht festgeschraubt war, flog umher. Ich versuchte, mich irgendwo festzuhalten, als der Landrover schwankte, sich mit einem metallischen Kreischen überschlug und schließlich auf der Seite liegend zum Stillstand kam.

Das nächste, was ich wußte, war, daß ich zum Himmel aufschaute. Dann wurde mir klar, daß ich auf meinem Fahrer lag. Ein gellender Schrei drang an mein Ohr. Er kam von dem Mann, den wir mitgenommen hatten. Schließlich gelang es mir, aus dem Fahrzeug herauszuklettern, unverletzt, aber an allen Gliedern zitternd. Meine Knie waren so weich, daß ich kaum stehen konnte. Der Fahrer hatte noch größere Schwierigkeiten, wieder auf die Füße zu kommen, aber der Anhalter war in der schlimmsten Verfassung.

«Mein Genick ist gebrochen», schrie er in Todesangst.

Selbst in meinem verwirrten Zustand erkannte ich, daß er wahrscheinlich übertrieb. Leute mit gebrochenem Genick sind im allgemeinen nicht in der Lage, so laut zu schreien. Trotzdem überprüfte ich, ob er noch alle Körperteile bewegen konnte. Es war soweit alles in Ordnung, aber seine Schmerzen waren real genug. Als ich ihn dazu gebracht hatte, sich hinzulegen, untersuchte ich ihn, um festzustellen, ob er sich eine ernsthafte neurologische Verletzung zugezogen hatte. Er schien unter schweren Muskelspasmen zu leiden, die vermutlich durch das Schleudern verursacht waren. Aber aus seiner Sicht hatte der Tod ihn schon in den Klauen. Er war völlig hysterisch. Meine beruhigenden Worte hatten keine Wirkung auf ihn. Um ihn medizinisch angemessen versorgen zu können, mußten wir aber in jedem Fall das Fahrzeug wieder in Gang bringen.

Leute aus einem benachbarten Dorf kamen herbeigelaufen, um nachzuschauen, was der Tumult zu bedeuten hatte. Mit ihrer Hilfe richteten wir den Landrover wieder auf. Jetzt konnte ich die Schäden besser inspizieren. Es sah nicht allzu schlimm aus. Ein Teil der Motorhaube war eingedrückt, und einige Fenster waren herausgeschleudert worden, aber nicht zerbrochen. Nun wandte ich meine Aufmerksamkeit wieder dem Anhalter zu, der nicht aufgehört hatte zu schreien. Ich mußte eine Möglichkeit finden, seine Halswirbelsäule zu stabilisieren und ihn dann irgendwohin schaffen, wo er ruhig liegen konnte. Aber in seinem gegenwärtigen Zustand konnte ich ihn nicht bewegen. Obwohl er bisher nicht über den Verlust des Gefühls in einem Körperteil geklagt hatte, konnte ich die Möglichkeit einer ernsten Verletzung der

Wirbelsäule nicht völlig ausschließen. Ich wühlte in der Arzttasche, die ich bei mir hatte. Und siehe da! – ich fand Valium in Form von Injektionslösung. Ich injizierte dem Mann eine Zehn-Milligramm-Dosis und wartete. Allmählich entspannte er sich und wurde schläfrig. Das gab mir Gelegenheit, einen Halsstützverband zu improvisieren. Dazu benutzte ich ein Hemd, das ich mit anderen Kleidungsstücken ausstopfte. Ich schlang ihm die Rolle um den Hals und befestigte sie unter den Armen. Nun konnten wir ihn auf den Rücksitz des Landrovers legen. Als ich erfuhr, daß etwa zwanzig Meilen von der Unfallstelle entfernt nahe Verwandte des Mannes lebten, war ich sehr erleichtert. Glücklicherweise war auch der Landrover noch fahrtüchtig. Trotzdem mußte das Fahrzeug dringend repariert werden, und das würde sicherlich nicht weniger als zwei Tage in Anspruch nehmen.

Als alles erledigt war, kamen wir schließlich in Abumombozi an, einer Stadt, die etwa achtzig Meilen vom Epizentrum der Epidemie in Yambuku entfernt lag. Es gab Gerüchte, daß der mögliche Indexfall in Zaire, ein Lehrer, der mit dem Auto in Richtung Norden unterwegs war, in Abumombozi Station gemacht hatte. Ich war also daran interessiert, festzustellen, ob es Hinweise auf den Ausbruch einer Ebola-Epidemie in dieser Region gab. Ich fand einen Arzt, der mir sagte, soweit er wisse, sei in der Umgebung keine schwere Infektionskrankheit ausgebrochen, aber er habe es hin und wieder mit Patienten zu tun gehabt, die Typhussymptome zeigten. Hatte es sich aber wirklich um Typhus gehandelt? Die Ärzte in Yambuku hatten anfänglich Thyphus diagnostiziert, bevor sie die Krankheit als das erkannten, was sie wirklich war. Verwechselte dieser Arzt Ebola mit Typhus? Ich hatte keine Möglichkeit, mir darüber Klarheit zu verschaffen. Es gab keine akuten Fälle und keine Blut- oder Gewebeproben von vorangegangenen Fällen.

Als ich in Yambuku ankam, war unser Team noch vollauf damit beschäftigt, in den umliegenden Dörfern Nachforschungen anzustellen, Dorfbewohner zu befragen und Blutproben zu nehmen. Man hoffte, so in Erfahrung zu bringen, wie viele Menschen mit dem Virus in Kontakt gekommen waren. Meine Kollegen wollten natürlich wissen, ob es mir gelungen war, eine Verbindung zwischen den Epidemien in Nzara und in Yambuku nachzuweisen. Ich mußte sie enttäuschen.

«Es gibt vier klar voneinander geschiedene Stammesgebiete, die man durchqueren muß, um von einem Ort zum anderen zu gelangen», sagte ich ihnen, «und die Einheimischen haben kein Motiv, das zu tun.»

Mein Bericht wurde mit Skepsis quittiert. Die Tatsache, daß die beiden Epidemien fast zur gleichen Zeit ausgebrochen waren, schien dafür zu sprechen, daß eine Verbindung existieren mußte, aber ich blieb bei der Überzeugung, die ich durch meine Nachforschungen gewonnen hatte. Es sollte jedoch noch drei Jahre dauern, bis der Beweis für die Richtigkeit meiner Annahme erbracht wurde.

Als nächstes reiste ich nach Bumba und verbrachte die Nacht in der örtlichen katholischen Missionsstation. Am nächten Morgen wollte ich mit einem Militärflugzeug nach Kinshasa zurückkehren. Um zehn Uhr früh fand ich mich auf dem Flugplatz ein. Die Tatsache, daß zu diesem Zeitpunkt ein Flugzeug planmäßig landen sollte, bedeutete natürlich nicht, daß tatsächlich eines erscheinen würde. Ich war also ziemlich überrascht, die Militärmaschine auf der Rollbahn stehen zu sehen. Aber damit nicht genug – ich registrierte mit Verblüffung, daß sich eine große Menschenmenge um das Flugzeug drängte. Die meisten waren Frauen, die ihre Gesichter mit weißem Kalkstaub eingerieben hatten. Sie stießen gellende Klagelaute aus und schlugen sich auf die Brust. Am hinteren Teil des Flugzeugs schien sich irgend etwas Furchtbares abzuspielen, aber ich konnte nichts erkennen. Als ich näher kam, sah ich, daß mehrere große Holzkisten in das Flugzeug verladen wurden. Ich wollte meinen Augen nicht trauen. Es waren Särge. Ich würde also inmitten einer Fracht von Toten nach Kinshasa zurückreisen. Waren das Ebola-Opfer? Ich fragte einen Mann vom Bodenpersonal, was hier vorginge.

«Es sind Piloten, Sir», sagte er. «Sie flogen einen Helikopter, und der ist abgestürzt.»

Der Mann sah mich forschend an, als überlegte er, ob er mir noch mehr erzählen solle.

«Das Wetter war schlecht, Sir.»

Irgendwie schien diese Erklärung nicht plausibel genug, also fügte er hinzu:

«Der Treibstoff ist ihnen ausgegangen, Sir.»

«Danke», sagte ich und wandte mich ab.

Aber mein Gesprächspartner hatte noch eine weitere Information: «Sie hatten getrunken, Sir. Ja, ja, sie waren wirklich sehr betrunken.»

Später erfuhr ich, daß ein Kollege aus dem Yambuku-Team, Peter Piot, eigentlich in diesem Hubschrauber zurück nach Kinshasa mitfliegen sollte. Vernünftigerweise verzichtete er auf das Angebot, als er sah, in welchem Zustand die Piloten waren. Jahre danach, als wir das

AIDS-Projekt in Zaire aufzubauen begannen, sollte ich Peter gut kennenlernen. (Er ist jetzt der Leiter des AIDS-Programms der Vereinten Nationen.) Ich nehme an, daß er oft über diese Episode nachgedacht hat.

Es hatte mehrere Tage gedauert, das Wrack und die Leichen zu finden, die zu diesem Zeitpunkt bereits stark verwest waren. Ich hätte lebende Reisegefährten vorgezogen, aber ich hatte keine Wahl. Also bahnte ich mir den Weg durch die Menge der weißgesichtigen klagenden Frauen und ging an Bord. Der Gestank in der Kabine war überwältigend. Wie sollte ich das zwei Flugstunden lang aushalten? Nun, ich würde es eben ertragen müssen. Also schnallte ich mich in einem der Springersitze an und nahm meinen Platz unter den Toten ein.

Einige Wochen später traf eine andere, für Atlanta bestimmte Fracht in Kinshasa ein. Sie bestand aus rund sechshundert Blut-und Serumproben von Menschen, die in und um Yambuku lebten. Die Proben sollten in den CDC-Laboratorien auf Ebola-Antikörper getestet werden. Wir konnten nicht ahnen, daß sich in den Reagenzgläsern ein böses Geheimnis verbarg, das nichts mit Ebola zu tun hatte. Zwischen Tausenden anderer Proben in einem Tiefkühlfach der CDC-Laboratorien ruhend, blieb es fast zehn Jahre lang unentdeckt. Als wir über das notwendige Wissen verfügten, um es zu entschlüsseln, war es bereits zu spät.

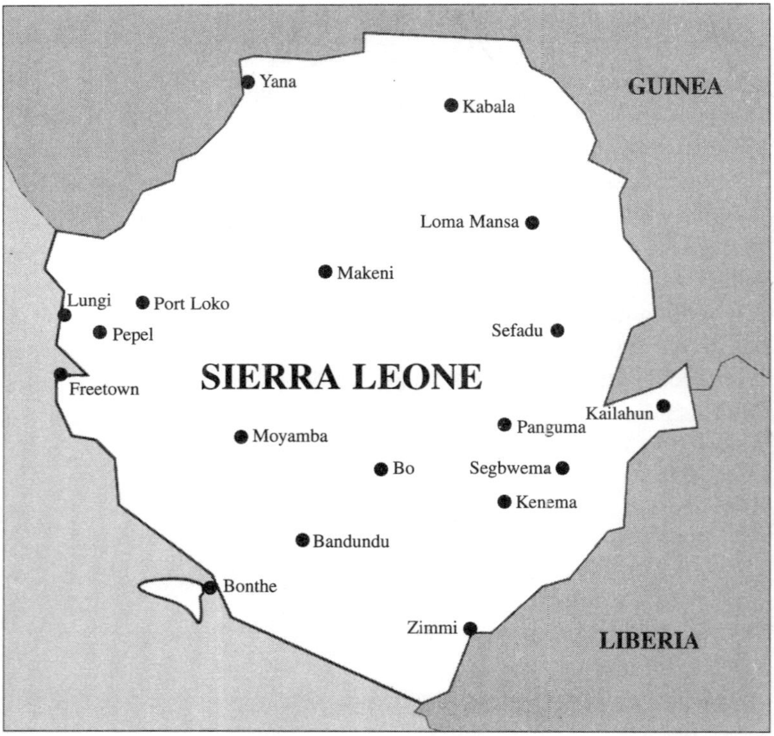
GUINEA
Yana
Kabala
Loma Mansa
Makeni
Lungi
Port Loko
Pepel
Sefadu
SIERRA LEONE
Freetown
Kailahun
Panguma
Moyamba
Bo
Segbwema
Kenema
Bandundu
Bonthe
Zimmi
LIBERIA

Lassa-Fieber

In einem Land wie Sierra Leone, in dem der größte Teil der Bevölkerung in bedrückender Armut lebte, gehörte John Kamara zu den wenigen Privilegierten. Er hatte am Farah Bay College, der ältesten und berühmtesten Bildungsinstitution des Landes studiert. Nach seinem Collegeabschluß war John in seinen Heimatort Segbwema in der abgelegenen und verarmten östlichen Region zurückgekehrt und hatte eine Stellung als Geschichts- und Französischlehrer an der Holy Ghost School angenommen. Seine Schüler verehrten ihn und schauten bewundernd zu ihm auf. In Segbwema, einem Landesteil, in dem notorischer Mangel an Bildungsmöglichkeiten und Gebildeten herrschte, war eine Persönlichkeit wie er eine Ausnahmeerscheinung. Wenn die Schüler Rat brauchten, wandten sie sich an John. Auf dem Fußballfeld fühlte er sich genauso zu Hause wie im Klassenraum, wo er seine Schützlinge in die Mysterien französischer Verben einführte, und so war er ihnen nicht nur ein guter Lehrer, sondern auch ein Freund und Vertrauter.

John war jetzt Mitte Dreißig, kraftvoll gebaut und hervorragend in Form; er hatte nie Anlaß gehabt, sich um seine Gesundheit zu sorgen. Daher war er ziemlich irritiert, als er in einer Februarnacht des Jahres 1977 mit einem undefinierbaren Gefühl des Unwohlseins erwachte. Seine Haut fühlte sich heiß an, und er hatte leichte Kopfschmerzen. Selbst nach einem schweißtreibenden Fußballspiel hatte er gewöhnlich keinen Muskelkater, aber jetzt taten ihm alle Muskeln weh. Er war allerdings gerade von einem Besuch bei seiner Familie in einem benachbarten Dorf zurückgekehrt – eine anstrengende Fahrt bei den schlechten Straßenverhältnissen, dem Staub und der glühenden Hitze. Vielleicht lag es daran, daß er sich so zerschlagen fühlte. Er drehte sich auf die andere Seite und versuchte, wieder einzuschlafen.

Am nächsten Morgen ging es ihm jedoch noch schlechter; sein Kopf dröhnte, und die Muskelschmerzen waren schlimmer geworden. Außerdem hatte er Fieber. Das Gefühl war ihm nicht fremd. John war in einer Region aufgewachsen, in der Malaria ein alltägliches Vorkommnis ist. «Natürlich», dachte er, «das muß es sein.» In Segbwema, wie fast überall in Afrika, war Malaria die Diagnose der Wahl bei Symptomen wie Fieber, Kopfweh und Muskelschmerzen. Das galt sogar für Erwachsene, die ein gewisses Maß an Immunität gegen die Krankheit entwickelt haben müßten, nachdem sie ihr halbes Leben lang von infizierten Moskitos gestochen worden waren. Nachdem er die Schule benachrichtigt hatte, daß er krank sei und an diesem Tag nicht unterrichten könne, nahm John ein Aspirin und vier Chloroquintabletten – zu jener Zeit das Standardmittel gegen Malaria – und legte sich wieder ins Bett. Nachmittags fühlte er sich ein bißchen besser, aber er spürte, daß die Muskelschmerzen sich nun auf den unteren Rückenbereich konzentrierten und daß sein Hals zu schmerzen begann.

Am Abend verschlimmerte sich sein Zustand. Er hatte hohe Temperatur, die Halsschmerzen und die Muskelschmerzen wurden stärker. Er begann sich zu fragen, ob dies wirklich ein Malariaanfall war oder ob er sich vielleicht eine andere Krankheit zugezogen hatte. Als das Fieber am nächsten Morgen noch höher und die Schmerzen noch schlimmer waren, ging er ins Nixon-Memorial-Krankenhaus, um sich untersuchen zu lassen. Isabelle King, die Ärztin, die ihn einwies, wußte sofort, was er hatte: Lassa-Fieber.

Nachdem die Untersuchung der Ebola-Epidemie in Zaire abgeschlossen war, kehrte ich im November 1976 nach Sierra Leone zurück, um die Arbeit an meinem Projekt in Kenema wieder aufzunehmen. Meine wichtigste Aufgabe war, ein Programm für eine Langzeitstudie über Lassa-Fieber zu entwickeln. Aber zunächst mußte ich mich zwei noch ungelösten Problemen widmen: Erstens brauchte ich einen Platz zum Leben, und zweitens mußte ich ein Labor einrichten. Bei der Inspektion des Gebäudes, das die Regierung mir zur Verfügung gestellt hatte, wurde mir klar, daß es einige Zeit dauern würde, es in ein funktionierendes Labor umzuwandeln. Das Dach war schadhaft, die Räume brauchten dringend einen frischen Anstrich, und es mußten natürlich elektrische Leitungen verlegt werden. Außerdem mußte ich die Laborausrüstung abholen, die ich in Atlanta zusammengestellt hatte. Sie war inzwischen in Sierra Leone angekommen, vermutlich intakt, befand sich aber noch in einem Lagerhaus im Hafen. Ich hoffte, daß sie dort sicher war. Zwar konnte ich mir nicht vorstellen, daß außer mir irgend jemand etwas damit anfangen könnte, aber man kann nie wissen. In Afrika, besonders in armen Ländern wie Sierra Leone, wird jeder Gegenstand, jedes nur vorstellbare Material wiederverwertet und oft auf erstaunlich einfallsreiche Weise für neue Nutzungsmöglichkeiten erschlossen. Fahrzeugwracks, die am Straßenrand liegenblieben, ganz gleich, in welchem Zustand sie sich befanden, wurden zum Beispiel in kürzester Zeit bis aufs Skelett demontiert – so sauber abgenagt wie ein Tierkadaver in einem afrikanischen Wildpark. Ich mußte mich also zum Hafen begeben und das Verladen der Laborausrüstung für den Transport selbst überwachen, um sicherzugehen, daß nichts beschädigt oder im Lagerhaus zurückgelassen wurde.

Als ich nach einer zermürbenden Fahrt im Hafen ankam, erklärte der Leiter der Frachtabteilung mir, es sei alles in Ordnung, aber er könne mir nicht gestatten, die Güter persönlich zu inspizieren. Zwei Tage später erhielt ich von der Frachtabteilung die dringliche Botschaft, die hintere Tür des Kleinlasters, den ich gemietet hatte, sei für die Kisten zu eng, man könne sie nicht verladen. Nun war ich gezwungen, einen größeren Lastwagen mit absenkbaren Ladeklappen aufzutreiben, um meine Ausrüstung nach Kenema zu transportieren. Es gelang mir schließlich, alles zu erledigen, aber es kostete mich einige schlaflose Nächte.

Die Laborausrüstung war da, aber nun brauchte ich elektrischen Strom, um die Geräte benutzen zu können. Während meiner Lehrtätigkeit in Zaire hatte ich so oft elektrische Leitungen verlegt, daß ich es fast im Schlaf konnte, aber diesmal hatte ich keine Zeit, die Arbeit selbst zu machen. Also stellte ich einen einheimischen Elektriker an. Ich dachte mir, ich würde ihn im Auge behalten und aufpassen, daß nichts schiefging. Als er mir sagte, daß er fertig sei, inspizierte ich die Leitungen und Steckdosen. Es schien alles in Ordnung zu sein. Nun kam der große Moment. Würde es funktionieren? Ich schloß ein 110-Volt-Mikroskop an und wurde mit einem 110-Volt-Elektroschock belohnt – dem schmerzhaften Beweis, daß der Strom irgendwo verlief, wo er nicht verlaufen sollte. Ich probierte es mit einigen anderen kleineren Instrumenten – mit demselben Resultat. Es mußte also ein grundlegender Fehler vorliegen. Der Elektriker versicherte mir eilig, er habe alles genauso gemacht, wie ich es ihm gesagt hatte.

Mit noch kribbelnden Fingern öffnete ich die Verteilerdosen und schaute hinein. Und man stelle sich vor, der Elektriker hatte die stromführenden Drähte zwar korrekt angeschlossen, aber die Erdleitung mit dem Nulleiter verwechselt. Auf diese Weise war ich selbst zur Erdleitung geworden. Geduldig demonstrierte ich ihm, wozu Erdleitungen da waren. Er begriff und machte sich wieder an die Arbeit. Ich fragte mich im stillen, was sich in anderen Gebäuden in Kenema abspielen mochte, wenn jemand versuchte, ein Elektrogerät zu benutzen. Nun ja. Es war jedenfalls ein herzerfrischendes Erlebnis, mich an meinem Labortisch niederzulassen, ohne befürchten zu müssen, daß mich gleich der Schlag treffen würde.

Da das Labor nun mehr oder minder betriebsbereit war, mußte ich Leute finden, die darin arbeiten würden. Ich hatte vier Stellen zu besetzen. Unter den gegebenen Arbeitsbedingungen zählte jedoch nicht nur die berufliche Qualifikation. Meine Mitarbeiter mußten immun sein – immun gegen das Lassa-Virus. Ich hatte vor, mit einer kleinen Buschrattenart, *Mastomys natalensis*, zu arbeiten. Diese Nager sind die Überträger des Lassa-Virus. Obwohl sie selbst nie erkranken, scheiden sie das Virus mit ihrem Urin aus. Sie werden als Feten infiziert, und das Virus, das ihre Immunreaktion unterläuft – vermutlich dadurch, daß es sich als körpereigenes Element zu tarnen versteht –, kann sich ihr Leben lang ungehindert in ihrem Organismus reproduzieren. Dieses hartnäckige Andauern der Infektion im Wirtsorganismus ist einer der Mechanismen, den Viren benutzen, um ihre eigene Art möglichst weit in Umlauf zu bringen. Die Anpassungsfähigkeit von Viren ist phänomenal – auf eine diabolische Weise. Manche, wie das HIV-Virus, verfügen über ein ganzes Arsenal komplexer Angriffs- und Verteidigungsstrategien, die wir bis heute noch nicht genügend verstehen, um ein Heilmittel zu finden oder einen wirksamen Impfstoff zu entwickeln.

Was das Lassa-Virus anging, waren zu jener Zeit Antikörper, die ein Organismus im Verlauf einer vorangegangenen Infektion entwickelt hatte, der beste mir bekannte Schutz, wenn man mit infiziertem Material arbeiten wollte. Die Antikörper konnten vielleicht nicht verhindern, daß man sich erneut infizierte, aber man würde die Infektion mit hoher Wahrscheinlichkeit überstehen, ohne ernsthaft zu erkranken. Vor allem mußte ich darauf achten, daß meine Rattenfängertruppe gut geschützt war. Diese Leute würden mit «heißem Material» umgehen, mit infizierten Ratten, die große Virusmengen ausschieden, und das ist die gefährlichste Arbeit. Ich war ziemlich beunruhigt über diesen Punkt, aber wie sich erwies, gab es keine Veranlassung, übermäßig besorgt zu sein. Leute mit Antikörpern gegen Lassa zu finden, war keine Schwierigkeit. Mein wirkliches Problem war, Leute aufzutreiben, die Antikörper *und* die erforderliche Kompetenz für die Arbeit mit den Nagetieren besaßen. Nur sehr wenige Menschen in der östlichen Region Sierra Leones gingen länger als ein oder zwei Jahre zur Schule. Die am höchsten qualifizierten Bewerber hatten die Primär- und Sekundärstufe einer regulären Schule durchlaufen und verfügten über Grundlagenkenntnisse im Lesen, Schreiben und Rechnen. Abgesehen von Positionen in Regierung und Verwaltung, an die man in aller Regel nur durch Protektion herankam, gab es nur in der Landwirtschaft Arbeitsplätze, und warum sollte man dafür zur Schule gehen? Also war meine Auswahl an Bewerbern von vornherein eingeschränkt. Außerdem brauchte ich Leute, die sowohl Mende, die lokale Sprache, als auch das allgemein gebräuchliche Krio sprachen. Und schließlich erforderte die Arbeit ein Minimum an medizinischen Grundlagenkenntnissen, aber mir wurde schnell klar, daß ich kaum eine Chance hatte, Leute zu finden, die dieses Kriterium erfüllten. Anfängliche Versuche, ausgebildete einheimische Ärzte für das Projekt zu gewinnen, hatten sich als totaler Fehlschlag erwiesen. Eigentlich hätte mich das nicht überraschen sollen. In Sierra Leone gab es keine Möglichkeit, Medizin zu studieren, also fielen die einheimischen Ärzte in zwei Kategorien: die in westlichen Industrieländern ausgebildeten und die in der Sowjetunion ausgebildeten. Die Ärzte, die im Westen Medizin studiert hatten, ließen sich – wenn sie überhaupt je zurückkamen – gewöhnlich in Freetown nieder und eröffneten dort lukrative Praxen. Oder sie arbeiteten für die Regierung, was den Vorteil hatte, daß sie in politischer Hinsicht Punkte machten, einen Pensionsanspruch erwarben und nachmittags und abends zusätzlich noch Privatpatienten behandeln konnten. Nur selten ließ sich einer von ihnen im Landesinneren nieder.

Die meisten in der Sowjetunion ausgebildeten Ärzte wurden dagegen, sobald sie vom Studium zurückkehrten, in das staatliche Gesundheitssystem integriert, und sofort in die ländlichen Gebiete beordert. Theoretisch sollten sie zuvor in den staatlichen Krankenhäusern Freetowns als Assistenzärzte Erfahrungen sammeln, aber allem Anschein nach diente diese Phase lediglich dem Zweck, die total Inkompetenten von den bloß Inkompetenten zu sondern. Die ländlichen Krankenhäuser waren voll von diesen unfähigen, schlecht ausgebildeten Ärzten – viele von ihnen Veteranen der Patrice-Lumumba-Universität in Moskau, wo politische Indoktrination im Lehrplan mehr Raum einnahm als Anatomievorlesungen. Zu einem erschreckend hohen Prozentsatz hatten die in der Sowjetunion ausgebildeten Ärzte kaum mehr medizinischen Sachverstand als ein Fleischer. In den ländlichen Krankenhäusern arbeiteten sie praktisch ohne Supervision. Natürlich fanden selbst die ahnungslosen, ungebildeten Dorfbewohner sehr schnell heraus, daß es am besten war, die staatlichen Krankenhäuser zu meiden, solange es andere Alternativen gab.

Leider waren solche Alternativen selten. Schwerkranke Menschen nahmen lange, beschwerliche Reisen in Kauf, um ein vernünftiges, von einer Mission geleitetes Krankenhaus zu finden. Sie reisten in Poda-Podas, kleinen dreirädrigen Fahrzeugen, Kleinlastern, die als Allzweckbusse fungierten, oder auf Lastwagen, zwischen Menschen, Hühnern, Ziegen und Gemüsekörben eingeklemmt. Passagiere, die auf der Ladefläche keinen Platz mehr fanden, hingen außen an den Ladeklappen oder hockten zwischen schwankenden Ballen weiterer Güter auf dem Dach.

Ein Strom von Bewerbern stellte sich bei mir ein, trotz mangelnder medizinischer Vorbildung. Nach den in Kenema geltenden Maßstäben war ich dabei, ein Großunternehmen zu werden, das begehrte Arbeitsplätze schuf. Das Gesundheitsministerium schickte mir eine Reihe von Kandidaten. Es war ein buntgewürfelter Haufen. Die ersten, die ich interviewte, waren – welch ein Zufall – alle Verwandte eines Beamten im Ministerium. Man erwartete offenbar von mir, meine Wahl unter diesen Protégés zu treffen, obwohl sie für die Arbeit völlig unqualifiziert waren. Die erfolgreichen Kandidaten würden ihrem Sponsor in der Regierung dann zweifellos ihre Dankbarkeit beweisen müssen, indem sie Provisionen zahlten. Das war eine brenzlige Situation, denn ich war auf die Kooperationsbereitschaft des Ministeriums angewiesen, wenn ich mein Projekt voranbringen wollte.

Ich löste mein Problem dadurch, daß ich mehr Leute einstellte als ich eigentlich brauchte – jene, die tatsächlich die verlangten Kriterien erfüllten, und zusätzlich einige von denen, die das Ministerium mir geschickt hatte. Ich ließ sie alle wissen, daß dies zunächst eine Einstellung auf Probe sei und daß ich die am besten Qualifizierten auswählen würde, nachdem ich gesehen hatte, wie gut sie arbeiteten. Diese Lösung, dachte ich mir, würde jedem erlauben, sein Gesicht zu wahren, unabhängig davon, wer am Ende schließlich übrigblieb. Alle hatten ihre Chance.

So begann ich meine Arbeit in Kenema, indem ich einen Ausbildungskurs für meine neuen Angestellten abhielt. Ich ließ sie Routineübungen machen und hielt praktische und theoretische Prüfungen ab, um ihr Können einzuschätzen. Am Schluß dieses Ausleseverfahrens hatte ich eine Gruppe von jungen Leuten, die ich, wie ich glaubte, zu anständigen Labortechnikern machen konnte. Die meisten waren High-School-Absolventen ohne nennenswerte Berufserfahrung. Das war mir gerade recht. Sie hatten noch keine Gelegenheit gehabt, sich die üblichen schlechten Arbeitsgewohnheiten zuzulegen. Ich fing auf der elementarsten Ebene an, indem ich ihnen erklärte, daß sie am Arbeitsplatz zu erscheinen hätten. Jeden Tag. Und zur vereinbarten Zeit. Und während sie im Labor waren, sagte ich ihnen, müßten sie ein bestimmtes Arbeitspensum erledigen. Solche Vorstellungen, das muß man leider sagen, wären für viele Leute in Sierra Leone, die seit langen Jahren in Regierungspositionen saßen, ein völliges Novum gewesen.

Trotz aller Schwierigkeiten, die ich bei der Einstellung und Ausbildung meiner Angestellten hatte, gelang es mir doch, einige großartige Leute zu finden, engagierte Mitarbeiter, die dreizehn Jahre oder länger bei uns bleiben sollten. Ein besonderer Glückstreffer war John Kande. John war klein und dick und wurde im Laufe der Jahre immer dicker, was seine Leidenschaft für Palmwein nur zu steigern schien. Ein kekker Schnurrbart zierte sein Gesicht, und er trug fast ständig eine Sonnenbrille. Er hatte ein fröhliches Temperament und war als Frauenheld bekannt.

Palmwein ist in weiten Teilen Afrikas der einheimische Schnaps. Er besteht aus dem selbstfermentierenden Saft einer großen Palmenart, der von Experten unter hohem persönlichem Einsatz gewonnen wird. Diese Männer klettern, nur durch eine dünne Bambusschlinge gesichert, barfuß die hohen Stämme hinauf bis zum Wipfel, wo sie den Baum anstechen und den Saft in einer Kalebasse auffangen. Der fertige Palmwein ist ein weißliches Gebräu, an dessen Geschmack man sich wirklich erst gewöhnen muß. In ausreichenden Mengen genossen, kann er einen ziemlichen Rausch verursachen.

Kande sprach mehrere lokale Sprachen fließend, aber was ihn besonders populär machte, war seine Kenntnis des Limba. Limba ist die Sprache der Palmweinzapfer, und Johns Beherrschung dieses Idioms garantierte, daß täglich ein frischer Vorrat des Getränks geliefert wurde, um das Abendessen des Rattenteams abzurunden. Jeder wußte natürlich, daß es beim Palmwein auf die Frische ankommt. Wie frisch ist frisch? Der Palmwein, den man abends trinkt, sollte am Morgen desselben Tages gezapft worden sein. Ein einziger Tag Fermentierung genügt, um dem Stoff das alkoholische Potential für eine gelungene

Party zu verleihen. Nur einen Tag später geht das Aroma verloren, und der Geschmack erinnert an Kerosin.

Darüber hinaus setzte Kande seine Überredungskünste ein, um lokale Häuptlinge und andere Autoritätspersonen von der Wichtigkeit unseres Projekts zu überzeugen. Es gab zweifellos andere, die problemlos guten Palmwein besorgen konnten, und es gab sicherlich Leute, die sich darauf verstanden, lokale Autoritäten auf ihre Seite zu ziehen, aber nur John hatte für beides Talent. Die einzige Schattenseite seiner Persönlichkeit war seine Neigung, nach einem arbeitsreichen Tag und einem palmweinreichen Abend Streit anzuzetteln. Von Zeit zu Zeit wurde John wegen Trunkenheit und Erregung öffentlichen Ärgernisses in Polizeigewahrsam genommen. In solchen Situationen erwies sich seine Begabung, sich Freunde zu machen, als besonders nützlich. Ein Dorfältester oder Häuptling, dem er eine Botschaft zukommen ließ, intervenierte für ihn bei der Polizei, und schon tauchte jemand auf, der ihn aus seiner Zelle herausholte. Oft fiel diese Aufgabe dem Leiter des Lassa-Projekts zu.

In den Jahren seiner Mitarbeit am Lassa-Projekt wurde John Kande zu einem hervorragenden Labortechniker und Experten in der Arbeit mit Tieren. Er betrieb eine erfolgreiche *mastomys*-Zucht und führte die vorbereitenden Arbeiten für großangelegte Studien völlig selbständig durch. Sein Bravourstück war der Aufbau einer Szenerie für ein Filmteam, das 1989 einen Dokumentarfilm über das Lassa-Projekt drehte. Es ist schwer, Ratten in ihrem natürlichen Habitat zu filmen, also injizierte John einer Reihe von ausgewählten virusfreien Ratten kleine Dosen eines Anästhetikums und ließ sie dann an dem von ihm vorbereiteten Drehort frei. Die Ratten lieferten eine brillante Vorstellung, und das Filmteam konnte einige exzellente Aufnahmen machen. Bei einigen Tieren hatte John die Dosis jedoch ein wenig hoch angesetzt, und sie brauchten ihre Zeit, um wieder auf die Beine zu kommen. Als sie zwischen den Tellern mit Speiseresten umhertaumelten, die wir der dramatischen Wirkung wegen hingestellt hatten, sahen sie aus, als hätten sie eine Palmweinorgie hinter sich. Einige fielen sogar vom Tisch und mußten aufgelesen und wieder am Drehort plaziert werden.

Aber zurück zum Anfang: Mit dem Einstellen von Mitarbeitern war es natürlich nicht getan. Ich mußte einen Ort finden, an dem sie wohnen und leben konnten. Das war alles andere als einfach, denn die Einheimischen waren Fremden gegenüber äußerst mißtrauisch. Einen Fremden über Nacht, geschweige denn über einen längeren Zeitraum aufzunehmen, war in dieser Gesellschaft einfach unvorstellbar. Man konnte auch keine Häuser mieten. Jeder, der nicht aus dem Dorf oder der unmittelbaren Umgebung stammte, war ein Außenseiter. Die Dorfbewohner fürchteten, daß Fremde unaussprechliches Unheil über sie bringen könnten. Aus ihrer Sicht würde niemand aus freien Stücken sein eigenes Dorf verlassen, es sei denn, es stünde irgendeine bösartige Absicht dahinter. Das war natürlich zu einer Zeit, in der die Abwanderung der Landbevölkerung in die großen Städte noch nicht eingesetzt hatte. Inzwischen ist die moderne Welt der Marktwirtschaft und der beruflichen Mobilität auch in die fernsten Winkel Afrikas vorgedrungen, und die Einstellung Fremden gegenüber hat sich beträchtlich verändert.

Aber 1976 war nur die Region nördlich von Kenema, in der Diamanten abgebaut wurden, eine Ausnahme von der Regel. Scharen von Fremden stellten sich hier ein, um den Schwemmboden nach den reinsten Diamanten der Welt abzusuchen. Diamanten gehören zu den wenigen Bodenschätzen, über die Sierra Leone verfügt. Die Diamantenminen waren zum größten Teil Staatseigentum und der Abbau wurde von der Regierung kontrolliert, aber dennoch zog das Gewerbe Glücksritter und Abenteurer an. Sie kamen von überall her, nicht nur aus Sierra Leone selbst. Neue Dörfer schossen wie Pilze aus dem Boden. Das bloße Gerücht, daß jemand auf dem Weg durch den Busch zufällig einen Rohdiamanten gefunden hatte, konnte dazu führen, daß ein bewaldetes Areal in kürzester Zeit komplett abgeholzt wurde. Wo einmal schattige Bäume standen, fand man dann nur noch offene Gruben und aufgeschüttete Hügel aus rotem Laterit. Schweißglänzende Männer, nur mit Lendentüchern bekleidet, standen bis zur Taille im Wasser, gruben im Schlamm und spülten und siebten, in der Hoffnung auf den glücklichen Fund, der sie reich machen würde. Einige wurden tatsächlich reich, aber meistens fielen die Diamanten in die Hände der Libanesen, die den Schwarzhandel in dieser Region kontrollierten. Sie kauften alle Diamanten auf, deren sie habhaft werden konnten. Der größte Teil der kostbaren Steine wurde vermutlich von Schmugglern außer Landes gebracht.

So schnell wie die Dörfer aus dem Boden schossen, verödeten sie auch wieder. Eine neu errichtete Siedlung wurde plötzlich aufgegeben, wenn sich die Nachricht über einen neuen Diamantenfund in der näheren oder weiteren Umgebung verbreitete. Diese unvoraussehbaren Verschiebungen großer Bevölkerungsgruppen sollten sich später verheerend auf unsere Forschungsarbeit auswirken, als wir versuchten, die komplexen Mechanismen der Verbreitung von Lassa zu verstehen. Genauso muß es zur Zeit des Goldrauschs in Kalifornien und Alaska gewesen sein – mit dem Unterschied, daß die meisten Leute hier in Sierra Leone nicht von der Gier nach plötzlichem Reichtum getrieben waren, sondern von der verzweifelten Hoffnung, ihrer bitteren Armut entrinnen zu können. Selbst die Aussicht auf einen kleinen Verdienst übte magnetische Anziehungskraft aus und bewirkte, daß die tief verwurzelten Vorurteile gegen Fremde aufgegeben wurden. Sobald wir bekanntgemacht hatten, daß wir Zimmer suchten und bereit waren, Miete dafür zu zahlen, gab es plötzlich jede Menge davon.

Als dieses letzte Hindernis beseitigt war, konnte ich den offiziellen Start des Lassa-Forschungsprojekts bekanntgeben. Das war Anfang Februar 1977, vier Monate nach meiner Rückkehr aus Zaire. Nach zwei Monaten Ausbildung sollten meine neuen Mitkämpfer nun mit dem realen Problem in Berührung kommen, mit wirklichen Patienten, wirklichem Lassa-Fieber. Und es sollte auch keinen Mangel an Patienten geben. Lassa-Fieber war allgegenwärtig.

Wir hatten zwar damit gerechnet, daß viel Arbeit auf uns zukommen würde, aber auf den Ansturm, der uns erwartete, waren wir doch nicht gefaßt. Im ersten Monat nach dem offiziellen Start des Projekts untersuchten wir etwa dreißig Patienten. Was ich damals noch nicht wußte, aber bald herausfinden sollte, war, daß sich die Fälle von Lassa-Fieber im Januar und Februar, während der Trockenzeit, häuften. Neun dieser ersten dreißig Patienten starben. Für meine neuen Mitarbeiter war das eine harte Lektion, eine erschütternde Begegnung mit der Praxis.

Die Methode, die wir entwickelt hatten, war sowohl dazu bestimmt, die Leistungsfähigkeit unseres neu eingerichteten Labors als auch die Effizienz unseres Datensammlungssystems zu testen. Wir wählten die beiden Krankenhäuser aus, die Karl Johnson und ich besichtigt hatten, das Nixon-Memorial-Hospital in Segbwema und das Missionskrankenhaus in Panguma, um Patienten auf Lassa zu testen. Beide Krankenhäuser wurden von Missionen geleitet und galten als die besten in der Region. Und beide hatten ihren Standort in Städten, die als Brutstätten des Lassa-Fiebers galten. Unsere Hoffnung war, die Vielfalt der Warnzeichen und Symptome, die mit dem Lassa-Fieber verbunden waren, besser zu verstehen. Unsere Mitarbeiter, die im Aufnehmen einer kompletten Anamnese ausgebildet waren, wurden angewiesen, das Auftreten von Kopfschmerzen, Muskelschmerzen, Halsentzündungen und so fort zu vermerken. Sie achteten darauf, daß die Ärzte Fieber maßen und blutunterlaufene Augen und Zahnfleischbluten registrierten. Sie untersuchten Urinproben auf Protein und Blut. Sie nahmen Blutproben und brachten sie mit ins Labor, so daß wir sie mit Hilfe von Reagenzien (Substanzen, die das Vorhandensein von Viren und Bakterien demonstrieren, indem sie eine beobachtbare Reaktion auslösen) auf Antikörper testen konnten. Unzählige Male wurde die Zentrifuge in Gang gesetzt, um das gelbe Serum vom Blut zu trennen. Das Serum wurde mit den Reagenzien vermischt. Dann schauten wir nach, was wir unter dem Mikroskop hatten. Positiv, positiv, positiv...

Es sah aus, als hätten wir ins Schwarze getroffen. Alle meine Mitarbeiter standen unter höchster Spannung. Es war ihnen klargeworden, daß sie gute Arbeit leisten mußten, wenn sie ihre Zukunft als Projektmitarbeiter nicht aufs Spiel setzen wollten, aber das war nicht das Ausschlaggebende. Die Spannung, die in der Arbeit selbst lag, begann sich auf sie zu übertragen. Und sie erkannten, daß sie an einem Vorhaben von großer Bedeutung beteiligt waren. Tragödien entfalteten sich vor unseren Augen, als wir einen Lassa-Fall nach dem anderen untersuchten. Kinder, die ihre Mütter und Väter, Eltern, die ihre Kinder verloren hatten. Es gab so viel für uns zu tun.

Die meisten Lassa-Patienten im Krankenhaus von Panguma kamen aus den Diamantenminen. Die Nonnen und das übrige medizinische Personal leisteten harte Arbeit, aber bei Lassa-Fieber reichte Engagement einfach nicht aus. Sie legten infizierte Patienten mit nichtinfizierten zusammen. Sie hatten keine gesonderten Abfallbehälter für kontaminierte Spritzen. Desinfektionsmittel waren so gut wie gar nicht vorhanden. Sie machten sich nicht die Mühe, chirurgische Handschuhe zu tragen, selbst wenn sie mit infektiösen Materialien umgingen. Und die Stationen waren voll von Lassa-Patienten. Wir begannen das medizinische Personal davon zu überzeugen, daß es gut sei, den Glauben an Gott durch Desinfektionslösung zu unterstützen.

Mit der Hilfe der Schwestern etablierten wir ein einfaches System von Isolier- und Vorsichtsmaßnahmen. In diesem entlegenen Teil Afrikas hatte es keinen Sinn, sich über spezielle Entlüftungsanlagen oder Atemschutzmasken für das Pflegepersonal Gedanken zu machen. Jede Form der Be- und Entlüftung, die man haben kann, kommt durch offene Fenster. Und in einer Kultur, in der Ritualmasken sehr verbreitet sind, wird jemand, der mit einer Gasmaske auftritt, höchstwahrscheinlich als böser Geist eingestuft, was sehr unangenehme Konsequenzen haben kann. Selbst die irischen Nonnen taten sich schwer damit, unsere Ratschläge ernst zu nehmen und die Bedeutung der Maßnahmen zu verstehen. Sie waren durch die Probleme mit ihren Malariafällen – sterbende Kleinkinder, Diarrhoe und Anämie – so überlastet, daß sie Lassa-Fieber für weitgehend irrelevant hielten. Wir mußten sie vom Gegenteil überzeugen. Wie wir festgestellt hatten, waren dreißig Prozent der erwachsenen Patienten, die in ihr Krankenhaus eingeliefert wurden, mit dem Lassa-Virus infiziert, und Lassa-Fieber war die häufigste Todesursache bei Erwachsenen. Außerdem war Panguma der Schauplatz einer Krankenhausepidemie gewesen, die auch unter den Mitgliedern des medizinischen Personals ihre Opfer gefordert hatte. Aber das menschliche Erinnerungsvermögen hat die Neigung, Tragödien mit dem Schleier des Vergessens zu bedecken. Und das nichteinheimische medizinische Personal wechselte sehr oft. Jetzt stand nicht annähernd genug Platz zur Verfügung, um Lassa-Patienten effektiv zu isolieren; wir mußten einen Weg finden, sie in den offenen Stationen unterzubringen und die anderen Patienten und das medizinische Personal dennoch vor Ansteckung zu schützen.

Wir kamen auf eine ziemlich einfache Lösung: Die Betten der Lassa-Fieber-Patienten wurden durch stoffbespannte Wandschirme von den anderen getrennt. Die Wandschirme hatten leichte Metallrahmen und standen auf Rollen, so daß man sie leicht überallhin bewegen konnte, wo sie gebraucht wurden. Sie boten natürlich keinen Schutz vor dem Virus, aber sie erinnerten die anderen Patienten und das medizinische Personal an die drohende Gefahr: Achtung – bis hierher und nicht weiter! Außerdem stellten wir am Fußende des Bettes jedes Lassa-Patienten einen Tisch mit einem Vorrat an chirurgischen Masken und Latex- oder Polyvinylhandschuhen sowie einer mit Bleichlauge gefüllten Schüssel auf. Die Bleichlauge diente dazu, alle gebrauchten Handschuhe und Masken zu desinfizieren. Gewöhnliche Haushaltsbleichlauge gehörte zu den wenigen Hilfsmitteln, die wir auf dem lokalen Markt kaufen konnten. Mit Wasser zu einer zehnprozentigen Lösung verdünnt, ist sie ein hervorragendes Desinfektionsmittel. Nach dem Spülen in dieser Lauge wurden die Handschuhe gewaschen und in der Sonne getrocknet, so daß man sie wiederverwenden konnte. Den Luxus von Einweghandschuhen konnten sich diese Krankenhäuser nicht leisten, aber die Arbeitslöhne waren niedrig. Also stellte man eine Person ein, die Handschuhe wusch. Solange die Handschuhe keine Löcher oder Risse hatten, konnte man sie acht- bis zehnmal benutzen. Die

Orte, an denen unsere Projektarbeit stattfand, konnte man leicht an einer Wäscheleine erkennen, an der viele Paare von Handschuhen zum Trocknen aufgehängt waren. Dieses simple System erwies sich im Lauf der Jahre unter den unterschiedlichsten Bedingungen als nützlich und sinnvoll. Es wurde schließlich in die WHO-Empfehlungen für Ärzte und andere Wissenschaftler, die in Afrika mit viralen hämorrhagischen Fiebern und später unter ähnlichen Bedingungen mit dem HIV-Virus umgingen, aufgenommen.

Im Unterschied zum Panguma-Krankenhaus mit seinen geräumigen, hellen Stationen war die Atmosphäre in dem älteren Nixon-Memorial-Hospital düster und bedrückend. Die Beleuchtung war dürftig, die Wände grau, die Toiletten funktionierten schlecht und die Wasserversorgung fiel häufig aus. Der Gestank von Urin und Fäkalien durchzog die Räume. Wie in Panguma waren die Stationen nach Geschlechtern und nach medizinischen und chirurgischen Fällen unterteilt. Es gab auch eine Geburtshilfeabteilung und eine Kinderstation. Obwohl es unter dem medizinischen Personal keine Fachärzte gab, war das Krankenhaus die wichtigste medizinische Einrichtung der Region, die einzige Anlaufstelle für Dorfbewohner in einem Radius von zwanzig Meilen. Den Männer- und Frauenstationen war hier, genauso wie in Panguma, jeweils ein einziger kleiner Raum angeschlossen, in dem Patienten mit infektiösen Krankheiten isoliert werden konnten. Aber dieser eine Raum reichte nie aus, um die vielen Patienten, die an Infektionskrankheiten litten, aufzunehmen. Also führten wir auch hier unser einfaches Isoliersystem ein.

Unsere Projektarbeit beschränkte sich nicht auf das Registrieren von Lassa-Fällen und das Einführen von Präventivmaßnahmen. Wir versuchten auch, die Ansteckungsquelle zu eliminieren. Zu diesem Zweck organisierten wir eine spezielle Rattenpatrouille. Neben John Kande arbeitete auch ein NIH-Stipendiat aus den Vereinigten Staaten, der Zoologe John Krebs, in diesem Team mit, unter der Supervision eines Mannes, den ich hier Adam Sherrington nennen werde. Gerüchten zufolge war Adams Frau einige Jahre zuvor mit einem Hippie davongelaufen, was vielleicht erklärte, warum er John Krebs so sehr verabscheute. Krebs war der geborene Hippie. Seinen zurückweichenden Haaransatz kompensierte er durch einen rauschenden Vollbart. Er war auf der Suche nach Abenteuern und eifrig darauf aus, die Eigenarten einer Nagetierspezies, über die wenig bekannt war, zu erforschen. Feldarbeit lag ihm besonders; oft unternahm er einsame Streifzüge und blieb tagelang fort, um Nagetiere einzufangen. Im Labor nahm er dann Tests an ihnen vor, um festzustellen, ob sie das Lassa-Virus in sich trugen. Er war offen für alles, was eine fremde Kultur zu bieten hatte, insbesondere ihre Essensgewohnheiten und lokalen Spezialitäten. Das wohlverdiente Abendessen nach einem arbeitsreichen Tag bestand in der Regel aus Reis und einer scharf gewürzten Palmöl- oder Erdnußsoße mit Fleisch- oder Fischstückchen. Auch wenn die Soße schon reichlich Pele-pele – die einheimischen roten Pfefferschoten – enthielt, tat John noch mehr davon in sein Essen hinein. Für seinen Supervisor Adam war John mit seiner Begeisterung für alles Neue und seinem ungezwungenen Auftreten ein rotes Tuch. Aber die Arbeit des Zoologen war der Schlüssel zum Verständnis der Dynamik der Nagetierpopulation, insbesondere wenn es um die wichtige Frage ging, auf welche Weise sie mit Menschen in Kontakt kamen. Es gelang ihm, die Einzelergebnisse seiner Forschungsarbeit zu einem plausiblen Szenario für die Übertragung des Lassa-Virus innerhalb der lokalen Nagetierpopulation zusammenzusetzen. Er wurde durch seine Aktivitäten in der ganzen Umgebung bekannt und erhielt später den Krio-Beinahmen «Doktor Arrata» – Rattendoktor.

Trotz seiner beachtlichen Leistungen hatte John die größten Schwierigkeiten, Adam von der Richtigkeit seiner Forschungsergebnisse zu überzeugen. Tatsächlich wuchs Adams Antipathie sich allmählich zu einer Vendetta aus. Er verfaßte Memos, in denen er John Inkompetenz und Unehrlichkeit vorwarf. Da ich täglich mit John zusammenarbeitete, wußte ich, daß diese Anschuldigungen haltlos waren. Er war unbestechlich, ja, geradezu zwanghaft, was die Genauigkeit seiner Daten anging. Ich verstand nicht, wo Adams Problem lag, bis ich erfuhr, daß es ihm nicht gelungen war, seine eigene Forschungsarbeit zu veröffentlichen. Dieser Tatbestand, in Kombination mit seinem tiefsitzenden Ressentiment gegen John – einfach weil er so war wie er war –, machte seine Motive verständlich, wenn auch kaum verzeihlich. Schließlich standen Menschenleben auf dem Spiel.

Die Arbeit des Nagetierteams wurde jedoch nicht nur durch interne Querelen erschwert. Lokale Sitten und Gebräuche mußten berücksichtigt werden. Die Rattenfänger achteten sorgsam darauf, zuerst mit den Bewohnern eines Dorfes zu sprechen und ihnen den Zweck unserer Unternehmungen zu erklären, bevor sie sich daran machten, Fallen aufzustellen. John fiel gewöhnlich die Rolle des Verhandlungsführers zu, und er nahm den anderen John – John Kande – mit, um ihn zu unterstützen. Durch die Macht des Wortes überzeugte Kande die Dorfbewohner, daß die Rattenfänger nichts Übles im Schilde führten, und wenn diese Leute so verrückt waren, den Nagern nachzustellen, bitte sehr, ihnen sollte es recht sein!

Wir wollten durch diese Untersuchung die Antworten auf drei Fragen finden. Welche Nagetierart war die vorherrschende in einem Dorf? Wie viele Exemplare gab es im Durchschnitt in jedem Haushalt? Und zu welchem Prozentsatz waren diese Tiere Träger des Lassa-Virus? Das Team fing gewöhnlich damit an, die Häuser zu numerieren und eine genaue Karte des Dorfes zu zeichnen. Über diese Karte wurde dann ein Raster gelegt, und John wählte nach dem Stichprobenprinzip eine Reihe von Häusern für die Studie aus. Am vereinbarten Tag erschien das Team im Dorf, in einem sofort erkennbaren gelben Kleinlaster, auf dessen Seiten das Emblem der Rattenpatrouille prangte. Es zeigte eine Ratte, überlagert von einem Kreis, der das Virus symbolisierte, und innerhalb des Kreises eine Miniaturlandkarte von Afrika. In späteren Jahren stimmten die Dorfbewohner ein Lied an, sobald sie das Fahrzeug sahen: «Lassa Fiva no good-o». Es war ein Pop-Song, den die für die Öffentlichkeitsarbeit zuständigen Mitarbeiter unseres Projekts in die Top Ten von Sierra Leone lanciert hatten.

Dann suchten die Rattenfänger sich einen Platz am Rande des Dorfes, wo sie ihr Lager aufschlugen. Es bestand aus dem Kleinlaster und zwei Zelten; in einem wohnten sie, und das andere war für die Untersuchung der Nagetiere reserviert. Als nächstes machten sie sich daran, in den Häusern, die für die Studie ausgewählt worden waren, Fallen aufzustellen – zwei Typen von Fallen: konventionelle Rattenfallen, in denen die Ratte getötet wurde, und Spezialfallen, die dazu bestimmt waren, die Tiere lebend einzufangen, so daß sie getestet werden konnten. Gewöhnlich wurden in jedem Haus etwa zehn Fallen aufgestellt, je nach der Anzahl der Räume. Am nächsten Morgen machte das Team die Runde, um die Fallen einzusammeln. Die Anzahl der getöteten Ratten wurde sorgfältig vermerkt; die Kadaver wurden in einem Plastiksack gesammelt und später verbrannt. Die Fallen für die lebenden Tiere waren so konstruiert, daß sie sich in einen Plastikbeutel öffneten. Der Beutel enthielt einen Wattebausch, der mit einem Anästhetikum getränkt war. Wenn der Mechanismus gelöst wurde, sprang die Ratte aus der Falle heraus, um zu flüchten, landete in dem Beutel und bekam ihre Vollnarkose. Den betäubten Tieren wurde dann Blut abgenommen, das auf Antikörper gegen Lassa und auf die Präsenz des Virus selbst getestet wurde. Nachdem man die Spezies bestimmt hatte, wurde das Tier getötet und seziert; die Organe wurden ins Labor gebracht, weil man daraus möglicherweise das Virus isolieren konnte. Alle Daten, die wir durch diese Untersuchungen erhielten, wurden in einem Computer gespeichert.

Um zu verstehen, auf welche Weise das Virus von Ratten auf Menschen übertragen wurde, mußten wir eine weitere Studie durchführen. Dazu mußten wir Ratten einfangen, die sich in Häusern von Menschen, die eine Lassa-Infektion gehabt hatten, befanden. Zum Vergleich brauchten wir Ratten, die aus Häusern stammten, in denen niemand krank geworden war. Wir wollten unter anderem wissen, ob das Eliminieren der Ratten die Zahl der Neuinfektionen in einem Haushalt senkte. Diese spezielle Studie wurde von Dick Keenleyside, einem britischen Arzt, der für den CDC arbeitete, durchgeführt. Dieser überaus fähige Wissenschaftler hatte ein einziges Handicap: eine lähmende Angst, sich selbst mit dem Lassa-Virus zu infizieren. Jeden Abend, wenn er ins Labor zurückkehrte, klagte er über Halsschmerzen. Nicht, daß diese Angst völlig irrational gewesen wäre; schließlich arbeitete er eng mit den Rattenfängern zusammen und kam mit infektiösem Material in Berührung. Aber weder Rattenfänger noch Virusjäger können sich den Luxus einer Phobie leisten. Wie passend, daß gerade dieser Mann, als er in die Vereinigten Staaten zurückkehren wollte, bei einem Zwischenstopp auf dem Londoner Flughafen ein absurdes Erlebnis hatte.

Im Flugzeug erwähnte er einem Mitreisenden gegenüber, daß er in Sierra Leone an einem Lassa-Fieber-Projekt mitgearbeitet hatte. Offenbar war er an den Falschen geraten. Kaum hatte er den Zollbereich des Flughafengebäudes betreten, wurde er auch schon von den stets wachsamen, leicht paranoiden und in aller Regel etwas beschränkten Beamten der britischen Einwanderungsbehörden festgenommen. Sie hatten beschlossen, ihn in Copper's Wood unter Quarantäne zu stellen. Dieses alte Hospital für Infektions-und Tropenkrankheiten im Nordosten Londons war mit einem Plastikisolator ausgerüstet worden, für Patienten, bei denen Verdacht auf exotische ansteckende Krankheiten bestand. Der Isolator war nichts anderes als ein enormes, sperriges Plastikzelt, das, über einem Krankenhausbett ausgespannt, einen luftdichten Käfig bildete. In Dicks Fall war diese Isoliermaßnahme völlig überflüssig, da Lassa – wie auch die meisten anderen hämorrhagischen Fieber – nicht durch die Luft übertragen wird. Aber die Briten, die weder Mühe noch

Kosten gescheut hatten, um einen solchen Isolator zu installieren, wollten ihn nun auch benutzen. Folglich fanden sich einige unglückliche Passagiere, die aus Afrika kommend mit etwas Kopfweh und leichtem Fieber in London landeten, auf diese Weise eingekerkert.

Dick protestierte energisch und forderte die Beamten auf, sich mit dem CDC in Verbindung zu setzen. Er wies darauf hin, daß er nicht einmal krank sei. Aber selbst die Drohung mit gerichtlichen Schritten und der Verweis auf die Habeas-Corpus-Akte hatten keine Wirkung. Die Habeas-Corpus-Akte ist ein Gesetz zum Schutz der persönlichen Freiheit, das aus dem siebzehnten Jahrhundert stammt. Danach darf niemand ohne richterliche Überprüfung und Anordnung in Haft gehalten werden. Habeas Corpus ist eines der Heiligtümer der britischen Rechtssprechung – aber offenbar nicht für Beamte der Einwanderungsbehörden. Erst nachdem Repräsentanten der Quarantäneabteilung des CDC die entsprechenden britischen Vertreter der Gesundheitsbehörden davon überzeugt hatten, daß Dick Keenleyside keine Bedrohung für das United Kingdom darstellte, durfte er seine Reise fortsetzen. Er hatte Glück. Wie man daraus ersehen kann, sind es nicht nur die Afrikaner, die aus Angst vor rätselhaften Viruserkrankungen abergläubisches und irrationales Verhalten an den Tag legen.

Nicht alle unsere Probleme hingen mit dem Lassa-Fieber zusammen. Auch die politischen Verhältnisse beeinträchtigten unser Leben und unsere Arbeit – wie überall, wo wir hinkommen. Die politischen Spannungen in Sierra Leone erwuchsen zum größten Teil aus der immer wieder aufflammenden Fehde zwischen den beiden größten Stammesverbänden, den im Osten und Süden ansässigen Mende und den Temne, die im Norden und Westen des Landes lebten. Die beiden dominanten politischen Parteien hatten ihre Machtbasen in diesen Stämmen, und was an der Oberfläche wie ein politischer Disput erschien, war in Wahrheit ein Stammeskonflikt. Um die Jahreswende 1976/77 sollten eigentlich freie Wahlen abgehalten werden, aber es gelang dem Vorsitzenden der *All People's Congress*-Partei (der Temne-Fraktion), Siaka Stevens, die Wahl zu manipulieren und sich selbst zum Sieger zu erklären. Als nächstes enthob er den amtierenden Präsidenten seines Amtes. Dieser Coup löste überall im Land Aufruhr und Gefechte aus, die sich an manchen Orten zu erbitterten Schlachten auswuchsen. Einige dieser Zusammenstöße ereigneten sich in Kenema und Bo, den Hauptstädten der östlichen und der südlichen Region.

In Kenema, das zu dieser Zeit rund 25 000 Einwohner hatte, forderte eines der Gefechte zwölf Todesopfer. Kenema gehörte zum Territorium der Mende. Eine Ausgangssperre, die über die östliche Provinz verhängt worden war, betraf uns direkt. Nach sechs Uhr abends durften wir uns nicht mehr außerhalb der Stadtgrenzen aufhalten. Natürlich bewirkte diese Ausgangssperre in der Bevölkerung eine noch feindseligere Haltung gegenüber der temnedominierten Regierung, besonders in einer Region, in der die Oppositionspartei ihre loyalsten Anhänger hatte, und für uns stellte sie eine besondere Härte dar. Die Ausgangssperre wurde verhängt, als die Projektarbeit gerade begonnen hatte, und blieb vier oder fünf Monate lang bestehen. Da wir den Menschen in der Region erst allmählich vertraut zu werden begannen, wurden wir oft an provisorischen Straßensperren angehalten und von uniformierten Männern schikaniert. Einige gehörten zum Militär, andere zu paramilitärischen Einheiten, und manche hatten gar keine besondere Zugehörigkeit. Es war nichts Ungewöhnliches, von einem schwer bewaffneten und oft auch schwer betrunkenen Uniformierten angehalten zu werden, dem es durchaus nicht um die Durchsetzung politischer oder gesetzlicher Maßnahmen ging, sondern nur darum, wieviel Geld er aus dem Fahrer eines Fahrzeugs und den Mitreisenden herauspressen konnte. Inmitten der politischen Wirren ergriff jeder, der ein Gewehr besaß, die Gelegenheit, die Situation zu seinem eigenen Vorteil auszubeuten.

Die Ausgangssperre bedeutete, daß wir jedesmal, wenn wir zum Nixon- oder zum Panguma-Krankenhaus fuhren, darauf achten mußten, spätestens um sechs Uhr abends wieder in Kenema zu sein. Beide Krankenhäuser waren etwa fünfundzwanzig Meilen entfernt, und da ich immer im allerletzten Moment aufbrach, kam es zu einigen wirklich haarigen Fahrten über schlammige, unebene, von Schlaglöchern übersäte Routen. Selbst für solche relativ kurzen Entfernungen brauchte man mit dem Geländewagen manchmal bis zu zwei Stunden. Wir hatten immer Angst, zufällig auf einen Soldaten zu stoßen, den der nachmittägliche Palmwein in die Stimmung versetzt hatte, uns einfach abzuknallen. Glücklicherweise wurde niemand von uns je angegriffen, aber von Zeit zu Zeit wurden Mitarbeiter unseres Projekts verhaftet. Nicht, daß sie sich irgendwelcher Verstöße schuldig gemacht hätten – Verhaftungen konnten unter trivialen Vorwänden oder ohne Angabe von Gründen vorgenommen werden. Es lag eine Verwechslung vor, oder jemand ließ seinem Ärger darüber, daß er angehalten wurde, freien Lauf und provozierte damit eine wütende Reaktion. Wenn das geschah, mußten wir die Leute finden, die am Hebel saßen, und mit ihnen verhandeln, um die Freilassung unserer Mitarbeiter zu erwirken. Die politische Pattsituation wurde schließlich gewaltsam beendet. Nach einem erbitterten Gefecht zwischen den Streitkräften der Temne und der Mende in Bo, das mehr als dreihundert Todesopfer forderte, wurde ein Kompromiß erarbeitet. Da der Präsident bereits einer Minderheit angehörte – einem kleinen Stamm, der auf der Seite der Temne stand –, einigte man sich darauf, zwei Vizepräsidenten einzusetzen, einen aus dem Lager der Mende und einen vom Stamm der Temne. Sobald diese Einigung erreicht war, wurde die Ausgangssperre aufgehoben. Nun war die politische Krise zwar beendet, aber das bedeutete noch lange nicht, daß die Straßensperren verschwanden. Tatsächlich blieben sie während der gesamten Laufzeit des Projekts eine Quelle unaufhörlicher Schikanen. Man konnte nie voraussehen, wo und wann man auf eine Straßensperre – mittlerweile Bestandteil der lokalen Sitten und Gebräuche – treffen würde. Vielleicht beschloß ein örtlicher Kommandant an einem bestimmten Tag, eine Straßensperre an einem bestimmten Ort zu errichten, oder es war die Idee eines unternehmungslustigen einzelnen, der keinen Grund sah, irgend jemanden um Erlaubnis zu fragen. Wie es schien, war das Errichten von Straßensperren zu einem nationalen Sport geworden, dem Menschen aller Altersgruppen frönten. Oft fand man eine Gruppe von zerlumpten Kindern um eine provisorische Straßensperre versammelt, die einfach aus einem Loch bestand, das sie in der Mitte der Straße gegraben hatten. Die aufgeworfene Erde lag in einem Haufen am Straßenrand. Wenn man anhielt, kamen die Kinder anmarschiert und verlangten Geld für die Wiederinstandsetzung der Straße. Das war eine Art, wie Sierra Leone seine Jugend erzog.

Von Seelen und Zentrifugen

Bevor wir feststellen konnten, wie weit das Lassa-Fieber in der dörflichen Bevölkerung der Region wirklich verbreitet war, brauchten wir eine genaue Statistik. Um eine möglichst akkurate Schätzung der Zahl der Infizierten abgeben zu können, muß man zunächst wissen, von welcher Gesamtzahl der Bevölkerung man auszugehen hat. Auf dieser Grundlage kann man dann weiter untersuchen, bei welchen Gruppen das höchste Infektionsrisiko besteht und aus welchem Grund. Normalerweise erhält man diese Basisinformation, indem man ganz einfach auf die staatlichen Bevölkerungsstatistiken zurückgreift, aber in Sierra Leone war seit dem Ende der britischen Kolonialherrschaft – seit rund zwanzig Jahren also – keine Volkszählung mehr durchgeführt worden. Also widmeten wir uns dieser Aufgabe selbst. Das bedeutete, daß wir in den für unsere Studie ausgewählten Dörfern von Haus zu Haus gehen und die Zahl der Bewohner, ihr Alter und ihr Geschlecht vermerken mußten. Die meisten Häuser bestanden aus vier oder fünf Räumen und hatten Lehmböden und Lehmwände. Die traditionellen Dächer aus Grasbündeln oder Palmblattgeflecht waren zum größten Teil durch Wellblechdächer ersetzt worden. Wellblech ist eine der fragwürdigen «Verbesserungen», die der weiße Mann in Afrika eingeführt hat. Durch die Verschlechterung der wirtschaftlichen Bedingungen ist jedoch selbst Wellblech für die Bewohner der ländlichen Regionen zu einem kostspieligen Material geworden. Also findet man heute eine Renaissance der schönen traditionellen Dächer aus Gras oder Palmgeflecht.

Wir glaubten, darauf vorbereitet zu sein, daß eine Menge Menschen unter einem Dach zusammenlebten. Aber wie es tatsächlich aussah, hatten wir nicht geahnt. In Dörfern, die in der Nähe aktiver Diamantenminen lagen, waren bis zu fünfzig Menschen in einem einzigen Haus zusammengepfercht. Nur die Tatsache, daß die Diamantensucher in

Schichten arbeiteten, erklärte, daß es überhaupt Platz für so viele Menschen gab. Wenn eine Gruppe in den Minen war, legten die von der anderen Schicht Heimgekehrten sich auf dem Boden schlafen, dicht an dicht. Alle zwölf Stunden war Schichtwechsel, und so waren die Häuser vierundzwanzig Stunden am Tag belegt.

Diese Situation unterschied sich grundlegend von der Lebensweise der Kleinbauern. Tagsüber, während sie auf den Feldern arbeiteten, standen ihre Häuser leer. Natürlich machten diese verschiedenen Lebensweisen einen beträchtlichen Unterschied aus, was die Zahl der mit dem Lassa-Virus Infizierten betraf. In den Dörfern der Minenarbeiter fanden wir die höchsten Infektionsraten, die wir bisher beobachtet hatten.

Wie hoch genau? Das war schwer zu sagen. Unter den Einwohnern dieser Dörfer eine Erhebung durchzuführen, war ein soziologischer Alptraum. Jedesmal wenn ein Minenarbeiter, dessen Träume vom plötzlichen Reichtum an der harten Realität zerbrochen waren, fortging und in sein Heimatdorf zurückkehrte, war gleich ein neuer mit noch intakten Illusionen da, der seinen Platz einnahm. Manche unserer Zählungen ergaben, daß die Bevölkerung eines Dorfes sich im Lauf weniger Wochen halbiert oder verdoppelt hatte. Als in der Umgebung eines kleinen Dorfes in der Nähe von Segbwema mehrere große Rohdiamanten gefunden wurden, stieg die Bevölkerungszahl von 2500 über Nacht um das Doppelte an. Und in ihrem verzweifelten Ehrgeiz, die ersten zu sein, die ein größeres Diamantenvorkommen fanden, hoben die Minenarbeiter den lockeren Boden so hastig aus, daß es an einer Stelle zu einem Grubeneinbruch kam. Dabei kamen vermutlich fünfzehn bis zwanzig Menschen ums Leben; die genauen Zahlen wurden nie ermittelt, weil man nicht alle Toten bergen konnte. Da viele Minenarbeiter illegale Immigranten waren, konnte man auch nicht bei ihren Familien nachfragen, was aus ihnen geworden war. Nach dem Grubenunglück leerte sich das Dorf wieder. Die Leute waren überzeugt, daß über dem Ort ein böser Zauber lag.

Die statistische Häufigkeit von Lassa-Infektionen zu ermitteln war eine Sache, aber die realen Kranken stellten uns vor ein ganz anderes Problem. Tag für Tag waren wir damit konfrontiert, daß die Patienten, die wir registrierten, uns um Hilfe anflehten, und unsere Unfähigkeit, etwas wirklich Sinnvolles für sie zu tun, machte uns immer deprimierter.

Zu diesem Zeitpunkt begegneten wir John Kamara, dem angesehenen Lehrer aus Segbwema. Wir untersuchten ihn und leiteten die übliche Therapie ein: fiebersenkende Medikamente und ein Tropf, um Austrocknung zu vermeiden. Er hatte furchtbare Schmerzen, konnte nicht schlucken, fand keine Position, in der er bequem liegen konnte, und litt unter Schlaflosigkeit. Am achten Tag seiner Erkrankung schwollen sein Hals und sein Gesicht an. Diese Schwellungen – Ödeme, die sich durch die Schädigung der Blutgefäße im weichen Gewebe des Hals- und Kopfbereichs bilden – bieten ein erschreckendes Bild. Das Gesicht des Kranken, aufgebläht wie ein Ballon, ist kaum noch wiederzuerkennen. Kamara konnte zwar noch sprechen, aber seine Antworten waren oft unverständlich und nicht auf die Frage bezogen. Es war deutlich, daß er enzephalopathisch wurde, das heißt, die Krankheit begann sein Gehirn anzugreifen. Inzwischen wissen wir, daß dies ein furchtbares Zeichen ist; es kündigt Krämpfe und schließlich den Tod an. Damals waren wir uns jedoch über die unausweichlichen Konsequenzen dieses Symptoms noch nicht völlig im klaren.

Kamaras Frau wich während seiner gesamten Krankheit nicht von seiner Seite. Obwohl wir nicht sicher sein konnten, ob sie sich selbst bereits infiziert hatte, bestanden wir darauf, daß sie – wie wir selbst – einen Kittel und chirurgische Handschuhe trug. Sie war zutiefst verzweifelt. Wir versuchten, sie zu beruhigen, aber ohne Erfolg. Sie sah den Ausdruck auf dem Gesicht ihres Mannes. Sie begriff, was mit ihm geschah. Sie sah die Angst in seinen Augen. Sie flehte uns an, etwas für ihn zu tun – irgend etwas. Soweit wir wußten, gab es nur eine Behandlung, die möglicherweise erfolgreich sein könnte: Rekonvaleszentenplasma. Vielleicht würde es in John Kamaras Fall helfen.

Plasmabehandlung war der Grund dafür, daß ich die großen Zentrifugen beim CDC ergattert und mit erheblicher Mühe zunächst nach Sierra Leone und dann auf holprigen Straßen ins Landesinnere geschafft hatte. Für eine Plasmatherapie braucht man das Blut von Menschen, die eine Lassa-Infektion überlebt haben. Die roten Blutkörperchen werden vom Serum getrennt und dem Spender zurückgegeben. Das gewonnene Blutplasma, das die Antikörper gegen das Virus enthält, wird dann durch einen intravenösen Tropf in den Körper des akut an Lassa Erkrankten eingeleitet. Die Idee für diese Immunserumbehandlung ging auf den Erfolg der Plasmatherapie bei Opfern eines anderen viralen hämorrhagischen Fiebers zurück, des Junin-Fiebers, das in Südamerika vorkommt. Das Junin-Virus, das nur in Argentinien gefunden wurde, wird ebenfalls durch Ratten übertragen. Die Mortalität ist hoch, und die Krankheit hat große Ähnlichkeit mit Lassa-Fieber. Ein besonders wichtiger Faktor war aber, daß Junin ein Arenavirus ist, das heißt, ein naher Verwandter des Lassa-Virus. Wenn die Plasmatherapie bei Junin erfolgreich war, so dachten wir, warum sollte sie nicht auch bei Lassa wirkungsvoll sein?

Wir stießen bei unserem Versuch, Rekonvaleszentenplasma zu beschaffen, allerdings auf ein ernstes Problem. Die Zentrifugen waren zwar vorhanden, aber als wir sie benutzen wollten, funktionierten sie nicht. Ich hätte mich ohrfeigen können. Bevor ich Atlanta verließ, hatte ich keine Zeit gehabt, die Funktionsfähigkeit der Geräte zu überprüfen – und warum sollte ich auch? Und seit ich in Sierra Leone war, hatten mich andere Probleme in Atem gehalten. Wie sollte ich hier jemanden finden, der wußte, was eine Laborzentrifuge war, geschweige denn fähig war, ein solches Gerät zu reparieren? Ich hatte nicht geahnt, daß wir im ersten Monat unserer Krankenhausstudie mit so vielen Lassa-Fällen konfrontiert sein würden. Wir hatten mit einzelnen Tropfen gerechnet und standen plötzlich einer reißenden Flut gegenüber.

Ich befand mich in einem furchtbaren Dilemma: kein Plasma – keine Behandlung, die ich unseren Patienten anbieten konnte. Mußte ich hilflos danebenstehen und zuschauen, wie John Kamara starb? Diese individuelle Tragödie brachte mich schlagartig in Bewegung. Wenn ich irgend etwas bewirken wollte, mußte ich nicht nur handeln, sondern auch in engerem Kontakt zu den Patienten arbeiten. Ich hatte Kenema als Hauptsitz des Projekts ausgewählt, weil der Ort von den beiden großen Krankenhäusern gleich weit entfernt und über die Straße von Freetown aus relativ leicht zu erreichen war – und nicht, weil ich mit so vielen Lassa-Fällen gerechnet hätte. Ich würde einen Weg finden müssen, direkt in den Labors der beiden Krankenhäuser zu arbeiten. Nur so konnte ich sichergehen, daß zumindest die grundlegenden Laborarbeiten sofort durchgeführt werden konnten. Aber bevor ich im Nixon- oder im Panguma-Krankenhaus irgend etwas tun konnte, mußte ich dafür sorgen, daß die Zentrifugen funktionierten.

Ich nahm sie auseinander und fand den Fehler. Wer auch immer für die Umstellung der Geräte auf den Betrieb mit 220 Volt verantwortlich war, hatte vergessen, den Zeitschalter in den Stromkreis einzufügen. Und solange der Zeitschalter nicht eingestellt war, setzte der Rotor sich nicht in Bewegung. Ich mußte nun herausfinden, wie ich den Hauptstrom durch den Zeitschalter und dann zum Antrieb führen konnte. Ich brauchte einen Tag, um mir Klarheit über das Problem zu verschaffen, und einen weiteren Tag, um die Maschinen zu reparieren. Ich konnte keinen Elektriker rufen. Ich selbst war der Elektriker.

Das nächste Problem war, die nun funktionsfähigen, aber veralteten und monströsen Zentrifugen in die beiden Krankenhäuser zu schaffen. Jede wog etwa dreihundert Kilo, und in Kenema war kein Fahrzeug zu finden, das sie hätte transportieren können. Außerdem hatten die Zentrifugen ein Kühlsystem, und wir mußten die Kompressoren sichern, um zu verhindern, daß die Kupferrohre, die den Kompressor mit der Kühlschlange verbanden, beschädigt wurden. Wenn ein Rohr brach, würde die fluorkohlenstoffhaltige Kühlflüssigkeit auslaufen und nicht nur die Atmosphäre belasten, sondern das Kühlsystem funktionsunfähig machen. Mit einiger Mühe fanden wir schließlich Lastwagen, die stabil genug waren, um die Fracht zu befördern, hievten die schweren Geräte unter Aufbietung unserer gemeinschaftlichen Muskelkraft auf die Ladeflächen, sicherten sie mit Seilen und fuhren los, das Beste hoffend.

Als die Maschinen endlich an ihren Zielorten waren, ergab sich ein weiteres Problem. Die Zentrifuge im Panguma-Krankenhaus arbeitete perfekt, aber die andere, im Nixon-Krankenhaus, kühlte nicht. Das war mein schlimmster Alptraum. Ich brauchte mir keine Hoffnungen zu machen, in und um Segbwema einen Kühltechniker zu finden, der sich auf Laborzentrifugen verstand.

Ich dachte nach. Bevor ich den CDC verließ, hatte ein Ingenieur mir gezeigt, wie man einen Kühlschrank repariert und Kühlflüssigkeit nachfüllt. Letztlich, so dachte ich, kann das Kühlsystem einer Zentrifuge sich nicht wesentlich von dem eines Kühlschranks unterscheiden. Also nahm ich die Maschine nochmals auseinander und stellte fest, daß ein vom Kompressor ausgehendes Kupferrohr genau am Verbindungspunkt zur Kühlschlange abgebrochen war. Ich mußte es abschneiden, neu anflanschen und an der richtigen Stelle wieder einsetzen. Dann benutzte ich die Vakuumpumpe aus dem Labor, um die Luft aus dem Kompressor zu entfernen und ein Vakuum zu schaffen. Nach mehreren Stunden hatte ich genügend Unterdruck erzeugt, um die Kühlschlangen wieder auffüllen zu können. Es schien alles gut zu laufen, aber der wirkliche Test stand noch aus: Würde die Temperatur weit genug fallen, um das Gerät zu kühlen? Als ich sah, daß sich im Inneren des Rohrs Reif zu bilden begann, atmete ich erleichtert auf. Nun konnte die eigentliche Arbeit beginnen. Die nächste Frage war: Wird das Plasma helfen?

Obwohl die Zentrifugen nun arbeiteten, waren noch weitere Hindernisse zu überwinden. Wir brauchten Strom, Nachschub an Labormaterialien und ein Kommunikationssystem. Funktionierende Telefonverbindungen gab es nicht, und die allgemeine Stromversorgung war so unzuverlässig, daß wir auf einen Notgenerator angewiesen waren. Wenn wir elektrischen Strom brauchten, mußten wir ihn selbst erzeugen. Wenn wir über Entfernungen kommunizieren wollten, kurbelten wir unser Funkgerät an. Die Labors in Panguma und Segbwema hatten nur wenige Stunden am Vormittag Strom zur Verfügung, der von den Krankenhausgeneratoren geliefert wurde. Der Vorrat war begrenzt und der Operationssaal hatte Priorität, also hatten die Labors oft nicht einmal diese minimale Energieversorgung. Darüber hinaus hatten die alten Generatoren die Gewohnheit, den Geist aufzugeben, und Ersatzteile waren nicht gerade leicht zu beschaffen. Ich brachte mit Mühe genügend Geld zusammen, um für jedes Labor einen kleinen Honda-Generator anzuschaffen. Endlich waren wir unabhängig, was die Energieversorgung anging. Das kam einem Wunder gleich.

Den Nachschub an Labormaterialien zu organisieren erwies sich als weitaus schwieriger. Normalerweise nahmen wir die Hilfe der US-Botschaft in Freetown in Anspruch, um Frachtsendungen vom CDC sicher durch den Zoll zu bekommen und ins Landesinnere transportieren zu lassen. Zu den Materialien, die wir am dringendsten brauchten, gehörten die Reagenzien zum Nachweis des Lassa-Virus. Und hier kamen wir wirklich in Bedrängnis. Die erste Frachtsendung vom CDC wurde von Pan American Airlines zunächst nach Dakar im Senegal gebracht und sollte von dort aus nach Sierra Leone weitertransportiert werden. Sie verschwand spurlos. Obwohl dies die einzige Lieferung war, die wir je verloren, lernten wir unsere Lektion. Wir brauchten eine zuverlässigere Route. Also traten wir mit der holländischen Fluggesellschaft KLM in Verbindung, die regelmäßig jeden Donnerstag abend Lungi anflog, einen Flughafen, der nicht weit von Freetown entfernt auf der anderen Seite einer Meeresbucht an der Küste liegt. Die Fluggesellschaft erklärte sich bereit, die Materialien als Luftfracht direkt von Atlanta, das sie täglich anflog, via Amsterdam nach Lungi zu transportieren und auf derselben Route unsere medizinischen Proben nach Atlanta zurückzubringen. Wir hatten in unseren provisorischen Labors nicht die Möglichkeit, das Virus zu isolieren. Dieser Prozeß erfordert Gewebekulturen, und die wiederum kann man nur unter sterilen Arbeitsbedingungen anlegen. Es ist eine Sache, am offenen Labortisch mit klinischen Proben, die Viren enthalten, umzugehen, aber die Viren in einer Gewebekultur zu hoher Konzentration heranzuzüchten, ist ein ganz anderes Problem. Lassa ist schließlich ein Level-4-Virus, mit dem man nur in einem geeigneten Sicherheitslabor gefahrlos umgehen kann. Diese Arbeit konnte nur im CDC geleistet werden.

Bei der Untersuchung einer neuen Infektionskrankheit ist die Isolierung des Virus immer der entscheidende Schritt. Die Analyse gibt nicht nur Aufschluß darüber, ob das Virus in einer Blut- oder Gewebeprobe präsent ist, sondern zeigt auch, wie hoch die Viruslast ist. Wenn man die Verbreitung einer Infektionskrankheit registrieren und dokumentieren und dann auch die Patienten behandeln will, muß das Virus isoliert werden, und nicht nur aus einer, sondern aus mehreren Proben von jedem Patienten. Es wurde noch komplizierter. Wir konnten die Proben nicht einfach in einem regulären Tiefkühlbehälter einfrieren und in regulären Kühlpackungen verschicken. Wenn die Proben so konserviert werden sollten, daß sie die lange Reise nach Atlanta unbeschadet überstanden, brauchten wir Trockeneis. In Kenema war kein Trockeneis zu haben, und auch in Freetown nicht. Die nächste Quelle war Abidjan in Côte d'Ivoire. Wir nahmen Verbindung mit der dortigen US-Botschaft auf, die sich alle Mühe gab, uns zu helfen. Aber die ersten zwei Behälter, die man uns schickte, kamen leer an. Das Trockeneis hatte sich verflüchtigt. Außer einem Hauch von Kohlendioxid war nichts mehr da. Die Abidjan-Connection konnten wir abschreiben, das war klar.

Also wandten wir uns wieder an unsere stets zuverlässigen holländischen Freunde bei der KLM. Sie sagten uns, sie könnten das Trockeneis donnerstags abends liefern, wenn wir es im voraus bestellten. Bis zum nächsten Morgen, wenn das Flugzeug nach Lungi zurückkehrte, hatten wir dann genügend Zeit, unsere Proben zu verpacken und für den Transport nach Atlanta (via Amsterdam und Chicago) fertig zu machen. Mit Hilfe der Botschaft fanden wir auch einen Weg, die Pakete von Freetown mit der Fähre über die Meeresbucht nach Lungi zu schaffen – und vice versa –, bevor alles schmolz. Die Donnerstage wurden manchmal sehr hektisch, denn wir mußten Freetown rechtzeitig erreichen, um das Flugzeug nicht zu verpassen. Schließlich installierten wir große Tiefkühlbehälter im Keller des Botschaftsgebäudes. Hier konnten wir unsere kostbaren Proben sicher unterbringen, in der Gewißheit, daß die Kühlboxen an den massiven Generator der Botschaft angeschlossen waren. Es schien unsere Freunde vom State Department völlig kaltzulassen, daß sie das Lassa-Virus in ihrem Haus beherbergten. Aber wenn die KLM am Freitag nachmittag mit unserer Fracht abgeflogen war, ließen wir uns alle am Strand von Freetown – einem der schönsten Meeresstrände auf dem ganzen Kontinent – erschöpft in den Sand fallen.

Ohne die Hilfe und Fürsprache des US State Department hätten viele unserer Unternehmen nie stattfinden können. Ich habe in mindestens fünfzehn Ländern und auf vier Kontinenten mit amerikanischen Botschaften und Konsulaten zusammengearbeitet und konnte mich immer auf ihre Kooperationsbereitschaft verlassen. Ich erinnere mich, daß ich in Begleitung eines belgischen Freundes einmal die US-Botschaft in Kinshasa aufsuchte, um einen Scheck einzulösen. Er war verblüfft, daß so etwas möglich war. Eine solche Dienstleistung von seinem eigenen Konsulat zu erhalten, sagte er, sei schlichtweg unmöglich.

Wir hatten uns so sehr abgemüht und so viele Hindernisse aus dem Weg geschafft, aber für John Kamara kamen wir zu spät. Sein hohes Fieber und seine heftigen Gliederschmerzen hielten unverändert an. Wir hatten noch Hoffnung – eine aus unserem spärlichen Wissen über Lassa geborene Hoffnung. Aber am achten Tag seiner Krankheit waren seine wachen, strahlenden Augen stumpf und resigniert geworden. Als ich genauer hinsah, entdeckte ich flammendrote Flecken im Weiß des Augapfels; durch die geschädigten Gefäße trat Blut in die Augen aus.

Johns Frau hielt es nicht mehr aus. Sie sprang immer wieder auf und lief aus dem Zimmer, nur um Minuten später wieder zurückzukehren, seine Hand zu halten und zu tun, was sie konnte, um seine Schmerzen zu lindern.

Am neunten Tag pendelte John zwischen Phasen bloßer Verwirrtheit und regelrechten Delirien. Obwohl wir mit dieser Krankheit noch nicht viel Erfahrung hatten, bezweifelten wir, daß jemand dieses Stadium überleben konnte. Wir mußten uns eingestehen, daß wir dabei waren, John zu verlieren. Seine Frau war offenbar von derselben Vorahnung erfüllt. Sie wurde seltsam ruhig, jetzt, da sie das Unvermeidliche akzeptierte. Es war einer jener Augenblicke in der Medizin, die jeden Arzt beschämen und demütig machen. Sie erinnern uns daran, wie unvollkommen und schwach wir trotz all unseres Wissens sind.

John fiel in ein tiefes Koma. Plötzlich wurde sein Körper von einer Serie heftiger Krämpfe geschüttelt; das Virus proklamierte seinen Sieg. Als nächstes kam der unvermeidliche Schock. Der Blutdruck fiel unter die Grenze der Meßbarkeit. Dann versagten sein Herz und seine Lungen.

Ganz Segbwema trauerte um den bewunderten und geachteten Lehrer. Was war das für eine Welt – warum mußte ein so hervorragender Mann so elend sterben? Wie sollte seine Frau mit ihren beiden kleinen Kindern allein zurechtkommen? Wer sollte sich um seine alten Eltern kümmern? Und wer würde seine Schüler unterrichten? Wer sollte ihnen Rat geben und ihnen helfen, eine bessere Zukunft für ihr Land aufzubauen? Nur Schweigen war die Antwort.

Magische Geschosse

Der lange Kampf um den Nachschub von Labormaterialien aus Atlanta begann sich auszuzahlen, und ich konnte mir einer kontinuierlichen Versorgung mit den notwendigen Reagenzien einigermaßen sicher sein. Nun kamen wir unserem Ziel, eine Immunserumbehandlung für die Patienten zu entwickeln, allmählich näher. Die erste Aufgabe war es, Patienten zu testen, die in den Krankenhäusern von Segbwema oder Panguma eine Lassa-Infektion überstanden hatten und bei denen man mit hohen Reaktionswerten (Titern) von Lassa-Antikörpern rechnen konnte. Wir waren vor allem an den Personen mit den höchsten Titern interessiert, denn wir glaubten, daß ihr Plasma am effektivsten wirken würde. Außerdem mußten die Patienten sich soweit erholt haben, daß die Plasmaspende kein Risiko für ihre Gesundheit darstellte. Und wir mußten natürlich darauf vertrauen können, daß keine Lassa-Viren mehr in ihrem Blut zirkulierten. Um einigermaßen sicher zu sein, wählten wir nur Spender aus, deren Krankheit mindestens drei bis vier Monate zurücklag.

Wir testeten das Blut auch auf Hepatitis B, die potentiell tödliche Form von Hepatitis, die durch Blutserum übertragen werden kann. Das war in den späten siebziger Jahren. Über das HIV-Virus oder AIDS wußten wir damals noch nichts, und wir hatten auch keine Ahnung, daß es außer Hepatitis B noch andere Viren gab, die durch Blut übertragbar waren. Hepatitis C war zu dieser Zeit noch nicht bekannt. Hätten wir das Wissen bereits gehabt, wären wir nicht so enthusiastisch darangegangen, Plasma von Patienten in dieser Weise zu benutzen. Wir können uns mit der Tatsache trösten, daß wir später, in den achtziger Jahren, als wir das Auftreten von AIDS in Sierra Leone zu untersuchen begannen, keine HIV-Infizierten fanden, abgesehen von einigen Prostituierten in Freetown und einigen Studenten, die aus der Sowjetunion zurückgekehrt waren. Wahrscheinlich begann sich das HIV-Virus zu diesem

Zeitpunkt gerade erst von Zentralafrika aus nach Sierra Leone zu verbreiten. Man kann mit einiger Sicherheit davon ausgehen, daß es in der östlichen Region in den späten siebziger Jahren wenige oder keine HIV-Infektionen gab. Inzwischen liegen die Dinge anders.

Aber wenn die Immunserumtherapie eine riskante Angelegenheit war, war doch das Lassa-Fieber keineswegs weniger riskant. Im ersten Monat unserer Projektarbeit sahen wir John Kamara und acht weitere Patienten sterben. Wir mußten einen Weg finden, die Krankheit zu bekämpfen.

Das Plasma zu beschaffen war ein logistischer Alptraum. Zunächst mußten wir die potentiellen Spender finden, was durchaus nicht leicht war, denn sie waren alle in ihre Dörfer zurückgekehrt. Wenn sie Diamantensucher waren, die ständig umherzogen, standen die Chancen noch schlechter. Hatten wir die Genesenen entdeckt und überredet, Plasma zu spenden, mußten wir ein Fahrzeug und Verpflegung für einen Tag zur Verfügung stellen. Wir gaben den Spendern auch ein Eisenpräparat und, als zusätzlichen Anreiz, einen Kilobeutel Reis. Oft brauchte das Team, das diese Aufgabe übernommen hatte, einen ganzen Tag, um eine Plasmaspende zu bekommen. Uns wurde sehr bald klar, daß ein solches Programm sehr kostspielig werden konnte.

Außerdem erforderte es viel Fingerspitzengefühl, dem potentiellen Spender zu erklären, was eine Plasmaspende war und wozu wir sie brauchten. Das ganze Konzept lag so weit außerhalb der Erfahrungs- und Vorstellungswelt dieser Menschen, daß sie nicht wußten, wie sie es interpretieren sollten. Die meisten Patienten waren ungebildete Dorfbewohner, deren medizinisches Verständnis sich auf die traditionellen Pflanzenaufgüsse und Pulver beschränkte, die der Medizinmann ihnen gab. Wenn das nichts half, ging man in ein Krankenhaus mit einem weißen Doktor – vielleicht würde sein Zauber sich als der stärkere erweisen. Wir mußten uns eine einfache Erklärung zurechtlegen, denn wir hatten eine weitere kulturelle Hürde zu überwinden: Wo man auch hinschaut in Afrika, überall liegt der tiefverwurzelte Glaube an traditionelle Medizin und Magie direkt unter der Oberfläche. Viele Menschen schrieben gerade dem Blut ein enormes magisches Potential zu und hatten Angst, daß ihr Blut in den Händen eines Fremden zu schädlichem Zauber gegen sie verwendet werden konnte. Eine Zeitlang ging das Gerücht um, daß «weiße Männer Blut trinken». Sogar von Kannibalismus war die Rede, und es hieß, daß wir mit dem Blut zweifellos magische Tränke zusammenbrauten, um unsere Feinde zu vernichten.

Entweder hatten wir Glück, oder unsere Mitarbeiter redeten mit Engelszungen, denn es gelang uns gegen alle Wahrscheinlichkeit, etwa die Hälfte der früheren Patienten als Teilnehmer an der Plasmaspendenaktion zu gewinnen.

Sobald wir Blut und Plasma getrennt hatten, gaben wir die konzentrierten roten Blutzellen mittels einer Transfusion an den Spender zurück. An dieser Stelle kam die wirkliche Überraschung, denn unsere Patienten konnten den Unterschied zwischen dem, was wir entnahmen, und dem, was wir ihnen zurückgaben, nicht erkennen. Nun waren sie oft endgültig davon überzeugt, daß wir sie für irgendeine Art von Hexerei rekrutiert hatten. Ich bin mir nicht sicher, ob sich dadurch ihr Mißtrauen verstärkte oder ob ihr Respekt für unsere magischen Kräfte wuchs. Vermutlich ein wenig von beidem.

Es waren nicht nur die Kosten, die das Immunserumprogramm zu einer Belastung für unsere gemeinschaftlichen Ressourcen machten. Die ganze Prozedur nahm enorm viel Zeit in Anspruch. Wir hatten nichts, worauf wir zurückgreifen konnten. Blutbanken existierten in Sierra Leone nicht. Wenn Bluttransfusionen notwendig waren, stellte sich gewöhnlich ein Familienmitglied oder Freund als Spender zur Verfügung, aber auch das war nicht selbstverständlich. Wie sollte sich das System der Immunserumbehandlung also je durchsetzen, insbesondere da keine gesonderten Mittel zur Verfügung standen, um es zu finanzieren? Es war auch nicht unser Ziel, eine teure Behandlungsmethode zu entwickeln, an die außer einigen Privilegierten niemand herankommen konnte. Idealerweise sollte die Behandlung praktisch, leicht anwendbar und billig sein. Wir konnten uns nicht vorstellen, wie Plasmainfusionen für eine breitgestreute Behandlung eingesetzt werden könnten. Aber wir hatten nichts anderes. Wir arbeiteten weiter, entschlossen, etwas zu finden, das half.

Was wir uns wünschten, war ein einfaches Mittel wie Penicillin – das Penicillin des Lassa-Fiebers. Aber es gibt nur wenige Medikamente, die gefahrlos gegen Viruserkrankungen eingesetzt werden können. Die meisten antiviralen Mittel sind hoch toxisch und haben den Nachteil, daß sie mit dem Virus auch die Wirtszellen vernichten. Außerdem sollte das Medikament billig, sicher und leicht zu verabreichen sein. Und es mußte lang haltbar bleiben, so daß man es über weite Entfernungen transportieren und unter Bedingungen, wie sie in den Tropen herrschen, aufbewahren konnte, bis es gebraucht wurde. Was wir suchten, war nichts Geringeres als ein Wundermittel.

Dann kam ein Brief von Karl Johnson. Karl hatte eine Art, mir durch Telegramm oder knappe Briefe kurz und bündig Dinge mitzuteilen, die mein Leben veränderten. In seinem Brief erwähnte er ein relativ neues Medikament, das an der Universität von Utah entwickelt worden war. Es hieß Ribavirin und hatte sich in Tests gegen eine Reihe von RNA-Viren als wirksam erwiesen. Lassa ist ein RNA-Virus. Wenn die DNA der Bauplan des Lebens ist, der den Zellen sagt, daß sie Hände oder Triebe und Blätter werden sollen, ist die RNA der Bote, der die Information vom Gen zum Ribosom trägt. Das Ribosom, ein kleines rundes Partikel, ist eine Art Proteinfabrik, die Antikörper, Hormone und Enzyme – Grundstoffe des Lebens – produziert. Manche Viren benutzen die RNA jedoch nicht als Boten, sondern als ihr eigenes genetisches Material. Viren sind in dieser Hinsicht einzigartig. Ribavirin – das war das Interessante und Vielversprechende – schien in den Prozeß einzugreifen, durch den das Virus aus seiner eigenen genetischen RNA Protein bildete, und so die Replikation des Virus zu hemmen. Lassa gehört zu den Arenaviren, und Arenaviren sind RNA-Viren. Würde Ribavirin sich als das gesuchte Medikament erweisen?

Karl teilte mir mit, daß er das Mittel bereits in Gewebekulturen auf seine Wirkung gegen das Lassa-Virus testete, und fügte hinzu, daß Peter Jahrling am USAMRIID ähnliche Experimente vornahm. Peter infizierte Affen mit Lassa und behandelte sie dann mit Ribavirin. Die Ergebnisse waren gut, auch was den Einsatz des Mittels bei Menschen anging, denn man hatte es bereits erfolgreich zur Behandlung der akuten viralen Pneumonie (Lungenentzündung) bei Kleinkindern eingesetzt. Vor allem aber war es leicht herzustellen, potentiell billig und bei Zimmertemperatur stabil – vielleicht nicht gerade bei den Zimmertemperaturen in Sierra Leone, aber wir konnten es ja in den Kühlschrank stellen.

Dies könnte mein Wundermittel sein, mein magisches Geschoß. Ich war sehr aufgeregt, wußte aber, daß wir die Ergebnisse der Labortests und Studien abwarten mußten, bevor wir daran denken konnten, das Mittel einzusetzen und eine eigene Studie zu beginnen. Allerdings hatten wir nicht vor, Däumchen zu drehen, während wir darauf warteten, welche Fortschritte Peters Affen machten. Sowohl für die Behandlung mit Plasma als auch mit dem neuen Medikament brauchten wir die Genehmigung der amtlichen Stellen in den USA und in Sierra Leone. Das würde dauern, also mußten wir uns sofort um dieses Problem kümmern.

Zuerst mußte ein schriftliches Protokoll erstellt werden, das die Ergebnisse der Testreihen und Studien detailliert darstellte. In Atlanta übernahmen Karl und seine Frau, die Epidemiologin Patricia Webb, einen Teil dieser Arbeitslast. Dann mußte das Protokoll vom nationalen Komitee für medizinische Ethik in Sierra Leone und seinem Gegenstück beim CDC, dem Human Subjects Review Committee (HRSC – Komitee zur Überwachung von medizinischen Versuchen an Menschen) sowie vom Federal Drug Department (FDA – der Behörde, die für die Zulassung neuer Medikamente zuständig ist) gebilligt werden. Versuche an Menschen sind keine triviale Angelegenheit. Das Protokoll muß eine umfassende, detaillierte wissenschaftliche Rechtfertigung des Projekts enthalten und genau darstellen, wie die Studie durchgeführt werden soll. Dazu gehört auch der präzise Entwurf einer Erklärung, die den Patienten, die im Rahmen der Studie behandelt werden sollen, vorgelegt wird. Die Patienten müssen ihre Zustimmung geben, und sie müssen vollständig darüber aufgeklärt sein, was mit ihnen geschehen wird.

Dies war der Punkt, an dem die Dinge wirklich schwierig wurden. Aufgeklärte Zustimmung kann nur von einer Person gegeben werden, die wirklich begreift, was sie zu erwarten hat und was die Behandlung im einzelnen für sie bedeutet. Wir hatten es aber zum größten Teil mit Patienten zu tun, die Analphabeten waren und in der Regel nur die lokale Stammessprache beherrschten. Viele von ihnen hegten ohnehin den Verdacht, daß wir uns mit Hexerei abgaben, obwohl sie viel zu höflich waren, um das direkt zu sagen. Wie sollten wir es anstellen, diesen Menschen komplexe medizinische Zusammenhänge zu erläutern? Die Erläuterungen in die lokale Stammessprache, das Mende, übersetzen? Gut. Aber Mende hat keine Wörter, mit denen man Begriffe wie «klinischer Versuch», «Abwehrreaktion» oder «Nebenwirkungen» wiedergeben könnte. Wie konnten wir das, was wir zu sagen versuchten, also adäquat vermitteln?

Wir vereinfachten das Konzept und stellten die Zusammenhänge durch Umschreibungen dar, um die Bedeutung herüberzubringen, auch wenn eine präzise Übersetzung in das Stammesidiom nicht möglich war. Grundsätzlich mußten wir die potentiellen Teilnehmer der Studie wissen lassen, daß das Medikament Ribavirin neu und in der Behandlung von Lassa-Fieber noch nicht erprobt war. Daß Menschen es gefahrlos einnehmen konnten, war allerdings bereits erwiesen, soviel konnten wir ihnen versichern. Und wir würden ihnen sagen, daß es bisher kein Heilmittel für Lassa gab, daß dies der Versuch war, eines zu finden, daß wir aber dennoch nicht für den Erfolg garantieren konnten. Um das alles zu erläutern, mußten wir uns auf die Geschicklichkeit unserer Übersetzer verlassen. Da die meisten Patienten nicht einmal ihren Namen schreiben konnten, war es das beste, sie zu bitten, ihren Daumenabdruck und ein X unter die Zustimmungserklärung zu setzen, als Bestätigung dafür, daß sie ihnen vorgelesen worden war, daß sie eine Vorstellung davon hatten, worauf sie sich einließen, und daß sie bereit waren, an dem Versuch teilzunehmen.

Das nationale Ethik-Komitee von Sierra Leone hatte weniger Probleme, die von uns entworfenen Zustimmungsprozeduren zu akzeptieren als das HSRC. Die afrikanischen Ärztinnen und Ärzte, die dem Komitee angehörten, kannten ihr Land und wußten sehr wohl, was möglich war und was nicht. Außerdem verstanden sie die Not der Lassa-Patienten und die Dringlichkeit der Situation. Die hohe Kooperationsbereitschaft des Komitees wird jedoch vielleicht noch besser verständlich, wenn ich erwähne, daß es erst in dieser Situation von Dr. Marcella Davies, der damaligen Gesundheitsministerin von Sierra Leone, offiziell eingesetzt wurde. Ihre Nachfolgerin, Dr. Belmont Williams, führte den Vorsitz, als unser Protokoll schließlich gebilligt wurde. Das Ethik-Komitee des CDC bestand auf der Zustimmung eines landeseigenen medizinischen Ethik-Komitees, obwohl eine solche Organisation in Sierra Leone gar nicht existierte. Glücklicherweise war Dr. Belmont Williams einfallsreich und geschickt. Sie war eine Krio, eine Nachfahrin von Sklaven, die aus Amerika geflüchtet waren und zunächst versucht hatten, sich in Nova Scotia anzusiedeln, wo das Klima jedoch zu rauh und kalt war. Schließlich gelang ihnen die Rückkehr nach Sierra Leone, und sie ließen sich in Freetown nieder. Die Krio sind die fortschrittlichste Bevölkerungsgruppe mit dem höchsten Bildungsstand im Land. Ihr Pidgin, das sich im Lauf von rund hundert Jahren seit der Ankunft ihrer Vorfahren entwickelt hatte, ist zur Verkehrssprache von Sierra Leone geworden. Dr. Williams hatte in England, an der Universität von Bristol, Medizin studiert. Sie war eine fähige Ärztin und kluge Organisatorin – und außerdem eine große Hilfe für unser Projekt. Auf unsere Bitten hin rief sie eine Gruppe renommierter Ärztinnen und Ärzte zusammen und erklärte sie zum nationalen Ethik-Komitee. Sie gab ihnen unser Protokoll zu lesen und bat sie, ihre Kommentare dazu abzugeben. Einige stellten Fragen, aber niemand hatte ernsthafte Einwände gegen unsere Vorschläge.

Dennoch war die Tatsache, daß es in Sierra Leone so wenige versierte Wissenschaftler gab, eine zusätzliche Belastung für uns – und für das HSRC. Wir mußten sicherstellen, daß unsere Prozeduren korrekt waren und daß man uns nicht den Vorwurf machen konnte, die unwissende Bevölkerung eines armen Drittweltlandes für unsere Zwecke auszubeuten. Wir durften uns nicht dem mindesten Verdacht aussetzen, unethisch zu handeln. Diese prekäre Frage ist und bleibt eines der schwersten Probleme der medizinischen Forschung, insbesondere in Entwicklungsländern. Wie kann man eine unwissende, ungebildete Bevölkerung je adäquat über die Ziele und Risiken einer medizinischen Studie aufklären? Es gibt keine einfache Lösung.

Das nationale Ethik-Komitee von Sierra Leone schloß sich der Auffassung an, daß unser geplantes Vorgehen in bezug auf die Zustimmungserklärungen der Teilnehmer unter den gegebenen Umständen das einzig praktikable war. Das HSRC dagegen hatte Schwierigkeiten mit der Vorstellung, daß Patienten, die Analphabeten waren, an einer klinischen Studie teilnehmen sollten. Keines der Mitglieder des HSRC hatte je an einem Ort gearbeitet, der auch nur entfernte Ähnlichkeit mit Sierra Leone hatte, und die meisten wußten nur, daß es sich um irgendein afrikanisches Land handelte. Ihre eigene Ignoranz war ihr größter Hemmschuh, denn sie versuchten, die Frage zu entscheiden, indem sie Studien, die in renommierten medizinischen Einrichtungen in den USA durchgeführt worden waren, als Präzedenzfälle heranzogen.

Als es später um das HIV-Virus ging, tauchte dasselbe Problem wieder und wieder auf, insbesondere in Afrika und Asien, wo einheimische Ärzte ihre Patienten zum Beispiel häufig nicht darüber aufklären, daß sie HIV-infiziert oder aidskrank sind, mit der Begründung, daß es ohnehin keine Therapie gibt, die der Patient sich leisten kann, und daß er wahrscheinlich von seiner Familie im Stich gelassen wird, wenn die Wahrheit bekannt wird.

Als wir die Zustimmung des HSRC endlich erhalten hatten, stand uns noch eine letzte Hürde im Weg: das FDA. Da Ribavirin für die Behandlung von Lassa-Fieber noch unerprobt war, mußten wir von der Behörde eine Zulassung des Medikaments zu Forschungszwecken einholen. Wir nahmen an, daß es damit keine großen Schwierigkeiten geben würde, denn orales Ribavirin war bereits in einer Reihe von klinischen Studien, die der Erforschung seiner Wirkung auf andere Krankheiten galten, ausgiebig getestet und für Menschen als sicher befunden worden. Wir würden uns auf die von der pharmazeutischen Herstellerfirma zusammengestellten Daten verlassen, denn eigene Versuche wären langwierig und unerschwinglich teuer. Das FDA ist nicht nur in den USA für die Zulassung neuer Medikamente zuständig, sondern erfüllt de facto in weiten Teilen der Welt dieselbe Funktion. Viele Länder, die nicht über die entsprechenden wissenschaftlichen Einrichtungen verfügen und in denen eine solche Kontrollinstitution nicht existiert, verlassen sich auf die Empfehlungen und Entscheidungen des FDA.

Im November 1978 lagen uns alle notwendigen Genehmigungen vor, und wir hatten genügend Labordaten (Karls Gewebekulturen, Peters Affen und die Daten des FDA), die zeigten, daß Ribavirin potentiell gegen Lassa wirksam war und daß keine oder wenig toxische Nebenwirkungen zu befürchten waren. Zu diesem Zeitpunkt lief unser Projekt seit achtzehn Monaten, und wir hatten einige grundlegende Dinge über Lassa gelernt. Wir wußten, daß zehn bis fünfzehn Prozent aller Patienten, die in der Region in Krankenhäuser eingewiesen wurden, an Lassa-Fieber erkrankt waren, und daß die Sterblichkeitsrate im Durchschnitt bei sechzehn Prozent lag. Wir hatten inzwischen auch gelernt, besser einzuschätzen, welche Patienten vermutlich überleben und welche sterben würden. Patienten, die mit erhöhten Werten bestimmter Leberenzyme (AST) eingeliefert wurden, waren stärker gefährdet als jene, bei denen diese Werte niedriger lagen.

Also fingen wir an. Wir mußten zunächst – gemäß den Kriterien, die in unserem Protokoll niedergelegt waren – entscheiden, wer mit oralem Ribavirin und wer mit dem Plasma behandelt werden sollte. Alle Patienten, deren Leberwerte über einem bestimmten kritischen Niveau lagen, würden die eine oder die andere Behandlung erhalten. Lassa-Fieber war so gefährlich, daß wir die Kranken nicht unbehandelt lassen konnten, wenn wir überhaupt eine Therapie anzubieten hatten. Zu diesem Zeitpunkt konnten wir nicht voraussehen, ob unsere Therapien überhaupt Wirkung zeigen würden – oder welche von beiden besser wirken würde. Gewöhnlich arbeitet man bei klinischen Versuchen mit einer «Kontrollgruppe» – einer Gruppe von Patienten, die statt des Medikaments ein Plazebo erhalten; dieses Vorgehen soll die wissenschaftliche Objektivität garantieren, das heißt, es soll verhindern, daß die Patienten oder die Untersuchungsergebnisse durch die Einstellung oder die Voreingenommenheit der Wissenschaftler beeinflußt werden. Die Kontrollgruppe bildet einen neutralen Index, an dem man die Wirkung des echten Medikaments messen kann. Das Problem ist, daß bei einem Kontrollversuch die Hälfte der Patienten unbehandelt bleibt. Bei Lassa-Fieber wußten wir, daß viele unbehandelte Patienten sterben würden. Da die Labordaten vielversprechend aussahen, entschlossen wir uns, in unserer Studie auf eine Kontrollgruppe zu verzichten. Wir würden die Behandlungsergebnisse unserer neuen Patienten mit den Daten früherer, unbehandelter Patienten vergleichen.

Um ohne Kontrollgruppe zu brauchbaren Ergebnissen zu kommen, mußten wir uns etwas einfallen lassen. Wir wußten nicht, was das Plasma bewirken würde oder ob das Ribavirin überhaupt anschlagen würde. Bisher war es bei einer virulenten epidemischen Infektion noch niemandem gelungen, die Krankheit dadurch zu behandeln, daß man das Virus im Organismus des Patienten direkt abtötete. Also teilten wir die Patienten nach dem Zufallsprinzip in zwei Gruppen auf. Eine Gruppe bekam Immunplasma aus unseren kostbaren Reserven, die andere wurde mit Ribavirin – unserem potentiellen Wundermittel – behandelt. Wir begannen bei der ersten Gruppe mit zwei Einheiten Immunplasma, die durch eine intravenöse Infusion verabreicht wurden, und bei der zweiten Gruppe mit Ribavirinkapseln. Die Krankenschwestern wurden angewiesen, genau darauf zu achten, daß die Patienten die Kapseln schluckten und bei sich behielten. Bei manchen Patienten, deren Rachen so stark entzündet und geschwollen war, daß sie die Kapseln nicht schlucken konnten, mußten wir den Inhalt in Wasser auflösen und ihnen das Mittel auf diese Art verabreichen. Wenn sie erbrachen, versuchten wir, ihnen eine zweite Dosis zu geben. Kinder unter fünfzehn Jahren waren von der Studie ausgeschlossen. (Später führten wir eine gesonderte Studie mit Kindern durch.) Und wir schlossen auch schwangere Frauen aus, da wir befürchteten, daß der Fetus geschädigt werden könnte.

Es war ein Roulette mit dem höchsten Einsatz, den man sich denken kann: Menschenleben. Aber unsere Patienten waren oft rührend in ihrem Ausdruck von Dankbarkeit und Erleichterung. Sie kamen in den verschiedensten Stadien der Krankheit zu uns, und oft waren sie schon so hinfällig, daß sie ihre Einwilligung nicht mehr selbst geben konnten. Wir wandten uns an ihre Familienmitglieder. Wir schickten niemanden nach Hause, der behandelt werden wollte, ganz gleich, wie weit die Krankheit bereits fortgeschritten war. Manche kamen mit extrem hohem Fieber, rasenden Kopf- und Gliederschmerzen, entzündeten Rachen und klar erkennbarem eitrigem Exsudat auf den Mandeln.

Andere wurden schon von unkontrollierbarem Erbrechen geschüttelt, entwickelten Tremor der Hände und der Zunge und traten in einem verwirrten Zustand ein. Manche bluteten aus dem Zahnfleisch und dem Darm. Sie erbrachen Blut, sie bluteten aus dem Rektum oder der Vagina. Manche kamen mit den charakteristischen Anzeichen einer schweren, fortgeschrittenen Lassa-Infektion – furchtbar entstellenden Ödemen an Hals und Gesicht und extrem niedrigem Blutdruck. Aber das waren noch nicht die schlimmsten Fälle. Am schlimmsten betroffen waren jene, die Krampfanfälle hatten oder ins Koma gefallen waren. Fast alle Patienten, deren Krankheit sich über die frühen Symptome hinaus bis zum Stadium des Erbrechens, Blutens und der Verwirrung entwickelt hatte, starben. Und nach unserer Erfahrung waren jene, die Krämpfe bekamen, grundsätzlich dem Tod geweiht. Niemand überlebte dieses Stadium.

Wir setzten unsere Studie der experimentellen Plasmabehandlung fast zwei Jahre lang fort. Zahllose Kanülen wurden in zahllose Venen eingeführt, um das kostbare Immunserum in die kranken Körper einzuleiten. Trotzdem starben die Menschen uns unter den Händen. Wir waren entmutigt. Wir hatten so hart gearbeitet und so viel Hoffnung in unsere Arbeit gesetzt, und nun kamen wir allmählich zu dem Schluß, daß wir für John Kamara, selbst wenn wir das Plasma bereits zur Hand gehabt hätten, nichts hätten tun können.

Aber dies war eine klinische Studie. Man soll die Ergebnisse einer klinischen Studie nicht vorwegnehmen. Man führt sie einfach durch. Wenn sie beendet ist, schaut man sich die Resultate an und entscheidet, ob man erfolgreich war.

Und dann war da schließlich noch die Ribavirin-Gruppe. Mir kam es so vor, als ginge es den Patienten in dieser Gruppe etwas besser. Es starben immer noch viele, aber manche Patienten, mit deren Tod wir schon gerechnet hatten, erholten sich tatsächlich. Lag das wirklich am Ribavirin, oder hatten sie einfach Glück gehabt? Das konnte man nur herausfinden, indem man die Daten der Studie analysierte. Und in den Zeiten vor dem PC konnte diese Analyse nur beim CDC in Atlanta vorgenommen werden. Wir schickten unseren Kollegen beim CDC alle unsere Daten, zusammen mit den Proben für die Isolierung des Virus. Als ich nach drei Jahren Projektarbeit 1979 nach Atlanta zurückkehrte, machte ich mich sofort daran, eine Analyse der Ergebnisse zu erstellen. Zuerst mußte ich mich mit dem neuen Computersystem vertraut machen, das während meiner Abwesenheit im CDC eingeführt worden war. Nachdem ich mich eine Weile mit Daten und Computergurus herumgeschlagen hatte, begriff ich schließlich, wie das System arbeitete.

Das Ergebnis? Wieder eine Enttäuschung. Die erste Analyse legte nahe, daß keine der beiden Behandlungsmethoden erfolgreich war. Im Licht der kalten, harten Fakten betrachtet, schien Ribavirin wenig zu bewirken.

Aber so schnell wollte ich nicht aufgeben. Je mehr ich über das Problem nachdachte, desto häufiger fragte ich mich, ob man die Resultate nicht unter anderen Gesichtspunkten betrachten müßte. Ich fing wieder von vorn an. Diesmal wollte ich bei der Analyse der Daten einen anderen Kurs einschlagen. Ich teilte die Patienten in zwei grundlegende Kategorien auf: diejenigen, die sich in den frühen Stadien der Krankheit befanden, als wir mit der Behandlung begannen, und jene, deren Krankheit bei Beginn der Behandlung bereits weit fortgeschritten war. Bei der ersten Analyse hatte ich dem Zeitfaktor keine Beachtung geschenkt. Wann war der Patient erkrankt und wieviel Zeit war vergangen, bis er oder sie tatsächlich ärztliche Hilfe gesucht hatte? Jetzt bezog ich mit ein, wieviel Zeit vom Beginn der Erkrankung bis zum Beginn der Ribavirin-Behandlung vergangen war.

Was die Behandlung mit dem Immunplasma anging, war das Resultat immer dasselbe, ganz gleich, unter welchen Gesichtspunkten wir die Daten analysierten: sie hatte versagt. Die Mortalitätsrate blieb dieselbe, ganz gleich, in welchem Krankheitsstadium wir mit der Behandlung der Patienten begonnen hatten. Aber bei den Ergebnissen der Ribavirin-Gruppe sah ich einen schwachen Hoffnungsschimmer, ein winziges Fünkchen des Wunders, auf das wir gewartet hatten. Wenn ein Patient in den ersten sechs oder sieben Tagen seiner Krankheit eingewiesen wurde, schien das Ribavirin seine Überlebenschancen zu erhöhen. Bestand die Krankheit jedoch schon länger als eine Woche, waren die Kapseln weniger wirksam. Hier zeigte sich eine Fährte, der wir vielleicht folgen konnten.

Aber es waren geringe Zahlen, und die Unterschiede waren nicht wirklich bemerkenswert. Wir mußten es noch einmal versuchen. Es waren immer noch Fragen offen. Würden höhere Dosen des Medikaments, in einem früheren Krankheitsstadium verabreicht, zu besseren Resultaten führen? Würde es etwas nutzen, das Mittel statt oral intravenös zu verabreichen, so daß man einen höheren Spiegel des Wirkstoffs im Blut erreichen und mehr davon zu Milz und Leber, den Organen, in denen das Virus sich verbarg, transportieren konnte? Würde das Medikament in intravenöser Form besser anschlagen?

Ja. Ich wollte es mit intravenösem Ribavirin versuchen. Aber es gab eine Reihe von Problemen. Wir mußten den gesamten Genehmigungsprozeß noch einmal durchlaufen. Und dann war da noch die Frage, wie wir an ausreichende Mengen Ribavirin-Infusionslösung herankommen sollten, denn in dieser Form wurde das Medikament an keinem Platz der Erde außer in Mexiko hergestellt. Und das FDA würde uns nicht gestatten, dieses Produkt zu benutzen, denn die Behörde hatte für die Arzneimittelherstellung gewisse Bedingungen festgelegt, und die Erfüllung dieser Bedingungen war in Mexiko nicht gewährleistet.

Um die Zustimmung des FDA zu erhalten, mußten wir alle problematischen Punkte klären, und das hieß, daß wir diesmal ein Mega-Protokoll aufsetzen mußten. Ich brauchte acht Monate, um das Protokoll zu erstellen und durch alle bürokratischen Kanäle zu schleusen, aber dann wurden wir durch eine schnelle und positive Reaktion von seiten des FDA belohnt. Einige Faktoren sprachen für unser Vorhaben. Erstens hatten wir bereits gezeigt, daß das Medikament in oraler Form wirksam war – wenn auch mit bescheidenen Resultaten –, und zweitens hatte sich erwiesen, daß es bemerkenswert wenig toxisch war. Das Problem der Verfügbarkeit war immer noch eine große Hürde, aber schließlich erklärte ein amerikanischer Pharmakonzern sich bereit, die Infusionslösung speziell für unsere Studie herzustellen.

1982 konnten wir endlich beginnen, Patienten mit IV-Ribavirin zu behandeln. Auch dieses Mal verzichteten wir aus humanitären Gründen auf eine Kontrollgruppe. Da wir mit oralem Ribavirin bereits bescheidene Erfolge verbucht hatten, mußten wir allen Patienten die neue Behandlung zugänglich machen.

Ich kehrte nach Atlanta zurück; Patricia Webb übernahm meine Position als Leiterin des Projekts in Sierra Leone, aber ich besuchte das Land immer noch häufig, um mich über die Fortschritte der Studie auf dem laufenden zu halten. Patricia hatte bei epidemiologischen Untersuchungen in Bolivien und Zentralamerika mitgearbeitet und brachte viel Erfahrung für das Lassa-Projekt mit. Sie war auch eine meisterhafte Organisatorin – ein unschätzbarer Vorteil in einem Land, in dem das Chaos die Norm ist. In der Feldforschung war sie genauso erfolgreich wie zuvor in ihrer Forschungsarbeit in den Laboratorien des CDC. 1990 benutzten wir in Atlanta immer noch ihr Katalogisierungssystem. Aber Feldforschung war Patricias wirkliche Leidenschaft. Sie beschloß, das Hauptlabor von Kenema ins Nixon-Krankenhaus in Segbwema zu verlegen. Mit Hilfe von Mitteln, die ich für das Projekt beschaffen konnte, baute sie neue Einrichtungen auf, die uns erlaubten, den Prozeß der Virusisolierung an Ort und Stelle vorzunehmen, statt des mühsamen Wegs, alle Proben nach Atlanta zu schicken. In Segbwema, unter Patricias Leitung, wurde das intravenöse Ribavirin zum ersten Mal erprobt. Die Studie wurde fortgesetzt, später unter der Leitung von Curtis Scribner, der Patricia ablöste.

Wir bemühten uns, gegen unser eigenes Wunschdenken anzukämpfen, als die Patienten kamen. Bei einem meiner Besuche in Sierra Leone sah ich einen Jugendlichen, Ahmadu, der von seinem Vater ins Krankenhaus gebracht wurde. Er war ein schlanker, hoch aufgeschossener Bursche von siebzehn oder achtzehn Jahren. Vater und Sohn kamen aus Panguma und hatten eine dreistündige Fahrt im Poda-poda hinter sich. In Panguma selbst behandelten wir zu diesem Zeitpunkt keine Patienten mehr. Das Hospital hatte durch allzu häufige Wechsel des leitenden Personals eine nachteilige Veränderung durchgemacht. Eine der leitenden Nonnen zum Beispiel bekämpfte das Lassa-Fieber dadurch, daß sie es für nichtexistent erklärte.

Als Ahmadu krank geworden war, erzählte der Vater, waren sie zuerst zum Medizinmann gegangen. Die Pflanzenaufgüsse und das Anrufen der Geister hatten nichts genutzt; nach zwei oder drei Tagen ging es dem Jungen erheblich schlechter. Der Vater war verzweifelt. Ahmadu war sein einziger Sohn. «We deh go nah Segbwema», hatte er dem Jungen gesagt.

Der Vater legte den Jungen auf die alte Bank vor dem Labor. Ein Labortechniker, James Masserly, kam heraus und nahm ihm Blut ab. Dann kam Coolbra, der Oberpfleger, dazu und stellte dem Vater die für unsere Studienformulare notwendigen Fragen. Als das Formular ausgefüllt war, trug der Vater den Jungen, der nur in ein handgewebtes Baumwolltuch mit einem schwarzweißen geometrischen Muster eingewickelt war, auf die Krankenstation.

Inzwischen nahm James im Labor zwei unterschiedliche Tests vor. Der eine war ein Spektrophotometertest, mit dessen Hilfe das Niveau der Leberenzyme gemessen wurde. Der zweite erforderte ein Fluoreszenzmikroskop, um die Viruslast festzustellen, die im Körper präsent war. Der Spektrophotometertest zeigte AST-Werte von 325 – erschrekkend hohe Werte. AST ist die Abkürzung für Aspartataminotransferase, ein Leberenzym, dessen normale Werte bei weniger als 40 liegen.

Unsere Erfahrungen hatten gezeigt, daß ein Wert 150 bei Lassa-Fieber gewöhnlich einen schweren Krankheitsverlauf und geringe Überlebenschancen ankündigte. Wir behandelten deshalb grundsätzlich jeden Patienten, dessen AST-Werte über 150 lagen. Ahmadus AST-Werte waren mehr als doppelt so hoch, ein sehr schlechtes Zeichen.

Dann wandte James sich dem Fluoreszenztest zu. Die Fluoreszenzmikroskope standen in einem Holzverschlag, der von Peace-Corps-Freiwilligen aus alten Kisten gebaut worden war. Der farbenfrohe Vorhang, der den Eingang verhüllte, gab dem Verschlag das Aussehen einer Wahrsagerbude auf dem Rummelplatz. Aber der Vorhang erfüllte seinen Zweck; Fluoreszenz ist im Dunkeln am besten zu erkennen.

Vielleicht ist der Vergleich mit einer Wahrsagerbude gar nicht so falsch; James Masserly las das Schicksal des Jungen aus seinem Kristall. Unter dem Objektiv des Mikroskops hatten die Zellen, die mit einer fluoreszierenden Färbung behandelt worden waren, sich in leuchtende Flecken verwandelt. James sah, daß der Lassa-Titer noch relativ niedrig war, denn Ahmadus Krankheit war noch im Anfangsstadium. Da seine AST-Werte aber so extrem hoch waren, mußten wir dennoch sofort etwas unternehmen. Coolbra, der alte Veteran, erhielt von James die Bestätigung dessen, was er zweifellos schon wußte, als er den Patienten nur angesehen hatte:

«Der Junge muß behandelt werden.»

Der Pfleger bereitete sofort eine Ampulle Ribavirin und einen Venentropf vor. Wie überall herrschte auch in der Krankenstation gnadenlose Hitze. Der Junge lag schwitzend auf dem Bett. Er hatte erbrochen, und in seinem Mund war etwas Blut zu sehen. Er reagierte nur mit einem schwachen Stöhnen, als Coolbra ihn herumdrehte, die Infusionsnadel in die Vene einführte und den Tropf befestigte. Nun wandte der Pfleger sich dem Vater zu, der die ganze Prozedur beobachtet hatte, und sagte ihm, er dürfe wegen der hohen Ansteckungsgefahr nicht mit dem Blut des Jungen in Berührung kommen. Er gab ihm ein Paar Gummihandschuhe, zeigte ihm die Desinfektionslösung und erklärte ihm, wie er sie benutzen mußte. Dann ging er fort.

Coolbra konnte nicht länger an Ahmadus Bett verweilen. Er hatte an diesem Tag vierzehn weitere Lassa-Patienten zu versorgen. Die Infusion mußte alle sechs Stunden erneuert werden. Der Zustand des Jungen besserte sich nicht. Es sah so aus, als würde er bald in das letzte, tödliche Stadium der Krankheit eintreten. Zwei Tage vergingen. Am dritten Tag machte Patricia morgens ihre Runde. Es war sehr viel zu tun, also kam sie erst spät an das Bett des jungen Patienten. Aber er war nicht da. Das Bett war leer. Im Nebenbett saß ein alter Mann, der gerade seinen Tee trank. «Wo ist Ahmadu?» fragte Patricia verblüfft. Es kam nicht selten vor, daß Familienmitglieder einen Patienten nachts aus dem Krankenhaus herausholten, wenn er im Sterben lag. Fern vom Heimatdorf und den Angehörigen zu sterben, galt als großes Unglück. Der alte Mann grinste fröhlich, schlürfte seinen Tee und wedelte mit dem Arm in Richtung Fenster. Patricia schaute durch die unverglaste Fensteröffnung und sah den Jungen draußen unter einem Baum sitzen, mit dem Tropf an seiner Seite. Mehrere Frauen seiner Familie waren um ihn und drängten ihn, von den Speisen zu kosten, die sie für ihn zubereitet hatten.

«Siehst du», sagte der alte Mann. «Jetzt wird er essen.»

Es war erstaunlich. Der Junge war dem Tod schon so nahe gewesen, und nun war er doch ins Leben zurückgekehrt.

Wir behandelten mehr als 1500 Patienten, bei denen durch Labortests eindeutig Lassa-Fieber diagnostiziert worden war. Die Sterblichkeitsrate sank drastisch, von sechzehn Prozent auf weniger als fünf Prozent. Im Lauf der Zeit verbreitete sich der Ruhm der neuen Behandlungsmethode in der gesamten Region. Wenn ich in unserem gelben Kleinlaster mit dem Lassa-Emblem mitfuhr, erlebte ich oft, daß die Leute aus ihren Häusern kamen und uns anhielten, um uns die Hände zu schütteln. Ich erkannte nicht alle Gesichter, aber ich wußte sehr wohl, daß dies alles Menschen waren, die der Ribavirin-Behandlung ihr Leben verdankten.

1985 erbrachten die Ergebnisse unserer Studie den eindeutigen Beweis, daß die Mortalitätsrate bei Lassa-Fieber durch intravenöses Ribavirin signifikant gesenkt werden konnte, insbesondere wenn das Medikament innerhalb der ersten sieben Tage der Krankheit verabreicht wurde. Wir konnten zeigen, daß die Virus-Titer im Blut rapide fielen, sobald Ribavirin gegeben worden war. Es vernichtete das Virus im Blut. Gegen Ende unserer Studie verloren wir kaum noch Patienten, wenn wir früh genug behandeln konnten. Als wir unsere Forschungsergebnisse im *New England Journal of Medicine* veröffentlichten, konnten wir eine historische Leistung verbuchen: Es war zum ersten Mal gelungen, eine virulente epidemische Viruserkrankung erfolgreich durch ein Medikament zu bekämpfen. Viele Mitarbeiterinnen und Mitarbeiter trugen zum Erfolg dieser bahnbrechenden Studie bei. Besonders hervorzuheben sind die Leistungen von Isabelle King, Patricia

Webb, Curtis Scribner, Bob Craven und Diane Bennett; die letzten vier hatten einander in der Leitung des Projekts abgelöst.

Aber was ist über unsere Mißerfolge zu sagen, über die Patienten, die wir nicht retten konnten? Die meisten befanden sich zum Zeitpunkt ihrer Einweisung in einem fortgeschrittenen Stadium der Krankheit. Das Virus hatte in ihren Körpern bereits so viel Schaden angerichtet, daß die Ribavirinbehandlung nicht mehr anschlagen konnte. Wir würden andere Wege finden müssen, um in solchen Fällen zu helfen. Darüber hinaus gab es noch eine weitere Gruppe von Lassa-Opfern, für die wir noch keine adäquate Therapie gefunden hatten. Sie stellten uns vor ein besonderes Dilemma, denn in ihrem Fall standen gleich zwei Leben auf dem Spiel.

Kadiatu

Kadiatu war eine zweiundzwanzigjährige Frau, Mutter von zwei Kindern und mit einem dritten schwanger; sie befand sich im letzten Drittel der Schwangerschaft. Sie lebte in Tongo Field, einem der größeren Diamantenabbaugebiete Sierra Leones, wo ihr Mann in den Minen arbeitete. In dem Haus, in dem sie mit ihrer Familie lebte, wohnten mindestens zwanzig andere Menschen, die meisten davon ebenfalls Diamantensucher. Sie und ihr Mann waren Immigranten, die in der Hoffnung, es durch einen glücklichen Fund zu etwas zu bringen, in die östliche Provinz gekommen waren.

Kadiatu hatte keine Klinik aufgesucht, um eine Vorsorgeuntersuchung durchführen zu lassen. Schließlich hatte es bei der Entbindung ihrer beiden ersten Kinder keine Schwierigkeiten gegeben; warum sollte sie sich also Sorgen machen? Sie war jung, stark und bei relativ guter Gesundheit, wenn man ihre Lebensbedingungen in Betracht zog, die aber im Verhältnis zu dem, was viele andere Familien ertragen mußten, nicht einmal allzu belastend waren. Im Vergleich zu den Kleinbauern, die sich durch ihre Arbeit auf den Feldern selbst versorgten, verdienten die Minenarbeiter gutes Geld. Sicher, in ihrem Haus herrschte drangvolle Enge, aber die meisten Mitbewohner waren erfolgreiche Diamantensucher, und es gab zumindest für alle immer genug zu essen. Ihre Vorräte bewahrten sie gewöhnlich unter den Dachsparren des wellblechgedeckten Lehmhauses auf. Und das Haus wimmelte von Ratten, aber die gab es schließlich überall. Sie waren ein Teil des Alltagslebens.

Eines Morgens wachte Kadiatu auf und fühlte sich ein bißchen schwach, ein bißchen fiebrig. Kopfweh hatte sie auch, und ihre Muskeln taten weh. Aber sie konnte sich den Luxus, im Bett zu bleiben, nicht leisten. Es gab zuviel zu tun. Sie mußte den Morgentee machen, die Kinder füttern und dafür sorgen, daß die Männer genug zu essen bekamen, bevor sie zu ihrer Arbeit in den Minen aufbrachen. Gewöhnlich gingen diese Haushaltsarbeiten ihr leicht von der Hand, aber an diesem Vormittag schien es, als zehrten sie ihre gesamte Energie auf. Als sie mit allem fertig war, fühlte sie sich so ausgelaugt, daß sie sich auf das Grasbett legte, das sie nachts mit ihrem Mann und ihren beiden kleinen Kindern teilte. Sie fiel sofort in tiefen Schlaf.

Als sie wieder erwachte, hatte sie hohes Fieber und rasende Schmerzen, die sich im unteren Rückenbereich konzentrierten. Sie brachte nicht die Kraft auf, von dem etwa zweihundertfünfzig Meter entfernten Brunnen Wasser zu holen. Also bat sie eine ihrer Cousinen, ihr die Arbeit abzunehmen. Und das Abendessen – was sollte damit geschehen? Sie fühlte sich viel zu schwach, um den Reis im Mörser zu enthülsen oder die Cassava-Blätter zu hacken. Tatsächlich war sie schon spät dran; die Männer würden bald hungrig von ihrer Arbeit zurückkehren. Glücklicherweise waren andere Mitbewohner da, die ihre Pflichten für den Rest des Tages übernahmen. Morgen würde sie sich sicher besser fühlen, und alles würde seinen gewohnten Gang gehen. Sie hatte schon oft solche Anfälle von Fieber und Schüttelfrost gehabt, und normalerweise war nach zwei Tagen alles wieder in Ordnung. Alle hatten das. Wahrscheinlich war es ein Malariaanfall.

Aber auch in der folgenden Nacht hatte Kadiatu hohes Fieber. Abdul, ihr Mann, war so beunruhigt, daß er sich entschloß, zur Sanitätsstation zu gehen. Es war kein Problem, in der Nähe eine zu finden. Der Diamantenabbau hatte der Region relativen Wohlstand beschert, und die Leute hatten genug Geld, um für Medikamente oder Injektionen zu zahlen. Da es im Dorf keinen Arzt gab, erfüllte der Apotheker nebenbei auch diese Funktion. Er gab Abdul vier Chloroquintabletten gegen Malaria und sagte ihm, seine Frau solle sie alle auf einmal einnehmen.

Kadiatu konnte die Tabletten noch schlucken, aber ihr war übel und sie hatte Schwierigkeiten, sie bei sich zu behalten. In der Überzeugung, daß es seiner Frau besser gehen würde, sobald das Medikament zu wirken begann, verließ Abdul morgens das Haus, um wie gewöhnlich zur Arbeit zu gehen. Aber als er abends zurückkam, war sofort ersichtlich, daß ihr Zustand sich verschlimmert hatte. Das Fieber war nicht gefallen; im Gegenteil, es schien jetzt sogar noch höher zu sein. Kadiatus Rachen war stark entzündet, und sie mußte wieder und wieder erbrechen. Das Schlucken tat ihr so weh, daß sie nicht einmal einen Teelöffel voll Wasser herunterbringen konnte. Abdul beschloß, seine Frau am nächsten Tag ins Krankenhaus von Panguma zu bringen. Wofür wollte Gott ihn strafen, fragte er sich.

Wie die meisten Angehörigen des Fula-Stammes war Abdul ein frommer Muslim. Betete er nicht täglich? Ging er nicht jeden Freitag in die Moschee? Aber Allahs Wege waren unergründlich. Er würde seine Frau zum Arzt bringen; der hatte die Medizin des weißen Mannes und würde wissen, was zu tun war, und dann würde sie wieder gesund werden.

Am nächsten Morgen half Abdul seiner Frau, sich fertig zu machen, und stützte sie, als sie draußen auf den ersten Poda-poda warteten, der sie in das fünfundzwanzig Meilen entfernte Panguma bringen würde. Der Poda-poda, der heute kam, war ein Nissan-Pick-up mit hölzernen Bänken auf der Ladefläche. Abdul fand für sich und seine Frau einen Platz in der Nähe der Fahrerkabine; er hoffte, daß die Kranke dort nicht so durchgerüttelt würde wie auf den seitlichen Bänken.

Kadiatu litt Höllenqualen. Der Schmerz schien sie von allen Seiten zu attackieren und in ihren Bauch zu kriechen. Ihr war übel, und ihr Hals war jetzt so geschwollen, daß sie ihren eigenen Speichel nicht mehr schlucken konnte. Sie hatte immer noch das Gefühl, das Fieber würde sie verbrennen, aber jetzt kam noch etwas Neues dazu: Krämpfe im Bauch. Nein, es kann unmöglich schon soweit sein, dachte sie. Sie hatte bis zur Entbindung noch mindestens zwei Monate Zeit.

Wellen von Schmerz gingen durch ihren Körper, wenn der Nissan über Unebenheiten und Schlaglöcher holperte. Vierundzwanzig Passagiere sowie eine Ziege und mehrere Hühner waren jetzt im Poda-poda zusammengedrängt – die vier, die mit ihren Bündeln und Körben voller landwirtschaftlicher Produkte auf dem Dach der Fahrerkabine hockten, nicht mitgerechnet. Schließlich hielt Kadiatu es nicht mehr aus; sie mußte sich übergeben und fing das Erbrochene in den Falten ihres Kleides auf. Der Fahrer wußte nicht, daß sie krank war, aber er hätte vielleicht auch nicht angehalten, wenn er es bemerkt hätte. Das Leben war für jeden hier hart; man mußte einfach durchhalten. Kadiatu verhielt sich ruhig; sie wollte nicht riskieren, daß sich ihre Ankunft in Panguma verzögerte.

So rumpelten und holperten die geplagten Reisenden über die staubige Straße in Richtung Panguma und atmeten den Gestank von Schweiß und Erbrochenem ein. Mit all den Aufenthalten, dem Entladen und Beladen, dauerte die Fahrt drei Stunden. Als sie endlich in Panguma ankamen, konnte Kadiatu sich nicht mehr aufrecht halten. Sie war über den Knien ihres Mannes zusammengesackt. Abdul sprach mit dem Fahrer, der sich einverstanden erklärte, sie direkt vor dem Krankenhaus abzusetzen. Es war niemand da, der Abdul half, seine Frau in das Gebäude zu tragen. Obwohl Kadiatu ihre Umgebung kaum noch wahrnahm, spürte sie, daß die Krämpfe in ihrem Bauch in Wehen übergingen. Die Nonnen kamen ihr schnell zu Hilfe und brachten sie direkt auf die Entbindungsstation, wo sie von der Hebamme untersucht wurde. Als die Hebamme eine kurze Anamnese aufgenommen hatte, begriff sie sofort, daß ihre Patientin an Lassa-Fieber erkrankt war. Die Krankheit ist für jeden schrecklich, aber für eine Frau in den letzten Monaten der Schwangerschaft ist sie eine Katastrophe. Aus bitterer Erfahrung wußte die Hebamme, daß das Kind in Kadiatus Leib nicht überleben würde. Sie war eine einheimische junge Frau, aber gut ausgebildet und sehr kompetent in ihrer Arbeit. Als erstes sorgte sie dafür, daß provisorische Wandschirme um Kadiatus Bett aufgestellt wurden. Diese Barriere würde das medizinische Personal und die anderen Patienten daran erinnern, daß hier eine Frau mit Lassa-Fieber, einer ansteckenden Krankheit, lag. Aber das war alles, was sie tun konnte. Es gab keine Handschuhe, keinen chirurgischen Mundschutz.

Kadiatu wurde vom Schmerz überwältigt. Da war nur noch Schmerz. Krämpfe im Bauch und im Rücken, brennende Schmerzen im Hals, reißende Schmerzen in den Muskeln. Sie konnte an nichts anderes mehr denken. Warum mußte sie das ertragen? Ihre Körpertemperatur war nun auf 41 Grad angestiegen, in der Achselhöhle gemessen. Man konnte den Patienten hier das Thermometer nicht unter die Zunge legen, weil sie nicht verstanden, was man damit erreichen wollte, und es manchmal in zwei Teile zerbissen. Und die Temperatur rektal zu messen war kulturell völlig inakzeptabel, insbesondere auf einer offenen Station. Die in der Achselhöhle gemessene (oder Axillar-)temperatur liegt gewöhnlich um ein bis zwei Grad niedriger als die tatsächliche Körpertemperatur. Wenn man das mit einbezog, hatte Kadiatu einen höchst gefährlichen Zustand erreicht.

Einige Stunden später begann Kadiatu aus der Vagina zu bluten. Die Wehen ließen nach und hörten dann ganz auf. Die Hebamme hörte den Herzschlag des Fetus ab und stellte fest, daß er sich verlangsamte. Ihrer Einschätzung nach war Kadiatu erst in der siebenundzwanzigsten Woche ihrer Schwangerschaft. Das Kind würde noch sehr klein sein und hätte als Frühgeburt nur geringe Überlebenschancen. Es gab im ganzen Land keine Geburtshilfeeinrichtung, die Frühgeborene angemessen versorgen konnte. Sie starben einfach. Deshalb zögerte die Hebamme, die Wehen künstlich einzuleiten.

Kadiatus Zustand verschlechterte sich zusehends. Ihre Hände und Füße waren kalt und klamm, ihr Blutdruck fiel ab. Sie glitt in den Schockzustand hinüber. Sie atmete schnell und mühsam. Ihre Lunge füllte sich mit Flüssigkeit – ein Syndrom, das man Schocklunge nennt, und das bei tödlich verlaufenden hämorrhagischen Fiebern häufig als Komplikation auftritt. Der arme Abdul, der an ihrem Bett Wache hielt, konzentrierte sich auf das Heben und Senken ihrer Brust, das letzte sichtbare Zeichen, daß sie noch am Leben war. Sie hatte das Bewußtsein verloren und nahm ihre Umgebung nicht mehr war.

Kadiatu brauchte eine Bluttransfusion. Abdul bot natürlich sofort sein eigenes Blut an, aber er hatte die falsche Blutgruppe, B positiv, und Kadiatus Blutgruppe war null positiv. Weder in Panguma noch sonst irgendwo im Land gab es eine Blutbank. Um Kadiatu mit Blut zu versorgen, gab es nur einen Weg: Es mußte ein Spender mit der richtigen Blutgruppe gefunden werden, eine Verwandte oder Freundin, oder auch ein hilfsbereiter Fremder. Abdul und Kadiatu hatten ihre Familien zum größten Teil zurückgelassen, als sie sich in der Nähe der Diamantenminen ansiedelten, aber sie hatten in Panguma viele Freunde und Bekannte. Abdul machte sich also unverzüglich auf den Weg, um Hilfe zu suchen. Es mußte doch zumindest eine Person mit der richtigen Blutgruppe geben, die bereit war, seiner sterbenden Frau Blut zu spenden. Er brauchte drei Stunden, aber schließlich fand er einen Freund, der glaubte, Blutgruppe null zu haben, und kehrte mit ihm zum Krankenhaus zurück. Wenn sich dort nach dem Bluttest herausstellte, daß seine Annahme richtig war, konnte die Transfusion vorgenommen werden.

Mittlerweile war Kadiatu im Koma und tief im Schock. Schock ist ein Zustand, in dem der Blutdruck so weit abfällt, daß er nicht mehr meßbar ist. Gehirn und Nieren können unter diesen Umständen nicht mehr ausreichend mit Sauerstoff versorgt werden, was schließlich dazu führt, daß beide Organe versagen. Kadiatus Blutungen, zunächst schwach, hatten nicht aufgehört und wurden nun immer stärker. Die Hebamme konnte den Herzschlag des Fetus nicht mehr hören. Jetzt war es Zeit, sagte die Hebamme sich, Schwester Eileen zu holen, die irische Nonne, die das Krankenhaus leitete. Schwester Eileen brauchte nicht lange, um ihre Entscheidung zu treffen. Die Geburt mußte sofort eingeleitet werden. Vermutlich war der Fetus bereits tot, und wenn es ihnen nicht gelang, ihn rechtzeitig zu holen, würde die Mutter zweifellos auch sterben. Also gab Schwester Eileen die Anweisung, die Patientin an den Tropf zu legen und die Transfusion sofort vorzunehmen, wenn Abdul mit dem Blut zurückkam.

Eine Krankenschwester gab Kadiatu eine Pitocin-Injektion, um die Wehen einzuleiten. Dann wurde die Patientin eilends in den Kreißsaal gebracht, wo man ihren Zustand besser überwachen konnte. Durch den Tropf wurde zusätzlich Flüssigkeit in ihren Körper eingeleitet, um den Blutdruck zu erhöhen. Obwohl Kadiatus Atemfrequenz sich allmählich zu steigern begann, sah die Hebamme mit Schrecken, daß ihre Lippen sich bläulich verfärbten. Abdul erschien atemlos im Kreißsaal, mit der frischen Einheit Blut, die seinem Freund soeben abgenommen worden war. Es wurde in aller Eile getestet, um die Kompatibilität sicherzustellen. Jetzt war keine Zeit mehr zu verlieren. Die Wehen kamen in kürzeren Abständen. Niemand im Kreißsaal verlor ein Wort über das Kind, denn alle wußten, daß es tot war. Kadiatu nahm in ihrer Bewußtlosigkeit nichts von den Vorgängen wahr.

Der Fetus trat in einem Schwall von Blut und Fruchtwasser aus. Das winzige Geschöpf war grau und leblos. Die Krankenschwestern wikkelten es schnell in ein Tuch und wandten ihre Aufmerksamkeit dann wieder der Mutter zu. In der Aufregung hatte die Hebamme vergessen, Handschuhe anzuziehen, als sie das tote Kind entband. Im Lauf der nächsten Stunde fiel Kadiatus Körpertemperatur rapide ab, bis auf 34 Grad. Ihre Atemfrequenz nahm immer noch zu, ihre Lippen waren immer noch blau, ihre Hände und Füße waren noch kälter als zuvor. Die Hebamme bemerkte jetzt ein Zucken in Kadiatus Armen und Händen. Das war ein gefährliches Signal. Wenige Minuten später wurde ihr Körper von Krämpfen geschüttelt. Sie stöhnte und rang nach Luft.

Kadiatu konnte den Kampf nicht mehr lange durchhalten. Sie hatte keine Kraft mehr. Durch das Fieber und die Schmerzen war sie bereits sehr geschwächt, und die physischen Belastungen der Entbindung hatten ihr die letzten Energien geraubt. Sie lag nun ganz still. Ihr Herz versagte. Sie seufzte noch einmal, und dann waren ihre Qualen vorüber. Die Krankenschwestern bedeckten ihren Körper mit einem Tuch und verließen schweigend den Raum.

Es fiel der Hebamme zu, Abdul die Nachricht vom Tod seiner Frau und seines Kindes zu überbringen. Er nahm sie nicht gut auf. Wie sollte er auch?

War dies wirklich Allahs Wille? Abdul hatte geglaubt, seine Frau retten zu können, indem er sie in die Hände der weißen Ärzte gab. Und er hatte viel Geld dafür zahlen müssen. Aber was war passiert? Sie war trotzdem gestorben. Nun mußte er noch mehr Mühen und Kosten auf sich nehmen, um die Tote nach Tongo Field zurückzubringen, so daß sie den muslimischen Bräuchen gemäß vor Sonnenuntergang begraben werden konnte. Und was sollte er mit seinen beiden kleinen Töchtern machen? Seine Eltern lebten nicht in Sierra Leone und konnten sich also nicht um sie kümmern. Wer sollte nun das Essen zubereiten, das Wasser holen? Und wer würde diese häuslichen Pflichten so gut und mit so viel Fröhlichkeit erledigen wie Kadiatu? Er war verzweifelt, verwirrt und sehr einsam. Vielleicht, dachte er, sollte er zu seiner Familie im benachbarten Guinea zurückkehren. Aber wovon sollte er dann leben? Es gab keine Arbeit. Ein Mann wie er, der nicht lesen und schreiben konnte, hatte dort keine Chance.

Michael Price, ein britischer Arzt, war 1985 nach Sierra Leone gekommen, um im Krankenhaus von Segbwema zu arbeiten, zum Teil aus Abenteuerlust, zum Teil durch seine religiösen und humanitären Überzeugungen motiviert. Michael war ein ruhiger, introvertierter Mensch, ein fähiger Praktiker, Chirurg und Geburtshelfer. In letzter Zeit war er oft verzweifelt und frustriert. Was er auch tat, er verlor immer wieder Patientinnen wie Kadiatu. Warum, fragte er sich, traf Lassa schwangere Frauen mit solcher Härte? Was konnte er dagegen tun? Er begann, sich eingehend mit dem Problem zu befassen.

Unsere Forschungsergebnisse hatten gezeigt, daß neun von zehn Feten von Frauen, die sich während der Schwangerschaft mit Lassa infizierten, im Uterus starben. Wir wußten auch, daß die Plazenta für das Virus ein Wachstumsfaktor war. Analysen, die in den CDC-Laboratorien vorgenommen wurden, hatten tatsächlich demonstriert, daß die Viruskonzentration im Plazentagewebe infizierter schwangerer Frauen am höchsten war. Angesichts dieser Erkenntnisse beschloß Michael, bei jedem septischen Abort (Fehlgeburt bei einer Frau mit einer fiebrigen Erkrankung) grundsätzlich einen Lassa-Test vorzunehmen. Er befaßte sich auch mit älteren Fällen von Lassa-Fieber im letzten Drittel der Schwangerschaft und mit anderen Fällen, in denen der Abort nicht spontan eingetreten oder aus therapeutischen Gründen vorgenommen worden war. Die Ergebnisse waren verblüffend. Wieder und wieder stellte sich heraus, daß schwangere Patientinnen, bei denen man bakterielle Infektionen, Malaria oder Typhus diagnostiziert hatte, in Wahrheit mit dem Lassa-Virus infiziert waren. Das war eine große Entdekkung und ein noch größeres Problem. Michael verdoppelte seine Anstrengungen. Jede schwangere Patientin erhielt hervorragende Pflege und wurde mit größter Sorgfalt überwacht. Wenn ein spontaner Abort eintrat, wurde die Frau sofort zu einer Nachkürettage in den Operationssaal gebracht, um die Blutungen zu stoppen. Er nahm sogar Kaiserschnitte an Frauen mit Lassa-Fieber vor. Da er sich des hohen Ansteckungsrisikos sehr wohl bewußt war, trug er stets zwei Paar chirurgische Handschuhe übereinander.

Die Daten, die Michael zusammengetragen hatte, versetzten uns in Erstaunen. In den ersten sechs Monaten der Schwangerschaft hatten Frauen mit Lassa-Fieber dieselben Genesungschancen wie andere Lassa-Patienten. Viele verloren ihre Kinder, aber in der Regel blieben sie selbst am Leben. Erst im letzten Drittel, nach der siebenundzwanzigsten oder achtundzwanzigsten Schwangerschaftswoche, begann das Bild sich dramatisch zu verändern. Die Feten starben fast immer, und ein weitaus höherer Prozentsatz der Frauen fiel der Krankheit zum Opfer.

Michaels Studie umfaßte zweiundsiebzig schwangere Patientinnen. Fast alle hatten ihre Kinder verloren; das war zu erwarten. Bemerkenswert war aber, daß die Frau eine wesentlich bessere Überlebenschance hatte, wenn die Schwangerschaft beendet wurde, entweder durch einen spontanen oder einen induzierten Abort.

Hier konnte es keine Diskussionen geben. Die Chancen, daß der Fetus überleben würde, lagen bei weniger als zehn Prozent, aber die Überlebenschancen der Frauen stiegen nach der Beendigung der Schwangerschaft auf über fünfzig Prozent. Es wurde also zur Standardpraxis, bei Lassa-infizierten Schwangeren die Geburt einzuleiten, um das Leben der Frau zu retten, denn das Kind würde sie mit höchster Wahrscheinlichkeit ohnehin verlieren. Es gab Ausnahmen. In manchen Fällen nahm Michael an schwangeren Lassa-Patientinnen einen Kaiserschnitt vor und konnte das Kind ebenfalls retten. Die Fortschritte in der Behandlung waren erstaunlich. Wenn Kadiatu drei Jahre später erkrankt und von Michael behandelt worden wäre, hätte sie zumindest eine Chance gehabt, das Krankenhaus lebend zu verlassen.

Zurück nach Nzara

Ende Juli 1979 kehrte ich nach drei Jahren Arbeit in Sierra Leone mit dem festen Vorsatz nach Atlanta zurück, eine ruhigere Gangart einzuschlagen und mich meiner Arbeit beim CDC und meinem Familienleben zu widmen. Aber daraus wurde nichts. Fast unmittelbar nach meiner Ankunft wurden wir von der WHO-Zentrale in Genf über den Ausbruch einer neuen Epidemie – vermutlich Ebola – informiert. Die Einzelheiten waren spärlich. Wir wußten nur, daß Nzara wieder betroffen war – das Epizentrum der Ebola-Epidemie von 1976, zu dem ich mich auf meiner denkwürdigen Reise von Zaire aus durchgeschlagen hatte. Eine nahegelegene Stadt namens Yambio war ebenfalls betroffen. Wir hörten, daß es bereits Todesopfer gegeben hatte. Wie viele Menschen waren infiziert? Darüber war nichts bekannt. Die sudanesische Regierung in Khartoum hatte wieder Quarantäne über die Region verhängt; niemand durfte dort ein- oder ausreisen, was den Informationsfluß natürlich zusätzlich behinderte. Außerdem bedeutete die Quarantäne eine unnötige Härte für die lokale Bevölkerung, denn Khartoum hatte auch ein komplettes Embargo angeordnet, so daß die Menschen in den betroffenen Gebieten von der normalen Versorgung mit Gütern abgeschnitten waren.

Nach allem, was wir durch vorangegangene Erfahrungen über diese tödliche, virulente Krankheit wußten, war uns klar, daß wir schnell reagieren mußten. Das hieß, daß sich innerhalb von vierundzwanzig Stunden, nachdem wir von der WHO alarmiert worden waren, ein Team auf den Weg machen mußte. Zum Glück kam der Anruf an einem Donnerstagabend, so hatten wir wenigstens einen Tag Zeit, um unsere Vorbereitungen für den Flug nach Genf zu treffen, wo wir am Samstagmorgen mit unseren Kollegen von der WHO zu einer Besprechung zusammenkommen würden. Aber zuerst mußten wir einige Dinge klären, unter anderem, wohin genau unsere Reise gehen sollte. Wir schüttelten den

LIBYEN
ÄGYPTEN
SAUDI-
ARABIEN
Wadi Halfa
Port Sudan
TSCHAD
'Aţbarah
Khartoum North
Omdurman
Kassalā
Khartoum
Wad Madani
Al Fāshir
Kūstī
Al Ubayyiḍ
Nyala
SUDAN
Malakāl
ÄTHIOPIEN
ZENTRAL-
AFRIKA
Wāu
Maridi
Nzara
Jūbā
DR KONGO
UGANDA
KENIA

Staub von unseren alten Landkarten dieser abgelegenen, schlecht kartographierten Region und versuchten, zu bestimmen, wo Yambio im Verhältnis zu Nzara lag. Das war nicht einfach.

Unsere Situation wurde zusätzlich dadurch erschwert, daß unsere erfahrensten Mitarbeiter gerade nach Johannesburg aufgebrochen waren. Paradoxerweise nahmen sie dort an einem Kongreß über hämorrhagische Fieber teil. Wer würde also den Auftrag übernehmen? Ich selbst – und irgend jemand, den ich für diese Mission rekrutieren konnte. Ich wandte mich an Lyle Conrad, der in der zentralen Planungsabteilung für Fragen der epidemiologischen Feldforschung zuständig war. Mit seinem breiten, lächelnden Gesicht und seinem fächerförmigen grauen Bart erinnerte Lyle mich an einen Amish-Farmer. Lyle war tatsächlich auf dem Land aufgewachsen und verdankte seine robuste Natur vermutlich den harten Wintern von South Dakota. Jeder Epidemiologe, der auch nur kurze Zeit für den CDC gearbeitet hatte, kannte Lyle. Da er an der Untersuchung der ersten Lassa-Epidemie 1969 in Nigeria teilgenommen hatte, begriff er die Dringlichkeit der Situation. Ich fragte ihn, ob er jemanden mit den entsprechenden Qualifikationen wüßte, der mich auf dieser Mission begleiten könnte. Auf den potentiellen Mitarbeiter würde – wie Lyle sehr wohl wußte – eine harte, anstrengende Aufgabe warten. Er oder sie mußte anpassungsfähig und abenteuerlustig sein und bereit, unter primitiven, möglicherweise gefährlichen Bedingungen zu arbeiten. Außerdem mußte der Kandidat oder die Kandidatin sofort verfügbar sein.

Ich kannte Lyle Conrad seit vielen Jahren und wußte, daß er immer ein Pferd im Stall hatte, das er ins Rennen schicken konnte. Außerdem konnte er Menschen auf geradezu hypnotische Weise dazu bringen, zu tun, was er wollte. Lyle und ich wußten aber beide, daß wir den potentiellen Kandidaten sehr genau prüfen mußten, denn eine falsche Wahl konnte höchst unangenehme Konsequenzen nach sich ziehen. 1976 war einem EIS-Mitarbeiter auf dem Weg nach Zaire mitten über dem Atlantik klargeworden, daß hämorrhagische Fieber nicht seine Sache waren. Er flog bei der nächsten sich bietenden Gelegenheit zurück – und das war sein gutes Recht, denn es stand nichts in seinem Vertrag, das ihn gezwungen hätte, sich mitten in ein Epidemiegebiet hineinzubegeben und sich einem potentiell tödlichen Virus wie Ebola auszusetzen. Zu dumm nur, daß er uns nicht rechtzeitig von seinen Bedenken erzählt hatte. Bei einer anderen Gelegenheit brauchte ich jemanden, der in Guinea eine von mir organisierte landesweite Lassa-Studie übernehmen konnte. Ich forderte beim CDC jemanden mit Französischkenntnissen an. Sie schickten mir einen Mann, der im zweiten Jahr seiner EIS-Ausbildung war. Er erschien zu unserem ersten Treffen im Gesundheitsministerium Guineas in der Hauptstadt Conakry in T-Shirt, Ledershorts und Stiefeln. Ein großes Haumesser hing an seinem Gürtel. Der neue Mitarbeiter war ein eingeschworener Marxist. Vielleicht lag politische Exzentrizität in seiner Familie – wie ich später erfuhr, arbeitete seine Schwester in London für die trotzkistische Bewegung. Guinea hatte zu jener Zeit eine pseudokommunistische Regierung, unter deren Einfluß das wirtschaftliche und soziale Wachstum des Landes zum langsamsten in ganz Westafrika geworden war, und das will schon etwas heißen. Unser Mann muß sich vorgestellt haben, daß er das Gelobte Land betreten hatte, wo in politischer Hinsicht Milch und Honig flossen. Der Gesundheitsminister, der einen makellosen, überaus eleganten Anzug trug, warf nur einen kurzen Blick auf seine Aufmachung und fragte ihn, ob er vorhabe, in den Krieg zu ziehen, oder ob er in den Dörfern arbeiten wolle. Ideologische Linientreue war offenbar kein Ersatz für Kompetenz – oder der Mann eckte mit seinem persönlichen Stil auch bei anderen an. Etwa nach der Hälfte der Laufzeit des Projekts wurde er von der Regierung aufgefordert, das Land zu verlassen, und die Guineer führten die Arbeit selbst zu Ende.

Wir konnten uns nicht erlauben, durch die Wiederholung solcher Fehler Zeit und finanzielle Mittel zu verschwenden. Diesmal wollten wir uns der Reife, der Ernsthaftigkeit und des Engagements des potentiellen Mitarbeiters sicher sein.

Lyle enttäuschte mich nicht. «Joe», sagte er in seinem typischen mittelwestlichen Tonfall, «ich habe genau den richtigen Mann für dich. Er ist ein furchtloser Bergsteiger, und er wird seine Sache gut machen. Bisher hat er im Immunisierungsbereich gearbeitet. Er heißt Roy Baron.»

Die einzigen Gipfel, die der neue Mitarbeiter würde bezwingen müssen, lagen im Geiste, aber was Lyle über ihn sagte, hörte sich gut an – bis er hinzufügte: «Übrigens ist er noch nie außer Landes gewesen, also paß auf ihn auf.» Wie sich herausstellte, hatte er auch noch nie an einem größeren Feldforschungsvorhaben teilgenommen. Er würde – der ehrwürdigen Tradition des EIS gemäß – durch Erfahrung lernen müssen. Aber Lyle hatte ihn empfohlen, und das genügte mir.

Unsere dringlichste Aufgabe war, die Ausrüstung und die Arbeitsmittel, die wir brauchen würden, zusammenzutragen. Was die Organisation einer epidemiologischen Untersuchung in einem abgelegenen Teil der Welt anging, hatten wir mittlerweile in der Abteilung *Special Pathogens* eine Geheimwaffe: Helen Engleman. Sie war eine imponierende Erscheinung, groß, stämmig und breitschultrig, und hatte keine Schwierigkeiten, Techniker und andere Mitarbeiter in Angst und Schrecken zu versetzen. Bevor sie zum CDC kam, hatte sie im Marine-Corps gedient. Auf Helens Schreibtisch türmten sich Ordner mit Notizen und Zahlenreihen, die nur sie selbst verstand. Ihr Büro – der Regierungssitz, von dem aus sie ihr Reich beherrschte – war immer in Rauchwolken gehüllt und die Aschenbecher waren randvoll. Sie hatte eine wundervolle rauhe Baßstimme, deren voller Klang jeden – sogar ihre Vorgesetzten – dazu bringen konnte, Haltung anzunehmen. Wenn man sich mit ihr anlegte, tat man das auf eigene Gefahr.

Helen war eine meisterhafte Organisatorin. Sie konnte mehr Material in einer Reisekiste unterbringen als andere Leute in einem Kleinlaster. Zusätzlich zu den üblichen Spritzen, Kanülen, Reagenzien, Objektträgern und so fort dachte sie an alles, was für ein improvisiertes Leben in Afrika noch notwendig war: Schreibpapier, Stifte, Marker, Klebestreifen. Es gelang Helen, unsere gesamten Utensilien in zwei großen Kisten zu verstauen. Unser zusammenlegbares Feldlabor, das wir bei der ersten Epidemie in Zaire benutzt hatten, ließen wir diesmal zurück. Wir wußten inzwischen, daß diese Viren nicht durch die Luft übertragen wurden; die größte Gefahr lag darin, daß sie durch die geringfügigste Verletzung mit einem kontaminierten Gegenstand in den Körper gelangen konnten. Unter diesen Umständen war das System mit der geschlossenen Kammer und den langen, unhandlichen Latexhandschuhen hinderlich, wenn nicht gar gefährlich. Wir würden am offenen Labortisch arbeiten, wie wir es in Sierra Leone während des Lassa-Projekts getan hatten, natürlich mit den notwendigen Vorsichtsmaßnahmen. Dummerweise dachten wir nicht daran, eine Taschenlampe mitzunehmen; wir waren naiv genug, zu glauben, daß wir überall eine kaufen könnten. Ich hätte es besser wissen müssen.

Auch diesmal hatten wir keine Zeit, Visa für den Sudan zu beantragen, also besorgte die WHO uns UN-Pässe mit den notwendigen Stempeln, die wir bei unserer Ankunft in Genf in Empfang nehmen konnten. Am Freitagnachmittag flogen wir zunächst nach New York und nahmen dann den Anschlußflug nach Genf. Meine größte Sorge war, daß unser Gepäck unterwegs verlorengehen könnte und daß wir uns nur mit dem, was wir auf dem Leib trugen, mitten im Sudan wiederfinden würden. Aber das Glück war uns hold, das Gepäck flog mit, und aus unerfindlichen Gründen bekamen wir Plätze in der ersten Klasse und ein hervorragendes Abendessen. Aber wir konnten es beide nicht richtig genießen; wir hatten das flaue Gefühl, es könnte unsere Henkersmahlzeit sein.

Sobald wir am nächsten Morgen in Genf durch den Zoll waren, nahmen wir uns ein Taxi zur WHO-Zentrale, wo wir unsere Instruktionen erhalten sollten. Wir hatten nur zwei oder drei Stunden Zeit, denn der Swiss-Air-Flug nach Khartoum ging am Nachmittag, und wir mußten um drei Uhr wieder am Flughafen sein. Der monumentale Gebäudekomplex, der die Vereinten Nationen beherbergt, liegt inmitten von sorgfältig gepflegten Grünanlagen. Das Taxi fuhr an einer Flucht weißer Bürobauten vorbei und setzte uns schließlich an einer Einfahrt ab. Der Hauptsitz der WHO ist ein Labyrinth endloser Korridore, Hallen und Aufzüge; der ortsfremde Besucher gewinnt den Eindruck, daß man tagelang darin umherirren könnte, ohne je wieder herauszufinden. Im vierten Stockwerk entdeckten wir die Abteilung für übertragbare Krankheiten, wo wir vom Direktor des Bereichs Viruserkrankungen, Paul Bres, und seinem Mitarbeiter Fakhry Assad willkommen geheißen wurden. Die beiden Männer hätten nicht unterschiedlicher sein können: Paul sehr französisch – gemessen und beherrscht – und Fakhry sehr ägyptisch – lebhaft und überschwenglich. Obwohl ich Paul bei dieser Gelegenheit zum ersten Mal begegnete, war ich mir seiner Reputation sehr wohl bewußt. Er war 1976 mit dem WHO-Team in den Sudan gereist, aber ich glaube nicht, daß er je bis nach Nzara vorgedrungen war. Aber er war sich aufgrund seines spezialisierten Wissens völlig darüber im klaren, worauf wir uns einlassen würden. Paul war jetzt Ende Fünfzig, trug das graue Haar militärisch kurz, wie es einem früheren Colonel gebührt, war konservativ gekleidet und hatte den herablassenden Ton des Befehlshabers beibehalten. Er hatte sein Leben mit der Erforschung von Arboviren verbracht, Viren wie das Gelbfiebervirus, die durch Gliederfüßer übertragen werden. Durch seine Forschungsreisen war er in ganz Westafrika herumgekommen, und er war einer der ersten, die das Lassa-Virus in Nigeria entdeckt und studiert hatten. Er sah sich selbst als einen Forscher, der die große französische Tradition in der Praxis der Tropenmedizin weiterführte, und das war auch gerechtfertigt. Aber wie alle lange etablierten Traditionen hatte auch diese ihre Schwächen. Ihr Modell war ein militärisches und entsprechend unflexibel, sogar in der Feldforschung, wo Flexibilität das

Wichtigste ist. Natürlich hatte die Methode auch ihre Vorteile: Das autoritäre Modell garantierte, daß die Forschungsexpeditionen außergewöhnlich gut organisiert waren. In dieser Hinsicht war es bedauerlich, daß es im Sudan keine französische Präsenz gab.

Fakhry Assad dagegen war ein rundlicher, lauter, temperamentvoller Kerl mit einem dichten grau-weißen Haarschopf, der viel Sinn für Humor hatte – und ein Lachen, das man auf der Richter-Skala messen konnte. June, seine Sekretärin, erzählte uns später, daß sie immer leicht feststellen konnte, wo ihr Chef sich aufhielt, weil sein Lachen in den Gängen widerhallte. Er war phantastisch hilfsbereit und von grenzenloser Neugier erfüllt. Sein Drang, Neues dazuzulernen, unterschied ihn markant von Paul, der immer so tat, als gäbe es nichts, was er nicht schon wüßte. Die Unterschiedlichkeit ihrer Charaktere war auch in der Art, wie sie sich kleideten, offensichtlich. Im Vergleich zu Pauls düster-distinguiertem Stil schien Fakhry mit seinem kobaltblauen Seidenhemd und kontrastierenden Halstuch, das er anstelle einer Krawatte trug, für den Fasching ausstaffiert zu sein. Fakhry war einer der liebenswertesten, freundlichsten Menschen, denen ich in meiner gesamten Berufslaufbahn begegnete. Später sollte er zu einem immens effizienten Förderer der Erforschung hämorrhagischer Fieber bei der WHO werden.

Da wir alle noch nie zuvor zusammengearbeitet hatten, tasteten wir einander ein Weilchen vorsichtig ab. Paul und Fakhry teilten uns zunächst mit, was sie bisher in Erfahrung gebracht hatten. Da ich die Nzara-Region kannte, fragten sie mich, wie ich die Lage einschätzte.

«Meiner Erfahrung nach», sagte ich, «werden wir wahrscheinlich eine gewisse Anzahl weit verstreuter Fälle vorfinden und wenig oder keine Möglichkeiten haben, präzise Diagnosen zu stellen, effiziente Quarantänemaßnahmen zu ergreifen und das Virus an der weiteren Verbreitung zu hindern. Durch die Absperrung der Region hat die sudanesische Regierung die Dinge für uns sehr schwierig gemacht.»

Wir waren uns alle einig, daß wir zuwenig Informationen hatten, um das Ausmaß der Epidemie einzuschätzen. Da alle Handelsverbindungen abgeschnitten waren, mußten wir auch selbst mit Nachschub- und Versorgungsschwierigkeiten rechnen. Paul und Fakhry machten sich die größten Sorgen darüber, wie sie uns – zusammen mit unserer vollständigen Ausrüstung – in den südlichen Sudan schleusen sollten. Sie hatten auch ihre Bedenken, was den einheimischen WHO-Repräsentanten in Khartoum anging. Offenbar hatte der Mann eine übersteigerte

Vorstellung von seiner eigenen Bedeutung, und man mußte im Umgang mit ihm vorsichtig sein und gewisse durch Pomp und Protokoll vorgegebene Regeln beachten. Sie fürchteten, daß er eher eine Hürde als eine Hilfe sein würde. Nach der Epidemie von 1976 hatte die WHO die Vorsichtsmaßnahme ergriffen, ein Lager von medizinischen und Labormaterialien anzulegen, für den Fall, daß schnell eine ähnliche Expedition ausgerichtet werden müßte. Wir wurden also in ihre Lagerräume geführt, wo man uns unter anderem einen Vorrat an Einmalschutzanzügen aus Papier und anderen Schutzvorrichtungen aus Plastik zeigte. Wir entdeckten auch eine Reihe von modernen Gasmasken – monströs aussehende Geräte, die unglaublich lästig und unbequem waren, wenn man sie aufsetzte. Wir nahmen die Gasmasken und den Papier- und Plastikkram dennoch pflichtschuldigst in Empfang und fügten sie den Materialien, die Helen für uns bereitgestellt hatte, hinzu. Dann hasteten wir zum Flughafen zurück, um unseren Flug nach Khartoum nicht zu verpassen.

Nach unseren Erfahrungen mit der Epidemie von 1976 wußten wir, daß wir vorbereitet sein mußten, falls ein Mitglied des Teams sich in einem abgelegenen Teil des Sudan mit Ebola infizierte. Wir trafen Arrangements mit der belgischen Botschaft in Khartoum und mit dem Entwicklungsdienst der Vereinten Nationen; sie würden sofort Verbindung mit dem CDC aufnehmen, falls eine solche Notsituation eintreten sollte. Gleichzeitig kamen wir zu dem Schluß, daß man für eine gegebenenfalls notwendige Evakuierung am besten ein Flugzeug aus Europa in den Sudan schickte, das bei einem Zwischenstopp in Kairo den Feldisolator an Bord nehmen konnte. Der Isolator würde verhindern, daß der Patient das gefährliche Ebola-Virus an andere Menschen, die mit ihm in Berührung kamen, weitergab. Wir waren also einigermaßen sicher, daß wir vor unserer Abreise alle notwendigen Vorkehrungen getroffen hatten. Aber das war, wie sich bald herausstellen sollte, ein Irrtum.

In Khartoum angekommen, wappneten wir uns für die Begegnung mit dem eitlen, pompösen hohen Beamten, vor dem Paul und Fakhry uns gewarnt hatten. Zu unserer großen Erleichterung war er nicht da. An seiner Stelle begrüßte uns sein Assistent, der sich als ein recht liebenswürdiger Mensch erwies. Er teilte uns mit, daß alle Flüge nach Nzara (die ohnehin selten waren) wegen des *Cordon sanitaire*, den die Regierung angeordnet hatte, gestrichen seien. Der Flugverkehr in die südliche Region war aufgrund der Epidemie generell eingeschränkt, und der letzte Flug nach Juba, der Stadt, die Nzara am nächsten lag, würde wenige Stunden später gehen. Ob wir in nächster Zeit noch einmal eine Chance haben würden, per Flugzeug in den Süden zu gelangen, konnte man nicht voraussagen. Also mußten wir uns schnell entscheiden, und das war ein echtes Dilemma. Wir hatten angenommen, daß wir in Khartoum genügend Zeit haben würden, mehr Informationen über die Epidemie zu sammeln und uns ein Bild von der politischen Lage zu machen. Ich rang mich schließlich zu der Entscheidung durch, allein nach Juba zu fliegen, um die Situation an Ort und Stelle einzuschätzen. Roy sollte sich in Khartoum um die Ausrüstung kümmern und die Schutzkleidung abholen. Ich ließ ihn in der Erwartung zurück, daß er später in Nzara zu mir stoßen würde, vorausgesetzt, er fand eine Möglichkeit, dorthin zu gelangen. Sudan Air gehört nicht gerade zu den besten Fluggesellschaften der Welt – selbst im Vergleich mit so obskuren Gesellschaften wie Air Senegal, Air Brousse (Zaire) und Sierra Leone Airways (ein Unternehmen, das mittlerweile nicht mehr existiert). Kein Maß an bereits durchgestandenen Gefahren kann einen Menschen auf das übelkeiterregende, herzschlagbeschleunigende Gefühl der unmittelbar bevorstehenden Katastrophe vorbereiten, das solche Flüge bei den unglückseligen Passagieren auslösen. Daß die Maschine überhaupt vom Boden abhebt, erscheint wie ein unfaßbares Wunder, und man kann sich einfach nicht vorstellen, daß Fortuna bei der Landung noch einmal so gnädig lächeln wird. Es soll genügen, zu sagen, daß der Horror, den ich auf dem Flug nach Juba durchstehen mußte, jeden Gedanken an die Ebola-Epidemie aus meinem Bewußtsein vertrieb.

Nach zwei Stunden Nervenkrieg landete das Flugzeug rumpelnd auf der pockennarbigen Rollbahn. Das Flughafengebäude war nicht mehr als ein langgestreckter Schuppen mit Wellblechdach. Es waren nur wenige Menschen zu sehen, eine desolate Stimmung hing über der gesamten Szenerie. Das Flugzeug wendete sofort und startete wieder durch, ohne Passagiere für den Rückflug aufzunehmen. Die Piloten hielten offenbar nichts davon, sich lange aufzuhalten. Wohl wissend, daß ich mich hier nur wenig nördlich vom Äquator befand, war ich auf Hitze von dieser Intensität dennoch nicht gefaßt gewesen. In diesem Inferno war es schon eine Herausforderung, einen Fuß vor den anderen zu setzen.

Bevor ich mich auf den Weg nach Nzara machte, mußte ich von den UN-Leuten hier in Juba soviel wie möglich über die Epidemie in

Erfahrung bringen. Am nächsten Morgen begab ich mich also zum UNDP (United Nations Development Program), der Entwicklungshilfeorganisation der Vereinten Nationen. Sie hatte ihren Sitz auf einem Gelände mit mehreren weißverputzen Gebäuden, die um einen Swimmingpool angeordnet waren. Die erstickende Hitze hatte den Pool zu einem populären Sammelpunkt gemacht. Die meisten anwesenden UN-Mitarbeiter waren Skandinavier und Franzosen. Ihr Job war zweifellos kein Vergnügen, und das nicht nur wegen des Klimas. Dieser Teil des Sudan war in permanentem Aufruhr. Die einheimische Bevölkerung war einer ständigen Bedrohung durch Renegatensöldner ausgesetzt. Lebensmittel, die selbst zu den besten Zeiten immer knapp waren, konnte man jetzt nur noch mit Mühe beschaffen. Aber so schlecht die Situation hier auch war, sagte man mir, sie war immer noch besser als die Lage im Westen des Landes.

Ich fragte die UN-Mitarbeiter, ob sie Fälle von Ebola-Erkrankungen bemerkt hätten. Niemand, mit dem ich auf dem Gelände sprach, wußte von solchen Fällen in Juba. Die deutschen und skandinavischen Missionare, die ich befragte, hatten nur davon gehört, daß im Westen des Landes irgend etwas vor sich ging, aber was genau, konnten sie nicht sagen. Mir war bald klar, daß ich hier nicht viel erreichen würde. Da die von der Epidemie betroffene Region praktisch vollständig von der Außenwelt abgeriegelt war, hätte mich das nicht überraschen sollen. Ich versuchte gerade, eine Transportmöglichkeit nach Nzara zu organisieren, als Roy Baron in Juba auftauchte, als einziger Passagier eines Polizeiflugzeugs, das er auf unerfindliche Weise bei den Behörden in Khartoum requiriert hatte. Das hatte Stil! Ich war beeindruckt. Lyle hatte sich selbst übertroffen. Roy war eindeutig der geborene Abenteuerreisende, und er sollte sich auch als kluger und einfallsreicher Forscher erweisen. Es war ein Glück, ihn an meiner Seite zu haben. Die Polizeipiloten würden uns nach Nzara bringen. Das waren spektakuläre Neuigkeiten, denn die Alternative wäre eine lange, staubige, beschwerliche Reise in einem UN-Laster gewesen, oder, schlimmer noch, in einem einheimischen kommerziellen Fahrzeug, zwischen Ziegen und Hühnern eingeklemmt. Außerdem hätten wir auf einer Autoreise Mittel und Wege finden müssen, um durch die Straßensperren zu kommen, die errichtet worden waren, um den *Cordon sanitaire* aufrechtzuerhalten. Da wir nun eine günstige Transportmöglichkeit hatten, waren wir bereit, nach Nzara aufzubrechen, je schneller, desto besser, denn die Begeisterung der Piloten für das ganze Unternehmen ließ merklich nach, als ihnen Geschichten über die Epidemie zu Ohren kamen. Sie blieben trotzdem dabei.

In Nzara angekommen, suchten wir uns Unterkunft und fuhren gleich weiter nach Yambio, um die Patienten, bei denen man Ebola vermutete, in Augenschein zu nehmen. In der baufälligen, nur von Kerosinlampen trübe beleuchteten Hütte, die als Krankenhaus diente, ließen wir uns auf die Knie nieder und begannen, die Patienten zu untersuchen und Blutproben zu nehmen. Ich verbrachte die Nacht damit, Serum zu isolieren, um den Piloten die kostbare Fracht mitzugeben, so daß sie nach Atlanta weitergeschickt werden konnte.

Am nächsten Tag kehrten die Piloten, erleichtert, den Ort des Schreckens verlassen zu können, mit den Blutproben nach Khartoum zurück. Wir richteten uns nun darauf ein, die Untersuchung fortzusetzen und zu sehen, was wir tun konnten, um die Epidemie unter Kontrolle zu bringen.

Am zweiten Abend nach unserer Ankunft passierte mir mein fataler Unfall. Die alte Frau war am selben Morgen ins Krankenhaus gebracht worden, aus einer Gegend, in der es einen klar diagnostizierten Ebola-Fall gegeben hatte. Sie hatte hohes Fieber, war im Delirium und bekam plötzlich einen Krampf, just in dem Augenblick, als ich mich neben ihr niedergekniet hatte und mich anschickte, ihr Blut abzunehmen. Sie machte eine heftige, ruckartige Bewegung, die Nadel rutschte ab, durchbohrte meinen Handschuh und verletzte mich am Daumen.

Wenn man sich mit einer Spritze sticht, die voll von Ebola-Viren ist, sind die Überlebenschancen praktisch gleich Null. Ich arbeitete weiter – was hätte ich sonst tun sollen? Am Abend bereitete Roy eine Infusion vor und verabreichte mir Ebola-Rekonvaleszentenplasma, das wir für den Notfall mitgebracht hatten. Vielleicht war ich infiziert. Vielleicht auch nicht. Etwas Besseres als das Plasma hatten wir nicht.

Da wir keine Wahl hatten, als abzuwarten, ob sich bei mir Symptome einer Ebola-Infektion zeigen würden, setzten wir unsere Arbeit fort. Wir standen unter Druck, denn keiner von uns konnte voraussagen, wieviel Zeit mir noch bleiben würde. Wenn ich krank würde, müßte ich aufhören, und damit wäre auch die Untersuchung beendet. Dasselbe Virus, das sich vielleicht in meinem Blut exponentiell vermehrte, breitete sich weiterhin in der Umgebung Nzaras aus. Wenn ich den Prozeß in meinem eigenen Körper schon nicht aufhalten konnte, wollte ich jedenfalls alles tun, was in meiner Macht stand, um die weitere Ausbreitung der schrecklichen Krankheit zu verhindern.

Diesmal hatte ich mir vorgenommen, Ebola an Ort und Stelle zu diagnostizieren, mit Hilfe der Reagenzien, die Helen so sorgfältig eingepackt hatte, aber ich brauchte noch einige spezielle Laborgeräte. Ich hatte das Glück, einen alten Freund wiederzutreffen, Simon Van Nieuwenhove. Bei der Forschungsexpedition von 1976 in Zaire hatte Simon auf der Suche nach dem Ursprung der Ebola-Epidemie die südliche Route genommen. Er arbeitete immer noch in der Region. Simon war korpulent und sah aus wie ein wohlhabender flämischer Bürger aus dem sechzehnten Jahrhundert, der gerade für sein Portrait Modell saß. Er trug eine gelassene, ja, distanzierte Haltung zur Schau, in Wahrheit aber war er ein Mann, der von seiner Mission besessen war. Sein Ziel war es, die Schlafkrankheit auszurotten, eine sehr schwere, endemische Krankheit in Afrika, verursacht durch *Trypanosoma brucei*, einen Einzeller, der, durch die Tsetse-Fliege übertragen, ins Blut und schließlich ins Zentralnervensystem und ins Gehirn gelangt. Simon liebte die Einfachheit und führte ein zurückgezogenes Leben, umgeben von seinen treuen afrikanischen Helfern und Mitarbeitern. Er stellte uns in dem kleinen Gebäude, das er selbst als Labor benutzte, großzügig einen Raum zur Verfügung. Es konnte ihn nicht erschüttern, daß wir das Ebola-Virus in seine Arbeitsstätte mitbrachten – er hatte zu lange inmitten all der Gefahren Afrikas gelebt, um sich über solche Lappalien aufzuregen. Außerdem vertraute er auf unser fachliches Können. In seinem Labor gab es glücklicherweise auch elektrischen Strom, der von einem Gasolin-Generator geliefert wurde, und Simon besaß einen mit Kerosin betriebenen Kühlschrank – ein unerhörter Luxus, der uns von der lästigen Arbeit befreite, Serum und Blut durch heftiges Kurbeln unserer handbetriebenen Zentrifuge zu trennen. Der Kühlschrank erfüllte dieselbe Funktion. Statt das Serum oder Plasma mechanisch vom Blut zu trennen, brauchte ich die Probe nur über Nacht senkrecht im Kühlschrank stehenzulassen. Am Morgen waren die Blutzellen geronnen und hatten sich am Boden des Röhrchens abgesetzt. Das gelbe Serum konnte man einfach von oben abnehmen. Ich mußte mich nur daran erinnern, daß es vielleicht mit Ebola-Viren gesättigt war.

Jeder Tag begann auf dieselbe Weise. Ich ging morgens ins Labor und entnahm mit der Pipette Serum, das ich testen wollte, aus den Röhrchen. Wir benutzten den Fluoreszenz-Antikörpertest. Zu unserer Ausrüstung gehörten Objektträger mit fixierten Ebola-infizierten Zellen, die durch Gamma-Strahlung inaktiv gemacht worden waren. Ich gab dann einige Tropfen Serum auf den Objektträger, fügte einen Tropfen Fluoreszenzfärbung hinzu und betrachtete das Resultat unter dem Mikroskop. Wenn die Zellen sich hell leuchtend hervorhoben, war die Probe positiv. Normalerweise hätte ich bis zum Abend gewartet, um die Testergebnisse abzulesen, aber unter den gegebenen Umständen versuchte ich, die Tests so schnell wie möglich hinter mich zu bringen. Wir mußten so schnell wie möglich wissen, wer positiv war. Ich holte die Proben aus dem Kühlschrank und nahm sie mir eine nach der anderen vor. Ich konzentrierte mich und versuchte, objektiv zu sein, aber jetzt wartete ich mit Spannung darauf, daß der Name einer bestimmten Patientin auftauchte. Als ich die Probe vor mir hatte, stellte ich sie beiseite.

Schließlich, als ich alle anderen Tests durchgeführt hatte, bereitete ich mich darauf vor, die letzte Probe zu betrachten – das Blutserum, das von der alten Frau aus dem Krankenhaus von Yambio stammte. Wenn die fluoreszenzgefärbten Zellen hell aufleuchteten, war ich infiziert. Aber selbst wenn das Ergebnis negativ war, hieß das nicht notwendigerweise, daß ich nichts mehr zu befürchten hatte. Antikörper entwikkeln sich erst nach einiger Zeit, und vielleicht war die Frau noch im Anfangsstadium der Krankheit gewesen. Ich konnte nur hoffen, daß sie noch lebte und daß ich Gelegenheit haben würde, ihr eine zweite Blutprobe abzunehmen. Ich hatte Herzklopfen. Ich sah meine Frau Shannon vor mir und unsere drei Kinder, die ich zu Hause zurückgelassen hatte. Anne, die Jüngste, war erst drei Jahre alt. Sie waren auf mich angewiesen – meine Frau war zu jener Zeit nicht berufstätig –, und obwohl ich eine Standard-Lebensversicherung abgeschlossen hatte, war mir nicht wohl bei dem Gedanken, daß meine Familie davon abhängig sein sollte. Um ihretwillen, dachte ich, darf ich einfach nicht krank sein.

Ich zögerte einen Augenblick, justierte die Lichtquelle und legte den Objektträger schließlich unter das Mikroskop. Ich drehte an den Einstellungsknöpfen, um ein klares Bild zu bekommen, und kämpfte darum, meine Konzentration aufrechtzuerhalten. Versuche dir vorzustellen, daß die Probe nichts mit dir zu tun hat, sagte ich mir. Die Zellen nahmen Form an, als ich das Mikroskop genauer einstellte. Ich suchte. Die Zellen, die an meinen Augen vorüberzogen, während ich den Objektträger drehte und hin- und herschob, waren alle grau, grün und schwarz. Ich konnte ihre Umrisse und Nuklei ziemlich klar erkennen. Winzige Pünktchen von Fluoreszenz hafteten hie und da. Unspezifische Bindung – ich wußte, daß ich sorgfältig genug vorgegangen war.

Ich prüfte die positive Kontrolle. Sie war leuchtend gelb. Das Testresultat war negativ. Eindeutig negativ.

Gerettet! Zumindest bis zur nächsten Blutprobe. Ich würde jeden Tag einen Test machen müssen. Inzwischen mußte ich mit meiner Arbeit vorankommen.

Eine meiner obersten Prioritäten war, die Leute zu finden, die bereits an Ebola erkrankt waren, und ihren Kontakt mit Familienmitgliedern so weit zu begrenzen, wie es möglich war. Der beste Weg war, ein Überwachungssystem zu etablieren, um Ebola im frühestmöglichen Stadium festzustellen, bevor die Kranken hohe Virustiter hatten und infektiöser wurden. Das hört sich einfach an, war aber durchaus nicht leicht zu bewerkstelligen. In einem industrialisierten Land konnte man sich an die Krankenhäuser um Hilfe wenden, aber nicht hier im Sudan. Hier galt das Krankenhaus als der Ort, den man aufsuchte, um zu sterben, insbesondere wenn man sich mit Ebola infiziert hatte. Schlimmer noch: Die Epidemie hatte eine solche Panik ausgelöst, daß Familienmitglieder daran gehindert wurden, sich im Hospital um sterbende Angehörige zu kümmern. Und welch ein Unglück, allein sterben zu müssen! Immer wieder wurde ich in Afrika damit konfrontiert, daß die Menschen den Ritualen, die Sterben und Tod begleiten, große Bedeutung zumessen. Und der Ort, an dem ein Mensch begraben wird, ist von ebenso zentraler Bedeutung. Wenn sie nicht sicher sein konnten, daß die Leiche für eine angemessene Bestattung freigegeben würde, zögerten viele Familien verständlicherweise, ihre schwerkranken Angehörigen überhaupt in ein Krankenhaus einweisen zu lassen.

Es war klar, daß wir ohne die Kooperation der Familien unserer Patienten nichts erreichen würden. Wir würden unserer Sache nur schaden, wenn wir sie daran hinderten, für ihre kranken Angehörigen zu sorgen. Wir beschlossen daher, sie in dem, was sie taten, zu ermutigen, sie aber dazu zu bringen, einige einfache Vorsichtsmaßregeln, die weitere Infektionen verhindern sollten, zu beachten. Kümmern Sie sich auf jeden Fall um Ihren Mann oder Ihre Tochter, sagten wir ihnen. Aber achten Sie unbedingt darauf, daß Sie dabei einen Mundschutz, Handschuhe und einen Kittel tragen. Wir versorgten sie mit diesen Schutzvorrichtungen aus unseren Vorräten und achteten darauf, daß sie genau verstanden, wie sie damit umgehen mußten. Um die Sache zu erleichtern, ernannten wir in der Familie jedes Patienten eine Person oder zwei Leute zu Pflegern. Dadurch, daß sie die Hauptverantwortung für die Pflege ihrer kranken Angehörigen übernahmen, trugen diese Menschen dazu bei, einen der Hauptwege der Virusübertragung auszuschalten, denn es gilt, die Zahl der Personen, die mit einem Infizierten in Berührung kommen, so weit wie möglich zu reduzieren. Gleichzeitig war es auf diese Weise möglich, die familiären Traditionen aufrechtzuerhalten. 1996 wandte Alain Georges beim Ausbruch einer Ebola-Epidemie unter jungen Männern in Gabun, die mit dem Fleisch eines toten Schimpansen in Berührung gekommen waren, dieselbe Methode erfolgreich an.

Es blieb allerdings noch das Problem der traditionellen Bestattungsbräuche, die das sorgfältige Reinigen des Toten vor dem Begräbnis vorsahen. Ohne diese Bestattungsbräuche hätten die Epidemien, die 1976 im Sudan und in Zaire ausgebrochen waren, sich nicht annähernd so weit ausgebreitet. Realistisch betrachtet konnten wir die Praxis, die Leiche vor der Bestattung von Urin und Fäzes zu reinigen, nicht verbieten. Einen Toten ungereinigt zu begraben, wäre für die Familie völlig unannehmbar gewesen. Der beste Weg, überlegten wir uns, wäre, dafür zu sorgen, daß sich beim Vollzug dieser Riten niemand infizierte. Warum sollten wir nicht nach derselben Methode vorgehen wie bei der Pflege im Krankenhaus, sagte ich mir. Schließlich war das Maß an intimem Kontakt mehr oder minder dasselbe, auch wenn es hier nicht um die Lebenden, sondern um die Toten ging.

Wir entwickelten eine Reihe von hygienischen Maßnahmen, die während der Vorbereitung der Toten für die Bestattung beachtet werden sollten. Da wir diese Zeremonien auch überwachen mußten, waren wir mit den Prozeduren bald vertraut. Falls ihre kranken Angehörigen im Krankenhaus starben, versicherten wir den Familien, würden wir selbst dafür sorgen, daß niemand sie an der angemessenen Bestattung ihrer Toten hinderte. Dieser Kompromiß fand weite Anerkennung. Wir fühlten uns bestätigt, waren aber nicht überrascht. Schließlich hatten die Menschen verständlicherweise große Angst vor Ebola. Es erschien ihnen vielleicht merkwürdig und umständlich, daß sie Mundschutz, Handschuhe und chirurgische Kittel tragen mußten, aber das war ein geringer Preis, wenn man dadurch weitere Infektionen verhindern konnte. Daß besondere Anlässe oder Situationen besondere Kleidung erforderten, war der Kultur außerdem nicht fremd. Vor allem bedeutete es aber, daß die Menschen ihre tradierten Praktiken fortsetzen konnten. Die Erfolge unserer Vorgehensweise wurden fast sofort evident. Mehr Menschen, bei denen Verdacht auf eine Ebola-Infektion bestand, kamen jetzt aus freien Stücken, um sich untersuchen und einen Bluttest machen zu lassen. Aber es kamen nicht alle. Was wir auch taten – es gelang uns immer noch nicht, alle Ängste zu beschwichtigen und alle Vorurteile auszuräumen. Um die mißtrauischen und verängstigten Kranken aufzuspüren, mußten wir in den Busch hinausgehen und sie dann überzeugen, mit uns zu kommen – zusammen mit Angehörigen, die sie im Krankenhaus unter unserer Supervision pflegen würden.

Die meisten Menschen, die in der Region um Nzara und Yambio ansässig waren, lebten in Familiengehöften. Man konnte diese Ansiedlungen nur über schmale, unwegsame Fußpfade durch den Busch, der hier vorwiegend aus mehr als zwei Meter hohem Elefantengras bestand, erreichen. Regionale Landkarten gab es natürlich nicht; wir waren auf einheimische Führer angewiesen, die uns den Weg zeigten. Und wenn wir tatsächlich zu unserem Ziel gelangten, konnten wir nie voraussehen, wie man uns dort empfangen würde, denn viele Familien hielten gar nichts davon, ihre kranken Angehörigen an Fremde auszuliefern, sie von Fremden ins Krankenhaus bringen zu lassen. Außerdem mußten wir das knifflige Problem bewältigen, herauszufinden, wer mit wem verwandt war. Es gab die Einehe, aber sie war nicht die Norm. Ein Mann hatte vielleicht mehr als eine Frau. Eine Frau bezeichnete zum Beispiel jemanden als ihren Bruder, und wir schrieben das nieder. Dann zeigte sie auf einen zweiten und einen dritten Mann und sagte: «Ja, das ist mein Bruder.» Wir notierten auch das. Bald wuchs die Liste auf neun oder zehn Brüder an, und das kam uns merkwürdig vor. Selbst für eine große Familie waren das eine Menge Brüder. Wir brauchten eine Weile, um zu erkennen, daß sie den Begriff «Bruder» in einem völlig anderen Sinn gebrauchte als wir. In vielen Kulturen wird dadurch, daß man einen Mann Bruder oder eine Frau Schwester nennt, ein Gefühl der Zusammengehörigkeit ausgedrückt oder der Respekt für eine Person, der man ebensosehr vertraut wie einem Blutsverwandten. Dieser Brauch, guten Freunden den Status von Brüdern oder Schwestern ehrenhalber zu verleihen, war zwar liebenswert, aber wirklich keine große Hilfe, wenn es bei einer epidemiologischen Untersuchung darum ging, eine Gruppe zu definieren.

Zu dritt machten wir uns auf den Weg – Roy Baron, Dr. Omran Zuberi vom sudanesischen Gesundheitsministerium und ich –, um Ebola-Infizierte in der Umgebung aufzuspüren, bevor sie die Krankheit an ihre gesamte Umgebung weitergaben. Meine größte Hilfe war jedoch ein einheimischer Krankenpfleger, der mich durch den Busch führte und sich als überaus geschickt erwies, wenn es darum ging, die Erkrankten zu finden. Da er selbst von einem der Gehöfte kam, kannte er die meisten Leute in der Gegend und war mit ihren Gewohnheiten vertraut. Seine Intuition erwies sich als nahezu untrüglich, wenn jemand versuchte, uns irrezuführen. Er wandte dieselben Techniken an wie jeder versierte Detektiv. Zuerst fragte er die Leute, ob sie von Ebola-Fällen gehört hätten. Dann übersetzte er die Antwort für mich: «Der Mann hier sagt, wenn wir dort entlanggehen, nach Westen, finden wir vielleicht eine Frau, die Ebola hat.»

Und ich dachte: O. k., gehen wir! Aber der Pfleger schüttelte den Kopf und gab mir durch Blicke zu verstehen, daß ich abwarten sollte.

«Der Mann lügt, Sir», sagte er; «Sie können es daran sehen, wie er seine Augen bewegt.»

«Also gibt es gar keine Frau, die Ebola-krank ist?»

«Nein, nein, so nicht. Eine Frau ist krank, ohne Frage. Aber wir werden sie nicht da finden, wo er sagt, sondern in der anderen Richtung, östlich von hier.»

Wenn ich ihn fragte, wie er das herausgefunden habe, lächelte er nur und sagte: «Also, wozu stehen wir hier noch herum?»

Genau diese Art von Intuition brachte uns eines späten Nachmittags zu einem Gehöft, das inmitten des hohen Elefantengrases wie eine Fata Morgana aufzutauchen schien. Ein Gehöft bestand in der Regel aus mehreren grasgedeckten Lehmziegelbauten, die im Kreis um einen sorgfältig gefegten Hof angeordnet waren. Die Wohnarrangements waren strikt hierarchisch: In der größten Hütte lebte der Clanchef mit seinen Frauen, in der Hütte daneben sein ältester Sohn mit seiner Familie, in der dritten Hütte der zweite Sohn mit seiner Familie, und so fort. Auf dem zentralen Hof waren die Frauen gewöhnlich damit beschäftigt, mit ihren schweren Mörserkeulen Mais zu stampfen oder andere einheimische Grundnahrungsmittel für den Kochtopf vorzubereiten. Kinder, Jungtiere und Hühner liefen zwischen ihnen umher. Meistens brannte ein Kochfeuer in einem einfachen Herd aus drei Feldsteinen, und ein großer, dampfender, rauchgeschwärzter Kessel stand darauf. Unser Erscheinen auf dem Hof löste einen kleineren Aufruhr aus. Die Bewohner wußten sehr wohl, warum wir hier waren.

Der Pfleger sprach einen der Männer an und fragte ihn in Zande: «Ist in eurem Gehöft irgend jemand krank?»

Der Befragte schüttelte den Kopf. Alle seien gesund, versicherte er. Ich konnte die Antwort auch ohne Übersetzung verstehen.

«Er lügt», verkündete mein Begleiter mit gewohnter Autorität. Er schlenderte weiter, um einen Pferch herum, in dem sich eine buntscheckige Mischung von Hühnern und Ziegen oder Schafen (in Afrika kann man sie schwer unterscheiden) aufhielt, bewacht von einem kleinen Jungen. Dann wandte er sich dem Jungen zu und fragte ihn, ob es hier eine Frau gäbe, die sehr krank sei. Der Junge schaute sich ängstlich um. Der Pfleger wiederholte seine Frage. Der Junge schaute zu einer Hütte hinüber, die unmittelbar zu unserer Rechten stand. Wir wußten, wohin wir gehen mußten.

Eine junge Frau, meiner Einschätzung nach etwa zwanzig Jahre alt, war vom Gehöft ihrer eigenen Familie hierher gebracht worden, wo sie Verwandte hatte. Auf diese Weise wurden Kranke vor den Behörden versteckt; man wollte nicht, daß sie weggebracht wurden. Niemand versuchte jedoch, uns am Betreten der Hütte zu hindern. Die Frau lag auf einer Matte. Ihr Gesicht und ihr Körper glänzten vor Schweiß. Ich erfuhr, daß sie seit sechs oder sieben Tagen krank war.

Bei Ebola konnte ich kaum etwas tun, um das Fortschreiten der Krankheit zu verhindern. Rekonvaleszentenplasma war die einzige Behandlungsmöglichkeit. Aber würde sie sich auch als wirksam erweisen? Wir wußten es bis jetzt noch nicht, aber wir hatten nichts anderes. Ribavirin ist bei Ebola völlig unwirksam. Gab es einen besseren Weg, herauszufinden, ob wir überhaupt etwas tun konnten, als jemandem, der bereits an Ebola erkrankt war, das Plasma zu verabreichen? Und vielleicht konnte ich auf diese Weise auch in Erfahrung bringen, ob es bei mir Wirkung zeigte. Das große Problem für diese junge Frau war jedoch, daß eine Ebola-Erkrankung nach dem vierten oder fünften Tag bereits weit fortgeschritten und nur noch schwer zu behandeln ist.

Es dauerte eine Weile, bis wir die Familie überredet hatten, die Kranke in unsere Obhut zu geben. Nein, versicherten wir, wir würden Familienmitglieder keinesfalls daran hindern, sie zu besuchen, wenn wir sie ins Krankenhaus gebracht haben. Und ja, für den Fall, daß sie stürbe, verbürgten wir uns dafür, daß ein angemessenes Begräbnis stattfinden könne.

Aber damit hatten wir das Problem, *wie* wir sie ins Krankenhaus bringen sollten, noch nicht gelöst. Kein gewöhnliches Fahrzeug – selbst wenn eines verfügbar wäre – konnte durch das Elefantengras hindurchkommen. Es blieb uns also nichts anderes übrig, als sie durch den Busch zu tragen. Optimistisch wie immer schätzte ich, daß wir rund fünfundvierzig Minuten brauchen würden, um sie an die nächste

Straße oder das, was hier Straße genannt wurde, zu bringen. Wir sandten also einen Boten voraus, um unseren Pick-up zu der entsprechenden Stelle zu beordern, und ich rekrutierte zwei Männer aus der Familie der Frau, die uns beim Tragen der Bahre helfen sollten.

Es war eine unsagbare Anstrengung. Die Hitze war gnadenlos, die hohe Luftfeuchtigkeit machte alles noch schlimmer, und wir mußten uns durch Massen von Elefantengras hindurchkämpfen, von dem man nie wußte, welche anderen Geschöpfe noch darin herumschlichen. Außerdem durften wir keine Zeit verlieren, denn wir mußten der Kranken das Plasma so schnell wie möglich verabreichen. Wir brauchten doppelt so lange, wie ich geglaubt hatte. Als wir die Straße erreichten, brach die Abenddämmerung an. Die junge Frau war in eine gnadenvolle Bewußtlosigkeit gefallen; sie fühlte keinen Schmerz. Der Pick-up wartete auf uns.

In Yambio angekommen, brachten wir sie in das Gebäude, in dem wir Ebola-Kranke isolierten, und legten sie in ein separates Zimmer. Der Raum war unbequem, aber daran konnten wir nicht viel ändern. Es gab keine Durchlüftung, kein Fenster. Nur abgestandene Luft und lähmende Hitze. Ich legte einen Schutzanzug an und nahm einen Mundschutz und zwei Paar chirurgische Handschuhe, die ich übereinander zog. Dr. Omran, der sudanesische Arzt, der in unserem Team mitarbeitete, erbot sich, mir beim Anlegen des Venentropfs zu helfen, aber er zog es vor, statt des einfachen Mundschutzes eine Gasmaske zu tragen. Das war ein Fehler. Der Luftaustausch in einer Gasmaske geht ziemlich langsam vor sich und die Gläser beschlagen sehr leicht. Wenn man hyperventiliert, reichert sich die Luft im Inneren rapide mit Kohlendioxid an, und nichts läßt eine Gasmaske schneller beschlagen als eine ordentliche Panik. Mein Kollege war sehr nervös. Nichts, was ich sagte, konnte ihn davon überzeugen, daß dies keine lebensgefährliche Aufgabe war. Er begann zu klagen, wie heiß ihm sei. Als ich aufschaute, konnte ich sein Gesicht hinter der Maske nicht mehr erkennen. Zu diesem Zeitpunkt waren wir dabei, im trüben Licht einer Kerosinlampe die Infusion vorzubereiten. Der Tropfständer war ein grob zusammengenageltes Holzgestell, das an ein Kruzifix erinnerte. Die Infusionsflasche hing an einem Nagel.

Plötzlich murmelte mein sudanesischer Freund, ihm sei übel und er fühle sich sehr schwach. «Ich weiß nicht, ob ich weitermachen kann», sagte er.

Ich hielt inne und sagte ihm, er solle hinausgehen und die Gasmaske abnehmen. Er kam nicht zurück, also legte ich der jungen Frau den Venentropf selbst. Sie war immer noch im Delirium, und ich hatte keine Möglichkeit, mit ihr zu sprechen. Obwohl sie immer noch in Schweiß gebadet war, fühlte sie sich kalt und klamm an. Ihr Blutdruck war so weit abgefallen, daß er nicht mehr meßbar war.

Obwohl ich mir des Risikos, in diesem Stadium zuviel Flüssigkeit in den Organismus einzuleiten, sehr wohl bewußt war – die Membranen sind durch die Erkrankung so durchlässig geworden, daß man Gefahr läuft, die Lunge zu fluten und die Patientin innerlich zu ertränken –, hatte ich das Gefühl, in diesem Fall keine andere Wahl zu haben. Es war offensichtlich, daß ich dabei war, sie zu verlieren. Ich mußte dafür sorgen, daß ihr Blutdruck wieder anstieg, und das konnte durch eine Infusion erreicht werden. Nach allem, was ich wußte, hatte sie seit mehr als vierundzwanzig Stunden keine Flüssigkeit mehr zu sich nehmen können.

Würde das Plasma Wirkung zeigen? Und wenn ja, würde es sich auch in einem so weit fortgeschrittenen Fall als wirksam erweisen? Ich wünschte, ich hätte in einem früheren Stadium ihrer Erkrankung mit der Behandlung beginnen können. Aber ich konnte mir des Behandlungserfolgs, in welchem Stadium auch immer, ohnehin nicht sicher sein. Der einzige Präzedenzfall, von dem ich ausgehen konnte, war der von Geoff Platt, der sich 1976 im Labor mit Ebola (vom Zaire-Typus) infiziert hatte. Er war mit Immunplasma behandelt worden und hatte überlebt. Aber andererseits hatte er auch Interferon bekommen und eine gute medizinische Versorgung genossen. Es war also unmöglich, zu sagen, was hauptsächlich für seine Genesung verantwortlich war. Aber letztlich lief es darauf hinaus, daß Plasma alles war, was wir hatten. Vielleicht war es kein Heilmittel, aber es würde auch keinen Schaden anrichten, das hatte ich schließlich schon im Selbstversuch bewiesen.

Das Plasma bewirkt unter anderem, daß die Antikörpertiter kurzfristig ansteigen. Darin liegt der Sinn der Immunserumbehandlung, denn es sind die Antikörper im Plasma, die das Virus abtöten sollen. Irritierend ist nur, daß man nun, sobald man Plasma verabreicht hat, das Vorhandensein von Antikörpern im Blut des Patienten nicht mehr als diagnostisches Kriterium benutzen kann. Mit anderen Worten: Wenn man bei einem Test Antikörper feststellt, kann man nicht wissen, *wessen* Antikörper es sind. In diesem Fall hatten wir einen Bluttest gemacht, bevor wir der Patientin das Plasma verabreichten, und wir hatten keine

Antikörper gegen Ebola entdecken können. Das konnte bedeuten, daß der Krankheitsprozeß noch nicht allzuweit fortgeschritten war, was gut wäre, oder es konnte uns sagen, daß ihre Krankheit gar nicht durch das Ebola-Virus verursacht war, was noch sehr viel besser wäre. Ich machte mir dennoch keine Illusionen: Nach allem, was ich wußte, hatte die arme Frau definitiv Ebola.

Als ich am nächsten Tag einen Antikörpertest machte, sah ich mit Befriedigung einen leichten Anstieg; wo vorher gar nichts war, konnten wir jetzt bei einer Serumverdünnung von nur eins zu acht Antikörper erkennen. Das war eine gute Nachricht, insofern als sie jetzt zumindest etwas hatte, womit sie das Virus bekämpfen konnte. Die schlechte Nachricht war, daß Blut im Stuhl war und daß sie begonnen hatte, aus dem Zahnfleisch zu bluten. Nur ein Wunder konnte sie jetzt noch retten.

Es geschah kein Wunder. Zwei Tage nachdem wir sie ins Krankenhaus gebracht hatten, starb sie. In diesem Fall hatte das Plasma versagt – wenn es denn überhaupt eine wirksame Behandlungsmethode war.

So, dachte ich, und was ist mit mir? Bin ich noch in der Inkubationsphase? Brüte ich diese schreckliche Krankheit aus? Es gab jedoch Anlaß zur Hoffnung. Der Zustand der alten Frau, deren Schicksal mit meinem verflochten war, hatte sich gebessert. Sie konnte jetzt aufrecht sitzen und war heiter und gesprächig. Sie sah nicht mehr aus wie eine Ebola-Kranke – dazu ging es ihr viel zu gut. Selbst die wenigen Ebola-Patienten, die von ihrer Krankheit genasen, waren nicht so schnell in der Lage, sich aufzurichten und fröhlich zu plaudern. Ich vermutete jetzt, daß ihre Krankheit eine andere Ursache hatte. Ich war voller nervöser Spannung, als ich ihr Blut abnahm, um einen weiteren Test zu machen. Sie war rekonvaleszent, daran konnte kein Zweifel bestehen. Wenn sich in ihrem Blut keine Antikörper fanden, hatte sie nie Ebola gehabt. Dieses Mal schob ich den Test nicht hinaus; ich konnte es vielmehr kaum abwarten, diese Probe unter dem Mikroskop zu betrachten.

Diese Situation muß ich allein durchstehen, sagte ich mir. Als ich Simons Labor betrat, rang ich um Fassung. Meine Handflächen waren feucht, mein Herz schlug bis zum Hals. Ich würde das Testresultat sofort erkennen. Ich hatte genügend positive Sera gesehen, um ein negatives auf Anhieb davon unterscheiden zu können. Ich nahm mich zusammen, legte den Objektträger unter das Mikroskop und überprüfte zuerst die positiven und negativen Kontrollen. Alles in Ordnung. Der Test funktionierte. Wieder waren die Zellen im Serum der alten Frau dunkelgrün. Negativ! Sie hatte nie Ebola gehabt, und ich hatte mich nicht infiziert. Das Gefühl von Erleichterung, das mich wie eine Welle überrollte, ist schwer zu beschreiben. Ich war in stiller Ekstase; mein Leben und meine Zukunft waren mir gerade zurückgegeben worden. Sobald ich die anderen Sera getestet hatte, stürmte ich aus dem Labor. Das mußte ich Roy erzählen. Ich hätte den guten Ausgang der Sache gern bei einer Flasche Scotch mit ihm gefeiert. Aber in der Nacht meines Unfalls hatten wir die ganze Flasche ausgetrunken.

Sues Geschichte

Im Sommer 1983 bereitete ich mich darauf vor, wieder nach Zaire aufzubrechen, um die Verbreitung von AIDS in Kinshasa zu untersuchen. Wenige Wochen vor meiner Abreise lernte ich eine Wissenschaftlerin kennen, die mein Leben in vielfältiger und unerwarteter Weise verändern sollte. Ich hatte zuerst durch David Simpson, einen WHO-Mitarbeiter, der sieben Jahre zuvor an der Untersuchung der Ebola-Epidemie im Sudan beteiligt gewesen war, von ihr gehört. In einem Brief hatte er eine Engländerin erwähnt, die sich für die Pathogenese viraler hämorrhagischer Fieber interessierte. Sie hieß Sue Fisher-Hoch und war, wie sich herausstellte, eine schlanke, energiegeladene, redegewandte Frau mit einem lockigen roten Haarschopf und einem Gesicht voller Sommersprossen.

Sie rief mich an, als sie in Atlanta an einem Kongreß über die Legionärskrankheit teilnahm, um ihre neuen Erkenntnisse über die Vermehrung des Bakteriums *Legionella pneumophila* in Heißwassersystemen zu präsentieren. Als die Krankheit auf den Britischen Inseln zum ersten Mal in Erscheinung trat, war ihr sofort klar, daß Klimaanlagen nicht der Übertragungsweg sein konnten. Auf einer kalten, feuchten Insel besteht für Klimaanlagen kaum Bedarf. Ich konnte mir nicht vorstellen, was ihre Forschungsarbeit mit der Pathogenese viraler hämorrhagischer Fieber zu tun haben könnte. Aber ich sollte es bald herausfinden.

Ich erfuhr, daß sie – abgesehen von ihrer Arbeit über *Legionella pneumophila* – im Level-4-Labor in Porton Down in England bereits ein beachtliches Maß an Forschungsarbeit über das Ebola-Virus geleistet hatte. Sie war von brennendem Eifer erfüllt, die Geheimnisse dieses Virus zu entschlüsseln. Als sie mir von ihren Experimenten mit Ebola-infizierten Affen erzählte, war ich fassungslos. Die Bedingungen, unter denen sie und ihre Kollegen in Porton Down arbeiten mußten, waren mehr als kritikwürdig. Die einzigen Sicherheitsvorkehrungen im Labor waren superfeine HEPA-Filter zur Dekontaminierung der Luft und eine Schutzkleidung, die auf nicht viel mehr hinauslief als übergroße Hosen und eine Gasmaske. Daß sie unter diesen Umständen ihre Forschungsarbeit ausgeführt hatte, ohne sich zu infizieren, grenzte an ein Wunder.

Die Art von Experimenten, an denen Sue arbeitete, waren noch nie zuvor durchgeführt worden. Der CDC würde daran besonders interessiert sein, denn es gab einige bemerkenswerte Ähnlichkeiten in der Art und Weise, wie Ebola und Lassa sich auf den menschlichen Organismus auswirkten. Nach unserem Gespräch waren wir uns einig, daß sie bei der nächsten sich bietenden Gelegenheit zum CDC kommen sollte, um eine Reihe von Experimenten über die Pathogenese von Lassa-Fieber durchzuführen. Ich versicherte ihr, daß sie weitaus bessere Arbeitsbedingungen vorfinden würde als jene, die sie gewohnt war. Am späten Nachmittag fuhr ich sie zum Tagungsort zurück.

Merkwürdigerweise war dieselbe epidemiologische Untersuchung, die mich 1976 in den Sudan geführt hatte, indirekt dafür verantwortlich, daß Sue begonnen hatte, sich mit Virologie zu befassen. David Simpson hatte ihr Interesse an dem Gebiet geweckt; sie hatte seine Vorlesung gehört, als sie sich 1978 an der London School of Hygiene and Tropical Medicine auf ihren Abschluß zum Master's Degree vorbereitete. Diese Vorlesung wurde zu einem Wendepunkt in ihrem Leben – aber von hier an wird Sue ihre Geschichte selbst erzählen:

David Simpson arbeitete in Porton Down, dem einzigen Hochsicherheitslabor Englands, an der Erforschung von Viren, die hämorrhagische Fieber auslösen. Damit setzte er eine Forschungsarbeit fort, die er in der Wildnis von Uganda begonnen hatte. Er gehörte zu den wenigen Wissenschaftlern, die zur Isolierung des Krim-Kongo-Fieber-Virus beigetragen hatten – vermutlich seine größte wissenschaftliche Leistung. Hämorrhagische Fieber waren für mich kein völlig fremdes Gebiet. Ich hatte von dem mysteriösen Virus gehört, das von importierten Grünen Meerkatzen auf Menschen übergesprungen war, dem Marburg-Virus, mit dem David sich ebenfalls befaßt hatte. Und ich wußte, daß das Ebola-Virus mit dem Marburg-Virus verwandt war und eine ähnliche Erscheinungsform hatte – fadenförmig und gewunden – und daß es bei Menschen eine tödliche Erkrankung auslösen konnte. Es war so rätselhaft, so diabolisch, daß es aus einem Science-fiction-Roman entsprungen zu sein schien – eine unsichtbare, tödliche Gefahr aus dem Weltraum. Woher kam es? Warum war es so aggressiv, so virulent? Was tat das Virus eigentlich, wenn es in einen Organismus eingedrungen war? Warum starben Menschen, die sich damit infiziert hatten, so schnell? Ich wollte mehr darüber wissen.

Ich habe Davids Vortrag in lebhafter Erinnerung. Er erzählte von seinen Erfahrungen bei der Untersuchung der Ebola-Epidemie von 1976 im Sudan:

> «Das Flugzeug rollte auf der Landebahn des Flughafens von Juba langsam aus. Alles war zum Entladen bereit. Das Problem war nur, daß wir zuviel Ausrüstung bei uns hatten. Die Regierung Ihrer Majestät glaubte fest an die Effizienz von Gasmasken – eine Tradition, die zweifellos durch das heroische Beispiel der *Royal Air Force* im Zweiten Weltkrieg inspiriert worden war. Aber was unseren Luftstreitkräften im Kampfeinsatz gute Dienste getan hatte, mußte sich nicht notwendigerweise auch als sinnvoll erweisen, wenn man eine Autopsie an einem Ebola-Opfer vornahm. Man schwitzte wie verrückt unter den Dingern. Man konnte kaum sehen, was man tat. Nun ja. Es ging folgendermaßen vor sich. Sobald wir gelandet waren, drehten die Piloten sich zu uns herum und sagten: ‹Hier ist das Geld für die Landegebühr. Sie zahlen für uns.› Dann schmissen sie uns mit all unserem Kram raus, wendeten und flogen ab.»

David, einer der leitenden Wissenschaftler des WHO-Teams, das 1976 in den Sudan reiste, war ein brillanter Redner und hervorragender Hochschullehrer, aber er hatte auch etwas von einem Abenteurer, der sich mit Intelligenz und Charme durchs Leben schlagen konnte. Und er hatte viel Charme. Ich bezweifle, daß er seine Vorlesungen je im Detail vorbereitete, aber sie waren immer erstklassig. Vielleicht waren seine Vorträge so faszinierend, weil er Ire war und das legendäre irische Talent zum Fabulieren besaß. Was mich am meisten faszinierte, waren die abenteuerlichen Erfahrungen, die er bei seiner Jagd auf Viren in allen Teilen der Welt gesammelt hatte:

> «Wir sind also in Khartoum und scharren ungeduldig mit den Füßen, weil wir anfangen wollen. Aber wir sitzen fest. Wir kommen keinen Schritt voran. Wir kämpfen uns zu den verantwortlichen Autoritäten durch, aber sie beharren darauf, daß nichts zu machen sei. Maridi ist

durch einen *Cordon sanitaire* abgeriegelt, und es gibt überhaupt keinen Fahrzeugverkehr in die Stadt oder aus der Stadt heraus. Die Leute hätten solche Angst, sagte man mir, daß ich garantiert niemanden finden würde, der bereit wäre, mich nach Maridi zu fahren.

Und dann – wer hätte das geglaubt – erscheint der Deus ex machina. Oder wenn nicht Deus selbst, so doch sein Repräsentant. Wer taucht plötzlich in Juba auf? Kein anderer als der Erzbischof von Canterbury – im eigenen Flugzeug. Wie sich herausstellte, hatte die anglikanische Kirche unter der notleidenden Bevölkerung im Süden des Sudan eine ziemlich große Anhängerschaft. Der Erzbischof hatte sich herbemüht, um den Gläubigen geistlichen Beistand zu leisten. Natürlich hatte der hohe Würdenträger bei der Regierung mehr Einfluß als wir; niemand maßte sich an, ihm vorzuschreiben, wohin er reisen durfte und wohin nicht. Also wenden wir uns an den Erzbischof und bitten ihn, uns mitzunehmen und bei Maridi abzusetzen. ‹Aber gern›, sagt er, ‹selbstverständlich.› Ich bin mir immer noch nicht sicher, ob er das volle Ausmaß der Epidemie begriff, oder ob er – durch seinen Glauben geschützt – die Gefahr ignorierte.»

David fuhr mit der Schilderung seiner epidemiologischen Untersuchung in Maridi fort. Er fand ein verlassenes Krankenhaus vor; unter dem medizinischen Personal hatte das Ebola-Virus viele Opfer gefordert. Die Überlebenden verschanzten sich in ihren Häusern, aber es traten immer noch neue Fälle auf. David nahm im Freien, mitten auf einem Feld, Autopsien vor. Schließlich gelangte er nach Nzara. Dort kletterte er auf dem Dach einer Baumwollfabrik herum und fing Fledermäuse, in der Hoffnung, in einem der Tiere das Virus, das die Ebola-Krankheit auslöst, zu finden. Dann packte er sechs tote Fledermäuse in eine Kiste und schickte sie nach Porton Down. Ernie Bowen, ein anderer Wissenschaftler, der das Paket ahnungslos öffnete, wollte seinen Augen nicht trauen, als er den Inhalt sah. Leider gelang es den Forschern in Porton Down nicht, in den Fledermäusen Ebola nachzuweisen. Aber was mich anging, war das nebensächlich. Während ich David weiter zuhörte, hatte ich nur einen Gedanken: Das und nichts anderes möchte ich tun!

Ich hatte ziemlich lange gebraucht, um zu diesem Entschluß zu kommen. Und es sollte noch länger dauern, bis ich tatsächlich an einer epidemiologischen Untersuchung wie der, die David schilderte, teilnehmen konnte. Aber schließlich war ich immer eine Spätentwicklerin gewesen, und ich hatte auf meinem Weg mehr Hindernisse zu überwinden, als ich mir anfangs überhaupt vorstellen konnte.

Ich wurde im August 1940 in Denby in England geboren, während des einzigen Bombenangriffs, den die Stadt in diesem heißen Sommer erlebte. Meine Mutter erzählt, daß sie vor meiner Geburt noch Brombeeren pflückte, und das ist sehr ungewöhnlich, denn im Norden Englands werden die Brombeeren vor Ende August gewöhnlich nicht reif. In meiner frühesten Erinnerung sehe ich mich auf dem Rücken liegen, auf der Treppe, die zum Luftschutzkeller führte, während am Himmel feindliche Flugzeuge dahinbrausen.

Mit elf Jahren wurde ich auf ein Internat im Norden von Wales geschickt. Es war wie im Exil – völlige Isolation – und die sechs Jahre, die ich dort verbrachte, waren die unglücklichsten meines Lebens. Um der Einsamkeit zu entfliehen, las ich, ich verschlang alles an Literatur und Poesie, was mir in die Hände fiel. Und ich wandte mich der Musik zu und spielte Klavier und Orgel.

Als ich die Schule abschloß, mit hervorragenden Noten in Englisch, Französisch und Geschichte, fand ich mich an einem Wendepunkt. Meine Eltern zogen nach Frankreich, in die Nähe von Paris; mein Vater würde in Fontainebleau für die NATO arbeiten. So hatte ich die Chance, an der Sorbonne zu studieren und endlich etwas von der Welt zu sehen.

Während der zwei Jahre, die ich in Frankreich und Italien verbrachte, entwickelte ich eine gewisse Leichtigkeit im Umgang mit Fremdsprachen und eine Leidenschaft für fremde Länder. Ich hatte nicht die geringste Lust, ins kalte, graue England zurückzukehren, aber ich mußte für meinen Lebensunterhalt sorgen. Zu jener Zeit betrachtete ich mich als einen mediterranen Menschen und konnte mich dem Leben in meinem Geburtsland einfach nicht mehr anpassen. Ich heiratete einen Mann, der älter war als ich und der viel gereist war, insbesondere in Afrika.

Die Unruhe, die meine eigenen Reisen in mir geweckt hatten, legte sich durch die Ehe nicht. Im Gegenteil, sie wurde im Lauf der Zeit immer stärker. Als ich siebenundzwanzig geworden war, wußte ich, daß ich etwas tun mußte. Ich entschied mich für ein Ziel, von dem alle Welt mir sagte, es sei für eine verheiratete Frau, noch dazu mit Kind, unmöglich zu erreichen: Ich wollte Ärztin werden.

Gegen Frauen, die sich in den Kopf gesetzt hatten, Medizin zu studieren, herrschten im England der späten sechziger und frühen siebziger Jahre große Vorurteile, aber ich belegte trotzdem Kurse in Physik, Chemie und Zoologie an einem technischen College am Ort, um die Aufnahmebedingungen für das Medizinstudium zu erfüllen. Vielleicht glaubte die Hochschulleitung, daß allein der Arbeitsaufwand genügen würde, um mich von meinen abwegigen Ideen abzubringen. Das erste Semester erwies sich in der Tat als sehr schwierig; meine Mitstudenten waren zum größten Teil fünfzehnjährige Jungen, die trotz ihrer Unreife bereits zwei Jahre Physikunterricht genossen hatten und – anders als ich – die richtigen Antworten wußten.

Aber ich war entschlossen. Ich schrieb mit, soviel ich konnte, und wenn der Unterricht beendet war, holte ich meine Tochter Hannah ab und ging nach Hause, um das Abendessen vorzubereiten und mich um meine Familie zu kümmern. Erst wenn alles getan war, konnte ich mich hinsetzen und mich meiner naturwissenschaftlichen Bildung widmen. Und die fiel mir durchaus nicht in den Schoß. 1967 gab es noch keine Taschenrechner; ich hatte vergessen, wie man mit Logarithmen umgeht, aber es war mir zu peinlich, irgend jemanden danach zu fragen. Ein ganzes Semester lang machte ich meine Berechnungen durch ellenlange Divisionen und Multiplikationen, die sich wie Mäuseschwänze über ganze Seiten hinzogen, bis mein Bruder schließlich Mitleid mit mir hatte und mir einen Rechenschieber gab.

Trotz der widrigen Bedingungen, unter denen ich arbeitete, gelang es mir, in Physik und Chemie mit Bestnoten abzuschließen; das würde reichen, dachte ich, um zum Medizinstudium zugelassen zu werden. Es gab Quoten für Frauen: Der Anteil der weiblichen Studierenden war für jeden Jahrgang auf fünfzehn Prozent beschränkt, und die erfolgreichsten Bewerberinnen waren Mädchen, die direkt aus den teuren Privatschulen kamen. Ich glaubte dennoch, daß ich es schaffen könnte. Ich schrieb an die Dekane aller Medical Schools, die mir einfielen, und erhielt immer dieselbe Antwort: Ich sei «nicht geeignet» und ich solle – so in einem Brief wörtlich – besser an den Küchenherd zurückkehren. Währenddessen beobachtete ich, wie jüngere Männer mit schlechten Noten aufgrund ihrer sportlichen Leistungen im Rugby zugelassen wurden.

Glücklicherweise gab es eine Ausnahme: Dame Frances Gardner, die Dekanin des Royal Free Hospital. Mein Schreiben hatte ihr Interesse geweckt, und sie bat mich zu einem Interview. Nachdem ich die Chance gehabt hatte, mit ihr zu sprechen, stimmte sie meiner Zulassung zu, aber offensichtlich gegen den Widerstand der restlichen Mitglieder der Zulassungskommission. Also stellte sie eine unerläßliche Bedingung: Ich mußte eine Erklärung meines Mannes vorlegen, in der er sich verbürgte, sich vor Ablauf der vier Studienjahre nicht von mir scheiden zu lassen. Mein Mann hatte Verständnis und ließ sich darauf ein.

Dame Gardner war mit einem Mediziner namens George Quinn verheiratet, einem Exzentriker wie er im Buche steht. Allein sein Name erinnerte an eine Romanfigur von Dickens. Es hieß tatsächlich, er sei das reale Vorbild für die Gestalt des Sir Lancelot Spratt in der komischen Novelle *Doctor in the House* von Richard Gordon. Oft ignorierte er die üblichen hygienischen Vorbereitungsmaßnahmen, wenn er den Operationssaal betrat, um seinen Schäfchen auf die Finger zu schauen. Natürlich nahm er nie selbst eine Operation vor, ohne sich zu desinfizieren. Er spazierte herein und legte eine große Plastikschürze an. Wenn er seinen Studenten eine chirurgische Technik demonstrieren wollte, nahm er eine Zange und einen blutgetränkten Tupfer und zeichnete damit Linien auf seine Schürze. Sein Körperumfang war enorm, also gab es immer genug Platz für erläuternde Illustrationen. Einer (vermutlich apokryphen) Geschichte zufolge, die George Quinn mir selbst erzählte, als er mich im Auto von einem unserer Krankenhäuser zum anderen mitnahm, hatte er die Maurer, die an dem neuen Gebäude arbeiteten, mit Biergeld bestochen, ihren Streik fortzusetzen. Für modernen Schnickschnack hatte er, wie er mir erklärte, nichts übrig.

Ich sah meinem Studium an der Medical School mit beträchtlichen Ängsten entgegen. Ich war überzeugt, ich würde mich inmitten von jungen Intelligenzbestien vorfinden, die mich zur Schnecke machen würden. Dann war da noch das Problem, daß ich für die Anfahrt und Rückfahrt jeweils eineinhalb Stunden brauchte, denn wir wohnten fünfzig Meilen außerhalb von London. Das kostete mich viel Zeit. Aber ich fühlte mich so privilegiert, überhaupt Medizin studieren zu dürfen, daß es mir nichts ausmachte, die Doppelbelastung durch Studium und familiäre Pflichten in Kauf zu nehmen. Glücklicherweise hatte ich die Unterstützung meiner Familie und, was noch wichtiger war, die Fähigkeit, mich selbst zu überraschen. Ich nutzte die täglichen Stunden im Vorortzug, um Fachliteratur zu lesen. Das einzige Problem war die Neugier, die meine Mitreisenden in ihren gestreiften Geschäftsanzügen an den Tag legten, wenn ich meine Anatomiebücher hervorholte, besonders wenn es um die intimeren Teile des menschlichen Körpers ging. Einmal verstaute ich sogar einen Karton mit dem echten Skelett, das ich zu Studienzwecken benutzte, auf der Gepäckablage, in der Hoffnung, daß er nicht herunterfallen und seinen Inhalt preisgeben würde. Wenn das geschehen wäre, hätte man mich nämlich in Haft nehmen können, wegen Verstoßes gegen den Anatomy Act, ein uraltes Gesetz, das die britische Öffentlichkeit davor schützen sollte, durch medizinische Utensilien oder Demonstrationsobjekte unnötig schockiert zu werden.

Eine weitere energische Frau übte starken Einfluß auf meinen Berufsweg aus: Dame Sheila Sherlock. Sie war es auch, die mich durch meine Assistenzzeit führte. Majestätisch und anspruchsvoll wie sie war, trug sie den Beinamen *the Yellow Queen* («die gelbe Königin»), wegen ihrer bahnbrechenden wissenschaftlichen Leistungen auf dem Gebiet der (Gelbsucht auslösenden) Hepatitis. In ihrem Herrschaftsbereich war es einfach undenkbar, einen Fehler zu machen. Dame Sherlock war ebenso exzentrisch wie brillant – die Art von Persönlichkeit, die Lewis Carroll erfunden haben könnte. Einmal erschien sie auf einer Weihnachtsparty, die von ihren Assistentinnen und Assistenten gegeben wurde, und marschierte schnurstracks auf die Punschbowle zu; diese stand in einem großen Chromatographietank, der – um der dramatischen Wirkung willen – mit weiß dampfendem Trockeneis gefüllt war. Die Anwesenden verstummten. Nachdem sie den Punsch gekostet hatte, spitzte sie den Mund, legte die Stirn in Falten und verkündete: «Nicht genug Alkohol.»

Dann wandte sie sich an einen der Assistenten und sagte:

«Los, Junge, geh und schau unter meinem Schreibtisch nach. Da steht eine Flasche Whisky, ein Geschenk von einem dankbaren Patienten. Hol sie her!»

Sobald sie die Flasche in der Hand hatte, goß sie den gesamten Inhalt in den Punsch hinein. Die Party war toll.

In Teresa Tate, einem hübschen Mädchen mit langem, aschblondem Haar, fand ich eine gute Freundin. Sie kam aus einer reichen Familie und war mit Prinzessin Anne zur Schule gegangen; es war also nicht die Aussicht auf ein späteres gutes Einkommen, die sie zum Medizinstudium gebracht hatte. Ihr eigener Ehrgeiz, Chirurgin zu werden, war ihre Motivation. Sie war ein ungewöhnlicher Mensch, nichts konnte sie aus der Fassung bringen, und wenn wir uns zu einem Team zusammenschlossen, waren wir eine Streitmacht, mit der man rechnen mußte. Dame Sherlock war darüber hoch erfreut. Nur in dieser kurzen Phase meiner Berufslaufbahn erlebte ich es, daß Frauen bevorzugt wurden.

Bei einer Gelegenheit hatten Teresa und ich die glorreiche Idee, die Krankenblätter von Patienten mit farbigen Stiften zu markieren, rot für Hämoglobin und gelb für Bilirubin (Bilirubin ist bei akuter Hepatitis für die Gelbfärbung der Haut verantwortlich). Wir hängten die Karten am Fußende der Betten auf. Dame Sherlock war begeistert und hielt sie den dienstälteren Assistenzärzten vor die Nase. «Seht ihr, Jungs» (sie nannte ihre männlichen Untergebenen immer ‹Jungs›), «so wird's gemacht», erklärte sie. «So sieht man doch gleich, was los ist.»

Unsere Kollegen hatten uns zum Fressen gern. Wir konnten hören, wie sie mit den Zähnen knirschten.

Nach diesem Teil meiner Ausbildung mußte ich noch sechs Monate als Assistenzärztin in der Chirurgie arbeiten. Aber Chirurgie war nicht meine Sache. Ich hatte den Eindruck, daß Chirurgen nicht viel Denkarbeit leisteten und nicht lange fackelten. Sie setzten einfach das Messer an. Außerdem war ich an anderen Gebieten interessiert. Seit ich unter Dame Sherlock gearbeitet und Hepatitispatienten behandelt hatte, war ich von Viren fasziniert. Sobald ich meinen Dienst in der Chirurgie abgeleistet hatte, zog es mich also zum Public Health Laboratory Service (PHLS – wissenschaftliche Laboratorien der staatlichen Gesundheitsbehörden), eine gute Adresse in England, wenn man sich auf Virologie spezialisieren wollte.

Das Problem war nur, daß die Virologie zu jener Zeit ein Aschenputteldasein fristete. Die etablierte Medizin nahm diesen Zweig nicht ernst, weil Viren nicht als signifikanter Faktor bei der Verursachung von Krankheiten galten und weil man «ohnehin nichts gegen sie tun konnte». Das Konzept der Prävention, das im öffentlichen Gesundheitswesen eine so zentrale Rolle spielt, war in jenen Tagen weitgehend unbekannt. Man wartete ab, bis der Patient krank wurde, und versuchte dann, ihn zu kurieren. Es herrschte auch die Vorstellung vor, daß die moderne Medizin gefährliche Erreger wie das Polio-Virus besiegt habe. Ein Kollege warf mir sogar vor, mein Interesse an Virologie sei «völlig unangemessen». Womit ich mich befassen müsse, sei die Bakteriologie (die sein Spezialgebiet war); dabei würde ich alles Wissen erwerben, das ich brauchte, um Virologin zu werden. Aus irgendeinem Grund war ich aber davon überzeugt, daß er unrecht hatte und daß sich in der Tat fast alle irrten. Ich hatte das intuitive Gefühl, daß die Virologie zu einer Wachstumsbranche werden würde.

Virologie, Heißwasserkessel und Ebola

Nachdem ich meine Ausbildung an der London School of Hygiene and Tropical Medicine 1978 mit dem Master's Degree abgeschlossen hatte, ging ich nach Oxford und nahm eine Stellung beim PHLS in den Laboratorien des Radcliffe Hospital an. Sobald es mir möglich war, bat ich um Versetzung in die virologische Abteilung. Dort sei keine Stelle frei, sagte man mir. Enttäuscht hielt ich nach anderen Möglichkeiten Ausschau und fand eine Position im benachbarten Churchill Hospital, wo ich mit Bob Mitchell, dem Leiter des bakteriologischen Labors, einem renommierten Wissenschaftler und hervorragenden Lehrer, zusammenarbeiten konnte.

Mein oberster Vorgesetzter war der Virologe John Tobin, der Direktor des PHLS, ein Mann von Ende Fünfzig oder Anfang Sechzig, der beweglich, begeisterungsfähig und geistreich war und etwas von einem Abenteurer an sich hatte. Er stürzte sich auf alles Neue und hatte Freude daran, selbst im Labor zu arbeiten. Jeder, der sich für die Virologie engagierte und mit ihm arbeiten wollte, war ihm willkommen. Ich gehörte zu jenen, die sich freiwillig meldeten.

John war mein erster Lehrer auf diesem Gebiet. «In der Virologie», erklärte er mir, «kommt es nicht so sehr darauf an, was du tust, du mußt es nur schnell tun.»

Zu diesem Zeitpunkt legten wir Zellkulturen an – Zellen, die *in vitro* gezüchtet werden –, und wir mußten sehr vorsichtig sein, sie nicht mit Bakterien oder Pilzen zu kontaminieren. Johns Rat erwies sich als gut: Schnelligkeit funktionierte. Wir benutzten den Fluoreszenz-Antikörpertest, um einen erst kürzlich in der Literatur beschriebenen Erreger, *Legionella pneumophila*, der die Legionärskrankheit verursacht, nachzuweisen.

John war nicht pedantisch, es war ihm gleichgültig, daß Legionella ein Bakterium und kein Virus war – für ihn zählte nur eins: Es war ein *neuer* Erreger. Was die Immunfluoreszenzmethode angeht, wird sie von Virologen häufiger angewandt als von Bakteriologen, um Antikörper oder Antigene nachzuweisen oder zu quantifizieren. Die fluoreszierende Färbung macht den Mikroorganismus sichtbar; unter ultraviolettem Licht von einer bestimmten Wellenlänge leuchtet er gelb auf. Antigene sind Substanzen, die der Körper als feindliche Invasoren wahrnimmt. Es kann sich dabei um Viren, Toxine, inkompatibles Blut, Bakterien oder transplantierte Organe handeln. Ihre Präsenz im Körper regt das Immunsystem dazu an, schützende Antikörper gegen die Eindringlinge zu entwickeln. Ohne diesen Schutzmechanismus wäre die menschliche Spezies längst ausgestorben.

Legionella gehörte zu dieser Zeit zu den am meisten gefürchteten Antigenen. 1976 war in Philadelphia unter den Teilnehmern einer Versammlung von amerikanischen Kriegsveteranen eine mysteriöse Epidemie von tödlich verlaufenden Lungenentzündungen ausgebrochen, und das Bakterium war die Ursache dafür. Zwei Jahre waren seit diesen Ereignissen vergangen, aber in England war John der erste, der sich mit *Legionella pneumophila* befaßte. Bob Mitchell war ebenfalls an dem Projekt beteiligt; John, er und ich arbeiteten zusammen, um mehr über die sogenannte Legionärskrankheit herauszufinden.

Den größten Teil unserer Forschungsarbeit führten wir in unserer Freizeit durch – aus gutem Grund. Nach siebzehn Uhr, wenn die Labortechniker nach Hause gingen, kam John gewöhnlich zu mir und sagte: «Komm, Sue, laß uns fluoreszieren.»

Andere finden diese Einladung vielleicht etwas merkwürdig, aber ich nahm sie nur allzugern an. Diese Arbeit war spannend. Ich vergaß die tägliche Laborroutine, holte die Bakterienkulturen heraus und arbeitete bis spät in der Nacht daran. Der Hauptgrund dafür, daß wir uns außerhalb der regulären Arbeitszeit mit dem Projekt befaßten, waren die panischen Ängste der Labortechniker. Aus ihrer Sicht gab es kaum einen gefährlicheren Erreger als Legionella, und sie fanden es unerhört, daß wir ihr Leben aufs Spiel setzten, indem wir mit einem so hoch pathogenen Mikroorganismus hantierten. Das war der Anfang meines «Level-4-Lebens» – mit Dingen umzugehen, vor denen andere Leute eine Todesangst hatten.

Ich machte mir wegen des Risikos jedoch keine Sorgen. Ich glaubte, mich sicher fühlen zu können, solange ich die notwendigen Vorsichtsmaßnahmen beachtete und den Erregern, mit denen ich arbeitete, gesunden Respekt entgegenbrachte. Außerdem hatte ich Vertrauen zu

John. Er arbeitete seit langer Zeit mit Mikroorganismen und wußte, wie man mit ihnen umgehen mußte.

Unsere Arbeit am Legionella-Projekt begann sich auszuzahlen. John und ich wurden eingeladen, vor Spezialisten für Atemwegserkrankungen einen Vortrag über unsere Ergebnisse zu halten. Wir erläuterten, was wir über die Krankheit wußten, und legten besonderen Nachdruck auf die Schilderung der Symptome. Ärzte diagnostizierten die Legionärskrankheit oft fälschlich als eine der bekannten Formen von Pneumonie und erkannten auch im nachhinein nicht, was wirklich mit ihren Patienten geschehen war. Wir waren sicher, daß Legionella-Infektionen weiter verbreitet waren, als allgemein angenommen wurde, und wir hatten recht. Die Krankheit, die wir unter dem Mikroskop studierten, war dabei, sich auf den Stationen des Churchill Hospitals selbst auszubreiten. Und der Mann, der uns auf diese Tatsache aufmerksam machte, war einer der Zuhörer bei unserem Vortrag, ein junger Assistenzarzt namens Martin Muers.

Einige Tage nach der Veranstaltung rief Martin mich vom Radcliffe Hospital aus an. Das Krankenhaus lag nicht weit vom Churchill Hospital entfernt im Zentrum des Universitätsviertels von Oxford.

«Ich werde bei einer Patientin, die eine Nierentransplantation hatte, eine Bronchoskopie vornehmen», sagte er. «Ich vermute, daß sie die Legionärskrankheit hat. Was brauchen Sie, um einen Test zu machen?»

«Versuchen Sie, Lungensekret zu entnehmen, von so weit unten wie möglich – was Sie herausholen können, ohne es auf dem Weg nach oben zu kontaminieren.»

Schweigen am anderen Ende der Leitung – zweifellos überlegte Martin, wie er meinen Anweisungen gerecht werden sollte. Ich machte einige Vorschläge.

«O. k.», sagte er schließlich, «ich werde sehen, was ich tun kann.»

Eine Stunde verging. Es war spät, die Labortechniker waren schon nach Haus gegangen. Als ich aus dem Fenster schaute, sah ich Martin mit dem Fahrrad den Hügel heraufkommen. Er hatte ein steriles Gefäß bei sich, und darin befanden sich drei längliche Objekte – kleine Stücke eines Endoskopieschlauchs. Großartig. Das war genau das, was ich brauchte.

«Ich hoffe, Sie haben sie mit einer sterilen Schere abgeschnitten», sagte ich.

Ich stellte das Gefäß in die Sicherheitskammer, um in Ruhe darüber nachzudenken, was ich mit den Proben anfangen würde. Was ich brauchte, war *in* den Schlauchstückchen, aber wie sollte ich es herausholen? Ich konnte die Fragmente nicht einfach aufschneiden, denn das würde die Probe mit allen möglichen Bakterien aus dem Respirationstrakt, die an den Außenwänden des Schlauchs hafteten, kontaminieren. In einer Kultur würden diese Bakterien Legionella überwuchern und es unkenntlich machen. Der Endoskopieschlauch war sehr dünn; kein Instrument war so fein, daß es in die Öffnung eingeführt werden könnte. Das Material im Inneren war so zähflüssig, daß man es nicht mit einer hypodermischen Spritze absaugen konnte, und außerdem war das Schlauchstück länger als jede Spritze, die ich zur Verfügung hatte. Ich brauchte etwas sehr Dünnes, Langes und Steriles, das ich in das Schlauchstück einführen könnte, um den Inhalt zu entnehmen.

Also stellte ich mir mein Instrument selbst her. Ich erhitzte eine Glaspipette über einem Bunsenbrenner. Als das Glas in der Flamme rot wurde, zog ich es zu einem dünnen Faden aus. Ich mußte einige Male üben und einige zerbrochene Pipetten wegwerfen, aber schließlich gelang es mir. Ich hatte nun einen langen, dünnen Glastubus, der so fein war, daß ich ihn in das Schlauchstück einführen konnte. Dann ging ich zur Sicherheitskammer, stellte die Entlüftungsanlage an und zog mir die Handschuhe über. Ich öffnete das Gefäß und nahm mit einer sterilen Pinzette vorsichtig ein Schlauchstückchen heraus. Ich schnitt das Ende ab und führte meinen superdünnen Glastubus langsam in den Schlauch ein. Es funktionierte.

Ich holte einige Klümpchen klebrige Masse heraus und gab sie auf das spezielle Legionella-Medium, das Bob und ich an diesem Tag vorbereitet hatten. Das Medium, eine rötliche Mixtur, bestand aus einem halbflüssigen Algengelee, das zusätzlich mit Nährstoffen wie Eisen, Vitaminen und etwas Blut angereichert war. Wenn sich in der Kultur aus der klebrigen Masse Formen entwickelten, die von einem dunklen Hof umgeben waren, würden wir wissen, daß wir Legionella auf der Spur waren.

Drei Tage später sah das Resultat enttäuschend aus. Es war nicht viel zu erkennen, aber zumindest war es nicht zu einer Kontaminierung gekommen. Bob Mitchell, der mehr Erfahrung hatte als ich, nahm allerdings eine geringfügige Veränderung wahr. Mit dem bloßen Auge war kaum etwas auszumachen, nur eine leichte bräunliche Verfärbung des Nährbodens unter dem Sekretklümpchen. Bob hob die Petrischale hoch und hielt sie über eine Lichtquelle – und da war es: ein winziger Hof um ein noch winzigeres Pünktchen. Genau danach hatten wir gesucht. Dies war das erste Mal, daß Legionella – von einer lebenden Patientin – außerhalb der USA isoliert worden war. Aufgeregt riefen wir Martin zu uns.

«Bravo», sagte ich, «Sie haben's richtig erkannt. Es ist Legionella. Geben Sie der Patientin Erythromycin.»

Das war die Therapie der Wahl bei Legionellose.

Nun standen wir vor dem Problem, herauszufinden, wie die Patientin sich infiziert hatte. Nach einer intensiven Untersuchung konnten John und Bob den Beweis erbringen, daß eine Duschkabine auf der Intensivstation der Ursprungsort der Infektion war. Wir konnten aus Proben, die wir dort entnahmen, denselben Typus von Legionella isolieren. Die Patientin selbst wurde nach der Erythromycin-Behandlung glücklicherweise wieder gesund.

Einige Monate später wechselte ich zum St. George's Hospital im Süden von London über, wo ich wirklich als Virologin arbeiten konnte. Aber Legionella folgte mir wie ein unermüdlicher Verehrer – oder vielleicht schleppte ich es ein. Dieser Vorwurf wurde jedenfalls gegen mich erhoben. Ich richtete im Kingston-upon-Thames District Hospital gerade eine neue virologische Abteilung ein, als der leitende Labortechniker, Malcolm Smith, zu mir kam und sagte, er habe die ewige Laborroutine satt. «Überall wird jetzt Virologie eingeführt, und ich möchte auch mal was Neues machen», beklagte er sich.

Also gab ich ihm meine eigenen Legionella-Kulturen, die Reagenzien, die John Tobin mir gegeben hatte, und die Nährsubstanz, die ich aus dem Churchill Hospital herausgeschmuggelt hatte. Ich mußte diskret vorgehen, denn die Nachricht, daß Legionella irgendwo in der Nähe war, löste bei den meisten Menschen panische Ängste aus. Aber nicht bei Malcolm. Er hielt das Röhrchen mit seinem tödlichen Inhalt gegen das Licht und sagte: «Na also! Legen wir los und sehen wir, ob wir einen Fall von Legionärskrankheit finden können!»

Wer konnte einem solchen Angebot widerstehen?

Zwei Wochen später nahm ich an einer Besprechung im Kingston Hospital teil. Plötzlich öffnete sich die Tür und Malcolm trat herein, breit grinsend.

«Ich hab einen!» verkündete er triumphierend.

«Einen was?»

«Einen Fall von Legionellose.»

Er wedelte mit einem Blatt Papier, das er zwischen Daumen und Zeigefinger hielt. Es war ein Laborbericht. Malcolm hatte mit dem

Material, das ich ihm gegeben hatte, Kulturen angelegt, Objektträger vorbereitet und Serum von einem Patienten mit Lungenentzündung untersucht. Die Probe zeigte hohe Titer von Legionella-Antikörpern. Malcolm hatte die Formulare durchgesehen, die den Aufträgen für Labortests beilagen, und aus der Beschreibung eines Falles geschlossen, daß es sich um die Legionärskrankheit handeln könnte. Dann – so erzählte er mir – rief er den Assistenzarzt, der für den Patienten verantwortlich war, und teilte ihm seinen Verdacht mit. Daraufhin sagte der Arzt:

«Was ist Legionellose?»

«Egal», hatte Malcolm geantwortet, «schicken Sie mir einfach eine Serumprobe.»

Und das war das Resultat.

Ich setzte mich sofort mit Chris Bartlett vom Seuchenkontrollzentrum der staatlichen Gesundheitsbehörden in Nordlondon in Verbindung. Chris war einer der wenigen Epidemiologen, die es zu jener Zeit in England gab. Ich hatte im Jahr zuvor, während ich in Oxford arbeitete, viel von ihm gelernt. Als er die Nachricht hörte, war er genauso aufgeregt wie ich, schlug aber dennoch ein konservatives Vorgehen vor. Ein einzelner Fall war schließlich noch keine Epidemie. Wir beschlossen, soviel Information wie möglich über diesen Fall zusammenzutragen und dann weiterzusehen.

Eine Woche später tauchte Malcolm erneut in meinem Büro im Kingston Hospital auf, mit dem vertrauten Grinsen auf dem Gesicht.

«Ich habe noch zwei», sagte er, offenbar sehr mit sich zufrieden. Er hörte sich an wie ein Jäger, der fette Beute gemacht hat. In allen drei Fällen hatten die Patienten sich vermutlich in unserem neuen Krankenhausgebäude infiziert. So sah es aus.

«O.k., Malcolm», sagte ich, «ich glaube, jetzt haben wir wirklich eine Epidemie.»

Ich rief Chris Bartlett an. Es war keine Zeit mehr zu verlieren.

«Ich bin schon unterwegs», sagte Chris.

Jetzt wurde ich zur Detektivin. Wo war die Quelle der Infektion? Was war der Übertragungsweg? Plötzlich wurde mir bewußt, daß zu einer epidemiologischen Untersuchung mehr gehört als Gewebekulturen und Pathogene. Sie konnte auch ins Ingenieursfach schlagen. Bald sollte ich lernen, wie das Sanitärsystem eines Krankenhauses funktioniert.

Eines konnte gleich ausgeschlossen werden: die Übertragung durch

Klimaanlagen – das war die amerikanische Hypothese, aber im Kingston Hospital gab es keine Klimaanlage. Wir mußten mit unserer Suche also buchstäblich bei Null anfangen. Mein Führer durch die Baupläne und die Sanitärtechnologie des Krankenhauses war ein Ingenieur namens David Harper. Er war bereit, für Chris, Malcolm und mich alles zu tun, was in seiner Macht stand. Er kroch in jeden Winkel, wenn ich Wasserproben aus einem bestimmten Teil des Installationssystems entnehmen wollte. Ich machte dabei die interessante Entdeckung, daß die Bauausführung in großen öffentlichen Gebäuden viel willkürlicher und chaotischer ist, als man erwarten würde. Das Krankenhausgebäude war ganz neu, aber es war durchaus nicht alles richtig installiert. Als wir die Baupläne zu Hilfe nahmen, stellten wir fest, daß die Rohre zum großen Teil nicht dort verliefen, wo sie verlaufen sollten. Die Ingenieure waren darüber genauso überrascht wie ich. David erkundete also das Installationssystem, mit uns im Schlepptau. Überall, wo wir stehendes Wasser vermuteten, entnahmen wir Proben.

Zweimal in der Woche nahm ich an den Besprechungen der Ingenieure teil. Ich vertiefte mich mit einem solchen Eifer in ihr Arbeitsgebiet, daß ich mich richtig beherrschen mußte, ihnen keine fachlichen Ratschläge zu erteilen.

Um das Bakterium nachzuweisen, nahmen wir gewöhnlich Wasserproben in Fünfundzwanzig-Liter-Kanistern. In gefülltem Zustand sind solche Kanister sehr schwer. Wir brauchten also etwas, um sie zu transportieren, und in einem Krankenhaus ist kein Transportmittel leichter zu requirieren als ein Rollstuhl. Wir griffen uns die Rollstühle, wo wir sie finden konnten. Obwohl wir versuchten, so diskret wie möglich vorzugehen – wir wollten weder das medizinische Personal noch die Patienten auf unsere Aktivitäten aufmerksam machen, blieben die Rollstuhldiebstähle nicht immer unbemerkt. «Hey, was fällt Ihnen ein – bringen Sie das zurück», riefen die Schwestern uns nach. Wir taten einfach, als hörten wir nichts, und machten, daß wir wegkamen.

Es war schwierig, das Bakterium aus Wasserproben zu isolieren, aber Malcolm übertraf sich selbst. Zuerst mußte er die fünfundzwanzig Liter Wasser durch einen Filter passieren. Dann nahm er den Niederschlag auf dem Filter ab und injizierte ihn Meerschweinchen, um festzustellen, ob sie an Legionellose erkranken würden. Zu jener Zeit gab es keine andere Methode.

Aber warum dieses intensive Interesse am Installationssystem? Ganz einfach: In Amerika hatten Wissenschaftler die Klimaanlage des

Hotels, in dem das Treffen der Kriegsveteranen stattgefunden hatte, als Quelle der Infektion ausgemacht. Wir hatten in Oxford nachgewiesen, daß Legionella auch in einer Duschkabine existieren konnte, aber das war ein Einzelfall und noch kein klarer Beweis. Im Kingston Hospital hatten wir jeden Winkel nach einer Klimaanlage abgesucht und – erwartungsgemäß – keine gefunden. Es gab zwar in den Operationssälen ein Luftkühlungssystem, aber keiner der drei an Legionellose erkrankten Patienten hatte sich einer Operation unterzogen. Der erste Patient, der sich mit Legionella infiziert hatte, war ein Student, der mit der Bahn aus Edinburgh nach London gekommen war und im Kingston Hospital einen Ferienjob als Reinigungskraft angenommen hatte. Er hatte im obersten Stockwerk die Böden gewischt, bei offenen Fenstern. Also war er möglicherweise Luftströmungen aus dem Entlüftungssystem, das sich auf dem Dach befand, ausgesetzt gewesen. Eine andere Möglichkeit war, daß er sich die Infektion während der Bahnfahrt zugezogen hatte. Diese letzte Idee war interessant, aber das, was wir an Informationen über den Übertragungsweg von Legionella hatten, sprach nicht dafür. Als weitere Patienten, die keinerlei Kontakt mit dem Entlüftungssystem gehabt hatten, an Legionellose erkrankten, waren wir gezwungen, auch diese Hypothese aufzugeben. Insgesamt fanden wir zwölf Fälle von Legionellose – die meisten Patienten hatten sich im Krankenhaus infiziert. Vier starben, darunter ein Säugling – der erste, der je von der Legionärskrankheit betroffen war. Die Diagnose wurde eigentlich von der Mutter gestellt. Kurz nach dem Krankenhausaufenthalt des Kindes war die Familie in Urlaub gefahren. Während dieses Urlaubs erkrankte das Baby an Lungenentzündung. Es wurde wieder ins Krankenhaus eingewiesen, diesmal in einem Ferienort an der Südküste Englands, aber der behandelnde Arzt konnte die Ursache der Krankheit nicht feststellen. Schließlich hatte die Mutter ihn gefragt: «Könnte es nicht dieses Legionärsdings sein?» Publizität hat auch ihre Vorteile.

Ich wurde nicht nur in die Mysterien von Installationssystemen eingeführt, ich hatte auch Gelegenheit, mich mit dem Gebiet der Aerobiologie vertraut zu machen. Aerobiologie ist so etwas wie eine archaische Kunst, ein Relikt aus dem Zweiten Weltkrieg, als biologische Kriegsführung in die Diskussion der Vernichtungsstrategien aufgenommen wurde. Um herauszufinden, ob unser rätselhaftes Pathogen durch die Luft übertragen werden könnte, forderten wir aus Porton militärische Veteranen der Strömungsforschung an, die in unser Krankenhaus kommen und Luftströmungen messen sollten. Obwohl sie im Lauf von dreißig Jahren gewisse Veränderungen in ihrer Methodologie vorgenommen hatten, besaßen sie immer noch eine hübsche kleine Maschine, die Seifenblasen vom Krankenhausdach herunterblies. Sie wollten sehen, ob die Seifenblasen in offene Fenster des oberen Stockwerks hineintrieben, wo ihr Erscheinen von einem komplizierten Detektionssystem aufgezeichnet werden würde. Die zugrundeliegende Idee war offenbar, Luftströmungen sichtbar zu machen. Aber auf einer Insel wie England, wo es von Natur aus windig ist, hatte das Experiment wenig Chancen, zu funktionieren. Die Daten der Strömungsforscher erwiesen sich dann auch als nicht beweiskräftig.

Ein Patient hatte einen Verwandten, der für einen lokalen Fernsehsender arbeitete, also dauerte es nicht lange, bis die Öffentlichkeit von der Epidemie erfuhr. Mit einem der behandelnden Ärzte wurde ein Fernsehinterview vereinbart. Der Reporter setzte dem Arzt hart zu und stellte ihm Fragen, auf die er offensichtlich nicht vorbereitet war. In der Sendung waren seine Antworten so zusammengeschnitten, daß sie das Gegenteil dessen aussagten, was der Arzt in Wirklichkeit vertrat. An einer Stelle rieb er sich zum Beispiel aus purer Müdigkeit die Stirn. Aber so, wie es auf dem Fernsehschirm herüberkam, sah es aus, als reagierte er mit Schuldbewußtsein auf eine Frage über Nachlässigkeiten in der Krankenhausroutine.

Durch die Berichte in den Medien angestachelt, veranstalteten empörte Freunde und Verwandte der Legionellose-Patienten vor dem Krankenhaus eine Kundgebung. Allzu gut lief die Demonstration nicht, denn es regnete, und nur etwa ein Dutzend Menschen erschien. Chris und ich wurden dennoch vor den Coroner zitiert (einen richterlichen Beamten, der ungeklärte Todesfälle untersucht), wo wir der Gruppe zu erklären versuchten, warum die Patienten gestorben waren. Wir versicherten ihnen, daß die Ärzte und das medizinische Personal tatsächlich in sehr verantwortungsvoller Weise gehandelt hatten. Die Patienten hatten eine angemessene Therapie erhalten, und wir hatten nichts unversucht gelassen, um die Quelle der Infektion aufzuspüren. Das Paradoxe war: Wenn wir die Diagnose nicht gestellt hätten, hätte es auch keine Anklage gegeben; niemand hätte von der Existenz von Legionella gewußt. Die Fälle wären einfach als «Lungenentzündung mit unbekannter Ursache» etikettiert worden. Das ist eine der negativen Kehrseiten bei der Erforschung neuer Krankheiten.

Auch unter dem medizinischen Personal hatte sich ein gewisses Maß an Panik ausgebreitet. Chris und ich waren ständig damit beschäftigt, die Ängste von Mitarbeitern zu beschwichtigen. Wir taten unser Bestes, sie davon zu überzeugen, daß sie sich keiner Gefahr aussetzten, wenn sie das Gebäude betraten und die Patienten versorgten. Allmählich überwanden sie ihre Furcht. Unser intensives Bemühen, die Ursache der Infektion zu klären, wurde anerkannt, und so konnten wir sowohl unter den Mitarbeitern als auch unter den Patienten das Vertrauen wiederherstellen. Wir konnten es jedoch nicht allen recht machen. Es gab immer noch Leute, die uns für die Krankheit verantwortlich machten, nur weil wir ihre Existenz entdeckt hatten.

Inzwischen fuhr Malcolm damit fort, aus den Wasserproben, die wir ihm brachten, Legionella zu züchten, aber die Resultate waren nicht schlüssig. Wir konnten die Quelle der Infektion immer noch nicht ausmachen. Dann eines Abends reagierte David Harper, der technischen Bereitschaftsdienst hatte, auf eine Beschwerde der Krankenschwestern: Sie klagten darüber, daß es auf den Stationen nicht genügend heißes Wasser gäbe. David ging in den Heizungskeller, um die Kessel, die das gesamte Krankenhaus mit heißem Wasser versorgten, zu überprüfen. Drei große zylindrische Heizkessel standen in diesem Raum. Nur einer davon war in Betrieb und produzierte heißes Wasser. Der zweite war geleert worden, weil er gewartet werden sollte. Der dritte war nicht eingeschaltet, aber betriebsbereit. David schaltete das Heizsystem ein. Während das Wasser sich aufheizte, entwickelten sich Strömungen innerhalb des Tanks; die Wasserschichten kamen in Bewegung und vermischten sich, bevor der Inhalt des Kessels in das Versorgungssystem gelangte.

Wenige Tage später erkrankte David und wurde ins Krankenhaus eingewiesen. Wir vermuteten, daß er Legionellose hatte, aber wir konnten die Diagnose nie bestätigen. Nachdem er mit Erythromycin behandelt worden war, erholte er sich. Während er im Bett lag und nichts anderes zu tun hatte, ließ er die ganze komplizierte Suche nach der Quelle des Erregers in Gedanken Revue passieren und fragte sich, warum er den Schlüssel zur Lösung des Rätsels nicht gefunden hatte. Plötzlich kam ihm die Eingebung. Er setzte sich im Bett auf und rief: «Ich hab's!»

Das war an einem Samstagmorgen – niemand war da. Aber das war David nur recht, denn bevor er seine Ahnung bestätigen konnte, wollte er nichts sagen. Sobald er sich wohl genug fühlte, zog er sich an und ging in den Heizungskeller hinunter. Er schaute in den Kessel hinein, der für die Routinewartung geleert worden war, und fand am Boden eine dicke, feuchte Schicht von Ablagerungen. Er entnahm etwas von dieser Substanz, gab es in ein steriles Gefäß und brachte die Probe zu Malcolm.

David hatte mit seiner Intuition ins Schwarze getroffen. Die Probe enthielt einen erstaunlich hohen Titer von Legionella. Der Bodensatz des Kessels war tatsächlich die reinste Legionella-Kultur, fruchtbar und wimmelnd, und sie hatte die ganze Zeit im Heißwassersystem des Krankenhauses gesessen. David kam auf die Idee, daß der Mikroorganismus – der schließlich im Wasser lebte – am Boden des riesigen Kessels, wo das Wasser nie heiß genug wurde, um ihn abzutöten, offenbar das günstigste Milieu zur Vermehrung fand. Aber erst als er sich erinnerte, daß zwei neue Fälle von Legionellose aufgetreten waren, nachdem er den dritten, für eine Weile inaktiven Heizkessel eingeschaltet hatte, kam für uns der wirkliche Durchbruch. Durch den Prozeß der Erhitzung war der Bodensatz des Kessels aufgerührt worden, und so war das Bakterium in das Heißwassersystem des Krankenhauses hineingelangt. Wir wußten, daß zumindest einer der infizierten Patienten an dem fraglichen Abend geduscht hatte. Daß sein Duschwasser in hohem Maß mit Legionella kontaminiert war, konnte er natürlich nicht ahnen.

Wir führten Experimente durch, um herauszufinden, wie wir eine Wiederholung dieser Vorgänge verhindern konnten. War es möglich, die Kessel zu sterilisieren und alle Bakterien, die sich darin befanden, abzutöten? Wir beschlossen, den Test an einem der Kessel vorzunehmen, indem wir die Wassertemperatur bis zum Siedepunkt steigerten, und zu beobachten, was dann geschehen würde. Während das Wasser sich aufheizte, lasen wir von einem Meßgerät an der Außenwand des Zylinders immer wieder die Temperatur ab. Als sie sich hundert Grad näherte, kämpfte ich gegen ein wachsendes Gefühl von Panik an. Die Kessel waren nicht dafür konstruiert, so hohen Temperaturen standzuhalten. Die Nadel kroch immer weiter in den roten Bereich hinein. Ich hatte furchtbare Angst, daß David sich in die Luft sprengen könnte. Er kroch mit einem Meßgerät unter dem Tank herum. Ich war sicher, daß der Zylinder im nächsten Augenblick bersten würde und daß wir alle bei lebendigem Leib gekocht würden. Ich hielt die Luft an, aber die Katastrophe blieb aus. Wir blieben alle unversehrt. Die Bakterien im Kessel überlebten jedoch nicht.

Im Laufe unserer Untersuchung wurde uns Jenny Colborne, eine

Wissenschaftlerin, die für die Londoner Wasserwerke arbeitete, zu einer unentbehrlichen Hilfe. Sie hatte einen niedlichen kleinen Apparat, mit dem sie Installationsmaterialien auf mögliches Bakterienwachstum testete. Das hört sich nicht aufregend an – solange man nicht gesehen hat, was passiert, wenn Legionella ins Spiel kommt. Das Bakterium wuchs hervorragend auf Dichtungsscheiben und anderen Dichtungsmaterialien. Jenny fand heraus, daß der erste Wasserschwall aus einem Wasserhahn oder Duschkopf, der für eine Weile nicht benutzt wurde, von Legionella nur so wimmelte. Jetzt hatten wir eine klare Vorstellung davon, wie Menschen sich infizierten: aus dem Trinkwassersystem. Um weitere Infektionen zu verhindern, entwickelten wir eine Reihe von Richtlinien, die unter anderem vorsahen, daß kaltes Wasser gechlort und warmes Wasser soweit erhitzt werden mußte, daß möglicherweise vorhandene Bakterien darin nicht überleben konnten.

Meine epidemiologischen Erfahrungen mit *legionella pneumophila* bildeten den Ausgangspunkt für meine Doktorarbeit, die ich 1981 an der London University vorlegte. Zu diesem Zeitpunkt hatte ich mich auch bereits für die Mitgliedschaft im Royal College of Pathologists (die in etwa der Nominierung für ein öffentliches Amt auf der Ministerialebene entspricht) qualifiziert. Mein Leben begann sich zu verändern. Aber ich wußte noch nicht, wie drastisch es sich verändern sollte.

Im selben Jahr suchte ich David Simpson auf und trug ihm meinen Wunsch vor, in Porton Down als Virologin zu arbeiten. Er war von der Idee sehr angetan, aber zunächst mußten Mittel beschafft werden, um die Stelle einzurichten. Also stellten wir gemeinsam beim Welcome Trust einen Antrag auf ein Forschungsstipendium, das es mir erlauben würde, ausschließlich in der virologischen Forschung tätig zu sein. Das Stipendium gab mir auch die Möglichkeit, zum ersten Mal im Ausland zu arbeiten. In Thailand lief eine Studie über Tollwut, und ich wurde eingeladen, drei Monate lang daran teilzunehmen. Ein Team von Wissenschaftlern, unter der Leitung von David und Mary Warrell, hatte an der Mahidol Universität von Bangkok ein Forschungsprojekt eingerichtet. Mary ist Virologin und Expertin für Tollwut. Ich kannte sie gut, denn wir hatten in Oxford zusammengearbeitet, bevor sie nach Bangkok ging und ich zum St. George's Hospital überwechselte.

Die Warells versuchten herauszufinden, ob man Tollwut mit Interferon, einem natürlichen, schützenden Protein, das von menschlichen und tierischen Zellen im Rahmen der Immunreaktion gebildet wird, erfolgreich behandeln könnte. Bisher war es noch nie vorgekommen, daß jemand eine Tollwutinfektion überlebt hatte, aber David meinte, es könnte mit der richtigen Art von klinischer Unterstützung, ergänzt durch antivirale Mittel, dennoch möglich sein.

Die Arbeit an dem Projekt war eine fesselnde, aber auch sehr belastende Erfahrung. Der schwierigste Teil war die Arbeit mit den Tollwutpatienten. Einer davon hinterließ bei mir einen bleibenden Eindruck. Er war bereits in ein fortgeschrittenes Stadium der Krankheit eingetreten. Was mir besonders naheging, war der Ausdruck von Todesangst in seinen Augen. Er wußte ganz genau, was mit ihm passierte. Ihn ruhig zu halten, war ein großes Problem. Die Krankenschwestern mußten seinen trockenen, aufgesprungenen Mund immer wieder mit Wasser befeuchten. Selbst nachdem er bewußtlos geworden war, löste das Befeuchten der Lippen furchtbare Konvulsionen aus. Die Krankheit hatte ihn für die kleinste Berührung hypersensitiv gemacht. Wir konnten nichts für ihn tun. Die Interferonbehandlung schlug fehl, er starb – und ich war meinem ersten echten Virus begegnet.

Mary richtete ein virologisches Labor ein, wo wir das Tollwutvirus aus Gehirnbiospien von unseren Patienten isolierten und es dann Mäusen injizierten. Es machte mir nichts aus, mit Mäusen zu arbeiten, aber ich hatte ein Problem mit Schlangen. Tatsächlich habe ich vor Schlangen eine geradezu pathologische Angst. Zu meinem Pech war David von medizinischen Problemen fasziniert, die mit Schlangenbissen zusammenhingen, und er arbeitete mit Schlangengiften. Das Labor hatte nur zwei Räume, in dem Tiere gehalten wurden – in einem waren Kaninchen, und der andere enthielt Davids Schlangensammlung. David erklärte, daß Schlangen, im Gegensatz zu Kaninchen, für Tollwut nicht anfällig seien, also wurden die tollwutinfizierten Mäuse in demselben Raum untergebracht wie die Schlangen. Ich arbeitete mit den Mäusen und mußte also zweimal am Tag an den Schlangen vorübergehen. Mit Zittern und Zagen betrat ich jeden Morgen die Hütte auf dem Dach, die uns als Tierhaus diente. Die Käfige enthielten nicht nur gewöhnliche Giftschlangen, sondern auch große Kobras. Die Schlangen mochten mich ebensowenig wie ich sie. Sobald ich nahte, fingen sie an zu zischen und zuckend in meine Richtung vorzustoßen. David versicherte mir, sie könnten keinesfalls aus den Käfigen hinausgelangen. Er machte nur eine Konzession an meine Antipathie gegen die Kreaturen: Wenn er den Schlangen das Gift abmolk, was er einmal in der Woche tat, durfte ich mich fernhalten. Ich fand später heraus, daß Davids Vorsichtsmaßnahmen nicht das waren, was sie zu sein vorgaben. Eine der

Schlangen konnte tatsächlich aus der Sicherheitsverwahrung entwischen. Aber zu dem Zeitpunkt paßten alle auf, daß ich nichts davon erfuhr.

Ich ließ Schlangen und Tollwut hinter mir und kehrte nach England zurück, um mich einer neuen, faszinierenden Aufgabe zu widmen, und zwar dem Studium eines Virus, über das noch sehr wenig bekannt war: Ebola. Mein Hauptinteresse war, herauszufinden, warum – und wie – das Virus im menschlichen Körper solche ungeheuren Verheerungen anrichten konnte.

Aber als ich im Frühjahr 1983 intensiv in die Ebola-Forschung eingestiegen war, ergab sich eine andere Chance, die mein Leben entscheidend verändern sollte. Jenny Colborne und ich wurden eingeladen, am ersten Legionella-Kongreß des CDC in Atlanta teilzunehmen. Der Legionellose-Ausbruch im Kingston-Hospital und unsere Arbeit mit den Installationssystemen hatten beträchtliche Aufmerksamkeit auf sich gezogen. Da wir als die leitenden Wissenschaftlerinnen direkt in die Untersuchung involviert waren, wurden wir gebeten, die Ergebnisse unserer Studie vorzulegen.

Einige Monate vor meiner Abreise schrieb David an zwei Kollegen, die ich seiner Meinung nach unbedingt kennenlernen sollte, während ich mich in den USA aufhielt: Karl Johnson, der damals für den USAMRIID arbeitete, und den Leiter der Abteilung *Special Pathogens* beim CDC, Joe McCormick.

Als ich, aus Bangkok zurückgekehrt, in Porton Down mit meiner Ebola-Forschung begann, wußte ich, daß ich sehr viel zu lernen hatte. Ich hatte nie zuvor in einer Level-4-Situation gearbeitet. Wegen des hohen Risikos im Umgang mit einem Level-4-Virus konnte ich niemanden um Anleitung bitten – ich mußte mir die notwendigen Fertigkeiten und Erfahrungen selbst aneignen. Da ich herausfinden wollte, wie das Virus sich verhielt, mußte ich Verfahren zur Analyse der Pathophysiologie der Infektion entwickeln. Pathophysiologie ist die Lehre von den krankhaften Lebensvorgängen und gestörten Funktionen in einem Organismus. Ein sehr interessanter Aspekt war die Wirkung, die das Virus auf Thrombozyten und Endothelialzellen in den kleinen Blutgefäßen des Kapillarsystems ausübte. Thrombozyten spielen bei der Blutgerinnung eine wesentliche Rolle, und es gab Anhaltspunkte dafür, daß die Thrombozyten bei einer Ebola-Infektion angegriffen wurden. Endothelialzellen bilden die innere, auskleidende Schicht in jedem Blutgefäß des Körpers. Sie sorgen dafür, daß das Blutgefäß undurchlässig bleibt und daß sein Inhalt von Flüssigkeit und Blutzellen nicht austritt. Bei Ebola-Patienten werden die Blutgefäße leck und durchlässig. Im Prinzip stellen sowohl die Thrombozyten als auch die Endothelialzellen bei einer Ebola-Infektion ihre Funktion ein. Ich mußte herausfinden, warum sich das so verhielt.

Man verwies mich an Guy Nield, der im Guy's Hospital in der Abteilung für innere Medizin arbeitete. Guy hatte interessante Forschungsarbeit über Thrombozyten und Endothelialzellen im Zusammenhang mit Nierenerkrankungen geleistet, und er war bereit, mir Techniken zu zeigen, die, wie ich glaubte, auf die Ebola-Forschung übertragbar waren. Ich mußte auch lernen, wie man in einem Level-4-Labor arbeitet, indem man die einfachsten, zuverlässigsten Techniken und Geräte benutzt, und ich mußte lernen, allein zurechtzukommen und alles selbst zu machen. Ich bereitete mich darauf vor, mit lebenden – und nicht mit abgetöteten –Viren zu arbeiten. Der Grund dafür war, daß die Techniken, die ich anwenden wollte, auf Bioanalysen beruhten – Tests, die die Funktion lebender Zellen messen. Wenn man das Virus aus Sicherheitsgründen abtötete, vernichtete man damit auch die Zellen. Wenn ich mit lebenden Zellen arbeiten wollte, mußte ich auch das lebende Virus darin in Kauf nehmen.

In Porton Down hatte ich das Glück, von Anfang an mit dem besten Labortechniker der Institution zusammenzuarbeiten, Geoff Platt, den David Simpson beauftragt hatte, mir bei den Ebola-Studien zu helfen. Mit Geoff zu arbeiten war das reinste Vergnügen, er war ein erfahrener Arbovirologe und ein vernünftiger und angenehmer Mensch. Ich hätte keine bessere Unterstützung finden können. Ohne Geoff wäre es mir nie gelungen, die Affenexperimente, die das Kernstück meiner Studie bildeten, zu Ende zu führen. Die Arbeit war grausam und schrecklich belastend. Wir mußten mit Affen arbeiten, weil sie die einzigen Tiere waren, die – wenn wir sie infiziert hatten – ein brauchbares Modell für die Vorgänge im menschlichen Körper darstellten. Wir konnten den Krankheitsprozeß bei Affen kontrollieren, und wir konnten die komplizierten Tests vornehmen, die wir durchführen mußten. Menschliche Ebola-Patienten gab es – glücklicherweise – zu diesem Zeitpunkt nicht, es sei denn an Orten wie Nzara oder Yambuku. Es wäre schwierig gewesen, die Experimente an solchen Orten durchzuführen. Wir brauchten kontrollierbare Bedingungen. Das Ziel war, Einsicht in den Krankheitsprozeß zu gewinnen, denn das war die Grundvoraussetzung, wenn man eine Behandlungsmethode entwickeln wollte. Wir verbrachten viel Zeit damit, Gerinnungstests, Endothelialtests und Thrombozytenfunktionstests durchzuführen – vor aufmerksamen Beobachtern: unseren Affen. Sie waren auch ein recht lautes Publikum. Kaum hatte die Wirkung der Anästhetika, die wir ihnen gaben, nachgelassen, schnatterten sie los. Von Zeit zu Zeit bewarfen sie uns mit Gegenständen.

Außer den Experimenten mußten wir auch Autopsien an den Affen vornehmen. So kamen wir mit Arthur Baskerville in Verbindung, einem Veterinärmediziner und Histopathologen, der die meisten Sektionen durchführte. Was mich immer wieder in Erstaunen versetzte, wenn ich bei diesen Autopsien zusah, war die Größe des *Musculus masseter*, des Kiefermuskels bei Affen. Er ist enorm, um ein Vielfaches größer als sein menschliches Gegenstück. Man begriff sofort, warum man es besser vermeiden sollte, sich von einem Affen beißen zu lassen. Der gefährlichste Teil der Autopsie war die Sektion des Gehirns. Wenn Arthur begann, den Schädelknochen mit einer elektrischen Säge zu bearbeiten, wurde ich nervös – jeder umherfliegende Splitter konnte Ebola enthalten. Nach einer Autopsie zählte ich insgeheim täglich die Häupter meiner Lieben. Wenn fünf Tage vergangen waren, ohne daß jemand Fieber bekommen hatte, atmete ich auf. Zumindest bis zum nächsten Mal.

Gegen alle Wahrscheinlichkeit überlebte einer der Affen mein erstes Experiment. Nachdem wir die Ebola-Infektion induziert hatten, wurde er, wie erwartet, schwer krank, aber während die anderen Affen starben, erholte sich dieser und wurde wieder völlig gesund. Niemand fand eine Erklärung dafür. Ich mußte entscheiden, was mit dem Affen geschehen sollte, denn ich hatte vor meiner Abreise nach Atlanta nur noch zwei Tage Zeit. Es war eine schwere Entscheidung. Ich fand, daß er nach einer so wunderbaren Genesung in Ruhe gelassen werden sollte. Aber die Regeln in Porton Down waren sehr strikt. Am liebsten hätten sie Geoff und mich jedesmal, wenn wir das Labor verließen, durch Aufkochen im Autoklav sterilisiert, und sie waren erst recht nicht bereit, einen Laboraffen freizulassen. Widerwillig kamen Geoff und ich zu dem Schluß, daß wir ihn opfern mußten. Aber ich konnte es einfach nicht tun, und ich entschied für mich, daß es Davids Aufgabe war. Er hatte Verständnis und kam herunter, um mir bei der Erfüllung dieser traurigen Pflicht zu helfen.

Am folgenden Tag saßen Jenny und ich im Flugzeug nach Atlanta. Als wir nach unserer Ankunft die Einreiseformalitäten erledigten, fragte mich ein Beamter, ob ich mit infektiösen Krankheiten in Berührung gekommen sei. Glücklicherweise antwortete Jenny für mich mit Nein. Sie hatte Angst, daß ich anfangen würde, die traurige Geschichte meines Ebola-Affen zu erzählen, und daß man mich als Risiko für die öffentliche Gesundheit postwendend nach England zurückschicken würde.

Wir waren beide überrascht, daß wir bei dem Kongreß Aufsehen erregten. Zum einen hatten wir Neuigkeiten zu berichten. Bis zu diesem Zeitpunkt herrschte die allgemeine Überzeugung, daß *Legionella pneumophila* ausschließlich durch Klimaanlagen übertragen würde. Wir teilten den Versammelten mit, daß Legionella auch in Heißwasserkesseln und Duschköpfen gedeihen konnte. Zum anderen war es ungewöhnlich, die Expertise einer Wissenschaftlerin wie Jenny zu hören, die sich so gut mit Installationsmaterialien auskannte. Und zum dritten war Jenny blond, jung und gutaussehend, was die Wirkung ihres Vortrags nicht unwesentlich verstärkte.

Am Abend rief ich Joe an. Er bot mir an, mich abzuholen, gab dann aber zu, daß er sich im Stadtzentrum von Atlanta nicht gut auskannte. «Ich bin seit Jahren nicht in der Stadt gewesen», sagte er.

Er rollte aber dennoch in seinem kleinen, verbeulten Honda (der später das Joemobil genannt werden sollte) vor dem richtigen Hotel an, betrat die Lobby, stellte sich vor und nahm mich mit, um mir den CDC zu zeigen. Ich war aufgeregt. Der CDC war mein Mekka. Zunächst war ich über die Größe der Institution erstaunt und dann darüber, wie entspannt und freundlich die Leute waren. In Joes Büro vertieften wir uns in ein intensives Gespräch über die Pathophysiologie hämorrhagischer Fieber. Auf dieses Thema sollten wir später noch oft zurückkommen, unabhängig voneinander und gemeinsam. Ich war beeindruckt von seinem Wissen über jedes Gebiet, das wir streiften, und ich fand in ihm einen guten Zuhörer und guten Gesprächspartner. Das war genau das wissenschaftliche Feedback, das ich brauchte. Natürlich lag mir viel daran, Joe von den Experimenten, die ich in Porton Down gerade abgeschlossen hatte, zu erzählen.

«Wir haben Daten, die darauf hinweisen, daß die Thrombozyten und Endothelialzellen ihre Funktionen nicht mehr erfüllen, lange bevor man die Schäden unter dem Mikroskop erkennen kann», erklärte ich. «Im wesentlichen habe ich gezeigt, daß unsere Affen starben, weil ihr Blutkreislauf seine eigene Integrität nicht aufrechterhalten konnte.»

In einfachen Worten ausgedrückt: Durch die Schädigung der Thrombozyten konnte das Blut nicht mehr gerinnen. Gleichzeitig versagten die Endothelialzellen – die schützende innere Auskleidung der Blutgefäße. Es war also wie ein Angriff an zwei Fronten: Das nicht mehr gerinnungsfähige Blut trat durch die leck gewordenen Blutgefäße ins Gewebe aus. Der Patient begann aus verschiedenen Körperteilen zu bluten, und die Lunge und das Gewebe wurden durch die aus den Blutgefäßen austretende Flüssigkeit aufgeschwemmt. Merkwürdigerweise werden trotz der Verheerungen, die das Virus im Blutkreislauf anrichtet, die inneren Organe selbst nicht zerstört. Anders als es in gewissen reißerischen Filmen und Bestsellern dargestellt wurde, verwandeln die lebenswichtigen Organe sich durchaus nicht in eine «schlammige Masse», wie ein Autor es ausdrückte. Das Mysteriöse an viralen hämorrhagischen Fiebern ist vielmehr, daß die Organe – sowohl mit dem bloßen Auge als auch unter einem Elektronenmikroskop betrachtet – relativ intakt aussehen. Es ist immer noch soviel gesundes Gewebe vorhanden, daß Organzerstörung als Todesursache nicht in Betracht kommt. Ich ging davon aus, daß der katastrophale Zusammenbruch des Körpersystems bei sterbenden Patienten funktionaler und nicht biochemischer Natur war – das heißt, er beruhte nicht auf Zerstörung von Zellen. Deshalb war der Krankheitsverlauf so erschreckend schnell – aber ebenso schnell verlief auch die Genesung, wenn der Patient die Infektion überstand. Wenn es gelang, Patienten über die kritische Phase hinwegzuhelfen, wurden sie wieder vollständig gesund. Diese Tatsache begründete eine schwache Hoffnung, daß es doch gelingen könnte, eine wirksame Behandlung gegen Ebola zu entwickeln.

Joe war von den Ergebnissen meiner Forschungsarbeit fasziniert. Er hatte viele Patienten gesehen, die sich schnell und vollständig von einer Ebola-Infektion erholten, aber er hatte nie verstanden, wie und warum das geschah. Meine Ergebnisse trugen zu einem besseren Verständnis der Histologie und Pathologie viraler hämorrhagischer Fieber bei. Joe hatte in Westafrika zahlreiche Autopsien vorgenommen, um sich ein Bild davon zu machen, wie das Virus agierte, und war immer wieder ratlos gewesen.

Manchmal haben intensive Diskussionen über tödliche Krankheiten den Effekt, die Lebenstriebe kräftig anzuregen – wir hatten Hunger. Joe lud mich zum Lunch ein. Ich fühlte mich geehrt.

Am nächsten Tag verließ ich Atlanta und reiste nach Frederick in Maryland weiter, um das Forschungsinstitut der amerikanischen Armee, den USAMRIID, in Fort Detrick zu besichtigen. Ich wurde am

Tor von einem Wachsoldaten empfangen, der darauf bestand, meinen Paß für die Dauer meines Aufenthalts auf dem Militärgelände in Verwahrung zu nehmen. Dann lernte ich Karl Johnson und C. J. Peters, den Leiter des epidemiologischen Dienstes, kennen, der ein sehr angenehmer Mensch zu sein schien. Er fragte mich nach meinen Forschungsergebnissen, aber ich konnte nicht einschätzen, was er von meiner Arbeit hielt. Der dritte Wissenschaftler, den ich während meines Besuches kennenlernte, war Gene Johnson, der Ebola-Experte der Armee. Er sagte mir, er werde «dieses Pathophysiologieproblem schon knacken», darauf könne ich mich verlassen. Ich hatte meine Zweifel. Sein Ansatz erschien mir problematisch, denn er verließ sich vor allem auf Autopsien. Ich hatte herausgefunden, daß die entscheidenden Vorgänge, die man beobachten mußte, um mehr über die Krankheit zu erfahren, wenig Spuren hinterließen, sobald der Patient tot war.

Joe sah ich erst im November 1983 wieder. Er hatte die erste Studie über die Verbreitung von AIDS in Zaire durchgeführt und machte auf dem Rückweg in die USA einen Zwischenstopp in London. Zuerst konnte er mich nicht finden. Offenbar hatte David Simpson ihm eine falsche Telefonnummer gegeben. Nachdem er im Charing Cross Hotel abgestiegen war, versuchte er, mich aufzuspüren. Wenn Joe zu etwas entschlossen ist, kann ihn nichts aufhalten, nicht einmal das britische Fernsprechsystem, und so kamen wir schließlich zusammen. Ich fühlte mich geschmeichelt, daß er sich soviel Mühe gegeben hatte und soviel Interesse an meiner Arbeit zeigte, und führte ihn zu einem guten Abendessen aus. Den Rest des Abends verbrachten wir in meiner Wohnung in Wimbledon, im Wohnzimmer auf dem Fußboden sitzend, in lebhaftem Gespräch über unsere gemeinsamen Interessen. Wir redeten bis in die frühen Morgenstunden. Am nächsten Tag holte ich Joe im Hotel ab und brachte ihn zum Flughafen. Kurz bevor er an Bord seines Flugzeugs ging, sagte er mir: «Sue, du mußt nach Atlanta kommen und dein Ebola-Experiment mit Lassa wiederholen.»

Wir schlossen eine Wette ab. Das Geheimnis von Lassa, behauptete ich, müsse in den Thrombozyten liegen.

«Nein», sagte er, «bei Lassa sind die Thrombozyten normal.»

Wir einigten uns darauf, daß der Gewinner der Wette eine Flasche guten Wein bekommen würde.

Erst im Frühjahr 1984 konnte ich meinen Anspruch auf diese Flasche Wein anmelden. Mit der Unterstützung der Labortechnikerinnen

Sheila Mitchell und Donna Sasso führte ich in den CDC-Laboratorien ein Lassa-Experiment durch. Die Resultate waren genauso, wie ich sie vorausgesagt hatte. Joe hatte die Wette verloren, und als guter Verlierer lud er mich zum Abendessen ein. Und mir, der glücklichen Gewinnerin, war es ein Vergnügen, die Flasche Wein mit ihm zu teilen.

Level 4 – auf britische Art

Der Affe packte meine Hand und zerriß den äußeren Handschuh. Jetzt hatte ich zum ersten Mal Angst. Einige Tage zuvor hatten wir den Affen mit dem Ebola-Virus vom Zaire-Typus infiziert. Ich fluchte. Aber meine Stimme war durch die Gasmaske gedämpft. Ich war nicht sicher, ob Geoff mich gehört hatte, aber er sah sofort, was passiert war. Er konnte mich verstehen, denn er hatte sich 1976 unter ähnlichen Umständen versehentlich infiziert – und die Krankheit nur mit knapper Not überlebt.

Der Vorfall ereignete sich im Spätherbst 1976 an einem Freitagnachmittag. Geoff arbeitete damals in demselben Labor, in dem ich jetzt stand. Er injizierte Mäusen das originale Ebola-Virus, das aus Proben aus Zaire isoliert worden war. In der einen Hand hielt er die winzige Maus, in der anderen eine Spritze mit einer sehr dünnen Kanüle, deren Inhalt mit lebenden Viren gesättigt war. Geoff hatte Übung darin; er machte diese Arbeit seit vielen Jahren. Ich kenne keinen anderen Virologen, der für solche Prozeduren eine derart gute Hand hat. Aber die Epidemie in Zaire dauerte immer noch an, und alle im Labor standen unter Druck. Die Spritze rutschte ab und prallte gegen den Daumen, der die Maus festhielt. Die Kanüle war voll von hochtitrigem Ebola – einer der tödlichsten Substanzen auf der Welt.

Geoff zog schnell die Handschuhe aus und schaute nach, ob ein Einstichloch zu sehen war. Da er keins fand, inspizierte er seinen Daumen und drückte die Haut zusammen, um zu sehen, ob irgendwo ein Blutstropfen erschien. Es war keiner zu sehen. Er wusch seine Hände in einer Chlorin-Desinfektionslösung. Da er nichts weiter tun konnte, diskutierte er die Wahrscheinlichkeit einer Infektion mit Ernie Bowen, einem kleinen, sehr dicken Virologen aus Wales, mit dem er zusammenarbeitete. Sie kamen gemeinsam zu dem Schluß, daß man die Angelegenheit wohl auf sich beruhen lassen könne. Geoff zog sich ein neues Paar Handschuhe an und setzte seine Arbeit fort.

Bevor er am Abend das Labor verließ, setzte er die Verwaltung von dem Vorfall in Kenntnis. Das Ebola-Virus war zu diesem Zeitpunkt gerade entdeckt worden, und was über die Epidemie bekanntgeworden war, hatte die übliche Mischung von Aufregung, Hysterie und panischen Ängsten hervorgerufen. Die Wissenschaftler selbst waren davon wenig beeindruckt, aber der Vorfall löste genügend Unruhe aus, um das spezielle Ebola-Komitee auf den Plan zu rufen, das in Porton Down gebildet worden war, um bei möglicherweise auftretenden Sekundärfällen Entscheidungen zu treffen. Die Mitglieder des Komitees gingen selbst nicht mit dem Virus um und hatten auch keine nennenswerte virologische Erfahrung, aber sie sahen es dennoch als ihre Aufgabe an, den Wissenschaftlern, die tatsächlich mit Ebola arbeiteten, zu sagen, was sie tun sollten. Das Komitee trat also zusammen, beratschlagte und kam zu dem Schluß, daß keine Maßnahmen ergriffen werden müßten, da der Handschuh offenbar unbeschädigt war und die Haut an Geoffs Daumen unverletzt geblieben war.

Geoff fuhr also nach Salisbury, wo er das Wochenende mit seiner Familie verbrachte. Am Montag war er wieder im Labor. Es ging ihm gut. Am Dienstagabend ging er mit seinem Sohn zu einem Wettkampf im Bogenschießen, der in der Nähe der Kathedrale von Salisbury stattfand. In der folgenden Nacht konnte er nicht schlafen. Er hatte furchtbare Kopf- und Muskelschmerzen und Fieber. Am Mittwochmorgen schleppte er sich zur Arbeit. Er gab zu, daß er sich krank fühlte – und diese Botschaft löste ein wahres Chaos aus. Geoff saß die meiste Zeit herum, während alle anderen zu entscheiden versuchten, was mit ihm geschehen sollte. Nachmittags wurde er ins Coppett's Wood Hospital in Nord-London gebracht und unter das Isolierzelt gelegt. Von diesem Augenblick an hat Geoff keine weiteren Erinnerungen an seine Krankheit. Die folgenden zwei Wochen fehlen in seinem Gedächtnis, wie er mir sagte.

Er wurde mit Immunplasma behandelt, genauso wie Mayinga, die Krankenschwester in Kinshasa, die sich mit Ebola infiziert hatte. Außerdem gab man ihm den gesamten im United Kingdom verfügbaren Vorrat an Interferon, einer natürlich vorkommenden Substanz, die ein antivirales Potential hat – aber die Wirksamkeit von Interferon bei hämorrhagischen Fiebern ist bis heute noch nicht nachgewiesen. Theoretisch sollte es etwas gegen das Virus ausrichten, und darauf hoffte man. Mehrere Tage lang schwebte Geoff in Lebensgefahr, aber er überlebte. Worauf das letztlich zurückzuführen war – die gute Pflege, das

Interferon, das Plasma oder die selbstregulierende Kraft seines eigenen Organismus –, konnte niemand mit Sicherheit sagen. Außerdem lag er nicht in einer Grashütte in einem abgelegenen Winkel Afrikas, sondern hatte den Vorteil einer medizinischen Versorgung, wie sie in industrialisierten Ländern gegeben ist. Später benutzten wir seine Thrombozyten bei unseren Experimenten gelegentlich als Kontrolle und witzelten darüber, wie widerstandsfähig sie seien. Wenn wir abends beim Bier zusammensaßen, zogen wir ihn manchmal auf und boten ihm die verschiedensten Anreize an, sein Selbstexperiment zu wiederholen. So könnten wir herausfinden, sagten wir ihm, ob jemand nach einer ersten, überstandenen Infektion gegen Ebola immun werden könne. Er lehnte immer dankend ab, auf diese Weise zum Fortschritt der Wissenschaft beizutragen.

Als Geoff seine Arbeit in Porton Down wiederaufnahm, ordnete das Komitee eine offizielle Untersuchung des Vorfalls an. Geoff und Ernie Bowen wurden vor den Untersuchungsausschuß zitiert. Nachdem Geoff die Vorgänge noch einmal genau geschildert hatte, stellte ihm der für die Sicherheit zuständige Beamte die Frage: «Wenn Sie sich der Gefahr bewußt waren, warum haben Sie Ihren Daumen dann nicht gleich amputiert?» Der Mann meinte es ernst. Auch Jahre später hatte die Haltung des Sicherheitsbeamten sich nicht verändert. Man kann nie vorsichtig genug sein, war seine Devise. Aus seiner Sicht war es besser, die Wissenschaftler zusammen mit allem anderen, was aus dem Labor kam, in den Autoklav zu stecken, als mit einem Level-4-Virus das geringste Risiko einzugehen.

Ich war also nun in derselben Situation wie Geoff Jahre zuvor. Als ich meine Hand aus dem Griff des Affen befreite, ging mir als erstes durch den Kopf, ob ich das, was mit ihm geschehen war, nun auch durchmachen müßte. Ich zog den äußeren Handschuh aus und inspizierte den zweiten, den ich darunter trug. Der Riß war offenbar nicht durch die innere Schicht hindurchgegangen. Um sicherzugehen, füllte ich den Handschuh mit Wasser; er hatte kein Leck. Auf meiner Hand war keine Verletzung zu sehen. Aber hieß das auch, daß ich sicher war? Auch Geoff hatte weder ein Leck noch eine Hautwunde bemerkt. Natürlich konnte die Hand des Affen nicht annähernd so infektiös sein wie die Kanüle, mit der Geoff sich gestochen hatte.

Das alles trug sich im Level-4-Labor in Porton Down im Süden von England zu, der einzigen Einrichtung dieser Art auf den Britischen Inseln. Das Labor war Teil einer großen und zivilen Forschungseinrichtung, die in einem weitläufigen Gebäudekomplex aus Beton- und Ziegelbauten auf einem Hügel oberhalb der Ebene von Salisbury untergebracht war und einen imponierenden Anblick bot. Das Level-4-Labor selbst verdankte seine Existenz dem britischen Militär; während des Zweiten Weltkriegs waren dort streng geheime Experimente zur Entwicklung von chemischen und biologischen Waffen durchgeführt worden. Das Hauptinteresse der militärischen Forschung galt der Aerobiologie, das heißt, den Möglichkeiten, infektiöses biologisches Material von einem Luftfahrzeug aus freizusetzen.

Geoff und ich arbeiteten in einem großen Raum, in dem auch die Affen untergebracht waren. David hatte mir geholfen, Forschungsgelder für die hämatologische Ausrüstung, die ich für Blutanalysen im Rahmen meiner Experimente brauchte, aufzutreiben. Die Durchführung des Projekts war in hohem Maß von unseren Improvisationskünsten abhängig. Geoff und ich lernten, alles selbst zu machen.

Ich hatte unmittelbar nach meiner Ankunft in Porton Down 1982 begonnen, mit Geoff an Ebola zu arbeiten. Da die Experimente manchmal sechs Stunden Arbeit ohne Unterbrechung verlangten, hatte ich Glück, ihn an meiner Seite zu haben. An dem Tag, als der Affe nach meiner Hand griff, führten wir eine Serie von komplizierten Tests durch, die darauf abzielten, eine Behandlungsmethode für die Ebola-Krankheit zu entwickeln, basierend auf unseren früheren Erkenntnissen in bezug auf die Schädigung der Thrombozyten und Endothelialzellen. Wenn wir einen Weg entdeckten, die Krankheit bei Affen wirksam zu behandeln – so unsere Überlegung –, könnten wir die Resultate auch auf menschliche Opfer der Krankheit übertragen. Ich benutzte auch in diesem Fall Ebola vom Zaire-Typus, weil dieser Entwicklungsstrang des Virus bei praktisch allen Affen, die damit infiziert worden waren, zu Krankheiten mit Todesfolge geführt hatte. Es war dasselbe Virus, das 1976 in Yambuku zugeschlagen und nahezu dreihundert Menschen getötet hatte. Die Mortalitätsrate lag bei fast 90 Prozent. Und Geoff hatte die Infektion mit diesem Virus überlebt.

Obwohl wir starke Bedenken hatten, mit Tieren in dieser Weise umzugehen, war es der einzige Weg, die notwendigen Informationen über die Krankheit zu erhalten. Tatsächlich ist der größte Teil dessen, was wir heute über den Krankheitsprozeß bei einer Ebola-Infektion wissen, das Resultat der Versuche, die Geoff und ich in Porton Down mit den Affen durchführten.

Wir beschlossen, von dem Affen, der meinen Handschuh zerrissen hatte, eine Blutprobe zu nehmen; er war ohnehin für einen Bluttest fällig. Als wir das Serum testeten, fanden wir eine Viruslast von tausend Virionen (Viruspartikeln) auf einen Milliliter Blut – eine enorme Menge.

Ich mußte nun fünf Tage warten; das ist die durchschnittliche Inkubationszeit bei Ebola. Das bedeutete, daß ich mich fünf Tage lang vor dem Spiegel auf verräterischen Ausschlag untersuchen würde, fünf Tage lang unentwegt schlucken würde, um festzustellen, ob mein Rachen entzündet war, mich fünf Tage lang fragen würde, ob das Pochen in meinen Schläfen eines der ersten Symptome bei Ebola, Kopfschmerzen, ankündigte.

Aber eigentlich war ich weniger ängstlich als wütend auf mich selbst. Geoff und ich glaubten beide nicht, daß ich mich wirklich infiziert hatte. Dennoch konnte ich mir meine Nachlässigkeit nicht verzeihen. Meine Hand hätte nie dort sein sollen, wo der Affe sie greifen konnte.

Gleichzeitig wußte ich, daß der Fehler nicht ausschließlich bei mir lag. Ein großer Teil des Problems ergab sich aus der Art, wie das Labor angelegt war. Da es eigens zu dem Zweck erbaut worden war, für die biologische Kriegführung geeignete, durch die Luft übertragbare Erreger zu testen, waren wir gezwungen, Gasmasken zu tragen. Unter diesen monströsen Geräten wird das Gesicht im Handumdrehen schweißnaß, und das Atmen ist eine Qual. Schlimmer noch: man kann nicht mehr miteinander sprechen. Man kann einem Kollegen beispielsweise nicht sagen: «Ich nehme diesem Affen jetzt Blut ab; paß auf, daß du deine Hände in Sicherheit bringst.» Außerdem sind die Gasmasken so schwer, daß man am Ende eines Arbeitstages furchtbare Schmerzen im Nacken hat. Ich konnte sehr gut verstehen, warum Joe auf die Gasmaske verzichtete, als er 1979 im Sudan arbeitete. Auch in kosmetischer Hinsicht ist die Gasmaske ein Desaster, weil die Gesichtshaut ständig an dem luftdichten Abschluß reibt. Und so, wie die beiden Gucklöcher für die Augen plaziert sind, ist man seiner gesamten peripheren Sicht beraubt. Wenn man sich nicht ganz herumdreht, bemerkt man die Dinge nicht, die man sonst instinktiv am Rande des Wahrnehmungsfeldes registriert – zum Beispiel jemanden mit einer infizierten Spritze oder einen Affen, der die Absicht hat, nach einem zu greifen.

Aber von den Handschuhen abgesehen waren die Masken der einzige wirkliche Schutz, den wir hatten. Besonders sicher waren die Handschuhe allerdings auch nicht. Sie reichten bis dahin, wo die Ärmel endeten, aber es gab keine Möglichkeit, sie fest mit den Ärmeln zu verbinden. Ein Stück Haut blieb immer ungeschützt. Tatsächlich waren es einfach dicke, gelbe Haushaltshandschuhe, die bei Arbeiten, die Fingerspitzengefühl erforderten, furchtbar hinderlich waren. Auch für den Rest des Körpers gab es keinen Schutz. Wir legten unsere gesamte Kleidung ab, bevor wir das Labor betraten, und zogen OP-Kittel und -Hosen an. Da man davon ausgegangen war, daß nur Männer im Labor arbeiten würden, und da die Kittel und Hosen Ernie Bowen passen mußten, waren sie für mich alle mindestens zwei Nummern zu groß. Ich mußte sie mir also zweimal um die Taille wickeln. Während der Arbeit passierte es hin und wieder, daß die Umwicklung sich lockerte und ins Rutschen kam. Aber meine Hosen zu verlieren, war meine geringste Sorge.

Es lief letztlich darauf hinaus, daß das gesamte System höchst unsicher war. Daß nicht mehr Unfälle passierten, war nur dem großen Können und der Geschicklichkeit der Wissenschaftler, die hier arbeiteten, zu verdanken. Ich bin nicht sicher, ob ich diese Belastungen ohne meinen unbedingten Drang, in Erfahrung zu bringen, wie diese Viren sich verhielten – und vor allem aber ohne Geoffs Geduld und Kompetenz – durchgestanden hätte.

Der Countdown begann. Trotz meiner objektiven Einschätzung des Vorfalls zählte ich die Tage und beobachtete mich selbst. Ich fuhr jeden Tag siebzig Meilen auf der M3 von Wimbledon nach Porton Down und hatte viel Zeit zum Nachdenken, während ich am Steuer saß. Das Pünktchen da auf meinem Arm, war das der Beginn eines Ausschlags? Meine Kehle war trocken; lag das nur an der trockenen Luft? Und das Kribbeln in meinem Nacken – brauchte ich nur mehr Schlaf, oder kündigten sich Kopfschmerzen an? Meine Phantasie wurde zu meinem größten Feind. Ich mußte mich anstrengen, zu unterscheiden, was wirklich mit mir geschah und was die unterschwellige Angst in meinem Geist heraufbeschwor. Noch drei Tage... noch zwei...

Ich konzentrierte mich auf meine Arbeit und die Aufgaben, die zu Hause auf mich warteten. Ich dachte nach. Nein, mir würde nichts geschehen, sagte ich mir. Geoff war die ganze Zeit heiter und freundlich wie immer und erwähnte den Vorfall mit keinem Wort. Wir arbeiteten weiter mit unseren Affen, als wäre nichts geschehen. Noch ein Tag. An diesem Abend ging ich mit dem festen Vorsatz, sofort einzuschlafen, zu Bett. Ich fühlte mich immer noch gut, konnte mir aber dennoch nicht sicher sein. Ich wälzte mich einige Stunden unruhig umher, bevor ich schließlich einnickte. Am nächsten Morgen stand ich auf, ging ins Badezimmer, machte nach kurzem Zögern das Licht an und inspizierte mich im Spiegel. Nichts. Kein Ausschlag. Kein Fieber, kein Kopfweh, kein rauher Hals. Ich war in Sicherheit.

Aber wütend war ich immer noch, nicht mehr so sehr auf mich selbst, sondern auf das ganze System in Porton Down, das jeden, der dort arbeitete, in Gefahr brachte. Wie unhaltbar die Zustände wirklich waren, stellte ich jedoch erst im nachhinein fest, als ich 1984 die Chance hatte, drei Monate lang im Level-4-Labor des CDC zu arbeiten. Als ich sah, wie ein Hochsicherheitslabor eigentlich angelegt sein sollte, wie gut man geschützt war und wieviel einfacher es war, unter solchen Bedingungen zu arbeiten, traf mich ein verspäteter Schock. Daher bat ich sofort nach meiner Rückkehr vom CDC um ein Gespräch mit dem Direktor von Porton Down. Er war ein Wissenschaftler im mittleren Alter, sehr steif und formell in seinem Auftreten. Mit Level-4-Erregern hatte er keine Erfahrung und dachte auch nicht daran, diese Lücke zu schließen. Und von mir wollte er schon gar nichts darüber hören. Ich sagte ihm dennoch, daß sein System unsicher sei und die Mitarbeiter gefährde. Er wurde fuchsteufelswild. Wie konnte ich es wagen, ihm zu widersprechen? Einer so impertinenten Person war er noch nie begegnet.

Was mich an der beleidigten Reaktion des Direktors am meisten verblüffte, war die Tatsache, daß weder er noch der Sicherheitsbeamte das Labor während der gesamten Laufzeit des Ebola-Projekts je betreten hatten. Sie hatten auch keine Vorstellung davon, was wir eigentlich taten, und interessierten sich nicht für die Probleme, mit denen wir konfrontiert waren. Ich hatte keinen von beiden je mit einer Gasmaske gesehen. Der Direktor sagte mir weiter, es sei «ungeheuerlich», daß ich die Kompetenz der Experten, die das Level-4-Labor begründet hatten, anzweifelte, denn diese hätten schließlich während der Kriegsjahre unter noch weitaus schwierigeren Bedingungen gearbeitet. Die Amerikaner, fügte er hinzu, hätten den Briten nicht vorzuschreiben, wie man eine Laboreinrichtung führte. Einer der Porton-Down-Veteranen besuchte später den CDC und teilte Joe bei dieser Gelegenheit mit, daß ich eine Unruhestifterin sei.

«Ausgezeichnet», hatte Joe geantwortet, «das sind die Leute, die etwas zustande bringen. Ich werde sie hier behalten, wenn ich kann.»

Ich führte meine Kampagne für höhere Sicherheitsstandards in Porton Down weiter, nachdem meine Arbeit mit Geoff beendet war und

David Simpson die Forschungseinrichtung verlassen hatte. Er folgte einem Ruf an die Queen's University von Belfast, wo man ihm einen Lehrstuhl für Mikrobiologie angeboten hatte. Ich setzte meine Hoffnungen darauf, daß eine neue Laboreinrichtung, die im Auftrag des Ressorts öffentliches Gesundheitswesen in Colindale im Norden von London erbaut wurde, einigen unserer Forderungen gerecht werden würde, und daß man im Lauf der Zeit Raum und Mittel für ein modernes Hochsicherheitslabor bereitstellen würde. Aber ich wurde in beider Hinsicht enttäuscht. Das neue Labor war als «Doppelwandsystem» angelegt, das heißt, die äußeren Wände bildeten eine luftdichte Schale, die eine Reihe von untereinander verbundenen abgeschlossenen Kammern umgab. Es ähnelte dem System, das der CDC vor langer Zeit mit einem Seufzer der Erleichterung aufgegeben hatte. Um in den Kammern zu arbeiten, mußte man mit Armen und Händen in am Rand versiegelte Öffnungen hineingreifen, an die lange Latexhandschuhe angeschlossen waren. Das befreite uns zwar von den lästigen Gasmasken, aber die Handschuhe waren so groß, steif und hinderlich, daß es uns praktisch unmöglich war, wirklich präzise zu arbeiten. Trotz der hohen Kosten und des enormen Konstruktionsaufwands war das neue Labor in Colindale im Grunde nichts anderes als eine Reihe untereinander verbundener, luftdicht abgeschlossener Kästen. Es war schon überholt, bevor es in Betrieb genommen wurde. Die Leute, die für seine Anlage verantwortlich waren, hatten mit der Arbeit in Level-4-Einrichtungen kaum Erfahrung. Sie waren so sehr auf die Gewährleistung der Sicherheit fixiert, daß sie die wirklichen Risiken aus den Augen verloren und es nahezu unmöglich machten, in diesem Labor Forschungsarbeit zu leisten, die den Namen verdient.

Da Colindale das Beste war, was ich im United Kingdom erwarten konnte, arrangierte ich mich mit der Situation und begann 1985, dort zu arbeiten. Einige Verbesserungen setzte ich durch. Ich konnte den PHLS dazu bewegen, einen Gamma-Irradiator anzuschaffen, ein Gerät, das man benutzt, um Viren inaktiv zu machen. Aber viel mehr konnte ich nicht tun. Gegen Ende des Jahres machte Joe mir ein Angebot; inzwischen hatte ich drei Monate beim CDC und weitere drei Monate in Sierra Leone gearbeitet, und wir bereiteten eine wissenschaftliche Veröffentlichung vor. Der CDC war bereit, mich fest anzustellen. Joe hatte erkannt, daß ich aufgrund der begrenzten Möglichkeiten und der restriktiven Atmosphäre in England nicht weiter vorankommen würde. Er schlug mir vor, in seinem Labor in Atlanta ein Pathophysiologieprojekt aufzubauen, um die Mechanismen des Krankheitsverlaufs bei viralen hämorrhagischen Fiebern zu studieren, und deutete auch an, daß die Möglichkeit bestand, Feldforschung zu betreiben, insbesondere im Rahmen des Sierra-Leone-Projekts. In England hatten wir nichts dergleichen.

Es war eine schwere Entscheidung. Zum einen hatte ich trotz aller Probleme immer noch die Unterstützung meiner Kollegen, die meine Arbeit schätzten und mich in jeder Weise zu fördern versuchten. Zum anderen war, seit David Simpson seine Professur in Belfast angetreten hatte, niemand mehr da, der über genügend medizinische und wissenschaftliche Erfahrung verfügte, um die britische Forschungsinitiative in bezug auf hämorrhagische Fieber weiterzuführen. Ich beriet mich mit den Leuten, die mir geholfen hatten, meine Position in England zu erreichen. Zu meiner Überraschung waren sie alle einer Meinung: Sie drängten mich, das Angebot zu akzeptieren. Ich würde es später bereuen, wenn ich diese Chance vorübergehen ließe, sagten sie mir und erinnerten mich daran, daß ich mit weiteren Frustrationen und endlosen Hindernissen zu rechnen hätte, wenn ich bliebe. Sie hatten recht. Ich faßte meinen Entschluß. Am 4. Januar 1986 reiste ich nach Atlanta ab.

Die Epidemie, die entkam

(Joe:) Während Sue in Porton Down mit Ebola kämpfte, begann ich, mich für das Problem HIV/AIDS zu interessieren. Das war im Frühjahr 1983. Ein Kollege aus Antwerpen, Jan Desmyter, berichtete mir über eine Gruppe von Patienten aus Zaire, bei denen er eine Krankheit beobachtet hatte, die AIDS sehr ähnlich war. Wenig später hatten er und andere Kollegen in Belgien bereits mehr als dreißig solcher Patienten behandelt. Das war eine eindrucksvolle Zahl. Obwohl die Kolonialherrschaft Belgiens über Zaire seit zwanzig Jahren beendet war, bestanden immer noch enge Verbindungen zwischen beiden Ländern. Wenn Angehörige der Oberschicht Zaires wirklich schwer krank wurden, gingen sie nach Belgien, um sich behandeln zu lassen. Da ich Zaire kannte, wußte ich, daß weniger als ein Prozent der Bevölkerung sich eine solche Reise leisten konnte, also war es klar, daß weitaus mehr Menschen in Zaire mit HIV infiziert sein mußten.

Ich hatte das Gefühl, daß sich möglicherweise eine Epidemie anbahnte, und diskutierte die Situation mit Jim Curran, dem damaligen Leiter der AIDS-Einsatzgruppe beim CDC. Auch er erkannte, daß es in Zaire wahrscheinlich weitaus mehr AIDS-Fälle gab, als bisher bekannt geworden war. Er stimmte zu, daß Jans Bericht eine Studie vor Ort rechtfertigte, und sicherte mir die Unterstützung der Institution zu. Also schickte ich im Juli 1983 ein Telegramm an die US-Botschaft in Kinshasa, das für den Wissenschaftsattaché Seth Winnick bestimmt war. Ich bat ihn, Kontakt zu Kalisa Ruti, dem ersten Berater des Gesundheitsministers aufzunehmen. Indem ich die Botschaft als Mittler benutzte, konnte ich Ruti über die Vorgänge in Belgien informieren. Dann fragte ich ihn, ob er es arrangieren könne, daß die Regierung einer epidemiologischen Untersuchung zustimmte. Im September erhielten wir die Genehmigung. Das AIDS-Virus war 1983 noch nicht isoliert worden, also gab es auch keine spezifischen Tests, die wir benutzen konnten, um nachzuweisen, daß ein Patient wirklich an AIDS erkrankt war. Alles, was wir hatten, war der schwierige und nur mit Hilfe einer komplexen medizinischen Technologie durchführbare T4/T8-Ratio-Test, der den Verlust der T-Zellen im Immunsystem maß – ein charakteristisches Kennzeichen für eine AIDS-Infektion. Tatsächlich konnten wir zu diesem Zeitpunkt nicht einmal mit Sicherheit sagen, daß AIDS eine Virusinfektion war, und ohne ein Virus konnte es auch keinen Antikörpertest geben. Um mit dem T4/T8-Test zu arbeiten, brauchte ich nicht nur eine kompetente Person, die diesen komplizierten Test durchführen konnte, sie oder er mußte die dazu notwendigen Materialien auch nach Afrika transportieren und in der Lage sein, die Dinge so zu arrangieren, daß alles so funktionierte wie im CDC-Labor. Ich wählte Sheila Mitchell aus, die bereits zwei Jahre lang im Labor mit mir zusammengearbeitet hatte. Obwohl sie zum ersten Mal in Afrika arbeiten würde, hatte ich das Gefühl, daß sie für diese schwierige Aufgabe am besten geeignet war. Ich darf in aller Bescheidenheit sagen, daß ich genau den richtigen Riecher hatte. Sie leistete hervorragende Arbeit, und nicht nur das: Später schlug sie einen einzigartigen Berufsweg ein, indem sie in Entwicklungsländern den Aufbau von Laboreinrichtungen zum Testen auf HIV organisierte.

Etwa zehn Tage vor unserer Abreise nach Zaire erhielt ich einen Anruf von John Bennett, meinem früheren Vorgesetzten in der bakteriologischen Abteilung des CDC, der inzwischen stellvertretender Direktor der Zentralstelle für Infektionskrankheiten war.

John informierte mich, daß ein Team vom NIH unter der Leitung von Tom Quinn sich ebenfalls darauf vorbereitete, in Zaire eine AIDS-Studie durchzuführen. Quinns Assistenten waren Fred Feinsod, ein junger Entomologe und Epidemiologe, der in Ägypten über das Rift-Valley-Fieber-Virus arbeitete, und Peter Piot vom Prinz-Leopold-Institut für Tropenmedizin in Antwerpen. Ich hatte Tom Quinn nie kennengelernt, aber Peter kannte ich gut, wir hatten 1976 bei der Untersuchung der Ebola-Epidemie in Zaire zusammengearbeitet. Er war der Epidemiologe, der es damals in weiser Voraussicht abgelehnt hatte, in dem unseligen Hubschrauber mit den betrunkenen Piloten mitzufliegen. Ich war mit den Särgen der Absturzopfer und ihren trauernden Angehörigen in einem Militärflugzeug nach Kinshasa zurückgekehrt. Es gibt Dinge, die man nie vergißt.

John sprach sich dafür aus, daß wir alle zusammenarbeiten sollten. Als ich Tom anrief und ihm meine Pläne mitteilte, stimmte er zu, daß es sinnvoll sei, unsere Kräfte zu vereinen, denn so konnten wir die Vorteile und Ressourcen unserer jeweiligen Institutionen in optimaler Weise nutzen. Unser größter Vorteil beim CDC war vermutlich, daß wir – anders als Tom und seine Mitarbeiter – eine offizielle Einladung vom Gesundheitsministerium in Zaire hatten. Dagegen hatte Tom Zugang zu Reagenzien für die T4/T8-Tests, die denen des CDC überlegen waren, und Peter verfügte über bessere Verbindungen zu Krankenhäusern in Zaire als irgendeiner von uns. Wir beschlossen, alle in Antwerpen am Prinz-Leopold-Institut für Tropenmedizin zusammenzukommen, bevor wir nach Zaire weiterreisten. Ich war darauf vorbereitet, mit Peter und Tom eine ernsthafte Diskussion über unsere gemeinsame Strategie zu führen, aber es kam ganz anders.

Eine Reihe von Leuten, die nicht unmittelbar an der Studie beteiligt waren, hatte sich zu der Besprechung eingestellt, unter anderem Dick Krause, der Leiter des NIAID (Institut für Allergien und Infektionskrankheiten), Luc van Eyckmans, der Direktor des Prinz-Leopold-Instituts, der dem NIH-Team angehörte. Keiner dieser Leute würde mit uns nach Zaire kommen, aber trotzdem wurde die Situation unübersichtlich. Was Krause und Eyckmans hier taten, konnte ich noch nachvollziehen, schließlich war es ihre Organisation, die Toms Projekt finanzierte – aber die anderen?

Die Größe der Versammlung, sagte ich mir, war offenbar ein weiteres Zeichen für das intensive Interesse, das die wissenschaftliche Gemeinschaft an AIDS zu entwickeln begann – ein Interesse, das sowohl ein Segen als auch ein Fluch war. Ein Segen, weil eine Menge gute wissenschaftliche Arbeit geleistet wurde – und ein Fluch, weil die neue Herausforderung ein beträchtliches Maß an Territorialkämpfen auslöste, mit all den kleinlichen Rivalitäten und Eifersüchteleien, die solche Konflikte immer beinhalten. Die Rolle des Epidemiologen vom John-Hopkins-Institut war unklar. Als er dann auch noch zu einem pedantischen und völlig überflüssigen Vortrag darüber, wie wir bei der Auswahl von Kontrollgruppen vorgehen sollten, ansetzte, hatte ich das Gefühl, in den EIS-Einführungskurs in Epidemiologie zurückversetzt zu sein. Zum Schluß führte die Begegnung aber dennoch zu fruchtbaren Resultaten. Zumindest gingen wir mit dem Gefühl auseinander, daß eine Zusammenarbeit möglich war. Daß wir bis zum heutigen Tag Freunde geblieben sind, beweist die Richtigkeit dieser Einschätzung.

Am nächsten Tag flogen wir gemeinsam nach Kinshasa. Zwei neue Mitarbeiter hatten sich zu uns gesellt, ein Labortechniker aus Antwerpen und ein Arzt vom Prinz-Leopold-Institut, Henri Thaelman. Das einzige Teammitglied, das nicht mit uns reiste, war Sheila Mitchell. Sie flog direkt von den USA aus nach Kinshasa. Im Gepäck hatte sie die Laborausrüstung, die wir benötigten, um die T4/T8-Tests durchzuführen. Die Belgier hatten es arrangiert, daß wir im Fometro untergebracht wurden, derselben Einrichtung, die uns während der Ebola-Epidemie von 1976 aufgenommen hatte. In den sieben Jahren, die seither vergangen waren, hatte sich dort nichts verändert. Für Peter und mich war das ein seltsames Gefühl, denn der Ort beschwor die Geister der Vergangenheit herauf. Zentralafrika war, was gefährliche Viren betraf, zweifellos eine Besonderheit.

Wir gingen früh schlafen, um uns von den Anstrengungen der Reise zu erholen. Am nächsten Morgen hatten wir einen Termin mit Seth Winnick, dem Wissenschaftsattaché der amerikanischen Botschaft. Er war überraschend jung, Ende Zwanzig oder Anfang Dreißig, hatte volles, rotbraunes Haar und trug einen sorgfältig gestutzten Schnurrbart. Seine wahre Funktion hatte überhaupt nichts mit Wissenschaft zu tun, er war für wirtschaftliche Fragen zuständig. «Wissenschaftsattaché» war nur einer in einer langen Reihe von Titeln, die ihm verliehen worden waren. Seth gab zu, daß er nie damit gerechnet hatte, sich tatsächlich um wissenschaftliche Belange kümmern zu müssen. Er hatte für den Nachmittag ein Treffen mit Kalisa Ruti und für den nächsten Tag ein Gespräch mit dem Gesundheitsminister arrangiert. Für einen Anfänger machte er seine Sache sehr gut.

Kalisa und ich hatten uns bei WHO-Versammlungen in Genf und Nairobi bereits kennengelernt. Er trug den üblichen Safarianzug, den die meisten zairischen Funktionäre als Alltagskleidung übernommen hatten. Obwohl die Elite sich an westlichen Vorbildern orientierte, gab es einige bemerkenswerte Abweichungen. Zum einen waren Jacketts und Krawatten per Dekret des Präsidenten aus der offiziellen Kleiderordnung eliminiert – eine durchaus einleuchtende Regel in einem tropischen Land. Zum anderen waren – ebenfalls per Regierungsdekret – westliche Vornamen abgeschafft und durch traditionelle afrikanische ersetzt worden.

Kalisa war sich offensichtlich nicht völlig darüber im klaren, was unser Besuch in Zaire bedeutete. Er war jedoch überaus hilfsbereit und verbürgte sich dafür, daß wir zumindest die Initialphase unserer AIDS-Studie ungehindert würden durchführen können, unabhängig davon, was der Minister bei unserer morgigen Begegnung sagen würde. In

Zaire konnte man die Reaktion der Regierung nie voraussehen. Es gab immer irgendeine sozialpolitische Krise, die das Land zum Brodeln brachte. Die gegenwärtige Krise war wirtschaftlicher Art. Unsere Ankunft fiel mit einer drastischen Entwertung des *Zaire*, der Landeswährung, zusammen. Der Wechselkurs Zaire/Dollar war von fünf zu eins auf dreißig zu eins gefallen. Die Ein-Zaire-Banknote war jedoch der größte existierende Geldschein – das war das erste Problem, das die Inflation mit sich brachte. Plötzlich mußten die Leute Rucksäcke und Taschen voller Banknoten mit sich herumtragen, wenn sie einkaufen wollten. An unserem zweiten Abend in Kinshasa stopften wir Aktentaschen mit Einhalb- und Ein-Zaire-Scheinen voll, um das gemeinsame Abendessen in einem griechischen Restaurant bezahlen zu können. Wir kamen uns vor wie Mafiosi auf dem Weg zu einem großen *Deal*. Aber im Restaurant stellte sich dann heraus, daß wir trotz unserer Koffer voll Geld nicht viel bestellen konnten; ein großer Teil der Gerichte war aufgrund der inflationsbedingten Versorgungsschwierigkeiten von der Karte gestrichen. Lebenswichtige Güter konnten nicht herbeigeschafft werden, weil die Benzinpreise schwindelerregende Höhen erreicht hatten. Für uns war das eine bloße Unannehmlichkeit, aber die einfache Bevölkerung hatte, wie immer in solchen Fällen, am meisten unter der Situation zu leiden. Für die meisten Menschen in Zaire ist Kassava, ein schnell wachsendes, großes Knollengewächs, das hauptsächlich aus Stärke besteht, das Hauptnahrungsmittel. Es ähnelt der Yamswurzel, hat aber eine rauhere, schuppige Oberfläche und enthält außerdem ein toxisches Alkaloid. Um dieses Toxin auszuschwemmen, wird die Kassavawurzel zwei Tage lang in fließendes Wasser gelegt. Da sie dabei viel Wasser aufnimmt, wird sie schwerer und der Transport wird entsprechend teurer. Durch die Inflation und die ständig steigenden Treibstoffpreise war die Güterbeförderung unbezahlbar geworden, und die städtischen Armen mußten hungern.

Beim Essen im griechischen Restaurant begann ich, Peter und Tom nach den Risikofaktoren für AIDS in den USA zu befragen. AIDS war gerade erst in Erscheinung getreten, und es war noch nicht viel darüber bekannt. Sie ließen sich nicht lange bitten und teilten mir mit, was sie wußten. Als sie von den Saunen der Homosexuellen in San Francisco und ihren Neigungen zu anonymem Sex mit Hunderten von Partnern erzählten, war ich sprachlos. Ich hatte noch nie von diesen Dingen gehört. Und ich war nicht der einzige. Aus dem Augenwinkel konnte ich sehen, daß alle, die in der Nähe saßen, gespannt lauschten, nicht zuletzt, weil die Schilderungen unserer beiden Kollegen an Anschaulichkeit nichts zu wünschen übrig ließen. Wenn man sich auf das Studium sexuell übertragbarer Krankheiten spezialisiert, erlebt man zwangsläufig einige Überraschungen.

Ich verfügte über keinerlei Erfahrungen, die mir zu einem Verständnis des Lebensgefühls und Lebensstils der Schwulen in den siebziger Jahren verholfen hätten. Selbst meine Erfahrungen in Zaire – wo die für westliche Kulturen anstoßerregende Polygamie etwas völlig Normales ist – hatten mich nicht auf die Enthüllungen vorbereitet, die Peter und Tom bei Moussaka und gefüllten Weinblättern von sich gaben. Da das sexuelle Verhalten der Menschen in Zaire sich von dem, was Peter und Tom über San Francisco erzählten, so grundlegend unterschied, hatte ich Schwierigkeiten, mir vorzustellen, daß die Krankheit sich an beiden Orten auf dieselbe Art und Weise verbreiten konnte. Die Patienten aus Zaire, die sich in Belgien in ärztliche Behandlung begeben hatten, waren zwar überwiegend Männer, aber allem Anschein nach heterosexuelle Männer. Außerdem bezweifelte ich, daß nur Männer von der Krankheit befallen wurden. Das Problem schien mir eher auf der ökonomischen Ebene zu liegen: Da Männer in aller Regel die Kontrolle über das Geld hatten, waren sie auch eher in der Lage, nach Belgien zu reisen und sich behandeln zu lassen.

Am nächsten Tag versammelten wir uns im Büro des Gesundheitsministers, Dr. Tshibasu. Er war ein großer, kräftiger Mann mit ergrauendem Haar, der durch sein exzellentes Französisch und seine eleganten Umgangsformen eine Aura betonter Kultiviertheit um sich verbreitete. Ich wußte genug über die politische Situation in Zaire, um zu erkennen, daß er zu den von Mobutu handverlesenen Privilegierten gehören mußte. Er war schon mehr als sechs Monate im Amt – eine ungewöhnlich lange Zeit für einen Regierungsbeamten in Mobutus Regime. Minister behielten ihre Posten gewöhnlich kaum ein Jahr lang, aber dieser Zeitraum genügte, um sich die Taschen zu füllen, bevor man gefeuert wurde und ins Parlament zurückkehren mußte. Für Abgeordnete war es sehr viel schwieriger, aber keineswegs unmöglich, sich zu bereichern. Ich mußte also davon ausgehen, daß Dr. Tshibasu sich dem Ende seiner ministerialen Laufbahn näherte. Und wenn er unterginge, würde mein Freund Kalisa Ruti mit ihm untergehen. Das bedeutete, daß wir für die Durchführung der Initialphase unserer Studie und die Entwicklung eines weiterführenden Programms auf der Basis unserer Resultate nur einen sehr engen Zeitrahmen zur Verfügung hatten.

Zu Beginn hatte das Gespräch mit Dr. Tshibasu einen eigenartigen Unterton. Er begrüßte uns mit förmlicher Liebenswürdigkeit, aber er gab sich wenig Mühe, seine Skepsis in bezug auf unser Vorhaben zu verbergen. Er sagte uns, er sei bereits mit mehr Problemen konfrontiert, als er bewältigen könne: Malaria, Unterernährung, Diarrhoe, Tuberkulose, Schlafkrankheit, Masern.

«Zählen Sie nicht darauf, bei uns viel Interesse oder Unterstützung für Ihre Studie zu finden», sagte er in seinem gewählten Französisch. «Wir werden nicht einmal mit den Problemen fertig, die ich gerade erwähnte.»

AIDS – so wurde mir in diesem Augenblick klar – war eine unbekannte Größe für ihn. Er hatte keine Vorstellung davon, welche Bedrohung diese Krankheit für die Bevölkerung seines Landes darstellte.

Also begann ich, ihm zu erklären, worum es sich handelte. Ich erzählte ihm, daß mehrere seiner reichen Landsleute AIDS hatten und gegenwärtig in belgischen Krankenhäusern dahinsiechten – unter ihnen waren ein General, ein Bankdirektor und der Vizepräsident eines großen einheimischen Brauereiunternehmens. Der Minister zeigte etwas mehr Interesse, aber wir konnten ihn dennoch nicht dazu bewegen, seine Haltung zu überdenken. Das kam erst später, als wir einige erschreckende Neuigkeiten zu berichten hatten.

In den folgenden Jahren sollte ich diese Art der Argumentation von Regierungsbeamten anderer Länder wieder und wieder hören. Die Leute, besonders jene in Machtpositionen, konnten die Bedrohung, die AIDS darstellte, einfach nicht begreifen – bis die AIDS-Welle in ihren Ländern anzurollen begann. Mehrere Jahre später drängte ich Vertreter des Gesundheitsministeriums in Pakistan, eine der AIDS-durchseuchten afrikanischen Städte aufzusuchen und mit eigenen Augen zu sehen, was geschehen konnte, wenn sie es versäumten, vorbeugende Maßnahmen gegen eine AIDS-Epidemie zu ergreifen. Dr. Tshibasu war zumindest so vernünftig, uns die Erlaubnis zur Durchführung des ersten Teils unserer Studie zu geben. Er hatte genauso reagiert, wie Kalisa es vorausgesagt hatte.

Als erstes mußten wir in Kinshasa Räumlichkeiten finden, in denen wir ein Labor einrichten konnten. Wir brauchten Zugang zu sauberem Wasser und eine ausreichende Stromversorgung. Wir mußten uns auch entscheiden, welche Krankenhäuser wir für unsere Studie auswählen würden. Die beiden größten Krankenhäuser der Stadt waren das (nach Mobutus Mutter benannte) Mama Yemo Hospital und das University

Hospital, das in einem Vorort lag. Während das University Hospital von relativ wohlhabenden Patienten aufgesucht wurde, war das Mama Yemo das Krankenhaus der Bedürftigen, also der Majorität der Bevölkerung Kinshasas. Zur Zeit der Ebola-Epidemie hatte mein Freund Bill Close diese Einrichtung geleitet. 1977 war Bill in die USA zurückgekehrt und ließ sich mit seiner wundervollen Frau Tine in Big Piney in Wyoming nieder, wo er jetzt als Hausarzt arbeitet und eine lokale Berühmtheit ist.

Das Mama Yemo ist ein ausladender Gebäudekomplex. Sein Baustil ist typisch für Krankenhausbauten aus der Kolonialzeit, mit großen Stationen, hohen Decken und Zinnblechdächern, die mittlerweile rostig und schadhaft geworden waren. Die Zementböden waren fleckig und dunkel geworden, markiert von all dem Elend, das darüber hinweggegangen war. Für Luftzirkulation sorgten uralte große Deckenventilatoren und unverglaste Fenster. Auf jeder Station standen etwa dreißig Metallbetten, die fast immer belegt waren. Die Füllung der Matratzen bestand aus Baumwolle oder Gras. Bettlaken waren Mangelware. Die Patienten wurden von ihren Familien mit Essen versorgt, und da nicht genügend medizinisches Personal vorhanden war, übernahmen die Verwandten auch einen großen Teil der pflegerischen Aufgaben. Von den wenigen Toiletten, die schlecht oder gar nicht funktionierten, ging ein scheußlicher Gestank aus, der dem Besucher beim Eintreten entgegenschlug und ihn auf Schritt und Tritt begleitete. Die Stationen waren gewöhnlich mit Patienten überfüllt, die an den schrecklichsten Krankheiten litten; sie waren gelbsüchtig, aufgeschwemmt, hinfällig, apathisch. Sie erbrachen. Viele hatten Diarrhoe. Sie kamen im Mama Yemo mit offenen, eiternden Wunden an, die einen furchtbaren Gestank verbreiteten. Sie kamen in endlosen Scharen. Schreie und Stöhnen hallten durch die feuchten Korridore. Das ist das Gesicht von Krankheit und Tod für die Armen dieser Welt.

In diesem Inferno gingen wir auf die Suche nach AIDS-Patienten. Wir stellten die Diagnose nach den Symptomen, die sich bei ihnen zeigten, und nach dem Verhältnis von T4- zu T8-Helferzellen. Das HIV-Virus geht selektiv vor, es vernichtet die T4-Lymphozyten, verschont die T8-Lymphozyten. Die T4-Lymphozyten erfüllen innerhalb der Immunabwehr, der Fähigkeit des Organismus, eindringende Erreger zu bekämpfen, eine zentrale Funktion. Wenn die T4-Zellen im Verhältnis zu den T8-Zellen reduziert sind, wissen wir, daß der Patient von der HIV-Infektion zur AIDS-Erkrankung fortschreitet oder bereits

AIDS hat. Da diese die Helferzellen betreffenden Vorgänge bei keiner anderen Krankheit bekannt sind, stellte die T4/T8-Ratio für uns eine Art diagnostischen Test dar. Sheila begann, im University Hospital ihr Labor aufzubauen, um diese Tests durchzuführen. Die Laboreinrichtungen im Mama Yemo reichten nicht aus.

Unsere Strategie war zielgerecht und direkt: Wir planten, die Männer- und Frauenstation im Mama Yemo und im University Hospital drei Wochen lang rund um die Uhr zu überwachen. Wir würden jede Person, die neu eingeliefert wurde, untersuchen, die Anamnese aufnehmen und ihr oder ihm Blut abnehmen, um den T4/T8-Ratio-Test durchzuführen. Gleichzeitig würden wir die Patienten, die wir bereits untersucht hatten, weiter beobachten.

Was wir vorfanden, traf uns wie ein Schlag. Nicht nur, daß es so viele AIDS-ähnliche Krankheiten gab – das wäre schlimm genug gewesen. Wir hatten es, wie die Symptomatik nahelegte, offenbar immer mit dem späten Stadium der Krankheit zu tun. Das war der große Unterschied zwischen den Fällen, die wir hier in Kinshasa beobachteten, und dem, was wir über AIDS-Fälle in den USA und Europa wußten. Die Patienten hier litten alle unter unbehandelten opportunistischen Infektionen, die bis zu einem letalen Stadium fortgeschritten waren. Es war traurig, zu sehen, wie zum Beispiel der Fuß eines Patienten durch eine nässende, gelbliche Pilzinfektion auf das Dreifache seiner normalen Größe angeschwollen war. Im Westen wäre eine solche Infektion schnell beseitigt worden. Hier suchte der Patient erst Hilfe, wenn sie ein schweres, fortgeschrittenes Stadium erreicht hatte.

Aber die Antimykotika, die in einem solchen Fall vielleicht geholfen hätten, waren in einem Land wie Zaire ohnehin unerschwinglich. Die eine Tablette pro Tag, die ein AIDS-Patient einnimmt, um sich vor Pilzinfektionen zu schützen, kostet jetzt etwa 15 Dollar. Das entspricht in Zaire zwei durchschnittlichen Wochenlöhnen – für jemanden, der einen festen Job hat. Ein Kranker konnte die Kosten für eine Behandlung erst recht nicht aufbringen.

Am Tag nach unserem Treffen mit dem Gesundheitsminister machten wir unsere erste Runde im Mama-Yemo-Krankenhaus. Man hatte mir gesagt, ich solle mich an den Chefarzt Dr. Bela Kapita wenden, der die medizinischen Stationen unter sich hatte. Ich sprach eine der Krankenschwestern an, stellte mich als Mitglied des Forschungsteams vor, das «*SIDA*» – wie die Abkürzung für die Immunschwächekrankheit auf französisch lautet – untersuchen wollte, und fragte nach Dr. Kapita.

«Er ist nicht hier», lautete die Antwort, «aber er wird morgen wiederkommen.»

Das war mir nur ein schwacher Trost. Oje, dachte ich, das wird wieder so ein Alptraum, wo man den Verantwortlichen nie zu fassen bekommt, wie sollen wir da je etwas zustande bringen? Ich wußte aus Erfahrung, daß die Schwestern und Pfleger ohne die Zustimmung des Vorgesetzten nicht kooperieren würden. Und wenn der Vorgesetzte nicht da war – nun, dann hatten wir eben Pech.

Aber am nächsten Tag war Dr. Kapita tatsächlich zur Stelle. Er hatte seinen Vater besucht, der in einem Dorf in der Nähe lebte und herzkrank war. Kapita war Kardiologe und hatte seine Ausbildung in Belgien erhalten – er fuhr oft zu seinem Vater, um ihn zu behandeln, denn es gab sonst niemanden, der das hätte tun können. Als ich den Arzt näher kennenlernte, erkannte ich, daß meine anfängliche Vermutung eine völlige Fehleinschätzung war. Er war ein Heiliger. Einmal begleitete ich ihn zum örtlichen Postamt. Ein kleines Mädchen kam zu uns und bettelte uns um Geld an. Kapita wurde ganz still, Tränen traten ihm in die Augen.

«Das war nicht immer so», sagte er. «Die Situation hat sich verändert; alles ist viel schwieriger geworden, und jetzt sind unsere Kinder gezwungen zu betteln. Ich weiß nicht, was ich tun soll.»

Das erdrückende Gefühl der Hilflosigkeit übertrug sich auch auf mich.

Dr. Kapita war ein kleiner, dünner Mann mit einem großen runden Kopf, klaren Augen und einem durchdringenden Blick. Er war hochintelligent und ein guter Beobachter und hatte längst vor unserer Ankunft erkannt, daß er AIDS-Patienten auf seiner Station hatte. Es war ihm ein zentrales Anliegen, mit uns zusammenzuarbeiten. Jede Unterstützung, die wir ihm geben konnten, war ihm willkommen, aber auch wir profitierten von seinem Scharfsinn und seiner Erfahrung. Daher schlug ich vor, daß er Mitglied unseres Teams werden sollte. Wir brauchten einen zairischen Kollegen wie Kapita, der eine humanitäre Einstellung hatte und ein tiefes Verständnis für das Elend der Menschen, denen wir zu helfen versuchten.

Als wir tatsächlich auf den Stationen des Mama Yemo und des University Hospitals zu arbeiten begannen, hatte sich unsere Zahl vermindert. Tom Quinn wurde zu einer Konferenz in Dänemark abberufen und konnte nicht nach Zaire zurückkehren, bevor wir unsere Studie beendeten. (Er blieb im Lauf der folgenden Jahre dennoch ein wichtiges Mitglied unserer Gruppe.) Unser Team bestand nun also aus Peter, Henri Thaelman, Fred Feinsod, Sheila, die das Labor unter sich gebracht hatte, und mir. Unsere Arbeit war anstrengend. Jeden Tag untersuchten wir Patienten, nahmen Proben und versuchten, das Material bis zum frühen Nachmittag ins Labor zu bringen. Je mehr Zeit wir Sheila geben konnten, desto besser, denn ihre Laborprozeduren nahmen mehrere Stunden in Anspruch. Wir benutzten einen behelfsmäßigen Apparat, um Zellen und Proben einzufrieren, so daß sie für künftige Studien noch brauchbar sein würden. Er bestand aus einem Tank mit flüssigem Stickstoff, dessen Temperatur normalerweise bei minus 200 Grad Celsius liegt. Wenn man Zellen direkt in den flüssigen Stickstoff taucht, gefrieren sie bei dieser Temperatur jedoch zu schnell, sie dehnen sich aus und platzen – wodurch die Absicht, durch Kühlung zu konservieren, ad absurdum geführt wird. Also mußten wir die Röhrchen mit den Proben durch eine Isolierung schützen: Umschläge aus dickem Papier, die wir dann nicht direkt in den flüssigen Stickstoff, sondern in seine Dämpfe eintauchten. Die Zellen wurden den Stickstoffdämpfen, die mit minus 80 Grad wesentlich wärmer waren, mehrere Stunden lang ausgesetzt, so daß sie langsam und gleichmäßig gefrieren konnten. Der Prozeß war zeitraubend; vor acht oder neun Uhr abends waren wir selten fertig. Die gesamte Laborarbeit, die zum größten Teil Sheila zufiel, war mühsam und strapaziös. Sheila entwickelte eine bemerkenswerte Sicherheit beim Lesen und Deuten der T4/T8-Tests, aber die Notwendigkeit, jeden Abend zwei oder drei Stunden über dem Mikroskop zu sitzen, forderte einen erheblichen Zoll von ihrem Rücken und ihren Augen. Vieles von dem, was wir tun – so fein und delikat es auch immer sein mag –, ist Schwerarbeit.

Am fünften Tag unserer Studie wurde eine einundzwanzigjährige Frau bewußtlos auf Dr. Kapitas Station gebracht. Ihre Angehörigen erzählten uns, daß sie seit einigen Monaten krank sei. Sie hatte Fieber gehabt, erheblich an Gewicht verloren und unter einem quälenden Husten gelitten. Während der letzten zwei Wochen hatte sie auch heftige Kopfschmerzen bekommen und war schließlich in eine Art Dämmerzustand gefallen. Als die Verwandten sie überhaupt nicht mehr aufwecken konnten, hatten sie sich entschlossen, sie ins Krankenhaus zu bringen. Und so kam Yema zu uns.

Eine *Femme libre* aus La Cité

Yemas Familie war vor neun Jahren von Kananga – einer Stadt mit mehr als einer Million Einwohnern, die den zweifelhaften Ruhm beanspruchen kann, die größte Stadt der Welt ohne Stromversorgung zu sein – nach Kinshasa gekommen. Sie war wie die meisten Zuwanderer fast zwangsläufig in La Cité gelandet, einem wuchernden Slum inmitten von Kinshasa. Die dichtgedrängten, provisorischen Unterkünfte waren aus Holz, Zement, Lehm, Blech und Pappe gebaut. In der Tat wurde jedes greifbare Material verwendet, solange es Regen, Ungeziefer, Eindringlinge und böse Geister abhielt. Überall in diesem Teil Kinshasas gab es kleine Läden, in denen man billiges Spielzeug aus China oder Thailand kaufen, sich die Schuhe mit Reifengummi besohlen oder ein Fahrrad oder Auto reparieren lassen konnte. Leute ohne Geld ließen sich in La Cité nieder, in der Hoffnung, in eine bessere Gegend ziehen zu können, sobald sie Arbeit gefunden hatten. In den meisten Fällen erfüllten sich diese Hoffnungen nicht.

Eine der wenigen Möglichkeiten für Frauen, in La Cité Geld zu verdienen, war die Prostitution. Die sogenannten *Femmes libres* (die «freien Frauen») waren zum überwiegenden Teil verwitwet oder geschieden, von ihren Partnern verlassen oder einfach allein und auf sich gestellt. Sie hatten keine anderen Möglichkeiten, ihren Lebensunterhalt zu verdienen, und brauchten dringend Geld, um sich und ihre Kinder zu ernähren. «Frei» oder «freizügig» waren sie in dem Sinn, daß sie Sex im Austausch gegen Geld oder Geschenke anboten, aber sie waren keine professionellen Huren und wurden auch nicht als solche betrachtet. Die Unterscheidung war wichtig. Die «Professionellen» waren Frauen, die die Prostitution tatsächlich zu ihrem Beruf gemacht hatten, während die *Femmes libres* ihrem Gewerbe nur gelegentlich nachgingen. In dem Maß, in dem die Verhältnisse in La Cité sich aufgrund der wachsenden Bevölkerung und des wirtschaftlichen Niedergangs verschlechterten, nahm die Zahl der *Femmes libres* zu. Dieses Beispiel zeigt nur einmal mehr, daß der niedrige Status von Frauen in einer Gesellschaft zu einem Risiko für Leib und Leben werden kann.

Yema war die Zweitälteste in einer Reihe von sieben Geschwistern. Ihr Vater war Analphabet, aber es war ihm gelungen, einen Job zu finden – er schleppte Bierkästen für eine Brauerei. Er brauchte täglich mehrere Stunden, um zu seinem Arbeitsplatz und nach Hause zurück zu gelangen, zu Fuß oder mit dem Bus. Manchmal kam er mehrere Tage lang nicht nach Hause. Folglich mußte Yemas Mutter sich mit ihren Kindern allein durchschlagen. Trotz aller Anstrengung konnte sie oft nicht einmal das Notwendigste beschaffen. Ihr spärlicher Arbeitslohn reichte nicht aus, und sie war durch ihre Situation so überfordert, daß sie nicht alle ihre Kinder beaufsichtigen konnte. Sie konnte nicht davon ausgehen, daß sie in der Schule waren, soviel war klar. Es gab ohnehin nicht genug Schulen, um die vielen Kinder im Schulalter unterzubringen. So mußten Yema und ihre Geschwister von früh an lernen, für sich selbst zu sorgen. Dem Beispiel anderer Mädchen in La Cité folgend, begann Yema Geld zu verdienen, indem sie gelegentlich mit Männern schlief. In den Dörfern Zaires wäre dieses Verhalten niemals toleriert worden, aber hier wurde es geduldet, vielleicht aus Nachlässigkeit. Als sie zwanzig war, hatte Yema bereits zwei Abtreibungen hinter sich. Dann, gegen Ende des Jahres 1982, begann sie, Gewicht zu verlieren; ihre Menstruation wurde unregelmäßig und blieb einige Monate später, im Mai 1983, völlig aus. Sie nahm immer mehr ab und wurde schwach und müde. Sie hatte oft Schüttelfrost, verlor den Appetit und entwickelte einen trockenen Husten. Da sie keine Kraft zum Arbeiten hatte, war sie völlig von der Unterstützung durch ihre Familie abhängig. Geld für einen Arzt war nicht vorhanden, also erhielt Yema keine medizinische Behandlung, bis zum September, als ihre Mutter sie nicht mehr aufwecken konnte. In ihrer Ratlosigkeit und Verzweiflung brachte die Familie sie ins Mama-Yemo-Krankenhaus. Für uns war Yema die erste Patientin mit einer – wie damals angenommen wurde – ungewöhnlichen Manifestation von AIDS. Aber einer unserer Kollegen, Dr. Nyst, ein belgischer Arzt, der in Kinshasa arbeitete, hatte bereits ähnliche Fälle beobachtet. Er sagte uns, daß im Lauf des vergangenen Jahres immer häufiger Fälle von Cryptococcus-Meningitis aufgetreten waren. Vielleicht war auch Yema an dieser Form der Meningitis erkrankt. Diese durch einen hefeähnlichen Mikroorganismus verursachte Krankheit des Gehirns tritt normalerweise sehr selten auf. Man findet sie manchmal bei Patienten mit Krebs in fortgeschrittenem Stadium, deren Immunsystem durch Strahlenbehandlung und Chemotherapie stark geschwächt ist.

Dr. Nyst führte bei Yema eine Spinalpunktion durch, um etwas Rükkenmarksflüssigkeit zu entnehmen, und brachte die Probe ins Labor. Unter der Linse des Mikroskops zeigten sich vor dem indigofarbenen Hintergrund Hunderte von runden, durchsichtigen Mikroorganismen – ein klarer Beweis, daß Yema in der Tat unter Cryptococcus-Meningitis litt. Cryptococcus ist eigentlich ein von einer Zuckerschicht umhüllter Pilz, der sich im Rückenmark des Patienten ansiedelt und vermehrt. Das große Problem war, daß wir die notwendigen – teuren und hoch toxischen – Medikamente, mit denen man diese Krankheit behandeln kann, nicht zur Verfügung hatten. Hilflos mußten wir mit ansehen, wie Yema starb.

Dem äußeren Anschein nach war es ein friedliches Sterben, denn Yema war nun ins Koma gefallen. Aber dieser Eindruck war trügerisch. In ihrem Körper spielte sich ein erbarmungsloser Kampf ab – ein Kampf zwischen den durch ihre Zuckerumhüllung geschützten Cryptokokken und Yemas angegriffenen Helferzellen, dem restlichen geringen Anteil an T4-Lymphozyten, den Sheila unter dem Mikroskop feststellte. Dieser Hefepilz hat nicht die mindeste Ähnlichkeit mit normaler Backhefe oder mit Candida, einer verbreiteten Pilzinfektion der Haut und der Schleimhäute. Das natürliche Habitat von Cryptococcus ist der Erdboden, wo er inmitten von Vogelexkrementen, insbesondere Taubenmist, gedeiht.

Unsere Rolle in der Fürsorge für Yema war noch unbedeutender als die der Reinigungskräfte des Krankenhauses. Die konnten vielleicht noch Befriedigung daraus beziehen, alles gesäubert und in Ordnung gebracht zu haben. Wir dagegen konnten nur dastehen mit dem niederschmetternden Gefühl, daß unsere lange Ausbildung und unser gesamtes Wissen und Können hier völlig nutzlos waren.

Die Angehörigen akzeptierten Yemas Tod mit mehr stoischer Ruhe, als ich erwartet hatte. Offenbar hatten sie längst begriffen, daß Yema sterben mußte und daß sie nichts tun konnten, um das zu verhindern. Sie hatten sie vermutlich in der vagen Hoffnung auf ein Wunder ins Mama-Yemo-Krankenhaus gebracht. Wir waren nicht fähig, ein Wunder zu bewirken.

Yemas Fall war nur einer unter vielen, die wir in den drei Wochen unserer Studie beobachteten, und Meningitis war nur eine der Manifestationen der Krankheit. Das Spektrum der Symptome, die wir bei Patienten sahen, war erschreckend. In einem Land, das so arm ist wie Zaire, ist die Art von medizinischer Versorgung, die ein AIDS-Patient braucht und mit Recht erwarten kann, einfach unbezahlbar. Diese armen Menschen litten, bis ihre Symptome so extrem wurden, daß sie in ein öffentliches Krankenhaus gebracht werden mußten. Wir hatten tagtäglich menschliche Tragödien vor Augen. Bei manchen Patienten waren Rachen und Zunge so entzündet und wund, daß sie nicht mehr essen konnten. Jene, die noch ein paar Bissen herunterbrachten, wurden plötzlich von Krämpfen und furchtbaren Durchfällen geschüttelt. Ihre Haut war von massiven Ekzemen bedeckt, an allen Stellen ihres Körpers – innen und außen – erschienen Infektionsherde. Wenn es keine Pilzinfektionen waren, gab es immer noch genügend andere Parasiten, die sie bei lebendigem Leib auffraßen. Die Opfer konnten nicht begreifen, was mit ihnen geschah und warum es geschah. Und wir? Wir schauten voller Entsetzen zu, unfähig, etwas dagegen zu tun. Unsere ärztliche Rolle war auf die des Zeugen und Beobachters reduziert. Unsere einzige Hoffnung lag darin, daß – wenn wir den Prozeß, den wir beobachteten, verstanden – irgend jemand irgendwann eine Lösung finden würde.

Die Gespräche, die wir nach der Arbeit führten, waren der einzige Weg, uns Distanz zu verschaffen und die tägliche Konfrontation mit dem unfaßbaren Elend emotional zu bewältigen. Jene unter unseren Kollegen, die auf sexuell übertragene Krankheiten spezialisiert waren, erzählten zu unserer Erbauung immer neue Geschichten über die exzessiven und oft bizarren Sexualpraktiken, die im Westen mit HIV assoziiert wurden. Wir, die Weitgereisten, aber weniger Weltklugen, unterhielten sie mit anschaulichen, detaillierten Schilderungen der kulinarischen Besonderheiten Afrikas, wie leckeren rohen Termiten, saftigen fliegenden Ameisen und in Öl ausgebackenen Raupen (nur bestimmte Arten, versteht sich). Wir gingen sogar soweit, ein Festmahl zu organisieren, bei dem diese regionalen Spezialitäten dargeboten wurden, aber die Neulinge sträubten sich, auch nur davon zu kosten. Es wird wohl seine Zeit brauchen, bis diese Delikatessen in den Gourmetrestaurants der westlichen Welt auf der Speisekarte erscheinen.

Im Lauf unserer Untersuchung zeichneten sich zwei sehr wichtige Entdeckungen ab. Erstens registrierten wir hier weitaus mehr Fälle von AIDS bei Frauen, als aus den USA und Europa bekannt war, wo die Krankheit immer noch in unverhältnismäßig hohen Zahlen unter homosexuellen Männern wütete. Und zweitens fanden wir eine direkte Korrelation zwischen der Zahl der Sexualpartner und der Infektionsrate. Diesen Zusammenhang hatten auch Ärzte in San Francisco zu Beginn der AIDS-Epidemie bei Homosexuellen beobachtet. Wir fanden bestätigt, daß es sich um eine sexuell übertragbare Krankheit handelte, aber der eigentliche Schock für uns war, daß sie in Zaire fast ausschließlich durch «normalen» heterosexuellen Geschlechtsverkehr übertragen wurde. Das hieß natürlich nicht, daß es keine homosexuelle Übertragung gab. Unsere Studie zeigte aber, daß Homosexualität unter Männern, die in Kinshasa lebten, relativ selten war. Allem Anschein nach gilt dasselbe für den größten Teil Afrikas. In Zaire gab es jedenfalls keine organisierte oder offen auftretende homosexuelle Gemeinschaft, wie sie im Westen existiert. Andererseits sind heterosexuelle Kontakte in Afrika im Vergleich zum Westen häufig und relativ frei von sozialen Restriktionen – zumindest für Männer.

Die Ergebnisse unserer Studie in Kinshasa wurden durch ähnliche Untersuchungen in anderen Ländern Afrikas, insbesondere in Ruanda, bestätigt. Nun würde die Welt sich mit einer unbequemen, erschreckenden Realität konfrontieren müssen. Wir dachten über die Konsequenzen unserer Entdeckung nach und diskutierten sie ausführlich. Wir hatten in Kinshasa festgestellt, daß AIDS auf heterosexuellem Weg übertragen wurde, und es gab allen Grund zu der Annahme, daß es sich überall auf der Welt ebenso verhielt. Bis zu diesem Zeitpunkt hatte man AIDS – besonders in den USA – fast ausschließlich mit Homosexuellen, Drogenabhängigen und Minoritäten wie den Haitianern in Verbindung gebracht. Man konnte sich nicht vorstellen, daß auch «normale Bürger» davon betroffen sein könnten.

1984 veröffentlichten wir gemeinsam mit einem belgischen Team, das unter der Leitung von Van der Peer in Ruanda gearbeitet hatte, unsere Schlußfolgerungen in dem ehrwürdigen britischen Wissenschaftsjournal *The Lancet*. Dieser Artikel sollte die bis dahin verbreitete Sichtweise in bezug auf AIDS grundlegend verändern. Nachdem wir die Situation in Afrika geschildert hatten, stellten wir die Frage: Wird sich AIDS im Lauf der nächsten zehn Jahre auch im Westen in dieser Form manifestieren?

Für einige Kritiker jener Zeit war die Frage an sich blasphemisch. Aber heute wissen wir, daß man sie für viele westliche Länder mit Ja beantworten muß. Jetzt, 1996, ist AIDS die häufigste Todesursache bei Frauen im Alter zwischen fünfundzwanzig und vierzig.

In meinem Bericht an den Direktor des CDC stellte ich die These auf, daß AIDS in Zaire endemisch sei und daß die Krankheit möglicherweise seit der Mitte der siebziger Jahre präsent sei. Meine Beweisführung basierte auf Berichten von Ärzten, die seit mindestens zehn Jahren Fälle von undiagnostiziertem Gewichtsverlust und Diarrhoe – grundsätzlich mit Todesfolge – beobachtet hatten. Ursprünglich hatten sie die Erkrankung mit Tbc in Verbindung gebracht, aber im Rückblick schien es so, als sei AIDS die wahre Todesursache gewesen.

Ich fuhr damit fort, AIDS als Krankheit zu charakterisieren, die in Zaire durch heterosexuelle Kontakte übertragen wurde; für die Annahme, daß Homosexualität oder Drogenmißbrauch bei der Übertragung eine wesentliche Rolle spielten, gab es keine Anhaltspunkte. Ich empfahl dem CDC eine langfristige Zusammenarbeit mit dem Gesundheitsministerium von Zaire und die Einrichtung eines Kontrollsystems zur Überwachung der Krankheit in diesem Land. Schließlich regte ich an, daß die WHO einen Workshop zu dem Problem abhalten sollte, entweder in Kinshasa oder in Brazzaville im benachbarten Kongo. Diese Empfehlungen wurden später angenommen.

Ich kehrte am achten November nach Atlanta zurück und erstattete meinem Chef Gary Noble und dem Direktor des Zentrums für Infektionskrankheiten, Walter Dowdle, unverzüglich Bericht. Nachdem sie mich angehört hatten, waren sie beide der Meinung, daß ich mit dem Direktor des CDC, Bill Foege, sprechen sollte. Dr. Foege hatte angekündigt, daß er sich in diesem Jahr aus der Leitung der Einrichtung zurückziehen wollte, und da er für diesen Tag ein Treffen mit seinem Nachfolger, James Mason, arrangiert hatte, wurde ich eingeladen, an der Besprechung teilzunehmen. Jim Curran, der Leiter der Sektion HIV/AIDS, und Fred Murphy, der die Abteilung für Viruserkrankungen leitete, waren bei dem Gespräch ebenfalls anwesend. Es war ein eigenartiger Zufall, daß die Leute, die beim CDC in der Bekämpfung von AIDS die wichtigste Rolle spielen sollten, zu diesem Zeitpunkt alle zusammentrafen.

Bill Foege, der in Afrika gelebt und gearbeitet hatte, erkannte sofort die Brisanz der Situation, mit der wir konfrontiert waren. Er schlug vor, daß wir den stellvertretenden Gesundheitsminister, Dr. Edward Brandt, informieren sollten, und stellte sofort eine telefonische Verbindung her. Ich wußte nichts über den Mann, außer daß er von Ronald Reagan in sein Amt berufen worden war, und konnte nicht voraussehen, wie er reagieren würde. Ich begann damit, ihm die Ergebnisse unserer Studie darzulegen, und erklärte ihm dann, zu welchen Schlußfolgerungen wir gekommen waren. Ich bemühte mich, alles so einfach und verständlich wie möglich darzustellen.

Es folgte ein langes Schweigen am anderen Ende der Leitung. Dann sagte Dr. Brandt, ich befände mich zweifellos im Irrtum.

«Es muß andere Erklärungen für Ihre Resultate geben. Haben Sie andere Vektoren in Betracht gezogen – zum Beispiel Moskitos?»

Offenbar fiel es ihm leichter, über Moskitos zu reden als über Sex.

«Dafür gibt es keine Anhaltspunkte, Sir», sagte ich. «Wir haben die Krankheit bisher sehr selten bei Kindern gefunden. Und Kinder werden genauso häufig von Moskitos gestochen wie Erwachsene – vermutlich noch häufiger. Deshalb erkranken sie so oft an Malaria. Und wenn AIDS durch Moskitos übertragen würde, hätten wir ein anderes Muster der Verbreitung innerhalb der Bevölkerung festgestellt. Wenn man Malaria betrachtet, kann man eine zufällige Streuung erkennen. Wir wissen, daß jeder an Malaria erkranken kann; es hängt nur davon ab, wer gestochen wird. Aber bei AIDS verhält sich das anders. Wir konnten definitiv Infektionsketten nachweisen und Häufungen von Fällen, wenn sexuelle Kontakte involviert waren. Kinder oder alte Menschen waren so gut wie nie betroffen.»

Meine Beweisführung, so klar sie meiner Meinung nach auch war, konnte Brandt nicht überzeugen. Er hatte sich darauf versteift, daß es eine andere Theorie geben müsse, und offenbar war ihm jede recht, die den heterosexuellen Geschlechtsverkehr aus dem Spiel ließ. Wir setzten unsere Diskussion zwanzig Minuten lang auf diese Weise fort. Aber keines der Argumente, die ich anführte, schien Eindruck auf ihn zu machen. Ich war entsetzt über den Unglauben – oder vielmehr die tiefe Verleugnung –, die mir aus Washington entgegenschlug. Alle, die mit mir im Zimmer saßen und das Gespräch über den Lautsprecher mit anhörten, waren sich völlig darüber im klaren, was die Resultate unserer Studie bedeuteten, und wußten, daß es zwingend notwendig war, Maßnahmen zu ergreifen.

Aber wir befanden uns in der Reagan-Ära, und die Vertreter der Regierung schlossen sich unserer Auffassung nicht an. Wenn es eine Erklärung für AIDS gab, dann mußte sie eher politisch und sozial akzeptabel sein als das, was wir anzubieten hatten. Den Wählerinnen und Wählern würde unsere Botschaft gar nicht gefallen. Mit der Vorstellung einer «Schwulenseuche», wie man die Krankheit anfangs, als sie der Öffentlichkeit bekannt wurde, nannte, konnten sie ruhiger schlafen. Diese Sichtweise war diffamierend und hatte etwas widerwärtig Selbstzufriedenes. Wir schlugen vor, die «moralische Majorität» davon in Kenntnis zu setzen, daß es sich bei AIDS in der Tat um eine Seuche handelte, gegen die aber niemand immun war.

Die Reagan-Regierung machte sich dadurch, daß sie die wahre Dimension von AIDS hartnäckig leugnete, zum Verbündeten des Virus. Ein weiteres Jahr sollte vergehen, bis die Politik Washingtons sich zu verändern begann, was in erster Linie der Ernennung von C. Everett Koop zum Gesundheitsminister zu verdanken war. Koop, ein Konservativer mit ausgeprägtem Sinn für Integrität, war ein hervorragender Arzt und Wissenschaftler. Er weigerte sich, das öffentliche Gesundheitswesen durch Ideologie zu kontaminieren.

Zwei Jahre später, 1987, nahm ich an dem mittlerweile berühmten «Treffen am Potomac» teil, das in einem grandiosen Zelt am Flußufer abgehalten wurde. Ich war unter den mehreren hundert Gästen, die die Ehre hatten, geladen zu sein – oder einfältig genug waren, die Einladung zu akzeptieren. Der Sponsorin des Treffens, Elizabeth Taylor, ist absolut nichts vorzuwerfen, sie verfolgte die besten Absichten, und es ist ihr hoch anzurechnen, daß sie die Initiative ergriff und die Versammlung organisierte. Als Dr. Koop das Zelt betrat, wurde er mit donnerndem Applaus begrüßt. Aber als Präsident Reagan in seiner Ansprache zum ersten Mal öffentlich eingestand, daß AIDS in den USA ein ernstes Problem für die Gesundheit der Bevölkerung darstellte, erntete er dürftigen Beifall, untermischt mit kräftigen Buhrufen und Pfiffen. Zugegeben, das Publikum, das sich zu einem nicht unerheblichen Teil aus Akademikern zusammensetzte, war vielleicht parteiisch, aber es war auch eine große Zahl von Ärzten anwesend, die eindeutig auf der republikanischen Seite standen. Sie waren empört über die unentschuldbare Nachlässigkeit, die die Reagan-Regierung im Umgang mit der AIDS-Krise an den Tag gelegt hatte. Es gibt zweifellos kaum ein krasseres Beispiel für den Triumph der Politik über die Wahrheit – ausgenommen vielleicht die kühne, aber völlig unbegründete Erklärung, die eine andere Repräsentantin des Gesundheitsministeriums, Margaret Heckler, 1985 abgab, nämlich daß in zwei Jahren ein Impfstoff gegen AIDS zur Verfügung stehen würde.

Für mich war das Treffen am Potomac ein Wendepunkt. Ich hatte mir auf dem Gebiet der Erforschung viraler hämorrhagischer Fieber einen Namen gemacht, ich entwickelte ein Programm, an dem mir viel lag, und ich fand meine Forschungsarbeit nach wie vor faszinierend.

Ich hatte kein Interesse daran, mein Fachgebiet aufzugeben, um in der AIDS-Forschung zu arbeiten. Andererseits war ich derjenige, der die Empfehlung für eine Langzeitstudie über AIDS in Zaire gegeben hatte. Also sollte ich vielleicht auch derjenige sein, der das Projekt aufbaute. Wie sollte ich mich entscheiden? Ich war hin- und hergerissen.

Das Projekt SIDA läuft an

Mit der Aufgabe betraut, einen Leiter für unser neues AIDS-Projekt in Zaire zu finden, dachte ich gleich an einen Wissenschaftler, dem ich bei verschiedenen Gelegenheiten begegnet war: Jonathan Mann. Persönlich kannte ich ihn zu diesem Zeitpunkt kaum, aber ich wußte von seiner Arbeit und hatte große Achtung vor ihm. Er hatte dunkles, lockiges Haar und einen Schnurrbart, trug eine kleine runde Brille mit Metallrahmen, war schlank, beinahe schmächtig, und strahlte eine unerwartete Intensität und Energie aus. Ich hatte ihn bei mehreren CDC-Konferenzen gehört und war von seiner Klarheit, seinem Verstand und seiner Besonnenheit immer beeindruckt. Er arbeitete im epidemiologischen Zentrum des Bundesstaates New Mexico und lebte in Santa Fe, aber ich hatte gehört, daß er nach einer neuen Aufgabe suchte. Ich glaubte, ihm genau die richtige Herausforderung bieten zu können.

Ende Januar 1984 rief ich Jonathan an und fragte ihn, ob er daran interessiert sei, nach Afrika zu gehen.

«Ich war noch nie in Afrika», sagte er.

Er hatte viele Bedenken, vor allem, was seine drei kleinen Kinder anging. Wo sollten sie zum Beispiel zur Schule gehen? Ich versicherte ihm, daß es in Zaire eine gute amerikanische Schule gab – es gab sie tatsächlich – und daß dieser Faktor bei seiner Entscheidung keine Rolle spielen sollte. Ich war offenbar hartnäckig genug, denn er versprach schließlich, sich meinen Vorschlag durch den Kopf gehen zu lassen.

Eine Woche später rief er zurück. Er hatte sich entschieden. Er war dabei. Im März reisten Jonathan und ich gemeinsam nach Zaire. Das AIDS-Projekt lief an. In Zaire benutzte man allerdings die französische Bezeichnung *le Sida*.

Nach unserer Ankunft trafen wir mit mehreren hohen Beamten im Gesundheitswesen, die sich mit dem Problem AIDS befaßten, zusammen. Die meisten unterstützten das Projekt SIDA, aber es gab einige bemerkenswerte Ausnahmen. Eine davon war Dr. Lurhuma, ein älterer zairischer Arzt. Er gab uns deutlich zu verstehen, daß er von unserer Initiative nichts hielt, ungeachtet der Tatsache, daß seine Regierung weder über die Mittel noch über die Fachkräfte verfügte, um ein Projekt von dieser Größenordnung ohne ausländische Hilfe auf die Beine zu stellen. Er war ein stämmiger Mann, vermutlich Anfang Vierzig, angeblich Immunologe, aber wo er seine Ausbildung erhalten hatte, wurde mir nie klar. Jedenfalls war er eher Politiker als praktizierender Arzt oder Wissenschaftler. Er schien ausgezeichnete Verbindungen zur Regierung zu haben, was vielleicht erklärt, warum er so hohes Ansehen genoß. Vor allem verfolgte Dr. Lurhuma aber offenbar eigene Interessen. Er war einer der ersten unter vielen Afrikanern, die für sich in Anspruch nahmen, AIDS «heilen» zu können. Er legte nie irgendwelche Ergebnisse vor, die seine Behauptung untermauert hätten, aber die Presse griff die Sache auf, und in Zaire genügte das. Lurhuma wurde zu einer Berühmtheit, und als Belohnung für seinen vorgeblichen Beitrag zur Gesundheit der Bevölkerung Zaires soll er von Präsident Mobutu eine große Geldsumme und ein Haus in einem noblen Viertel Kinshasas erhalten haben. Sein «Heilmittel» war, soweit wir es beurteilen konnten, eine undefinierbare Flüssigkeit unbekannten Ursprungs.

In Kenia behauptete David Coech, der Direktor des staatlichen Instituts für medizinische Forschung, einige Jahre später, *er* habe ein wirksames Therapeutikum gegen AIDS entwickelt. Im Unterschied zu Lurhuma hatte er zumindest einige Daten, die seinen Anspruch beweisen sollten, aber er legte sie nie alle offen. Angeblich hatte er Material aus Zellkulturen gewonnen und als Therapeutikum eingesetzt. Es enthielt offenbar einen geringen Anteil Interferon, eine natürlich vorkommende Substanz, von der man weiß, daß sie die Vermehrung von Viren unter bestimmten Bedingungen hemmt. Andere Wissenschaftler, die dieses Material testeten, fanden keine Beweise für seine Wirksamkeit. Dennoch veranlaßte seine Behauptung, ein Heilmittel gefunden zu haben, eine Reihe von Medizinern, die es eigentlich hätten besser wissen sollen, dazu, ihn öffentlich zu unterstützen. Die WHO wurde sogar aufgefordert, eine Studie über dieses Therapeutikum durchzuführen, aber es kam nie etwas dabei heraus.

Die Verzweiflung und der Druck, eine effektive Therapie oder Prävention für AIDS zu finden, sind so groß, daß Betroffene und auch manche Wissenschaftler geneigt sind, nach jedem Strohhalm zu greifen. Für die vielen Afrikaner, die sich täglich abmühten, die AIDS-Flut in ihren Ländern einzudämmen, erwiesen sich diese angeblichen Heilmittel als eine bittere Pille. Zu der Zeit, als Coech mit seiner Behauptung auftrat, wurde das Ausmaß der Verheerungen, die AIDS unter der Bevölkerung afrikanischer Länder anrichtete, gerade evident. Afrikanische Ärzte und Wissenschaftler wollten dem Westen zeigen, daß aus ihren eigenen Reihen jemand hervortreten konnte, der imstande war, einen wesentlichen Beitrag zum Fortschritt der Wissenschaft zu leisten. Sie wollten nicht permanent wie unmündige Kinder behandelt werden, die – was Problembewältigung und neue Entdeckungen anging – grundsätzlich auf Hilfe Außenstehender angewiesen waren. Aber ihre Hoffnungen erfüllten sich nicht. Das Phänomen AIDS hat viele Scharlatane hervorgebracht – in industrialisierten Ländern vermutlich noch mehr als in Entwicklungsländern. Zum größten Teil sind sie Opportunisten, die sich an der Verzweiflung todkranker Menschen bereichern. Sie betreiben ein schmutziges Geschäft. Was sie den Leuten im Austausch gegen Geld – oder Berühmtheit – zu bieten haben, sind falsche Hoffnungen.

Trotz sporadischer Opposition gelang es Jonathan und mir, mit dem Aufbau des Projekts SIDA in Zaire voranzukommen. Wir hatten das Glück, von Dr. Muyembe unterstützt zu werden, einem Freund, der 1976 mit uns zusammengearbeitet hatte und der später, als es 1995 in Kikwit zu einem Ebola-Ausbruch kam, als Sprecher des zairischen Gesundheitsministeriums zu großem Ansehen gelangen sollte. Obwohl er durch seine Arbeit täglich mit menschlichem Elend konfrontiert war, schaffte er es irgendwie, stets heiter und aufgeschlossen zu bleiben. Infektionskrankheiten waren auch nicht das einzige Problem, mit dem er zu kämpfen hatte. Die verfallende Infrastruktur, Gewalt, Revolten von Splittergruppen und politische Intrigen bestimmten das Klima, in dem er lebte und arbeitete. Als Spezialist für Infektionskrankheiten lehrte er an der Universität von Kinshasa – an der einzigen medizinischen Fakultät des Landes – und wurde dort auch Dekan. Es gibt in der Tat kaum eine wichtige medizinische Position in Zaire, die Muyembe nicht innehatte. Als er Dekan war, zu Beginn des Projekts SIDA, war sein Budget so stark beschnitten, daß er nicht einmal genug Papier für seine Fakultät oder für seine Studenten hatte. Aber trotz aller Hindernisse gab er nie auf – er war da, als 1976 Ebola ausbrach, er war da, als AIDS sieben Jahre später in Zaire zu wüten begann, und während der Epidemie in Kikwit war er ebenfalls wieder zur Stelle. Seine Leistungen waren monumental und seine Beharrlichkeit fast übermenschlich.

Muyembe war bereit, im Dienst der Gesundheit der zairischen Bevölkerung alles zu tun, was in seinen Kräften stand. So arbeitete er zum Beispiel mehrere Monate lang in einem Labor im CDC, um Techniken der serologischen Diagnose hämorrhagischer Fieber zu erlernen. Er hoffte darauf, nach seiner Rückkehr nach Kinshasa in seinem Labor mit diesen Testverfahren arbeiten zu können. Tragischerweise waren nie genug Geldmittel vorhanden, um das Labor angemessen auszustatten und in Funktion zu halten. Er konnte sich nicht einmal auf eine regelmäßige Stromversorgung verlassen – und so wurden die Reagenzien bald unbrauchbar. Wenn im Juni 1995 mehr Mittel verfügbar gewesen wären, hätte der Ebola-Ausbruch in Kikwit, der dreihundert Todesopfer forderte, vielleicht einen anderen Verlauf genommen.

Jonathan und ich hatten einige Probleme, die wir sofort angehen mußten. Das Wichtigste war, festzulegen, wo das Projekt SIDA seinen Hauptsitz haben sollte. Jeder hatte eine andere Meinung dazu. Mittlerweile herrschte in wissenschaftlichen Kreisen ein regelrechtes Gedränge um die Beteiligung an der AIDS-Forschung. Die Leute hatten realisiert, daß AIDS gute Gelegenheiten bot, Forschungsgelder lokker zu machen, sich zu spezialisieren und beruflich zu profilieren. Das schuf natürlich einen fruchtbaren Boden für intensive Konkurrenz. Es ging um hohe Einsätze. In vielen Ländern – Belgien, Frankreich, England, Kanada und den USA – mobilisierten Wissenschaftler bereits alle Ressourcen, um die Krankheit zu studieren. Eine Art Goldrauschmentalität machte sich breit. Internationale Reputation und große Karrieren winkten jenen, die als erste mit neuen Ergebnissen würden aufwarten können.

Einen Vorteil hatte der Kampf um Forschungsgelder und Ruhm allerdings: Es wurden tatsächlich Fortschritte gemacht. Wir wissen inzwischen erstaunlich viel darüber, wie das Virus beschaffen ist und auf welche Weise es ihm bisher gelungen ist, das menschliche Immunsystem – und die Immunologen – zu täuschen, indem es mit chamäleonartiger Leichtigkeit mutiert, um der Entdeckung und Vernichtung zu entgehen. Aber derselbe Konkurrenzkampf, der Wissenschaftler in allen Ländern der Welt dazu motivierte, nach einem Heilmittel für AIDS zu forschen, hat auch berufliche Freundschaften zerstört und ein destruktives, von Neid, Groll und Haß geprägtes Klima geschaffen. Die erbitterte Kontroverse zwischen dem Institut Pasteur in Frankreich und dem NIH in den USA über die Frage, wem die Ehre gebührt, das AIDS-Virus entdeckt zu haben, ist nur das eklatanteste Beispiel für den

Neid, die Rivalität und die Uneinigkeit unter Wissenschaftlern, die durch das hohe Maß an öffentlicher Aufmerksamkeit für AIDS ausgelöst wurden.

Jonathan hatte sich mit seiner Familie in Kinshasa niedergelassen und stellte bald fest, daß die spannende Aufgabe, das Projekt SIDA aufzubauen, ihn für die Schwierigkeiten und Härten des Lebens in Zaire entschädigte. Wir bewältigten die Anfangsschwierigkeiten gemeinsam, und nachdem er sich etabliert hatte, besuchte ich ihn mehrmals im Jahr, um die Zusammenarbeit fortzusetzen. Das Projekt wurde immer umfangreicher – Bob Colebunders aus Antwerpen und Skip Frances vom NIH kamen später als Mitarbeiter dazu, als der CDC, der NIH und das Prinz-Leopold-Institut für Tropenmedizin sich zu einer gemeinsamen Initiative entschlossen.

Es ist Jonathans Pionierarbeit zu verdanken, daß wir die Rolle einer urbanen Umwelt bei der Übertragung von AIDS nun besser verstehen. Jonathan widmete sich auch als einer der ersten dem Problem, wie das Virus bei aidskranken Schwangeren auf den Fetus übertragen wird. Gemeinsam mit Alan Greenberg aus Atlanta wies er außerdem eine Verbindung zwischen Malaria und AIDS bei Kindern nach. Es ist keine direkte Verbindung – Malaria führt natürlich nicht zu AIDS –, aber Malaria macht Kinder anämisch, und häufig sind dann Bluttransfusionen erforderlich. Wenn – wie es an vielen Orten Afrikas der Fall ist – keine Möglichkeit besteht, Spenderblut auf AIDS zu testen, ist das Risiko, daß das Kind eine kontaminierte Transfusion erhält, sehr hoch.

Darüber hinaus demonstrierte Jonathans Forschungsarbeit einige wichtige Unterschiede in bezug auf den Verlauf von AIDS-Erkrankungen in Afrika und im Westen. In Afrika schien die Inkubationszeit wesentlich kürzer zu sein. Der Grund lag unserer Auffassung nach darin, daß die afrikanische Bevölkerung von Anfang an anfälliger für die Krankheit war. Bevor sie an AIDS erkrankten, hatten afrikanische Patienten in aller Regel bereits eine Reihe von Infektionen, hauptsächlich durch Parasiten, hinter sich, und ihr Immunsystem war entsprechend geschwächt. Und schließlich gehörte Jonathan zu den ersten Wissenschaftlern, die auf das Auftreten von Tbc in Verbindung mit AIDS aufmerksam machten.

Ebenso bedeutend wie die Ergebnisse seiner Forschung waren Jonathans Erfahrungen in Zaire. Er hatte die Realität von AIDS direkt vor Augen und konnte die Auswirkungen der Krankheit sehr genau einschätzen. Dieses unmittelbare Verständnis machte ihn zu einem so effizienten Leiter des globalen AIDS-Programms, das später von der WHO eingerichtet wurde. Gegenwärtig ist seine neue Organisation in Harvard, das *Institute of Health and Human Rights* (Institut für öffentliche Gesundheit und Menschenrechte), die wichtigste Quelle unseres Wissens über die sozialen Hintergründe individueller Krankheitsrisiken, insbesondere bei Erkrankungen, die durch Erreger wie HIV ausgelöst werden.

Während man in den Jahren 1984–85 über die Inkubationszeit von AIDS in Afrika noch nicht viel wußte, legten Forschungsergebnisse in den USA nahe, daß zwischen der Infektion und der Entwicklung eines manifesten Immundefekts zwei bis fünf Jahre – oder sogar mehr – vergehen konnten. (Gegenwärtigen Schätzungen nach kann diese Zeit zwischen sechs Monaten und zehn Jahren liegen.) Das gab dem Virus seine schreckliche Macht. Wenn HIV das Immunsystem soweit sabotiert hatte, daß sich klare Symptome der Immunschwäche zeigten, war nicht nur das Schicksal des Patienten besiegelt, sondern er oder sie konnte das Virus in der Zwischenzeit an viele andere Menschen weitergegeben haben. Im Gegensatz dazu ist die Inkubationszeit bei Viren wie Lassa oder Ebola erschreckend – aber gnadenvoll – kurz. Wenn man sich infiziert, ist im Laufe von zwei Wochen alles entschieden – Leben oder Sterben. Wenn man überlebt, ist man vollständig geheilt und erkrankt nicht wieder.

AIDS ist etwas anderes. Sue behauptet, wenn jemand sie mit vorgehaltener Pistole zwingen würde, sich zwischen zwei Spritzen zu entscheiden, einer mit Ebola und einer mit HIV, würde sie Ebola wählen. Wenn ich daran denke, wie ich mich 1979 im Sudan mit einer kontaminierten Kanüle gestochen hatte, schätze ich mich allerdings glücklich, einer Ebola-Infektion entgangen zu sein. Aber jetzt machte mir etwas anderes Sorgen. Nach dem Vorfall hatte ich mir von Roy Baron eine Plasmainfusion verabreichen lassen. Von wem war dieses Plasma gekommen, fragte ich mich. Ich hatte keine Ahnung, aber eines wußte ich mit Sicherheit: Es war natürlich nicht auf HIV getestet worden. Es bestand die Möglichkeit, daß ich mich mit einer Krankheit infiziert hatte, die noch schrecklicher war als Ebola. Sobald der AIDS-Test verfügbar war, ließ ich mein Blut untersuchen. Dann mußte ich warten. Es war wieder genauso wie im Sudan. Und als das Ergebnis kam – negativ –, fühlte ich mich so, als hätte ich zum zweiten Mal in der Lotterie gewonnen.

Die Fähigkeit von AIDS, uns nach all diesen Jahren immer noch unlösbar erscheinende Rätsel aufzugeben, ist geradezu unheimlich. Warum Afrika, fragten wir uns. Und warum zu diesem Zeitpunkt? Um zu ermitteln, wie lange die Krankheit bereits unerkannt existiert hatte, wurden Serumproben, die seit vielen Jahren in Kinshasa aufbewahrt wurden, auf HIV getestet. Belgische Kollegen hatten diese Proben Jahre zuvor aus anderen Gründen von schwangeren Frauen, die an Vorsorgeuntersuchungen teilgenommen hatten, entnommen. Die Tests lieferten den Beweis, daß HIV in Kinshasa mindestens seit den späten siebziger Jahren präsent gewesen sein mußte. Diese Tatsache ergab allerdings noch kein komplettes Bild der Geschichte der Krankheit. Trotz der Gefahr der Übertragung durch heterosexuelle Kontakte bildeten schwangere Frauen keine ausgesprochene Risikogruppe für AIDS. Wir hätten, wie wir nun wissen, ähnliche Testreihen mit Prostituierten, Drogenabhängigen und Lastwagenfahrern durchführen müssen, um zu einem klareren Bild zu kommen. Wenn schwangere Frauen schon in den späten siebziger Jahren infiziert waren, konnte AIDS nicht neu sein. Neu war aber seine epidemische Verbreitung. Also, woher war die Krankheit gekommen, und wie konnte sie so verheerend werden?

HIV enthüllt seine Vergangenheit

Es war wichtig, herauszufinden, wo AIDS seinen Ursprung hatte, wenn man sich ein Bild davon machen wollte, wie die Epidemie sich entwikkelt haben könnte. Bald wurde evident, daß es in Zentral- und Ostafrika eine hohe Konzentration von AIDS gab und daß die Mehrheit der Infizierten in den Städten lebte. Als bei Affen ein mysteriöses Virus gefunden wurde, SIV *(Simian Immunodeficiency Virus)*, das mit HIV große Ähnlichkeit zu haben schien (obwohl es bei den Affen selbst offenbar keine AIDS-ähnlichen Symptome auslöst), griffen viele sofort nach dieser Erklärungsmöglichkeit: Das Virus war von Affen auf Menschen übergesprungen. Aber aus epidemiologischer Sicht erschien diese Hypothese nicht sehr glaubwürdig. Affen lebten vorwiegend in den Regenwäldern, während AIDS sich in den Städten ausbreitete. Wir konnten nach einem «heißen» Affen, der den gewünschten Beweis lieferte, suchen, soviel wir wollten, aber ich bezweifelte, daß dieser Ansatz uns wirklich weiterbringen würde. Wo also lag die Erklärung?

Die Studien wurden fortgesetzt. Allen, die in diese Forschung involviert waren, wurde zunehmend klar, daß die Übertragung des Virus nicht hocheffizient war. Sexueller Kontakt oder Kontakt mit infiziertem Blut (eine kontaminierte Transfusion, die Spritze eines Drogenabhängigen, die von anderen benutzt wurde, oder die versehentliche Verletzung mit einer kontaminierten Kanüle) waren notwendig. Was sagte uns das?

Ich kehrte wieder zu der Frage zurück, die mich beschäftigte, seit wir mit der Arbeit am Projekt SIDA begonnen hatten. Aber ich formulierte sie nun etwas anders, vielleicht würde das meine Gedanken in eine neue Richtung lenken. Ich fragte mich nun nicht mehr, wie lange das Virus schon existierte, sondern wie lange es *unerkannt* präsent gewesen war, bevor es zu Anfang der sechziger Jahre erstmals beschrieben wurde. Obwohl ich in den sechziger Jahren viele Arten von Infektionen gesehen hatte, erinnerte ich mich nicht, je etwas wie AIDS beobachtet zu haben – abgesehen von Tuberkulose, denn das wäre, retrospektiv betrachtet, im ländlichen Afrika mit hoher Wahrscheinlichkeit die Diagnose für jemanden mit AIDS gewesen. Aber Zaire – wie auch das übrige Afrika – hatte sich seit jener Zeit rapide und tiefgreifend verändert. Die größte und folgenreichste Veränderung war die massive Urbanisierung. Überall auf dem afrikanischen Kontinent hatte die Landflucht eingesetzt, auf der Suche nach Arbeit strömten die Menschen in die Städte. In afrikanischen Dörfern (zumindest in den Gebieten, in denen ich gearbeitet hatte) war die Art von sexueller Promiskuität, die später für junge Mädchen wie Yema in Städten wie Kinshasa zu etwas Alltäglichem wurde, durchaus nicht üblich. Ein solches Verhalten wird in abgelegenen Gebieten des ländlichen Afrika nicht ohne weiteres toleriert, und in kleinen Gemeinschaften ist die soziale Kontrolle sehr ausgeprägt und der Anpassungsdruck sehr stark. Das Abweichen von den allgemein anerkannten Regeln könnte für den einzelnen ernste Konsequenzen haben. Die Tradition der Polygamie, die in Afrika weit verbreitet ist, sorgte früher dafür, daß Frauen in einem sehr jungen Alter verheiratet wurden. Diese soziale Praxis stellte natürlich eine erhebliche Beschneidung der Freiheit der Frauen dar, aber gleichzeitig hatte sie den Effekt, die Promiskuität einzudämmen. Dadurch wiederum war das Risiko der Verbreitung von AIDS minimiert. Unter diesen Umständen, sagte ich mir, konnte ein Virus mit einem wenig effizienten Übertragungsweg und einer relativ langen Inkubationszeit auf einem niedrigen Niveau jahrelang zirkulieren, ohne daß es zu mehr als einigen vereinzelten Fällen manifester Erkrankung kam. Und jene wenigen manifesten AIDS-Fälle konnten leicht übersehen werden, besonders unter primitiven Bedingungen, wo Ärzte rar waren und diagnostische Einrichtungen praktisch nicht existierten. Im größten Teil des ländlichen Zaire gab es, wie ich sehr wohl wußte, so gut wie gar keine medizinische Versorgung. Man konnte also davon ausgehen, daß AIDS auf dem Land unbemerkt geblieben war.

Diese Hypothese, überlegte ich weiter, könnte man durch eine Longitudinalstudie testen, eine Studie, die uns erlauben würde, die Infektionsraten im ländlichen Afrika über einen langen Zeitraum zu vergleichen. In diesem Augenblick fiel mir die Ebola-Untersuchung von 1976 ein. Wir hatten damals in der Umgebung von Yambuku etwa sechshundert Serumproben gesammelt, die dann zur Sicherheit in Tiefkühlfächern im CDC gelagert wurden. Ich wußte, was wir zu tun hatten.

Ich nahm Kontakt zu Leuten auf, die im HIV-Labor des CDC arbeiteten, und bat sie, an unseren Sera von 1976 HIV-Antikörpertests vorzunehmen. Damals war es noch ziemlich schwierig, diese Tests durchzuführen. Der serienmäßig produzierte kommerzielle Test stand noch nicht zur Verfügung und alle Reagenzien mußten im Labor hergestellt werden. Man arbeitete zur Kontrolle außerdem mit Radioimmunopräzipitation, einem Verfahren, das genauso kompliziert ist wie sein Name und viel mühsamer als das Western Blotting (Immunoblotverfahren), durch das es später ersetzt wurde. (Mit Hilfe des Western Blotting können Antikörper gegen ein bestimmtes virales Protein im Serum festgestellt werden.) Bei sechshundert Proben würde es einige Wochen dauern, bis die Ergebnisse vorlagen.

Durch Radioimmunopräzipitation – oder kurz RIP – wird die Ausfällung bestimmter Proteine des Virus im Serum gemessen. Das Virus wird mit einem radioaktiven Indikator markiert, die Stärke des radioaktiven Signals steht in einem direkt proportionalen Verhältnis zur Menge der Antikörper im Serum. Dieses Testverfahren hat den Vorteil, hochsensibel und gleichzeitig sehr spezifisch zu sein.

Wir warteten mit großer Spannung. Meine Vermutung war, daß wir HIV finden würden, aber zu einem sehr geringen Prozentsatz. Wie gering – das war die Frage. Wenn die Ratio bei weniger als 1 : 600 lag, hätten wir kaum Chancen, es überhaupt zu entdecken. Ich brauchte den klaren Nachweis – wenn auch in geringen Zahlen –, um eine realistische Schätzung über das Vorkommen von HIV-Infektionen in Zaire im Jahre 1976 abzugeben. Schließlich erhielt ich einen Anruf vom HIV-Labor. Die Tests waren abgeschlossen.

Die ELISA (Enzyme-Linked Immunoabsorbent Assay)-Tests, die Antikörper gegen das Virus nachweisen, bestätigt durch RIP, zeigten, daß in fünf der sechshundert Sera Antikörper gegen HIV vorhanden waren. Daraus konnte man schließen, daß in dem Gebiet um Yambuku 1976 etwa 0,8 Prozent der Bevölkerung mit dem AIDS-Virus infiziert waren. (In einer Studie, die wir gemeinsam mit Françoise Brun-Vezinet 1986 am Claude-Bernard-Krankenhaus in Paris durchführten, konnten wir bei Sera von 1976 aus dem Sudan bei 0,9 Prozent Antikörper gegen HIV nachweisen – die Resultate waren bemerkenswert ähnlich.) Aber damit gaben wir uns noch nicht zufrieden. Wir wollten wissen, ob man aus einem der fünf Sera tatsächlich das HIV-Virus isolieren konnte. Die meisten Viren, HIV eingeschlossen, können außerhalb des menschlichen Körpers nur schwer überleben. In Proben sterben sie gewöhnlich innerhalb von Minuten oder Stunden nach der Entnahme ab. Wenn man lebende Viren studieren will, muß man die Proben mit großer Sorgfalt behandeln und konservieren. Das hatten wir bei der ersten Studie in Yambuku getan. Im Fall von HIV ist es günstiger, Zellen aus dem gesamten Blut des Patienten zu konservieren, aber die Proben, die wir in Yambuku entnommen hatten, enthielten keine konservierten Zellen, sondern nur Serum. Für ihre lange Reise nach Atlanta hatten wir die Proben sorgfältig in Trockeneis verpackt, und anschließend waren sie bei einer Temperatur von minus 80 Grad – der Temperatur von Trockeneis – gelagert worden, aber seither waren immerhin zehn Jahre vergangen. Das ist eine sehr lange Zeitspanne, um ein Virus am Leben zu erhalten, insbesondere unter Bedingungen, die alles andere als ideal waren, und bei relativ niedrigen Titern. Wir wußten auch, daß die fünf Leute, von denen die Sera stammten, zum Zeitpunkt der Entnahme gesund gewesen waren. Sie waren die *Überlebenden* des Ebola-Ausbruchs. Keiner von ihnen hatte Symptome einer Krankheit wie AIDS gezeigt – jedenfalls damals nicht.

Jane Getchell, die im HIV-Labor arbeitete, unternahm den heiklen Versuch, das Virus aus den Sera zu extrahieren. Sie war eine kleine, dünne Frau von Mitte Dreißig, die sich von der medizinisch-technischen Assistentin zur Ärztin und Wissenschaftlerin hochgearbeitet hatte. Sie hatte die Grundlagenarbeit für ihre Dissertation in unserem Labor gemacht. Nach ihrem Abschluß hatte sie in dem neu eingerichteten HIV-Labor des CDC zu arbeiten begonnen. Nun konfrontierten wir sie mit einer neuen Herausforderung, und sie nahm die Aufgabe mit der Energie und dem Engagement, das sie in jedes Projekt einbrachte, in Angriff.

Janes Assistent war ein kleiner, untersetzter Labortechniker, den ich nur als Donald kannte. Gemeinsam machten sie sich daran, die winzigen Aliquoten kostbaren Serums in ihren Gewebekulturen aufzupäppeln. Um herauszufinden, ob sich in den Sera noch lebende Viren befanden, brauchten sie zunächst frische menschliche Spenderzellen, Lymphozyten – aus Lymphgewebe, Lymphknoten, Milz oder Mandeln –, die einen wesentlichen Bestandteil des menschlichen Immunsystems bilden. Wenn ein Virus präsent war, würden die Lymphozyten eine eindeutige Reaktion zeigen. Jane und Donald stimulierten das Zellwachstum, denn sie brauchten eine genügende Menge Lymphozyten, um das Serum mit dem vermuteten Virus darin auszusäen. Die mühsame, schwierige Prozedur erforderte ein hohes Maß an fachlichem Können, Erfahrung und Geduld – und etwas Glück mußte man auch haben. Jane und Donald überprüften die Kulturen täglich, erneuerten das Medium (die Nährlösung, in der die Lymphozyten herangezüchtet wurden) und testeten sie regelmäßig auf das Vorhandensein eines bestimmten Enzyms – reverse Transkriptase – die Visitenkarten des HIV-Virus. Das Enzym stellt eine DNA-Kopie der RNA, des eigentlichen genetischen Materials des Virus her. Dieser Kopiervorgang kommt bei den Zellen des menschlichen Körpers niemals vor, also ist das Enzym normalerweise in den Körperflüssigkeiten oder im Gewebe nicht präsent. Wenn man es vorfindet, weiß man, daß ein Retrovirus (wie HIV) in der Mixtur vorhanden sein muß. Jane und Donald hatten nur sehr geringe Mengen Serum zur Verfügung, also würden sie aller Wahrscheinlichkeit nach nur einen einzigen Versuch machen können. Ein Jahr zuvor hatten wir in einem anderen Labor aus Proben, die wir 1983 von Patienten im Mama-Yemo-Krankenhaus entnommen hatten, Viren aus Zaire isoliert, aber bisher war es noch niemandem gelungen, aus Material, das so alt war, ein Virus zu extrahieren.

Schließlich, als Jane und Donald das Material mehrfach auf frische Zellkulturen übertragen hatten, zeigte sich in einer der Proben eine Andeutung von zunehmender Enzymaktivität. Voller gespannter Erwartung züchteten sie dieses Material in weiteren frischen Lymphozytenkulturen heran, bis es zu voller Blüte gelangte und – während es sich auf jedem neuen Nährboden vermehrte – reverse Transkriptase produzierte. Wir waren nun im Besitz des ältesten existierenden HIV-Virus.

Das Virus, das Jane und Donald extrahierten, wurde in der Folgezeit bei Studien über die Evolution von HIV-Viren immer wieder zum Vergleich herangezogen, als der prototypische Entwicklungsstrang. HIV ist inzwischen in Form vieler unterschiedlicher Entwicklungslinien aufgetreten, und der Vergleich mit dem Prototyp ist Forschern eine große Hilfe, wenn sie die Beziehungen zwischen HIV-Viren, die an verschiedenen Orten zu verschiedenen Zeiten isoliert wurden, zu verstehen versuchen. Mehrere andere Wissenschaftler entschlüsselten zu einem späteren Zeitpunkt den genetischen Code dieses Virus. Anhand dieser Informationen konnten wieder andere Forscher bestimmen, in welchem Maß seine Abkömmlinge sich im Lauf der Zeit verändert hatten. Die Analyse der genetischen Codesequenzen sagt uns – einfach ausgedrückt –, wie alt ein bestimmter Entwicklungsstrang des Virus in Relation zu anderen Linien ist, und gibt uns ein Mittel an die Hand, präzise zu bestimmen, zwischen welchen Linien enge Verwandtschaft besteht. Die Informationen, die man auf diese Weise erhält, werden dann auf ein sogenanntes Dendrogramm – eine Art Familienstammbaum – übertragen. Anhand des Dendrogramms können Wissenschaftler klar erkennen, wo sich die Wege von HIV und SIV (dem Affenvirus), die einander sehr ähnlich sind, trennten. Obwohl SIV und HIV ursprünglich vielleicht aus derselben Quelle kamen, enthüllt ihre genetische Geschichte, daß sie bereits vor langer Zeit unterschiedliche Entwicklungswege einschlugen. Ob das Virus zuerst bei Affen erschien, die es an den Menschen weitergaben, oder ob es sich umgekehrt verhielt, werden wir vermutlich nie erfahren. Wir können nur sicher sein, daß dies nicht erst in jüngster Zeit geschah.

Wir hofften auch, daß unser Isolat für die Lebenden von Nutzen sein könnte, und stellten es daher dem Salk-Institut, das sich um die Entwicklung eines Impfstoffs bemüht, für Versuche zur Verfügung. Leider hat sich kein Impfstoff bisher als wirksam erwiesen.

Obwohl wir das Virus im Labor isoliert hatten, wußten wir immer noch nicht, wie weit es innerhalb der afrikanischen Bevölkerung verbreitet war. Da AIDS sich hinter der Maske von Tuberkulose und vielen anderen Krankheiten verborgen hatte, gab es für uns keine eindeutige Möglichkeit, das Ausmaß seiner Verbreitung einzuschätzen. Um mit der Bekämpfung der Krankheit beginnen zu können, mußten wir zunächst einmal wissen, wie viele Leute sie hatten. Das war das Problem, dem wir gegenüberstanden.

Nun entwickelten sich die Dinge sehr schnell. Unsere Untersuchung von 1983 in Zaire sowie die Studie, die zur gleichen Zeit in Ruanda durchgeführt worden war, demonstrierten, daß HIV in Ostafrika weit verbreitet war. Fakhry Assad, der temperamentvolle Ägypter, den ich 1979 auf meinem Weg in den Sudan kennengelernt hatte, leitete inzwischen die Abteilung für übertragbare Krankheiten bei der WHO. Das war sein Spezialgebiet. Eine lebhafte, brieflich und telefonisch geführte Diskussion entspann sich zwischen Fakhry und mir. Er war bereits davon überzeugt, daß unter der Schirmherrschaft der WHO ein umfassendes AIDS-Programm in Gang gesetzt werden sollte, aber sein

Chef, Dr. Hafdan Mahler, war nicht so leicht zu überzeugen. Nachdem ihm der Umfang der Problematik klargeworden war, gab allerdings auch er seine volle Unterstützung.

Im Frühjahr 1985 begann ich in der Zentralafrikanischen Republik, einem Land mit rund 2400000 Einwohnern, das an Zaire und den Sudan angrenzt, über HIV zu arbeiten. 1976 hatte ich auf meiner Suche nach Ebola erfolglos versucht, von der nördlichen Grenze Zaires aus in das Land einzureisen. Diesmal nahm ich eine andere Route – über die Hauptstadt Bangui. Ich konnte nur hoffen, daß der umgestürzte Baum, der 1976 den Weg blockiert hatte, weggeräumt und die fehlende Fähre ersetzt worden war. Mein wichtigster Mitarbeiter war Alain Georges vom Institut Pasteur in Bangui. Das Institut Pasteur unterhält ein weltweites Netz von Laboreinrichtungen, vor allem – wenn auch nicht ausschließlich – in früheren französischen Kolonien. Alain ist ein lebhafter, rothaariger Mann, der alles, was er in Angriff nimmt, mit Energie und großem Engagement zu Ende bringt. Außerdem ist er ein hervorragender Koch und Weinkenner und ein begeisterter Sporttaucher. Er arbeitet immer noch in Afrika, zur Zeit in Gabun, über HIV und virale hämorrhagische Fieber – ein Interessengebiet, das uns verbindet. Es war Alain, der 1996 bei Patienten, die sich durch den Kontakt mit einem toten Schimpansen infiziert hatten, Ebola entdeckte. Er erkannte den Ausbruch und konnte ihn eindämmen, ohne daß es zu Sekundärfällen kam.

Im Laufe der Untersuchung, die wir 1985 durchführten, wurde uns schnell klar, daß AIDS auch in der Zentralafrikanischen Republik angekommen war. Im April 1985 fragte ich Alain, was er davon hielte, in Bangui einen gesamtafrikanischen AIDS-Kongreß abzuhalten, den die WHO finanzieren würde, und ob er bereit sei, als Leiter und Gastgeber zu fungieren. Er stimmte zu. Ich schickte dann ein Fax an Fakhry Assad in Genf und schlug ihm vor, im Oktober, einen Monat vor einem anderen, bereits geplanten Kongreß in Europa, in Afrika einen AIDS-Workshop zu veranstalten. Fakhry hatte keine Einwände.

Um eine möglichst breite Basis zu schaffen, entschlossen wir uns, Repräsentanten aus sechzehn afrikanischen Ländern sowie aus Europa und den USA einzuladen. Wir stellten uns den Workshop als Forum zum Informationsaustausch über AIDS vor, und wir wollten westlichen Wissenschaftlern Gelegenheit geben, die Realität von AIDS in Afrika kennenzulernen. Bei vielen Menschen – Wissenschaftlern eingeschlossen – ist das geographische Vorstellungsvermögen ziemlich schwach ausgeprägt. Die westlichen Gäste konnten nur profitieren, wenn sie den Kontext, in dem die afrikanische Epidemie sich abspielte, verstanden. Ganz gleich, welche Illusionen sie sich über Afrika machten, die Zentralafrikanische Republik würde ihnen die Augen öffnen. Es ist eines der am wenigsten entwickelten und von der schwersten Armut heimgesuchten Länder auf dem Kontinent. Bis 1979 wurde es von Jean-Bédel Bokassa beherrscht, der sich nach dem Vorbild Napoleons selbst zum Kaiser krönte und für seine Krönungszeremonie Millionen von Dollar verschleuderte. Er wurde schließlich gestürzt, aber zuvor hatte er die mageren Ressourcen des Landes für seine privaten Zwecke geplündert und seine politischen Gegner ermorden lassen. Einige seiner toten Feinde soll er, wie es heißt, sogar verspeist haben. Ja, selbst auf einem Kontinent, der für seine Tyrannen berüchtigt ist, ragte Bokassa als Extrem heraus.

Es bestand immer noch die dringende Notwendigkeit, den Umfang des AIDS-Problems in Afrika einzuschätzen. Nur dann konnten wir klare Vorstellungen entwickeln, was getan werden mußte und wo man ansetzen mußte. Unter anderem war dazu eine Zählung der AIDS-Fälle erforderlich. Aber hier ergab sich eine spezielle Schwierigkeit: Die wenigsten AIDS-Patienten in Afrika erhielten überhaupt medizinische Versorgung und waren folglich auch nicht in den Unterlagen von Arztpraxen oder Krankenhäusern erfaßt. Standardisierte diagnostische Tests für breitangelegte Untersuchungen standen noch nicht zur Verfügung, und auch die finanziell besser ausgestatteten Hospitäler waren nicht in der Lage, komplizierte Testverfahren wie den T4/T8-Ratio-Test, den wir in den USA benutzten, durchzuführen. Da wir auf keinen dieser Faktoren zurückgreifen konnten, brauchten wir klinische Falldefinitionen, das heißt, diagnostische Richtlinien, an denen Ärzte sich orientieren konnten, um zu bestimmen, ob jemand AIDS hatte oder nicht.

Das war mein wichtigstes Ziel: Wenn ich alle Teilnehmer des WHO-Workshops dazu bringen konnte, sich auf eine einfache Definition, wie ein AIDS-Fall in Afrika aussah, zu einigen, dann könnten wir – auch wenn die Definition unvollkommen war – tatsächlich mit einer Zählung der AIDS-Fälle beginnen. Und wir würden alle von den gleichen Voraussetzungen ausgehen.

Der amerikanische Botschafter in der Zentralafrikanischen Republik, ein Ebenbild von Robert Kennedy, machte seinen Einfluß geltend, um unsere Initiative zu unterstützen, und stellte uns die Einrichtungen und Kommunikationssysteme der Botschaft zur Verfügung. Wir brauchten sie. Bangui war 1985 keine moderne Metropole – nicht, daß es jetzt eine wäre –, und die Reiserouten Afrikareisender führten gewöhnlich daran vorbei. Der Botschafter war ein früherer Freiwilliger des Peace Corps und kannte sich auf dem afrikanischen Kontinent mittlerweile sehr gut aus. Er initiierte sogar ein grundlegendes Informationsprogramm über AIDS für Peace-Corps-Mitarbeiter und Botschaftsangehörige.

Während die Vorbereitungen für den Oktober-Workshop auf Hochtouren liefen, setzten Alain, seine Frau Marie Claude – die noch mehr Energie, vor allem aber unendlich viel mehr Geduld hatte als ihr Mann – und ich unsere Umfrage unter verschiedenen Bevölkerungsgruppen Banguis fort. Am Ufer des Ubangi-Flusses gelegen, ist Bangui ein wichtiger Hafen und wirtschaftlicher Umschlagplatz mit 340 000 Einwohnern. Eine der interessantesten Gruppen, auf die wir unsere Aufmerksamkeit konzentrierten, bildeten die *Femmes libres*. Wie in Zaire handelte es sich überwiegend um Frauen, die auf sich selbst angewiesen waren und keine Unterstützung durch ihre Familien hatten. In Bangui waren die *Femmes libres* in einem bestimmten Stadtviertel zu finden und leicht zu erkennen. Bei unseren Umfragen versicherten wir ihnen, daß ihre Namen in unserer Studie nicht genannt werden würden, und sie verhielten sich sehr kooperativ.

Es war mitleiderregend zu sehen, an welchen Orten sie ihr Gewerbe praktizierten, zum Beispiel in einem alten Volkswagenbus, der mit Pappe ausgelegt war. Vorhänge, die aus Lumpen bestanden, schufen ein Minimum an Privatsphäre. Glücklicherweise wurden die Frauen regelmäßig von einem lokal ansässigen Arzt untersucht. Das machte es uns einfacher, sie über die Risiken, die sie eingingen, in Kenntnis zu setzen. Außerdem konnten wir so das Ausmaß bereits bestehender Infektionen leichter einschätzen. Schon 1985 waren vier Prozent der *Femmes libres* mit HIV infiziert. Und das – so befürchteten wir – war nur die Spitze des Eisbergs.

Im Sommer desselben Jahres rief Fakhry einige Leute zu einer Beratung zusammen. Es ging darum, jemanden zu finden, der in der Lage war, von Genf aus ein umfassendes AIDS-Projekt für die WHO zu entwickeln. Es sollte sich in erster Linie auf Entwicklungsländer konzentrieren. Ich schlug Jonathan Mann vor, der mit dem Projekt SIDA in Zaire bereits große Wirkung erzielte. Ich konnte mir für die Position keinen besseren Kandidaten vorstellen. Im Oktober, wenn wir alle in

Bangui zusammenkamen, würde Fakhry Gelegenheit haben, ihn kennenzulernen und ihm auf den Zahn zu fühlen. Wie ich vorausgesehen hatte, verstanden die beiden sich auf Anhieb gut. Als Fakhry ihn fragte, ob er daran interessiert sei, bei der WHO ein AIDS-Projekt aufzubauen, sagte Jonathan jedoch nicht sofort zu, erbot sich aber, Ideen für die neue Organisation beizusteuern. Schließlich wurde er aber doch der Begründer und Leiter des globalen AIDS-Projekts der WHO. Im Laufe der nächsten sechs Jahre hatte diese Initiative unter allen dem AIDS-Problem gewidmeten Hilfsprogrammen für Entwicklungsländer bei weitem die größte Wirkung. Fakhry starb einige Jahre später plötzlich und unerwartet, und dies war vermutlich sein wichtigstes Vermächtnis an die WHO.

In der Zwischenzeit entzündete sich eine hitzige Debatte über die «Bangui-Definition», die von der WHO benutzt wurde, um AIDS-Fälle zu identifizieren. Die Definition kam im wesentlichen durch Konsens zustande, basierend auf den Erfahrungen der Delegierten mit AIDS-Patienten. Sie hat sich bei der Einschätzung der Größenordnung der Pandemie in Afrika, insbesondere in Gebieten, in denen man keine Tests durchführen kann, als nützliches Werkzeug erwiesen. Die wichtigsten diagnostischen Kriterien waren: lange andauerndes Fieber (vier Wochen oder länger), Gewichtsverlust von zehn Prozent oder mehr und lange anhaltende Diarrhoe. Außerdem waren weniger allgemeine Symptome wie Tuberkulose und wiederholte Herpesinfektionen wichtig.

Einige der Wissenschaftlerinnen und Wissenschaftler, die an diesem bahnbrechenden Kongreß teilnahmen, hatten in der AIDS-Forschung in Afrika und Europa Pionierarbeit geleistet. Unter ihnen waren die beiden Françoises aus Paris: Françoise Barre-Sinoussi und Françoise Brun-Vezinet. Barre-Sinoussi vom Institut Pasteur war eine Schlüsselfigur in der Geschichte der AIDS-Forschung. Sie arbeitete im Labor von Professor Luc Montagnier. Eigentlich gebührt *ihr* sehr viel mehr öffentliche Anerkennung, denn sie war die Wissenschaftlerin, die 1983 als erste das AIDS-Virus isolierte. Diese einzigartige Leistung ging im Medienrummel um die «Entdeckung» des AIDS-Virus unter. Man sagte, es sei typisch für sie, sich in eine Aufgabe zu verbeißen und nicht locker zu lassen, bis sie das Problem gelöst hatte. Sie wurde später durch den begehrten und prestigereichen König-Feisal-Preis für medizinische Wissenschaften geehrt. Françoise ist immer noch aktiv in die AIDS-Forschung, vor allem in Entwicklungsländern, involviert.

Die zweite Françoise – Brun-Vezinet – war Co-Autorin des von der ersten Françoise verfaßten berühmten Artikels, der über die erstmalige Isolierung des HIV-Virus berichtete. Brun-Vezinet, selbst eine renommierte Gestalt in der AIDS-Forschung, war auch die Wissenschaftlerin, die die Sera der Ebola-Studie von 1979 im Sudan auf HIV testete und herausfand, daß die Infektionsrate 1979 im Sudan mit der von 1976 in Zaire nahezu identisch war.

Während des Bangui-Kongresses löste sie ungewollt einen Zwischenfall aus, der beinahe zur Katastrophe geführt und die AIDS-Forschung um Jahre zurückgeworfen hätte. Zur Erholung und Entspannung hatten die Sponsoren des Kongresses eine Besichtigungstour per Helikopter organisiert. Beide Françoises schlossen sich der Gruppe an, die daran teilnahm. Während des Fluges stieß Brun-Vezinet, die neben dem Piloten saß, versehentlich gegen den Hebel, der den Rotor abstellte, und der Helikopter sackte plötzlich ab. Der Pilot reagierte jedoch schnell – es gelang ihm, den Hubschrauber zu stabilisieren, bevor er zuviel Höhe verlor. Die Fluggäste zitterten immer noch, als sie wieder festen Boden unter den Füßen hatten. Eine versehentliche Infektion im Labor war ein Risiko, auf das sie gefaßt waren, nicht aber ein Hubschrauberabsturz in der Wildnis Zentralafrikas.

Als ich nach Atlanta zurückgekehrt war, ließ mich die Frage, wo der Ursprung der AIDS-Epidemie lag, immer noch nicht los. Eine grundlegende, wichtige Information hatten wir jetzt zumindest: Wir wußten, daß die HIV-Infektionsrate bei der dörflichen Bevölkerung des nördlichen Zaire 1976 weniger als ein Prozent betrug. Außerdem waren wir jetzt im Besitz eines Virus von einem Patienten aus dieser Population. Wir wußten jedoch nicht, was in der Zwischenzeit aus dieser Bevölkerungsgruppe geworden war. Wenn unsere Hypothese stimmte, mußte die Infektionsrate auf dem Lande etwa dieselbe geblieben sein, obwohl sie unter der urbanen Bevölkerung beträchtlich angestiegen war. Wir gingen davon aus, daß die Übertragung des Virus in einer abgeschiedenen ländlichen Gesellschaft gerade so effektiv war, daß die Krankheit präsent blieb, ohne jedoch explosionsartig zu einer Epidemie anzuwachsen. Es war uns sehr wichtig, herauszufinden, ob wir unsere Hypothese verifizieren konnten, denn so würden wir vielleicht auf Anhaltspunkte dafür stoßen, wo HIV sich während all dieser Jahre verborgen gehalten hatte. Wir wollten auch eine weitere Vermutung testen und herausfinden, ob die epidemische Verbreitung von HIV in der Tat mit Faktoren wie der zunehmenden Urbanisierung, der Abwanderung der Landbevölkerung und Veränderungen des Lebensstils, vor allem was sexuelle Verhaltensweisen anging, in Zusammenhang stand. Wir brauchten jemanden in Zaire, der sich vor Ort mit diesen Fragen befaßte. Hier kommt Kevin DeCock ins Spiel.

HIV wandert flußabwärts

Kevins Aufgabe war, sich in eines der isoliertesten Gebiete der Welt zu begeben und der Frage nachzugehen: Wie hatte sich HIV im Lauf von zehn Jahren in einer abgeschiedenen ländlichen Gesellschaft Afrikas ausgewirkt? Wir wollten auch wissen, was mit unseren ursprünglichen HIV-positiven Patienten geschehen war, insbesondere der jungen Frau, aus deren Blut wir das älteste Virus isoliert hatten.

Zu dieser Zeit war Kevin DeCock ein EIS (Epidemiology Intelligence)-Mitarbeiter, der meiner Abteilung angehörte. Er hatte in Kenia gearbeitet und sah seiner neuen Aufgabe in Afrika mit gespannter Erwartung entgegen. Kevin war Ende Dreißig und hatte die sehnige Figur eines Langstreckenläufers – der er in der Tat auch war. Und er war ein echter Weltbürger. Als ich ihm das letzte Mal begegnete, hatte er einen belgischen Paß, arbeitete in Amerika, sprach mit makellosem britischem Akzent und war mit einer bezaubernden kenianischen Frau namens Sopiatu verheiratet. Er war in Belgien geboren, sein Vater war Belgier und seine Mutter Amerikanerin. Nachdem er an der Bristol Medical School in England studiert und seinen Abschluß als M.D. gemacht hatte, ging er in die USA, um sich auf Lebererkrankungen zu spezialisieren. Dann zog es ihn zum CDC – besonders in meinen Fachbereich –, weil er die Virologie für sich entdeckt hatte und in Afrika über Viren arbeiten wollte.

Bevor Kevin nach Zaire aufbrach, übergab ich ihm die komplette Liste der sechshundert Personen, von denen wir die Serumproben genommen hatten. Die wichtigsten auf der Liste waren natürlich die fünf, die sich als HIV-positiv herausgestellt hatten. Es war eines seiner Ziele, zu ermitteln, was aus ihnen geworden war. Im nördlichen Zaire hatten die Dinge sich im Lauf der letzten zehn Jahre nicht zum Besseren entwickelt. Wir mußten logistische Hilfe für Kevin organisieren. Jonathan Mann konnte ich nicht mehr um Unterstützung bitten, denn er hatte bereits seine neue Position bei der WHO in Genf übernommen. Robin Ryder, der einige Jahre lang für den CDC gearbeitet und dann an einer Universität gelehrt hatte, war als Leiter des AIDS-Projekts in Kinshasa an seine Stelle getreten. Ryder ist ein energischer, drahtiger Mann, dessen sportliche Leidenschaft so weit geht, daß er morgens *und* abends ein ausgiebiges Lauftraining absolviert. Er hatte in Gambia mit Hepatitispatienten gearbeitet und war mit Afrika recht gut vertraut. Obwohl seine unvollkommenen Kenntnisse der französischen Sprache ein gewisses Handicap darstellten, warf er sich mit derselben Energie, die er für seine täglichen Laufrunden aufbrachte, auf seine neue Aufgabe. Wir initiierten unsere neue HIV-Studie kurz nachdem Robin in Kinshasa das Ruder übernommen hatte – also mußten wir ihn davon überzeugen, daß dieses Unternehmen auf der langen Liste wichtiger Dinge, die er zu tun hatte, Priorität genießen sollte. Das gelang uns auch.

Flüge von Kinshasa ins Inland waren nach wie vor selten und unregelmäßig, aber Kevin hatte das Glück, einen Platz zu ergattern. Der Flug gab ihm Gelegenheit, ein Phänomen kennenzulernen, das Reisende nur selten zu sehen bekommen. Auf dem Weg nach Lisala landete das Flugzeug kurz in Ghadolite, dem Geburtsort Präsident Mobutus, einem Dorf am Ubangi-Fluß im nördlichen Zaire. Kevin sagte, er habe nie etwas Ähnliches gesehen, weder in Zaire noch sonst irgendwo auf der Welt. Wie viele Flughafengebäude der Welt können sich schon eines vergoldeten Kuppeldachs rühmen? Ich hatte es vor vielen Jahren auf meinem Weg in den Norden, wo ich einen Ausbruch von Affenpokken untersuchen wollte, ebenfalls gesehen. Das Dorf ist völlig abgelegen, ohne jede Verbindung zu den Hauptverkehrsadern des Landes. Es hat keine bemerkenswerte Handwerks- oder Handelstradition, und es gibt dort nichts von Bedeutung zu sehen. Dennoch sind seine Straßen nachts beleuchtet, es gibt Stromversorgung rund um die Uhr, und die Regale der Läden biegen sich unter Waren, die alle von Kinshasa aus eingeflogen werden. Mit anderen Worten: Das Dorf hat alle Annehmlichkeiten, die dem gesamten Rest des Landes fehlen. Es ist ein Monument der für das Mobutu-Regime charakteristischen Überspanntheit, Korruption und Verschwendungssucht.

Nach Atlanta zurückgekehrt, saß ich auf heißen Kohlen. Würde Kevin es schaffen? Würde er feststellen können, ob AIDS sich weiter verbreitet hatte oder nicht? Ich war neidisch, denn ich hätte es bei weitem vorgezogen, selbst da draußen zu sein, statt in meinem Büro zu sitzen und auf Nachrichten zu warten. Kurz vor seiner Abreise hatte Kevin sich entschlossen, in Atlanta ein Haus zu kaufen, und ich lenkte mich nun damit ab, an seiner Stelle dafür zu sorgen, daß die Sache termingemäß zum Abschluß kam – nicht gerade aufregend, wenn ich mir vorstellte, was er in der Zwischenzeit erlebte.

Kevin verfolgte eine zehn Jahre alte Fährte. Das war mühsam, anstrengend und oft mit Gefahren verbunden, aber am Ende gelang es ihm doch, herauszufinden, was aus den fünf HIV-positiven Personen geworden war. Diese Leistung zeugte nicht nur von seinem Können und Einfallsreichtum, sondern auch von der Stabilität der ländlichen afrikanischen Gesellschaft. Drei der fünf waren gestorben. Um zu ermitteln, ob AIDS die Todesursache gewesen war, suchte Kevin Leute auf, die diese Personen gekannt hatten. Die Freunde und Verwandten der Toten schilderten eine Krankheit, die durch drastischen Gewichtsverlust und andere Schlüsselsymptome charakterisiert war – Kevin hatte kaum Zweifel daran, daß sie tatsächlich an AIDS gestorben waren. Von den zwei anderen, die noch am Leben waren, nahm Kevin Lymphozytenproben, die er zum CDC schickte. Sobald die Tests beendet waren, schwand jeder Rest von Unsicherheit: Es waren immer noch Antikörper gegen HIV vorhanden. Wir hatten es definitiv mit AIDS zu tun.

Dann wandte Kevin sich seiner Hauptaufgabe zu: einer Stichprobenuntersuchung in denselben Dörfern, aus denen die ursprünglichen sechshundert Serumproben stammten. Die Idee, die dahinterstand, war, ein Spiegelbild der Studie von 1976 zu erstellen und die Resultate zu vergleichen. Kevin nahm mehr als dreihundert Serumproben, konservierte sie und brachte sie zum CDC zurück. Für die gesamte Studie hatte er etwa sechs Wochen gebraucht. Wir gaben die Proben an das HIV-Labor weiter, wo sie mit denselben Verfahren getestet wurden wie zuvor die Proben von 1976. Und dann hieß es wieder warten.

Als die Resultate vorlagen, verglichen wir die Daten. Wir hatten ins Schwarze getroffen: 1986 war die HIV-Infektionsrate in der Umgebung von Yambuku dieselbe wie 1976: 0,8 Prozent. Dieses Ergebnis war ein klarer Hinweis auf die Quelle von HIV und verhalf uns zu einem besseren Verständnis der Ursachen der modernen AIDS-Epidemie in Afrika. Das hieß nicht notwendigerweise, daß HIV aus der Umgebung von Yambuku stammte; wir gingen davon aus, daß das Virus *irgendwo* im ländlichen Zentralafrika seinen Ursprung hatte und daß es über einen langen Zeitraum mit der Bevölkerung koexistierte. Hin und wieder wurden einzelne infiziert und erkrankten, ohne daß die große Mehrheit der Bevölkerung je ernsthaft gefährdet war. AIDS war nicht neu. Es war nicht urplötzlich aus dem Dschungel hervorgebrochen. Wir konnten unsere Hypothese, daß HIV seit langer Zeit präsent war, verifizieren. Sie wurde erneut bestätigt, als Françoise Brun-Vezinet bei den mehreren hundert Serumproben, die 1979 in einer abgelegenen Gegend des südlichen Sudan gesammelt worden waren, eine fast identische HIV-Rate (0,9 Prozent) fand.

Aber während die Krankheit in ländlichen Gemeinschaften auf einem relativ stabilen Niveau geblieben war, hatte sie in den Städten epidemische Ausmaße angenommen. Und das war zweifellos neu. War unsere zweite Hypothese korrekt? War die rapide Urbanisierung dafür verantwortlich, daß AIDS in einem so kurzen Zeitraum zu einer Krise von solchen Ausmaßen werden konnte? *Femmes libres* und andere urbane Phänomene existierten in den Dörfern nicht. Aber wo hatte dieser Urbanisierungsprozeß tatsächlich begonnen? Um sich diesem Problem zu nähern, stellte Kevin sich die Frage, wie hoch die HIV-Infektionsrate wohl in einem Handelsknotenpunkt wie Lisala war, der Stadt am Flußufer, die etwa hundert Meilen von den Dörfern entfernt lag. Er nahm in Lisala weitere Serumproben. Unsere Tests beim CDC sollten zeigen, daß die HIV-Infektionsrate unter alleinstehenden Frauen hier auf 11 Prozent hochgeschnellt war. Wie kam das zustande?

Lisala war ein Binnenhafen, in dem die Frachtschiffe von und nach Kinshasa anlegten. Die Bevölkerungszahl Lisalas war durch die Abwanderung aus den Dörfern in den vergangenen Jahren explosionsartig angewachsen. Es war kein Zufall, daß es in dieser Stadt so viele *Femmes libres* gab, und es war auch nicht überraschend, daß die Infektionsrate bei Frauen hier soviel höher lag als in den Dörfern, wo das Phänomen der *Femmes libres* unbekannt war. Das bestätigte unsere zweite Hypothese. Die Abwanderung in die Städte, der dramatische soziale Wandel und die sexuelle Promiskuität – die alle mit dem Prozeß der Urbanisierung in Zusammenhang standen – waren die treibenden Kräfte hinter der afrikanischen Epidemie. In Kinshasa lag die HIV-Infektionsrate bei 8 bis 10 Prozent, aber unter den *Femmes libres* war sie nun auf erschreckende 30 bis 40 Prozent angestiegen. Wir beobachteten also einen kontinuierlichen Anstieg in einem Zeitraum von zehn Jahren: eine sehr geringe Infektionsrate in abgelegenen Dörfern, eine wesentlich höhere Infektionsrate unter Risikogruppen (wie den *Femmes libres*) in mittleren Städten, und eine noch höhere Rate in der

Hauptstadt Kinshasa. In diesen zehn Jahren war HIV still und unbemerkt flußabwärts gewandert.

Eines wollte ich noch wissen. Ich fragte Kevin, was aus der jungen Frau geworden sei, von der das älteste HIV-Virus stammte. Ich brauchte nicht auf die Antwort zu warten. Ich konnte sie von seinem Gesicht ablesen. Sie gehörte zu den dreien, die nicht überlebt hatten.

Ihre Tragödie ist natürlich Teil einer sehr großen Tragödie. Auch das Projekt SIDA liegt in den letzten Zügen – es fiel den politischen Reibereien in Zaire zum Opfer. In den frühen neunziger Jahren wurde die Situation im Land hochbrisant. Während die Spannungen zwischen Mobutu und der Opposition sich verschärften, rebellierten Teile der Armee, weil die Soldaten seit Monaten keinen Sold erhalten hatten. Die Begleiterscheinungen der politischen Krise machten es nahezu unmöglich, das AIDS-Projekt weiterzuführen. Ein CDC-Veteran, Bill Heyward, hatte Robin Ryder als Leiter der Organisation abgelöst. Wie Robin hatte auch Bill mit großer Disziplin an seinem Französisch gearbeitet, um bei offiziellen Stellen überhaupt etwas erreichen zu können. Aber ihm wurde bald klar, daß er die Probleme, denen er jetzt gegenüberstand, selbst mit perfektem Französisch nicht bewältigen konnte. Die politischen Unruhen machten es schließlich zu gefährlich, weiterhin im Land zu leben und zu arbeiten. Nach nur einem Jahr war Bill gezwungen, Zaire zu verlassen. Das Projekt SIDA existiert nur noch auf dem Papier. Als eines der ersten Hilfsprogramme leistete es dennoch einen wesentlichen Beitrag im Kampf gegen AIDS in Zaire – und für den Rest der Welt.

Zurück zum Lassa-Projekt

(Sue:) 1986, zehn Jahre nachdem Joe das Lassa-Projekt etabliert hatte, ging ich im Auftrag der WHO nach Sierra Leone, um meinen Beitrag zum Studium der Krankheit zu leisten. Wir wollten das Experiment wiederholen, das wir beim CDC mit Affen durchgeführt hatten, um die Auswirkungen des Lassa-Virus auf Endothelialzellen und Thrombozyten zu untersuchen. Dieses Mal würden wir den Prozeß bei Patienten verfolgen, die mit Lassa-Fieber ins Krankenhaus eingeliefert wurden. Wir hofften, mit Hilfe der Ergebnisse der vorangegangenen Experimente besser zu verstehen, warum Lassa-Opfer Blutungen bekamen und in den Schockzustand eintraten. Das wiederum würde uns vielleicht helfen, eine effektivere Behandlungsmethode zu entwickeln.

Auf Anraten von Guy Nield nahm ich ein Medikament mit – Prostacyclin –, das in London und Nordamerika bei Patienten mit septischen Schocks erfolgreich eingesetzt worden war. Wir hofften, daß es auch für Patienten mit schwerem Lassa-Fieber eine Hilfe sein könnte. Da Prostacyclin die Funktion der Endothelialzellen und Thrombozyten unterstützte, könnte das Durchlässigwerden der Blutgefäße vielleicht verhindert und somit der Schock abgewendet werden. Eine der Todesursachen bei Lassa-Patienten ist akutes Lungenversagen, weil sich in der Lunge Flüssigkeit ansammelt. Diese Art von Lungenödem nennt man posttraumatische pulmonale Insuffizienz. Patienten, die aufgrund von septischem Schock mit Prostacyclin behandelt wurden, hatten, wie die Londoner Studie zeigte, gut auf das Mittel reagiert, und man hatte keine toxischen Nebenwirkungen beobachtet. Es erschien naheliegend, das Medikament bei Lassa auszuprobieren. Joe hatte mir bei der komplizierten Prozedur, die Genehmigungen der Ethikkommissionen und verschiedener anderer Körperschaften einzuholen, geholfen, und der Pharmakonzern, der das Medikament produzierte, stellte uns die erforderlichen Sicherheitsdaten und kostenlose Muster zur Verfügung.

Meine Reise begann in London. Als ich auf dem Flughafen Gatwick durch die Paßkontrolle ging, kam mir ein hübscher, blonder junger Mann entgegen, der auf mich gewartet zu haben schien, und sprach mich an: «Sie sind Sue, nicht wahr?»

Aha, das war also Don Forthal. Don war ein EIS-Mitarbeiter, der in Joes Abteilung ausgebildet wurde. Er war ebenfalls auf dem Weg nach Sierra Leone, um Lassa-Fieber bei Kindern zu erforschen. Obwohl er nach der langen Flugreise von Atlanta nach London offensichtlich ermüdet war, machte er starken Eindruck auf mich. Ich hatte keinen derart phänomenal gutaussehenden Reisegefährten erwartet. Don war damals ein wahrer Ladykiller; für die Damenwelt von Segbwema war sein Erscheinen, wie sich bald herausstellte, ein Ereignis. Was Don selbst angeht, war er für die Schönheit der Mende-Frauen, die hochgewachsen, schlank und grazil sind und große, ausdrucksvolle Augen haben, äußerst empfänglich. Sie kleiden sich in weite, farbige Gewänder und tragen lässig geschlungene, elegante Turbane auf dem Kopf. Don war die exotischste Gestalt, die ihnen je begegnet war. Kein Wunder, daß er eine Spur von gebrochenen Herzen hinterließ. Später, als er den CDC verlassen hatte und für die WHO arbeitete, lernte er auf einer seiner Reisen eine äthiopische Schönheit kennen, eine Stewardeß, und heiratete sie.

Für Don, wie auch für mich, war dies die erste Reise nach Afrika. Sie fing nicht gut an. Tatsächlich hätte sie beinahe gar nicht stattgefunden. Wir hatten uns kaum miteinander bekannt gemacht, als wir erfuhren, daß die Maschine der British Caledonian Airways, die wir gebucht hatten, wegen «technischer Probleme» zwölf Stunden später abfliegen würde. Das war keine beruhigende Aussicht. Von technischen Problemen hörte man nicht gern, besonders wenn man sich auf dem Weg nach Afrika befand, wo gut ausgebildetes technisches Personal auf den Flughäfen Mangelware war.

Es war ein kalter Wintermorgen in Gatwick, nachts waren einige Zentimeter Schnee gefallen, aber wir trugen Kleidung, die für das tropische Afrika angemessen war. Wir hatten keine Wahl – bis zu unserem Abflug am Abend mußten wir uns damit behelfen. Das war unsere Einführung in die Unwägbarkeiten, auf die Afrikareisende gefaßt sein müssen. Es konnte nur schlimmer kommen.

Die Abreise war tatsächlich der leichtere Teil. Das wahre Problem war, zu unserem Zielort zu gelangen. Als wir am frühen Morgen in Banjul in Gambia zwischenlandeten, erfuhren wir, daß die Dienststunden der Crew aufgrund der langen Verzögerung abgelaufen waren und daß wir für unseren Weiterflug nach Freetown auf eine neue Mannschaft warten mußten. Als die neue Crew angekommen und zum Abflug bereit war, setzte man uns davon in Kenntnis, daß es eine kleine Änderung geben würde: Wir würden nun zunächst nach Monrovia in Liberia weiterfliegen, und auf dem Rückflug würde man uns dann in Freetown absetzen.

Als wir aus Monrovia abflogen, war es noch dunkel, aber als wir uns Freetown näherten, ging gerade die Sonne auf. Wir nahmen an, daß wir gleich landen würden. Der Kapitän begrüßte uns fröhlich über den Kabinenlautsprecher, wünschte guten Appetit – man hatte uns gerade das Frühstück serviert – und teilte uns mit, daß wir uns in 10 000 Meter Höhe über Freetown befänden. Es sei neblig dort unten, und eine Landung sei zur Zeit nicht möglich. Er werde also nach Gambia zurückfliegen. Wir waren nun zweimal über unseren Bestimmungsort hinweggeflogen. Als wir zum zweiten Mal in Banjul landeten, kündigte der Pilot an, er müsse nach London zurückkehren.

Jetzt kam es zum Aufruhr. Wir – etwa sechzig Passagiere, die nach Sierra Leone wollten – waren seit vierundzwanzig Stunden unterwegs. Wir waren fest entschlossen, nicht wieder dort zu enden, wo wir unsere Reise begonnen hatten – in der Kälte und dem Schnee von Gatwick. Wir drohten mit Streik und Obstruktion. Wir sagten den Piloten, wir hätten nicht die Absicht, uns wieder zu setzen und in unser Geschick zu fügen. Hastig eilte die Crew herbei und versuchte, uns zu beschwichtigen. Man bot uns ein zweites Frühstück an, diesmal mit einer beruhigenden Dosis Whisky auf Kosten der Fluggesellschaft. Wir lehnten ab. Die Verhandlungen wurden auf der Treppe des Flugzeugs fortgesetzt, während die Sonne höher stieg und der Nebel über Freetown sich vermutlich lichtete. Schließlich willigte der Kapitän ein, Funkkontakt mit Freetown herzustellen (nicht leicht!) und in Erfahrung zu bringen, ob die Wetterlage sich so weit gebessert habe, daß man einen Landeanflug versuchen könnte. Er brauchte eine ganze Weile, aber am Ende bekam er die Bestätigung: Der Nebel hatte sich weitgehend aufgelöst.

Während wir triumphierten, waren die Passagiere, die gerade in Banjul an Bord gekommen waren, alles andere als begeistert. Es waren Briten, die dem englischen Winter entflohen waren und einen Sonnenurlaub in Gambia gemacht hatten. Sie wollten direkt nach London zurückfliegen, wie geplant. Dafür hatten sie schließlich bezahlt. Von Freetown war in ihren Reisepapieren keine Rede. Die Vorstellung, einen Umweg machen zu müssen, versetzte sie in solche Aufregung, daß es fast zu einer Gegenrebellion kam. Glücklicherweise waren sie über die Geographie der Region so wenig im Bilde, daß sie keine Vorstellung davon hatten, wo Sierra Leone eigentlich lag und wie weit der Umweg tatsächlich sein würde. Was sie in Gambia gesucht und gefunden hatten, war Sonne, Strand und Bier – der Unterschied zur Costa del Sol war aus ihrer Sicht unerheblich. Der Kapitän versicherte ihnen, es handle sich nur um eine kleine Unannehmlichkeit. Wir flogen wieder ab.

Jetzt, da wir in einer besseren Stimmung waren, akzeptierten wir ein zweites Frühstück. Als wir es beendet hatten, näherten wir uns Freetown zum dritten Mal. Der Flughafen Lungi liegt inmitten von Mangrovensümpfen an einer weiten Meeresbucht. Um dort sicher zu landen, bedurfte es der Fähigkeiten eines erfahrenen Piloten. Unser Freund von der British Caledonian hatte recht gehabt – eine Landung im dichten Morgennebel wäre sehr riskant gewesen. Die Flugüberwachung war rudimentär. Nur ein oder zwei internationale Flüge wurden täglich in Lungi abgefertigt. Nachts war die Rollbahn nur durch eine einzelne Reihe von Lichtern markiert, die von einem Generator mit Strom versorgt wurden. Er wurde nur einige Male in der Woche eingeschaltet, wenn die Maschinen großer Fluggesellschaften landeten, und auch dann erst, wenn das Flugzeug sich bereits im Landeanflug befand. Selbst in Freetown war ausreichende Stromversorgung ein seltener Luxus. Außerhalb der Hauptstadt gab es sie gar nicht, es sei denn, man produzierte den Strom selbst.

Wir überflogen die Mangroven und prallten plötzlich rumpelnd auf der Landebahn auf. Seufzer der Erleichterung waren in der Kabine zu hören. Das Flugzeug rollte aus und kam vor einem baufälligen Gebäude zum Stillstand. Rasch sammelten wir unsere Habseligkeiten ein – wir wollten das Flugzeug verlassen, bevor unsere Mitpassagiere mit dem Reiseziel London realisierten, daß sie mitten in einem Mangrovensumpf fünf Grad nördlich vom Äquator gelandet waren.

Als wir ins Freie traten, schlug uns eine Hitze wie aus einem Backofen entgegen, die Luftfeuchtigkeit war so hoch, daß man das Gefühl hatte, durch Leim zu waten. Don und ich betraten das Flughafengebäude und fanden uns plötzlich inmitten des panafrikanischen Chaos vor. Verwirrt und desorientiert wurden wir von einer undurchdringlichen Menschenmenge vorangeschoben. Viele Hürden waren vor der Einreise nach Sierra Leone zu überwinden, und jeder wollte der erste sein. Geld mußte umgetauscht werden, Dutzende von Papieren mußten inspiziert und gestempelt werden. Die Beamten hatten keine Eile. Sie unterhielten sich mit mehreren Leuten, die in ihrer Nähe standen, wobei sie all die Hände, die mit Karten und Pässen vor ihren Nasen herumwedelten, königlich ignorierten. Da nur ein Flugzeug pro Tag ankam, war dies ihr großer Moment, also kosteten sie ihn aus. Glücklicherweise war Austin Denby, ein einheimischer Mitarbeiter unseres Projekts, zur Stelle, um Don und mich aus diesem menschlichen Mahlstrom zu erretten. Austin stand in dem Ruf, jemand zu sein, der Dinge in Bewegung bringen konnte. Wir fanden bald heraus, daß er überall im Land, wohin wir auch kamen, einen «Cousin» hatte. Plötzlich ebnete sich unser Weg durch die Paßkontrollen; nach dem zeremoniellen Stempeln zahlloser Papiere wurden wir mit einem lässigen Wedeln der Hand zunächst in den Zollbereich entlassen. Austin nahm unsere Dokumente und instruierte uns, wo wir stehen und welche Papiere wir aushändigen mußten. Wunderbarerweise erschien unser gesamtes Gepäck – intakt.

Austin, ein Mende und Sohn eines bekannten Häuptlings, war hochgewachsen, gutaussehend und von aristokratischem Gebaren. Wie alle anderen Absolventen der lokalen Hochschule hatte er das Forah Bay College in Freetown besucht. Patricia Webb hatte ihn direkt nach seinem Abschluß für das Projekt angeworben, und er erwies sich als ein wahres Juwel, wenn es um die Bewältigung logistischer Probleme ging, besonders, wenn sie politischer Natur waren. Er war bewundernswert höflich und geduldig. Austins kultivierte Umgangsformen und seine verblüffende Fähigkeit, sich Freunde zu schaffen, wohin er auch kam, machten ihn für das Projekt unentbehrlich.

In all den Jahren, in denen ich mit ihm zusammenarbeitete, erlebte ich es nur ein einziges Mal, daß er aus der Haut fuhr. Das war in einer Bank, kurz vor Schalterschluß, als sich jemand vorzudrängeln versuchte. Wir hatten zwei furchtbare Tage mit dem Versuch verbracht, Dieseltreibstoff zu beschaffen, der aufgrund einer Währungskrise nirgendwo im Land zu haben war.

«Was ist Ihnen lieber?» fragte Austin, als wir schließlich durch den Zoll gelangt waren. «Wollen Sie zuerst nach Freetown, das dauert etwa zwei Stunden, oder fahren wir gleich zum Projekt?»

Ich war zu diesem Zeitpunkt wie betäubt und hatte keine Vorstellung davon, wie weit der Projektort – oder die östliche Region – von Freetown entfernt war. Ich konnte mir nicht vorstellen, was die Alternativen wirklich bedeuteten. Don war sogar noch schlimmer dran als ich, er litt unter der Zeitverschiebung von seinem Flug über den Atlantik und konnte kaum noch die Augen offenhalten. Austin war zu höflich, um uns eine Entscheidung aufzudrängen. Also sagte ich ihm: «Direkt zum Projekt hört sich gut an.» Wenn ich einen Blick auf die Landkarte geworfen hätte, wäre mir klargeworden, daß wir bis ans andere Ende des Landes fahren würden.

Nachdem wir die Meeresbucht, die den Flughafen von Freetown trennt, auf der alten, rostigen, dampfspeienden Fähre überquert hatten, gelangten wir auf eine Straße, die – wie Austin erklärte – die einzige befestigte Autostraße des Landes war: zweihundert Meilen Asphalt mit Schlaglöchern – mehr Schlaglöcher als Asphalt. Wo sie endete, ging es auf Staubstraßen weiter, die durch die Regenfälle ausgewaschen waren. Bob Craven, der zu jener Zeit der Projektleiter war, hatte verschiedenen Streckenabschnitten wohlklingende Namen verliehen. «Hämatomkorso» zum Beispiel, oder «Hämorrhoidenallee». Der rote Lateritboden war so gefurcht und ausgefahren, daß ich das Gefühl hatte, alle meine Knochen würden zu demselben feinen Staub zermahlen, der sich im Nu in unseren Haaren, Zähnen, Nasenlöchern, ja, in allen Poren festgesetzt hatte. Das Geländefahrzeug war natürlich nicht klimatisiert, die einzige Möglichkeit, nicht zu ersticken, war, alle Fenster offen zu lassen. Austin versuchte, den schlimmsten Löchern und Furchen auszuweichen, indem er über Strecken neben der Straße fuhr, wo Fahrzeuge frische Spuren im Busch hinterlassen hatten, die etwas weniger holprig waren als die Route selbst. Entgegenkommende Fahrzeuge fuhren in beängstigenden Schlangenlinien und auf der falschen Straßenseite, was einem den Atem nahm, bis man sah, daß auch sie den Gruben und Schwellen auszuweichen versuchten. Ziegen, Hühner, Kinder, Leute, die Lasten auf dem Kopf trugen, und gelegentlich eine Kuh bildeten zusätzliche Navigationshindernisse. Ich hatte dröhnende Kopfschmerzen, aber an eine Rast war nicht zu denken. Ich spielte kurz mit dem Gedanken, meinen Kopf so heftig gegen die Seitenwand des Fahrzeugs zu schlagen, daß ich den Rest der Fahrt in gnädiger Ohnmacht würde verbringen können. Die Entscheidung wurde mir beinahe abgenommen, als der Wagen erneut über eine Serie von Mondkratern hinwegholperte.

Als wir nach fast acht Stunden endlich unseren Zielort Segbwema erreichten, fühlte ich mich so, als hätte ich in einer mit rotem Staub gefüllten Wäscheschleuder gesteckt – alle Knochen taten mir weh und ich konnte mich kaum noch bewegen. Ich brauchte dringend eine

Dusche, aber ich bekam einen Eimer Wasser – und stellte bald fest, wie dankbar ich dafür sein konnte. In der Trockenzeit mußte diese Menge zum Waschen genügen. Ich hatte den Dreh schnell heraus: Man mußte den an einem Seil befestigten Eimer in die Zisterne, in der das Wasser während der Regenzeit gesammelt wurde, hinunterlassen. Der Trick war, den Eimer so fallen zu lassen, daß er mit der Öffnung und nicht mit dem Boden aufkam und sich richtig füllte. Dann mußte man aufpassen, den Inhalt beim Heraufziehen nicht zu verschütten. Das Bad konnte beginnen: Man fing mit dem Gesicht und den Haaren an und arbeitete sich allmählich bis zu den Füßen vor. Es war jedesmal wie eine Erlösung, von der klebrigen roten Staubschicht befreit zu sein.

Das Lassa-Projekt hatte seinen Sitz auf dem Gelände des Nixon-Memorial-Krankenhauses, seit das Labor von Kenema hierher verlegt worden war. Vor Jahren hatte dieses von Methodisten geleitete Krankenhaus den Ruf gehabt, eines der besten des Landes zu sein. Obwohl es bessere Tage gesehen hatte, bot es einer großen Bevölkerungsgruppe immer noch eine akzeptable, vernünftige medizinische Versorgung bei minimalen Kosten. Das Projekt hatte zwei Labors: das zytodiagnostische Labor, das Donna Sasso mit ihren Improvisationsfähigkeiten im Schlafzimmer einer Wohnung für medizinisches Personal, die wir auch als Büro benutzten, aufgebaut hatte, und das Hauptlabor, das in einem gegenüberliegenden Gebäude untergebracht war. Joe hatte vor mehreren Jahren die Mittel für den Aufbau des Hauptlabors beschafft. Da Wohnraum knapp war, wohnten die meisten von uns im Haus des Direktors, das auf einem Hügel in unmittelbarer Nähe des Krankenhauses lag.

Ich brauchte nicht lange, um zu erkennen, daß man in Sierra Leone alles improvisieren mußte. Benzin und Diesel waren unglaublich schwer zu beschaffen – wir mußten besondere Arrangements treffen, um mit harter Währung importierten Treibstoff kaufen zu können. Schon als Joe in den späten siebziger Jahren das Projekt aufbaute, herrschten schwierige Verhältnisse im Land, und seither war es immer weiter bergab gegangen. Das Telefon, das früher (manchmal) funktionierte, war jetzt völlig außer Funktion. Wasserleitungen waren zwar installiert, aber man hatte sie nie in Betrieb nehmen können. Gas zum Kochen gab es nicht. Die Gasflaschen, die wir bekommen konnten, mußten wir sorgsam aufsparen, um die Kühlschränke, in denen wir unsere kostbaren Proben aufbewahrten, zu betreiben. Ich lernte, auf einem Drei-Steine-Herd zu kochen – eine der ältesten Methoden, die man mindestens bis ins Neolithikum zurückverfolgen kann. Man braucht nichts weiter als ein paar Äste und Zweige und drei Steine, die den Kochtopf im Gleichgewicht halten. Joe zeigte uns später, wie man auf einem solchen Feuer Popcorn macht, eine Aufgabe, bei der Bob Cravens freundlicher Labradorhund Beans gern assistierte. Beans nahm überhaupt gern an allen unseren Aktivitäten teil, besonders wenn sie etwas mit Essen zu tun hatten.

Aber in jenem Jahr waren die ökonomischen Verhältnisse in Sierra Leone noch schlechter als gewöhnlich, und es war ein Problem, überhaupt etwas Eßbares aufzutreiben. Soweit war es gekommen, obwohl das Land von Natur aus grün und fruchtbar war. Durch unkontrollierte Abholzung und Brandrodung war der ursprüngliche Regenwald vernichtet worden. Die großen Bäume hatte man gefällt und das Holz exportiert, das restliche Unterholz wurde abgebrannt. Auf den gerodeten Flächen bauten Kleinbauern Kassava, Kaffee und verschiedene Feldfrüchte an. Reis ist ein weiteres Grundnahrungsmittel, er wurde überwiegend auf sumpfigen Böden angebaut, und es gab viele Sümpfe. Aber bei einer solchen Subsistenzwirtschaft ernten die Leute selten mehr, als sie für den Eigenbedarf brauchen. Zeitweilig konnten wir auf dem lokalen Markt nicht einmal Bananen kaufen – und wir lebten mitten in einem Bananenhain. Es war nichts Ungewöhnliches, wenn an einem Marktstand in Segbwema drei Tomaten und fünf Zwiebeln, geschmackvoll arrangiert, zum Verkauf angeboten wurden. Die meisten Menschen mußten sich mit «Chop» begnügen, zerstoßenen und gekochten Blättern, angereichert mit sehr kleinen Mengen Fleisch, getrocknetem – oder, wenn man Glück hatte frischem – Fisch aus den Sümpfen und mit roten Pfefferschoten gewürzt.

Trotz der Armut und der Lebensmittelknappheit gefiel mir Segbwema, es war ein freundlicher, liebenswerter Ort. Die Menschen schienen die Fähigkeit zu haben, der erdrückenden Existenznot durch ihr heiteres Temperament die Stirn zu bieten. Und wenn man etwas brauchte, um die Stimmung zu heben, gab es immer noch den berühmten Palmwein. Ich fand den Geschmack des Palmweins allerdings unerträglich und zog das lokale Star-Bier oder Cola vor. Bier und Cola müssen allerdings gekühlt werden, und das war ein weiteres Problem. Wenn der kerosinbetriebene Hauskühlschrank nicht funktionierte, was allzu häufig geschah, machten wir uns abends bei Sonnenuntergang, wenn die Temperaturen erträglicher wurden, zu einer der lokalen «Bars» auf, die in aller Regel kleine Hütten oder offene Verschläge waren, aber über den zentral wichtigen Kerosinkühlschrank verfügten. Wir saßen draußen auf hölzernen Bänken oder hochlehnigen Stühlen. Leute, die in der Gegend lebten und arbeiteten, kamen vorbei, um sich die Zeit zu vertreiben – Einheimische, Peace-Corps-Freiwillige auf Motorrädern, Missionare verschiedener Konfessionen in ihren verbeulten Autos. Alle hatten Lust auf einen Schwatz, und es herrschte immer eine gesellige, freundliche Atmosphäre.

«Eddy's» war unsere Lieblingsbar. Sie erntete später besonderen Ruhm, als sie neben ihren geselligen Funktionen auch noch Laborfunktionen übernahm, nämlich für David Cummings, einen Wissenschaftler aus London, der sich vorübergehend in Segbwema aufhielt. Wenn David nicht mit Lassa-Patienten beschäftigt war, verbrachte er einen großen Teil seiner Zeit damit, bei Eddy seine besonders interessanten Experimente durchzuführen. Er testete zum Beispiel die Fähigkeit von Thrombozyten, sich in lokalem Bier abzusetzen. Seine Daten vermerkte er auf einer Liste, die er über dem Tresen aufhängte. Die Besitzer von «Eddy's» sparten nicht mit Kommentaren über Davids Aktivitäten – sie wußten nicht recht, was sie von dem Mann halten sollten, aber sie hatten ihn gern.

Ich war ein Neuling in Afrika und hatte Glück, Donna Sasso an meiner Seite zu haben. Donna war eine athletisch gebaute Frau von Mitte Dreißig, die mit Sheila Mitchell und mir im Level-4-Labor in Atlanta gearbeitet hatte, als wir die Thrombozytenfunktionen von Affen, die mit Lassa infiziert worden waren, studierten. Durch diese Studie hatten wir einige wichtige Hinweise darauf gewonnen, warum Lassa-Opfer bluteten und in den Schockzustand eintraten. Nachdem wir gesehen hatten, was bei Affen geschehen konnte, suchten wir nach der Bestätigung, daß die Dynamik der Krankheit bei Menschen dieselbe war.

Donna war standfest und pragmatisch, genau die Art von Mensch, die man unter den Bedingungen, die wir vorfanden, braucht. Glücklicherweise war sie auch so stark, wie sie aussah, denn Kraft war nötig, um das Labor in Funktion zu halten. Alles im Labor hing von der Stromversorgung ab – das Licht, die Zentrifuge, das Thrombozytenaggregometer, das ich aus England mitgebracht hatte –, aber um Strom zu produzieren, mußte man den Generator, der direkt vor dem Labor auf der Terrasse stand, in Gang setzen. Und hier kam die Kraft ins Spiel. Man warf die alte Maschine an, indem man sie durch einen kräftigen Ruck an der Anlasserschnur in Drehung versetzte. Wenn ich es versuchte, bewegte sie sich nicht einmal. Aber Donna schaffte es, und sie konnte auch fast alles andere im Labor zum Funktionieren bringen.

Ich stand jeden Morgen bei Sonnenaufgang auf und machte auf dem Drei-Steine-Herd Kaffee – das war mein Frühstück. Donna dagegen brauchte Treibstoff: Eier mit Speck und Porridge aus Maisgrieß, den sie jedesmal, wenn sie Gelegenheit hatte, die amerikanische Botschaft in Freetown aufzusuchen, in großen Mengen mitbrachte.

Wenn wir gefrühstückt hatten, gingen wir zum Krankenhaus hinüber und machten unsere Runden. An manchen Tagen hatten wir bis zu fünfzehn neue Patienten mit Lassa-Verdacht, die wir untersuchten. Das war weitaus mehr als ich erwartet hatte, und selbst Donna hatte nur mit vier oder fünf Fällen pro Tag gerechnet. Jene unter den neuen Patienten, die noch dazu fähig waren, saßen draußen vor dem Labor auf einer alten Bank und warteten auf die Ergebnisse ihrer Bluttests. Andere, die schon zu schwach waren, wurden direkt auf die Stationen gebracht. Durch die Tests wurden die Leberfunktionen untersucht und festgestellt, ob Antikörper gegen Lassa im Blut vorhanden waren. Wenn die klinische Untersuchung ergab, daß bei einem Patienten wahrscheinlich eine Lassa-Infektion vorlag, waren die AST (Aspartataminotransferase)-Werte das Kriterium, nach denen über die Notwendigkeit einer Behandlung entschieden wurde. Wenn die AST-Werte über 150 lagen, bekam der Patient intravenös Ribavirin.

Während Ribavirin ein Segen für die Patienten war, weil es in vielen Fällen schnell zu einer kompletten Heilung führte, stand ich mit meiner Forschung vor einem Problem. Eben aufgrund des Behandlungserfolgs wurden die Menschen selten so krank wie die Affen, bei denen ich die Dynamik der Krankheit studiert hatte. Andererseits gab es immer noch genügend Schwerkranke, die mich vor eine Herausforderung stellten. Es versteht sich von selbst, daß es die Patienten – selbst wenn sie davon gewußt hätten – herzlich wenig interessiert hätte, ob sie zu meiner Forschung beitrugen oder nicht. Sie waren glücklich, wenn sie wieder gesund wurden. Es hatte sich in der gesamten Region herumgesprochen, daß das Krankenhaus von Segbwema der Ort der Hoffnung war, wenn man sich mit Lassa infiziert hatte.

Wir verließen uns allerdings nicht nur auf Mundpropaganda, sondern initiierten eine Aufklärungskampagne für die Bevölkerung, um die Aufmerksamkeit für die Krankheit zu erhöhen und bekanntzumachen, durch welche vorbeugende Maßnahmen man sich schützen konnte. Diane Bennett, die später als Projektleiterin an Cravens Stelle trat, gewann eine junge Engländerin namens Cathy für dieses Programm. Cathy war dafür ausgebildet, Schauspiel und Theater pädagogisch einzusetzen. Sie kreierte eine Reihe von kleinen Theaterstücken, Schattenspielen und Marionettenspielen, die Teil der Kampagne waren und zum großen Teil ausschließlich von Kindern aufgeführt wurden. Die Protagonisten dieser kleinen Stücke erkrankten gewöhnlich an Lassa-Fieber, weil sie es vernachlässigt hatten, ihre Häuser von Ratten frei zu halten. Dann wurden sie ins Krankenhaus gebracht, wo sie mit Ribavirin behandelt wurden, und am Ende stand natürlich immer die glückliche Genesung. Die Botschaft war klar: Wenn du den Kontakt mit Ratten meidest und sie von deinen Wohnräumen fernhältst, steckst du dich nicht mit Lassa an. Wenn du aber doch krank wirst, warte nicht lange, suche sofort Hilfe, und zwar nicht beim Medizinmann, sondern beim Lassa-Fieber-Projekt.

Musik spielt in afrikanischen Gesellschaften eine zentrale Rolle, und so wurde auch Musik eingesetzt, um unser Anliegen zu propagieren. Cathys Ehemann war Musiker, er stammte von den Westindischen Inseln und bot mit seinen *Dreadlocks* in Segbwema einen einzigartigen Anblick. Sie überredete ihn, der Kampagne seine Talente zur Verfügung zu stellen, und er komponierte eine Reihe von Reggae-Songs, um die Anti-Lassa-Botschaft herüberzubringen. Seine Vorstellung von zündenden Rhythmen paßte bestens zu den musikalischen Vorlieben der Einheimischen. Kein Wunder, denn es wird ja in der Tat angenommen, daß der Reggae-Stil in Westafrika seine Ursprünge hat. Es dauerte nicht lange, bis sein Song «Lassa-Fiva No Good-O» zu einem großen Hit wurde – die Leute sangen ihn mit und tanzten danach in der Disco, die Austin und sein Bruder in Segbwema eröffnet hatten. Das Stück wurde so populär, daß Tonbandkassetten davon hergestellt und überall im Land verteilt wurden. Lokale Musiker wurden angeheuert und zogen in Prozessionen durch die Straßen, mit einer großen Ratte aus Papier im Schlepptau, die zum Schluß niedergemacht und in einer spektakulären Zeremonie dem Feuer übergeben wurde. Diese Vorstellungen, an denen auch Maskentänzer in eindrucksvollen Kostümen teilnahmen, zogen immer große Mengen von Menschen an, die in den Gesang einfielen und tanzten.

Während der gesamten Zeit unserer Tätigkeit für das Projekt schützten wir uns ausschließlich durch chirurgische Kittel, Mundschutz und Handschuhe. Wir wußten aus Erfahrung, daß dieser Schutz genügte. Man mußte vor allem vermeiden, sich mit einer infizierten Nadel in den Finger zu stechen oder infiziertes Material mit Augen, Mund oder kleinen Hautwunden in Berührung zu bringen. Wir hatten reichliche Vorräte von Bleichlauge, die wir als Desinfektionsmittel benutzten, und achteten sorgsam darauf, alles, was mit dem Virus in Kontakt gekommen sein könnte, zu desinfizieren. Die Pfleger und Krankenschwestern auf den Stationen wandten dieselben Techniken an. Im Lauf von dreizehn Jahren Arbeit mit mehr als 1500 bestätigten Lassa-Fällen kam es nur zweimal vor, daß Mitglieder des medizinischen Personals sich infizierten. Und beide Male handelte es sich um Unfälle. Ein Pfleger bekam Blutspritzer von einem infizierten Patienten in die Augen. Ein anderer steckte sich an, als Erbrochenes auf seinem sandalenbekleideten Fuß landete, an dem er eine kleine Hautverletzung hatte. Beide Mitarbeiter wurden sofort mit Ribavirin behandelt und erholten sich schnell.

Wenn wir unsere Runde gemacht und den Patienten Blut abgenommen hatten, brachten wir die Proben in unser zytodiagnostisches Labor. Den Rest des Tages verbrachten Donna und ich damit, Blut und Serum zu trennen und die notwendigen Tests durchzuführen.

Die Thrombozyten-Funktionstests waren interessant. Normalerweise ist es die Aufgabe der Thrombozyten, Blutungen zu stoppen. Seltsamerweise fanden wir bei Lassa-Patienten reichlich Thrombozyten, aber die Blutungen hörten dennoch nicht auf. Also war die Funktion der Zellen wahrscheinlich gestört. Zu dieser These waren wir durch die Experimente mit Affen gekommen. War das Versagen der Thrombozytenfunktion die Ursache für die Blutungen? Oder war es ein genereller funktionaler Defekt der schützenden Endothelialzellen im Inneren der Blutgefäße, der die Blutungen und schließlich auch den Schock auslöste? Um Antworten auf diese Fragen zu finden, mußten wir die Thrombozyten gesondert studieren, das heißt, wir mußten sie vom Blutserum trennen und versuchen, sie am Leben zu erhalten. Damit erhielten wir natürlich auch das Virus am Leben. Die Trennung mußte sehr vorsichtig vorgenommen werden. Als nächstes wurden die Thrombozyten in einem speziellen Gerät mit Chemikalien versetzt, die sie zum Verklumpen brachten – genauso, wie sie es im Körper tun sollten, um Blutungen zu stoppen. Bei einem gesunden Menschen sorgte diese Funktion der Thrombozyten dafür, daß Lecks oder durchlässige Stellen in den Blutgefäßen verstopft wurden. Aber die Thrombozyten von Lassa-Patienten verklumpten nicht. Irgend etwas war mit diesen Zellen ganz und gar nicht in Ordnung. Wir arbeiteten etwa sechs Wochen an dem Problem und hofften, das Rätsel bis zu Joes Ankunft, die kurz bevorstand, zu lösen. Aber dann geschah etwas, das uns völlig durcheinanderbrachte und unsere gesamte sorgfältige Planung über den Haufen warf. Wir sollten einen Crash-Kurs in Lassa-Fieber erhalten, der mit nichts von dem, was wir zuvor erlebt hatten, vergleichbar war.

Jenny Sanders in Segbwema

Kurz nach meiner Ankunft in Segbwema lernte ich eine Reihe von Leuten aus Amerika und Europa kennen, die in Sierra Leone lebten und arbeiteten. Neben den Missionaren waren das überwiegend junge Menschen, die für Hilfsorganisationen wie das amerikanische Peace Corps oder sein britisches Äquivalent, den VSO (Voluntary Service Overseas), tätig waren. Anders als das Peace Corps warb der VSO aber nur ausgebildete Fachkräfte für spezielle Aufgaben an. Sie waren folglich in aller Regel etwas älter und umsichtiger als die Peace-Corps-Leute.

Die amerikanischen Freiwilligen lebten gewöhnlich in den Dörfern und arbeiteten bei landwirtschaftlichen Projekten mit oder unterrichteten Englisch. Sie waren meistens guter Laune – und wirkten immer angeschmuddelt. Ihre Kleidung hatte von dem allgegenwärtigen Lateritstaub rotbraune Flecken, und ihre Hände waren von dem kräftig safranfarbenen Palmöl, in dem die lokalen Speisen gekocht wurden, gelb gefärbt. Sie hatten sehr wenig Geld und waren immer dankbar für eine gute Mahlzeit, ein Bier oder eine Cola. Wenn es eine Party gab, konnte man mit ihnen immer rechnen. Und wir hatten viele Partys.

Joe hatte die Politik eingeführt, die gescheitesten der Peace-Corps-Freiwilligen für das Projekt anzuwerben. Als ich nach Sierra Leone kam, gab es drei von ihnen: einen Automechaniker namens John, der unsere Fahrzeuge in Schuß hielt, Susan, die in der Krankenhausverwaltung arbeitete, und Andrew, der sich um die Generatoren kümmerte.

Die VSO-Freiwilligen waren dagegen überwiegend gut ausgebildete Pflegekräfte, die im Krankenhaus arbeiteten. In England waren sie die *crème* ihres Berufsstands. Die meisten waren aus Abenteuerlust und Idealismus nach Afrika gekommen. Außerdem hatten sie in ihrem Beruf in England wenig Aufstiegschancen. Wenn sie überhaupt befördert wurden, dann allenfalls auf einen Verwaltungsposten. Es war ihnen weitaus lieber, in einem fremden Land Erfahrungen aus erster Hand zu machen, als in einem Büro Formulare auszufüllen. Ich lernte drei dieser Krankenschwestern kennen: Deirdre, Lesley und Sheila. Deirdre war die Veteranin, sie war bereits seit zwei Jahren im Land, während Lesley und Sheila noch mit dem Kulturschock kämpften. Deirdre hatte eine gute Freundin und Kollegin, Jenny Sanders, die sich, wie Deirdre selbst, die höchsten Qualifikationen im Pflegebereich und in der Geburtshilfe erworben hatte. Zu diesem Zeitpunkt arbeitete Jenny in dem etwa fünfundzwanzig Meilen entfernten Panguma Hospital.

Panguma liegt in der Nähe des Diamantenabbaugebiets. Durch die vielen Zuwanderer, die in den Minen arbeiteten und in überfüllten, von Ratten wimmelnden Quartieren zusammenlebten, war der Ort zu einer Brutstätte für Lassa-Fieber geworden. Das Krankenhaus von Panguma selbst war ins Gerede gekommen, weil es der Ort des ersten krankenhausinternen Ausbruchs von Lassa-Fieber war, über den in Sierra Leone berichtet worden war. Der zweifelhafte Ruf des Krankenhauses konnte Jennys Enthusiasmus für ihr Leben und ihre Arbeit in Panguma jedoch nicht dämpfen – aus gutem Grund: Niemand hatte ihr je von dem Vorfall, bei dem mehrere Mitglieder des medizinischen Personals ihr Leben gelassen hatten, erzählt. Jenny fand das Leben, das sie führte, fabelhaft. Sie konnte Squash spielen und im Pool des lokalen Diamantminenclubs schwimmen gehen. Sie hatte ihren Freundeskreis und ihren Verlobten, Dominic, der in der Schule von Segbwema unterrichtete.

Obwohl Jenny und ihre anderen VSO-Kolleginnen sich ständig um Kranke kümmerten und Babys entbanden, hatte niemand sie vor den Gefahren des Lassa-Fiebers gewarnt. Es schien fast, als gäbe es im Krankenhaus eine Konspiration der Verleugnung. Dieses Schweigen war angesichts der Tatsache, daß Informationen über Lassa-Fieber praktisch auf der Straße lagen, geradezu absurd. Jeder, der in bezug auf die Krankheit Hilfe oder Beratung brauchte, konnte sich an uns wenden. Aber seltsamerweise bat die VSO-Organisation uns nie um Unterstützung. Dafür waren vermutlich tiefverwurzelte Vorurteile verantwortlich: Britische Organisationen gingen gewöhnlich davon aus, daß sie ohne die Bevormundung durch die Amerikaner auskommen konnten, besonders hier, in einer ehemaligen britischen Kolonie. Wie sich herausstellte, war der Arzt, der die VSO-Mitarbeiterinnen für ihren Afrikaaufenthalt vorbereitet hatte, um die siebzig Jahre alt und praktizierte in Belgravia, einem der teuersten und elegantesten Stadtteile Londons. Es war höchst unwahrscheinlich, daß er Tropenkrankheiten –

insbesondere gefährliche, exotische Infektionskrankheiten wie Lassa – aus eigener Erfahrung kannte.

Der Sonntagmorgen war für die Mitarbeiter des Projekts gewöhnlich eine Zeit der Erholung und Entspannung. Wir trödelten herum oder saßen im Schatten eines großen Grapefruitbaumes und lasen. Es kam selten vor, daß diese Idylle gestört wurde. Deshalb war es so ungewöhnlich, daß Bob Craven eines Sonntags eine dringliche Botschaft erhielt, die ihn ins Krankenhaus rief. Was war so wichtig, fragten wir uns, daß es die Anwesenheit des Projektleiters erforderte? Nach einer Stunde kam Bob zurück, aber an seinem Gesichtsausdruck war kein Zeichen von Besorgnis abzulesen. Bob war ein mürrischer, schweigsamer Mann und wenig kommunikativ, also erwarteten wir nicht, daß er viel sagen würde. Er informierte uns jedoch, daß eine VSO-Krankenschwester aus Panguma mit hohem Fieber eingeliefert worden sei und daß man sie in der Personalwohnung, die Sheila und Lesley teilten, untergebracht habe. Es war Jenny. Michael Price, ein britischer Arzt, der im Krankenhaus arbeitete, behandelte sie. Michael ging eigentlich davon aus, daß Jenny sich mit Typhus oder Malaria infiziert hatte, aber er rief Bob hinzu, weil er die Möglichkeit, daß es sich vielleicht doch um Lassa-Fieber handelte, nicht ausschließen konnte.

Jenny selbst glaubte, daß sie Malaria hatte – das sagte sie mir, als ich zu ihr ging, um sie zu untersuchen. Ich fühlte mich von Anfang an zu ihr hingezogen; sie war ein hübsches, blondes Mädchen mit lebhaftem Temperament. Kopfschmerzen und Fieber hatten sie nicht daran gehindert, am Abend zuvor auf eine Party zu gehen. Von der Annahme ausgehend, daß sie Malaria hatte, begann Michael, sie mit Chloroquin zu behandeln. Aber ihr Zustand besserte sich nicht. Uns wurde klar, daß es sich wahrscheinlich nicht um Malaria handelte. Das konnte nur bedeuten, daß sie vermutlich mit Lassa infiziert war.

Die Tests brachten jedoch nicht den eindeutigen Nachweis. Jenny hatte keine Antikörper gegen Lassa entwickelt, aber das sagte uns gar nichts, denn im Frühstadium der Krankheit ist die Abwesenheit von Antikörpern nicht ungewöhnlich. Auch der Leberfunktionstest entsprach nicht den etwas willkürlichen, aber nützlichen Standards, die Joe als Kriterium für den Beginn einer Ribavirin-Therapie eingeführt hatte. Da die Ergebnisse der beiden Tests so ambivalent waren, entschied Bob, daß man vorerst auf die Behandlung mit Ribavirin verzichten solle. Aus medizinischer Sicht war das die korrekte Entscheidung.

Aber damit waren unsere Sorgen natürlich keineswegs beseitigt. Als

Joe diese Kriterien festlegte, hatte er dabei die Zeit in Rechnung gestellt, die Leute, die in der Umgebung lebten, brauchten, um ins Krankenhaus zu kommen. Gewöhnlich zögerten sie so lange wie möglich, in der Hoffnung, daß die Symptome von allein wieder verschwinden würden. Selbst die minimalen Behandlungsgebühren, die das Krankenhaus erhob, waren für viele ein Problem. Außerdem war es üblich, zuerst den örtlichen Medizinmann aufzusuchen. Das Krankenhaus galt als der letzte Ausweg. Folglich befanden sich die Patienten, wenn sie schließlich eingeliefert wurden, oft bereits in einem fortgeschrittenen Stadium der Krankheit.

Aber Jennys Fall lag anders. Sie hatte erst seit wenigen Tagen Fieber. Wenn sich herausstellte, daß sie mit Lassa infiziert war, konnte die Krankheit noch nicht weit fortgeschritten sein. Deshalb waren die Testergebnisse relativ normal. Bei Virusinfektionen ist es von ausschlaggebender Bedeutung, so früh wie möglich mit der Behandlung anzufangen, bevor das Virus im Organismus irreversible Schäden angerichtet hat. Heute würden wir eine Patientin wie Jenny beim bloßen Verdacht auf eine Lassa-Infektion sofort behandeln.

Am nächsten Morgen ging ich mit Coolbra, einem unserer erfahrensten Pfleger, über das Krankenhausgelände. Er hatte mehr Lassa-Fälle gesehen als irgend jemand sonst, den ich kannte. Auch er hatte Jenny mit großer Besorgnis beobachtet. Ich fragte ihn nach seiner Meinung. Während ich auf seine Antwort wartete, betrachtete ich das Gras auf dem schmalen Pfad unter meinen Füßen – ich wollte Coolbras Gesichtsausdruck nicht sehen.

«Sie hat Lassa-Fieber», sagte er.

Da war kein Zögern, kein Hauch von Zweifel in seiner Stimme. Das war es, was ich befürchtet hatte.

Wir überwachten Jenny mit großer Sorgfalt. Da die Bedingungen auf den Stationen sehr primitiv waren, wurde sie weiterhin in Lesleys und Sheilas Wohnung gepflegt. Am späten Nachmittag, wenn wir aus dem Labor kamen, sahen wir sie auf der Veranda sitzen, oft mit Dominic an ihrer Seite. Dominic war ein ängstlicher Mensch, er hätte sich auch Sorgen um Jenny gemacht, wenn sie nur einen Schnupfen gehabt hätte. Jetzt war er in Panik. Drei Tage vergingen, ohne daß etwas geschah. Jennys Zustand besserte sich nicht, wurde aber auch nicht schlimmer. Und dann, am Donnerstagnachmittag, bestätigten sich unsere schlimmsten Befürchtungen. Plötzlich bekam Jenny Krampfanfälle. Dann wurde sie bewußtlos. Nun konnte es keine Zweifel mehr geben:

Krämpfe sind bei Lassa-Fieber ein schlechtes Zeichen. Wir wußten nun, daß ihr Gehirn in Mitleidenschaft gezogen war. Jetzt endlich bekam sie intravenöses Ribavirin. Mehr konnten wir nicht tun – nur warten und hoffen.

Am nächsten Morgen wurde Jennys Blut erneut untersucht. Nun waren auch die Testergebnisse nicht mehr unklar: Der Antikörpertest war positiv, und die AST-Werte waren enorm angestiegen. Jenny war nicht nur krank, sie zeigte alle Symptome, die bei Lassa-Fieber-Patienten den Tod ankündigten.

Am Freitag übernahm Bob Craven die Nachtwache. Aber alle Projektmitarbeiter wurden mobilisiert. Wenn Bob Ruhe brauchte, nahmen Michael und Don seinen Platz ein. Donna und ich machten Überstunden im Labor. Selbst jene, die nicht über medizinische Kenntnisse verfügten, setzten sich ein – sie sorgten dafür, daß die Krankenschwestern und Ärzte etwas zu essen bekamen. Aber den heldenhaftesten Einsatz leisteten Deirdre und ihre Freundinnen. Sie organisierten eine Rund-um-die-Uhr-Überwachung in vier Schichten. Jenny hatte immer zwei Krankenschwestern an ihrer Seite. Sie arbeiteten mit Hingabe – es war die beste Pflegeleistung unter allen denkbaren Umständen, die ich je gesehen habe. Sie wechselten Jennys Lage, um Wundliegen zu vermeiden, sie wuschen sie und saugten die Sekretion aus ihren Luftwegen ab, so daß sie atmen konnte. Sie überwachten den intravenösen Tropf und gaben ihr regelmäßig Ribavirin-Injektionen. Die Ausrüstung, die sie zur Verfügung hatten, war primitiv.

Jenny war die ganze Zeit in so tiefer Bewußtlosigkeit, daß sie nicht einmal auf den Stich der Injektionsnadel reagierte. Trotzdem sprachen die Krankenschwestern ständig mit ihr, in der Überzeugung, daß Jenny sie irgendwie doch hören konnte und daß ihre ermutigenden Worte sie vielleicht im Kampf gegen das Virus unterstützten. Aber sie wußten an jenem schrecklichen Freitag alle, wie nahe Jenny dem Tod war.

Um sicherzugehen, daß sich bei Jennys Pflege niemand infizierte, beachteten wir dieselben rigorosen, aber einfachen Vorsichtsmaßregeln, die wir im Umgang mit Lassa-Patienten und ihren Sekretionen immer anwandten. Wir trugen Mundschutz, Kittel und Handschuhe, wenn wir den Raum betraten, in dem Jenny lag. Da das Virus durch Kontakt mit infiziertem Blut weitergegeben werden kann, achteten wir sorgfältig darauf, daß keine Unfälle passierten, wenn wir mit Spritzen oder anderen scharfen Instrumenten hantierten. Und wie auf den Stationen benutzten wir große Mengen Bleichlauge zum Desinfizieren.

Alle Beteiligten wurden genau darüber aufgeklärt, wie das Lassa-Virus übertragen werden konnte, bevor sie Jennys Raum betreten durften. Wir gaben den Krankenschwestern und Dominic oral verabreichtes Ribavirin als zusätzliche Vorsichtsmaßnahme. Diese Prozeduren waren Ausdruck und Zeugnis der jahrelangen Arbeit, die Joe und seine Kollegen in das Projekt hineingesteckt hatten, und der Erkenntnisse, die sie gewonnen hatten, wie das Virus übertragen wurde und wie das Pflegepersonal geschützt werden konnte.

Das Wohnzimmer der Personalwohnung, das sich an die behelfsmäßige Isolierstation anschloß, diente als Eßzimmer, Cafeteria und Konferenzzimmer. Hier kamen wir zusammen, um zu reden und Informationen auszutauschen oder einfach um uns zu entspannen und unsere Energien zu regenerieren. Wir mußten Dominic unterstützen, er war kein Arzt und konnte schwer einschätzen, was mit Jenny geschah. Er war verzweifelt und fühlte sich hilflos. Bei Jenny zu sitzen, zu ihr zu sprechen und ihre Hand zu halten war ihm nicht genug. Er wollte mehr tun. Aber was konnte er beisteuern?

Jenny hatte durch die Blutungen viel Blut verloren und brauchte eine Transfusion. Das Problem war, daß sie eine seltene Blutgruppe hatte, sie war Rhesus-negativ. Das bedeutete, daß kein afrikanischer Spender in Frage kam, denn Afrikaner haben fast immer Rhesus-positiv. Donna und ich bereiteten uns darauf vor, das Blut aller greifbaren Europäer und Amerikaner zu testen. Dominic testeten wir zuerst. Wir hatten Glück – dachten wir –, sein Blut war Rhesus-negativ. Michael hatte es eilig, Jenny mit frischem Blut zu versorgen, also warteten wir nicht mit der Transfusion. Da wir sicher waren, daß wir noch mehr Blut brauchen würden, setzten Donna und ich die Verträglichkeitstests fort.

Als ich am späten Nachmittag zum Labor zurückkehrte, sah ich Donna auf den Stufen vor der Eingangstür sitzen. In der Hand hielt sie die zerbrochene Kachel, die sie für die Tests benutzte. Das Spenderblut wird mit speziellen Reagenzien vermischt; die Reagenzien, die eine Reaktion auslösen, agglutinieren, das heißt, sie verklumpen, so daß man grobe rote Körner sieht. Man kann die Blutgruppe identifizieren, indem man prüft, welches Reagens die Reaktion ausgelöst hat. Das ist eine simple, aber gewöhnlich zuverlässige Methode, die überall auf der Welt, wo es keine Blutbanken und keine differenzierten Testmethoden gibt, verwendet wird. Donna hatte den Laborraum verlassen, um sich das Resultat bei Tageslicht anzusehen. Sie runzelte die Stirn und sah besorgt aus.

«Was ist los?» fragte ich.

«Schau dir das an», sagte sie, «ich habe gerade mein eigenes Blut getestet, und...»

«Und was?»

«Na ja, diese Reagenzien, die wir benutzen, sagen, daß ich Rhesus-negativ bin.»

«Bist du es?»

«Sue, ich weiß genau, daß ich Rhesus-*positiv* bin.»

Das war verrückt. Wir entschlossen uns, weitere Tests mit anderen Blutproben zu machen. Jede einzelne, ohne Ausnahme, erwies sich als Rhesus-negativ. Es war so, als ob man fünfzigmal eine Münze in die Luft wirft, die jedesmal mit der Kopfseite oben landet. Möglich war es, aber alle Gesetze der Wahrscheinlichkeit sprachen dagegen. Weiße sind zu 85 Prozent und Afrikaner fast zu 100 Prozent Rhesus-positiv. Es blieb nur eine Lösung: das Antiserum, das wir benutzten, um den Bluttypus festzustellen, hatte das Verfallsdatum überschritten und war nicht mehr effektiv. Wir sahen uns an und wußten, daß wir etwas unternehmen mußten und daß keine Zeit zu verlieren war. Wir liefen zum Krankenhaus hinüber und begannen dort, alle Kühlschränke nach brauchbarem Antiserum zu durchsuchen.

In einem vollgestopften Kühlfach fanden wir zum Glück Reagenzien, die neueren Datums waren. Hastig rannten wir zum Labor zurück und begannen erneut mit den Bluttests. Mit Dominics Blut, das eben jetzt in Jennys Blutbahnen eingeleitet wurde, fingen wir an. Diesmal war die Reaktion ganz und gar nicht negativ. Dominics Blut war Rhesus-positiv – und mit Jennys Blut inkompatibel.

Donna und ich rannten wieder los, stürmten in Jennys Zimmer und nahmen die Transfusionseinheit ab. Aber wir kamen zu spät – etwas von dem Blut war bereits eingeleitet worden. Die Transfusion Rhesus-negativen Blutes verursacht bei einer Rhesus-positiven Person keine akute Reaktion, wie es bei anderen inkompatiblen Bluttypen der Fall sein kann. Manche Rhesus-negativen Frauen entwickeln aber Antikörper gegen das Rhesus-Antigen, wenn sie zum Beispiel von einem Rhesus-positiven Mann schwanger werden, kann die Schwangerschaft ernstlich gefährdet sein. Aber Schwangerschaft war in diesem Augenblick nicht unser Problem. Wir wußten nicht einmal, ob Jenny die Nacht überleben würde. Ihr Überleben war mehr als fraglich, wenn sie keine Bluttransfusion bekam – und es mußte Rhesus-negatives Blut sein. Alles Spenderblut, das wir zur Hand hatten, erwies sich nun, da wir es akkurat testen konnten, als positiv. Wir mußten schnell einen Rhesus-negativen Spender finden. Die Frage war: wo?

Aber Blut war nicht das einzige Problem. Jennys Atmung verschlechterte sich rapide, weil sich Flüssigkeit in ihrer Lunge ansammelte. Sie brauchte dringend Sauerstoff. Obwohl das Krankenhaus, an den Verhältnissen in Sierra Leone gemessen, eine recht gute medizinische Einrichtung war, verfügte es nicht über Sauerstoffvorräte oder ein Beatmungsgerät. Tatsächlich fehlte die gesamte technologische Grundausstattung, die man in einem modernen Krankenhaus erwartet – es gab nicht einmal eine Röntgenanlage. Wir fanden allerdings zwei leere Sauerstoffflaschen, die wir sofort mitnahmen. Aber um sie füllen zu lassen, mußten sie nach Freetown gebracht werden. Brian, dem VSO-Direktor, und seinem Fahrer fiel die anstrengende Aufgabe zu, die zweihundert Meilen auf Staubstraßen und holprigem Asphalt hin und zurück zu fahren. Als sie mit den gefüllten Flaschen zurückkamen, standen wir vor einem neuen Problem: Wie sollten wir Jenny den Sauerstoff verabreichen? Alles, was Deirdre und ihre Freundinnen hatten, waren Nasalkatheter – dünne Schläuche, die man in die Nase einführt. Aber das war alles andere als ideal, denn auf diese Weise würde nicht viel Sauerstoff in die Lungen gelangen. Jenny brauchte ein Beatmungsgerät. Eigentlich gehörte sie auf eine Intensivstation, aber selbst wenn es irgendwo in Sierra Leone eine gegeben hätte, wäre uns das keine Hilfe gewesen, denn jetzt war Jenny in einem so schlechten Zustand, daß man sie nicht bewegen konnte. Wir improvisierten die Intensivpflege, so gut wir konnten.

Durch die Entscheidung, Jenny über einen Nasenkatheter Sauerstoff zu verabreichen, ergab sich wieder ein neues Problem. Die Kerzen, die unsere einzige Lichtquelle waren, wenn der Generator nicht lief (und das war die meiste Zeit der Fall), konnten wir nun nicht mehr benutzen. Eine offene Flamme hätte den Sauerstoff entzünden und uns alle in die Luft sprengen können. Also machten wir die Runde in ganz Segbwema und borgten uns jede Taschenlampe und jede Batterie aus, die wir finden konnten. Erst dann konnten wir beginnen, ihr Sauerstoff zu geben.

Es war nun fast Nacht, Jenny war seit vierundzwanzig Stunden bewußtlos. Während sie tiefer ins Koma glitt, wurde ihre Atmung immer mühsamer. Bob wußte, daß sich bei ihr ein Lungenödem entwickelte. Flüssigkeit drang in ihre Lunge ein und hinderte sie am Atmen. Das war die Entwicklung, die wir fürchteten – derselbe Zustand, den wir studiert hatten, als wir die Thrombozytenexperimente an den Affen vornahmen. Das Virus – so hatten wir entdeckt – setzt die Funktion der Blutgefäße in der Lunge außer Kraft. Am Nachmittag desselben Tages hatten wir Jennys Thrombozyten im Labor untersucht und waren zu dem gleichen Ergebnis gekommen: Sie erfüllten ihre Funktion einfach nicht.

Bob und ich diskutierten die Möglichkeit, Jenny in unsere experimentelle Prostacyclin-Studie aufzunehmen. Sie war im letzten, letalen Stadium der Lassa-Erkrankung. Es bestand immerhin die Chance, daß das Medikament, das sich bei Patienten mit septischem Schock als wirksam erwiesen hatte, den bösartigen Einfluß des Virus umkehren und die Funktion der Thrombozyten wiederherstellen könnte. Wir kamen zu dem Schluß, daß wir nichts zu verlieren, aber möglicherweise viel zu gewinnen hatten – Jennys Leben. Also gaben wir ihr eine Infusion, wobei wir ihre Reaktion alle fünf bis zehn Minuten überprüften, um sicherzugehen, daß die Dosis und die Tropfgeschwindigkeit richtig waren. Und dann konnten wir wieder nichts anderes tun als zu warten.

Gegen Mitternacht war Jennys Atmung so mühsam geworden, daß sie bei jedem Atemzug stöhnte. Bob, Deirdre und Lesley waren bei ihr. Unwillkürlich stimmten sie ihren eigenen Atemrhythmus auf Jennys Rhythmus ab, so als könnten sie ihr durch ihre konzentrierten Anstrengungen helfen, mehr Luft zu bekommen. Bob erhöhte die Tropfgeschwindigkeit der Prostacyclin-Infusion ein wenig und beobachtete aufmerksam, ob sich etwas veränderte. Nach ein paar Minuten schien Jenny zu reagieren. Sie atmete etwas leichter. Bob machte sich Sorgen. Er wollte sehen, was geschah, bevor er ihr eine weitere Dosis des Mittels verabreichte. Aber als sie wieder zu stöhnen begann, erhöhte er die Tropfgeschwindigkeit erneut. Wieder trat eine Atemberuhigung ein. Das war ausschlaggebend für seine Entscheidung: Er würde die Prostacyclin-Behandlung fortsetzen, solange sie zu helfen schien.

Als ich mich in mein Zimmer zurückzog, um etwas zu schlafen, war ich sicher, daß Jenny die Nacht nicht überleben würde. Wir alle rechneten mit ihrem Tod. Am nächsten Tag stand ich wie gewöhnlich bei Sonnenaufgang auf und ging ins Freie, um unseren Drei-Steine-Herd in Gang zu bringen und Kaffee zu machen. Auf dem Weg sah ich Bob den Hügel heraufkommen. Er sah angespannt und erschöpft aus nach der durchwachten Nacht, aber er wirkte euphorisch. Untypischerweise war er auch gesprächig. «Jenny lebt», sagte er. «Es ist ein Wunder. Offenbar hat das Prostacyclin etwas bewirkt.»

Dann verschwand er im Haus, um etwas Schlaf nachzuholen. Donna und ich gingen zum Personalgebäude hinüber und sahen nach Jenny. Sie lebte, aber sie war noch immer in tiefer Bewußtlosigkeit. Zumindest ging ihr Atem leichter, und das Fieber war zurückgegangen.

Wir lebten in Segbwema praktisch in völliger Isolation. Abgesehen von den Fahrten nach Freetown, die Brian und sein Fahrer unternahmen, um die Sauerstoffvorräte zu ergänzen, hatten wir kaum Möglichkeiten, Kontakt zur Außenwelt aufzunehmen. Telefon hatten wir nicht. Gelegentlich konnten wir die amerikanische Botschaft in Freetown über Funk erreichen, aber da das Funkgerät meistens nicht funktionierte, war auch das kein zuverlässiger Weg. Wir brauchten immer noch Blut für Jenny. Und wir mußten außerhalb von Segbwema nach der richtigen Blutgruppe suchen. Es gab nur noch einen Kommunikationsweg, und zwar denselben, den auch Joe in Zaire so einfallsreich genutzt hatte: die Missionare.

Wie es unter Ausländern, die in Afrika leben und arbeiten, allgemein üblich ist, reagierten die Missionare auf Gerüchte, daß irgendwo Not am Mann war, indem sie plötzlich und unangemeldet aus dem Busch auftauchten. Sie kamen, von rotem Lateritstaub bedeckt, in zerbeulten Kleinlastern, auf Motorrädern oder mit dem Fahrrad angereist. Keiner hatte die Mühe gescheut. Manche kannten Jenny persönlich, andere hatten sie nie gesehen, aber alle drückten ihr Mitgefühl und ihre Hilfsbereitschaft aus. Donna und ich hatten es so eilig, einen geeigneten Blutspender zu finden, daß wir alle Formalitäten beiseite ließen. Kaum hatten wir unsere Besucher begrüßt, rückten wir ihnen auch schon mit Gummimanschette und Spritzbesteck zu Leibe, um ihnen Blut abzuzapfen. Ich war so auf meine Aufgabe fixiert, daß ich kaum wahrnahm, wie die Leute aussahen. Ich war nur an ihren Venen interessiert, nicht an ihren Gesichtern. Immerhin sprach ich mit ihnen, während ich ihnen Blut abnahm, und erklärte, daß Jennys Leben am seidenen Faden hing und wo unser Problem lag. Daß sie aus den unterschiedlichsten Ländern stammten, konnte ich an der Vielfalt der Akzente und Sprachfärbungen erkennen – Amerikanisch, Englisch, Irisch, Schottisch, Kanadisch, Deutsch, Skandinavisch. Wieder und wieder machten wir den Verträglichkeitstest – mit den neuen Reagenzien. Wieder und wieder erhielten wir dasselbe Resultat: Rhesus-positiv. Wir wußten natürlich, daß der negative Rhesusfaktor nur bei fünfzehn Prozent der Kaukasier vorkommt, aber wir waren dennoch überzeugt, daß wir früher oder später auf einen negativen Spender treffen würden.

Und schließlich fanden wir tatsächlich einen. Vielleicht war es ein Geschenk Gottes – oder ein Zeichen für Gottes Sinn für Humor: Das Blut, das Jennys Leben möglicherweisen retten konnte, kam von einem katholischen Priester, der in der Missionsstation von Kenema arbeitete.

Jennys Zustand blieb jedoch weiterhin kritisch. Obwohl sie sich in mancher Hinsicht stabilisierte, waren wir nicht sicher, ob sie durchkommen würde. Es gab immer noch sehr schlechte Zeichen. An Jennys Hals und Kopf hatten sich jetzt die massiven Ödeme entwickelt, die bei manchen Patienten in den letzten Stadien der Krankheit auftreten. An Schultern und Kopf waren die Schwellungen so ausgeprägt, daß sie ganz entstellt aussah – von der hübschen, blonden jungen Frau, die wir gekannt hatten, war kaum noch etwas zu erkennen. Gleichzeitig hatte sich ein apallisches Syndrom eingestellt – ein Ausfall der Großhirnrinde und der höheren Hirnfunktionen, der eine merkwürdig verzerrte, starre Körperhaltung verursacht. Der Kopf ist nach hinten gebogen, die Arme sind gebeugt und nach hinten gestreckt, der Rumpf ist starr und die Beine sind in einer rigiden, gestreckten Position fixiert. Es ist ein schrecklicher Anblick. Jenny war nun so tief im Koma, daß sie nicht einmal mehr auf schmerzhafte Stimuli reagierte. Ihre Freundinnen pflegten sie weiter und hörten nicht auf, mit ihr zu sprechen. Sie glaubten, daß Jenny sie trotz allem hören konnte. Wie zuvor blieb uns nichts weiter übrig, als zu warten und zu hoffen.

Und wir nahmen weiter Blutproben von Jenny. Wie schlimm die Dinge auch standen, wir hörten nicht auf, die Krankheit zu studieren, in der Hoffnung, mehr in Erfahrung zu bringen. Aber es war auch nicht zu übersehen, daß wir allmählich alle an unsere Grenzen stießen, wir litten unter Schlafmangel und waren erschöpft und ausgelaugt. Tag um Tag ging die Tortur weiter. Jenny schwebte zwischen Leben und Tod. Wir suchten nach Zeichen der Besserung, hofften, daß die Krankheit ihren Höhepunkt überschritten hatte und abebben würde. Aber die Zeichen der Genesung, die wir wahrzunehmen meinten, existierten nur in unserer Phantasie. Nichts schien sich zu ändern. Wie lange konnte es noch so weitergehen? Die Nervosität machte sich bereits bemerkbar.

Eines Tages glitt mir die Blutprobe, die ich eben genommen hatte, aus den Händen, und das Röhrchen zerschellte zu meinen Füßen. Meine Handschuhe waren glitschig, denn ich hatte sie gerade in Bleichlauge gespült. Wie unbedacht! Ich war wütend auf mich selbst, wegen meiner Ungeschicklichkeit. Ich sah Donna an, als ich die Schrecksekunde überwunden hatte. Schnell gossen wir Bleichlauge über dem verschütteten Blut aus und ließen das Desinfektionsmittel eine halbe Stunde wirken, bevor wir den Boden säuberten. Außer Donna und mir war niemand in der Nähe, als das Röhrchen herunterfiel, und wir hatten nichts von dem Blut abgekriegt. Es bestand also keine Gefahr. Trotzdem war es ein furchteinflößendes Erlebnis.

Jennys Fieber hatte sich gelegt, und das bedeutete, daß wir den Kampf gegen das Virus gewonnen hatten. Obwohl das ein Signal der Hoffnung war, gab es immer noch keine Anzeichen dafür, daß sie das Bewußtsein wiedererlangen würde. Wir diskutierten, was wir als nächstes tun sollten. Fünf von uns waren Ärzte mit beträchtlicher Erfahrung bei der Behandlung von Lassa-Fieber. Wir hatten Jenny zwar durch die Virusinfektion hindurchgebracht, aber nun war unsere schlimmste Befürchtung, daß sie schwere Hirnschädigungen davongetragen haben könnte und daß sie vielleicht für den Rest ihres Lebens in einem vegetativen Zustand bleiben würde. Wir erkannten, daß diese Situation die Spezialkenntnisse eines Neurologen erforderte. Vielleicht war die Schädigung nicht permanent, und es konnte noch etwas getan werden. Vielleicht war eine Behandlung mit Steroiden notwendig. Da in Sierra Leone kein Neurologe zu finden war, gab es nur einen Weg: Jenny mußte nach London gebracht werden. Obwohl sie jetzt soweit war, daß sie bewegt werden konnte, mußte der gesamte Transport mit dem Flugzeug stattfinden, denn eine Fahrt im Geländewagen würde sie nicht überstehen.

Wie gewöhnlich funktionierte das Funkgerät nicht, so daß wir in Freetown niemanden erreichen und um Hilfe bitten konnten. Es mußte also jemand die grauenvolle Fahrt in die Hauptstadt unternehmen, beim britischen Konsulat vorsprechen und versuchen, alle notwendigen Arrangements zu treffen. Bob und ich stellten uns für diese Aufgabe zur Verfügung, denn er war der Projektleiter und ich kannte die Leute in London, zu denen wir Kontakt aufnehmen mußten.

Als wir Freetown erreichten, zerschlagen und staubbedeckt wie gewöhnlich, gingen wir sofort zum britischen Konsulat, um mit dem *High Commissioner* zu sprechen. Er erwies sich als sehr hilfsbereit und sagte uns jede Unterstützung zu, die er geben konnte. Zunächst konnten wir mit seiner Hilfe telefonisch mit den führenden Neurologen Londons in der Klinik am Queen's Square in Verbindung treten und ihnen Jennys Situation darlegen. Der Arzt, mit dem ich sprach, war bereit, Jenny aufzunehmen, aber er hatte, wie er mir sagte, in der Angelegenheit nicht das letzte Wort. Nur der Chefarzt des Krankenhauses in

Coppett's Wood konnte die endgültige Entscheidung treffen. Ich wußte aus Erfahrung, daß in England alles, was mit Fällen von hämorrhagischem Fieber zu tun hatte, unter seine Supervision fiel.

Als ich den Chefarzt am Telefon hatte und Jennys Fall zu erläutern versuchte, fiel er mir gleich ins Wort. Er habe persönlich neun Fälle von Lassa-Fieber gesehen, mehr als irgend jemand sonst in London. Er habe die Isolierstation geleitet, in die alle Patienten mit Verdacht auf Lassa-Fieber in London und Umgebung eingewiesen werden mußten – wer könne besser über die Krankheit im Bilde sein als er? Und natürlich brauche er niemanden, der ihm erzählte, wie ein Lassa-Patient zu therapieren sei. Daß ich zufällig in Westafrika war, mitten in Lassa-Land, und mit Leuten zusammenarbeitete, die die Krankheit seit mehr als zehn Jahren studierten, beeindruckte ihn überhaupt nicht. Der Mann war ein Phänomen.

«Sie alle haben sehr gute Arbeit geleistet», sagte er herablassend. «Behalten Sie die Patientin da und machen Sie so weiter.»

Ich rang mühsam um Beherrschung.

«Sir», sagte ich, «fünf hochqualifizierte Ärzte haben sie untersucht. Sie hat sich von der Lassa-Infektion vollständig erholt, aber sie leidet unter Komplikationen, die sich während der Krankheit eingestellt haben. Wir sind einhellig der Meinung, daß wir sie hier nicht angemessen versorgen können und daß sie unbedingt neurologische Hilfe braucht. Die kann sie nur in einem Londoner Krankenhaus bekommen.»

Er blieb völlig ungerührt. Er ließ uns wissen, er halte unsere Einschätzung, daß der Krankentransport per Flugzeug vertretbar sei, für falsch.

«Ich bedaure, aber ich sehe keinen Grund, Miss Sanders zu repatriieren. Es wäre unangemessen, britisches medizinisches Personal dem Risiko auszusetzen», erklärte er.

Ich redete mit Engelszungen. Joes jahrelange Arbeit hatte gezeigt, daß die Risiken selbst bei infektiösen Patienten minimal waren, solange man die notwendigen, einfachen Vorsichtsmaßnahmen beachtete und direkten Kontakt mit infiziertem Blut mied. Das alles interessierte ihn nicht. Jenny sollte bleiben, wo sie war, selbst wenn sie sterben müßte, solange nur niemand auf den Britischen Inseln dem Risiko einer Lassa-Infektion ausgesetzt wurde. Daß sie nun fieberfrei war und dieses Risiko verschwindend gering war, machte für ihn keinen Unterschied, ebensowenig wie die Tatsache, daß sie eine hochqualifizierte, junge, idealistische englische Krankenschwester war, die ihre Fähigkeiten in den Dienst der Armen in Afrika gestellt hatte. Er lehnte ganz einfach jede Verantwortung für sie ab. Ich hatte nichts erreicht. Es war verheerend. In diesem Augenblick schämte ich mich für mein Land.

Der Stellvertreter des *High Commissioner*, der das Gespräch mit angehört hatte, war empört. Ohne ein weiteres Wort verließ er den Raum, als das Telefonat beendet war, und informierte seinen Chef. Auch der wurde wütend, als er von Dr. Edmonds Entscheidung erfuhr – und zwar unglaublich wütend. Eine halbe Stunde, nachdem wir das Konsulat verlassen hatten, erhielt ich im VSO-Büro einen Anruf. Der Diplomat las mir das Telegramm vor, das er soeben verfaßt hatte. Es war die sprachlich eleganteste und giftigste Protestnote, die ich je die Ehre hatte zu hören. Im wesentlichen faßte es das Gespräch mit Dr. Edmond zusammen, aber in einem Ton der Empörung, den niemand ignorieren konnte. Der *High Commissioner* sagte mir, er werde das Telegramm direkt an das Außenministerium in London schicken, in der Hoffnung, daß es dort jemanden überzeugte, der sich kraft seines Einflusses über die Entscheidung des Chefarztes hinwegsetzen konnte.

Wenn wir mit einer unmittelbaren Reaktion gerechnet hatten, wurden wir jedoch enttäuscht. Zunächst geschah gar nichts. Die britische Bürokratie war offenbar hoffnungslos starr und unflexibel. Was für den Rest der Welt tolerierbar war, konnte den Briten noch lange nicht zugemutet werden. Es lief, kurz gefaßt, auf folgendes hinaus: Britisches medizinisches Personal mußte um jeden Preis davor geschützt werden, mit dem Lassa-Virus in Berührung zu kommen. Da der Chef von Coppett's Wood im selben Atemzug erklärt hatte, daß die Lassa-Fieber-Patientin weiterhin von afrikanischem medizinischem Personal gepflegt werden sollte, konnte man daraus nur schließen, daß Afrikaner seiner Meinung nach weniger wertvoll waren.

Als wir den Rückweg nach Segbwema antraten, war ich völlig verzweifelt. Aber als ich nach der langen, staubigen Reise auf dem Krankenhausgelände eintraf, kam mir Donna entgegengelaufen.

«Jenny wacht auf», rief sie. «Sie reagiert auf die Stimmen der Leute. Ihre Freundinnen hat sie sogar wiedererkannt!»

Das waren die ersten guten Nachrichten seit langer Zeit. Außerdem hatte Donna über das Funkgerät der Missionare gehört, daß Jennys Eltern sich entschlossen hatten, nach Sierra Leone zu kommen, um bei ihrer Tochter zu sein. Ich war so erleichtert, daß Jenny nun nicht mehr im tiefen Koma lag.

Jennys Eltern waren offensichtlich voller Sorge und Angst, als sie in Segbwema eintrafen. Es fiel ihnen schwer, ihr Erschrecken zu verbergen, als sie ihre Tochter sahen. Aber ich glaube nicht, daß sie wirklich verstanden, wie knapp Jenny dem Tod entronnen war. Andererseits gab es wenig Grund zum Optimismus. Kurz nach ihrer Ankunft verschlechterte sich Jennys Zustand wieder. Dieses Mal hatte sie sich eine bakterielle Pneumonie zugezogen. Bald konnte sie kaum noch atmen. Wir hatten keine Wahl: Wir mußten eine Tracheotomie vornehmen.

Bei einer Tracheotomie wird ein Schnitt in die Luftröhre gemacht und ein Tubus eingelegt. Als wir den Eingriff beendet hatten, mobilisierten Jennys Freundinnen erneut ihre Kräfte und übernahmen ihre Pflege. Die Tracheotomie mußte ständig abgesaugt werden, so daß die chirurgische Öffnung frei blieb. Die Krankenschwestern benutzten dazu einen Katheter und eine kleine fußbetriebene Pumpe, denn sie konnten die Bronchien nicht direkt absaugen. Dann bekam Jenny Antibiotika.

Ganz allmählich, Schritt für Schritt, kehrte sie ins Leben zurück. Die Ödeme an Hals und Kopf verschwanden, und ein zartes, schmales Gesicht trat hervor. Jenny war so mager und ausgezehrt, daß sie fast geisterhaft wirkte, wie ein bloßer Schatten ihres früheren Selbst.

Zu diesem Zeitpunkt kam Joe in Segbwema an. Er war verblüfft und bestürzt, als wir ihm berichteten, was mit Jenny geschehen war. Er wußte besser als irgend jemand sonst, wie glücklich sie sich schätzen konnte, daß sie überhaupt überlebt hatte. Aber zwei Aspekte ihres Falls störten ihn ganz besonders. Zum einen war es offensichtlich, daß sie im Krankenhaus von Panguma einem unnötigen Risiko ausgesetzt worden war. Niemand dort hatte sich die Mühe gemacht, Schutzmaßnahmen für das medizinische Personal einzuführen. Zum anderen war da das Problem der Therapie.

«Für die Zukunft», sagte Joe, «sollten wir aus diesem Fall lernen. Wenn jemand vom medizinischen Personal, der mit Lassa-Patienten umgeht, krank wird, dürfen wir nie damit zögern, Ribavirin zu geben. Im nachhinein ist es natürlich immer leichter zu beurteilen, aber eigentlich hätte Jenny gleich nach ihrer Ankunft in Segbwema Ribavirin bekommen müssen.»

Wir konnten zu diesem Zeitpunkt allerdings nicht mehr viel für Jenny tun. Nun war es unsere größte Sorge, ihre Rückkehr nach London zu arrangieren. Zehn Tage nach meinem fruchtlosen Besuch in Freetown erhielt ich die Nachricht, daß das Telegramm des *High Com-*

missioners in London tatsächlich eine Reaktion ausgelöst hatte. Die britischen Behörden hatten nachgegeben und ihre ursprüngliche Entscheidung revidiert. Man war nun bereit, Jenny zu repatriieren. Ich war erstaunt. Offenbar waren meine Bemühungen doch nicht so erfolglos gewesen, wie ich gelaubt hatte. Jennys Probleme waren damit jedoch nicht beendet. Der schlimmste Teil stand ihr vielmehr noch bevor.

Was niemand von uns erwartet hatte, war, daß es einer großangelegten militärischen Operation bedurfte, um Jenny zu evakuieren und nach England zurückzubringen. Der Transport einer rekonvaleszenten jungen Krankenschwester war offenbar ein Unternehmen von solcher Tragweite, daß es den Einsatz der Royal Air Force erforderte. Jennys Abreise sollte zu einem der dramatischsten Ereignisse in der Geschichte Segbwemas werden.

Da wir uns wegen der Instabilität ihres kardiovaskulären Systems Sorgen machten, wollten wir sichergehen, daß man ihr die Rückreise nach London so bequem wie möglich machte. Um ihr die Tortur einer Autofahrt nach Freetown zu ersparen, hatte jemand mit Verbindungen sich an den Präsidenten, Siaka Stevens, persönlich gewandt und ihn überredet, seinen eigenen Helikopter zu diesem Zweck zur Verfügung zu stellen. Der Hubschrauber landete auf einem lokalen Fußballfeld, vor den Augen eines begeisterten Publikums, das aus der gesamten Bevölkerung Segbwemas bestand. Das Fußballfeld war allerdings immer noch eine Meile vom Projektort entfernt, und die Straße, die dorthin führte, war in einem schrecklichen Zustand. Wie gewöhnlich mußten wir improvisieren.

Nur ein Fahrzeug war groß genug, um einer Matratze für Jenny Raum zu bieten, und das war ausgerechnet der «Rattenwagen» – der Kleinlaster, der benutzt wurde, um die gefangenen lebenden oder toten *Mastomys*-Ratten, die wir im Labor auf Lassa testeten, zu transportieren. Die Absurdität dieser Situation entging uns nicht.

Sobald wir das Fußballfeld erreichten, trat der britische Arzt, der den Transport begleitete, in Aktion. In der Schutzkleidung, die er für diese Mission angelegt hatte, sah er aus wie eine Gestalt aus «Krieg der Sterne». Er griff nach seinem Helm mit dem allzu vertrauten Gasmaskendesign.

«Ist es wirklich sicher, sie zu transportieren?» fragte er ängstlich.

Offensichtlich hatte sich niemand die Mühe gemacht, ihn über Jennys Zustand zu unterrichten. Wir taten unser Bestes, um ihn zu beruhigen, und zeigten ihm, daß wir den Körperkontakt nicht scheuten und keine Gefahr für uns sahen. Ich hatte jedoch keinen guten Eindruck von unserem Air-Force-Freund und fürchtete, daß seine Einstellung für Jenny keine Hilfe sein würde. Also ging ich auf ihn zu, nahm ihm die Gasmaske aus der Hand und gab ihm ein Paar Handschuhe, die Tuben, die Jenny zum Atmen brauchte, und die Pumpe zum Absaugen.

«Da! Das ist alles, was sie für die Patientin brauchen!»

Der Arzt protestierte nicht. Letzten Endes wußte er, daß ich recht hatte. Schließlich hatte er den ganzen Vormittag auf unseren Stationen verbracht und mehr Lassa-Patienten untersucht, als die sogenannten Experten in London je zu Gesicht bekommen hatten. Als der Helikopter startete, begannen die Zuschauer, die unsere kleine Konfrontation aufmerksam verfolgt hatten, spontan zu applaudieren. Sie alle kannten die Verheerungen des Lassa-Fiebers und freuten sich jedesmal mit, wenn jemand gerettet werden konnte. Wir hatten Glück, daß uns der nächste Abschnitt von Jennys Heimreise erspart blieb, aber es ist keine Frage, daß sie in unserer Begleitung besser dran gewesen wäre. Niemand sollte die Behandlung erdulden müssen, die ihr widerfuhr.

Am Flughafen Lungi hatte sich die Nachricht von der bevorstehenden Ankunft einer Lassa-Patientin bereits verbreitet. Offenbar wurde angenommen, daß sie noch infektiös war. Warum sonst hätten die Helikopterpiloten die Order erhalten, hinter einem Hangar zu landen, wo niemand sie sehen konnte? Es war wie bei einer geheimen militärischen Operation. Sobald der Hubschrauber den Boden berührte, sprang das Air-Force-Team in signalroten Schutzanzügen und Gasmasken aus dem wartenden Transportflugzeug. Sie legten Jenny sofort unter ein Isolationszelt. Dann, während die Motoren warmliefen, entledigten die unerschrockenen Männer sich ihrer Schutzkleidung und warfen sie kurzerhand hinaus auf die Rollbahn. So vermieden sie eine Kontaminierung, die nur in ihrer Phantasie existierte. Außerdem glaubten sie offenbar, daß sie den Leuten in Sierra Leone die für Briten unakzeptable «vergiftete» Kleidung ruhig hinterlassen konnten. Brian, der VSO-Chef, der dieses lächerliche Spektakel mit angesehen hatte, war entsetzt und beschämt. Aber er war trotzdem so geistesgegenwärtig, die Schutzanzüge einzusammeln, zusammenzurollen und in seinem Landrover zu verstauen. Dann fuhr er nach Segbwama zurück, um uns zu berichten, was sich zugetragen hatte.

Während wir ihm zuhörten, wußten wir nicht, ob wir lachen oder weinen sollten. Aber in jedem Fall waren wir uns alle einig, daß es jetzt eine Party geben würde, mit zeremoniell geröstetem Ziegenfleisch.

Weiß Gott, wir alle hatten etwas Entspannung und Ablenkung nötig. Den Höhepunkt der Festlichkeiten bildete eine Modenschau – die neuesten Trends für medizinisches Personal in Afrika. Michael und zwei der Krankenschwestern traten in den von der Royal Air Force zurückgelassenen signalroten Schutzanzügen auf. Um die Wirkung komplett zu machen, hatten sie sich die Gasmasken sogar als Hütchen übergestülpt. Das machte den Konsum kalten Star-Bieres etwas schwieriger, aber sie schafften es.

Wer immer auf die grandiose Idee gekommen war, Jenny unter ein Isolationszelt zu legen, war eindeutig mehr um eine – nichtexistierende – Gefahr für die Mannschaft des Flugzeugs besorgt als um das Wohlergehen der Patientin. Niemand hatte sich Gedanken darüber gemacht, wie schwierig es ist, eine sehr schwache Patientin mit instabilem kardiovaskulärem System unter einem luftdicht abgeschlossenen Zelt zu versorgen. Schlimmer noch: Das Innere der Isolationskammer war nicht klimatisiert; Jenny wurde langsam weichgekocht.

Ihre Gefangenschaft endete auch nicht, als sie in London ankam. Sie mußte sechzig Tage lang in der Isolationskammer ausharren, und das nur, weil die britische Ärzteschaft aufgrund ihrer Ignoranz und ihrer irrationalen Ängste vor Lassa-Fieber von Panik geschüttelt war. Jenny hatte das Glück gehabt, die Lassa-Infektion zu überleben, aber vermutlich war es ein noch größeres Wunder, daß sie die Behandlung durch die Briten überlebte. Es ist zwar richtig, daß sich im Urin rekonvaleszenter Lassa-Patienten noch geringe Virusmengen befinden, aber das ist ein Problem, das man sehr leicht ohne eine Isolierkammer bewältigen kann. Als Jenny schließlich aus ihrer Isolierzelle entlassen wurde, konnte sie nicht mehr gehen, weil sie so lange Zeit immobilisiert war. Heute hat man das Konzept der Isolierkammer fast überall auf der Welt aufgegeben – nur in England bleibt man dabei; man hat eben seine eigene Note.

Mit Jennys Entlassung war die Farce allerdings noch nicht beendet. Die VSO erhielt eine Rechnung in Höhe von rund 75 000 Dollar für dieses Exempel in staatlicher Hilfeleistung. Die Organisation hatte keine Versicherung für solche Fälle. Wenn sie Joes Rat gefolgt wäre und einfach einen Arzt dazu abgestellt hätte, Jenny auf einem regulären Flug erster Klasse mit der British Caledonian zu begleiten – ja, dann wäre es vielleicht noch teurer gekommen. Denn dann hätten die britischen Behörden vermutlich das Flugzeug beschlagnahmt und alle Passagiere unter Quarantäne gestellt.

Das Eigenartige ist, daß Jenny bis zum heutigen Tag überhaupt keine Erinnerung an ihre Krankheit hat. Sie kann sich nur bis zu dem Tag zurückerinnern, an dem sie mit Fieber und leichten Kopfschmerzen in Segbwema ankam – alles andere ist aus ihrem Gedächtnis gelöscht.

Sonnenuntergang über Segbwema

Für Jenny war es vielleicht heilsam, daß sie sich an das, was mit ihr geschehen war, nicht erinnerte, aber Joe und ich waren entschlossen, der internationalen medizinischen Gemeinschaft keine ähnliche Amnesie durchgehen zu lassen. Aus Jennys Fall waren wichtige Lektionen zu lernen. Im Spätsommer, als ich nach London zurückgekehrt war und in den CPHL-Laboratorien in Colindale arbeitete, lud ich daher eine Reihe von Spezialisten für Infektionskrankheiten zu einer Versammlung ein. Ich brachte Joe dazu, auf seinem Rückweg von Sierra Leone nach Atlanta in London Zwischenstation zu machen und vor der Versammlung zu sprechen. Joe berichtete mit gewohnter wissenschaftlicher Klarheit über seine langjährige Arbeit mit Lassa-Fieber – wie das Virus übertragen wird (und wie nicht), wie man die Krankheit diagnostiziert und behandelt. Dann riefen wir andere Sprecher auf, die in unterschiedlicher Weise in Jennys Fall involviert gewesen waren. Sogar der Chef von Coppett's Wood, der Jennys Repatriierung verweigert hatte, war erschienen. Dann trat der britische Militärarzt, der Jenny begleitet hatte, auf das Podium und trug seine Version der Geschichte vor. Über Jennys sechzigtägige Isolierhaft berichtete schließlich Dr. Stuart Glover, der sie in dieser Zeit behandelt hatte. Nach Darlegung der medizinischen Fakten, trat Jenny selbst vor, um Fragen aus dem Auditorium zu beantworten. Als ich sie sprechen hörte, fand ich wieder bestätigt, wie hervorragend sie für ihren Beruf qualifiziert war.

Ich wünschte mir, daß diese Veranstaltung einen bleibenden Eindruck hinterlassen möge, zumindest bei einer neuen Generation von Spezialisten für Infektionskrankheiten. Sie hatten hier zweifellos Gelegenheit, sich ihr eigenes Urteil zu bilden und zu erkennen, daß die Politik der britischen Regierung in bezug auf Schutzmaßnahmen gegen die Verbreitung hämorrhagischer Fieber im günstigsten Fall überflüssig und im schlimmsten Fall gefährlich war.

Joe und ich hatten in London alles daran gesetzt, der Außenwelt unsere Botschaft zu vermitteln, und wir waren gleichermaßen entschlossen, in Afrika – im Herzen von Lassa-Land – dasselbe zu tun. Gemeinsam mit seinem engen Freund Fakhry Assad, dem Begründer des globalen AIDS-Programms der WHO, heckte Joe den Plan aus, 1985 in Segbwema einen Workshop abzuhalten. Ein solches Unternehmen war beispiellos. Auf den ersten Blick erschien es unmöglich, mitten im ländlichen Sierra Leone ein internationales Treffen zu arrangieren. Wie sollten wir die Delegierten unterbringen, mit Mahlzeiten versorgen, Transportmöglichkeiten für sie finden? In Segbwema hatten wir keine Hotels und Restaurants, keine Stromversorgung, kein fließendes Wasser, keinen Flugplatz, keine Fahrzeuge. Nur jede Menge Lassa-Fieber. Aber Joe blieb hartnäckig.

«Wenn wir ihnen wirklich vermitteln wollen, was es mit Lassa-Fieber auf sich hat», sagte er, «dann müssen wir ihnen Lassa-Fieber zeigen.»

Fakhry stand hinter uns und unterstützte unser Vorhaben. Also setzten wir es in die Tat um. Um die beträchtlichen logistischen Probleme kümmerten sich unsere beiden Peace-Corps-Mitarbeiter Susan und Andrew Scott. Sie gewannen die katholische Missionsstation in Kenema dafür, die Teilnehmer des Workshops unterzubringen und mit Frühstück und Abendessen zu versorgen. Wir mußten allerdings immer noch einen Bus organisieren, der unsere Gäste jeden Tag über die Staubstraßen von Kenema nach Segbwema und zurück transportieren würde, und einen Weg finden, mittags einen Lunch für sie bereitzustellen. Susan, einfallsreich wie immer, überredete Mary, diese Aufgabe zu übernehmen. Mary war unbestreitbar die beste Köchin in Segbwema, ihr «Chophouse» war seit langem für sein ausgezeichnetes Essen bekannt. Aus dem besten Mende-Reis der Region und frischem Fisch aus dem nahe gelegenen Fluß oder den Sümpfen stellte sie Gerichte zusammen, die sogar bei Leuten, die an die internationale Küche von Genf oder Paris gewöhnt waren, Beifall fanden.

Der Workshop begann in Freetown in einem Hotel, das – zumindest zeitweilig – über fließendes Wasser und Elektrizität verfügte. Die Mehrzahl der Teilnehmer kam aus den Staaten des gesamten afrikanischen Kontinents, aber es kamen auch Delegierte aus Europa sowie ein Sowjetfunktionär, der bei der WHO arbeitete und von dem es hieß, daß er ein KGB-Mann sei. Die Etikette verlangte, daß die Teilnehmer des Workshops der US-Botschaft, die unsere Initiative nach besten

Kräften unterstützt hatte, einen Höflichkeitsbesuch abstatteten. Als wir das Botschaftsgebäude wieder verließen, bemerkten wir, daß unser russischer Freund sich seltsam verhielt. Er blieb plötzlich wie angewurzelt stehen und starrte auf die Straße, die den Hügel hinunter in Richtung der Meeresbucht führte.

«Ich muß gehen – sofort», murmelte er und hastete im Eilschritt die Straße hinunter.

Wir alle schauten ihm nach und sahen ihn gerade noch in einem Eingang verschwinden, über dem die rote Fahne mit Hammer und Sichel hing.

«Oje», sagte Fakhry, «er hat sich gerade einen schrecklichen Fauxpas geleistet. Er hat die US-Botschaft betreten, bevor er dem russischen Botschafter seine Aufwartung gemacht hat. Wenn ihn dabei jemand beobachtet hat, dann kriegt er Ärger.»

Nach zwei Tagen in Freetown, die mit Vorträgen und Diskussionen vergingen, waren wir bereit, ins Landesinnere aufzubrechen. Wir weckten alle Teilnehmer um fünf Uhr morgens und trieben sie hinaus auf die Straße, um auf die Busse zu warten. Die Busse waren ein Beitrag der Regierung von Sierra Leone. Wir hatten Ausweichlösungen geplant, für den Fall, daß sie nicht auftauchten. Aber dieses Mal sahen wir mit Befriedigung, daß tatsächlich etwas so klappte, wie es sollte. Als die Busse über die schlechten Straßen in Richtung Norden holperten, staunten unsere Kollegen aus Ostafrika über den Anblick, der sich ihnen bot. Sie hatten nicht geahnt, wie schlecht die Verhältnisse in Sierra Leone waren. Unterentwicklung, Mangel und Armut kannten sie natürlich aus ihren eigenen Ländern, aber was sie hier vorfanden, überraschte sie dennoch.

In Segbwema angekommen, teilten wir die Delegierten in drei Gruppen auf und wiesen ihnen Aufgaben zu. Eine Gruppe machte die Runde auf der Station, um Lassa-Fieber-Patienten zu untersuchen, die zweite fuhr zu den Dörfern hinaus, um die Lebensbedingungen der Menschen in Augenschein zu nehmen und Ratten zu fangen, und die dritte blieb im Labor, um Diagnosetechniken für Lassa zu erlernen. Abends kamen wir alle auf dem Hügel oberhalb von Kenema zusammen, um ein Abendessen einzunehmen, das über einem offenen Feuer zubereitet wurde, und die Ereignisse des Tages zu diskutieren. Während dieser Sitzungen entwickelten die Delegierten die WHO-Richtlinien für die Prävention, Erkennung und Behandlung hämorrhagischer Fieber in Afrika. Diese einfach zu praktizierenden, finanziell unaufwendigen, vernünftigen Techniken und Methoden basierten auf den Erfahrungen, die wir während unserer Projektarbeit in Sierra Leone gesammelt hatten. Im Vergleich zu anderen Veranstaltungen dieser Art war unser Workshop zweifellos sehr ungewöhnlich – und außerordentlich produktiv.

Und was war mit Jennys Sanders, die diese Initiative – ungewollt – inspiriert hatte? Jenny kehrte in ihren Beruf zurück, sobald sie vollständig genesen war. Joe und ich hatten Gelegenheit, sie und Dominic etwa ein halbes Jahr später zu besuchen. Die beiden waren nun verheiratet und lebten in einer Wohnung in der Nähe des Crystal Palace im Süden von London. Während wir Pizza aßen, tauschten wir Erinnerungen aus und ließen die Ereignisse Revue passieren. Es war Jenny ein bißchen unangenehm, aber sie hatte nach wie vor nicht die geringste Erinnerung an ihre lange Krankheit. Vielleicht, dachte ich, war es auch am besten, das alles zu vergessen. Jenny und Dominic haben jetzt drei Kinder und leben im Westen Englands.

Meine Zeit in Sierra Leone gab meinem Leben eine neue Wendung. Während meiner Arbeit für das Lassa-Projekt, die sich über insgesamt fünf Jahre erstreckte, von 1985 bis 1990, lernte ich das Land lieben. Ich besuchte Segbwema einmal oder zweimal pro Jahr, manchmal gemeinsam mit Joe, und blieb über längere Zeiträume dort. Bei jedem Besuch wurden mir die Veränderungen, die sich im Land vollzogen, stärker bewußt. Nur wenige waren zum Besseren. Als ich 1990 wieder nach Segbwema kam, erkannte ich sofort, daß der Ort eine Verwandlung durchgemacht hatte. Wie gravierend die Veränderungen waren, begriff ich jedoch erst, als ich am späten Nachmittag meines ersten Tages das Krankenhausgelände verlassen hatte.

Ich saß mit Freunden in einer Bar an der Hauptstraße – nicht «Eddy's», denn diesen Treffpunkt gab es schon lange nicht mehr. Normalerweise herrschte hier im Zentrum um diese Tageszeit, wenn die Leute von den Feldern zurückkehrten und ihre Einkäufe machten, dichtes Gedränge. Horden von kleinen Kindern liefen umher, manche starrten uns neugierig an und riefen *pumwe* – «Weißhaut» –, bis ihre Eltern aufmerksam wurden und sie zum Schweigen brachten. Wo man hinsah, liefen Tiere frei herum, streunende Hunde, Ziegen und Hühner. Dazu kamen die schrottreifen Fahrzeuge, die zu dieser verkehrsdichtesten Zeit über die Hauptstraße holperten. Für ihre Fahrer war es eine ständige Herausforderung, all dem wimmelnden Leben – und den Schlaglöchern – auszuweichen. Aber an diesem Abend war die Straße wie ausgestorben. Selbst die Hunde und Ziegen verhielten sich merkwürdig still. Die Kinder schienen gänzlich verschwunden zu sein. Die wenigen Menschen, die sich auf der Straße bewegten, wirkten besorgt und bedrückt. Sie sahen uns mit ernstem Ausdruck an, wenn sie uns überhaupt anschauten. Es lag etwas in der Luft, etwas Drückendes, Schweres, das nichts mit den bevorstehenden Regenfällen zu tun hatte.

Plötzlich erschien ein Armeelaster auf dem Kamm des Hügels und knatterte an der Polizeistation vorbei, die im Schatten eines großen Baumes lag. Die gelbbrüstigen Webervögel, die ihre merkwürdigen, hängenden Nester darin bauten, flogen auf und begannen wie wild zu lärmen. Der Lastwagen kam gegenüber der Bar, vor der ich mit meinen Freunden saß, mit quietschenden Reifen zum Stehen. Ein Offizier sprang heraus und rannte zur Polizeistation hinüber. Was ihn beschäftigte, schien von großer Dringlichkeit zu sein. Im hinteren Teil des Wagens saßen mehrere junge Rekruten in Tarnanzügen und schauten uns mit ängstlichen Gesichtern an. Sie hielten Maschinengewehre mit schußbereiten Ladestreifen umklammert. Eine unheimliche Stille hatte sich über die Straße gesenkt. Alle beobachteten den Armeelaster und warteten. Nach wenigen Minuten kam der Offizier zurück und schwang sich in die Fahrerkabine. Dann wurden die Bremsen gelöst und das Fahrzeug rollte die abschüssige Straße hinab, bis es soviel Fahrt hatte, daß der Motor gestartet werden konnte. Anlasser *no deh*, vermuteten wir. Die Stille hielt noch einen Augenblick an, und dann schien es, als ginge ein kollektives Aufatmen durch die ganze Umgebung. Die Lebensgeräusche kehrten wieder. Wir tranken schweigend unser Bier und gingen.

Später an diesem Abend saß ich, wie so oft, allein an meinem Lieblingsplatz, einem Felsen hinter Austins Haus, und sah zu, wie die Sonne als riesiger roter Ball langsam hinter den nebligen Hügeln von Panguma versank. Reiher flogen über die Reisfelder dahin, und aus den Wipfeln der hohen Palmen ertönten Vogelrufe. Als es dunkler wurde, konnte ich auf einem fernen Hügel gerade noch die Scheinwerfer eines Lastwagens erkennen, der sich auf Kenema zubewegte. Dann ging ich schnell ins Haus. Die Moskitos wurden lästig.

Später erfuhren wir, daß die Leute in Segbwema allen Grund hatten, sich zu fürchten. Rebellen, überwiegend halbwüchsige Jungen mit Maschinengewehren, waren über die liberianische Grenze gekommen und hatten auf den Marktplätzen der Nachbarorte Kailahun und Koindu wild um sich geschossen und willkürlich Menschen getötet. Praktisch alle Einwohner Segbwemas waren geflohen und hatten sich im Busch versteckt, bis sie sicher sein konnten, daß die Rebellen zurückgeschlagen worden waren und daß die Gefahr vorüber war. Vorerst zumindest.

Der Konflikt löste unter den in Sierra Leone lebenden Ausländern Panik aus. Das gesamte britische medizinische Personal, das in der Region arbeitete, wurde abberufen und evakuiert. Das bedeutete die Schließung des Krankenhauses – der einzigen Quelle der medizinischen Versorgung für die Bevölkerung. Die letzte Operation, die ein britischer Chirurg ausführte, war eine Amputation. Der Patient kam aus Kailahun; sein Arm war von Maschinengewehrkugeln zerfetzt. Der Arzt hatte keine Möglichkeit, den Arm zu retten. Aber ihn quälten bereits andere Sorgen, nämlich wie er aus dem Land herauskommen sollte. Obwohl die Grenze nun abgeriegelt war, hatte Sierra Leone keine Chance, dem Bürgerkrieg, der das benachbarte Liberia erfaßt hatte, zu entgehen.

Während unseres Aufenthaltes hörten Joe und ich Gerüchte über einen selbsternannten Rebellenführer, der der Regierung angeblich ein Ultimatum gestellt hatte. Aber was ging wirklich vor? Und wer waren die Rebellen? Niemand schien eine Antwort auf diese Frage zu wissen. Wir warteten ungeduldig auf Austin Denbys Rückkehr aus Daru Junction, wo sich eine mititärische Basis befand. Austin hatte – wie nicht anders zu erwarten – Freunde in der Armee, und wenn irgend jemand an zuverlässige Informationen herankommen konnte, dann er. Als er in Segbwema eintraf, sah er sehr angespannt aus. Für den Augenblick habe die Lage sich beruhigt, sagte er uns, aber das werde nicht lange so bleiben. Er gab uns zu verstehen, daß wir unseren Aufenthalt in Segbwema nicht mehr allzulange ausdehnen sollten.

Obwohl wir einsahen, daß Segbwema nun nicht mehr so sicher war wie zuvor, entschlossen wir uns, im Hauptbungalow eine große Party zu veranstalten, das gehörte schließlich zur Tradition. Es wurde von uns erwartet, und wir hatten diesen Menschen viel zu verdanken. Wir schmückten das Haus mit Palmwedeln und anderen Pflanzen, die wir aus dem Busch holten. Natürlich gab es reichlich Vorräte kalten Bieres, und es wurde viel davon getrunken. Und ohne das offene Feuer, über dem Ziegenfleisch geröstet wurde, war keine Party komplett. Wir beschafften zwei Ziegen zu diesem Zweck. Für mich ergaben sich daraus gewisse Schwierigkeiten, denn die Tiere waren mehrere Stunden lang an einem Baum angebunden, bevor sie geschlachtet wurden. Da ich in der Nähe war, schloß ich Bekanntschaft mit ihnen, und der Gedanke an ihre bevorstehende Exekution – oder gar an den Verzehr ihres Fleisches – machte mich elend.

Diese Party war unser endgültiger Abschied von Sierra Leone. Weder Joe noch ich sollten das Land wiedersehen. Nun ist die gesamte östliche Provinz in der Hand der Rebellen. Menschen wurden sinnlos ermordet. Vierzig Prozent der Bevölkerung wurden zu Flüchtlingen. Wir können nur vermuten, daß Segbwema von den Rebellen überrannt wurde und daß die Einrichtungen und Gebäude des Lassa-Projekts geplündert wurden. Das Ende des Rattenkontrollprogramms, das Joe eingeführt hatte, bedeutet zweifellos die Wiederkehr der Ratten. Und mit den Ratten wird das Lassa-Fieber wiederkehren. Die Flüchtlingssituation und die beengten Verhältnisse werden alles noch schlimmer machen. Aber jetzt wird es keine Lassa-Fieber-Station, keine erfahrenen Ärzte und keine Ribarivin-Behandlung geben. Der gelbe Kleinlaster mit dem Rattenemblem wird nicht mehr vorbeifahren, und die Leute werden nicht mehr spontan «Lassa fiva no good-o» anstimmen.

Von Mäusen und Erdnußschalen

(Joe:) Zu dem Artilleriebeschuß, dem Giftgas und dem Maschinengewehrfeuer – den Schrecken, denen Soldaten in den Schützengräben des Ersten Weltkriegs ausgesetzt waren – gesellte sich eine weitere tödliche Gefahr: eine unbekannte Krankheit, die mit Blutungen und Nierenversagen einherging. Während des Zweiten Weltkriegs tauchte sie wieder auf und forderte ihre Opfer unter deutschen Truppen, die in Norwegen und Finnland kämpften. Niemand war sicher, wodurch sie ausgelöst wurde, aber sie schien in Kriegszeiten mit besonderer Heftigkeit um sich zu greifen. *Leptospirosus*, ein dünnes, längliches Bakterium, dessen natürliche Wirte Ratten sind, konnte eine mögliche Ursache sein. Andererseits konnte es auch ein ebenfalls von Ratten übertragenes Virus aus der Familie der Hantaviren sein, die bei Menschen hämorrhagisches Fieber mit Nierenversagen auslösen. Wir wissen jetzt, daß diese Viren in Europa weit verbreitet sind, besonders in jenen Gebieten, in denen während beider Weltkriege viele Schlachten geschlagen wurden. In den Schützengräben wimmelte es von Ratten.

1915 wurde die seltsame, unbekannte Krankheit im Zusammenhang mit einer Epidemie unter britischen Truppen in Frankreich zum ersten Mal als «Nierenödem» oder «Wassersucht» beschrieben. Zur gleichen Zeit wurde sie auch unter der Zivilbevölkerung im östlichen Rußland in der Hafenstadt Wladiwostok beobachtet. Als die Krankheit wieder zuschlug, dieses Mal unter japanischen Truppen, die in den dreißiger Jahren die Mandschurei besetzt hielten, wurde sie «Song-Fieber» genannt. In den vierziger Jahren, als sie in China auftrat, bezeichnete man sie als epidemisches hämorrhagisches Fieber (EHF). Sie hat sich seither unaufhaltsam immer weiter ausgebreitet. Außerdem ist seit den dreißiger Jahren in Skandinavien eine ähnliche Krankheit, *Nephropathia epidemica*, bekannt, die mit der asiatischen Variante zwar eng verwandt ist, aber sehr viel milder verläuft.

Erst nach dem Koreakrieg ging die Krankheit schließlich in die Annalen der medizinischen Geschichte ein. Während dieses Konflikts befiel sie fast dreitausend UN-Soldaten, darunter viele Amerikaner, und forderte vierhundert Todesopfer. Bei jedem Wiederauftauchen bekam die Krankheit einen neuen Namen, dieses Mal wurde sie als koreanisches hämorrhagisches Fieber bekannt. Wieder nahm man an, daß Ratten die Überträger waren, aber man hatte keine konkreten Beweise für diese These.

Die Bemühungen der medizinischen Wissenschaft, die Ursachen der Krankheit zu entdecken, gehen mindestens bis auf die dreißiger Jahre zurück. Bei manchen dieser Bemühungen waren dubiose, ja, verbrecherische Experimente im Spiel. In der Sowjetunion soll «freiwilligen Versuchspersonen» ein «filtrierbares Agens» verabreicht worden sein – das heißt, sie wurden mit einem Virus infiziert. Die Japaner dokumentierten ähnliche Experimente. Als sie China besetzten, injizierten sie chinesischen Kriegsgefangenen das Virus. Einen ganz andersartigen, heroischen Ansatz wählte ein skandinavischer Wissenschaftler namens Myrhman, als er fünfzehn Milliliter infizierten Urins trank, um die Auswirkungen des Erregers auf den menschlichen Körper im Selbstversuch zu studieren. Als der Urin keine erkennbaren Wirkungen zeigte, injizierte er sich fünfzehn Milliliter Blut von einem infizierten Patienten. Myrhman hatte großes Glück, daß er nicht erkrankte, der Ablauf seines Experiments legt die Vermutung nahe, daß sich im Urin oder im Serum seines Patienten kein Virus mehr befand.

1978 reisten Karl Johnson und sein koreanischer Kollege Ho Wang Lee nach Korea, um die Krankheit zu erforschen. In der Annahme, daß Nagetiere die Überträger des Erregers waren, nahmen Karl und Ho Wang Serumproben von Patienten, die von hämorrhagischem Fieber genesen waren, und testeten sie an Zellen, die aus dem Nierengewebe lokaler Feldmäuse stammten. Ihre Hypothese erwies sich als korrekt. Sie isolierten ein Virus und nannten es Hantaan, nach einem Fluß in Korea. Der Erreger wurde von *Apodemus agrarius*, einer Feldmaus mit einem gelblichen Längsstreifen auf dem Rückenfell, übertragen.

Durch Karls bahnbrechende Studien inspiriert, begann ein Wettlauf um die Erforschung des Virus. George French, der für die militärische Forschungseinrichtung USAMRIID in Maryland arbeitete, konnte mit Hilfe derselben Technik, die Karl und Ho Wang angewandt hatten, geringe Mengen des Virus isolieren. Aber statt mit dem Nierengewebe von Feldmäusen zu arbeiten, hatte er ein einfacheres, praktischeres und billigeres System von Zellkulturen entwickelt. 1981, als ich mich für das Hantaan-Virus zu interessieren begann, war es noch nicht gelungen, es in Quantitäten heranzuzüchten, die seine Identifizierung und Charakterisierung erlaubten. Sicher, Hantaan war in Mäusen und in Zellkulturen isoliert worden, aber weiter war die Forschung noch nicht vorangeschritten. Hohe Viruskonzentrationen sind nötig, um Typus, Form, Größe und Zusammensetzung eines Virus zu bestimmen und herauszufinden, welcher Gruppe von Erregern es angehört. Der nächste logische Schritt war also die Entwicklung eines «Zuchtprogramms», um Virusquantitäten zu erhalten, mit denen man arbeiten konnte. Erst dann konnten wir einen diagnostischen Routinetest entwickeln, der einfacher und weniger umständlich war als jener, den man damals anwandte. Um den Verdacht auf eine Hantaan-Infektion zu bestätigen, wurde das Serum eines erkrankten Patienten nämlich immer noch mit Hilfe von Nierenzellen, die man einer infizierten Feldmaus entnommen hatte, getestet.

Eine mögliche Lösung bot sich an. Paul Price und Karl Johnson hatten in den CDC-Laboratorien eine Linie von Gewebezellen, die sie Vero E6 nannten, geklont. Klonierung bedeutet, eine einzelne Zelle immer wieder zur Teilung zu stimulieren; die aus der Teilung hervorgegangenen Zellen haben alle genau dasselbe genetische Material wie ihre gemeinsame Ahnin. Zellkulturen, die aus dieser Linie von Gewebezellen herangezüchtet worden waren, hatten sich bei anderen Erregern hämorrhagischer Fieber wie Lassa und Ebola als hervorragender Nährboden erwiesen, also kamen sie auch für einen Versuch mit Hantaan in Betracht. Unser Ziel war, Viruspartikel in einer Menge zu produzieren, die ausreichte, um sie unter dem Elektronenmikroskop zu studieren. Die Viruspartikel werden bei dieser Methode auf einem speziellen Gitter fixiert und mit Elektronen beschossen; so erhält man ein erkennbares Bild des Mikroorganismus. Sobald Form, Größe und Struktur bekannt sind, kann man sich ein Bild davon machen, um welche Art von Virus es sich handelt. Aber man muß das Virus zu einer Konzentration von mindestens einer Million pro Kubikmillimeter Flüssigkeit (das sind etwa zwanzig Tropfen) heranzüchten. Man braucht auch dieselbe hohe Konzentration, um die molekularen Eigenschaften eines Virus zu studieren. Außerdem würde eine gute Zellkulturmethode uns erlauben, mögliche neue Entwicklungslinien des Virus leichter zu isolieren. Wenn alles gut verliefe, könnten wir schließlich bessere diagnostische Tests entwickeln. Das alles war von großer Bedeutung.

Ich suchte Karl auf, um zu hören, was er von meinem geplanten Experiment hielt. Karl war drauf und dran, den CDC zu verlassen und eine neue Position beim USAMRIID zu übernehmen.

«Joe», sagt er, «damit würde ich keine Zeit verschwenden. Wir haben versucht, Hantaan in gewöhnlichen Vero-Zellen heranzuzüchten, aber es hat nicht geklappt. Es gibt also wenig Grund, anzunehmen, daß es sich in Vero-E6-Zellen stärker vermehren wird.»

Trotz seiner pessimistischen Einschätzung fand ich, daß wir es dennoch versuchen sollten. Donna Sasso, die in Sierra Leone am Lassa-Projekt mitgearbeitet hatte, übernahm die Verantwortung für die Herstellung von Testkulturen, die wir brauchten, um festzustellen, ob das Virus so wuchs, wie wir es uns erhofften. Das Virus, das wir benutzen würden, hatten Karl und Ho Wang aus dem Gewebe von Nagetieren isoliert. Zuerst ging es langsam voran, und ich begann, den Mut zu verlieren. Aber dann, einige Tage, nachdem wir mit der Arbeit begonnen hatten, erschien Karl im Labor.

«Ich hatte unrecht, was dieses Experiment angeht», gab er zu. «Natürlich solltest du es versuchen. Nur weil es mit Vero nicht funktionierte, brauchen wir E6 nicht gleich abzuschreiben. Es könnte anders verlaufen.»

Ich schöpfte Zuversicht aus seinen Worten. Niemand war beharrlicher, intellektuell integrer oder anspruchsvoller als Karl. Seine eigene Arbeit beurteilte er genauso kritisch wie die anderer. Er hatte alle Eigenschaften, die man sich bei einem Mentor wünscht.

Trotz unserer größten Anstrengungen verhielt das Virus sich völlig unkooperativ. Das ging so weit, daß es sich weigerte, die Existenz unserer Linie von Gewebezellen anzuerkennen. Dann wurde das Experiment durch bakterielle Kontaminierung zurückgeworfen; wir waren gezwungen, neues Nagetiermaterial, das sehr geringe Virusmengen enthielt, aus dem Kühlfach zu holen und wieder von vorn anzufangen. Es war unglaublich frustrierend. Jedesmal, wenn Donna neues infiziertes Material in die Gewebekultur hineingab, vollführte das Virus einen Zaubertrick und war im Handumdrehen verschwunden. Nicht nur, daß es nicht wuchs, es war einfach nicht mehr da. Normalerweise wechselten wir die Nährlösung, die die Zellen am Leben erhält, alle zwei bis drei Tage, aber Donna fand, daß wir nichts zu verlieren hätten, wenn wir die Flüssigkeit immer seltener erneuerten, nur um zu sehen, was dann geschehen würde. Wir beschlossen auch, die Virusmenge zu erhöhen, um die Dinge zu beschleunigen. Es ist sehr heikel, die Virusmenge zu bestimmen, die man in eine Gewebekultur hineingibt: zu wenig, und es passiert gar nichts – zuviel, und das Virus kann sich in seiner Vermehrung tatsächlich selbst behindern.

So wie ein Bauer weiß, wann er anfangen muß, Äpfel zu ernten, so daß er sie auf den Markt bekommt, solange sie noch frisch sind, so muß ein Forscher wissen, wann der richtige Erntezeitpunkt für ein Virus gekommen ist. Intuition ist alles. Der Prozeß erfordert Fingerspitzengefühl. Zum Glück verfügte Donna über diese Gabe – und über Geduld und Beharrlichkeit.

Die meisten Zellkulturen werden nach fünf oder sechs Tagen unbrauchbar, aber da Vero E6 besonders widerstandsfähig ist, gingen wir das Risiko ein, die Kulturen bis zu zwei Wochen lang unberührt stehenzulassen. Normalerweise hätten wir das Material innerhalb von wenigen Tagen auf neue Zellen transferiert. Unsere Überlegung war einfach: Dieses Virus brauchte offenbar mehr Zeit, um sich festzusetzen, und wir wollten es durch das Wechseln der Nährlösung nicht wegspülen. Das Experiment dehnte sich über Wochen aus, und wir zerbrachen uns den Kopf, um herauszufinden, unter welchen Bedingungen das Virus sich vermehren würde. Donna blieb hartnäckig, obwohl es ganz so aussah, als würde es uns nie gelingen, irgend etwas heranzuzüchten.

Jedesmal, wenn wir die infizierten Zellen unter dem Mikroskop untersuchten, bemerkten wir ein bißchen mehr gelbliches, fluoreszierendes Material, das sich augenscheinlich an sie angeheftet hatte. Das war es, worauf wir gewartet hatten: ein Zeichen, daß wir tatsächlich mehr Viruspartikel erhielten. Mit neuer Hoffnung setzten wir den Prozeß fort, das Virus auf neue Zellen zu transferieren, und taten unser Bestes, um eine Kontaminierung der Kulturen zu vermeiden. Mit dem Virus wuchsen auch unsere Erwartungen. Wir näherten uns jetzt dem Zeitpunkt, an dem wir die Zellen unter ein Elektronenmikroskop legen konnten. Wenn wir Glück hatten, würde das Virus sich tatsächlich zeigen, und wir würden die ersten sein, die es zu Gesicht bekamen.

Schließlich, sechs Monate nachdem wir mit der Arbeit begonnen hatten, kam der Tag, an dem wir das Gefühl hatten, den Prozeß weit genug vorangetrieben zu haben. Wir übertrugen das infizierte Material auf ein Fixativ, Glutaraldehyd. Dieser Stoff würde das Virus abtöten, so daß wir ungefährdet damit arbeiten konnten. Außerdem würde das Fixativ die Virusstruktur stabilisieren, so daß wir sie unter dem Mikroskop sehen konnten. Als wir die kostbare Probe vorbereitet hatten, übergaben wir sie Erskine Palmer, unserem Experten für Elektronenmikroskopie.

Erskine war ein schmächtiger, wortkarger Mann, der bedeutende Beiträge zur Erforschung der Struktur von Viren geleistet hatte. Wir hätten keinen Besseren finden können, um uns bei unserem Projekt zu helfen. Als wir Erskine das Material ausgehändigt hatten, war ich so aufgeregt, als hätte ich eine Examensarbeit abgeliefert. Wenn das Virus sich nun nicht zeigte... Dann wäre unsere gesamte Arbeit umsonst gewesen.

Es dauert zwei bis drei Tage, das Material für die Untersuchung unter dem Elektronenmikroskop vorzubereiten. Es muß mit einer speziellen Chemikalie fixiert werden, mit einem Schwermetall gefärbt werden (das Schwermetall umhüllt das Virus, und so wird das Material klar sichtbar, wenn es mit Elektronen beschossen wird) und schließlich in Hartplastik eingegossen werden. Sobald die Plastikmasse fest geworden ist, muß man sie in sehr dünne Scheiben schneiden, die dann unter das Mikroskop gelegt werden. Was man schließlich sieht, ist die Schwermetallfärbung, die die Struktur des Virus nachzeichnet – nicht das Virus selbst.

Nach drei Tagen nervöser Stimmung versammelten wir uns in einem kleinen dunklen Raum, in dem Erskine seine Vorbereitungen traf. Wir waren zu fünft. Andere Mikroskopieexperten hätten die Zuschauer hinausgeschickt, um sich nicht ablenken oder in ihrer Konzentration stören zu lassen, aber Erskine wußte, wieviel uns dieser Augenblick bedeutete. Wir standen hinter seinem Stuhl und schauten über seine Schulter hinweg auf einen grünen Bildschirm, der zeigen würde, was das Elektronenmikroskop enthüllte.

Mehrere Minuten vergingen, während Erskine das Gerät einstellte. Unsere Augen waren ungeübt, also warteten wir auf das Erscheinen bestimmter typischer Signale: entweder die charakteristische Symmetrie eines Viruspartikels oder die Umrisse einer mit winzigen, schützenden Antigenen besetzten Virushülle. Wir wußten, daß diese Hüllen in allen erdenklichen Formen auftreten konnten, also waren wir nicht sicher, was wir zu erwarten hatten. Jedes runde Objekt, das auftauchte, würden wir im Detail studieren müssen. Wir hatten nur eine vage Vorstellung davon, welche Art von Virus wir vorfinden würden. Es könnte ein Arenavirus sein wie Lassa, denn es lebte in Nagetieren. Wir starrten auf den EM-Schirm, bis uns das Bild vor den Augen verschwamm. Wir sagten nichts mehr, denn es schien, als würden wir kein Virus zu sehen bekommen. Unsere schwitzenden Körper heizten den kleinen Raum auf. Wir alle bemühten uns, etwas zu erkennen. Nichts. Zellen, Abfallprodukte. Keine Viruspartikel.

Zurück zum Labor. Was nun? Wir wußten, es mußte etwas da sein. In den mit fluoreszenter Färbung behandelten Proben, die wir unter dem Lichtmikroskop studierten, sahen wir das Virusmaterial aufscheinen wie ein Leuchtfeuer im Nebel von New England. Aber wir mußten uns ins Gedächtnis rufen, daß man leuchtende Fluoreszenz schon bei Konzentrationen von nur 1000 bis 10 000 Viruspartikeln pro Milliliter Flüssigkeit sehen konnte. Um ein einzelnes Virus unter einem Elektronenmikroskop zu sehen, mußten wir eine Konzentration von mindestens einer Million Viruspartikeln haben.

Wir hatten keine andere Alternative, als das Virus in größeren Quantitäten heranzuzüchten und dann eine Ultrazentrifuge zu benutzen, um die Viruspartikel am Boden eines Teströhrchens zu konzentrieren. Eine Ultrazentrifuge läuft mit einer Geschwindigkeit von 100 000 Umdrehungen pro Minute, im Unterschied zu einer normalen Laborzentrifuge, die eine Leistung von 5000 bis 10 000 Umdrehungen pro Minute hat. Durch die Benutzung einer Ultrazentrifuge konnten wir eine zehn- bis hundertfach höhere Konzentration von Viruspartikeln erreichen. Vielleicht würde das zum Erfolg führen.

Die Kehrseite? Zum einen würde dieser Prozeß uns wieder viel Zeit kosten. Und dann war noch etwas anderes zu bedenken: die Gefahr. Die Bearbeitung konzentrierten Virusmaterials unter Hochgeschwindigkeit ist eine besonders riskante Angelegenheit, wegen der schieren Mengen von Viruspartikeln, die dabei im Spiel sind, und wegen der hohen Energie der Zentrifuge, die einen von infiziertem Material gesättigten Sprühnebel produzieren kann, falls ein Teströhrchen zerbricht. Also brachten wir unsere Materialien ins Level-4-Labor. Donna war durch ihren Astronautenanzug geschützt – und durch ihre langjährige Erfahrung. Sie war bereit, ein kalkulierbares Risiko einzugehen.

Unsere Hoffnungen hingen an einem sehr dünnen Faden, aber da wir schon so weit gegangen waren, wollten wir jetzt nicht aufgeben. Mehrere Wochen vergingen, bis wir unser «Kügelchen» hatten, ein winziges, mit bloßem Auge kaum erkennbares Tröpfchen Material am Boden des Teströhrchens, das Endresultat der Arbeit mit der Ultrazentrifuge. Wir fixierten es in Glutaraldehyd. Dann war Erskine wieder an der Reihe. Er brauchte drei weitere Tage, um die Probe für das Elektronenmikroskop vorzubereiten. Als es soweit war, rief er uns zusammen.

Es war früher Nachmittag, als wir uns ein zweites Mal in dem dunklen Raum versammelten und gespannt auf den Bildschirm schauten, auf den das mikroskopische Bild projiziert wurde. Erskine begann, das mikroskopisch kleine Gitter, auf das wir unser Material aufgebracht hatten, systematisch abzusuchen. Milliarden von Viren passen auf eine Nadelspitze. Wenn wir nur wenig Viruspartikel hatten, konnten sie uns leicht entgehen. Erskine mußte jeden Quadratnanometer der Probe inspizieren, um eine Virushülle zu entdecken, oder die charakteristischen Stacheln, die aus einer Virusmembran hervorstehen. Die Größe von Viren liegt zwischen 20 und 250 Nanometern im Durchmesser, und da ein Nanometer 10^{-9} Meter ist, kann die Suche sich sehr lange hinziehen. In regelmäßigen Abständen schaltete Erskine den Schirm ab, so daß er selbst besser sehen konnte, und wir starrten nur noch in die Dunkelheit und fragten uns, was er wohl sehen mochte.

Erskine ist ungemein gewissenhaft und methodisch – beides sind wesentliche Qualitäten für einen Elektronenmikroskopiespezialisten. Myriaden von Formen und schattenhaften Umrissen zeigen sich in jedem Präparat, und die wenigsten haben mit dem Objekt, nach dem man sucht, etwas zu tun. Aber jede amorphe Form, jeder Kringel muß peinlich genau überprüft werden, wenn man sicher sein will, daß es sich *nicht* um das gesuchte Viruspartikel handelt. Manchmal wird auch nur ein Teilstück des Viruspartikels sichtbar, weil der Rest zerstört ist. Um das wirkliche Virus zu erkennen, selbst wenn es vorhanden ist, bedarf es eines Experten. Was Erskine nun tat, während wir in der Dunkelheit warteten, war, Phantombilder, Zellfragmente und Schatten verformter Zellen, die ein ungeübtes Auge als Viruspartikel deuten könnte, zu eliminieren. Nach einer Weile konnten wir sehen, daß Erskines Aufmerksamkeit sich auf etwas richtete, das für uns unsichtbar war. Ich hielt den Atem an. Ich spürte, daß er gerade einen Blick auf unseren heiligen Gral erhascht hatte und nun nahe genug heranging, um das Objekt zu fotografieren. Dann hob er den Kopf.

«Hier sind zweifellos Virusformen vorhanden», sagte er. «Wahrscheinlich haben wir etwas gefunden.»

Ich konnte hören, wie sich unser Herzschlag kollektiv beschleunigte – oder vielleicht war es nur mein eigener.

«Komm schon, Erskine», drängte ich, «laß es uns sehen.»

Ich saß auf heißen Kohlen. Aber Erskine ließ sich nicht antreiben. Er wollte sich seiner Sache sicher sein, bevor er uns das Resultat präsentierte.

Mehrere Minuten vergingen. Dann schaltete Erskine den EM-Schirm wieder ein, so daß wir das Bild mit eigenen Augen sehen konnten.

«Erdnüsse!» rief ich aus. Dies war das erste Mal, daß Menschen dieses Virus zu Gesicht bekamen. Erskine warf mir einen tadelnden Blick zu.

«Ich glaube, daß es sich um ein Bunyavirus handelt. Ich kann es nicht mit absoluter Sicherheit sagen, aber da, wo wir jetzt stehen, würde ich es in diese Familie einordnen.»

Bunyaviren sind verhüllte Viren. Das Virus erlangt seine Hülle durch Plünderung: Es beraubt die Zellen, die es infiziert, des Materials, das es braucht, um sich selbst zu vervollständigen. Das geraubte Material benutzt es wie einen Mantel, mit dem es sein Nukleopepsid – den eigentlichen Stoff, aus dem es besteht – umhüllt. Die Hülle ist gewöhnlich rund oder oval, aber sie wird während des Präparierens für das Elektronenmikroskop manchmal verformt, so daß sie in verzerrten Formen erscheinen kann, zum Beispiel in einer Form, die an eine Erdnußschale erinnert.

An der Form kann man gewöhnlich erkennen, um welche Art von Virus es sich handelt. Wenn Erskines Annahme korrekt war, dann wäre dieser Erreger das erste Nagetier-Bunyavirus, das je gefunden wurde. Hantaan würde also ein eigenes Genus bilden. Sera von Patienten mit HFRS waren schon auf alle bekannten Bunyaviren hin getestet worden, und keines der existierenden Bunyaviren hatten mit den Sera reagiert. Das bedeutete, daß die Struktur und die chemische Zusammensetzung dieses Virus sich von denen aller bekannten Bunyaviren unterschieden. Aber Bunyaviren – alles tierische Viren – gibt es zuhauf, und ständig tauchen neue auf.

Ein Teil des Rätsels war also gelöst. Wir hatten jetzt besseren Zugriff auf eine Infektion, die in vielen Teilen der Welt schwere, oft tödlich verlaufende Erkrankungen auslöst. Das Gewebekultursystem, das Donna mit soviel Geduld entwickelte, hat sich als so effektiv erwiesen, daß es bis heute die Standardmethode zur Isolierung von Hantaviren und zur Herstellung von diagnostischen Reagenzien geblieben ist. Das neue Genus wurde auch nach dem Fluß in Korea benannt, in dessen

Nähe Karl und Ho Wang die Maus gefunden hatten, aus der sie das ursprüngliche Virus isolierten. Mit Hilfe von Donnas System wurden Tausende von Viren aus allen Erdteilen isoliert. Die Hantaviren mußten inzwischen einige ihrer Geheimnisse preisgeben, und das bessere Verständnis ihrer genetischen Zusammensetzung erlaubte es Wissenschaftlern schließlich, Impfstoffe zu entwickeln.

In den Monaten, die auf diese Vision in einem kleinen, dunklen Raum folgten, bereiteten wir Zellmaterial und gereinigtes Virusmaterial vor, um es an Kollegen beim USAMRIID und in Belgien, Frankreich, England und Japan, die an ähnlichen Projekten arbeiteten, weiterzugeben. Es ist absurd – aber wenn diese Ergebnisse sich zehn Jahre später abgespielt hätten, wäre diese Großzügigkeit uns nicht mehr möglich gewesen. Vielleicht hätten wir die Methode, die wir benutzten, um das Virus zu isolieren, eifersüchtig hüten und durch ein Patent schützen müssen, ungeachtet der Tatsache, daß wir sie in einer staatlichen Forschungseinrichtung entwickelt hatten. Aber 1982 befanden wir uns noch in einer anderen Ära, und der Geist der wissenschaftlichen Kooperation und Solidarität war in vielen Forschungseinrichtungen in den USA und anderswo noch nicht vollständig erloschen.

Eric Dournon war ein Spezialist für Infektionskrankheiten, der in Paris ein kleines Labor leitete. Dieses Labor war trotz seines notorischen Mangels an Geldmitteln und Personal ungemein produktiv – so produktiv in der Tat, daß Eric zum ersten Wissenschaftler wurde, der in Frankreich *Legionella pneumophila* nachwies. Als er 1980 das Level-4-Labor im CDC besuchte, schlug ich ihm eine neue Herausforderung vor: den Versuch, das HFRS-Virus in Frankreich zu identifizieren. Ich war daran interessiert, herauszufinden, ob es ein modernes Äquivalent des mit Nierenversagen einhergehenden hämorrhagischen Fiebers gab, das während des Ersten Weltkriegs in den Schützengräben der Picardie, der Region um Amiens, aufgetreten war.

Eric wurde mir zu einem besonderen Freund. Er war schlank, dunkelhaarig, temperamentvoll – und ein wahrer Abenteurer. Später brachte er mir auf Korsika das Tauchen bei. Seine Lehrmethode war einfach und effizient: Er gab mir zehn Minuten lang verbale Instruktionen, und dann warf er mich mit einem kräftigen Schubs über Bord. So habe er auch gelernt, sagte er. Er war ein komplizierter Mensch von großer Intelligenz. Er liebte es, fischen zu gehen, und dann saß er stundenlang da und rauchte eine Zigarette nach der anderen. Ich vermute, daß er weniger daran interessiert war, Fische zu fangen, als ungestört nachzudenken. Tatsächlich fing er selten etwas. Aber wir waren uns ohnehin beide einig, daß Fischen kein Sport ist, sondern eine Philosophie.

Nachdem wir das Thema diskutiert hatten, kamen Eric und ich zu dem Schluß, daß er in Frankreich nach einer milderen Form der Krankheit Ausschau halten sollte. Wir waren beide der Meinung, daß es etwas Ähnliches wie die in Skandinavien beschriebene *Nephropathia epidemica* (NE) sein könnte. Es war bekannt, daß NE auch in weiten Teilen Rußlands vorkam. Die Erkrankung wurde durch ein Virus verursacht, das sich geringfügig von Hantaan unterschied; sein natürlicher Wirt war *Cletrionomys*, eine Wühlmausart. Dieser niedliche, rotbraune Nager, der aussieht, als wäre er einem Bilderbuch entstiegen, lebt überall in Europa in Hecken und Erdwällen. Eric würde sich also verschiedene Optionen offenhalten, er würde nach einer Krankheit suchen, die mit den schweren hämorrhagischen Fiebern, die man in Korea und China beobachtete, Ähnlichkeit hatte, aber nicht unbedingt mit ihnen identisch war. Als er Atlanta verließ, war er von seiner neuen Aufgabe begeistert. Er war leidenschaftlich daran interessiert, neue Krankheiten zu erforschen, und dieses Virus stellte eine große Herausforderung dar.

Etwa vier Monate später schickte Eric mir Serumproben von einem Patienten zu, der in Paris mit akutem Nierenversagen ins Krankenhaus eingeliefert worden war. Der Mann war ein Büroangestellter, der in einem kleinen Dorf in der Nähe von Reims, im Herzen der Champagne, ein Ferienhäuschen besaß. Er war erkrankt, nachdem er dort ein Wochenende verbracht hatte. Auf Befragen erzählte er, daß er in einer alten Scheune, die längere Zeit nicht benutzt worden war, Holz gehackt habe. Fast drei Wochen nach seinem Besuch auf dem Land hatte er Fieber, Schüttelfrost und intensive Muskelschmerzen, besonders im unteren Rückenbereich, bekommen. Er wurde von einem Arzt untersucht und ins Krankenhaus eingewiesen.

Dann konnte er plötzlich kein Wasser mehr lassen. Der Nierenspezialist, der den Patienten behandelte, war zufällig ein guter Freund von Eric und war schon instruiert worden, auf mögliche Fälle von hämorrhagischem Fieber mit Nierenversagen (HFRS) zu achten. Natürlich trat er sofort mit Eric in Kontakt und ermöglichte ihm, die notwendigen Proben von dem armen Mann zu nehmen, der nichts weiter gewollt hatte, als ein ruhiges Wochenende auf dem Land zu verbringen. Nun genoß er den zweifelhaften Ruhm, der erste bestätigte HFRS-Fall in

Frankreich zu sein. (Glücklicherweise konnte er sich vollständig von seiner Krankheit erholen.)

Als die Proben in Atlanta eintrafen, testete Donna sie mit Hilfe unserer neuen Reagenzien. Sobald sie die Tests beendet hatte, kam sie zu mir herein und zeigte mir die Resultate.

«Die Sache ist klar», sagte sie. «Der Franzose ist positiv.»

Ein weiterer Durchbruch für Eric.

Aber das war nur der Anfang. Eric und ein Kollege wollten mehr herausfinden. Also machten sie sich auf in die Champagne, um die verdächtige Scheune selbst in Augenschein zu nehmen. Sie entschlossen sich, Fallen aufzustellen, einige Nagetiere einzufangen und sie auf das Vorhandensein einer Virusinfektion zu testen. Eric und sein Freund betraten die Scheune ohne jede Schutzkleidung. «Was soll's», müssen sie sich gedacht haben, «das ist nur eine alte Scheune, und außerdem sind wir hier in Frankreich. Setz eine Gasmaske auf, und die ganze Nachbarschaft hält dich für komplett verrückt.»

Aber die beiden Wissenschaftler wußten, was sie taten – oder glaubten es zumindest. Nachdem sie einige Fallen aufgestellt hatten, in denen man die Nager lebend fängt, hielten sie nach Anzeichen von Nagetierbefall Ausschau. Sie blieben etwa eine halbe Stunde in der Scheune. Am nächsten Tag kamen sie zurück, um die Fallen zu kontrollieren. Aber sie hatten kein Glück. Die leeren Fallen bedeuteten nicht notwendigerweise, daß es in der Scheune keine Ratten oder Mäuse gab, die Tiere waren vielleicht nur nicht auf die Köder hereingefallen. Die beiden Wissenschaftler kehrten unverrichteter Dinge nach Paris zurück, aber genau einundzwanzig Tage nach ihrem Ausflug wurde Erics Kollege krank. Er hatte Fieber, starke Muskelschmerzen und intensive Kopfschmerzen, die sich hinter den Augen zu konzentrieren schienen. Vielleicht ist es eine Grippe, sagte er sich, aber als die Symptome mehrere Tage lang unverändert anhielten, entschloß er sich, Eric zu informieren.

Sie waren sich natürlich bald darüber im klaren, daß es sich durchaus um eine Infektion mit einem Hantaan-Virus handeln könnte. Wie sich herausstellte, war es tatsächlich HFRS, aber eine mildere Form, und Erics Freund wurde bald wieder völlig gesund. Wie Eric und ich vermutet hatten, ähnelte diese Erkrankung der skandinavischen *Nephropathia epidemica*, die gewöhnlich ebenfalls mild oder moderat verläuft und selten zum Tod führt.

Im Frühjahr 1982 kam ich von einer Westafrikareise zurück. Da direkte Flüge von Westafrika in die USA so selten waren, mußte ich zwangsläufig den Umweg über Europa machen. Also entschloß ich mich, für einige Tage in Frankreich Zwischenstation zu machen, Eric zu besuchen und bei einer systematischen Überprüfung der bewußten Scheune zu helfen. Dieses Mal würden wir uns mehr Mühe geben, die raffinierten Nager zu überlisten. Nach dem, was Erics Freund durchgemacht hatte, waren wir begreiflicherweise etwas nervös. Aufgewirbelter Staub genügte vielleicht bereits, um sich eine Infektion zuzuziehen. In Rußland und dem Nahen Osten war der Nachweis erbracht worden, daß Hantaan – anders als alle anderen Viren, die hämorrhagische Fieber auslösen – durch die Luft übertragen werden konnte. Wir beschlossen also, auf Nummer Sicher zu gehen und mit Gasmasken zu arbeiten. Dann stellten wir alles zusammen, was wir zum Einfangen und Testen von Nagetieren brauchten.

Wir wußten, daß wir diskret vorgehen mußten. Wir wollten vermeiden, die örtliche Bevölkerung durch unseren Auftritt in Gasmasken zu alarmieren. Vielleicht käme sogar jemand auf die Idee, die Polizei zu rufen, und obwohl wir nichts Illegales taten, würden unsere Aktivitäten die Gendarmen zweifellos mißtrauisch machen.

Wir kamen gegen Abend in dem Dorf in der Champagne an und fanden in einem hübschen kleinen Hotel Unterkunft. Dann ließen wir uns in aller Ruhe nieder, um ein umfangreiches französisches Mahl à la Champagne einzunehmen. Mit anderen Feldforschungsvorhaben verglichen, konnte man diesem einen gewissen Stil nicht absprechen. Im Morgengrauen fuhren wir zu der Scheune hinaus und parkten das Auto. Wie Spione bei einer geheimen Mission legten wir schnell und lautlos unsere Schutzkleidung an, schnappten uns die Kiste mit den Fallen und schlüpften in die Scheune hinein. Wir fanden keine Anzeichen dafür, daß seit Erics letztem Besuch jemand hier gewesen war. Um so besser, dachten wir uns. Im Lauf von etwa vierzig Minuten hatten wir die Fallen aufgestellt und alles überprüft. Als wir fertig waren, spähte Eric durch den Türspalt, um zu sehen, ob die Luft rein war. Niemand in Sicht. Nicht, daß wir Publikum erwartet hätten – es war sechs Uhr dreißig an einem Samstagmorgen. Wir zogen unsere Schutzanzüge aus und steckten sie in einen Plastiksack; später würden wir sie verbrennen. Dann spülten wir unsere Handschuhe in einer speziellen Desinfektionslösung ab und warfen sie in einen gesonderten Abfallbeutel. Als das alles getan war, fuhren wir zum Hotel zurück, um zu frühstücken. Wir hofften, die anderen Gäste als Gesundheitsfanatiker, die von ihrem morgendlichen Konditionstraining zurückkehrten, zu beeindrucken. Durch unsere heimliche Mission tatsächlich erfrischt, machten wir uns auf, um einige Ärzte und Vertreter der Gesundheitsbehörden der Region aufzusuchen. Wir waren natürlich daran interessiert zu erfahren, ob sie von HFRS-Fällen in der Umgebung wußten. Mehrere glaubten, die Symptome, die wir beschrieben, bei Patienten gesehen zu haben, aber sie waren nicht sicher. Später, nachdem wir ein Kontrollsystem eingeführt und Antikörpertests vorgenommen hatten, kamen wir zu dem Schluß, daß HFRS in der Region tatsächlich nicht selten ist.

Am Abend, bei Einbruch der Dunkelheit, schlichen wir uns wieder in die Scheune. Diesmal ging ich hinein, um die Fallen einzusammeln, während Eric Wache hielt. Gleich als ich eintrat, sah ich, daß wir zumindest einen Nager lebend gefangen hatten. Das bedeutete, daß wir die notwendigen Proben sofort entnehmen mußten, hier in der Scheune. Ich ging schnell wieder hinaus, um den Rest der Ausrüstung zu holen, und machte mich an die Arbeit. Als ich hatte, was ich wollte, verstaute ich die Proben in dem Trockeneisbehälter, den wir mitgebracht hatten.

Nicht schlecht für einen Tag, aber wir brauchten mehr Material. Also bereiteten wir die Fallen wieder vor und beschlossen, früh am nächsten Morgen zurückzukehren und zu schauen, was wir vorfinden würden. Dann war es Zeit für ein weiteres ausgezeichnetes Essen. Im Vergleich zu epidemiologischen Untersuchungen im afrikanischen Busch zeigte diese Unternehmung wirklich gewisse Vorteile.

Am nächsten Morgen wiederholten wir dieselbe Prozedur, mit dem Unterschied, daß Eric nun in die Scheune ging und ich draußen wartete und Wache hielt. Bei dieser Gelegenheit fingen wir zwei weitere Nagetiere. Nachfolgende Tests zeigten, daß eines davon Antikörper gegen das Hantaan-Virus entwickelt hatte, und so fanden wir bestätigt, daß die Tiere in der Tat die Träger des Virus waren. Uns selbst gelang es nicht, das Virus aus diesen Nagetieren zu isolieren, aber andere Forscher hatten mehr Erfolg. Das europäische Virus, das von Kollegen in Finnland isoliert wurde und nun den Namen *Puumala* trägt, ist noch empfindlicher als das Hantaan-Virus und läßt sich nur unter größten Schwierigkeiten in Gewebekulturen heranzüchten.

Die Umgebung von Reims ist nicht nur eine alte Kulturlandschaft, man fand dort sogar Spuren der frühesten menschlichen Siedlungen in Europa. Während wir unsere Untersuchung durchführten, fragte ich mich unwillkürlich, welche Auswirkungen die Krankheit wohl zwei

Jahrtausende vor dem Ersten Weltkrieg auf die römischen Legionen gehabt hatte. Wir waren uns nun ziemlich sicher, daß viele der Fälle von Nierenversagen, die von den Ärzten des frühen zwanzigsten Jahrhunderts so plastisch beschrieben wurden, von HFRS verursacht gewesen sein mußten. Uns selbst geschah nichts; unsere Vorsichtsmaßnahmen hatten sich ausgezahlt, oder wir hatten einfach Glück.

In den folgenden Jahren tat Eric sich dadurch hervor, daß er als erster in Frankreich die Lyme-Krankheit identifizierte, und danach engagierte er sich zunehmend in der AIDS-Forschung und der Behandlung von AIDS-Patienten. Dann starb er, plötzlich und unerwartet, nur zehn Jahre nach unserem Ausflug in die Champagne. Sein Tod war ein großer Verlust für die französische Wissenschaft, für seine Familie und für mich.

Vier Jahre später war ich wieder auf der Jagd nach Viren, die von Ratten übertragen werden, diesmal in China, wo zwei Arten von HFRS-Viren vorkommen. Das eine, das sogenannte Seoul-Virus, wird von Hausratten übertragen. Es ist vorwiegend in urbanen Regionen konzentriert und löst eine relativ mild verlaufende Krankheit aus. Das andere, das hauptsächlich in ländlichen Gebieten vertreten ist, führt zu einer weitaus schwereren Erkrankung mit einer Mortalitätsrate von fünf bis fünfzehn Prozent. Im Vergleich zu anderen hämorrhagischen Fiebern ist die Krankheit allerdings weniger akut, und es kommt nur selten zu Blutungen. Wenn jedoch Blutungen auftreten, können sie leicht auf das Gehirn übergehen. Es braucht nicht viel davon, um Nervenzellen irreversibel zu schädigen, und der Tod ist die unvermeidliche Folge. Dieser Erreger ist eben das Hantaan-Virus, das von meinem Laborteam zum ersten Mal isoliert wurde.

Apodemus agrarius, die kleine Feldmaus mit dem hellen Längsstreifen auf dem Rücken, die das Virus überträgt, lebt auf dem Land und im Wasser. Ihre bevorzugten Habitate sind Flußufer und Bewässerungsgräben. Für Reisfelder hat sie eine besondere Vorliebe. Hantaan agiert ganz ähnlich wie Lassa: Die Mäuse werden als Feten mit dem Virus infiziert und tragen es ihr Leben lang in sich, ohne daß sich schädliche Wirkungen zeigen. China war also voll von munteren, wohlgenährten Feldmäusen, die das Virus überall auf den Reisfeldern dieses extrem dicht bevölkerten Landes in ihrem Urin ausschieden. Folglich stand HFRS auf der offiziellen Liste der gefährlichen epidemischen Infektionskrankheiten in China an zweiter Stelle. Nur Hepatitis wurde als noch bedrohlicher betrachtet.

Im Herbst 1985 hatte Sue gemeinsam mit mehreren chinesischen Kollegen in einer Bergregion der Zhejiang-Provinz, in der die Krankheit ein großes Problem darstellte, eine epidemiologische Untersuchung durchgeführt. Aber wir mußten ihre Ergebnisse durch eine Nachfolgestudie erhärten. Wir kamen im Herbst 1986 in China an. Im Frühjahr und im Herbst, nach den Reisernten, häufen sich die HFRS-Fälle. Es lag also die Vermutung nahe, daß es zwischen den Ernten und den Ausbrüchen der Krankheit eine Verbindung gab. Das Eigenartige war jedoch, daß sich die Symptome der Krankheit und die Schwere ihres Verlaufs im Frühjahr und im Herbst markant unterschieden. Niemand hatte bisher eine Erklärung für dieses Phänomen gefunden.

Sue und ich führten diese Studie gemeinsam durch, und zwei chinesische Kollegen schlossen sich uns an, Professur Wu, ein Experte für Infektionskrankheiten von der First Medical University, und Yi Wei Tang, ein Epidemiologe, der schon bei der ersten Untersuchung mit Sue zusammengearbeitet hatte. Unsere Jagd auf Ratten begann in Shanghai, als wir an Bord des Schiffes gingen, das uns an der Küste entlang nach Süden bringen sollte. Aber lassen wir Sue die Geschichte weitererzählen

(Sue:) An den Kais ging es chaotisch zu. Wir wurden durch das Getümmel zu unserem Schiff gebracht und in eine Kabine «erster Klasse» geführt. Wenn das die erste Klasse ist, dachte ich, wie mögen dann wohl die zweite und die dritte Klasse aussehen? Zwei Kojen waren auf einem Raum von etwa vier Quadratmetern untergebracht. Das Bettzeug war in den letzten drei Monaten offenbar nicht gewechselt worden. Das einzige weitere Möbel war ein kleiner Tisch. Wir hatten große Mühe, unsere Kisten zu verstauen, von denen eine ein Thrombozytenaggregometer und eine andere ein kleines automatisches Hämatologiegerät für das Krankenhaus in Tiantai enthielt.

Die Toiletten des Schiffs waren nicht nur völlig verdreckt, sondern buchstäblich unbenutzbar. Ähnliches habe ich auf keiner meiner Reisen rund um die Welt gesehen. Der Gestank war so ekelerregend, daß man das gesamte Schiffsareal, auf dem sie untergebracht waren, meiden mußte. Der widerliche Schlamm sickerte sogar unter den Türen hervor. Ich fing sofort an, meine Flüssigkeitszufuhr zu reduzieren. Als ich abends in meine Koje kletterte und mich hinlegte, wurde mir sofort klar, daß ich nicht allein war. Irgend etwas krabbelte auf mir herum. Das Bett war voller Kakerlaken. Wie sollte ich unter diesen Umständen schlafen? Beim CDC hatte ich ein Schlafmittel bekommen, für

Beschwerden, die durch die Zeitverschiebung bei Flugreisen verursacht werden. Nur im Koma, sagte ich mir, würde ich die Nacht überstehen.

Am nächsten Morgen gingen wir in einer kleinen Hafenstadt an der Küste der Zhejiang-Provinz von Bord. In meinem halbnarkotisierten Zustand bekam ich nicht mit, wo wir uns eigentlich befanden oder wie der Ort hieß. Ein Auto erwartete uns, und dann fuhren wir stundenlang über holprige Straßen, die sich höher und höher in die Berge hinaufwanden. Unser erstes Ziel war Tiantai, ein besonders malerisches Provinzstädtchen inmitten der eindrucksvollen Berglandschaft. Autos waren in Tiantai eine Seltenheit; hölzerne Karren, Traktoren, Radfahrer und Fußgänger – viele, viele Menschen – füllten die Straßen. Da unser Fahrzeug kaum vorankam, war es bald von Leuten umringt, die sich die Nasen an den Scheiben platt drückten und uns verwundert anstarrten. Europäer kamen so gut wie nie nach Tiantai. «So fühlt es sich also an», dachte ich mir, «in einem Zoo ausgestellt zu werden.»

Wir wurden zum Krankenhaus gebracht, man gab uns chirurgische Kittel, Kappen und Mundschutz, und dann wurden wir auf den Stationen herumgeführt.

«Alle Patienten im ersten Stock haben HFRS», erklärte der Arzt, der uns begleitete. «Welches Stadium der Krankheit möchten Sie sehen?»

Im Verlauf von HFRS werden traditionell fünf Stadien unterschieden. Wir wollten natürlich mit dem ersten Stadium anfangen. Aber als wir gerade mit unserer Runde beginnen wollten, wurden wir gebeten, beiseite zu treten. Ein Mann, dessen Körper aufrecht, aber seltsam verdreht war, wurde von zwei Pflegern, die ihn unter den Achselhöhlen stützten, den Gang entlang getragen. Das war China. Rollbahren oder Rollstühle waren in diesem Krankenhaus ein unbekannter Luxus.

Wir betraten das erste Krankenzimmer.

«Das ist das erste Stadium», sagte unser Begleiter.

Alle Patienten hier zeigten die charakteristischen Anzeichen der Initialphase der Krankheit: Fieber, gerötete Gesichter, Schwellungen um die Augen. Als wir ihnen in den Mund und unter die Arme schauten, sahen wir Petechien, kleine punktförmige Blutungen, die von der Schädigung der Thrombozyten herrühren.

Im nächsten Raum lagen Patienten im zweiten Stadium der Krankheit. Sie alle waren im Schock, der Mann, der gerade über den Gang getragen worden war und jetzt auf einem der Betten lag, eingeschlossen. Im nächsten Zimmer fanden wir die Patienten im dritten Stadium. Ihre Nierenfunktion hatte versagt.

Schließlich bekamen wir Patienten im vierten und fünften Stadium zu sehen. Bei manchen von ihnen – jenen, die sich im vierten Stadium befanden – war die Nierenfunktion immer noch gestört, während die Glücklichen, die das fünfte Stadium erreicht hatten, sich zu stabilisieren begannen und langsam genasen.

Was ich hier sah, hätte ich mir nie vorstellen können: eine ganze Krankenhausetage, voll mit Patienten belegt, die alle an ein und derselben Infektionskrankheit litten. Aber die Arbeit der chinesischen Ärzte flößte mir Respekt ein. Ihr Verständnis der Krankheit erlaubte es ihnen, schnell zu einer korrekten Diagnose zu kommen und sofort geeignete Maßnahmen zu ergreifen, um die Zahl der Todesfälle zu minimieren.

Am Abend dieses ersten Tages besuchten wir ein altes Kloster, wo uns von buddhistischen Mönchen ein spektakuläres Mahl vorgesetzt wurde. Die Kost in buddhistischen Klöstern ist rein vegetarisch, alle Speisen, auch solche, die wie Fleischspeisen wirkten, waren aus den verschiedensten Gemüsen komponiert und kunstvoll angerichtet. Wir alle griffen herzhaft zu, und Joe, der etwas von einem Feinschmecker an sich hat, ruhte nicht eher, als bis er von allem gekostet hatte. Auf dem Rückweg zu unseren Unterkünften passierten wir einen Hof, der sich an die Küche anschloß. Die Küchentür stand offen. Ich spähte neugierig hinein und sah zwei Ratten über den Boden huschen.

Nun ja, es ist Teil des buddhistischen Glaubens, keinem fühlenden Wesen – und Ratten gehören nun einmal dazu – etwas zuleide zu tun. Aber es war ein gewisser Trost, daß man uns, anders als in Westafrika, wahrscheinlich kein Rattenfleisch anbieten würde. Wir hofften nur, daß alles, was wir gegessen hatten, lange und gut genug gekocht worden war, um eventuell vorhandene Hantaviren abzutöten.

Von Tiantai fuhren wir weiter nach Jiande. Die Stadt lag weiter westlich an einem Wasserlauf, der durch die Konstruktion eines massiven Staudamms zur Elektrizitätsgewinnung entstanden war. Der Stausee, der sich gebildet hatte, als das Areal geflutet wurde, hieß «der See der tausend Inseln». Die begrünten Fleckchen, die wie über das Wasser hingestreut wirkten, waren eigentlich keine Inseln, sondern die Kuppen überfluteter Hügel.

Am nächsten Tag machten wir eine Tour durch die benachbarten Dörfer, wo viele Menschen an HFRS erkrankt waren. Unser Begleiter war Xu Zhi Yi, ein Spezialist für Viruserkrankungen, insbesondere

HFRS und Hepatitis, der viele Jahre für den CDC gearbeitet und einige bedeutende Studien veröffentlicht hatte. Xu war ein freundlicher, kultivierter Mensch, der sich sein makelloses Englisch ausschließlich in China angeeignet hatte. Wie so viele andere unserer chinesischen Kollegen hatte er während der Kulturrevolution viel zu leiden gehabt.

Es war die Zeit der Reisernte. Wo man auch hinschaute, war trocknender Reis auf dem Boden ausgelegt. Wenn auf den Feldern und Pfaden kein Platz mehr war, breiteten die Bauern den Reis einfach zum Trocknen auf den Straßen aus, so daß Fahrzeuge vorsichtig um die Flächen herumnavigieren mußten. Auch in den Häusern fand man Reis auf den Fußböden aufgeschüttet, und wenn man genauer hinsah, konnte man winzige Fußspuren darin entdecken: Ratten. Wir gingen zum Fluß hinunter und überquerten eine wacklige Brücke. Auf der gegenüberliegenden Seite lag ein winziges Dörfchen, das nur aus einigen Bauernhöfen bestand. Hier waren, wie wir erfuhren, viele HFRS-Fälle aufgetreten. Als wir am Fluß entlangwanderten, sahen wir Arbeiter, die schwarzen Uferschlamm in große Körbe füllten. Der Schlamm wurde dann zu den Feldern getragen und darauf verteilt; er diente als Dünger. Als wir das letzte Gehöft erreichten, traten wir ein und machten uns mit den Bewohnern bekannt. Aber die einzigen Familienmitglieder, mit denen wir sprechen konnten, waren der Großvater und seine zwei erwachsenen Enkel. Sie sagten uns, daß sie verheiratet seien, aber ihre Frauen und Kinder waren nirgendwo in Sicht.

«Fünf von uns waren mit HFRS im Krankenhaus», teilte der Großvater uns in ruhigem, sachlichem Ton mit. HFRS war ein so verbreitetes Phänomen, daß ein großer Ausbruch in einem einzigen Haushalt offenbar nicht als etwas Ungewöhnliches betrachtet wurde. Wir schauten uns in dem Haus um. Es gab nichts Überraschendes zu sehen – nur viele Rattenlöcher.

Wir fragten den Großvater, ob er je versucht habe, etwas gegen die Ratten zu unternehmen. Die Antwort kam schnell und im lokalen Dialekt. Wir warteten auf Xus Übersetzung.

«Ja, er hat es versucht», erklärte Xu. «Er hat Rattengift ausgelegt, aber das Gift brachte nur das Schwein und die Katzen um.»

Xu wußte genau, wovon der alte Mann sprach. «Das ist das Problem», sagte er. «Wissen Sie, vor ein paar Jahren habe ich in der Anhui-Provinz gearbeitet. Wir hatten eine große HFRS-Epidemie. Die Regierung beschloß, die Ratten mit Gift auszurotten. Es gab nur eine

Möglichkeit: Wir legten überall, wo Ratten waren, vergifteten Reis aus. Bei jedem Köder stand ein Soldat und hielt Wache. Die Soldaten hatten die Aufgabe, Kinder, Schweine, Enten, Hunde, Katzen, Kaninchen – alles, was keine Ratte war – zu verscheuchen und von dem Gift fernzuhalten. China ist ein großes Land mit vielen, vielen Menschen. Es gibt immer genug Soldaten für solche Einsätze.»

Als wir zur örtlichen Seuchenkontrollstation (dem chinesischen Äquivalent einer staatlichen Gesundheitsbehörde) zurückgekehrt waren, diskutierten wir, wie wir es anstellen könnten, lebende Nagetiere einzufangen, so daß wir sie untersuchen, klassifizieren und das Virus isolieren konnten. Es war die einzige Möglichkeit, herauszufinden, was die Ursache der Ausbrüche im Herbst und im Frühjahr war, und warum die Krankheit je nach Jahreszeit so unterschiedlich verlief.

Während die Sitzung voranschritt, stieg der Geräuschpegel merklich an. Jemand, der kein Chinesisch versteht, mußte den Eindruck gewinnen, als wäre ein hitziger Streit im Gang, bei dem die Diskussionspartner einander die meiste Zeit anschrieen. Aber als ich um eine Übersetzung bat, war die Antwort überraschend lakonisch, in Anbetracht dessen, wie lange die Konversation gedauert hatte.

«Vielleicht ist es nicht möglich, die Ratten einzufangen», sagte jemand. «Dr. Ma sagt, er kann es nicht machen.»

Qou Rong Ma, ein untersetzter Mann mit pausbackigem Gesicht, war ein Feldforscher, dessen Spezialität das Einfangen und Testen von Mäusen und Ratten war. Wo lag das Problem? War es schwierig, die Ratten zu fangen? – Nein. Überhaupt nicht. – Gab es nicht genug Ratten? – O doch, die gab es reichlich; davon hatten wir uns ja bereits überzeugen können. – Konnte man sie lebend fangen? – Klar, kein Problem.

«Haben Sie nicht genug Fallen?» fragte Joe, zunehmend verwirrt.

«Doch, haben wir», sagte Dr. Ma.

Ja, hielten sie es denn nicht für wichtig, Nagetiere zu fangen und zu untersuchen? – O doch, doch, sehr wichtig sogar. Und so ging dieser fruchtlose Dialog noch eine Weile weiter. Dr. Ma sagte gewöhnlich nicht viel, aber jetzt wurde er sehr gesprächig. Plötzlich sprang er von seinem Stuhl auf und verschwand in einem Nebenraum. Er kam mit einer Rattenfalle zurück und zeigte sie uns. Sie wirkte ganz normal und für die Aufgabe durchaus geeignet. So weit, so gut.

Dann fingen unsere chinesischen Kollegen an zu rechnen und zu kalkulieren. Alle fünfundzwanzig Meter eine Falle, auf soundso vielen

Feldern, soundso viele Nächte. Beim Aufstellen von Fallen mußte man einem gewissen Standardschema folgen.

«Ja, was ist denn nun, können Sie es machen, oder gibt es nicht genug Fallen?» fragten wir, zunehmend irritiert. Doch, Fallen gab es, wie gesagt, genug. Das war nicht das Problem. Aber was war dann das Problem?

Nach einer kurzen Überschlagsrechnung ging uns schließlich ein Licht auf. Wir benutzten bei unseren Untersuchungen gewöhnlich zusammenlegbare Fallen. Die Käfige, die in China als Lebendfallen benutzt wurden, waren jedoch groß und konnten nicht zusammengeklappt werden. Man mußte sie übereinanderstapeln. Um die Menge, die für die Operation nötig war, zu transportieren, würde man mehrere tausend Lastwagen brauchen. Die logistischen Probleme und die hohen Kosten machten die Aktion undurchführbar.

Wir atmeten auf. Hier konnte geholfen werden. Der CDC, teilten wir unseren Kollegen mit, konnte genügend zusammenlegbare Rattenfallen zur Verfügung stellen.

Die Fallen erwiesen sich als der Schlüssel zur Lösung des Problems. Im folgenden Frühjahr wurden sie überall auf den Feldern aufgestellt und Mengen von großen braunen Ratten und Mäusen eingefangen. Aber es waren mehr Ratten als Mäuse, und bei den Tests stellte sich heraus, daß nur sie, die Ratten, das Virus mit ihrem Urin ausschieden. Im Oktober und November, bei der Herbsternte, als die Fallen erneut aufgestellt wurden, war es jedoch umgekehrt: Nun erwiesen die Mäuse sich als die Schuldigen. Das war der Grund dafür, daß die Epidemien im Frühjahr und im Herbst so unterschiedlich verliefen. Ein Impfstoff, der vor der Krankheit schützen könnte, müßte gegen beide Entwicklungsstränge des Virus wirksam sein.

Sobald das bekannt war, machten die chinesischen Wissenschaftler sich an die Arbeit. Mittlerweile hat man in China bereits mit klinischen Studien begonnen. In den USA entwickelte Connie Schmaljohn vom USAMRIID, die weltweit anerkannte, führende Wissenschaftlerin in der Erforschung der Molekularstruktur von Hantaviren, mit Hilfe der Gentechnik einen Impfstoff, der ebenfalls vielversprechend ist. Connie arbeitete eng mit ihrem Mentor, dem Virologen Joel Dalrymple zusammen. Auch Joel – wie so mancher andere Virenjäger ein Kettenraucher – starb vorzeitig und unerwartet. Tabak scheint weitaus gefährlicher zu sein als Level-4-Viren.

Ein Impfstoff kann die HFRS-Krankheit weitgehend eindämmen,

und die Einführung von Ribavirin zur Behandlung von Infizierten kann dazu beitragen, die Mortalitätsrate zu senken. Wir hatten das Virus dazu gebracht, seine Geheimnisse zu enthüllen, wir hatten es in der Champagne aufgespürt und in China, in der Provinz Zhejiang, in die Enge getrieben. Es war nicht das erste und auch nicht das letzte Virus, das wir um die halbe Welt verfolgten. Aber nicht jedes Virus gibt seine Strategien so leicht preis, und niemand weiß das besser als Joe. Er wird jetzt erzählen, wie das Lassa-Virus den großen Sprung in den industrialisierten Westen machte.

Lassa kommt nach Chicago

(Joe:) Es war am 13. Januar 1989. Azikiwe saß in seinem Büro in Chicago und überprüfte einen Bauplan. Das Telefon klingelte. Es war seine Frau, Veronica. Es kam selten vor, daß sie im Büro anrief, besonders nachmittags, wenn die Kinder schon aus der Schule zurück waren. Mit sechs lauten, lebhaften Kindern hatte Veronica alle Hände voll zu tun. Am Klang ihrer Stimme war klar zu erkennen, daß sie aufgeregt und sehr besorgt war.

«Azikiwe», sagte sie in ihrem singenden, westafrikanischen Englisch, «deine Mutter... Valerie hat gerade angerufen und mir gesagt, daß sie ganz plötzlich krank geworden und gestorben ist.»

Azikiwe war wie versteinert. Hatte er richtig gehört? Seine Mutter war doch ganz gesund gewesen. Es hatte keine warnenden Anzeichen gegeben. Er hatte für die nächste Zeit geplant, seine Eltern zu einem Besuch nach Chicago einzuladen – sie hatten die USA nie gesehen. Und seine Kinder erinnerten sich kaum noch an die Großmutter. Die beiden älteren Jungen, Ogbejele und Oyakhi, hatten noch vage Erinnerungen an die alte Dame, aber die anderen waren dazu viel zu klein.

Aber Azikiwe konnte sich seiner Trauer jetzt nicht überlassen. Er griff wieder zum Telefon, rief seinen Chef an und erklärte ihm, daß er für einige Zeit Urlaub nehmen müsse. Dann buchte er für den folgenden Tag einen Flug via New York nach Lagos in Nigeria. Die bevorstehende Reise erfüllte ihn mit Unbehagen, nicht nur wegen der Emotionen, die sie zweifellos in ihm aufrühren würde. Selbst unter optimalen Umständen würde es eine Strapaze werden. Der Flughafen von Lagos war einer der ineffizientesten und korruptesten der Welt, und von da aus würde es endlos weitergehen, über tückische Straßen mit unberechenbarem Verkehr und unberechenbaren Polizisten, die überall Straßensperren errichteten. Aber er raffte sich auf und ging, um seine Vorbereitungen zu treffen.

Die Reise war in jeder Hinsicht so strapaziös, wie er es sich vorgestellt hatte. Zumindest kam er mit vollständigem Gepäck aus dem Flughafen von Lagos heraus. Er hatte Geschenke für seine Familie dabei und hatte sich innerlich schon darauf eingestellt, daß sie verschwunden wären. Aber das war nicht passiert. Nun mußte er eine sechsstündige Busfahrt nach Benin City durchstehen, und von da aus würde er noch zwei weitere Stunden brauchen, um nach Ekpoma zu gelangen, einem Ort in der Nähe des Dorfes, in dem er geboren war. Der Bus war – theoretisch – geräumig und klimatisiert. Aber er war so überfüllt, daß sich vier Leute auf Sitzbänken drängten, die nur für drei gedacht waren. Weitere Passagiere standen im Mittelgang. Und die Klimaanlage funktionierte natürlich nicht. Der Busfahrer nahm während der ganzen Reise den Fuß nicht vom Gaspedal. Um Zusammenstöße mit entgegenkommenden Fahrzeugen zu vermeiden, fuhr er in wilden Schlangenlinien. Durch das Schaukeln und Rütteln wurde einigen Fahrgästen übel, und sie mußten sich übergeben. Aber da stoischer Gleichmut eine für das Überleben im ländlichen Afrika notwendige Eigenschaft ist, beschwerte sich niemand.

Die Straßensperren der Polizei sorgten für weitere Belästigungen. Geldscheine mußten den Besitzer wechseln, bevor der Bus seine Fahrt fortsetzen durfte. Azikiwe schätzte sich glücklich, keinen Schaden an Leib und Leben genommen zu haben, als er dem Bus in Benin City entstieg. Den letzten Teil seiner Reise legte er in einem kleineren Nissan-Bus zurück, eingequetscht zwischen Frauen, die vom Markt zurückkehrten, und den Produkten, die sie eingekauft hatten – Säcke mit fermentierendem Kassava-Mehl, Dosen und Flaschen mit stark riechendem, orangefarbenem Palmöl, geflochtenen Käfigen mit Hühnern und Enten. Viele der Frauen trugen schlafende Babys in farbigen Tüchern auf dem Rücken. Nur Babys konnten bei diesem Lärm schlafen. Lärm ist ein unausweichlicher Bestandteil des Reisens im ländlichen Afrika. Alle redeten und gestikulierten und versuchten, sich über den Motorlärm und das Kreischen der verängstigten Tiere hinweg verständlich zu machen.

Als Azikiwe endlich Ekpoma erreichte, brauchte er eine Weile, um sich zu dehnen und zu strecken und sein Gleichgewicht wiederzuerlangen. Er war müde und erschöpft, empfand aber auch ein unerwartetes Gefühl der Euphorie bei dem Gedanken, daß er nun bald zu Hause sein würde. Als er nach jemandem zu suchen begann, der ihn zu seinem Heimatdorf Ishan bringen würde, bemerkte er, daß Ekpoma sich seit seinem letzten Besuch vergrößert und verändert hatte. Der Ort, den er tausendmal durchwandert hatte, erschien ihm nun seltsam fremd. Er sah kein vertrautes Gesicht. Minutenlang lief er desorientiert umher und fühlte sich unsicher, ja sogar ein bißchen ängstlich. Schließlich entdeckte er einen alten Freund, der sich bereit erklärte, ihn auf seinem Motorrad in sein Dorf zu bringen. Sie verstauten Azikiwes Gepäck an einem sicheren Ort. Einer seiner Brüder würde später nach Ekpoma zurückfahren und es abholen.

Als Azikiwe sein Elternhaus sah, war er von widersprüchlichen Gefühlen überwältigt. Unwillkürlich hielt er Ausschau nach seiner Mutter. Im gleichen Augenblick sank die Erkenntnis ein: Er würde sie nie wiedersehen. Aber er hatte den Trost, mit dem Rest seiner Familie vereint zu sein. Wie gut es tat, sie alle wieder um sich zu haben! Als sie einander begrüßt hatten, gingen sie zur *bafa* hinüber, dem offenen Pavillon mit dem traditionellen Grasdach, der für Familienzusammenkünfte oder Dorfversammlungen benutzt wurde. Sein Vater, fand Azikiwe, hatte sich in den vier Jahren, seit er ihn zuletzt gesehen hatte, markant verändert. Wie sehr er in dieser Zeit gealtert war!

Als Azikiwe erwachte, war es noch Nacht. Seine innere Uhr ging noch nach der Zeit von Chicago. Erschreckt setzte er sich im Bett auf. Irgend etwas stimmte nicht. Dann wurde ihm klar, was es war: die Stille. Im Dorf war kein Laut zu hören, kein Motorenlärm, keine tikkende Uhr, kein Hundegebell. Er erhob sich von der geflochtenen Matte und schlich sich, vorsichtig über mehrere schlafende Gestalten steigend, leise nach draußen. Es war noch dunkel. Der afrikanische Nachthimmel war von Sternen übersät und wundervoll klar, er konnte sich kaum vorstellen, daß es derselbe Himmel war, der sich über Illinois ausspannte. Die Nachtluft brachte sogar ein wenig Kühlung.

Er setzte sich auf einen niedrigen Schemel in der Nähe der *bafa* und ließ seine Erinnerungen Revue passieren. Er dachte an seine Familie und seine Kindheitsfreunde. Die meisten, die wie er das Privileg einer guten Schulbildung genossen hatten, waren seinem Beispiel gefolgt und hatten das kleinbäuerliche Leben aufgegeben, um in den großen Städten zu arbeiten. Vermutlich war keiner seiner Freunde in finanzieller Hinsicht so erfolgreich wie er. Aber in seiner inneren Unruhe ging ihm durch den Kopf: War der Preis nicht zu hoch? Hatte er sich nicht von seinen Wurzeln abgeschnitten? War es das wirklich wert?

Er hatte als Kind immer ein Dach über dem Kopf und genug zu essen gehabt. Als er heranwuchs, hatte das Leben ihm genügend Abenteuer geboten. Was hatte ihn also fortgetrieben? Langeweile? Der Wunsch nach einem besseren Leben? In den USA ging es ihm gut, das stand außer Frage; er arbeitete für eine führende Ingenieurfirma, hatte jede Bequemlichkeit, alles, was er wollte. Trotzdem fühlte er sich unbehaglich. Irgend etwas Wichtiges, das er nicht klar definieren konnte, hatte er außer acht gelassen. Der nächste Tag, ein Donnerstag, verging mit den Vorbereitungen für das Begräbnis seiner Mutter und die darauf folgende Trauerperiode. Als Oberhaupt der Familie mußte Azikiwe auch dafür sorgen, daß alle Rituale angemessen ausgeführt wurden. Das hieß, daß er mit den Dorfältesten, den Weisen, den Trommlern und dem Juju-Mann (dem örtlichen Medizinmann und Stammesheiler) in Kontakt treten mußte. Ohne sie konnten die Riten, die der Toten den Übergang in die nächste Welt erleichtern sollten, nicht stattfinden, und es lag in Azikiwes Verantwortung, der Seele seiner Mutter den Weg zu ebnen. Natürlich mußten die Ältesten und der Juju-Mann für ihre Bemühungen angemessene Geschenke erhalten. Außerdem mußte Azikiwe für ausreichende Lebensmittelvorräte sorgen, denn die Trauerperiode dauerte mehrere Tage lang, und viele Verwandte, die zu diesem Anlaß aus anderen Dörfern angereist kamen, mußten bewirtet werden.

Die Beisetzung am nächsten Tag erforderte die Anwesenheit aller Familienmitglieder, Kinder eingeschlossen. Der Juju-Mann überwachte die gesamte Zeremonie; es war seine Aufgabe, die Geister günstig zu stimmen. In Afrika spielt es keine Rolle, welcher Religion jemand angehört, niemand stellt die Existenz der Geisterwelt in Frage. Für die Menschen dort ist sie ebenso real wie die materielle Welt, ebenso fühlbar und wahrnehmbar wie der Duft der Frangipaniblüten oder das Pfeifen des Windes in den Ohren. In dieser Hinsicht war Azikiwe ganz und gar Afrikaner: Er war ein gläubiger Christ, und gleichzeitig respektierte und ehrte er die Mächte der Geisterwelt.

Die Vorbereitungen nahmen den größten Teil des Tages in Anspurch. Erst am Abend kam Azikiwe dazu, seine Angehörigen nach der tödlichen Krankheit seiner Mutter zu fragen. Es war merkwürdig, niemand wollte so recht mit der Sprache heraus. Seine Schwester machte nur vage Andeutungen, und die jüngeren Brüder seiner Mutter waren auch nicht mitteilsamer. Selbst sein Vater schien unsicher zu sein. Azikiwe verstand nicht, warum gerade er so zurückhaltend war. Wo lag das Problem? Schließlich war seine Mutter – zumindest für nigerianische Verhältnisse – schon alt gewesen, und ihr Tod konnte nicht völlig unerwartet gekommen sein.

Azikiwe verbrachte die nächsten Tage mit seiner Familie, in der Erwartung, daß er noch vor Monatsende in die USA zurückkehren würde. Aber nur fünf Tage nach der Beisetzung seiner Mutter begann der Vater, über Schüttelfrost zu klagen. Sein Rücken schmerzte, und er hatte Kopfweh. Azikiwe ging zur Dorfapotheke, um ein Medikament zu besorgen. Der Apotheker gab ihm Chloroquin, ein zu jener Zeit weithin gebräuchliches Malariamittel. Malaria war so allgegenwärtig, daß jede fiebrige Erkrankung zunächst als Malaria interpretiert wurde, und Chloroquin wurde in Afrika so großzügig verteilt und verabreicht wie im Westen Aspirin. Der Vater nahm die Chloroquintabletten, aber es trat keine Besserung ein. Plötzlich begann er, über starke Halsschmerzen und Übelkeit zu klagen. Bald konnte er nichts mehr zu sich nehmen, ja, kaum noch schlucken. Das Fieber wütete in seinem Körper. Dann bemerkte Azikiwe etwas, das ihn noch mehr beunruhigte. Seine Angehörigen zogen sich ängstlich von dem alten Mann zurück. Erst jetzt rückte seine Schwester damit heraus, daß der Vater offenbar an derselben Krankheit litt, der die Mutter erlegen war.

Die panische Angst, die die Krankheit des Vaters auslöste, beschränkte sich nicht auf die Mitglieder der Familie. Die gesamte Nachbarschaft reagierte auf dieselbe Weise. Die nächtliche Stille, die für Azikiwe fast mit Händen zu greifen war, nahm eine ganz neue Bedeutung an. Gerüchte über Juju – bösen Zauber – kamen ihm zu Ohren. Aber niemand sprach offen darüber. Wer zuviel sagte, würde dem bösen Einfluß als nächster zum Opfer fallen. Azikiwe war zwar hier im Dorf aufgewachsen und hatte die magischen Vorstellungen der Gemeinschaft absorbiert, aber gleichzeitig war er auch ein moderner Mensch, ein im Westen ausgebildeter Ingenieur. Er hatte gelernt, wie ein Naturwissenschaftler zu denken. Für ihn waren Krankheiten kein Fluch und hatten nichts mit Magie zu tun. Aber nun war er zwischen zwei Welten hin- und hergerissen – einer, die auf Wissenschaft und Rationalität basierte, und jener anderen, nebelhaften, spirituellen Welt, die von unbekannten, geheimnisvollen Mächten beherrscht wurde. In der Welt, in der Azikiwe herangewachsen war, übte der Juju-Mann den entscheidenden Einfluß aus. Er war dafür verantwortlich, das Gleichgewicht und die Harmonie zwischen der sichtbaren und der unsichtbaren Welt aufrechtzuerhalten. Jedes Phänomen konnte durch Juju erklärt werden. Wenn die Tiere auf dem Gehöft starben, war Juju daran schuld, man mußte herausfinden, von wem der böse Zauber ausging, und den Schuldigen daran hindern, sein übles Werk fortzusetzen.

War Azikiwes Vater behext? Seine Mutter war offenbar nicht die einzige gewesen, die in letzter Zeit an der seltsamen Krankheit gestorben war. Überall in der Umgebung, so hieß es, bekamen die Leute Halsschmerzen und Fieber – und wenig später starben sie. Wieso sollte jemand an Halsentzündung sterben? Niemand konnte sich das erklären, und niemand wußte, was dagegen zu tun war. Trotz seiner rationalen Einstellung begann auch Azikiwe insgeheim über magische Einflüsse nachzudenken. Soweit er zurückdenken konnte, hatte er Geschichten über Zauberer und Hexen gehört, die im Dorf ihr Unwesen trieben. Manche Leute behaupteten sogar, zu wissen, wer diese Leute waren. Möglicherweise – wer konnte das mit letzter Sicherheit ausschließen – war doch Hexerei im Spiel.

Mittlerweile ging es seinem Vater immer schlechter. Er lag völlig apathisch auf seinem Bett und sprach nicht mehr. Vielleicht war das die Reaktion auf den Verlust seiner Frau, dachte Azikiwe. Vielleicht wollte er ihr in den Tod folgen.

Am 28. Januar starb der Vater. Azikiwe mußte bleiben, um auch ihm ein angemessenes Begräbnis auszurichten. Aber unmittelbar nach der Beendigung der zweiten Trauerperiode verließ er Nigeria. Sein Beruf und seine Verantwortung für Frau und Kinder verlangten seine Rückkehr. Von tiefem Schmerz und von Verwirrung erfüllt, bereitete er seine Abreise vor.

Veronica erwartete ihn am Flughafen O'Hare, als er am 1. Februar wieder in Chicago eintraf. Es war ein tränenreiches Wiedersehen. Er hatte beide Eltern verloren, auf eine Weise, die ihm völlig unbegreiflich war. Weder sein christlicher Glaube noch der Geisterglaube seiner Kindheit konnten ihm Trost oder eine zufriedenstellende Erklärung bieten. Die Welt der Geister und der Magie verblaßte in der großstädtischen Umgebung, aber das schmerzliche Gefühl des Verlusts blieb so quälend wie zuvor.

Veronica hatte es während Azikiwes Abwesenheit auch nicht leicht gehabt. Sie selbst und zwei der Kinder waren krank geworden. Eine Grippewelle ging um, alle Welt schien davon erfaßt zu sein. Aber das würde vorübergehen. Nach einer unruhigen Nacht stand Azikiwe früh am Morgen auf und meldete sich an seinem Arbeitsplatz zurück.

Einige Wochen später bereitete ich in Atlanta ein EPI 1 vor, die kurzgefaßte Begründung und Beschreibung einer epidemiologischen Untersuchung, die der CDC genehmigt hat. Man schreibt diese Notiz für die

Akten, sobald man die Nachricht über einen Ausbruch erhalten hat; dann wird ein Team zusammengestellt, das vor Ort Nachforschungen anstellen soll. Das Dokument gibt einen kurzen, sachlichen Überblick über die Situation, erläutert, warum die Untersuchung notwendig ist und was damit erreicht werden soll. Auch die Namen jener, die in irgendeiner Hinsicht in den Prozeß involviert sind, werden angegeben. Das EPI 1 hatte folgenden Wortlaut:

«Am 15. Februar 1989 erhielt Joseph B. McCormick M.D., Leiter der Abteilung für spezielle Pathogene in der Sektion Viruserkrankungen des epidemiologischen Zentrums, einen Anruf von Robert Chase M.D., einem Arzt mit dem Spezialgebiet Infektionskrankheiten in Winfield, Illinois, und wurde von einem Fall von Lassa-Verdacht in Kenntnis gesetzt. Der Patient ist ein dreiundvierzigjähriger Mann, gebürtiger Nigerianer, der kürzlich von einem Besuch in seinem Heimatort Ishan zurückgekehrt ist. In Anbetracht der Anamnese, der bei der Untersuchung festgestellten Symptomatik und der Laborbefunde liegt mit hoher Wahrscheinlichkeit eine Lassa-Infektion vor.»

Azikiwe hatte sich gleich an seinem ersten Arbeitstag fiebrig gefühlt. Es war der 3. Februar. Er war so müde und erschöpft und emotional so leergebrannt, da war es kein Wunder, daß er sich nicht wohl fühlte, sagte er sich. Oder vielleicht hatte er sich mit der Grippe angesteckt, von der Veronica und die Kinder sich gerade erholten. Sein Geist war immer noch mit den Dingen beschäftigt, die sich in Nigeria abgespielt hatten. Er entschloß sich, das Büro früher zu verlassen und nach Haus zu gehen. Ja, dachte er, es wird wohl die Grippe sein.

Aber irgend etwas beunruhigte ihn. Seine Frau und seine Kinder waren zwei oder drei Tage lang krank gewesen, und dann war es ihnen allmählich besser gegangen. Azikiwes Krankheit verlief anders. Das Fieber stieg im Laufe der Tage immer weiter an, und er hatte unerträgliche Kopfschmerzen. Aspirin half nicht. Außerdem waren sein Hals und sein Rachen so stark entzündet, daß er kaum einen Löffel Suppe herunterschlucken konnte. Er war so schwach, daß er nicht einmal mehr am Tisch sitzen konnte. Veronica brachte ihm das Essen ans Bett, und die Kinder gesellten sich zu ihm, versuchten ihm Mut zu machen und aßen sogar mit ihm von einem Teller.

Veronica und die älteren Kinder wußten natürlich von den Ereignissen in Nigeria und machten sich Sorgen. Einige Tage später, am 7. Februar, begann Azikiwe über unerträgliche Schmerzen hinter seinen Augen zu klagen. Veronica kam zu dem Schluß, daß es nun höchste

Zeit sei, einen Arzt einzuschalten. Sie verfrachtete ihren Mann ins Auto und fuhr ihn zur HNO-Klinik. Der Arzt, der ihn untersuchte, stellte fest, daß seine Rachenmandeln und Lymphknoten geschwollen waren und daß sein Bauch druckempfindlich war. Sein Blutbild war nicht in Ordnung, es zeigte eine zu niedrige Leukozytenzahl, aber der Arzt führte das auf die Grippeinfektion zurück. So wurde Azikiwe mit der Diagnose Virusgrippe und einem Rezept für Acetaminophen, ein fiebersenkendes Mittel, nach Haus geschickt.

Am Morgen des 8. Februar raffte Azikiwe sich auf und ging zur Arbeit, und irgendwie überstand er den Tag. Aber am nächsten Tag verließ er sein Büro schon nach einer Stunde. So sehr er sich auch wünschte, daß dies nur eine Grippe sein möge, wußte er doch tief in seinem Inneren, daß es etwas Schlimmeres war – etwas viel Schlimmeres.

Er konsultierte den Arzt in der HNO-Klinik ein zweites Mal und sagte ihm, daß er zusätzlich zu dem Fieber und dem entzündeten Rachen einen bitteren Geschmack im Mund habe. Aber auch bei dieser zweiten Untersuchung verlor Azikiwe kein Wort darüber, was sich in Nigeria zugetragen hatte. Und der Arzt fragte ihn auch nicht, ob er kürzlich im Ausland gewesen sei. Schließlich war man mitten in einer Grippeepidemie, und da waren Halsentzündungen und Fieber nichts Aufsehenerregendes. Dennoch war Azikiwes Erkrankung rätselhaft, da sie soviel länger anhielt, als es bei einer Grippe normalerweise der Fall ist, und da sie soviel schwerer verlief, als man es bei einem sonst gesunden dreiundvierzigjährigen Mann erwarten würde.

Bei dieser zweiten Konsultation fiel dem Arzt allerdings etwas auf, das er zuvor nicht bemerkt hatte: Azikiwes Mandeln schienen vereitert zu sein. Diesmal diagnostizierte der Arzt eine durch Streptokokken bedingte Halsentzündung, obwohl der Streptokokkentest negativ war. Azikiwe bekam Penicillin und wurde nach Hause geschickt.

Sein Zustand verschlimmerte sich. Am 12. Februar hatte er blutigen Durchfall. Dann begann er über schwere Schmerzen im Rücken und an den Seiten, im Bereich der Rippen, zu klagen. Veronica bemerkte, daß er dickes Bronchialsekret spuckte, wenn er hustete. Sie konnte ihn nicht einmal mehr dazu bringen, Wasser zu trinken, sein Hals schmerzte zu sehr. Sie wußte nicht, was sie als nächstes tun sollte.

Als sie ihn wieder in dieselbe Klinik brachte, hatte er 42 Grad Fieber, das nun seit neun Tagen ununterbrochen anhielt. Sein systolischer Blutdruck war niedrig, kaum über 100, an seinem Hals hatte sich ein auffälliges Ödem entwickelt, und seine Mandeln waren noch stärker vereitert. Veronica vergaß nicht, dem Arzt mitzuteilen, daß er Blut im Stuhl hatte. Sie war nun in Panik, aber sie sagte sich, daß sie hier schließlich in Amerika waren und nicht in Nigeria, daß die Ärzte hier wußten, was sie taten, und die Ursache seiner Krankheit schließlich finden würden. Nach diesem dritten Besuch bei dem HNO-Arzt war sie sich dessen jedoch nicht mehr so sicher.

Aber auch diesmal dachten weder sie noch Azikiwe daran, die Krankheit und den Tod seiner Eltern im vergangenen Monat zu erwähnen. Der Arzt diagnostizierte Streptokokken-Pharyngitis und Hämorrhoiden. Er behandelte Azikiwe weiter mit Penicillin. Es wurde auch eine weitere Blutuntersuchung vorgenommen, um eine Reihe von Faktoren abzuklären – unter anderem wurden auch die Leberwerte überprüft. Obwohl die Werte auf ein erschreckend hohes Niveau angestiegen waren, schien niemand in der Klinik – und das war wirklich erstaunlich – davon Notiz nehmen. Bei Azikiwe hatten sich jetzt alle Symptome manifestiert, die eine eindeutige Diagnose von Lassa-Fieber zulassen. Es war nicht mehr haltbar, seinen Zustand als Streptokokken-Pharyngitis oder eine Virusgrippe mit Komplikation zu interpretieren.

In ihrer Verzweiflung brachte Veronica ihren Mann in eine andere Klinik. Nicht, daß es etwas nützte. Der HNO-Spezialist, der ihn hier untersuchte, diagnostizierte Tonsillitis und verschrieb ein anderes Antibiotikum in höherer Dosierung. Noch immer hatte niemand nach der Vorgeschichte, insbesondere nach Auslandsreisen, gefragt.

Wieder wurde das Paar nach Haus geschickt. Völlig verzweifelt saß Veronica an Azikiwes Bett, wischte ihm den Schweiß von der Stirn und tat, was sie nur konnte, um sein Leiden zu lindern. Glücklicherweise war sie nicht allein. Der Pfarrer ihrer Kirchengemeinde unterstützte sie, und mehrere Gemeindemitglieder kamen ihr zu Hilfe – sie halfen beim Einkaufen und Kochen und beaufsichtigten die Kinder. Veronica wußte sich nun keinen anderen Rat mehr, als ihre Zuflucht bei der Kirche und bei Gott zu suchen, denn Azikiwe hatte mittlerweile vier Ärzte konsultiert, ohne daß sich sein Zustand im mindesten gebessert hatte.

Er versank nun in einen Dämmerzustand, unterbrochen von Phasen unruhigen Deliriums, in denen er unzusammenhängend redete, überwiegend in seiner Muttersprache. Veronica versuchte, zu ihm zu sprechen, aber er schien sie gar nicht mehr wahrzunehmen. Unfähig, ihren Schmerz noch länger zurückzuhalten, brach sie weinend zusammen.

In der Nacht vom 14. auf den 15. Februar brachte Veronica ihren Mann in die Notaufnahme des Du Page County Hospital. Der Arzt, der ihn untersuchte, wußte nicht, was er von der Sache halten sollte. Hier war ein Mann, der seit fast zwei Wochen hohes Fieber hatte, der – nach Aussagen seiner Frau – fünfzehn Kilo abgenommen hatte und der offensichtlich schwer krank und im Delirium war. Seine Halsentzündung hatte auf die verschiedensten Antibiotika nicht reagiert, und nun litt er, zusätzlich zu der blutigen Diarrhoe, auch noch unter heftigem Nasenbluten.

Trotz der Verwirrtheit, die Azikiwe zeigte, konnte der Arzt erkennen, daß er weder an Gelbsucht noch an Hepatitis litt – beides Erkrankungen, die Halluzinationen und Demenz hervorrufen können. Aber jetzt war es mitten in der Nacht. Der Arzt wies den Patienten umgehend ein, ließ ihm eine Infusion verabreichen, um den Flüssigkeitsverlust auszugleichen, und ordnete einige Tests an, die sofort durchgeführt werden sollten. Als er einige Stunden später die Resultate vor sich hatte, war der Arzt verblüfft über das ungewöhnlich hohe Niveau der Leberenzyme und rätselte, was das zu bedeuten hatte. Leberwerte wie diese hätten normalerweise auf Hepatitis hingedeutet. Aber das hatte er bereits ausgeschlossen, da der Patient nicht die charakteristische Gelbfärbung der Haut und der Augäpfel zeigte. Früh am nächsten Morgen kam der Spezialist für Infektionskrankheiten des Du Page Hospital, Robert Chase, um nach dem Patienten zu sehen. Er war der erste, der daran dachte, Veronica zu fragen, ob ihr Mann in letzter Zeit auf Reisen gewesen sei. Als er erfuhr, daß Azikiwe erst kürzlich von einem Besuch in Nigeria zurückgekehrt war, erkannte er sofort, daß er fachliche Unterstützung brauchte, und rief den CDC an.

Es war Donnerstag. Ich saß in meinem Büro und arbeitete an einem Bericht, als man mir den Anruf von Dr. Chase durchstellte. Er schilderte mir die Symptome seines Patienten und fragte dann:

«Gibt es in Nigeria einen Erreger, der so etwas bewirkt?»

«Ja. Absolut», sagte ich. «Lassa-Fieber. Was Sie beschreiben, hört sich ganz nach einem klassischen Fall an.»

Nach vierzehn Tagen Agonie war für Azikiwe endlich eine Lösung in Sicht. Aber ich wußte, daß die Prognose sehr schlecht war. Ich sagte Dr. Chase, sein Patient sei weit über das Stadium hinaus, in dem man sich begründete Hoffnungen machen könnte, sein Leben durch eine Ribavirin-Behandlung zu retten. Aber es gab immer noch eine Chance. Ich riet dem Kollegen, alle lebensrettenden Systeme einzusetzen, in der

Hoffnung, den Patienten so durch die akute Krise seiner Infektion durchzubringen. So könnte man vielleicht Zeit gewinnen und dem Ribavirin die Möglichkeit geben, gegen das Virus aktiv zu werden. In Westafrika – das war keine Frage – würde ein Patient, dessen Krankheit so weit fortgeschritten war, sterben, denn dort stehen die Möglichkeiten, die moderne Intensivstationen bieten, nicht zur Verfügung. Aber hier bestand zumindest noch eine geringe Chance.

«Können wir ihn gefahrlos intubieren und einen Swan-Ganz-Katheter legen?» fragte Dr. Chase. Wir hatten unsere Empfehlungen für den Umgang mit solchen Fällen in den USA im Vorjahr auf den neuesten Stand gebracht. Sie basierten auf unseren Erfahrungen mit Lassa-Patienten in Sierra Leone und auf den Ergebnissen anderer publizierter Studien über hämorrhagische Fieber. Dieser Fall gab uns zum ersten Mal Gelegenheit, unsere neuen Richtlinien anzuwenden. Ich versicherte dem Kollegen, daß er den Patienten unbesorgt intubieren und katheterisieren könne. Dann gab ich ihm detaillierte Instruktionen, welche Schutzmaßnahmen er bei der weiteren Behandlung beachten müsse, um das medizinische Personal nicht zu gefährden. Wir kamen überein, daß Dr. Chase versuchen sollte, den Patienten mit intravenösem Ribavirin zu behandeln, obwohl es möglicherweise bereits zu spät war.

Schließlich versicherte ich ihm, daß er die Situation nicht allein bewältigen müsse: In einigen Stunden, sagte ich ihm, würde ich mit einem CDC-Team in Chicago eintreffen – und legte auf. Als nächstes wählte ich die Nummer der pharmazeutischen Firma, die Ribavirin herstellte. Man versprach mir, das Medikament so schnell wie nur irgend möglich nach Chicago zu schicken. Sue war in Senegal, also rief ich ihre Mitarbeiterin Cuca Peters an.

«Cuca», sagte ich, «mach das mobile Labor fertig. Wir reisen heute nachmittag ab.»

Wir brauchten fünf Stunden, um unsere Laborausrüstung zusammenzustellen, in unsere Wohnungen zu eilen, das Nötigste einzupacken und mit dem Du Page County Hospital die notwendigen Arrangements zu treffen, bevor wir uns auf den Weg zum Flughafen machten. Es gab einige wichtige Punkte, die zu bedenken waren. Wir hatten einen schweren Fall von Lassa-Fieber mitten in einem Vorort von Chicago. Eine Menge Leute würden sich dafür interessieren, und die meisten würden wissen wollen, ob wir weitere Fälle zu erwarten hatten. In einer Hinsicht brauchten wir uns jedoch nicht mehr soviel Sorgen zu machen. Durch die AIDS-Epidemie hatte sich in medizinischen Kreisen eine erhöhte Aufmerksamkeit entwickelt, die in den Jahren davor fast völlig fehlte. Die meisten Ärzte, Krankenschwestern und Pfleger waren sich über die Gefahren, die vom Blut und den Körperausscheidungen infizierter Patienten ausgingen, im klaren. Die Einstellung und die Behandlungspraktiken hatten sich drastisch verändert. Die Leute zogen nun automatisch Handschuhe an, wenn sie mit Blut und Körpersekretionen umgehen mußten, und gaben sich weitaus mehr Mühe, Verletzungen durch Injektionsnadeln zu vermeiden. Ihre Vorsicht dehnte sich auch auf Patienten aus, bei denen keine AIDS-Diagnose vorlag, und das war vernünftig, denn HIV pflegte – ohne einen zuverlässigen Test – keine Visitenkarte abzugeben. Wir konnten davon ausgehen, sagte ich mir, daß die Ärzte im Krankenhaus und auch jene in den beiden HNO-Kliniken, die Azikiwe zuerst untersucht hatten, einer Lassa-Infektion entgangen waren, weil sie diese Standardvorsichtsmaßnahmen vermutlich beachtet hatten.

Als Azikiwe gerade an die lebenserhaltenden Systeme angeschlossen werden sollte, entwickelte sich bei ihm eine Komplikation, die bei schweren Lassa-Fällen häufig auftritt: akutes Lungenversagen. Virale hämorrhagische Fieber wie Lassa verursachen massive Schädigungen der alveolokapillären Membran, des Netzwerks kleiner Blutgefäße, das Organe und Gewebe mit Sauerstoff versorgt. Die Lunge ist besonders gefährdet, weil die Blutgefäße durchlässig werden. In der Lunge sammelt sich Flüssigkeit an, fast so, als hielte man jemanden unter Wasser fest. Um seine Atmung zu unterstützen, wurde Azikiwe an ein Atemgerät angeschlossen. Gleichzeitig wurde ein Swan-Ganz-Katheter eingeführt, um das schwache Herz zu überwachen. Die Bereitschaft des Anästhesisten, Azikiwe auf den Rat eines Arztes hin, den er nie gesehen hatte, zu intubieren und an lebenserhaltende Systeme anzuschließen, zeugt von dem Vertrauen, das uns als Mitarbeitern des CDC entgegengebracht wird.

Die Maßnahmen, die ich vorgeschlagen hatte, reichten jedoch nicht aus. Azikiwe hatte zwei oder drei Stunden auf der Intensivstation gelegen, als sein Herz endgültig versagte. Es trat Herzstillstand ein, und er starb. Das Ribavirin war noch nicht einmal aus Kalifornien eingetroffen.

Als ich gerade mein Büro verlassen wollte, um mit unserem Team zum Flughafen zu fahren, rief Dr. Chase an, um mich von Azikiwes Tod zu unterrichten. Das hieß, daß wir umdisponieren mußten. Ein

Team war nicht mehr notwendig, also verstaute Cuca das mobile Labor wieder an seinem Platz. Wir würden es nicht mehr brauchen, es sei denn, wir hätten einen zweiten Fall. Wenn tatsächlich weitere Fälle auftreten sollten, wären wir vorbereitet. Zweifellos war eine Reihe von Personen dem Infektionsrisiko ausgesetzt gewesen. Ich nahm nur einen jungen Kollegen mit nach Chicago, Gary Holmes. Diese Mission war seine erste Erfahrung mit hämorrhagischem Fieber, und es sollte eine ziemlich dramatische Einführung werden.

Unser Ziel war, ein Überwachungssystem für Sekundärfälle zu etablieren. Und dann gab es noch ein weiteres Problem zu lösen.

«Was sollen wir mit der Leiche tun?» hatte Dr. Chase mich am Telefon gefragt, und ich hatte ihm geraten, eine Leberbiopsie und eine Blutanalyse post mortem vornehmen zu lassen, so daß wir uns der Diagnose sicher sein konnten. Ich schärfte ihm noch einmal ein, dafür zu sorgen, daß jeder, der mit der Leiche in Berührung kam, Handschuhe, Kittel und Mundschutz trug, und Unfälle mit scharfen Instrumenten um jeden Preis zu vermeiden. Außerdem schlug ich vor, die Leiche einbalsamieren zu lassen, da eine Einäscherung kulturell vermutlich inakzeptabel war. Obwohl der Prozeß des Einbalsamierens wahrscheinlich alle restlichen Viren abtöten würde, hatte ich immer noch einige Befürchtungen. Was anschließend mit der Leiche geschah, war die Sache der Angehörigen, aber es war ihnen dringend anzuraten, sich bei der Bestattungszeremonie mit einem geschlossenen Sarg zufriedenzugeben.

In Chicago sprachen Gary und ich mit allen Personen, die in irgendeiner Form in den Fall involviert gewesen waren. Stück für Stück setzten wir Azikiwes Geschichte zusammen. Augenscheinlich spielte sich in Nigeria etwas ab, das unsere Aufmerksamkeit forderte, aber darum würden wir uns später kümmern müssen. Jetzt war es unsere oberste Priorität, jede Person zu identifizieren, die mit Azikiwe in Kontakt gekommen war, und die Intensität dieses Kontakts zu beurteilen. Alle, die mit dem Kranken in enge Berührung gekommen waren, mußten drei Wochen lang unter Beobachtung gestellt werden – Zeit genug für das Virus, sich bemerkbar zu machen, wenn es präsent war. Wir kamen zu dem Schluß, daß nur seine Frau und seine Kinder einem hohen Infektionsrisiko ausgesetzt gewesen waren. Sie bekamen oral verabreichtes Ribavirin.

Zwei Tage später, als wir in Azikiwes Wohnung saßen und mit seiner Familie sprachen, erhielt Veronica einen Anruf aus Nigeria von ihrer

Schwägerin Valerie. Valerie war schon von Azikiwes Tod in Kenntnis gesetzt worden, aber das war nicht der Grund ihres Anrufs. Seit ihr Bruder Nigeria verlassen hatte, waren weitere Familienmitglieder von derselben Krankheit heimgesucht worden. Eine andere Schwester, achtundzwanzig Jahre alt, und ein achtzehnjähriger Cousin waren sehr krank geworden, hatten sich aber glücklicherweise nach einer Weile wieder erholt. Azikiwes sechsunddreißigjähriger Bruder dagegen, selbst Arzt, war der Krankheit erlegen. Er war fast zur selben Zeit gestorben wie Azikiwe in Chicago. Valerie sagte, daß die Familie sich bemühte, mit anderen Verwandten, die an den Begräbnisfeierlichkeiten teilgenommen hatten, in Kontakt zu treten, um herauszufinden, ob auch von ihnen jemand krank geworden war. Aber das war nicht einfach. Manche lebten in weit entfernten Dörfern, und es würde eine Weile dauern, mit ihnen in Verbindung zu kommen. Diese schrecklichen Ereignisse waren ein Alptraum für die Familie.

Mir wurde bewußt, daß wir viel mehr und viel genauere Informationen über die Vorgänge in Nigeria einholen mußten. Wir brauchten jemanden vor Ort, einen erfahrenen Spezialisten. Zum Glück fiel mir sofort jemand ein: Oyewale Tomori, besser als Wale bekannt. Wale hatte beim CEC mit uns zusammengearbeitet und war jetzt Professor für Virologie an der Universität von Ibadan in Nigeria. In Anbetracht der notorischen Unzuverlässigkeit des nigerianischen Fernsprechsystems grenzte es an ein Wunder, daß wir sofort Verbindung mit ihm bekamen. Als ich ihm erzählte, was Azikiwe und seiner Familie zugestoßen war, versprach er, sofort nach Ekpoma aufzubrechen und der Sache nachzugehen. Das war der Beginn einer komplexen epidemiologischen Untersuchung, für die es praktisch keinen Präzedenzfall gab. Sue wird den nächsten Teil der Geschichte erzählen...

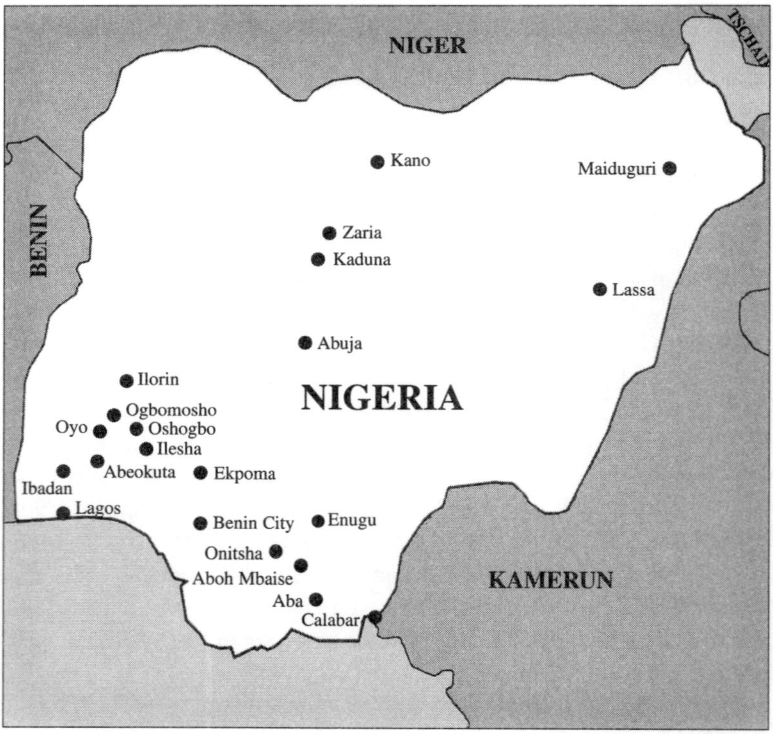
NIGER
TSCHAD
BENIN
Kano
Maiduguri
Zaria
Kaduna
Lassa
Abuja
NIGERIA
Ilorin
Ogbomosho
Oyo
Oshogbo
Ilesha
Abeokuta
Ekpoma
Ibadan
Lagos
Benin City
Enugu
Onitsha
Aboh Mbaise
Aba
Calabar
KAMERUN

Juju

(Sue:) Joe und ich tauchten in den unbeschreiblichen Tumult des Flughafens von Lagos ein, müde, erschöpft und mit geröteten Augen; wir waren seit vierundzwanzig Stunden unterwegs. Obwohl wir seit Jahren an die Reisebedingungen in Afrika gewöhnt waren, hatten wir noch nie einen Flughafen erlebt, auf dem wie hier die totale Anarchie herrschte. Trotz unserer Benommenheit drang es allmählich zu uns durch, daß wir von zwei rivalisierenden Parteien erwartet wurden. Ein CDC-Kollege, der in Lagos arbeitete, repräsentierte die eine, und die andere setzte sich aus zwei Nigerianern zusammen. Wir kannten sie nicht, aber sie wußten offenbar, wer wir waren, und versuchten beharrlich, uns mit Beschlag zu belegen.

Sie hätten Flugtickets für uns, sagten sie, und wir müßten sofort nach Enugu fliegen. Warum Enugu? Einen vagen Hinweis hatten wir. Daß die nigerianische Regierung uns offiziell eingeladen und einer epidemiologischen Untersuchung zugestimmt hatte, war nur der Fürsprache eines Arztes mit Beziehungen zu höchsten Regierungskreisen zu verdanken, der an der Medical School von Enugu im Bundesstaat Anambra lehrte. Ohne seine Unterstützung hätte man uns die Einreise vielleicht nie gestattet. In den sechs Wochen, die seit Azikiwes Tod vergangen waren, hatten wir alle Hebel in Bewegung gesetzt, um nach Nigeria zu gelangen und herauszufinden, wo die Epidemie ihren Ursprung hatte und wie weit sie fortgeschritten war – ohne Erfolg. Wir waren dem Mann, der den Prozeß beschleunigt hatte, natürlich zu Dank verpflichtet. Aber ob die beiden Männer in irgendeiner Verbindung zu diesem Arzt standen, war unmöglich herauszufinden.

«Übrigens», sagte einer der Nigerianer, «wo ist das Ribavirin?»

Ribavirin, das wurde bald klar, war für die beiden Herren so etwas wie eine Obsession. Sie wichen uns nicht von der Seite, während wir uns auf dem Rand des defekten Gepäcktransportbands niederließen und versuchten, unsere Benommenheit zu überwinden. Sie waren nicht bereit, ein Nein als Antwort zu akzeptieren.

«Sie müssen mit uns kommen», insistierten sie. Dann, bevor wir antworten konnten, wiederholten sie: «Wo ist das Ribavirin? Wo ist das Ribavirin?»

Sie wollten Ribavirin. Jetzt. Wenn wir nicht gleich mit ihnen nach Enugu fliegen wollten, dann könnten wir ihnen doch einfach das Ribavirin geben.

Vielleicht hätten wir durch die Ereignisse, die unserer Abreise unmittelbar vorangingen, auf einen so bizarren Empfang gefaßt sein sollen. Zwei Tage lang hatte man uns mit Telefonanrufen bombardiert. Die Anrufer waren Nigerianer, die in den USA in irgendwelchen hohen Postitionen saßen, Freunde oder Verwandte irgendwelcher einflußreicher Persönlichkeiten in Nigeria selbst – wer auch immer. Wir verloren den Überblick. Eines war jedoch sicher: Die Angst vor Lassa-Fieber ging um.

Das wurde auch allmählich Zeit, dachten wir uns. Wir hatten mit Wale Tomori gesprochen, und er hatte unsere schlimmsten Befürchtungen bestätigt. Er fand einen Lassa-Fall nach dem anderen. Es gab Gerüchte über eine hohe Zahl von Toten. Wir wußten also, daß es eine Lassa-Epidemie gab, vielleicht sogar mehr als einen Ausbruch, aber wo genau die Dinge sich abspielten, wußten wir nicht mit Sicherheit. Wir hatten in der Tat Ribavirin mitgebracht, aber wir dachten nicht im Traum daran, es unserem nigerianischen Empfangskomitee zu überlassen. Erstens hatten wir noch keine klare Vorstellung von der Situation, und zweitens wußten wir nicht, wer diese Leute waren. Außerdem war Ribavirin für die Behandlung von Lassa-Fieber offiziell noch nicht zugelassen, und wir durften es nur im Rahmen einer experimentellen Studie oder genehmigten epidemiologischen Untersuchung verabreichen und verteilen. Von unserem CDC-Kollegen unterstützt, entwanden wir uns also dem Zugriff der beiden Männer und versprachen ihnen, morgen würden wir das Ribavirin nach Enugu bringen. Die Worte «Ribavirin – wo ist das Ribavirin? – geben Sie uns das Ribavirin!» hallten mir noch in den Ohren, nachdem wir den Flughafen längst verlassen hatten.

Bevor wir irgend etwas Konkretes unternehmen konnten, mußten wir uns jedoch mit Repräsentanten der nigerianischen Regierung zusammensetzen und die Lage diskutieren. Mit Regierungsbeamten dieses Landes umzugehen, ist eine ermüdende Erfahrung. An keinem anderen

Ort der Welt haben wir Verhandlungen erlebt, die so verzwickt und verwickelt verliefen. Wir machten die Runde durch das ganze Gesundheitsministerium und wurden von einem Büro ins nächste weitergeleitet. Es passierte immer dasselbe: Entweder war der Verantwortliche nicht da, oder er war präsent und beharrte darauf, uns langatmig zu belehren, wie wir unsere Arbeit zu tun hätten. Wenn der Vortrag beendet war, erinnerte der Beamte sich, daß er eigentlich nicht derjenige war, mit dem wir sprechen mußten. Die Person, die uns weiterhelfen konnte, war in einer anderen Abteilung, aber wir mußten uns natürlich einen Termin geben lassen. Ein Termin, das war bald evident, stellte durchaus keine Garantie dar, daß jemand erscheinen würde.

Gelegentlich trafen wir auch auf Beamte, die uns mit großer Eloquenz versicherten, sie würden alles, aber auch alles tun, um uns zu unterstützen. Natürlich kam nichts dabei heraus. Wir warteten vergeblich. Entschuldigungen wurden geäußert und Erklärungen abgegeben, aber man machte sich nicht die Mühe, sie plausibel klingen zu lassen. Bald war klar, daß es – ganz gleichgültig, was jemand sagte – tatsächlich nur um eines ging: Schmiergeld.

Ein Regierungsvertreter versprach, uns ein Fahrzeug zur Verfügung zu stellen und dafür zu sorgen, daß ein Teil der Kosten der Untersuchung von der Behörde übernommen werden würde. Wir glaubten ihm nicht. Aber wer weiß, dachte ich, in diesem Land schien alles möglich zu sein.

Wir trafen schließlich die Entscheidung, Lagos zu verlassen und ins Landesinnere zu fahren, um mit eigenen Augen zu sehen, was dort vorging. Zuvor aber wollten wir wissen, ob weitere Personen, mit denen Azikiwe Kontakt gehabt hatte – Familienmitglieder oder Freunde –, sich infiziert hatten. Die Antwort würden wir im Labor des Chefvirologen von Lagos, einem Mann namens Nasidi, finden. Wale hatte nach unserem Anruf die Familie Azikiwes aufgespürt, sie befragt und einige Blutproben genommen. Er hatte diese Proben nach Lagos gebracht und sie seinem Freund Nasidi übergeben. Nasidi hatte sein Medizinstudium in der Sowjetunion absolviert. Als er nach Nigeria zurückkehrte, hatte er nicht nur einen Doktortitel, sondern auch eine russische Ehefrau. Obwohl er praktizierender Muslim war, hatte er sowohl zur Religion als auch zum Leben eine pragmatische Einstellung. Und er besaß einen ausgeprägten Sinn für Humor. Was er nicht hatte, waren die Reagenzien, die erforderlich waren, um die Proben, die Wale ihm ausgehändigt hatte, zu testen. Er mußte also auf unsere Ankunft warten.

Trotz unserer Müdigkeit packten wir sofort die Reagenzien aus und führten die Tests durch. Gespannt traten wir alle von einem Fuß auf den anderen, während wir darauf warteten, die Ergebnisse ablesen zu können. Nasidi setzte sich als erster ans Mikroskop. Wir standen neben ihm und notierten die Ergebnisse auf der Liste der Familienmitglieder und Freunde Azikiwes, die er angelegt hatte. Dann trat er wortlos beiseite und ließ Joe seinen Platz einnehmen. Niemand hatte mehr Lassa-Tests gesehen und interpretiert als Joe. Nasidi begann in offensichtlicher freudiger Erregung umherzuspringen.

«Na bitte, da haben wir's!» rief er aus. «Alle, die Wale eine Beschreibung von Lassa-ähnlichen Symptomen gegeben haben, sind positiv.»

Was ihn erfreute, war natürlich die Korrelation und die Tatsache, daß wir endlich einen Schritt weiter waren und klare Resultate vorliegen hatten.

«Dann muß das so gut wie jeder sein, von dem Wale eine Probe genommen hat», sagte Joe, «denn fast alle diese Tests sind positiv.»

Am nächsten Tag waren wir mit Nasidi im Schlepptau wieder unterwegs, in Richtung Ibadan, das etwa zwei Stunden Autofahrt entfernt war. Wir hofften, Wale dort zu finden und von ihm selbst zu hören, was er über die Epidemie in Erfahrung gebracht hatte. Im Gepäckraum des Geländefahrzeugs hatten wir einen Behälter mit Stickstoff verstaut, um Proben zu konservieren, sowie Handschuhe und die Ausrüstung, die wir brauchten, um Blutproben zu nehmen. Das war alles. Obwohl Nasidi endlose Versprechungen in bezug auf Unterstützung durch die Gesundheitsbehörden erhalten hatte, bezweifelte ich, daß wir je einen konkreten Beweis dafür zu Gesicht bekommen würden.

Zumindest hatten wir den Vorteil, ein Fahrzeug mit diplomatischen Plaketten benutzen zu können, das John Nelson, der Leiter des *Child Survival Program* (eine Initiative gegen die hohe Säuglingssterblichkeit und zur Gesundheitsvorsorge für Kinder) uns geliehen hatte. Um uns im Inland fortbewegen zu können, waren wir tatsächlich ganz und gar auf ihn angewiesen. Ohne ihn und die Hilfe der US-Botschaft wären wir nicht sehr weit gekommen. Wieder einmal hatte sich das amerikanische State Department als hilfreich und höchst effizient erwiesen. Die nigerianische Polizei hatte die schlechte Angewohnheit, überall auf den Routen in regelmäßigen Intervallen Straßensperren zu errichten und Wegezoll zu verlangen. Da die Polizisten gut bewaffnet waren, wagte niemand, allzu energisch dagegen zu protestieren. Von unseren diplomatischen Plaketten waren sie jedoch genügend beeindruckt, um uns ohne Schikanen passieren zu lassen.

Als wir in Ibadan ankamen, hielten wir sofort nach Wale Ausschau. Er war in Hochform. Ihm persönlich ginge es wesentlich besser als seinem Land, sagte er uns.

«Nigeria steht vor dem Ruin – ein schönes Land, ein reiches Land – und die Leute, die es regieren, richten alles zugrunde.»

Tribalismus herrschte, Korruption war eine Art zu leben, die enormen Gewinne aus den großen Ölvorkommen verschwanden spurlos – vermutlich auf geheimen Bankkonten in der Schweiz und auf den Cayman-Inseln, und überall in der Welt erwarben Nigerianer sich einen üblen Ruf als Drogenhändler und Betrüger. Kein besonders erfreuliches Resümee.

Wale hatte zu der Zeit, als wir beim CDC zusammenarbeiteten, besondere Berühmtheit erlangt, weil er laut sang, wenn er im Level-4-Labor in seinem Astronautenanzug arbeitete. Obwohl aus seinen Liedern Lebensfreude und Begeisterung sprach, gab es doch Zeiten, in denen einige von uns es vorgezogen hätten, unsere Arbeit ohne musikalische Begleitung zu verrichten. Das aber ließ die Technologie des Labors nicht zu, denn durch die Schläuche, die uns mit Atemluft versorgten, waren wir alle miteinander verbunden. Ob wir wollten oder nicht, Wales nigerianische Gesänge hallten uns allen in den Ohren.

Wale machte es spannend und verriet uns unseren eigentlichen Zielort nicht gleich, als er uns über seinen ersten Besuch in Ekpoma und Ishan, dem Dorf, in dem Azikiwes Eltern gelebt hatten, berichtete.

«Nachdem ich von Joe über den Ingenieur gehört hatte, der in Chicago gestorben war, wollte ich selbst sehen, was in Ekpoma vor sich ging», sagte er. «Als ich dort ankam, sah ich mich mit einer Katastrophe konfrontiert. Beide Eltern und viele seiner Angehörigen waren tot. Es war schrecklich. Also brachte ich so viele Mitglieder seiner Familie zusammen, wie es mir möglich war, und nahm Blutproben von ihnen. Wie es schien, hatten sie sich alle zum Zeitpunkt der Begräbnisfeierlichkeiten infiziert, wahrscheinlich während der Zeremonien selbst. Der Ausbruch dort ist nun aber allem Anschein nach unter Kontrolle. Einige Verwandte des toten Mannes sind in Panik nach Port Harcourt an der Südküste geflohen. Dort müssen wir also hin, um zu sehen, was aus ihnen geworden ist. Aber zuerst müssen wir nach Enugu.»

Enugu. Dorthin hatte unser Empfangskomitee am Flughafen uns bringen wollen. Warum Enugu, wollten wir wissen.

«Ich fürchte», sagte Wale, «die Lassa-Epidemie hat sich weiter ausgebreitet.»

Wie konnte er sich dessen so sicher sein? Während der Zeit, als er die Situation im Dorf Ishan untersuchte, fuhr Wale fort, hatte er an der Universität von Enugu im benachbarten Bundesstaat Anambra an einer Fachkonferenz teilgenommen. Das Thema war AIDS. Obwohl Nigeria bis dahin weitgehend von AIDS verschont geblieben war, gab es gute Gründe anzunehmen, daß sich diese Situation bald ändern würde. Es waren bereits AIDS-Fälle aufgetreten, einige im Staat Anambra selbst. Ein Arzt, der bei dem Treffen zugegen war, berichtete Wale, im örtlichen Krankenhaus seien zwei AIDS-Patienten. Wenn er wolle, wurde ihm gesagt, könne er sich die Patienten ansehen.

Beide vermeintlichen AIDS-Patienten – ein Mann, Dr. Ikeji, und eine Frau, Dr. Anamba, waren offensichtlich schwer krank. Sie hatten hohes Fieber und Blutungen und sie waren im Schock. Wale erfuhr, daß beide Chirurgen waren, die in einem anderen Landesteil in demselben Krankenhaus gearbeitet hatten. Wale hat Veterinärmedizin studiert, aber er sah sich die Sterbenden genau an und zog seine Schlußfolgerungen.

«Ich konnte überhaupt nichts für sie tun», sagte er. «Für die beiden bestand keine Hoffnung mehr. Aber eins wußte ich mit Sicherheit: Sie hatten kein AIDS – ausgeschlossen. Für mich sah es wie Lassa-Fieber aus.»

Also informierte er die behandelnden Ärzte und das medizinische Personal, daß die Diagnose falsch war, und daß sie Vorsichtsmaßnahmen ergreifen mußten, um sich nicht selbst zu infizieren. Dann nahm er Blutproben von den beiden Patienten, sprang ins Auto und fuhr direkt nach Lagos zurück.

«Ich hatte die Röhrchen auf den Boden gelegt, um zu vermeiden, daß sie vom Sitz herunterfielen und brachen, falls ich einmal scharf bremsen mußte. Ich war mir die ganze Zeit bewußt, daß ich zwei Behälter voller Lassa-Fieber bei mir hatte, ich sah sie immer wieder an, während sie auf dem Boden herumrollten, und zitterte vor Angst, daß sie zerbrechen könnten.»

Später isolierten wir hundert Millionen Viruspartikel pro Milliliter aus diesen Proben. Das waren die höchsten Viruskonzentrationen, die wir in menschlichem Blut je vorfanden.

Schließlich teilte Wale uns mit, daß wir in Enugu erwartet würden. Und nicht nur das, die Behörden dort hatten sogar eine Fachkonferenz für uns arrangiert. Aha, dachte ich, das erklärt die Anwesenheit der beiden Männer auf dem Flughafen. Wir entschieden uns, zuerst nach Enugu zu fahren und zu untersuchen, wie es dort zu dem Ausbruch gekommen war. Anschließend würden wir nach Ekpoma, der Stadt, die Azikiwes Dorf am nächsten lag, zurückkehren.

Als wir im Krankenhaus von Enugu ankamen, erfuhren wir, daß der Arzt und die Ärztin, die Wale im Endstadium ihrer Krankheit gesehen hatte, inzwischen gestorben waren. Wir wurden von Professor Nwokolo begrüßt. Er hatte die Kollegen in einer Privatklinik behandelt, bevor sie ins Krankenhaus von Enugu eingeliefert wurden. Jetzt war er sehr in Sorge. Tatsächlich waren alle, die im Krankenhaus arbeiteten, tief verängstigt. Sie waren überzeugt, daß sich im nächsten Augenblick die Symptome von Lassa bei ihnen manifestieren würden, und daß sie alle sterben müßten. Als wir mit Professor Nwokolo sprachen, dämmerte mir, daß er der Mann mit Beziehungen zu höchsten Regierungskreisen war, der dafür gesorgt hatte, daß wir eine offizielle Einladung nach Nigeria erhielten. Er war der Mann, der zwei Emissäre zum Flughafen von Lagos entsandt hatte, um uns – oder vielmehr das Ribavirin – unverzüglich nach Enugu zu bringen. Er wollte es für sich selbst.

Wir sprachen, soweit es möglich war, mit allen Leuten, die einem Infektionsrisiko ausgesetzt gewesen waren, befragten sie detailliert nach der Vorgeschichte und nahmen Blutproben. Wir beruhigten sie und erklärten ihnen, daß die Inkubationsperiode für Lassa-Fieber schon fast vorüber war, und daß sie, falls sie sich infiziert hätten, bereits krank geworden wären. Im Krankenhaus von Enugu gab es keine weiteren Lassa-Fälle – das stellten wir schließlich fest. Wir alle atmeten erleichtert auf, bis wir vom Tod des dritten Chirurgen hörten.

Von wo aus hatte man ihn hierher gebracht? Aus dem Süden, wurde uns gesagt, er kam aus dem Stammesgebiet der Ibo im Bundesstaat Imo. Der Arzt und die Ärztin, die dem Lassa-Fieber zum Opfer gefallen waren, stammten aus einem anderen Teil desselben Staates. Gab es irgendwelche Blutproben von ihm? Nein. Aber einige Leute kannten den Namen des Krankenhauses, das er geleitet hatte. Es war kompliziert, aber wir trugen so viele Informationen zusammen, wie wir bekommen konnten, und machten uns auf den Weg nach Süden, in den Bundesstaat Imo.

Unsere nächste Station war Owerri, die Hauptstadt von Imo. Hier trafen wir uns mit dem Gesundheitsminister. In Afrika kann man bei einer solchen Gelegenheit nicht einfach in den Diensträumen des betreffenden Regierungsvertreters erscheinen und Fragen stellen. Umständliche Begrüßungsrituale müssen absolviert und ein gewisses Protokoll muß eingehalten werden. Diese Begegnung verlief besonders zeremoniell, denn wir repräsentierten gemeinsam den CDC *und* die höchste Gesundheitsbehörde des nigerianischen Staates. Und im Land der Ibo kann keine wichtige Zeremonie ohne Cola-Nüsse stattfinden.

Die Cola-Nuß enthält viel Koffein, in alten Zeiten war sie der unentbehrliche Begleiter von Boten und Reisenden, die durch ihren Genuß selbst bei großen Anstrengungen und Nahrungsmangel ihre Energien aufrechterhalten konnten. Vor allem aber ist sie die Währung der Gastfreundschaft. Die Ibo verehren die Cola-Nuß und schreiben ihr besondere Kräfte zu. Sie Gästen zeremoniell darzubieten, bedeutet, daß man geneigt ist, freundschaftliche Beziehungen aufzunehmen. Man spricht sogar in höflichen Worten zu der Cola-Nuß. Aber nur Männer dürfen an diesen Ritualen teilnehmen. Frauen dürfen keine Cola-Nüsse essen – und auch nicht mit ihnen reden. Für mich war das kein großer Verlust.

Erst nachdem die Cola-Nüsse in angemessener Form angesprochen, gewürdigt und konsumiert worden waren – von den Männern, versteht sich –, konnten wir also den Minister fragen, ob er von Fällen von Lassa-Fieber wüßte. Ja, sagte er, er wisse von dem Arzt Ezirike, der in Enugu gestorben war. Ezirike kam aus einer semiurbanen Region, Aboh Mbaise, ganz in der Nähe von Owerri, und hatte dort ein kleines Krankenhaus geleitet. Um seinen Tod rankten sich jedoch merkwürdige Gerüchte. Je nachdem, wem man glaubte, war er entweder das Opfer einer geschäftlichen Konspiration geworden – vergiftet von Rivalen, die ein konkurrierendes Krankenhaus in der Nähe leiteten – oder das Opfer von Hexerei. Ob nun eine dieser Erklärungen zutraf oder auch nicht, die örtlichen Taxifahrer waren jedenfalls um keinen Preis bereit, uns zu dem Krankenhaus zu fahren, in dem Ezirike gearbeitet hatte. Sie traten das Gaspedal durch, bis das Dorf, in dem es lag, außer Sicht war. Als wir schließlich selbst ein Fahrzeug organisiert hatten und in dem Dorf ankamen, fanden wir das Krankenhaus verlassen vor.

Es war klein und erbärmlich, obwohl es neu erbaut war. Die Stationen waren zwei düstere Räume mit insgesamt zwölf Betten, der Operationssaal ein kleiner Raum mit rohen Betonwänden. Von medizinischen Geräten und Instrumenten keine Spur. Ich hatte wenig Schwierigkeiten, mir vorzustellen, wie es hier vor zwei oder drei Wochen ausgesehen hatte. Einige Patienten auf den Stationen. Einige junge Mädchen als Krankenschwestern. Kaum Medikamente und medizinische Ausrüstung, keine Schutz- und Vorsorgemaßnahmen, kein Gefühl dafür, wie Medizin sinnvoll praktiziert werden sollte. Operationen wurden zweifellos unter primitivsten Bedingungen vorgenommen. Jetzt war alles leer. Nichts rührte sich, außer den Fliegen und Moskitos an den Wänden und den Eidechsen, die Jagd auf sie machten.

Als wir uns unter dem Vordach auf einer Bank niederließen, kam Ezirikes Witwe aus einem nahe gelegenen Haus. Sie war mürrisch und wütend und weigerte sich, mit uns zu sprechen. Aber dann erschienen der Vater und einer der Brüder des toten Arztes. Sie waren mitteilsamer. Ihre Geschichten waren mit weiteren dunklen Andeutungen über Juju, Schikanen und Intrigen gespickt. Sie hatten keine Zweifel daran, daß ihre Familie von bösartigen Elementen verfolgt wurde.

Während Joe und Nasidi das Dorf erkundeten, um nach möglichen Hinweisen auf einen Ausbruch von Lassa-Fieber zu suchen, gingen Wale und ich in das Krankenhausgebäude zurück und sahen in Ezirikes kleinem Büro die Akten durch. Die Stickigkeit des Raums war schwerer zu ertragen als die feuchtheiße Luft draußen, also ließen wir die Tür weit offenstehen. Heerscharen von Moskitos – eine wahre Malaria-Armee – summten uns um die Ohren. Ich fand mich damit ab, bei lebendigem Leib aufgefressen zu werden. Wir suchten die Krankenblätter, um die Namen und die Krankengeschichten der Patienten, die von Ezirike behandelt worden waren, in Erfahrung zu bringen. Aber es gab keine Unterlagen – weder über stationäre noch über ambulante Behandlungen, noch über Operationen. Das einzige, was wir fanden, waren Karteikarten, auf denen die Medikamente, die jeder Patient erhalten hatte, aufgelistet waren. Beim Anblick des Endes jeder Liste wurde uns auch klar, warum ausgerechnet diese Dokumente so sorgfältig aufbewahrt worden waren, während man sich offenbar nicht die Mühe gemacht hatte, Krankenblätter anzulegen. Diese Karten stellten keine medizinischen, sondern finanzielle Unterlagen dar. Je mehr Medikamente einem Patienten verabreicht worden waren, desto mehr konnte man ihm für die Behandlung berechnen.

Dennoch konnten wir den Karteikarten gewisse Informationen entnehmen. Wir versuchten, das klinische Bild jedes Patienten aus den Verordnungen zu rekonstruieren. Wir hatten die Daten der Einweisung und der Entlassung oder die Todesdaten. Ezirike hatte nur vier oder fünf Antibiotika zur Verfügung gehabt. Es war klar, daß er nach einer

Kombinationsmethode vorgegangen war. Ein Patient mit Fieber erhielt eine bestimmte Kombination von Mitteln. Wenn das Fieber weiter anhielt, wechselte Ezirike zu einer zweiten Kombination von Antibiotika über und fügte zur Sicherheit eine gute Dosis Chloroquin hinzu, nur für den Fall, daß es sich vielleicht um Malaria handelte. Wenn ein Patient erbrach, bekam er ein Antiemetikum, wenn er Schmerzen hatte, ein Analgetikum. Trotz der begrenzten Auswahl hatte der Arzt Medikamente in erstaunlichen Mengen und Kombinationen verabreicht. Er verordnete einer einzelnen Person bis zu sechs verschiedene Injektionslösungen und ebenso viele oral verabreichte Medikamente, darunter Vitamine und andere Stoffe von marginalem Nutzen. So machte man am meisten Geld.

Schließlich entdeckten wir, daß die Patienten Eisenpräparate und Bluttransfusionen erhalten hatten. Das machte uns hellwach. Hatten sie Blutungen bekommen? Als nächstes stellten wir fest, daß Antikonvulsiva verabreicht worden waren. Lassa-Patienten im letzten Stadium haben Krämpfe, und Antikonvulsiva dienen dazu, Krämpfe unter Kontrolle zu bringen. Und als alles andere versagte, hatte Ezirike Steroide gegeben – ein verzweifelter und nutzloser Versuch, den Blutdruck zu stabilisieren, wenn die Patienten in den Schockzustand eintraten und starben.

Auf manchen Karten fanden sich kleine Randnotizen, die unseren Verdacht, daß wir es mit Lassa zu tun hatten, bestätigten, «Blutung aus dem Rektum» zum Beispiel, oder einfach «Konvulsionen». Wir fühlten uns, als entzifferten wir einen Geheimcode. In den meisten Fällen hörten die Notizen an irgendeiner Stelle auf, und dann war nur noch addiert und die Rechnung aufgemacht worden. Wir entdeckten noch einige Vermerke über unbezahlte Rechnungen. Offenbar wurden die Familien der Patienten zur Kasse gebeten. Sie selbst waren tot.

Zwei Tage lang saßen wir in dem kleinen Raum und brüteten über den Karteikarten, während die Moskitos uns die Beine zerstachen. Als wir unsere Arbeit beendet hatten, konnten wir die schreckliche Geschichte des kleinen Krankenhauses rekonstruieren. Siebzehn Patienten waren an akuten febrilen Erkrankungen mit Schock, Konvulsionen und Blutungen gestorben. Manche hatten furchtbare Halsentzündungen gehabt. Wir konnten zurückverfolgen, wie sich die Infektion im Krankenhaus immer weiter ausgebreitet hatte. In einer Woche im Februar (etwa um die Zeit von Azikiwes Tod) waren mehrere Patienten im Abstand von wenigen Stunden gestorben. Von diesem

Zeitpunkt an tauchte auf den Karteikarten eine andere Handschrift auf. Nun wurde die Liste der verabreichten Medikamente nicht mehr von einer Krankenschwester geführt, sondern von Ezirike selbst. Wir stellten uns vor, daß er in Panik geriet und verzweifelt versuchte, seine Patienten zu retten, indem er alle Medikamente in allen erdenklichen Kombinationen ausprobierte, um zu sehen, ob irgend etwas Wirkung zeigen würde. Aber nichts half oder würde jemals helfen. Am Ende konnte er sich nicht einmal selbst retten.

Wir verfolgten die Geschichte noch weiter zurück, bis zum Januar. In diesem Monat war Ezirikes neunzehnjähriger Neffe, der an der Universität von Enugu studierte, zu Besuch gekommen. Der Junge, der an Sichelzellanämie litt, war während seines Aufenthalts in Aboh Mbaise offenbar in eine der für diese Krankheit typischen Schmerzkrisen eingetreten. Sichelzellanämie ist eine in Westafrika verbreitete erbliche Krankheit. Ihr Name ist von der abnormen Form der Erythrozyten abgeleitet, die man im Blut der Kranken findet. Normalerweise ist die Form der roten Blutkörperchen rund, unter dem Mikroskop sehen sie aus wie kleine runde Hüte mit roter Krempe. Bei Sichelzellanämie werden sie gedehnt und nehmen die Form einer Sichel – oder eines Halbmonds – an. Der Junge wurde in das Krankenhaus seines Onkels gebracht. Wie alle anderen Patienten erhielt er jede Menge Injektionen. Aber nach wenigen Tagen ging es ihm im Unterschied zu den meisten anderen Patienten wieder gut.

Etwa eine Woche nach seiner Entlassung bekam er jedoch hohes Fieber und eine schwere Halsentzündung. Er wurde wieder ins Krankenhaus eingewiesen, und es wurden ihm noch viel mehr Injektionen verabreicht. Auch die anderen Patienten bekamen ständig Spritzen, unabhängig davon, was ihnen fehlte. Alles wies darauf hin, daß die Injektionsnadeln und sogar die Infusionskanülen mehrfahr verwendet wurden. Schließlich waren sie teuer. Dieses Mal verschlechterte sich der Zustand des Neffen rapide. Die nüchterne Karteikarte, auf der seine Behandlung dokumentiert war – eng beschrieben mit den Handelsbezeichnungen von Antibiotika, Dosierungsanweisungen und zu fordernden Honorarsummen – wirkte wie ein Aufschrei aus dem Reich der Toten. Sie zeugte von zunehmender Verzweiflung und Panik, von der frenetischen Suche nach irgendeinem Mittel, das dem unerbittlichen Fortschreiten der zerstörerischen Krankheit Einhalt gebieten könnte. Wenn ein Medikament wirkungslos blieb, gab Ezirike ein anderes und wieder ein anderes. Das Virus setzte seinen Zerstörungsprozeß fort.

Der Junge begann zu erbrechen und zu bluten. Dann trat Schock ein. Konvulsionen. Und schließlich der Tod.

Eine Woche später wurde ein Patient, der zur gleichen Zeit wie Ezirikes Neffe im Krankenhaus gelegen hatte und als gesund entlassen worden war, erneut eingeliefert, mit hohem Fieber. Wieder und wieder zeigte sich dasselbe Muster. Ezirike muß geglaubt haben, daß er die Situation irgendwie unter Kontrolle bekommen könnte. Vielleicht war es Stolz, vielleicht Angst, vielleicht einfach Ignoranz. Vielleicht hatte er den Charakter der Bestie, die in seinem kleinen Krankenhaus wütete, einfach nicht erkannt. Was immer seine Motivation gewesen sein mag – er wartete drei Wochen, bevor er um Unterstützung bat. Siebzehn Patienten mußten sterben und er selbst tödlich erkranken, bis er endlich einsah, daß er diese Krise nicht allein bewältigen konnte.

Nach der Durchsicht der Karteikarten kamen wir zu dem Schluß, daß der bedauernswerte Neffe sich wahrscheinlich während seines ersten Aufenthalts im Krankenhaus infiziert hatte, vermutlich durch eine Injektionsnadel oder einen Tropf. Welcher Patient der Indexfall war, konnten wir nicht mit Sicherheit feststellen. Die Unterlagen waren so dürftig und die Angst der überlebenden Mitarbeiter so groß, daß es uns nicht gelang, das gesamte Puzzle zusammenzusetzen.

Um herauszufinden, ob die Infektion sich außerhalb der Mauern des unseligen kleinen Krankenhauses weiter ausgebreitet hatte, suchten wir alle medizinischen Einrichtungen in der näheren Umgebung auf. Wir sprachen mit Ärzten und Krankenschwestern und durchsuchten medizinische Unterlagen nach Hinweisen auf weitere Fälle. Wir fragten nach Patienten, die kürzlich verstorben waren, und versuchten, die Todesursachen zu ermitteln. Wir nahmen Blutproben von Ärzten und medizinischem Personal, um festzustellen, ob sich jemand infiziert hatte. Offenbar hatte das Virus sich selbst ausgelöscht, indem es seine Opfer in Ezirikes Krankenhaus tötete und andere potentielle Opfer so sehr in Angst und Schrecken versetzte, daß sie die Flucht ergriffen.

Als die Spur kalt wurde, beschlossen wir, die restlichen Krankenhäuser in der Region um Owerri aufzusuchen. Dabei trafen wir unter anderem auf eine kleine, gut geführte Privatklinik. Der Leiter und Eigentümer war ein Arzt, der einige Jahre lang im amerikanischen Mittelwesten praktiziert hatte. Er wurde sofort hellhörig, als wir ihm von unserer Untersuchung erzählten.

«Ja, ich weiß, wovon Sie sprechen», sagte er. «Kommen Sie, ich habe oben einen Patienten, den Sie sich ansehen sollten.»

Wir stiegen die schmale Treppe hinauf. Der Arzt führte uns in ein Einzelzimmer, in dem ein Mann von Ende Dreißig im Bett lag, die Decken bis zum Kinn hochgezogen. Er war febril und sehr schwach, hatte aber keine Blutungen. Sein Hals war stark entzündet, und als wir ihn untersuchten, stellten wir eitriges Exsudat auf den Mandeln fest. Er klagte auch über heftige Schmerzen in Bauch und Rücken. Alles Symptome, die auf eine Lassa-Infektion hindeuteten. Er erzählte uns, daß er durch seine Geschäfte viel unterwegs sei. Vielleicht hatte er sich auf einer dieser Reisen die Infektion zugezogen. Wir nahmen ihm Blut ab. Bevor wir gingen, zeigten wir den Krankenschwestern und Pflegern, wie sie für den Patienten sorgen konnten, ohne sich selbst zu infizieren. Erst später, als wir zum CDC zurückgekehrt waren, wo das Serum inzwischen an einer Gewebekultur getestet worden war, erhielten wir die Bestätigung, daß der Mann tatsächlich an Lassa-Fieber erkrankt war. (Glücklicherweise traten in seinem Fall keine weiteren Komplikationen ein. Er erholte sich vollständig, und niemand vom medizinischen Personal hatte sich infiziert.)

Im Hauptkrankenhaus von Owerri fanden wir einen weiteren Fall: eine junge Frau, die eine Fehlgeburt erlitten hatte. Der Fetus war tot. Bei schwangeren Frauen verläuft eine Lassa-Erkrankung gewöhnlich sehr ernst und meistens stirbt der Fetus, bevor er geboren wird. Die Frau hat bessere Überlebenschancen, wenn sie sich in den ersten sechs Monaten der Schwangerschaft befindet oder wenn ein spontaner Abort eintritt. Im letzten Schwangerschaftsdrittel steigt die Mortalitätsrate dramatisch an, insbesondere wenn die Frau das Kind noch nicht verloren hat. Diese Frau war sehr krank, sehr allein und sehr verängstigt. Sie wollte nicht mit uns sprechen.

Sobald die Krankenschwestern begriffen hatten, was der Grund für unsere Anwesenheit war, verfielen sie in Panik. Nun, da sie wußten, daß die junge Frau wahrscheinlich Lassa-Fieber hatte, wollten sie nichts mehr mit ihr zu tun haben. Sie wagten sich nicht einmal in ihre Nähe. Auch ihre Angehörigen mußten sie im Stich gelassen haben, denn sie waren nirgendwo in Sicht. Da sie auf einer Matratze elend auf dem Boden lag, schlugen wir vor, sie auf die allgemeine Station zu verlegen, wo sie besser versorgt werden konnte. Als niemand sich erbot, ihr zu helfen, trugen Joe und ich sie selbst hinüber. Aber auch dann konnten wir niemanden finden, der bereit war, ihre Pflege zu übernehmen. Joe und ich taten unser Bestes, die Krankenschwestern davon zu überzeugen, daß sie überhaupt nicht gefährdet waren, wenn sie einige einfache Vorsichtsmaßregeln beachteten und es vermieden, mit dem Blut der Patientin in Kontakt zu kommen. Sie nickten und sagten, sie hätten verstanden. Aber ich hatte das Gefühl, daß die arme Frau, sobald wir den Rücken kehrten, wieder sich selbst überlassen bleiben würde.

Wieder nahmen wir eine Serumprobe. Wieder schickten wir sie zum Testen nach Atlanta. Während wir unsere Nachforschungen fortsetzten, tauchte – Wunder über Wunder – das Fahrzeug, das man uns im Ministerium in Lagos versprochen hatte, tatsächlich auf. Wale erwartete außerdem eine größere Geldsumme, denn man hatte uns auch versprochen, die Kosten, die unser Einsatz mit sich brachte, zu erstatten. Aber das Geld war nicht da. Wo war es geblieben? Der Fahrer beteuerte seine Unschuld mit heiligen Eiden. Von irgendwelchen Geldern wisse er nichts. Wir nahmen ihn in die Zange, aber es führte zu nichts. Also schickten wir ihn postwendend nach Lagos zurück.

Als nächstes wollten wir versuchen herauszufinden, wie die beiden anderen Lassa-Opfer, Dr. Ikeji und Dr. Anamba, sich infiziert hatten. Wir wußten, daß sie aus Aba gekommen waren, einer geschäftigen Marktstadt im Süden des Bundesstaates. Wir fuhren nach Aba und machten einen leitenden Beamten der Gesundheitsbehörde ausfindig. Wir sagten ihm, daß wir daran interessiert seien, das Krankenhaus, in dem die beiden gearbeitet hatten, zu sehen. Nein, sagte er, zuerst müßten wir seinen Vorgesetzten aufsuchen. Obwohl wir dazu wenig Neigung verspürten, fügten wir uns.

Nachdem wir dem Vorgesetzten vorgestellt worden waren, entspann sich zwischen den beiden Männern eine hitzige Debatte, die damit endete, daß uns allen Bons für einen kostenlosen Lunch ausgehändigt wurden. Wir protestierten energisch und sagten, wir seien nicht an einem Lunch interessiert, wir führten eine Untersuchung durch und wollten ohne weitere Verzögerung zum Krankenhaus. Nach vielem Hin und Her setzten wir uns durch, aber nun hatten wir uns ungewollt die Sympathien unseres Ansprechpartners verscherzt. Das kostenlose Mittagessen war, wie es schien, sein einziges Interesse an unserer Mission.

Wir brachen ohne ihn auf. Aber der Zutritt zum Krankenhaus blieb uns zunächst verwehrt. Während Nasidi in weitere komplizierte Verhandlungen eintrat, um das Problem zu lösen, machten wir die Runde durch Aba und suchten die anderen Hospitäler und Kliniken auf, sprachen mit Ärzten und Pflegepersonal, nahmen Blutproben und hielten nach Hinweisen auf Lassa-Fieber Ausschau. Wir entdeckten keine weiteren Fälle von Lassa-Verdacht, aber wir fanden Ribavirin. Das deutete auf ein Gewahrsein der Lassa-Gefahr hin. Als ein Arzt uns das Medikament zeigte, fragten wir ihn, wo er es bezogen habe.

«Auf dem Markt natürlich», sagte er mit größter Selbstverständlichkeit.

Wir sahen uns die Verpackung an: *Made in China.*

Auf dem Markt von Aba herrschte Gedränge und unbeschreiblicher Lärm. Das Feilschen war für die Leute offenbar eine wahre Leidenschaft. Alles, was man für Geld kaufen konnte, war hier zu haben: Plastikgefäße, Kochtöpfe, geflochtene Matten, Trommeln, Reis, Zwiebeln, Fleisch von frisch geschlachteten Tieren, von Heerscharen gefräßiger Fliegen umschwärmt – und Ribavirin. Was man auch verlangte, wenn es nicht vorrätig war, wurde man von den Händlern gedrängt, in einer halben Stunde wiederzukommen. Es war ein Rätsel, wie sie es schafften, den verlangten Artikel in so kurzer Zeit herbeizuzaubern. Oder vielleicht auch nicht. Wenn es nämlich um Medikamente ging – wie Ribavirin –, stellte ein williger Unternehmer das Gewünschte im Handumdrehen her, komplett mit geschickt gefälschter Verpackung, um es echt aussehen zu lassen. Falsche Medikamente sind in vielen Entwicklungsländern ein gewinnträchtiger Industriezweig.

Wir machten einen weiteren Versuch, in das Krankenhaus, das wir für die Quelle des Ausbruchs in Aba hielten, hineinzugelangen. Es lag am Ende einer schmalen, von Schlaglöchern übersäten und mit Müll bedeckten Gasse. Die Türen waren verriegelt. Das Krankenhaus war verlassen. Das Personal war geflüchtet. Wir fanden immer wieder dasselbe vor.

Wale und Nasidi taten sich zusammen. Am nächsten Tag war es ihnen irgendwie gelungen, einen Bruder des verstorbenen Dr. Ikeji aufzutreiben. Auch er war – ähnlich wie Ezirikes Verwandte – felsenfest davon überzeugt, daß die ganze Sache ein Komplott war. Die Konkurrenz war vor nichts zurückgeschreckt – nicht einmal vor Juju und Gift –, um seinen Bruder zu töten und die Schließung des Hospitals zu erreichen. Folglich hatte die Familie sich geweigert, Fremden – Vertreter der Gesundheitsbehörden eingeschlossen – den Zutritt zum Krankenhaus zu gestatten. Sobald sie die Tore öffneten, so glaubten sie, würden die Verschwörer die Situation auf irgendeine Weise zu ihrem Vorteil nutzen. Wale und Nasidi boten ihre gesamte Überredungskunst auf, um Dr. Ikejis Familie davon zu überzeugen, daß wir keine bösen Absichten verfolgten. Schließlich gab der Bruder nach und nahm die Vorhängeschlösser ab.

Das Krankenhaus war erst zwei Jahre zuvor eröffnet worden. Die Patienten waren überwiegend arme Leute aus der Umgebung. Da die Behandlungskosten gering gehalten wurden, war es immer voll belegt. Es war wie ein Gefängnis konstruiert, mit festungsartigen Außenmauern und rohen Betonräumen, die sich auf einen innen umlaufenden Balkon öffneten. Es gab zwei kleine Operationssäle. In einem stand eine verstellbare gynäkologische Liege, die auch als Operationstisch fungierte. In einer Ecke war ein großes Waschbecken installiert. Eine einzelne Leuchtstoffröhre, die an ihren Anschlußkabeln von der Decke herabhing, diente als Beleuchtung. Auf dem Boden entdeckten wir Gaskocher, auf denen Kochtöpfe standen. Vermutlich waren sie zur Sterilisierung von Instrumenten benutzt worden. Zerknautschte chirurgische Handschuhe hingen über einem Gestell. Alles machte einen desolaten Eindruck.

Als Dr. Ikejis Bruder sein anfängliches Mißtrauen überwunden hatte, erwies er sich als sehr kooperativ. Er lud sogar zwei andere Ärzte ein, die im Krankenhaus gearbeitet hatten, und sie schlossen sich uns an. Als sie einmal begonnen hatten, zu reden, konnten sie gar nicht mehr aufhören, es sprudelte nur so aus ihnen hervor. O ja, begannen sie, es hatte hier mehrere Todesfälle gegeben. Das erste Opfer war die Oberschwester, eine aktive, gesunde Frau, die keine Vorgeschichte von Krankheiten hatte. Sie war erst vor einigen Wochen, Anfang Januar, gestorben. Ganz plötzlich, ohne Vorwarnung hatte sie hohes Fieber und eine Halsentzündung bekommen, die üblichen Behandlungsmethoden schlugen nicht an. Ihr Tod folgte schnell. Für uns hörte es sich wie Lassa an. Dann war es anderen ebenso ergangen, unter anderem einer Krankenschwester und einem Patienten.

Und was war mit Dr. Ikeji und Dr. Anamba? Ihr Tod hatte uns schließlich hierhergeführt. Zumindest hatten wir in diesem Krankenhaus den Vorteil, vollständige Unterlagen vorzufinden. Wir sahen die letzten Aufzeichnungen aus der Chirurgie durch und die Krankenblätter aller Patienten, die in den letzten Monaten eingeliefert worden waren. Wir suchten nach einem speziellen Vorfall, der eine Verbindung zwischen Ikeji und Anamba herstellte, einem Ereignis, das sich zehn bis zwanzig Tage vor ihrem Tod abgespielt haben mußte. Da sie zusammen nach Enugu verlegt worden und an demselben Tag gestorben waren, nahmen wir an, daß sie sich auch zur gleichen Zeit infiziert hatten. Die Chirurgin, Dr. Anamba, hatte die meisten Operationen vorgenommen. Das ergab Sinn: Operationen waren eine sehr naheliegende

Quelle von Infektionen. Und Dr. Ikeji, der Leiter des Krankenhauses? Hatte er sich auch infiziert, während er einen chirurgischen Eingriff durchführte? Nein, sagte einer der Ärzte und schüttelte den Kopf.

«Er operierte nicht gern. Er ging gar nicht in den Operationssaal. Meistens blieb er auf den Stationen und kümmerte sich dort um die Patienten.»

Und der Rest des Pflegepersonals? War zu dem Zeitpunkt, als Ikeji und Anamba starben, jemand krank?

«O ja», sagte der Arzt. «Eine unserer Krankenschwestern war sehr krank, aber sie ist in ihr Heimatdorf zurückgekehrt. Niemand weiß, wo das ist.»

Das weckte unsere Neugier. «Was hat sie hier im Krankenhaus gemacht?»

«Sie war OP-Schwester», erklärte der Arzt. «Ihr Name ist Peace Uba.»

Jetzt hatten wir einen Hinweis. Vielleicht war Peace Uba das Verbindungsglied zu Dr. Ikeji. Wir baten um den OP-Plan des letzten Monats. Was wir suchten, war eine Notoperation, an der sowohl Dr. Anamba als auch Peace Uba beteiligt gewesen waren. Und wir fanden sie. Mitte Februar, das zeigte das Register an, war ein solcher Notfall eingetreten. Genauere Aufzeichnungen, worum es dabei ging, suchten wir allerdings vergeblich. Aber als wir die beiden Ärzte befragten, erinnerten sie sich sofort. Der Patient war ein junger Mann, der seit einiger Zeit im Krankenhaus war. Man hatte ihn nach einer «mißlungenen Appendektomie», wie es hieß, aus einem anderen Hospital hierher verlegt. Er war nur mit den üblichen Antibiotikainjektionen behandelt worden und hatte sich gut erholt. Dann, nach mehr als einer Woche, hatte er wieder Fieber bekommen. Als sein Zustand sich weiter verschlechterte, hatte man ihn in der Annahme, daß erneut Komplikationen aufgetreten seien, eilends in den OP gebracht.

Je mehr wir nachfragten, desto mehr Details brachten wir ans Tageslicht. Alle erinnerten sich an diesen Fall, weil der Patient auf dem Operationstisch unkontrollierbar geblutet hatte. Die Chirurgin und die OP-Schwester hatten alles getan, was in ihrer Macht stand, aber die Blutungen waren nicht zu stoppen. Überall war Blut. Dr. Anamba hatte sich nicht mehr zu helfen gewußt und nach dem Leiter des Krankenhauses, Dr. Ikeji, gerufen.

Wir schauten noch einmal im OP-Plan nach. Während des gesamten Monats hatte Dr. Ikeji nur bei diesem einzigen Anlaß den Operationssaal betreten. Jetzt wußten wir, wie er sich infiziert hatte. Trotz seiner Hilfe war der junge Mann, nachdem man ihn wieder auf die Station gebracht hatte, in der Nacht gestorben. Und Peace Uba hatte bei der Operation assistiert.

Nach sorgfältiger Prüfung dieses Falls kamen wir zu dem Schluß, daß der Patient an Lassa-Fieber gestorben war, und daß er sich die Infektion höchstwahrscheinlich im Krankenhaus zugezogen hatte, vermutlich durch eine wiederverwendete Injektionsnadel. Wir mußten mehr in Erfahrung bringen. Also beschlossen wir, das restliche medizinische Personal zusammenzutrommeln, die Leute zu befragen und von allen Blutproben zu nehmen, um festzustellen, ob auch sie infiziert waren.

Als wir am nächsten Morgen wieder zum Krankenhaus zurückkehrten, sah die zentrale Eingangshalle, ein besonders desolater und düsterer Ort, völlig verändert aus. Zu unserer Überraschung wurden wir von rund zweihundert nervösen, kichernden jungen Mädchen empfangen, die meisten zwischen achtzehn und höchstens zweiundzwanzig Jahren alt. Sie wurden uns als Krankenschwestern vorgestellt, sagten aber selbst, sie seien in der Ausbildung. Joe und ich befragten die Mädchen und machten Notizen. Nasidi nahm ihnen Blut ab, und Wale ordnete und verstaute die Proben.

Die Mädchen erzählten mehr oder minder alle dasselbe. Obwohl sie nur eine minimale Schulung erhalten hatten, verrichteten sie alle Arbeiten, die zum Aufgabenbereich von Krankenschwestern gehören. Sie gaben Injektionen, verabreichten Medikamente, versorgten die Patienten, säuberten sie, wischten Blut und Erbrochenes auf. Aber wenn die Sprache auf den Fall des jungen Mannes kam, an dem wir interessiert waren, konnte sich keine von ihnen an etwas erinnern. Ich fühlte mich ausgetrocknet von der Hitze und wurde müde und deprimiert.

Dann sprach ich mit einer weiteren jungen Lernschwester und stellte die Routinefragen:

«Waren Sie in den letzten vier Wochen krank?»

«Ja», sagte sie schüchtern.

«Und was hatten Sie?»

«Einen Herzinfarkt.»

«Einen was?» Ich war sprachlos. Sie war achtzehn Jahre alt und sah kerngesund aus.

«Beschreiben Sie mir die Symptome!»

«Hier hat es mir weh getan», sie legte die Hand auf die Brust. Ich wurde hellhörig. Schmerz in der Brust, der auf eine Perikarditis (Entzündung des Herzbeutels) zurückgehen kann, ist eines der Symptome von Lassa-Fieber. Ich drängte sie, mir mehr zu erzählen.

«Wurden Sie ins Krankenhaus eingewiesen?»

«O ja, ich lag mit Peace Uba in einem Bett.»

Mir war nicht klar, was sie meinte; lag sie mit Peace Uba auf derselben Station, oder war das Hospital tatsächlich so überfüllt gewesen, daß zwei Patientinnen ein Bett teilen mußten? Aber bevor ich diese Frage weiterverfolgen konnte, ging mir ein anderer Gedanke durch den Kopf.

«Hatten Sie etwas mit der Operation des jungen Mannes zu tun, der so stark blutete?»

«Ja», sagte sie, «ich habe das Bettzeug saubergemacht.»

Als ich die Geschichte gehört hatte, gab ich Nasidi einen Wink; er nahm ihr Blut ab. Wir würden es sofort auf Lassa-Antikörper testen.

Abends saßen wir in der Hotelhalle und entspannten uns bei kaltem Bier. Eine Frage ließ uns alle nicht los: Wo war Peace Uba? Nasidi entschloß sich, nach ihr zu suchen. Am nächsten Morgen begann er mit seinen Nachforschungen. Er brauchte nicht lange; mittags stieß er wieder zu uns und sagte: «Ich weiß, wo wir sie finden. Gehen wir!»

Er wollte uns nicht verraten, wie er sie aufgespürt hatte, aber seine Quelle erwies sich als zuverlässig. Peace Ubas Angehörige, sagte er, waren einfache Leute, Kleinbauern, die von den mageren Erträgen ihrer Landwirtschaft lebten. Peace Uba, die zur Schule gegangen war und eine vielversprechende Laufbahn als Krankenschwester vor sich hatte, war ihre große Hoffnung gewesen – bis das Lassa-Fieber zugeschlagen hatte. Nebenbei ließ Nasidi fallen, daß sie sehr schön sein sollte.

Wir mußten lange fahren, tief in den Busch des südlichen Nigeria, um zu Peace Ubas Heimatdorf zu gelangen. Wie Nasidi den Weg fand, war mir rätselhaft. Schließlich kam ein kleines Gehöft in Sicht. Wir ließen den Geländewagen stehen und gingen einen grasbewachsenen Abhang hinunter. Nasidi klopfte an die Tür des einfachen Wohnhauses. Minutenlang stand er einfach da, das Ohr an die Tür gelegt. Er wußte, daß jemand da war, das konnte ich an seinem Gesichtsausdruck erkennen. Schließlich öffnete sich die Tür, mehrere Leute kamen heraus und umringten den Besucher. Sie steckten die Köpfe zusammen und konferierten. Nach einer Weile schien eine Übereinkunft erreicht zu sein. Dann kam Nasidi, um uns zu holen.

«Sie ist hier», sagte er, «und ihre Familie hat mir versichert, daß sie uns helfen wird.»

Peace Uba erschien nicht sofort, aber mehrere Familienmitglieder leisteten uns Gesellschaft, während wir warteten. Wir stellten auch ihnen die Routinefragen und nahmen Blutproben. Schließlich trat sie selbst aus dem Haus. Sie war ein schmächtiges, nervöses Mädchen, aber sehr hübsch. Offenbar hatte sie sich für den Besuch umgezogen und zurechtgemacht, was die Verzögerung erklärte. Sie kam mit seltsam schleppenden Schritten auf uns zu und nahm dann schüchtern neben Nasidi Platz. Er strahlte sie an – schöne Mädchen waren seine Schwäche. Aber irgend etwas war mit ihr ganz und gar nicht in Ordnung. Als er sie ansprach, reagierte sie nicht. Sie schaute uns unverwandt an, ohne Nasidi auch nur einen Seitenblick zuzuwerfen. Er war völlig verblüfft. Was war das? Wirkte sein Charme nicht mehr? Er sprach sie noch einmal an und berührte sie leicht am Arm. Sie zuckte zusammen. Das scheue Lächeln verschwand, sie wirkte ängstlich und nervös.

Nasidi sagte uns, er habe gehört, daß sie stocktaub sein sollte. Offensichtlich war das der Fall. Taubheit ist eine der möglichen Komplikationen bei Lassa-Fieber, und sie kann total und permanent sein. Dann baten wir sie durch Gesten, ein paar Schritte zu gehen. Langsam erhob sie sich von ihrem Sitz, machte einige Schritte vorwärts und begann dann zu schwanken und zu stolpern. Es war eine klassische Ataxie, eine Störung der Koordination der Bewegungsabläufe. Ihre Beine reagierten nicht mehr auf die Botschaften ihres Gehirns, und die Folge war, daß sie keinen Gleichgewichtssinn mehr hatte. Das war eine weitere schreckliche Komplikation der Lassa-Krankheit. Aber während ihre Taubheit vielleicht für den Rest ihres Lebens bestehen bleiben würde, konnte sie ihren Gleichgewichtssinn und die Koordination ihrer Bewegungen eventuell im Laufe der Zeit wiedererlangen. Nachdem wir ihr Blut abgenommen und unsere Aufzeichnungen vervollständigt hatten, blieben wir noch eine Weile mit Peace Uba und ihrer Familie zusammen und versuchten, sie zu beruhigen und ihnen Mut zu machen.

Es war traurig. Wir hatten nun rekonstruiert, wie Lassa nach Aba gekommen war und unter den Ärzten und Krankenschwestern seine Opfer gefordert hatte. Aber obwohl wir die Diagnose bestätigen konnten, war es uns nicht gelungen, das Geheimnis zu entschlüsseln, das diese Krankheit darstellte. Wie weit war sie in diesem Teil der Welt tatsächlich verbreitet? Aus der Stichprobenerhebung, die wir unter der

Bevölkerung vornahmen, ging hervor, daß sie relativ selten zu sein schien. Aber was war ihre eigentliche Quelle? Und wie wurde sie übertragen? Und vor allem: Wann würde sie das nächste Mal ausbrechen und wie viele Menschen würde sie dann töten?

Auf unserer Suche nach dem Lassa-Virus hatten wir einen weiten Kreis gezogen, in Enugu beginnend, wo die Krankheit ausgebrochen und wieder verschwunden war, dann weiter nach Owerri und Aboh Mbaise, wo siebzehn Patienten und der Arzt eines einzigen Krankenhauses gestorben waren, nach Aba, wo das Virus zwei weitere Ärzte und eine Oberschwester getötet und ein weiteres Krankenhaus geleert hatte, und schließlich in das kleine Dorf, wo wir Peace Uba gefunden hatten. Nun war es Zeit herauszufinden, was aus Azikiwes Familie, die den Anstoß zu dieser Untersuchung gegeben hatte, geworden war.

Der erste Ort, an dem wir nach Angehörigen Azikiwes suchten, war Port Harcourt an der Südküste. Wale hatte gehört, daß einige seiner Verwandten nach den Begräbniszeremonien dorthin geflüchtet waren, aber wir fanden niemanden. Vielleicht hielten sie sich versteckt, vielleicht wollten sie nicht gefunden werden. Also beschlossen wir, uns auf den Weg nach Ekpoma und Ishan zu machen. Auf unserer Fahrt nach Norden, in Richtung Benin City, passierten wir eine relativ große Stadt namens Onitsha, die in der Nähe der Kreuzung zweier Hauptverkehrsadern lag. Der Name kam mir bekannt vor. Dann fiel es mir plötzlich ein: 1974 waren hier drei Fälle von Lassa-Fieber aufgetreten. Der eine war ein neunzehnjähriger nigerianischer Jugendlicher, die beiden anderen deutsche Ärzte, die für eine Missionsstation arbeiteten. Der erste Deutsche hatten den jungen Patienten behandelt und sich dabei infiziert. Er hatte stark geblutet und Konvulsionen gehabt, dann war er ins Koma gefallen und gestorben. Auch der zweite Arzt hatte sich infiziert. Er wurde ins Universitätskrankenhaus von Enugu gebracht, dasselbe, in dem auch die Ärzte aus Aboh Mbaise und Aba behandelt worden waren. Aber er hatte mehr Glück, er überstand die Krankheit und erholte sich vollständig.

Epidemiologen, die diesen Ausbruch untersuchten, hatten seltsamerweise in der gesamten Region keine weitere Person gefunden, die sich mit dem Lassa-Virus infiziert und die Krankheit überlebt hatte. Vielleicht hatte es sich um einen seltenen, virulenten Entwicklungsstrang des Virus gehandelt, eine besonders bösartige Form, die nahezu hundertprozentig tödlich war. Die Krankheit barg viele Geheimnisse, und dies war eines davon.

Uns blieb keine Zeit, in Onitsha anzuhalten, und wir fuhren direkt nach Benin City weiter. Dort hatten wir eine Verabredung mit einem hohen Beamten der Gesundheitsbehörde. Wir wurden in ein geräumiges Büro geführt und dem Herrn vorgestellt, der von Anfang an klarstellte, daß er nicht einfach ein gewöhnlicher Beamter sei, sondern ein Aristokrat. Als wir die Begrüßungsrituale, die uns nun bereits vertraut waren, hinter uns hatten, ging alles seinen gewohnten Gang. Er hörte uns höflich zu, während wir ihm zu erklären versuchten, wie brisant die Situation war. Dann versicherte er uns, seine Regierung würde uns in jeder Weise unterstützen. Und das war's. Es blieb wie immer bei leeren Versprechungen.

Wir brachen allein und ohne Regierungshilfe nach Ekpoma auf. Später erfuhren wir, daß der Gesundheitsminister des Bundesstaates im Fernsehen eine Erklärung abgegeben hatte. Die Lassa-Epidemie, hatte er dem Fernsehpublikum versichert, sei auf Juju zurückzuführen.

Auch daran gewöhnten wir uns. Es überraschte uns nicht, daß der Glaube an Hexerei und böse Mächte in Ekpoma besonders verbreitet war. Die Angst der Menschen war deutlich zu spüren. Das Haus in Ishan, in dem Azikiwes Eltern gelebt hatten, war verschlossen, und wir konnten nicht hineingelangen. Da Wale aber bereits hiergewesen war, die Vorgeschichte in Erfahrung gebracht und Blutproben von den anwesenden Familienmitgliedern genommen hatte, wußten wir mit Sicherheit, daß ihre Testergebnisse alle positiv waren. Nun mußten wir herausfinden, wie viele weitere Fälle es in der Nachbarschaft gegeben hatte. Und wir mußten auch Ratten fangen und brauchten die dazu notwendigen Hilfsmittel. Jeder kann eine Ratte fangen, das ist kein Problem. Das Verzwickte war, daß wir die Nager lebend brauchten, um ihr Blut und ihr Lebergewebe zu untersuchen. Und wir mußten sicher sein, daß jeder, der mit ihnen umging, wußte, wie man es vermeidet, sich mit dem Lassa-Virus zu infizieren. Das bedeutete, daß wir es selbst machen mußten.

Wir begannen mit einer Stichprobenerhebung unter der örtlichen Bevölkerung. Es war wichtig, herauszufinden, wie häufig Lassa-Erkrankungen waren. Ishan war als Reihendorf an einem Hauptweg entlang angelegt. Zu jedem Gehöft gehörte etwa ein halber Hektar Land, auf dem die Familien anbauten, was sie zum Leben brauchten. Wir gingen von Haus zu Haus und trafen überall auf dieselben mißtrauischen Reaktionen. Niemand war bereit zu reden. Ein freundliches Lächeln oder ein Willkommensgruß waren eine Seltenheit. Uns wurde schließlich klar, daß wir ohne die Billigung eines Häuptlings oder Distriktchefs nicht das mindeste erreichen würden. Die Schwierigkeit war, herauszufinden, wer eigentlich die Autorität verkörperte. In der Vergangenheit war die Position des Stammesoberhaupts unanfechtbar, und sein Wort war Gesetz. Aber in der Region um Ekpoma war die Situation im Fluß; die Modernisierung, die damit einhergehende Mobilität und die zunehmende Kommunikation mit der Außenwelt hatten die Sitten und Einstellungen der Menschen verändert. Das Prestige und die Macht der traditionellen Stammeshierarchien war gebrochen. Als wir herumfragten, stellten wir fest, daß es mehr als einen Häuptling gab, und es war unmöglich auszumachen, unter wessen Jurisdiktion eine bestimmte Familie fiel. Es war auch völlig unklar, wessen Anordnungen Gewicht hatten. Auch wenn ein Clanchef uns versicherte, er stelle die höchste Autorität in der Region dar, hatten wir keine Möglichkeit festzustellen, ob sich das auch tatsächlich so verhielt.

Uns blieb keine Wahl. Wir konnten nur weiter von Tür zu Tür gehen, ohne offizielle Sanktion, und versuchen, Leute zu befragen und Blutproben zu nehmen. Normalerweise sind die Menschen sehr hilfsbereit, selbst wenn man unangekündigt auf ihrer Türschwelle erscheint, und beantworten auch sehr persönliche Fragen mit großer Offenheit. Hier war es anders. Angst spiegelte sich in den Blicken, die uns trafen. Unsere Fragen lösten mürrische Reaktionen aus – wenn sie überhaupt beantwortet wurden. Und die Bereitschaft, uns Blutproben nehmen zu lassen, war erst recht nicht vorhanden. Sobald eine Person sich weigerte, folgten alle, die in der Nähe waren – und es waren immer Leute in der Nähe –, ihrem Beispiel. Wir kamen nicht voran.

Die ganze Geschichte hatte etwas Unheimliches. Jede Bewegung, die wir machten, wurde beobachtet. Aus jedem Türspalt, hinter jedem Vorhang spähte ein Augenpaar hervor. Wir fühlten uns wie Eindringlinge – ja so, als wären wir selbst die Infektionsquelle. Da Azikiwe und seine Familie sich vermutlich während der Zeremonien beim Begräbnis seines Vaters infiziert hatten, waren wir daran interessiert, soviel wie möglich über die Bestattungsrituale herauszufinden. Aber sie wurden in solcher Heimlichkeit zelebriert, daß niemand darüber zu sprechen wagte. Wir erfuhren gar nichts. Wale kam allerdings an einige Informationen heran – und die waren höchst beunruhigend.

Wenn Menschen starben, wurden ihre Leichen in ein örtliches Leichenschauhaus gebracht und dort in Tiefkühlfächern aufbewahrt, bis die Familie alles für die Bestattungsfeierlichkeiten vorbereitet hatte.

Sobald der Clan sich versammelt hatte, wurde die Leiche herausgegeben. Wir hatten Hinweise darauf, daß ein Teil des Bestattungsrituals Kontakt mit dem Blut des verstorbenen Familienmitglieds beinhaltete – wie war es sonst zu erklären, daß der Ingenieur und fast alle seine Angehörigen sich infiziert hatten? Aber wir hatten keine Vorstellung davon, welcher Art dieser Kontakt sein könnte. Wale hatte Gerüchte gehört, daß man den Toten das Herz herausnahm. Ob das stimmte? Und wenn ja, was geschah mit dem Herzen und mit den Leuten, die mit dem Organ in Berührung kamen?

Trotz der Mauer des Schweigens und der mangelnden Kooperationsbereitschaft der Bevölkerung wurde zunehmend deutlicher, daß es eine große Zahl von Todesfällen gegeben hatte. Die Symptome der tödlichen Krankheit waren immer dieselben: Halsentzündung, hohes Fieber, Blutungen. Kein anderes Virus als Lassa (oder Ebola) konnte solche Symptome hervorrufen.

Wir sagten uns, daß wir vielleicht besser vorankämen, wenn wir uns in zwei Teams aufteilten. Wale und Nasidi reisten gemeinsam in eine andere Richtung ab, während ich mich mit einem Mikrobiologen von der Universität von Benin zusammentat. Unterdessen war Joe immer noch auf der Suche nach dem Indexfall. Ich hatte damit gerechnet, daß Wale und Nasidi eine Weile fortbleiben würden, aber sie tauchten überraschend schnell wieder auf. Ein Blick genügte, um zu erkennen, daß etwas furchtbar schiefgelaufen war und daß sie ein schreckenerregendes Erlebnis gehabt hatten.

«Was ist los?» fragte ich. «Was ist passiert?»

Sie keuchten und schauten sich um, als seien sie immer noch nicht sicher, daß die Gefahr vorüber war.

«Haumesser», stieß Nasidi schließlich hervor.

«Sie haben uns mit Haumessern gejagt», ergänzte Wale. «Sie haben uns nicht einmal Zeit gelassen, zu sagen, was wir von ihnen wollten.»

Das war offenbar auch nicht nötig gewesen. Zu diesem Zeitpunkt war jeder in der Region um Ekpoma darüber im Bilde, womit wir uns beschäftigten.

Es gelang uns schließlich, Azikiwes Angehörige aufzuspüren, aber sie waren auch nicht kommunikativer als die anderen Leute in der Region – mit einer Ausnahme: Azikiwes Schwester Valerie. Ihrem Bericht zufolge war der Indexfall vermutlich eine zwanzigjährige Cousine, die Ende Dezember erkrankt war. Während ihrer Krankheit war sie mit ihrer Tante, Azikiwes Mutter, und auch mit einigen anderen

Verwandten in engen Kontakt gekommen. Im Januar und Februar wurden zwei weitere Familienmitglieder krank und starben, ein Junge von sechs Jahren und eine dreiundvierzigjährige Frau. Valerie konnte uns allerdings nicht sagen, ob diese beiden mit dem Rest der Familie in Kontakt gekommen waren. Azikiwe hatte vom Tod dieser beiden Verwandten offenbar nichts gewußt, als er zum Begräbnis seiner Mutter nach Nigeria zurückkehrte.

Wir waren natürlich sehr daran interessiert, den mutmaßlichen Indexfall zu finden. Aber es war sofort klar, daß wir dabei auf Schwierigkeiten stoßen würden. Die junge Frau hatte, wie wir erfuhren, ihre Krankheit zwar überlebt, aber sie wurde jetzt wie eine Ausgestoßene behandelt und als Hexe stigmatisiert, weil sie soviel Unheil über ihre Familie gebracht hatte. Der Haß der Verwandten ging so weit, daß man sie durch Schläge in die Flucht getrieben hatte.

Und wo war sie jetzt? Valerie erzählte, daß sie bei einem mitfühlenden entfernten Verwandten Zuflucht gesucht hatte. Aber niemand schien genau zu wissen, wo der Ort lag, an dem sie sich versteckt hielt. Wir blieben hartnäckig und gingen jedem Hinweis nach. Offenbar war sie in einem nahe gelegenen Dorf bei einem Onkel untergeschlüpft. Wir fanden das fragliche Dorf und den Onkel, mußten aber feststellen, daß er der falsche war. Der Onkel, den wir suchten, lebte an einem anderen Ort in der Nähe. Wir setzten unsere Odyssee fort. Im nächsten Dorf suchten wir weiter. Man muß sich auf die Wegbeschreibungen und Auskünfte der Einwohner verlassen, Straßennamen oder gar Hausnummern gibt es nicht. Dieses Mal fanden wir den richtigen Onkel, aber er sagte uns, die junge Frau sei nicht mehr bei ihm. Sie hatte verständlicherweise Angst davor, entdeckt zu werden, denn wenn man sie entdeckte, war ihr Leben in Gefahr. Das sagte zumindest der Onkel. Ich hatte den Verdacht, daß der verwitterte alte Mann, der ein wenig Englisch sprach, uns nicht die Wahrheit sagte. Also insistierten wir. Wale erklärte ihm geduldig den Zweck unseres Besuchs und versicherte ihm, daß wir mit ihr nur über ihre Krankheit sprechen wollten und – ihre Einwilligung vorausgesetzt – eine Blutprobe von ihr nehmen würden.

Schließlich gelang es uns, ihn zu überzeugen. Wir wurden ins Haus geführt und aufgefordert, in einem kleinen, engen Zimmer Platz zu nehmen. Einige Augenblicke später betrat die Frau des Onkels das Zimmer. Sie war eine weitaus zähere Gegnerin. Wir könnten die junge Frau nicht sehen, erklärte sie entschieden, und schien nicht willens, von ihrem Entschluß abzurücken. Aber nachdem wir schon so weit vorgedrungen waren, wollte Wale nicht aufgeben. Wieder bot er seine ganze Beredsamkeit auf, um der Frau zu erklären, warum es uns so wichtig war, mit ihrem Schützling zu sprechen. Den Onkel hatten wir schon für uns gewonnen, das konnte ich an seinem Gesichtsausdruck erkennen. Dann zogen Onkel und Tante sich zur Beratung in eine Ecke zurück. Ein Kompromißvorschlag wurde uns unterbreitet. Sie würden uns gestatten, mit der jungen Frau zu sprechen, aber ihr Blut abzunehmen – das käme nicht in Frage. Wale, diplomatisch wie er ist, nahm ihre Bedingungen an. Besser ein kleiner Fortschritt als gar keiner, sagte er sich.

Einige weitere Minuten vergingen. Dann wurde die junge Frau hereingeführt. Sie war dünn und sah elend aus. Es war klar zu erkennen, daß sie völlig verängstigt war. Ihre Blicke irrten unruhig durch den Raum, und sie vermied es, uns direkt anzusehen.

Schließlich gelang es uns aber doch, sie ein wenig zu beruhigen, und wir fingen an, sie über ihre Krankheit zu befragen. Die Symptome, die sie beschrieb, deuteten darauf hin, daß es sich um eine mildere Form von Lassa-Fieber gehandelt hatte, was zweifellos auch erklärte, warum sie überlebt hatte und genesen war. Sie bestätigte, daß sie mit mehreren Familienmitgliedern in Kontakt gekommen war, konnte sich aber nicht genau erinnern und nicht jede einzelne Person angeben. Nach einigem Zögern erzählte sie uns auch von den Schikanen, die sie nach ihrer Genesung über sich ergehen lassen mußte. Nur stockend und mit großen Schwierigkeiten konnte sie darüber sprechen, wie sie von gewissen Familienmitgliedern gejagt und geprügelt wurde, bis sie die Flucht ergriff, weil sie um ihr Leben fürchtete.

Verletzt und aus mehreren Wunden blutend hatte sie sich durch den Busch geschleppt, bis sie das Haus des Onkels erreichte und endlich in Sicherheit war. Aber die rachsüchtigen Verwandten gaben sich mit den Strafen, die sie dem armen Mädchen schon auferlegt hatten, noch nicht zufrieden. Irgend jemand war zum Juju-Mann gegangen und hatte ihn dazu gebracht, einen Fluch über sie zu verhängen. Jetzt war sie in panischer Angst. Sie lebte hier buchstäblich wie eine Gefangene, denn sie wagte es nicht mehr, das Haus zu verlassen, und hatte kaum noch Hoffnung, diesem Unheil je entrinnen zu können.

Nachdem wir eine Weile mit ihr gesprochen hatten, glaubten wir, sie überzeugt zu haben, daß wir nicht die Abgesandten der feindseligen Familie oder des Juju-Mannes waren. Wale ging das Wagnis ein, sie zu fragen, ob wir ihr Blut abnehmen dürften, um es auf Antikörper gegen

Lassa zu testen. Widerwillig stimmte sie zu. Aber in dem Augenblick, als Wale ihr die Kanüle in die Vene stechen wollte, schrie sie schrill auf und flüchtete aus dem Zimmer. Wir mußten wieder von vorne anfangen. Es dauerte eine Stunde, bis wir sie so weit beruhigt hatten, daß Wale einen zweiten Versuch unternehmen konnte. Als wir das Blut in Lagos untersuchten, stellten wir hohe Mengen von Antikörpern gegen Lassa fest. Der Typus der Antikörper – IgM genannt – zeigte an, daß die Infektion noch nicht lange zurücklag. Was der Test uns nicht sagen konnte, war, wo sie sich infiziert hatte. Nagetiere waren allgegenwärtig, und die Leute fingen und aßen sie, es gab also zahlreiche Möglichkeiten, wie das Virus übertragen werden konnte.

Nicht nur messerschwingende Dorfbewohner waren dafür verantwortlich, daß unsere Nachforschungen zum Stillstand kamen. Wir hatten darauf gehofft, daß die amerikanische Entwicklungshilfeorganisation USAID uns die Mittel für den Aufbau eines Beobachtungs- und Kontrollprogramms zur Verfügung stellen würde. Aber es tat sich nichts. Wie wir später erfuhren, hatte der Repräsentant der Organisation, der uns Unterstützung zugesagt hatte, in einem vertraulichen Gespräch geäußert, für Lassa-Fieber-Arbeit stelle man keine Gelder frei. Die Bekämpfung dieser furchtbaren Krankheit genoß offenbar keine Priorität, wenn es um die Verteilung von Entwicklungshilfegeldern ging. Das war kein Ruhmesblatt für das US State Department.

Während der nächsten zwei Jahre schrieben wir einen Forschungsantrag nach dem anderen in dem Bemühen, eine Finanzierungsmöglichkeit für weitere Studien zu finden. Solche Studien stellten eine Grundvoraussetzung dar, wenn wir je herausfinden wollten, wie weit Lassa im südlichen Nigeria tatsächlich verbreitet war. Wir wollten Nagetiere untersuchen, um mehr über den Übertragungsweg des Virus in Erfahrung zu bringen. Wir wollten vor allem herausfinden, wie das Virus sich in Aba, einer Stadt mit rund einer Million Einwohnern, verbreiten konnte, wo doch allgemein angenommen wurde, daß Lassa-Fieber ein ausschließlich ländliches Phänomen sei. Wir mußten uns auch Klarheit darüber verschaffen, welche Rolle die Begräbnisrituale bei der Verbreitung der Krankheit spielten. Wenn Lassa-Infektionen überwiegend das Resultat riskanter Praktiken waren – wie dem Kontakt mit infiziertem Blut bei Bestattungsritualen oder der Wiederverwendung von Injektionsnadeln in Krankenhäusern –, dann hätten wir eine besondere Situation, anders als die, die bei der Verbreitung der Krankheit durch einen natürlichen Infektionsprozeß gegeben wäre. Die genaue Kenntnis der Übertragungsvorgänge wäre die Voraussetzung für die Eindämmung der Krankheit und den Schutz der Bevölkerung. Das ist der Sinn der Arbeit von Epidemiologen, dafür sind wir ausgebildet. Aber obwohl wir bei der Bekämpfung von Viren einige Erfolge vorzuweisen hatten, war uns im Kampf gegen den Aberglauben oder gegen die verantwortungslose Einstellung von Bürokraten, die für «ihre» Gelder offenbar bessere Verwendungszwecke wußten als die Rettung von Menschenleben, weitaus weniger Glück beschieden.

Mit Wale sind wir bis heute eng befreundet. Er arbeitet in Simbabwe für die WHO. Er schreibt uns in regelmäßigen Abständen, und die Botschaft ist immer mehr oder minder dieselbe: «Wieder ein Ausbruch von Lassa-Fieber. Lassa blüht und gedeiht in Nigeria, aber niemand nimmt Notiz davon.»

Man sieht in diesen Epidemien offenbar keinen Grund zur Beunruhigung – nicht mehr Grund jedenfalls als bei einem Tropengewitter. Aber schließlich ereignen sich in Nigeria auch jedes Jahr große Ausbrüche von Gelbfieber mit Hunderten, manchmal Tausenden von Todesopfern. Und dabei steht ein wirksamer Impfstoff gegen Gelbfieber seit den vierziger Jahren unseres Jahrhunderts zur Verfügung.

Ebola in Virginia?

(Joe:) Am 30. November 1989 kam Fred Murphy, jetzt der Leiter des Zentrums für Infektionskrankheiten beim CDC, in mein Büro.

«Joe», sagte er, «ich hatte gerade einen Anruf von General Russell vom USAMRIID. Peter Jahrling hat von Affen aus einer privaten Forschungseinrichtung in Reston in Virginia ein Virus isoliert, das seinem Erscheinungsbild nach mit Ebola identisch ist.»

Jahrling ist einer der führenden Forscher auf dem Gebiet der hämorrhagischen Fieber in den USA. Aber Ebola in Virginia? In einer wohlhabenden Gegend, direkt vor der Haustür von Washington? Gut, daß ich bereits saß. Diese Nachricht mußte ich erst verdauen.

«Wie...?» brachte ich schließlich heraus. «Wie ist er denn überhaupt auf die Affen gekommen?»

«Offenbar haben sie einen Ausbruch von SHF (Simian Hemorrhagic Fever – hämorrhagisches Fieber bei Affen) untersucht. Sie haben Gewebekulturen angelegt und sind auf das Filovirus gestoßen», sagte Fred und fügte hinzu, daß Peter selbst völlig verblüfft gewesen sei, als er die Entdeckung machte.

Wir alle kannten Peter gut, denn er war es, der einige Jahre zuvor durch Versuche mit Affen gezeigt hatte, daß man Lassa erfolgreich mit Ribavirin behandeln kann. In letzter Zeit hatte er sich damit beschäftigt, SHF-Ausbrüche in amerikanischen Laboreinrichtungen, die mit Affen arbeiteten, zu untersuchen.

SHF ist eine schwere Krankheit bei Affen, die normalerweise nur in Afrika und möglicherweise in Indien vorkommt. Wenn SHF sich ausbreitete, konnte das katastrophale Folgen haben. Über SHFV (das Virus, das SHF auslöst) ist sehr wenig bekannt, abgesehen von der Tatsache, daß es ein großes DNA-Virus ist, das man keiner bekannten Familie von Viren zuordnen kann. Wir beim CDC waren in diese Untersuchungen nicht involviert, denn sie fielen nicht in unser Arbeitsgebiet. SHFV ist ein rein veterinärmedizinisches Problem, denn das Virus löst bei Menschen keine Erkrankungen aus. Ja, allem Anschein nach werden Menschen normalerweise nicht einmal infiziert.

Peter war nach Reston gerufen worden, um bei der Untersuchung eines weiteren SHF-Ausbruchs zu helfen. Auf den ersten Blick schien es sich um eine reine Routineangelegenheit zu handeln. Er nahm verschiedene Proben von Affen, die erkrankt und gestorben waren, und testete sie im Labor mit Hilfe von Gewebekulturen. Er war sicher, daß er nichts Ungewöhnliches finden würde. Aber der Spezialist für Elektronenmikroskopie, der mit Peter zusammenarbeitete, machte eine alarmierende Entdeckung. Er rief Peter herbei und zeigte ihm ein Foto von einer der Proben, die er untersucht hatte. Auf dem Bild war eine Form zu erkennen, die an eine große Schlange erinnerte.

Peter verstand sofort, was den Kollegen in Aufregung versetzt hatte. Die schlangenähnliche Form konnte eigentlich nur ein Filovirus sein. Genauer gesagt: Es schien sich hier um eines der tödlichsten Viren zu handeln, die der Menschheit bekannt sind. Es sah aus wie Ebola.

Das war beunruhigend genug, aber dazu kam, daß die Affen nicht aus Afrika stammten. Sie waren kürzlich von den Philippinen eingetroffen. Und angeblich kam SHF in ganz Asien gar nicht vor – von Ebola ganz zu schweigen. Wir wurden vom USAMRIID eingeladen, die Situation mit den Kollegen zu diskutieren und die Erkenntnisse, über die wir verfügten, beizusteuern. Schließlich hatte der CDC im Umgang mit Ebola, im Feld und im Labor, mehr Erfahrung als jede andere medizinische Forschungseinrichtung. Außerdem war es die Aufgabe des CDC, festzustellen, ob Gefahr für Menschen und für die öffentliche Gesundheit bestand. Zu diesem Zeitpunkt war Karl nicht mehr beim USAMRIID. Er hatte das Forschungsinstitut 1985 verlassen, um unabhängig in Kalifornien zu arbeiten. Das war bedauerlich, denn sein großes Wissen über hämorrhagische Fieber wäre in dieser Situation überaus wertvoll gewesen.

Auf dem Weg nach Washington dachten Fred und ich über einige zentrale Fragen nach. Wie war das Virus von Afrika nach Asien gelangt und hatte Affen infiziert, die dann von Asien aus quer durch Europa transportiert wurden? Schmuggelte jemand afrikanische Affen nach Asien? Oder waren die philippinischen Affen während des Transports mit der afrikanischen Virusquelle in Berührung gekommen? Affen werden in hölzernen Kisten in den Frachträumen von Passagierflugzeugen befördert. Dubiose Händler lassen sie oft unter erbärmlichen

Bedingungen transportieren. Aber diese Affen waren mit KLM geflogen, erster Klasse sozusagen, im Vergleich zu vielen anderen Fluggesellschaften.

Aber angenommen, spekulierten wir weiter, dieses Virus stammte gar nicht aus Afrika, sondern war ein neues Mitglied der Familie der Filoviren aus Asien... Bisher waren nur zwei Typen von Filoviren bekannt: Ebola und Marburg. Ebola war (in zwei klar unterscheidbaren Entwicklungssträngen) nur im nördlichen Zaire und im südlichen Sudan gefunden worden. Marburg kam allem Anschein nach nur in der Region um den nördlichen Viktoriasee in Uganda und in der Mount-Elgon-Höhle im westlichen Kenia vor. In einem Krankenhaus in Südafrika war ein ungeklärter Fall von Marburg aufgetaucht. Das Opfer hatte zuvor eine Reise durch Simbabwe unternommen. Aber das war alles, was wir zu diesem Zeitpunkt über die Ursprünge von Filoviren wußten. Trotz der heroischen Anstrengungen vieler Forscher wußte noch niemand, woher sie eigentlich kamen.

Marburg stellte einen interessanten Präzedenzfall dar. 1967, als die geheimnisvollen Erkrankungen in Deutschland, in der Stadt Marburg, auftraten, wurde zum ersten Mal eine Filovirusinfektion identifiziert. Wissenschaftler, die den Ausbruch untersuchten, kamen zu dem Schluß, daß das Virus in Affen, die kurz zuvor aus Uganda importiert worden waren, seinen Ursprung hatte. Einunddreißig Personen – Labortechniker, Veterinäre, Tierpfleger und Menschen, die engen Kontakt zu ihnen hatten – wurden infiziert. Sieben der infizierten Personen starben. Später wurde bekannt, daß die Verluste unter den für die Infektion verantwortlichen Tieren sehr viel höher waren, als man erwartet hatte, selbst wenn man den Streß des Transports in Rechnung stellte. Die Affen starben im Abstand von zwei bis drei Tagen, und im Laufe von drei Monaten hatte man nicht weniger als ein Drittel der Tiere verloren.

Wir mußten die Augen offenhalten. Hier konnte es sich um eine ähnliche Geschichte handeln. Was wir nicht in Erwägung zogen, war die Möglichkeit, daß diese neue Entdeckung das Resultat einer Laborkontamination sein könnte. Eine solche Erklärung wäre durchaus nicht weit hergeholt, aber wir zogen sie nicht einmal in Betracht, weil wir die Qualität der Arbeit Jahrlings kannten und respektierten. Wenn Peter sagte, daß er aus einem Affen Ebola isoliert hatte, dann war es auch Ebola.

Gleich nach unserer Landung in Dulles mieteten Fred und ich ein

Auto und fuhren nach Frederick in Maryland. In Fort Detrick angekommen, wurden wir sofort in den Konferenzsaal gebeten; die Krisensitzung sollte gleich beginnen. Die ganze Top-Etage des USAMRIID hatte sich eingefunden, darunter General Russell, der Leiter der Sektion, Peter Jahrling und C. J. Peters. Wir wurden mit Dan Dalgard, dem Veterinär der Hazelton-Laboratorien, des Unternehmens, dem die Affen gehörten, bekannt gemacht. Ich sah mit Befriedigung, daß auch ein Repräsentant der staatlichen Gesundheitsbehörden von Virginia eingeladen worden war.

Als erstes legte Peter Jahrling die Ergebnisse seiner Untersuchung dar. Er berichtete, daß Dalgard von den erkrankten Affen in den Hazelton-Laboratorien Proben genommen und ihm zugeschickt hatte. Offenbar hatte der Veterinär schon mit Fällen von SHF unter seinen Tieren zu tun gehabt und angenommen, daß es sich auch dieses Mal um eine solche Infektion handelte. Es sprach zweifellos alles dafür. Und er hatte recht. Die Affen waren in der Tat mit SHFV infiziert. Aber nun erwies sich wieder einmal, wie wichtig aufmerksame Mitarbeiter sind: Peters Labortechnikerin, Joan Rhoderick, hatte bemerkt, daß die Zellen in einem der Teströhrchen nicht in Ordnung waren, da war irgend etwas, das sie zerstörte. Peter nahm das offene Röhrchen und roch daran, denn er dachte als erstes an bakterielle Kontamination, die einen ganz charakteristischen Geruch entfaltet. Da seine Nase ihm aber keine klare Botschaft vermittelte, gab er das Röhrchen an einen eifrigen jungen Assistenten, Tom Geisberg, weiter und bat ihn, das Material zu präparieren und seine neuerworbenen Fähigkeiten im Umgang mit dem Elektronenmikroskop einzusetzen. Das Ergebnis dieser Übung wurde von dem Journalisten Richard Preston in *Hot Zone* detailliert beschrieben. Es sah eindeutig aus wie Ebola, und plötzlich erinnerte Peter sich daran, daß er an einem mit diesem Material gefüllten Röhrchen geschnuppert hatte.

War dies ein plötzlicher Entwicklungssprung, eine Mutation des Ebola-Virus? Jahrelang war es verschollen – und nun tauchte es wie aus dem Nichts praktisch vor der Haustür einer der bedeutendsten amerikanischen Forschungseinrichtungen und in unmittelbarer Nähe des Regierungssitzes auf?

Was immer dieses Virus war – es würde garantiert Staub aufwirbeln, daran hatte ich keine Zweifel. Einige der Militärs, die an der Sitzung teilnahmen, Männer, die nicht viele Worte machten, gaben durch saftige Flüche kund, was sie von der Sache hielten.

Aufregung und viel eitle Selbstdarstellung beherrschten die Atmosphäre der Sitzung. Bezeichnenderweise hatte niemand außer mir je einen leibhaftigen Ebola-Patienten gesehen. Während ich mir die Diskussionsbeiträge anhörte, erinnerte ich mich an Nzara, wie ich auf dem Lehmboden des Nothospitals kniete und Ebola-Kranken beim Licht einer Kerosinlampe Blut abnahm. Das war die Wirklichkeit von Ebola. Was hier bei der Diskussion geäußert wurde, war nicht viel mehr als heiße Luft.

Fred und ich schlugen vor, einen umfassenden Aktionsplan zu entwickeln, der dem Schutz der öffentlichen Gesundheit Vorrang gab. Eine solche Initiative konnte man nicht aus dem Ärmel schütteln. Ich würde eng mit der obersten Gesundheitsbehörde des Bundesstaates Virginia zusammenarbeiten und mich um die gesamte Organisation kümmern müssen. Gefahren für die Gesundheit der Bevölkerung abzuwenden ist das oberste Ziel des CDC, dafür wird die Einrichtung von den Steuerzahlern finanziert.

Außerdem wurde in der Sitzung entschieden, daß es Sache des USAMRIID sei, sich mit dem Problem der Labortiere zu befassen. Sie mußten feststellen, in welchem Ausmaß das Virus sich unter den Tieren verbreitet hatte, und Strategien entwickeln, um zu verhindern, daß die Krankheit sich außerhalb der Mauern der Laboreinrichtung ausbreitete. Während das Militär für alles zuständig war, was die Affen betraf, würde ich mit den staatlichen Gesundheitsbehörden zusammenarbeiten, um die Risiken für die Bevölkerung zu begrenzen. So wurden die Verantwortlichkeiten verteilt. Mit Verblüffung las ich später in *Hot Zone* die Behauptung, der CDC habe die gesamte Operation an sich reißen wollen. Fred und ich wären nie auf eine solche Idee gekommen und hatten auch nichts geäußert, das so interpretiert werden könnte. Zum einen war das gar nicht unser Stil, und zum anderen hatten wir nicht die Mittel und Ressourcen, veterinärmedizinischen Problemen nachzugehen. Wir waren gern bereit, die Affen den Militärs zu überlassen.

Alle diese Vorgänge spielten sich im Dunstkreis Washingtons ab, des Ortes mit der höchsten Medienpräsenz der Welt. Bis zu diesem Zeitpunkt hatte die Regierung in Washington uns nie nennenswerte Mittel für die Erforschung hämorrhagischer Fieber bewilligt. Wütend und machtlos mußten wir zuschauen, wie riesige Geldsummen für die Erforschung unklarer Beschwerden – wie dem chronischen Müdigkeits-Syndrom – zum Fenster hinausgeworfen wurden.

«Was wir wirklich brauchen, ist eine Horde von *Mastomys*-Ratten mit Lassa, die um das Capitol herumrennen», witzelten wir oft. «Das würde unserer Forschungsarbeit etwas mehr Aufmerksamkeit verschaffen. Der Kongreß käme vielleicht endlich zu der Erkenntnis, daß diese Viren real sind.»

Nun schien es plötzlich so, als könnte dieser Scherz Wirklichkeit werden. Sobald die Medien Wind von der Sache bekamen, das war uns allen bewußt, würden wir keine ruhige Minute mehr haben. Kameramänner und Reporter, die uns Mikros unter die Nase hielten, würden uns auf Schritt und Tritt verfolgen. Dieses Gewahrsein steigerte die Spannung, die während der Sitzung im Konferenzraum herrschte. Die mögliche Aufmerksamkeit der Medien konnte nur eines bedeuten: Wir mußten Zurückhaltung üben, um zu vermeiden, daß Panik ausbrach. Ich kannte das Phänomen aus der Erfahrung mit dem Lassa-Fall in Chicago und mit einigen Fällen von Ebola-Verdacht, die ein paar Jahre zuvor in New Jersey aufgetreten waren. Das Geheimnis effizienten Arbeitens unter solchen Umständen liegt darin, ausgeglichen und gelassen zu bleiben, sich über die möglichen Risiken klarzuwerden, einen Plan zur Begrenzung dieser Risiken zu entwickeln und die Menschen dann zu beruhigen, indem man ihnen genau erklärt, was vor sich geht. Wenn ich von den Reportern befragt wurde, nannte ich ihnen immer die Fakten, so wie ich sie kannte, und versuchte nie, die Situation durch Euphemismen zu verharmlosen. Und ich lernte, ruhig und beherrscht aufzutreten, selbst wenn ich in Sorge war und unter Spannung stand.

Als die Sitzung beendet war, wurde also als erstes eine gemeinsame Presseerklärung des USAMRIID und des CDC vorbereitet. Sie besagte nur, daß man bei Affen in einer Laboreinrichtung in Reston in Virginia ein Ebola-ähnliches Virus entdeckt hatte. Unser Aktionsplan sah vor, die Mitarbeiter der Hazelton-Laboratorien, die mit den Affen in Berührung gekommen waren, und ihre Kontaktpersonen zu identifizieren, die Labortiere zu untersuchen und zu sichern und herauszufinden, ob es auch in anderen, ähnlichen Laboreinrichtungen infizierte Affen gab. Wir mußten Importeure von Labortieren überprüfen, denn so würden wir vielleicht Hinweise darauf bekommen, wo und wie die Reston-Affen sich mit dem Virus infiziert hatten. Diese Aufgabe fiel in den Verantwortungsbereich der Quarantäneabteilung des CDC.

Die Mitarbeiter dieser Abteilung waren über die Umstände und Bedingungen der Importe von Labortieren seit langem beunruhigt, also handelten sie schnell und sehr effizient. Es gab viel zu tun; die Operation entwickelte sich im Handumdrehen zu einer großen Gemeinschaftsanstrengung. Die Leute, die das Virginia State Health Department für diese Aufgabe abgestellt hatte, erwiesen sich als vernünftig und diplomatisch. Sie waren nicht nur fachlich kompetent, sondern blieben auch die ganze Zeit ruhig und gelassen, was unter den gegebenen Umständen nicht einfach war. Ich hatte weitaus weniger Schwierigkeiten als erwartet, ihnen zu erklären, wie Ebola übertragen wird und wie nicht. Gewöhnlich reagierten Regierungsstellen in solchen Situationen nach dem «Im-Zweifel-alle-einsperren»-Prinzip, und die Abgesandten der Gesundheitsbehörde hätten leicht versucht sein können, jeden, der in die Nähe der Affen oder infizierter Materialien gekommen war, in eine Hoch-Risiko-Kategorie einzuordnen. Aber sie neigten nicht zu Panikreaktionen.

Leider beuteten einige Presseleute die Krisensituation aus, um Schlagzeilen zu machen. Das schadete unserer Mission, denn wir versuchten, die Öffentlichkeit zu überzeugen, daß wir aufgrund unserer im Feld und im Labor gesammelten Erfahrungen fähig waren, solche Situationen zu bewältigen. Ein bemerkenswertes positives Gegenbeispiel war Brent Blackledge, ein Reporter der Lokalzeitung von Fairfax County, *The Journal*. Er schrieb mehrere ausgezeichnete Artikel, die informativ waren und sich an die Fakten hielten, und er tat sich vor anderen dadurch hervor, daß er die tatsächlich existierenden Gefahren nie hochspielte.

Unser Team vom CDC machte sich daran zu untersuchen, welche Risiken für Menschen bestanden. Auch Sue war dabei, denn sie war die einzige Person, die über beträchtliche Erfahrungen mit Ebola-infizierten Affen verfügte. Gemeinsam mit dem Epidemiologen Steve Ostroff und den Leuten vom Virginia State Health Department stellten wir eine Liste der potentiell gefährdeten Personen zusammen und entwarfen einen Fragebogen, der uns Auskunft darüber geben sollte, in welchem Ausmaß sie gefährdet waren. Wir mußten alle Personen auffinden, die mit den Affen oder ihren Körpersubstanzen in Berührung gekommen waren.

Hier ging die Arbeit nicht ganz so glatt voran. Als ich die Hazelton-Laboratorien aufsuchte, stellte ich fest, daß alle Angestellten, die möglicherweise Kontakt mit den Tieren oder infizierten Materialien gehabt hatten, zu einer Versammlung zusammengerufen worden waren – ausgenommen die Tierpfleger, mit denen wir uns gesondert befassen würden. Die Versammlung war nicht meine Idee, das Unternehmen hatte sie arrangiert. Den Vorsitz führte eine Veterinärpathologin vom Militär, die für die private Forschungseinrichtung arbeitete. Sie hatte keine Ahnung, wer ich war – und von Ebola hatte sie ebensowenig Ahnung. Da die Versammlung so schön straff durchorganisiert war, hielt ich es für das Beste, mich nicht einzumischen. Tatsächlich sagte ich gar nichts, bis ich zum Schluß dazu aufgefordert wurde, meine Einschätzung abzugeben.

Das bedeutet nicht, daß ich nicht in Versuchung war, aufzuspringen und dazwischenzureden. Ich mußte mir eine Beschreibung der Krankheit anhören, die mit der Realität nur vage Ähnlichkeit hatte. Aber ich sah keinen Sinn darin, der Pathologin vor allen diesen Leuten zu widersprechen. Das würde den Eindruck erwecken, als wüßten wir nicht, was wir taten, und als sei die Situation außer Kontrolle geraten, und das würde die Angestellten verständlicherweise in Angst und Schrecken versetzen. Als ich schließlich die Chance bekam zu sprechen, erklärte ich den Versammelten, es sei höchst unwahrscheinlich, daß sie sich infiziert hätten. Die Möglichkeit, daß das Virus sich von dem Raum, in dem die Tiere gehalten wurden, sprunghaft über die gesamte Einrichtung verbreitet und die Sekretärin in der Cafeteria infiziert hatte, bestand praktisch nicht. Und man konnte sich auch nicht anstecken, wenn man sich zufällig in einem Raum aufhielt, in dem Gewebeproben von infizierten Tieren aufbewahrt wurden. Die einzigen wirklich gefährdeten Personen waren jene, die sehr engen Kontakt mit kranken Tieren gehabt hatten. Ich versicherte den Versammelten, daß wir diese Personen identifizieren und sehr sorgfältig medizinisch überwachen würden.

Natürlich wollten alle wissen, was mit ihnen geschehen würde, falls sie sich doch infiziert hätten und krank würden. In diesem unwahrscheinlichen Fall, erklärte ich den Angestellten, würden sie im Fairfax County Hospital die beste verfügbare medizinische Versorgung erhalten. Ich betonte, daß das medizinische Personal des Krankenhauses darauf vorbereitet war, mit einer solchen Situation umzugehen. Wir wußten schließlich aus Erfahrung, daß in Afrika selbst bei engem Kontakt mit kranken und sterbenden Ebola-Patienten die Übertragungsrate nur bei zehn Prozent lag. Das Risiko erhöhte sich bei Pflegekräften, die über längere Zeiträume mit schwerkranken Patienten umgingen, war aber sogar in diesem Fall noch relativ niedrig. Die größte Gefahr ging von Verletzungen mit Injektionsnadeln aus, die mit infiziertem Blut kontaminiert waren. Die Angestellten, die glaubten, mit infiziertem Material in Berührung gekommen zu sein, hatten unter guten Laborbedingungen gearbeitet und Handschuhe getragen. Über Verletzungen – Kratzer und Nadelstiche eingeschlossen – war nichts bekannt. Andererseits wußte ich nur zu gut, was geschah, wenn es tatsächlich zu einer Infektion kam. Ich hatte im Sudan reihenweise Patienten an Ebola sterben sehen und war in Zaire Zeuge der schrecklichen Konsequenzen von Übertragungen geworden. Allzu unbekümmert wollte ich also auch nicht auftreten. Die Herausforderung lag darin, mein Wissen und meine Erfahrung so zu nutzen, daß ich das Risiko weder hochspielte noch unterschätzte.

Der vernünftigste Mensch, mit dem ich bei Hazelton zusammenarbeitete, war Dr. Dalgard, der Veterinär, der für die Affen verantwortlich war. Ich konnte mich in sein Dilemma einfühlen. Er war in Sorge um seine Tiere, aber gleichzeitig mußte er bedenken, welche Gefahren sie möglicherweise für Menschen darstellten. Außerdem konnte er nicht ignorieren, daß der Vorfall dem Unternehmen, das sein Gehalt bezahlte, vielleicht schaden und zu finanziellen Einbußen führen würde. Die Angestellten im Labor blieben jedoch ruhig. Zumindest gerieten sie nicht in Panik, zettelten keinen Aufruhr an, boten der Presse keinen Stoff für Sensationsmeldungen und wandten sich auch nicht mit Beschwerden an ihren Senator. Statt dessen organisierten sie sich selbst in Risikogruppen, je nach der Intensität ihres Kontakts mit infiziertem Material.

Unterdessen wurde wieder heftig diskutiert, ob Ebola durch die Luft übertragbar sei. Dieses uralte Horrormärchen gibt immer wieder Gesprächsstoff ab, sobald etwas über einen Ebola-Ausbruch bekannt wird. Die Ergebnisse aller epidemiologischen Untersuchungen von Ebola-Erkrankungen bei Menschen – den ersten Marburg-Ausbruch und die drei weiteren in den Jahren 1976 und 1979 eingeschlossen – sprachen eindeutig dagegen. Viele Ebola-Fälle wurden in schlecht belüfteten Hütten behandelt, und dennoch kamen Übertragungen von Mensch zu Mensch nur unter jenen Personen vor, die direkten Kontakt zu den Patienten hatten und – insbesondere – mit ihrem Blut oder ihren Körperausscheidungen, Urin, Stuhl oder Erbrochenem, in Berührung gekommen waren. Wenn Ebola durch die Luft übertragbar wäre, hätten Roy Baron und ich uns in Nzara leicht infizieren können. Ein nicht lange zurückliegender Ebola-Ausbruch in Gabun war darauf zurückzuführen, daß junge Männer einen toten Schimpansen, der offenbar das Opfer des Ebola-Virus geworden war, in ihr Dorf brachten. Hier wurde das Tier zerlegt, zubereitet und gegessen. Auch in diesem Fall war die direkte Berührung mit dem infizierten Tier und dem frischen Fleisch die eindeutige Ursache der Infektionen. Es war in der Tat dieser Erkenntnis und dem schnellen Handeln von Alain George und seinem Team vom internationalen medizinischen Forschungszentrum in Franceville zu verdanken, daß die Epidemie eingedämmt werden konnte und keine weiteren Fälle auftraten.

Das Problem ist, daß man ein Negativum beweisen muß. Man kann zeigen, *daß* etwas passiert, aber es ist schwer zu zeigen, daß etwas *nicht* passiert. Wir haben klare Beispiele für Viruserkrankungen, die durch die Luft übertragen werden – Grippe, Masern und Pocken –, aber zwischen diesen Infektionskrankheiten und Ebola bestehen beträchtliche Unterschiede. Zunächst handelt es sich bei den Erstgenannten um primär menschliche Pathogene, das heißt, der Mensch ist die Hauptübertragungsquelle, und die Atemwege sind das bevorzugte Angriffsziel. Diese Viren sind gewissermaßen daraufhin angelegt, durch Atemtröpfchen von Mensch zu Mensch übertragen zu werden, das ist ihre primäre Verbreitungsstrategie. Und außerdem: Da Krankheiten wie Masern eine so einfache und schnelle Methode der Ausstreuung entwickelt haben, sind die Infektionsraten sehr viel höher als jene, die man bei Ebola beobachtet. In den schlecht durchlüfteten Hütten, in denen die meisten afrikanischen Kranken versorgt werden, können sich andere, luftübertragene Viren und sogar Bakterien wie Tbc viel schneller ausbreiten. In solchen Fällen sind die Zahlen der Infizierten sehr hoch. Nicht so bei Ebola.

Wissenschaftler vom USAMRIID haben allerdings durch Experimente gezeigt, daß bei manchen Viren, die hämorrhagische Fieber auslösen, eine Luftübertragung prinzipiell möglich ist. Der virengesättigte Sprühnebel, durch den man Versuchstiere infizierte, wurde jedoch nach dem Prinzip eines Nasensprays appliziert, mittels eines speziellen Aufsatzes über Nase und Maul und unter Verwendung von Druckluft. In diesem Experiment wurden alle Tiere infiziert. Aber der Weg, auf dem das geschah, entsprach keinem natürlichen Infektionsvorgang. Aus solchen Experimenten kann man eigentlich nur eine Lektion lernen: Wenn man sich nur genügend Mühe gibt, kann man mit allen erdenklichen Materialien – harmlose, nichtpathogene Bakterien wie *Straph epidermis*, die auf der Haut leben, eingeschlossen – eine Pneumonie auslösen.

Bezeichnenderweise wurden bei diesem Experiment keine Kontrollversuche mit nichtpathogenen Mikroorganismen vorgenommen, die diesen Punkt zweifellos bewiesen hätten.

So wie die Dinge lagen, war ich daher überzeugt, daß eine Luftübertragung – obwohl prinzipiell möglich – mit höchster Wahrscheinlichkeit ausgeschlossen werden konnte. Sie war zweifellos nicht meine größte Sorge.

Sobald wir eine umfassende Liste aller gefährdeten Personen aufgestellt und die Leute je nach dem Grad ihrer Gefährdung in die Kategorien hohes, mittleres oder geringes Risiko eingeordnet hatten, richteten wir eine angemessene medizinische Überwachung ein. Wir hielten ständig Kontakt zu den Personen auf unserer Liste und untersuchten sie täglich, um ihren Allgemeinzustand zu beobachten und zu prüfen, ob sie Fieber entwickelt hatten.

Zu meinen Aufgaben gehörte auch, dafür zu sorgen, daß für potentielle Patienten, die behandelt werden mußten, Krankenhausbetten zur Verfügung standen und daß Vorbereitungen für alle vielleicht erforderlichen Maßnahmen getroffen wurden. Wir gingen nach denselben Richtlinien vor, die wir in Chicago angewandt hatten. Patienten würden in ein reguläres Krankenhaus eingewiesen werden, das in der Lage war, ihnen die Pflege zukommen zu lassen, die sie brauchten – vorausgesetzt, daß die angemessenen Vorsichtsmaßnahmen und Isoliertechniken befolgt wurden. Für die Wahl dieses Ansatzes gab es mehrere Gründe: Erstens braucht ein Patient mit hämorrhagischem Fieber medizinische Versorgung von höchster Qualität. Das ist nur zu gewährleisten, wenn der Patient Zugang zu allen Einrichtungen des Krankenhauses hat, insbesondere der Intensivstation. Zweitens existieren nur sehr wenige medizinische Einrichtungen, die auf eine Level-4-Problematik eingestellt sind und über Hochsicherheitsstationen für Patienten verfügen. Bei dem Prozeß, Patienten in solche Einrichtungen zu verlegen, geht wertvolle Zeit verloren, und während des Transports werden weitere Personen dem Infektionsrisiko ausgesetzt. Darüber hinaus ist es riskant, Patienten mit hämorrhagischem Fieber zu transportieren, weil ihr kardiovaskuläres System instabil ist und die Gefahr von Schock und Blutungen deutlich ansteigt. Die Reise kann sie töten. Drittens ist das Personal einer medizinischen Hochsicherheitseinrichtung vielleicht nicht in der Lage, hohe Standards einer Tertiärpflege (Förderung des Gesundungsprozesses, Prophylaxe von Komplikationen, Linderung von Schmerzen) zu gewährleisten, es sei denn, sie würde täglich praktiziert – und das ist schwierig, wenn die Einrichtung nicht Teil eines großen städtischen Krankenhauses ist. Als Beweis für die Richtigkeit meiner Vorgehensweise brauche ich nur anzuführen, daß vor einigen Jahren Patienten mit unerkanntem Lassa-Fieber in Londoner Krankenhäuser eingewiesen und auf die allgemeinen Stationen verlegt wurden. Bei manchen Patienten wurde die wahre Ursache der Erkrankung erst diagnostiziert, nachdem sie bereits wieder genesen waren. Aber obwohl nicht einmal simple Isoliermaßnahmen ergriffen worden waren, hatte sich kein Mitglied des medizinischen Personals infiziert. Azikiwe hatte mehr Lassa-Viren im Blut als fast jeder andere Patient, den wir testeten, und dennoch hatte sich keine der Personen, die in einem Tertiärpflegehospital in der Nähe von Chicago mit ihm in Berührung gekommen waren, mit dem Virus angesteckt.

Ich verbrachte viel Zeit mit Dr. Allan Morrison, dem Epidemiologen und Spezialisten für Infektionskrankheiten am Fairfax General Hospital, und dem Pflegepersonal der Intensivstation. Sie hörten sich meine Einschätzung der Risiken, die eventuell auf sie zukommen würden, und meine Erklärungen, welche Vorsichtsmaßnahmen sie ergreifen sollten, aufmerksam an. Um auf alle Eventualitäten vorbereitet zu sein, stand Cuca Peters mit dem mobilen Labor bereit, das die Möglichkeit bot, Level-4-Pathogene zu testen. Auf diese Weise wären wir in der Lage, Blut und Serum jedes Patienten zu untersuchen, bei dem Verdacht auf Ebola bestand, und ohne Verzögerung die Diagnose zu stellen. Cuca hatte die Aufgabe, die Tests durchzuführen, falls sie notwendig werden sollten. Wir brauchten nicht lange zu warten.

Am 4. Dezember kam ein Tierpfleger der Hazelton-Laboratorien morgens mit Fieber zur Arbeit und begann zu erbrechen. In der angespannten Atmosphäre, die in der Einrichtung herrschte, genügte das, um alle Alarmglocken zum Schrillen zu bringen. Der Mann wurde eilends ins Krankenhaus gebracht und auf die Intensivstation verlegt. Das Pflegepersonal beachtete bei den Routineprozeduren alle Vorsichtsmaßregeln, die wir eingeführt hatten. Ich untersuchte ihn und nahm die Anamnese auf. Wenn der Patient Ebola hatte, was ich bezweifelte, dann – das war mir sofort klar – handelte es sich nicht um die klassische Form der Krankheit, wie sie in Afrika verbreitet war. Charakteristisch für den Beginn einer Ebola-Erkrankung ist das plötzliche Einsetzen von Fieber, Muskelschmerzen, Gelenkschmerzen und Kopfweh. Der Patient bekommt sofort deutlich zu spüren, daß er krank ist. Bei dem Tierpfleger lag nichts dergleichen vor.

Aber es bestand immerhin die entfernte Möglichkeit, daß er mit einem anderen Typus des Ebola-Virus, über den wir nichts wußten, infiziert war. Wir mußten also auf ein anderes Profil der Krankheit vorbereitet sein. Innerhalb von vierundzwanzig Stunden hatte Cuca meinen anfänglichen Eindruck jedoch durch eine Reihe von negativen Tests bestätigt. Kein Ebola. Zu diesem Zeitpunkt hatte der Mann bereits kein Fieber mehr. Wenn ich Vermutungen anstellen sollte, würde ich sagen, daß er eine Angstattacke erlitten hatte. In Anbetracht der Lage in Reston konnte ich es ihm nicht verdenken.

Die asiatische Zeitbombe

(Sue:) Ich bemerkte ungewöhnliche Aktivitäten in Joes Büro, das in dem kleinen Gebäudekomplex der Abteilung *Special Pathogens* unmittelbar neben dem meinen lag. Es war am späten Nachmittag des 30. November 1989. Fred Murphy war bei Joe. Am Klang seiner Stimme war zu erkennen, daß er sehr aufgeregt war. Von Natur aus neugierig, wollte ich wissen, was da vor sich ging, und steckte meinen Kopf durch die halboffene Tür. Als sie mich sahen, baten sie mich herein.

«General Russell vom USAMRIID hat gerade bei Fred angerufen», sagte Joe. «Peter hat bei kranken Affen in einem Labor in Reston etwas gefunden, das wie Ebola aussieht.»

Ich kannte Peter Jahrling gut. Er hatte im Level-4-Labor in Fort Detrick jahrelang über Lassa und Ebola geforscht. Aber Ebola hier, in den USA? Das konnte doch nicht wahr sein.

«Er sieht wohl Gespenster», sagte ich.

Aber dann dachte ich nach. Unmöglich war es nicht, wenn man bedachte, wie wenig wir über Marburg wußten. Wenn es einmal geschehen war, konnte es auch ein zweites Mal passieren. Fred berichtete weiter, was General Russell ihm am Telefon erzählt hatte. Offenbar hatten sie infiziertes Material von einem toten Affen auf Gewebekulturen übertragen und Filoviren darin gefunden.

«Woher kommen die Affen?» fragte ich und erwartete, daß Fred «Uganda» sagen würde.

«Von den Philippinen.»

«Wie? Aber SHF-Infektionen sind bisher doch nur bei afrikanischen Affen bekannt. Auf den Philippinen sollte es gar kein SHF geben.»

Fred und Joe nickten. Über dieses Rätsel hatten sie sich auch schon den Kopf zerbrochen. Aber wir alle kannten Peter gut genug, um zu wissen, daß wir uns auf sein Wort verlassen konnten. Andererseits hatte er auch eindeutig nachgewiesen, daß die Affen mit SHFV infiziert waren. Daraus konnten wir nur schließen, daß der tote Affe eine Mischinfektion gehabt hatte, verursacht von zwei Viren – SHFV und einem Filovirus –, die außerhalb Afrikas oder Indiens gar nicht existieren dürften. Und die fraglichen Affen saßen in einem Vorort von Washington.

Am nächsten Tag reisten Joe und Fred nach Fort Detrick, um an einer eilends einberufenen Krisensitzung teilzunehmen. Als sie nach Atlanta zurückkehrten, machten sie sich sofort daran, einen Aktionsplan zu entwickeln. Joe beschloß, mit Steve Ostroff nach Reston zu fahren und alle Vorbereitungen für ein epidemiologisches Überwachungsprogramm zu treffen. Dann wandte er sich an mich und sagte:

«Sue, wir haben keine Ahnung, wo diese Affen sich infiziert haben könnten. Wir brauchen einen Plan, um ihren Reiseweg zurückzuverfolgen und nach Hinweisen auf irgendwelche Kontakte mit Afrika zu suchen.»

Das wird kompliziert, dachte ich. Wir riefen als erstes alle uns bekannten Leute an, die etwas über Affenimporte aus verschiedenen Teilen der Welt wissen könnten: Jim Meegan von der WHO, Mark White, der das vom CDC unterstützte Ausbildungsprogramm für epidemiologische Feldforschung in Manila leitete, Wissenschaftler in Deutschland und in der Sowjetunion, die vielleicht Gerüchte über infizierte Labortiere in ihren Ländern bestätigen konnten. Mark war für uns eine besonders wichtige Informationsquelle, weil die infizierten Affen in Reston von den Philippinen stammten. Joe überredete ihn, bei Tierexporteuren und in Laboreinrichtungen in Manila Nachforschungen anzustellen und soviel wie möglich über die Affen und die Leute, die mit ihnen umgingen, in Erfahrung zu bringen. Zu Marks epidemiologischem Team gehörten auch einige Veterinäre – dies war eine Aufgabe, der sie sich mit Feuereifer widmen würden. Wie der Zufall es wollte, war die politische Lage auf den Philippinen zu jener Zeit kritisch, in vielen ländlichen Regionen waren Aufstände ausgebrochen, und Mark saß praktisch in Manila fest.

Ich führte außerdem lange Gespräche mit dem New Yorker Frachtmanager der Fluglinie KLM, der sich als sehr hilfsbereit erwies. Es stellte sich heraus, daß im Oktober 1989 Affen von Manila aus versandt worden waren. Als wir gemeinsam nachforschten, stellten wir fest, daß es in Manila vier Tierexporteure gab, aber die kranken Affen stammten alle aus derselben Quelle. Sie waren auf regulären KLM-Flügen in den Frachträumen der Flugzeuge transportiert worden und hatten die Nacht vor dem Weiterflug in einem Tierheim auf dem Amsterdamer Flughafen verbracht. Wir hörten auch eine andere Geschichte, die wir später bestätigen konnten: Einige der für die USA bestimmten Affen seien während des Transports einer Überhitzung ausgesetzt gewesen. Aber es handelte sich bei diesen Tieren nicht um die Reston-Affen. Überhitzung war also kein Faktor bei der Filovirus-Infektion. Es kommt sehr häufig vor, daß fünf Prozent der Tiere, die auf diese Weise in andere Länder verschickt werden, aufgrund der Belastungen, denen sie während der Reise ausgesetzt sind, während des Transports oder unmittelbar nach der Ankunft sterben. Aber bei den Reston-Affen hatten wir es mit Mortalitätsraten von zwanzig bis fünfzig Prozent zu tun. Es gab eine weitere Komplikation: Wir fanden heraus, daß die Affen eine zweite Nacht in einem Tierheim verbracht hatten, auf dem Kennedy Airport in New York. Das war alarmierend. Wenn nicht nur Reston in Viriginia, sondern auch New York involviert war, hatten wir allen Grund, uns Sorgen zu machen.

Im Korridor begegnete ich zufällig einem Kollegen, der in der Zusammenarbeit mit dem Militär beträchtliche Erfahrungen hatte. Er hatte gehört, womit ich mich befaßte.

«Ich muß dich warnen, Sue», sagte er.

Ich war gespannt, was nun kommen würde.

«Denk an meine Worte: Dieser Ausbruch wird den Charakter eurer gesamten Sektion verändern. Nichts wird mehr so sein wie zuvor, wenn er vorüber ist.»

Ich verstand nicht, was er meinte. Was war denn das Außergewöhnliche an diesem Ausbruch? Aber da ich andere, dringende Dinge zu erledigen hatte, dachte ich nicht weiter darüber nach.

Ich rief Peter in Fort Detrick an.

«Sue, es ist unglaublich», sagte er. «Wir werden von toten Affen überschwemmt. Ich habe nie etwas Ähnliches gesehen.»

Er teilte mir alles mit, was er wußte, und gab mir einige Hinweise auf Exporteure, die möglicherweise die Quelle der kranken Tiere waren. Er sagte, daß die Veterinäre sich jetzt um die Affen kümmerten und daß er froh sei, nicht mehr für die Tiere verantwortlich zu sein.

Die Afrika-Connection. Ich war sicher, daß es eine Verbindung zu Afrika geben mußte. Aber wie sollte ich das herausfinden? Joe und ich diskutierten unterschiedliche Strategien. Wir brauchten nicht lange, um zu einer Entscheidung zu kommen.

«Am besten besorgst du dir eine Einladung nach Amsterdam», sagte Joe. «Jemand muß dorthin fahren und nachforschen, ob während des Transits irgend etwas mit den Affen passiert ist.»

Der Auftrag erwies sich als kompliziert; er erforderte lange, umständliche transatlantische Telefongespräche, bei denen sich politische Probleme auftaten. Es ging um Fragen der Zuständigkeit. Die holländischen Behören waren alarmiert, als sie erfuhren, daß Affen, die möglicherweise Ebola-infiziert waren, auf dem wichtigsten Flughafen ihres Landes Zwischenstation gemacht hatten. Ich setzte mich mit Jim Meegan bei der WHO in Genf in Verbindung. Jim war zu dieser Zeit ein Armeevirologe, der für die WHO als Experte für hämorrhagische Fieber tätig war. Er hatte zuvor jedoch auch in der Forschung gearbeitet und sich auf die Labordiagnose von Arboviren, die hauptsächlich durch Moskitos übertragen werden, spezialisiert. Die meisten Arboviren fallen in die Level-2- oder höchstens die Level-3-Kategorie. Meegan hatte überhaupt keine Erfahrung mit der Art von tödlichen Viren, die dieses Affen-Pathogen möglicherweise repräsentierte. Dennoch beharrte er darauf, in Begleitung eines Veterinärs selbst nach Amsterdam zu fahren und eigene Nachforschungen anzustellen. Das Gespräch hinterließ bei mir den Eindruck, als sei ihm vor allem daran gelegen, sein Territorium abzustecken – obwohl er über Ebola-Infektionen praktisch nichts wußte. Die Zeiten hatten sich geändert. Ursprünglich war unsere Abteilung beim CDC das Referenzlabor, an das die WHO sich um Hilfe wandte. Auf dem Papier war das immer noch so, aber nun standen Konkurrenzdenken und machtpolitische Erwägungen im Vordergrund.

Es taten sich weitere Probleme auf. Als ich mit Vertretern der holländischen Gesundheitsbehörden in Amsterdam telefonierte, sagte man mir, man verstehe natürlich, daß wir wissen wollten, woher das Virus kam, aber dann gab man mir zu verstehen, daß die Einmischung des CDC in den Niederlanden unerwünscht sei. Als ich Fred von dem Gespräch erzählte, rief er einen alten Freund und früheren Kollegen an, Professor Bruinsma, einen führenden holländischen Virologen, der am Institut für Tropenmedizin in Rotterdam lehrte. Fred übergab mir den Hörer, und ich brauchte nur wenige Worte mit Professor Bruinsma zu wechseln, um zu wissen, daß ich einen Verbündeten gefunden hatte – er war freundlich, zugänglich und fachlich überaus kompetent.

«Vergessen Sie die Bürokraten», sagte er mir. «Kommen Sie einfach nach Amsterdam, und dann werden wir sehen, was los ist. Wahrscheinlich sind es nur die üblichen lokalpolitischen Querelen.»

Er fügte hinzu, daß die Gesundheitsbehörden in Den Haag für den nächsten Tag eine Krisensitzung anberaumt hatten, um die Situation zu diskutieren. Das wäre eine gute Gelegenheit, mehr in Erfahrung zu bringen. Trotz Professor Bruinsmas Ermutigung war ich immer noch unsicher. Ich fühlte mich nicht wohl damit, ohne offizielle Einladung bei einem solchen Treffen zu erscheinen. Aber als ich Joe und Fred daran erinnerte, daß die Vertreter des holländischen Gesundheitsministeriums eine Beteiligung des CDC ausdrücklich abgelehnt hatten, blieben sie ungerührt. Sie hatten keine Zweifel, was mein nächster Schritt sein sollte. «Fahr trotzdem», sagte Fred.

Nur sehr außergewöhnliche Umstände gaben uns normalerweise Anlaß, so zu handeln, aber die Ereignisse in Reston stellten zweifellos eine Ausnahmesituation dar. Wir brauchen grundsätzlich die offizielle Einwilligung der lokalen Autoritäten, bevor wir außerhalb des CDC selbst eine Untersuchung durchführen können, auch wenn es sich um Ereignisse innerhalb der USA – sagen wir, um einen Ausbruch von Hepatitis in Idaho oder Fälle von Nahrungsmittelvergiftung in Nebraska – handelt. Das gilt erst recht, wenn es um Nachforschungen im Ausland geht. Andererseits war dies eine einzigartige Situation. Fred war mein Vorgesetzter, und er hatte mir gerade einen unmißverständlichen Auftrag erteilt. Professor Bruinsma hatte mich – wenn auch privat – eingeladen, zu kommen. Und der KLM-Manager in New York hatte mir für Nachforschungen auf dem Amsterdamer Flughafen Schiphol die volle Unterstützung der Fluggesellschaft zugesichert. So wie die Dinge lagen, hielt ich es für das Beste, einfach abzureisen, das Risiko in Kauf zu nehmen und zu schauen, was ich in Holland ausrichten konnte.

Ich flog noch an demselben Abend nach Amsterdam. Der Sitz neben mir war frei, und das Flugzeug war gerade gestartet. Wunderbar, dachte ich, so kann ich es mir bequem machen und vielleicht sogar etwas schlafen. Für den folgenden Morgen, der schwierig zu werden versprach, wollte ich frisch sein. Aber als ich den Sicherheitsgurt öffnete und mich ausstrecken wollte, sah ich einen dicken älteren Mann den Mittelgang herunterkommen. Er ließ sich neben mir nieder.

«Chuck McCance, Quarantäneabteilung», stellte er sich vor. «Ich komme mit Ihnen.«

Oje, was nun? Ich hatte McCance nie zuvor gesehen, denn die Quarantäneabteilung des CDC war in einem separaten Gebäude untergebracht.

Tatsächlich stellte Chuck sich als ein sehr angenehmer Reisegefährte heraus. Er war ein überaus kompetenter, erfahrener Wissenschaftler. Ich konnte von seiner Unterstützung und seinem Rat nur profitieren. Und daß er sich entschlossen hatte, mich nach Amsterdam zu begleiten, unterstrich, wie ernst die Quarantänesektion die Situation nahm. Chucks Abteilung hat innerhalb des CDC einen einzigartigen Status, denn sie verfügt über gesetzliche Handlungsvollmacht. Und importierte Affen, bei denen man eine Filovirus-Infektion vermutete, fielen eindeutig in den Verantwortungsbereich der Sektion. Aber als ich Chuck von den Problemen mit den niederländischen Behörden erzählte, war er sehr überrascht, daß man mich dennoch nach Amsterdam beordert hatte. Er hatte angenommen, daß ich in offizieller Mission unterwegs sei. Auch er hatte nämlich keine Einladung erhalten. Was sollten wir machen? Wenn wir nach Amsterdam kamen, würden wir improvisieren müssen.

Professor Bruinsma wartete wie versprochen am Flughafen. Er war ein kleiner, schlanker, sehr eleganter Mann, vermutlich Ende Fünfzig, der uns sofort das Gefühl gab, willkommen zu sein. Aber er konnte nicht viel Zeit mit Formalitäten verschwenden. Bis nach Den Haag würden wir mit dem Auto etwa eine Stunde brauchen, und wir mußten uns beeilen. Unterwegs erklärte er uns, daß unsere mißliche Lage durchaus nichts Ungewöhnliches sei. Europäer – so sagte er – lassen sich von Exkolonien nun einmal nicht gern sagen, was sie zu tun haben.

«Aber die Politik ist wirklich weniger wichtig als das Ebola-Problem», fügte er hinzu. Er wollte uns das Gefühl geben, daß unsere Anwesenheit sinnvoll und notwendig war.

In Den Haag angekommen, führte er uns in ein altes Regierungsgebäude. Ein Fahrstuhl beförderte uns in eines der oberen Stockwerke. Ich fühlte mich zittrig und konnte nicht unterscheiden, ob es die Übermüdung war oder die Nervosität. Wir betraten einen kleinen Raum, der von dem massiven Konferenztisch in der Mitte fast völlig ausgefüllt war. Einige Leute hatten sich bereits um den Tisch versammelt. Der einzige, den ich kannte, war Jim Meegan von der WHO. Eines wurde allerdings sofort deutlich: Außer mir hatte niemand unter den Anwesenden je direkt mit dem Ebola-Virus zu tun gehabt. Jetzt war es keine Frage mehr: Ich *war* nervös.

Zu meiner Überraschung herrschte während der Sitzung ein ziemlich freundliches Klima. Ich wurde sogar aufgefordert, einige Worte über

Ebola zu sagen. Ich hatte den Eindruck, daß mein Beitrag mit Interesse aufgenommen wurde. Chuck beobachtete nur. Als die Sitzung dem Ende entgegenging, hatte ich das Gefühl, daß es in Anbetracht der Umstände gar nicht so schlecht gelaufen war. Wir bekamen sogar die Erlaubnis, uns in den Einrichtungen, die mit Affentransporten zu tun hatten, umzusehen. Aber als die Versammlung sich auflöste und die Leute den Raum zu verlassen begannen, sah ich einen der leitenden Beamten des holländischen Gesundheitsministeriums auf mich zukommen. Er trat dicht an mich heran und sagte mit leiser Stimme: «Ich habe Ihnen ausdrücklich gesagt, daß Ihre Anwesenheit hier nicht erforderlich ist.»

«Es tut mir leid», sagte ich, «normalerweise würde ich so etwas auch nie tun. Aber ich wurde von meiner Dienststelle hierher beordert. Ich hatte keine Wahl.»

Was hätte ich sonst sagen sollen? Der Beamte sah mich mit ernster Miene an und nickte.

«Ich habe darauf verzichtet, Sie aus dem Raum zu verweisen, weil Sie eine Dame sind», sagte er. «Aber sagen Sie Ihren Vorgesetzten, daß wir eine solche Einmischung kein zweites Mal dulden werden.»

Chuck, der unmittelbar hinter mir stand, hörte diesen Wortwechsel zwangsläufig mit, aber er verzog keine Miene.

Trotz verletzter Empfindlichkeiten – von der Peinlichkeit der Situation ganz zu schweigen – hatten wir, was wir brauchten. Am nächsten Tag statteten wir dem Frachtbereich für Tiertransporte am Flughafen Schiphol einen Besuch ab. Ein großes, luftiges, hangarähnliches Gebäude war so angelegt, daß es Tiere aller Art beherbergen konnte, von Haustieren bis hin zu exotischen wilden Tieren. Es gab sogar einen speziellen Bereich für Rennpferde. In zwei kleinen Räumen waren Affen, Vögel und andere exotische Tiere untergebracht. Die Einrichtung wurde offensichtlich sehr gut geführt, und ich war überrascht, wie angenehm die Umgebung wirkte. Im Vergleich mit der überfüllten Abflughalle im Hauptgebäude schnitt die Tierabteilung gut ab.

Affen und exotische Vögel wurden manchmal zusammen untergebracht, sagte man uns. Virologisch gesehen ergaben sich daraus interessante Perspektiven. War das Filovirus, dem wir auf der Spur waren, vielleicht ein Vogelvirus? Diese Vorstellung war durchaus nicht weit hergeholt. Wir hatten uns sogar schon Gedanken darüber gemacht, ob Ebola vielleicht ursprünglich ein Pflanzenvirus war, weil nur gewisse Pflanzenviren ein ähnliches Erscheinungsbild boten wie Ebola.

Der Manager der Einrichtung versicherte uns, daß die Affen, die nach Reston weitergeschickt worden waren, sich hier nur einige Stunden lang aufgehalten hatten – sechs Stunden, um genau zu sein. Das ging aus den Unterlagen hervor, die er uns einsehen ließ. War es möglich, daß sie in dieser kurzen Zeitspanne mit afrikanischen Affen in Kontakt gekommen waren? Die einzig mögliche Afrika-Connection, die wir aus den Unterlagen ersehen konnten, waren zwei Primaten: ein Pavian und eine Weißnasenmeerkatze aus Ghana, die für einen privaten Zoo in Mexiko bestimmt waren. Aber ob es da eine Verbindung gab, konnten wir nicht feststellen. Der Manager erwähnte, daß die asiatischen und die afrikanischen Affen dasselbe Wassergefäß als Tränke erhalten hatten. Das reichte als Hinweis darauf, wie das Virus vielleicht übertragen worden war, kaum aus. Dennoch war das keine gute Idee, und wir sagten dem Manager, daß diese Praxis der Verbreitung von Krankheiten unter den Tieren Vorschub leisten könnte. Unsere Argumente schienen ihn zu überzeugen – in Zukunft werde er entsprechende Vorsichtsmaßnahmen beachten, erklärte er. Er gab seinem Personal sofort Anweisung, eine Reihe neuer Wassergefäße zu besorgen und geeignete Mittel, um sie zu sterilisieren.

In der folgenden Nacht wurde ich durch das Telefon geweckt. Es war Joe, der aus Atlanta anrief. Er hatte schlechte Nachrichten.

«Wir haben erfahren, daß eine für Texas bestimmte Ladung Affen von Arusha in Tansania aus nach Amsterdam unterwegs ist», sagte er. «Es gibt Gerüchte, daß in der Exportagentur in Arusha reihenweise Affen gestorben sind.»

Er nannte mir die Flugnummer und die Ankunftszeit. Die Affen waren schon an Bord einer KLM-Maschine, die früh am Morgen in Schiphol landen sollte. Es war jetzt zwei Uhr morgens. Ich stellte mir den Wecker. Um sechs Uhr dreißig rief ich die Frachtabteilung für Tiertransporte an, um die Leute vorzuwarnen.

«Wir werden die Tiere sehr sorgfältig untersuchen, wenn sie ankommen», sagten sie mir. Was immer hinter den Gerüchten stecken mochte – die Tiere wurden jedenfalls alle für gesund befunden und nach Texas weiterbefördert. Aber wir waren noch nicht zufrieden. Wir wollten hundertprozentig sichergehen, daß die Tiere in Ordnung waren. Ich rief Joe an und sagte ihm, daß die Affen unterwegs seien, und wir waren beide der Meinung, daß die Tiere gleich bei ihrer Ankunft in Texas erneut überprüft werden sollten. Bobby Brown, ein Veterinär und führender Experte für Primatenmedizin, der am CDC die Abteilung

Animal Ressources leitete, machte sich bereit, in seinen Heimatstaat zu fliegen und die Affen in Empfang zu nehmen.

Joe wußte, daß es von ausschlaggebender Bedeutung war, herauszufinden, ob das Affen-Filovirus aus Afrika kam oder ob es sich um ein neues Mitglied der Familie der Filoviren aus Asien handelte. Mein Bericht, daß zwei für einen Privatzoo in Mexiko bestimmte Primaten aus Ghana einige Stunden mit den philippinischen Reston-Affen in demselben Raum zugebracht hatten, weckte Joes Neugier. Er fand den Namen des Empfängers in Mexico City heraus und rief ihn an. Joe mußte sein etwas eingerostetes Spanisch mobilisieren, konnte sich aber schließlich Gewißheit verschaffen, daß die Affen in gutem Zustand im Zoo angekommen und immer noch gesund waren. Aber damit gab er sich nicht zufrieden. Er brauchte Serumproben, um sie auf Ebola zu testen. George Baer fiel ihm ein, ein Veterinär und CDC-Kollege, der sein halbes Leben damit verbracht hatte, Tollwut zu erforschen. George kannte jede Menge einflußreiche Leute in Mexiko. Durch seine Verbindungen wurde es schließlich möglich, daß Joe von dem Pavian und der Weißnasenmeerkatze Serumproben erhielt. Die Antikörpertests waren eindeutig negativ – sowohl für den afrikanischen Strang des Ebola-Virus als auch für die Reston-Variante. Soweit es uns anging, hatten wir damit die letzte Möglichkeit, daß es sich um ein afrikanisches Virus handeln könnte, ausgeschlossen. Joe war nun überzeugt, daß wir es mit einem neuen asiatischen Virus zu tun hatten.

Wir wußten allerdings immer noch nicht mit Gewißheit, ob die Affen aus Tansania, um die Bobby Brown sich kümmern sollte, unbedenklich waren. Bobby, der selbst aus Texas stammte, hatte eine glückliche Hand. Wie es der Zufall wollte, war der Veterinär der Laboreinrichtung, für die der Transport bestimmt war, ein alter Freund. Also arbeiteten sie zusammen. Sie untersuchten alle Tiere mit größter Sorgfalt, konnten aber keine Anzeichen für eine aktive Infektion mit einem afrikanischen Filovirus entdecken. Dagegen stellten sie fest, daß einige der Tiere Antikörper entwickelt hatten, und nahmen Biopsien vor, weil diese die beste Möglichkeit bieten, ein Virus aufzuspüren. Bobby brachte sogar einige der antikörperpositiven Affen mit nach Atlanta. Wir behielten sie lange bei uns, um zu beobachten, ob sie erkranken oder Anzeichen für eine persistente asymptomatische Ebola-Infektion zeigen würden. Nichts geschah. Es war eine weitere falsche Fährte. Aber zumindest hatten wir den Nachweis erbracht, daß ein gesunder Affe mit Ebola-Antikörpern für andere Tiere und für Menschen, die mit ihm umgehen, keine Gefahr darstellt. Das war ein wichtiges Ergebnis, denn nach dem Vorfall in Reston bekamen wir dauernd Anrufe von besorgten Veterinären, die antikörperpositive Affen in ihrer Obhut hatten. Ihre Tiere waren ihnen wichtig, und sie wollten keines unnötig opfern. Alle waren darauf bedacht, eine Wiederholung des Reston-Massakers zu vermeiden.

Bei meiner Rückkehr in die USA machte ich Zwischenstation in New York. Ich war allein, Chuck war direkt nach Atlanta weitergeflogen. Steve Ostroff holte mich ab. Er war nach New York gekommen, um in der Frachtabteilung für Tiertransporte am John-F.-Kennedy-Flughafen Nachforschungen anzustellen. Nachdem wir mein Gepäck abgeholt und verstaut hatten, gingen wir gemeinsam in die Frachtabteilung, um uns das Tierheim anzuschauen. Es wurde von der amerikanischen Gesellschaft für Tierschutz geführt, die verantwortliche Managerin war eine Frau von Mitte Dreißig mit langem, schwarzem Haar. Es war offensichtlich, daß sie ein Herz für Tiere hatte. Die Einrichtung war in der Tat nichts Geringeres als ein Hort der Tierrechte. Aber in bezug auf Geräumigkeit, Sauberkeit und Effizienz hielt sie dem Vergleich mit ihrem Gegenstück in Amsterdam nicht stand. Mehrere Affen waren auf engem Raum zusammengepfercht. Einige mußten im Korridor untergebracht werden, weil der Platz nicht ausreichte. Jeder Affe, der einen kränklichen Eindruck machte, wurde aus dem Käfig genommen und von den Mitarbeitern liebevoll mit der Hand gefüttert und versorgt. Steve und ich flippten aus. Wie konnten sich US-Bürger auf amerikanischem Boden am einfachsten mit dem afrikanischen Ebola-Virus infizieren? Genau so! Dies war die beste Gelegenheit. Unsere Ängste erhielten neue Nahrung, als wir die Leiterin nach Erkrankungen, die man als Ebola deuten könnte, bei den Tieren oder bei den Angestellten befragten. Nicht nur, daß sie von einem solchen Fall wußte, sie erzählte uns auch, daß sie selbst vor zwei Jahren eine akute fiebrige Krankheit gehabt hatte, die sich – so wie sie die Symptome beschrieb – verdächtig nach hämorrhagischem Fieber anhörte. Obwohl sie die Infektion offensichtlich schadlos überstanden hatte, beharrten wir darauf, ihr Blut zu untersuchen. Wir fanden einen niedrigen Titer von Ebola-Antikörpern, aber wir konnten nicht sicher sein, was das bedeutete. Eine spätere, zweite Blutuntersuchung zeigte keine Veränderung des Titers, was darauf hindeutete, daß ihre Krankheit, worum es sich dabei auch immer gehandelt haben mochte, jedenfalls nichts mit einer kurz zurückliegenden Ebola-Infektion zu tun hatte. Vielleicht hatte sie eine

Infektion gehabt, vielleicht war es auch nur ein fehlerhaftes Testergebnis.

Als ich nach Atlanta zurückkehrte, stellte ich fest, daß die Quarantäneabteilung des CDC mittlerweile Maßnahmen zur Kontrolle von Affenimporten eingeleitet hatte. Ihr Hauptangriffsziel waren die illegalen Händler, kriminelle Geschäftemacher, die Tiere unter grauenhaften Bedingungen hielten und transportierten und sie unter der Hand verkauften. Im März 1990 gelang es der Quarantäneabteilung schließlich, eine zeitweilige Importsperre für Affen durchzusetzen. Das Resultat war eine Welle von Protesten aus den Reihen empörter Wissenschaftler. Wir hatten uns keine Vorstellung davon gemacht, in welchem Ausmaß Forschungseinrichtungen von diesen in der Wildnis gefangenen Tieren abhingen. Zu unserem Erstaunen erfuhren wir, daß jedes Jahr mehr als zwanzigtausend Affen in die Vereinigten Staaten eingeführt wurden. Davon gehörten sechzehntausend der Gattung *Cynomolgus* an, der asiatischen Affenart, die wir auch in Reston vorgefunden hatten. Die Affen wurden zwar überwiegend für die medizinische Forschung eingesetzt, zum Teil aber auch, um die Verträglichkeit von kommerziellen Produkten zu testen. Wir waren entsetzt über die hohen Importzahlen und die trivialen Zwecke, für die ein nicht unerheblicher Teil dieser Tiere geopfert wurde. Der Handel mit Affen war ein einträglicher Geschäftszweig, in dem sich allem Anschein nach eine eigene Mafia etabliert hatte – er war viel umfangreicher und viel lukrativer, als wir es uns je vorgestellt hatten. Es war also sinnvoll und diente dem Schutz der Tiere, diese Importe zu limitieren und den Handel streng zu überwachen. Aber es dauerte eine Weile, bis diese Maßnahmen Wirkung zeigten, und unterdessen wurden weiterhin Affen importiert, auch auf illegalen Wegen und ohne veterinärmedizinische Kontrollen. Es war dringend notwendig, Veterinäre und Wissenschaftler, die mit Labortieren umgingen, zu informieren und zu warnen.

Joe, Steve und ich arbeiteten Tag und Nacht daran, Richtlinien für den Umgang mit importierten Affen, die möglicherweise mit Arena- oder Filoviren infiziert waren, zu entwickeln und zu publizieren. Wir hatten einige Präzedenzfälle, an denen wir uns orientieren konnten. Nach der Marburg-Epidemie von 1967 waren zum Beispiel Quarantänebestimmungen erlassen worden, die vorsahen, importierte Affen dreißig Tage lang unter Beobachtung zu stellen, bevor sie freigegeben wurden. Aber diese Bestimmungen gingen nicht weit genug. In der Quarantäne sterben immer einige Tiere. Es war leicht möglich, eine sich ausbreitende Ebola-Infektion falsch zu diagnostizieren oder schlicht zu übersehen. Folglich konnte es geschehen, daß infizierte, aber asymptomatische Affen nach der obligatorischen Wartezeit freigegeben wurden. Wir zerbrachen uns den Kopf darüber, wie wir sicherstellen konnten, daß eine Ebola-Infektion bei einem kürzlich importierten Affen nicht übersehen wurde.

Es sollte noch schlimmer kommen. Wir erfuhren von einem weiteren Ausbruch Ebola-ähnlicher Erkrankungen unter Affen, die kürzlich von den Philippinen eingeführt worden waren. Diese Tiere, die für eine andere private Forschungseinrichtung in Pennsylvania bestimmt waren, hatten den Pazifik überquert. Eine Verbindung zu Afrika gab es hier also nicht. Nun wußten wir, daß wir es mit einem asiatischen Virus zu tun hatten, einem neuen Virus, das mit Ebola verwandt, aber nicht mit ihm identisch war. Es hatte bisher keine Fälle von Erkrankungen bei Menschen gegeben, aber das gab uns noch keine Gewißheit, daß Menschen gegen das Virus immun waren.

Im Januar 1990 spitzte sich die Lage weiter zu. Erstaunlicherweise hatten die Hazelton-Laboratorien sich von ihren Verlusten erholt und erneut begonnen, Affen zu importieren – aus derselben Quelle in Manila, die auch die früheren, infizierten Tiere geliefert hatte. Auch diese Affen wurden krank und starben. Auch sie waren mit dem neuen Filovirus infiziert.

Es war unfaßbar. Lauerte das Virus noch in ihren Labors, oder importierten sie jedesmal neu infizierte Affen? Mit hoher Wahrscheinlichkeit traf das letztere zu. Als wäre das noch nicht genug, erhielten wir Nachricht aus Texas über eine Krankheit mit hoher Mortalitätsrate, die eine importierte Affenpopulation dahinraffte. Ich rief den Tierarzt des texanischen Labors, Steve Pearson an, der – wie hätte es anders sein können – ein weiterer Freund und Kollege unseres Chefveterinärs Bobby Brown war. Steve war ein kompetenter und sehr engagierter Veterinär. Seine Verzweiflung über den Verlust seiner Tiere vermittelte sich sogar über das Telefon. Er gab sich alle erdenkliche Mühe, so viele wie möglich zu retten. Wir waren uns an diesem Punkt unserer Nachforschungen relativ sicher, daß die Krankheit nicht auf Menschen übertragen wurde. Wenn es sich um Zaire-Ebola gehandelt hätte, wären wir zweifellos bereits mit Infektionen bei Menschen und einigen Todesfällen konfrontiert gewesen.

Wir mußten unbedingt feststellen, erklärte ich Steve, wie das neue Virus übertragen wurde. Andernfalls hätten wir keine Möglichkeit, es unter Kontrolle zu bringen. Er erklärte sich sofort bereit, mit uns zu kooperieren, das Risiko ganz allein auf sich zu nehmen und die Autopsien an den verendeten Tieren alle persönlich durchzuführen. Wir sprachen eine Weile darüber, wie er am besten vorgehen sollte. Ich wies ihn auf die speziellen Gefahren hin, denen er sich aussetzte, und erläuterte ihm die Vorsichtsmaßnahmen, die er ergreifen mußte, um diese Gefahren zu minimieren.

Mir wurde klar, daß Steve Hilfe gebrauchen konnte. Daher schickten wir Peggy Tipple, eine unserer Epidemiologinnen, nach Texas. Gemeinsam mit der leitenden Epidemiologin der örtlichen Gesundheitsbehörden, Kate Hendricks, sollte sie Steve unterstützen. Peggy liebte Tiere, besaß ein eigenes Reitpferd und war beinahe zwanghaft genau, wenn es darum ging, Daten zu sammeln. Aber es war Kate, die in diesem Fall die meisten Daten zusammentrug. Sie war jung, von erregbarem Temperament, voll von ungezügeltem Enthusiasmus, aber eine gewissenhafte Forscherin. In enger Zusammenarbeit mit Steve Pearson gelang es ihr, die Geschichte der sterbenden Affen zurückzuverfolgen. Ihre Ergebnisse gaben uns wertvolle Hinweise, wie es zu diesen Epidemien kommen konnte.

In diesem Fall war die Untersuchung dadurch vereinfacht, daß Kate und Steve es nur mit dem asiatischen Filovirus zu tun hatten und nicht – wie in Reston – mit einer Mischung von Ebola und SHFV. Wie in den meisten Forschungseinrichtungen wurde auch in diesem texanischen Labor bei den Affen gleich nach ihrer Ankunft ein Tuberkulin-Hauttest durchgeführt. TB ist ein Problem, das bei Affen, die in Käfigen gehalten werden, häufig auftritt, insbesondere bei Tieren, die den Belastungen eines Transports ausgesetzt waren. Bei diesem Test wird ein sehr gering dosiertes Reagens unter die Haut gespritzt, in die weichen Hautfalten um die Augen. Wenn eine aktive TB-Infektion vorliegt, entwickelt sich nach der Injektion eine große Beule. Das Reagens wird in Ampullen geliefert, die mehrere Injektionsdosen enthalten. In einer Spritze kann man theoretisch eine Menge aufziehen, die für acht Injektionen reicht, wegen des «toten Raums» im Nadelschaft sind es praktisch aber nur sieben. Ein triviales Detail – aber es erwies sich als der Schlüssel zur Lösung der Rätselfrage, wie diese spezielle Affenpopulation infiziert worden war.

Kate sah sich die Anordnung der Käfige an und richtete dabei ihre Aufmerksamkeit auf die Tiere, die infiziert waren. Dann ging sie mit Steve und seinen Mitarbeitern alle Prozeduren noch einmal durch. Die

Affen wurden immer in derselben Reihenfolge untersucht und behandelt. Kate bat die Tierpfleger, ihr zu zeigen, wie diese Routine ablief. Die Käfige waren auf zwei Ebenen übereinander angeordnet. Die Tierpfleger folgten tatsächlich einer bestimmten Ordnung, wenn sie von Käfig zu Käfig gingen. Kate numerierte die Affen in der Reihenfolge, in der sie die Injektion mit dem TB-Reagens erhalten hatten. Dann nahm sie sich die bereits zusammengestellten Daten über die erkrankten und verendeten Tiere noch einmal vor. Sie zählte sorgfältig durch: Jeder erste und achte Affe war gesund geblieben – die Tiere zeigten keine Anzeichen einer Infektion. Nur Tiere mit den Nummern zwei bis sieben waren erkrankt. Es lag auf der Hand, was das bedeutete: Bei den Affen mit den Nummern eins und acht, die verschont geblieben waren, hatte man saubere Injektionsnadeln benutzt. Das war der eindrucksvollste Beweis, der je erbracht worden war, um zu demonstrieren, daß ein Filovirus durch die Wiederverwendung benutzter Injektionsnadeln übertragen werden kann. Kates Resultate boten die plausibelste Erklärung dafür, wie es zur Verbreitung der Infektion gekommen war. Wenn das Virus durch die Luft übertragen worden wäre, hätte es auch den jeweils ersten und achten Affen nicht verschont, denn die Tiere wären derselben Gefahr ausgesetzt gewesen wie ihre unglücklichen Gefährten. Kate präsentierte ihre Ergebnisse später bei einem Kongreß der amerikanischen Gesellschaft für Tropenmedizin und Hygiene in Boston.

Die infizierten Tierpfleger

In Reston waren fünf Tierpfleger mit der Versorgung der kürzlich importierten Affen betraut. Eine ihrer Aufgaben war es, die Tiere aus den Transportkisten zu befreien. Bei dieser groben Arbeit, zu der sie Brecheisen benutzten, zersplitterte das billige Holz, Staub und Holzpartikel hingen in der Luft. Dann mußten die armen, heruntergekommenen und völlig verängstigten Tiere – am besten mit widerstandsfähigen Arbeitshandschuhen – ergriffen und in Standardkäfige aus rostfreiem Stahl umgesetzt werden. Die ganze Sache war mit viel Schmutz verbunden. Die Transportkisten waren von den Exkrementen der verängstigten Kreaturen, die mehr als vierzig Stunden lang darin eingeschlossen waren, regelrecht verkrustet. Wenn die Affen einmal in den Standardkäfigen waren – denselben, die wir auch beim CDC benutzten –, konnten die Pfleger durch eine im Inneren des Käfigs eingefügte bewegliche Rückwand an die Affen herankommen, ohne dem direkten Zugriff der Tiere ausgesetzt zu sein. Auf diese Weise wurden die Tiere auch betäubt. Man öffnete die Rückwand, indem man an zwei Handgriffen zog. Das Dumme war nur, daß die Affen schnell herausfanden, wie dieser Mechanismus funktionierte. Sie stützten sich mit Händen und Füßen an den Gitterstäben der Vorderseite ab und preßten den Rücken gegen die Wand. Man zog und zog. Oft gewann der Affe die Kraftprobe. Man konnte die Tiere nur mit den eigenen Waffen schlagen, indem man ebenfalls seine Füße zum Abstützen einsetzte. Beim CDC trugen wir bei solchen Arbeiten unsere Astronautenschutzanzüge. Es gab Zeiten, in denen ich auf dem Boden saß, in derselben Position wie der Affe, und meine übergroßen Gummistiefel gegen die Gitterstäbe preßte, um eine gewisse Hebelwirkung zu erzielen.

Da wir im Level-4-Labor des CDC immer die übriggebliebenen Affen aller erdenklichen anderen Forschungseinrichtungen bekamen, beherbergten wir einige ziemlich große, bejahrte Tiere. Es war nichts

Ungewöhnliches, gegen zwanzig Kilo Primaten-Willenskraft und -Entschlossenheit ankämpfen zu müssen. Man muß diese Tiere mit Respekt behandeln und direkten Augenkontakt, den die meisten als Aggression interpretieren, immer vermeiden. Das Tier bekommt eine leichte Betäubung, so daß man es gefahrlos aus dem Käfig herausnehmen, untersuchen und – falls erforderlich – Blutproben nehmen kann. Gemäß den Richtlinien, die in unserer Einrichtung galten, benutzten wir für jeden Affen eine neue, sterile Injektionsnadel. Außerdem galt die Regel, daß bei allen die Affen betreffenden Prozeduren zwei Leute anwesend sein mußten. Gewöhnlich arbeiteten wir sogar zu dritt.

So gingen wir beim CDC vor. In vielen kommerziellen Laboreinrichtungen kehrten die Tierpfleger jedoch den Macho heraus und arbeiteten ohne Schutzanzüge und Handschuhe. Oft waren die Käfige auch nicht mit der verschiebbaren Rückwand ausgestattet. Der einzige Weg, an die Tiere heranzukommen, war also, die Käfigtür zu öffnen und die Sache auszufechten – Primat gegen Primat. Manchmal wurden zwei Affen in einem Käfig untergebracht, und wenn man dann versuchte, einen davon zu greifen, konnte es wirklich haarig werden. Es gab Fälle, in denen Tierpfleger, die von Affen gekratzt oder gebissen wurden, sich eine Infektion mit dem sogenannten Monkey-B-Virus zuzogen. Dieses Virus ist für Affen nicht besonders gefährlich, tatsächlich ist es ein Herpesvirus, das bei den Tieren nichts weiter verursacht als ein paar Bläschen oder kleine offene Stellen auf der Haut. Bei Menschen dagegen löst es eine tollwutähnliche Krankheit aus, die gewöhnlich tödlich verläuft. Diese Fälle waren aber so selten, daß es beinahe in Vergessenheit geraten war, daß Monkey-B eine menschliche Krankheit sein konnte, und die meisten Tierpfleger taten sie als etwas ab, das der Vergangenheit angehörte. Mitte der achtziger Jahre starb jedoch ein Tierpfleger, der in einer Einrichtung in der Nähe von Pensacola in Florida gearbeitet hatte, an der Monkey-B-Krankheit. Nach seinem Tod fanden Ärzte, die den Vorfall untersuchten, in seinem Büro ein medizinisches Lehrbuch, das genau dort aufgeschlagen war, wo die Symptome einer Monkey-B-Infektion bei Menschen beschrieben wurden. Der Tierpfleger hatte keinem Menschen von seinen Ängsten erzählt, nicht einmal seiner Frau.

Eines Morgens im Januar 1990 kam Steve Ostroff in mein Büro und erzählte mir, daß ein Tierpfleger in Reston sich geschnitten hatte, während er die Leber eines verendeten infizierten Affen sezierte. Steve reagierte mit überraschender Gelassenheit auf diesen Vorfall. Joe konnte ich nicht erreichen, denn er nahm zu diesem Zeitpunkt in Rußland an einem Kongreß über hämorrhagische Fieber teil. Also rief ich Peter Jahrling an und fragte ihn nach seiner Einschätzung der Situation.

Tatsächlich sah es gar nicht gut aus. Peter hatte bereits ein Präparat für das Elektronenmikroskop hergestellt und die Leber untersucht. Sie war voll von Filoviren. Alle Alarmglocken schrillten. Höchste Gefahr. Bei einem Unfall dieser Art konnte man Ebola praktisch nicht entkommen. Es fiel mir nicht schwer, zu entscheiden, daß dieser Vorfall ernst genommen werden mußte. Als erstes informierte ich Peggy Tipple, die erst kürzlich nach Reston entsandt worden war, um Steve Ostroff zu entlasten und die medizinische Überwachung der Leute, die mit infizierten Affen in Kontakt gekommen waren, zu übernehmen. Sie hatte den Tierpfleger bereits untersucht. Sein Allgemeinzustand sei zufriedenstellend, sagte sie, und er sei überhaupt nicht ängstlich. Er war allerdings ein Mann im mittleren Alter, der Übergewicht hatte und an einem schweren Diabetes litt – keine guten Vorzeichen. Ich riet ihr, während der folgenden Tage seinen Zustand jede Stunde zu überprüfen, aber nichts zu unternehmen, was seine Bewegungsfreiheit unnötig einschränkte.

«Weichen Sie ihm einfach nicht von der Seite, bis er die Inkubationsphase hinter sich hat», sagte ich. «Das wird von jetzt an gerechnet in ungefähr einer Woche sein.»

Als nächstes setzte ich mich erneut mit Peter in Verbindung. Wir stimmten darin überein, daß man am besten täglich eine Blutprobe von dem Mann nehmen sollte, um die Entwicklung zu verfolgen. Am nächsten Tag kam Joe aus Rußland zurück.

«Gute Arbeit», sagte er, als ich ihm erzählte, welche Schritte ich unternommen hatte. Dann fügte er hinzu: «Wenn es sich hier um einen Erreger wie das Ebola-Virus, das wir aus Afrika kennen, handelt, wird der Mann mit hoher Wahrscheinlichkeit sehr krank werden und sterben. So sieht es aus.»

Im Lauf der nächsten zehn Tage blieb Peggy dem Labormitarbeiter ständig auf den Fersen, untersuchte ihn in regelmäßigen Abständen und prüfte, ob er Fieber hatte. Wir warteten und beobachteten. Peter führte die täglichen Blutuntersuchungen durch. Drei Tage nach dem Unfall rief ich ihn an, um nachzufragen, ob sich etwas verändert hätte. Es gab in der Tat eine Veränderung.

«Es ist da», sagte Peter.

Nach dem ELISA-Test war die letzte Blutprobe in bezug auf Filovirus-Antigene positiv. Peter hatte das Virus aus dem Serum in einer Gewebekultur herangezüchtet. Jetzt bestand kein Zweifel mehr: Der Tierpfleger war infiziert. Aber nichts geschah. Der Mann zeigte keine Symptome – kein Fieber, keine Halsentzündung, nicht einmal ein bißchen Kopfweh. Selbst sein Diabetes blieb unter Kontrolle.

Wir beobachteten auch die vier anderen Tierpfleger, die mit den neu angekommenen Affen gearbeitet hatten. Im November 1989, als die Affen der ersten Sendung erkrankt waren, hatte man ihnen natürlich auch Blut abgenommen. Das erwies sich nun als vorteilhaft, denn wir konnten die älteren Proben zum Vergleich heranziehen. In drei Fällen zeigte sich eine Serakonversion, das heißt, als wir das Blut der Mitarbeiter zum ersten Mal testeten, konnten wir keine Antikörper gegen Ebola feststellen, aber nun zeigten ihre Sera eine starke Reaktion. Es lief darauf hinaus, daß vier oder fünf Männer, die Kontakt mit den Affen gehabt hatten, mit dem Reston-Virus infiziert waren.

Nicht einer von ihnen wurde krank. Wir hatten es in der Tat mit einer neuen Variante des Ebola-Virus zu tun, aber es war eine Variante, die uns nicht in die Bredouille brachte. Dieses Mal. Aber es lagen noch Schwierigkeiten vor uns. Joe war unmittelbar an den Ereignissen beteiligt, also wird er die Geschichte weitererzählen.

(Joe:) Als der Labormitarbeiter, der sich bei der Sektion der infizierten Affenleber geschnitten hatte, keine Symptome eines hämorrhagischen Fiebers entwickelte, war mir klar, daß der Erreger für Menschen von sehr geringer Pathogenität war. Ich war darüber sehr erleichtert und hielt das für eine gute Neuigkeit. Aber einigen Leuten, manche meiner eigenen Kollegen vom CDC eingeschlossen, paßte meine Einschätzung nicht. Ich hatte nicht in Betracht gezogen, wie schwer es Menschen manchmal fällt, eine Position, auf die sie sich einmal festgelegt haben, aufzugeben. Aus unerfindlichen Gründen konnten manche Kollegen meine Schlußfolgerung, daß es sich hier nicht um ein menschliches Pathogen handelte, einfach nicht akzeptieren. Beim CDC gab es mehrere sehr unerfreuliche Debatten über diese Frage.

Ein Vorfall, der sich im Zusammenhang mit diesen Querelen ereignete, ging später durch die gesamte Presse: In einem Telefongespräch griff mich C. J. Peters vom USAMRIID in schärfstem Ton an, weil ich die Entscheidung getroffen hatte, den ersten infizierten Tierpfleger in ein reguläres Krankenhaus zu verlegen statt in den «Knast», wie die medizinische Isolierstation des Militärs im Volksmund hieß. Ich kann nicht behaupten, daß ich bei dieser Entscheidung überhaupt keine Bedenken hatte, aber meine eigenen Erfahrungen und die veröffentlichten Daten hatten mich überzeugt, daß es einfach nicht erforderlich ist, Patienten mit hämorrhagischem Fieber in solchen Hochsicherheitseinrichtungen zu isolieren. Meiner Auffassung nach beruhte die Forderung nach der grundsätzlichen Isolierung dieser Patienten eher auf Ängsten denn auf Fakten. Wir hatten die Behandlung, die der armen Jenny Sanders von seiten der britischen Autoritäten widerfahren war, als abschreckendes Beispiel vor Augen. Ich sah keinen zwingenden Grund, einen meiner Mitbürger einer ähnlichen Tortur auszusetzen. Fünfzehn Jahre Erfahrung – meine eigene und die anderer – hatten gezeigt, daß einfache Schutz- und Sicherheitsvorkehrungen völlig ausreichten, um medizinisches Personal vor einem Infektionsrisiko zu schützen und gleichzeitig die beste Pflege für den Patienten zu gewährleisten. Ein gut ausgestattetes Krankenhaus mit einem erfahrenen Tertiärpflegeteam bot die besten Voraussetzungen für die angemessene Versorgung von infizierten Patienten. In medizinischen Hochsicherheitseinrichtungen waren diese Voraussetzungen nicht gegeben. Außerdem stimmte meine Entscheidung mit den existierenden Richtlinien des CDC über den Umgang mit Patienten mit hämorrhagischem Fieber überein. Da diese Richtlinien auf umfangreicher Erfahrung und den Ergebnissen seriöser Studien beruhten, sah ich keinen Grund, davon abzuweichen.

Von Reston, wo die Atmosphäre begreiflicherweise spannungsgeladen war, ging enormer Druck aus, den infizierten Tierpfleger unter Level-4-Isolierung zu stellen. Aber selbst wenn der Patient tatsächlich erkrankt wäre, hätte ich meine Position beibehalten. Wir konnten uns angesichts der Tatsache, daß sich das Reston-Virus für Menschen als nichtpathogen erwiesen hatte, allerdings nicht in Sicherheit wiegen. Es bestand immer noch die Möglichkeit, daß Affen, die von anderen Orten importiert wurden, einen Entwicklungsstrang des Virus mitbrachten, der für Menschen gefährlich sein könnte.

Ich wollte soviel wie möglich über Infektionen bei Tieren herausfinden. Es lag auf der Hand, daß wir methodisch Daten sammeln und eine epidemiologische Analyse erstellen mußten, aber das Team, das für die Affen verantwortlich war, setzte sich überwiegend aus Veterinärpathologen zusammen, die mit epidemiologischer Methodologie keine Erfahrung hatten. Ich schlug vor, daß Steve Ostroff die Veterinäre unterstützen und seine epidemiologischen Fachkenntnisse in die Untersuchung des Ausbruchs einbringen sollte. Ich regte weiter an, daß auch das Militär sich seiner Erfahrung und seines Fachwissens bedienen sollte, aber der USAMRIID lehnte ab. Man kann nur hoffen, daß irgendwann Ergebnisse veröffentlicht werden, die demonstrieren, wie das Virus in der Laboreinrichtung in Reston übertragen wurde. Ohne eindeutige Nachweise können wir nur von der Vermutung ausgehen, daß – wie in Texas – kontaminierte Nadeln oder andere Instrumente, die im Umgang mit den Tieren gebraucht wurden, die Ursache der Übertragung waren.

Unsere Unkenntnis über den Reston-Strang des Virus dehnte sich auch auf die wahre Todesursache bei den verendeten Tieren aus. Es gab Hinweise darauf, daß die zusätzliche Infektion mit SHFV für den Tod der Tiere verantwortlich war. Eine andere Möglichkeit war, daß die Kombination von SHFV und Ebola bei den Affen eine gefährlichere Erkrankung auslöste, als jedes Virus einzeln bewirkt haben könnte. Anschließende Experimente, die von Sue und ihrem Team in unserem Labor durchgeführt wurden, wiesen eindeutig darauf hin, daß das Ebola-Virus aus Asien, selbst wenn es in hohen Dosen injiziert wurde, weitaus weniger letal war als seine afrikanischen Verwandten. Eine moderatere Reaktion von seiten der Wissenschaftler, die sich ebenfalls mit dem Problem befaßten, hätte uns zu einem besseren Verständnis der Natur des Krankheitsprozesses führen können. Aber das Ebola-Virus, gleichgültig, woher es stammte oder welchem Entwicklungsstrang es angehörte, löste grundsätzlich Reaktionen aus, die alles andere als moderat waren.

Ich sagte zu Sue: «Wenn es sich hier um etwas handelte, das mit Zaire-Ebola auch nur die mindeste Ähnlichkeit hat, dann wüßten wir es mittlerweile. Das asiatische Filovirus stellt für Menschen keine Gefahr dar.»

Aber meine Einschätzung trug nicht dazu bei, unsere Vorgesetzten zu beruhigen. Im Gegenteil – sie provozierte enttäuschte und sogar beleidigte Reaktionen. Ich werde Sue das letzte Wort über die Reston-Vorfälle überlassen.

(Sue:) Im März 1990 – lange nachdem sich gezeigt hatte, daß der infizierte Tierpfleger *nicht* an hämorrhagischem Fieber erkrankt war – hatten Joe und Fred Murphy eine scharfe Auseinandersetzung über Fragen, die die Reston-Untersuchung aufgeworfen hatte. Es war bereits geplant, daß Joe von der Abteilung *Special Pathogens* in die Sektion

HIV/AIDS überwechseln sollte, aber statt Ende April, wie vorgesehen, fand dieser Wechsel noch im März statt. Seit Joe begonnen hatte, sich mit der AIDS-Problematik zu befassen, war er zwischen seinem Interesse an der Erforschung hämorrhagischer Fieber, der er einen so großen Teil seines Lebens gewidmet hatte, und seinem Bedürfnis, im Kampf gegen die tödliche Immunschwäche seinen Beitrag zu leisten, hin- und hergerissen. AIDS forderte soviel mehr Todesopfer, besonders in Afrika. Im Juli 1989 hatte Jonathan Mann, der zu jener Zeit das globale AIDS-Programm der WHO leitete, angeregt, daß Joe nach Genf kommen sollte, um dort ein neues Projekt aufzubauen. Im Rahmen dieses Projekts sollten HIV-Impfstoffe und medikamentöse Therapien gegen AIDS und opportunistische Infektionen getestet werden. Die Orte, die sie ausgewählt hatten, um ihre Studien durchzuführen, lagen überwiegend in Entwicklungsländern, wo Joes Erfahrungen sich als besonders wertvoll erweisen würden. Die WHO und die CDC-Sektion HIV/AIDS hatten den komplizierten Papierkram für Joes Versetzung nach Genf im Sommer 1989 abgewickelt, lange bevor die Reston-Affen in den Vereinigten Staaten eintrafen. Die in der populären Presse geäußerten Vermutungen, daß Joe den CDC wegen der Kontroverse über den Reston-Ausbruch verließ, waren also gänzlich unbegründet. Aber ohne die Kontroverse hätte er seine Abteilung zweifellos nicht so überstürzt und nicht so verbittert verlassen. Daß der CDC bereit war, auf Joes umfangreiches Spezialwissen auf dem Gebiet der hämorrhagischen Fieber zu verzichten, spricht ernsthaft gegen das Management der Institution. Da Karl Johnson sich bereits einige Jahre zuvor einen anderen Rahmen für seine Arbeit gesucht hatte, war der Verlust besonders tiefgreifend.

Für mich war es auch ein persönlicher Verlust. Während all der Jahre, die ich auf dem Gebiet der hämorrhagischen Fieber gearbeitet hatte, war Joe mein Mentor und mein Vorbild gewesen. Nun, da er fort war, fühlte ich mich allein auf weiter Flur.

Die Affenexpedition

(Sue:) Es war Ende März 1990. Joe war in die Sektion HIV/AIDS übergewechselt, und im Mai würde er nach Genf übersiedeln, um mit Jonathan Mann zusammenzuarbeiten. Ich blieb weiterhin mit ihm in Kontakt und suchte seinen Rat. Es gab sonst niemanden beim CDC, der wirklich etwas von hämorrhagischen Fiebern verstand. Wir hatten sehr kompetentes technisches Personal, aber der Direktor der Abteilung für Infektionskrankheiten war neu und in seiner Arbeit dadurch behindert, daß er keinen medizinischen oder epidemiologischen Hintergrund hatte. Er löste das Problem, indem er einen Stellvertreter als Leiter des Zweigs *Special Pathogens* einsetzte, einen Mann, der nie einen Fuß in ein Level-4-Labor gesetzt hatte.

Es gab viel zu tun, also stürzte ich mich in die Arbeit. Der Reston-Ausbruch hatte uns eine wahre Lawine von Proben beschert, überwiegend Sera von Affen. Offenbar machte sich jeder, der einen Affen besaß oder an Forschungsvorhaben mit Affen beteiligt war, wegen Ebola Sorgen. Es lief darauf hinaus, daß wir von Laboreinrichtungen aus allen Teilen der USA Anfragen für Serakontrollen erhielten. Solche Kontrollen werden gewöhnlich durchgeführt, um festzustellen, ob eine bestimmte Infektion vorliegt und zu welchem Prozentsatz eine bestimmte Population – in diesem Fall eine Affenpopulation – infiziert ist. Wir benutzten diese Methode, um herauszufinden, wie viele Affen Antikörper gegen Ebola-Viren hatten – ein Hinweis darauf, wie viele Affen je infiziert waren. Aus diesen Ergebnissen konnten wir schließen, wie weit das Virus verbreitet war.

Wir stießen jedoch auf ein technisches Problem. Der Antikörpertest, den wir benutzten, war zur Zeit der Epidemie von 1976 für Ebola entwickelt worden. In einer Ausbruchsituation, wenn er an Individuen mit kurz zurückliegenden Infektionen vorgenommen wurde, brachte er zuverlässige Ergebnisse, weil die Antikörpertiter unmittelbar nach einer Krankheit gewöhnlich sehr hoch sind. Dagegen produzierte derselbe Test ambivalente Ergebnisse, wenn die Proben von einer großen Population – ob Menschen oder Affen – stammten, in der in jüngster Zeit keine Infektionen vorgekommen waren und in der es keine eindeutige Vorgeschichte von Ebola-Erkrankungen gab. Karl Johnson hatte San-Blas-Indianer aus Zentralamerika getestet, als er versuchte, den ursprünglichen Test zu evaluieren, und hatte herausgefunden, daß rund zwei Prozent für Ebola antikörperpositiv waren. Andere Wissenschaftler testeten Sera von amerikanischen Ureinwohnern in Alaska und kamen zu einem ähnlichen Ergebnis. Aber diese Resultate waren so wenig aussagekräftig, daß niemand wußte, was daraus zu schließen war. Dieser Mangel an Spezifität ist eine Besonderheit des Ebola-Virus. (Beim Marburg-Virus ist das offenbar nicht in derselben Weise der Fall.)

Tom Kzaisek von USAMRIID kam einer Lösung dieses Problems am nächsten. Er entwickelte einen ziemlich komplexen Test, der auf dem ELISA-System basierte und dem bis dahin gebräuchlichen IFA-Test überlegen war. Im April 1990 machte ich dem stellvertretenden Leiter unserer Sektion, der die Verantwortung für die Serakontrollen übernommen hatte, den Vorschlag, Toms Testsystem beim CDC einzuführen, aber er lehnte ab.

Wir experimentierten mit anderen Testverfahren wie dem Western Blotting, das zur Feststellung von AIDS eingesetzt wird, aber wir hatten auch damit kein Glück. So fanden wir uns also plötzlich von Affensera überschwemmt, verfügten aber über kein klar definiertes und erprobtes Verfahren, um sie zu testen. Darüber hinaus ist die Ausführung solcher Tests unglaublich monoton und mühsam. Ein hohes Maß an Fachkenntnis und Geduld ist erforderlich, um – sogar innerhalb der Begrenzungen des Verfahrens selbst – verläßliche Resultate zu erzielen. Cuca Perez verwendete zahllose Stunden darauf, diese zeitraubenden Tests durchzuführen. Von den mehreren hundert Affensera, die wir erhalten hatten, zeigten etwa zehn Prozent eine in der Regel schwache Reaktion auf das Ebola-Virus-Antigen.

Wir entschlossen uns, mehr über die Herkunft der Affen, von denen die Sera stammten, in Erfahrung zu bringen, um die Bedeutung dieser schwachen Reaktionen besser zu verstehen. Bei den meisten handelte es sich um die Gattung *Cynomolgus*; sie wurden überwiegend von den Philippinen und aus Indonesien importiert. Diese Affenart ist jedoch in ganz Asien verbreitet. Es sind wild lebende Tiere, die aber gelernt haben, daß es an Touristenorten reichlich Futter zu holen gibt. Sie sind kühn und frech, zuweilen niedlich und charmant, oft aber auch übellaunig und aggressiv. In vielen Teilen Asiens werden sie als Landplage angesehen, nicht zuletzt, weil sie sich stark vermehren und in großen Horden in die Felder einfallen, um die Ernte zu plündern.

Das geheimnisvolle neue Filovirus (und nicht nur Antikörper, sondern auch das aktive Virus) tauchte aber nur bei Affen auf, die aus ein und derselben Handelsquelle in Manila stammten. Warum zeigten sich dann bei so vielen allem Anschein nach gesunden Affen, die aus anderen Gebieten kamen, Antikörper gegen das Virus? Das war die Rätselfrage.

Ich prüfte die Daten sorgfältig, um festzustellen, woher die meisten infizierten Affen kamen. Das Ergebnis war überraschend. Es zeigte sich, daß der höchste Prozentsatz der antikörperpositiven Affen gar nicht von den Philippinen kam, sondern aus Indonesien.

Ich nahm Kontakt zu einem führenden Virologen in Indonesien auf, den ich von der Arbeit mit Dengue-Fieber in Thailand kannte. Ich diskutierte die Indonesien-Verbindung auch mit Angehörigen der US-Botschaft in Djakarta. Außerdem hatte ich die Untersützung einer virologischen Einrichtung der US-Marine, deren Standort Djakarta war. Da der Export wild lebender Affen eine der Haupteinnahmequellen Indonesiens darstellte, war die Regierung begreiflicherweise in großer Sorge. Wir wurden offiziell eingeladen, nach Indonesien zu kommen und Nachforschungen über mögliche Quellen von Filovirusinfektionen anzustellen.

Im Mai 1990 reiste ich in Begleitung von Steve Ostroff nach Indonesien ab. Steve, der zu diesem Zeitpunkt erst Anfang Dreißig war, hatte sich beim CDC bereits eine hohe wissenschaftliche Reputation erworben. Er hatte sich überwiegend mit bakteriellen Erkrankungen befaßt. In bezug auf Viren hatte er seine Bedenken: Er sagte, er traue ihnen nicht, weil er sie nicht sehen könne. Steve war ein angenehmer Reisegefährte und sehr gescheit. Im Handumdrehen hatte er so viel von der Landessprache und den gebräuchlichen Schriftzeichen aufgeschnappt, daß er epidemiologisch wertvolle Hinweise identifizieren konnte. Er war zum Beispiel in der Lage, Restaurants auszumachen, in denen Affenfleisch serviert wurde, indem er einfach die Schilder über den Eingangstüren entzifferte. In diesem Teil Asiens – genau wie in Afrika – galt Affenfleisch als Delikatesse.

In Djakarta wurden wir von Jerry Jennings empfangen, einem Virologen, der für die dort angesiedelte Forschungseinrichtung der Navy tätig war. Jerry arbeitete in Java an der Epidemiologie von Dengue-Virus-Infektionen. Die Navy hatte es arrangiert, daß wir in einem malerischen alten Hotel untergebracht wurden, aber wir hatten nur wenig Zeit, die schönen Räume zu genießen. In Djakarta herrschte ein Verkehrschaos, das die guten, alten verstopften Innenstädte Amerikas wie ein Paradies erscheinen ließ. Wir mußten das Hotel um sechs Uhr früh verlassen und vor vier Uhr nachmittags wieder zurück sein, nur dann durften wir darauf hoffen, uns überhaupt vorwärtsbewegen zu können. Die Arbeitszeiten in den Labors der Navy waren auf diese Verhältnisse zugeschnitten.

Von Jerry unterstützt, begannen wir mit unseren Nachforschungen in Djakarta bei den vier Handelsgesellschaften, die Affen exportierten. Die meisten Affen, so wurde uns gesagt, stammten nicht von der Hauptinsel Java, auf der Djakarta liegt, sondern von der nordöstlich gelegenen Insel Sumatra. Die Affen, die wir inspizierten, wurden gut versorgt und sahen gesund aus. Aber wir machten eine besorgniserregende Entdeckung. Wenn die Händler bei einem Affen Anzeichen einer Krankheit feststellten, setzten sie ihn zu anderen kranken Affen in ein Gehege. Da zwanzig bis dreißig Tiere in einem solchen Gehege untergebracht werden konnten, und da sie vermutlich an sehr unterschiedlichen Krankheiten litten, hielten wir diese Praxis für keine gute Idee. Ein einziger infizierter Affe konnte das Filovirus auf alle anderen Affen übertragen, insbesondere da die Tiere bereits in einem geschwächten Zustand waren. (Wir fragten uns, ob die Reston-Affen sich auf diesem Wege mit SHFV und Ebola infiziert hatten.) Aber Affen waren zu wertvoll, um geopfert zu werden. Tiere, die ihre Quarantäne im Krankengehege überlebten, wurden zusammen mit den gesunden Tieren auf die Reise zu ihren Zielorten geschickt. Wenn die fraglichen Affen noch infektiös waren, konnte es sehr leicht geschehen, daß sie einen ganzen Transport ansteckten.

Was wir noch nicht wußten, war, ob es in Indonesien Affen mit ähnlichen Krankheiten wie Ebola gab. Wir nahmen an, daß eine solche Erkrankung der gleichen würde, die wir in Reston gesehen hatten, aber da die Tiere dort zusätzlich mit SHFV infiziert waren, konnten wir nicht absolut sicher sein, wonach wir suchen mußten. Wir wußten nur, daß es Affen gab, die Antikörper gegen Ebola entwickelt hatten, und das sprach dafür, daß sie der Infektion durch ein Filovirus ausgesetzt gewesen waren. In Djakarta trafen wir jedoch nur auf gesunde Affen.

Wenn wir die Antwort finden wollten, mußten wir das natürliche Habitat der Tiere aufsuchen. Das hieß, wir würden nach Sumatra reisen.

Nachdem wir eine Woche lang in Djakarta Affengehege überprüft und im Labor der Navy Affensera getestet hatten, waren wir bereit, zu unserer Expedition aufzubrechen. Am späten Abend gingen wir an Bord der Fähre nach Sumatra und passierten bei Nacht die Überbleibsel des berühmten Vulkans Krakatao. Vom Hafen aus fuhren wir nach Lampung und fanden dort ein Hotel, das einen herrlichen Ausblick über die Meeresbucht bot. Dieser Ort war tatsächlich unglaublich schön, aber wieder blieb uns keine Zeit, einfach dazusitzen und den Anblick zu genießen. Wir frühstückten schnell und machten uns dann auf die Suche nach den lokalen Autoritäten, um nach Lampungs Affenexporteuren zu fragen und schließlich in Erfahrung zu bringen, von welchen Orten die Affen stammten. Wir gingen zwei wichtigen Fragen nach: Starben wild lebende Affen je an einer Ebola-ähnlichen Krankheit? Und wurden die Leute, die sie fingen, je infiziert?

Die Gesundheitsbehörde in Lampung stellte uns einen einheimischen Führer zur Verfügung, der uns den Weg in das Affenterritorium zeigen sollte. Nach einer kurzen Rast machten wir uns im Geländewagen auf den Weg. Die Straße, die durch eine von hohen Palmen dominierte tropische Landschaft führte, war eng und sehr stark befahren. Unterwegs hielten wir immer wieder an und fragten die Einheimischen, ob sie irgend etwas Ungewöhnliches über Affen gehört hätten. In Djakarta hatte man uns von den Affenfängern erzählt. Allem Anschein nach gehörten sie alle einem bestimmten javanischen Stamm an. Von ihnen würden wir nicht viel erfahren, sagten unsere Informanten, denn die Angehörigen dieses Stammes blieben unter sich und waren sehr verschlossen. Sie standen in dem Ruf, über besondere magische Kräfte zu verfügen, die es ihnen erlaubten, mit den Affen zu kommunizieren. Abends, so hieß es, suchten sie die Schlafbäume der Affen auf und sprachen mit den Tieren. Sie überredeten sie mit magischen Worten, ihre Zuflucht in den Baumwipfeln zu verlassen. Dann spannten sie unter dem Baum ein Netz aus und gingen fort. Am Morgen stiegen die angeblich unter hypnotischem Einfluß stehenden Affen von ihrem Hochsitz herunter und entdeckten mit Schrecken, daß sie in die Falle gegangen waren. Das hörte sich sehr interessant an, wahrscheinlicher war jedoch, daß die Fänger die Tiere einfach mit Nahrung köderten.

Soweit ich mich erinnern kann, war ich auf allen meinen Reisen nie einer größeren Tortur ausgesetzt als dieser Fahrt in den Dschungel. In der Nacht zuvor hatten wir keinen Schlaf bekommen, und nun waren wir weitere vierundzwanzig Stunden lang unterwegs, über schreckliche, holprige Staubstraßen, bevor wir unser erstes Ziel, ein Affenfängercamp, erreichten. Die Fänger schliefen in einem Unterstand, der aus Holz und Bambus gebaut und mit Bananenblättern gedeckt war und sich auf hohen Pfählen über den Boden erhob. Sie waren gern bereit, uns ihren neuesten Fang zu zeigen. Die Tiere hockten in Bambuskäfigen. Unter den gefangenen Affen war auch ein weibliches Tier mit einem Jungen, das sich verängstigt an die Mutter klammerte. Die Zärtlichkeit, die das Muttertier im Umgang mit dem kleinen Geschöpf zeigte, war anrührend. Wir erfuhren später, daß das Junge auf dem Weg nach Lampung gestorben war. Nur die widerstandsfähigsten Tiere überlebten den Transport nach Djakarta und in die Städte jenseits des Pazifik. Die ganze Angelegenheit machte mir furchtbar zu schaffen. Ich haßte es, Tiere solchen Qualen ausgesetzt zu sehen. Jedesmal, wenn ich den Blick einer dieser armen Kreaturen auffing, dachte ich: Genauso muß es während des Sklavenhandels gewesen sein.

Während Steve mit Hilfe eines Übersetzers mit den Fängern sprach, nahmen Jerry und ich ihnen Blut ab. Sie erzählten uns jedoch, die Hauptgebiete, in denen Affen gefangen wurden, befänden sich viel weiter nördlich. Also machten wir uns auf den Weg nach Norden, auf schmalen Staubstraßen, die sich durch endlose Zuckerrohrplantagen hindurchwanden. Nach etwa vier Stunden erreichten wir ein Camp, das in der Nähe des größten Affenfangterritoriums der Insel lag. Als wir uns dem Camp näherten, tauchten die Fänger plötzlich vor uns auf der Straße auf. Es war dunkel. Wir konnten nur ihre aufleuchtenden Gesichter erkennen, wenn der Kegel des Scheinwerferlichts sie erfaßte. Es war wie eine Vision, wie eine Szene aus einem Caravaggio-Gemälde. Die Fänger waren überrascht und neugierig, und sie erwiesen sich durchaus nicht als so verschlossen, wie man es ihnen nachsagte, sondern als freundlich und sehr kooperativ.

Wir absolvierten dieselben Prozeduren wie mit der ersten Gruppe, aber diesmal hatten wir Mühe, den Fängern Blut abzunehmen, denn wir mußten im Licht der Scheinwerfer unseres Fahrzeugs arbeiten – das war die einzige Beleuchtung, die uns zur Verfügung stand. Wieder fragten wir nach den Affen. Hatten sie beobachtet, daß Affen krank geworden oder gestorben waren? Hatten sie im Dschungel tote Affen gefunden? Wußten sie von Leuten, die an einer Krankheit mit hohem Fieber und Blutungen gestorben waren? Jedesmal war die Antwort nein. Als wir unser Gespräch mit den Fängern beendet hatten, verschwanden sie ebenso plötzlich, wie sie aufgetaucht waren, wieder in der Dunkelheit. Ich fragte mich, ob ich geträumt hatte.

In der Zeit, die uns zur Verfügung stand, konnten wir kaum mehr in Erfahrung bringen. Uns blieb nichts weiter übrig, als zu unserem Hotel zurückzufahren. Wir kamen etwa gegen vier Uhr morgens an und legten uns ein paar Stunden schlafen. Als ich erwachte, fiel mein Blick auf das Kleid, das ich am Tag zuvor getragen hatte. Es war eines meiner Lieblingskleidungsstücke, ein Batikkleid, das ich vor langer Zeit in Thailand gekauft und das mich jahrelang auf meinen Reisen durch Afrika begleitet hatte. Vierundzwanzig Stunden im Dschungel von Sumatra hatten es restlos zerstört. Ich warf es in den Abfallkorb.

Am nächsten Tag kehrten wir nach Djakarta zurück und begannen die Serumproben zu testen, die wir von den magischen Affenfängern genommen hatten. Sie waren alle eindeutig negativ. Es gab nicht eine einzige schwache positive Reaktion, nicht einmal ein ambivalentes Ergebnis. In Anbetracht der Dringlichkeit der Situation und unserer sehr begrenzten Ressourcen hatten wir getan, was wir konnten. Wir hatten in Indonesien keinen Hinweis auf hämorrhagische Fieber bei Menschen gefunden, keine Gefahren, die vom Handel mit wild lebenden Affen ausgingen. Vor allem aber hatten wir bei Affen keine Erkrankungen gefunden, die auf Filovirusinfektionen hindeuteten.

Als ich nach Atlanta zurückgekehrt war, standen immer noch zwei wichtige wissenschaftliche Probleme zur Lösung an: Erstens mußte ich herausfinden, ob das neue asiatische Filovirus ein wirkliches pathogenes Potential hatte, und zweitens mußte ich eindeutig klarstellen, ob man mit Affen, die Antikörper gegen Ebola entwickelt hatten, gefahrlos arbeiten konnte oder nicht. Wurden die Affen das Virus endgültig los, wenn sie die Infektion überstanden hatten? Oder war das Virus in der Lage, eine persistente asymptomatische Infektion hervorzurufen? Für Veterinäre, Tierpfleger und Wissenschaftler, die sich mit dem neuen Filovirus bei Affen befaßten, waren das natürlich entscheidende Fragen.

Besonders das zweite Problem brannte mir auf den Nägeln, weil so viele Veterinäre bei uns angefragt und um Leitlinien gebeten hatten, als sie entdeckten, daß ihre Affen antikörperpositiv waren. Die erste, angstbestimmte Reaktion war gewöhnlich die Frage, ob man sich der Tiere entledigen müsse. Wieder und wieder hörte ich Veterinäre am Telefon fragen: «Muß ich meine Affen wirklich töten? Es sind wundervolle Tiere, und wir sind mitten in einem wichtigen und sehr kostspieligen medizinischen Experiment...» Wir rieten ihnen grundsätzlich, die Tiere in Ruhe zu lassen, ihre Experimente fortzusetzen und sich keine Sorgen zu machen, es sei denn, die Affen zeigten eindeutige Krankheitssymptome. Die Präsenz von Antikörpern war mit hoher Wahrscheinlichkeit kein Anzeichen für eine bestehende Infektion oder eine Infektionsgefahr, wenn das Tier sonst gesund war.

Aber wir mußten zu definitiven publizierbaren Ergebnissen kommen. Ich rief unser Affenteam zusammen. Auch der Veterinär Bobby Brown, ein großer, kräftiger Mann, der mit seinem obligatorischen Schnürsenkelschlips und seinen handgearbeiteten Cowboy-Stiefeln wie eine Hollywood-Version des typischen Texaners aussah, arbeitete bei unserem Projekt mit. Wir hatten große Schwierigkeiten, einen Level-4-Schutzanzug aufzutreiben, der ihm paßte. Ich entwickelte ein Experiment, bei dem wir mit asiatischen Affen der Gattung *Cynomolgus* und afrikanischen Grünen Meerkatzen *(Cercopithecus aethiops)* arbeiteten. Ähnlich wie *Cynomolgus* treten auch die afrikanischen Grünen Meerkatzen in großen Horden auf; auch sie sind clevere Plünderer und werden von den Einheimischen als Landplage betrachtet, aber sie sind viel harmloser und gutartiger als ihre asiatischen Vettern. Wir testeten zweiunddreißig Affen, sechzehn asiatische und sechzehn afrikanische, mit zwei Typen von Filoviren, dem afrikanischen und dem asiatischen Strang. Das asiatische Virus, das wir benutzten, kam aus Reston; Peter Jahrling hatte es purifiziert, und wir konnten sicher sein, daß es jetzt nicht mehr mit SHFV kontaminiert war. (Zusätzlich führten wir noch eigene Tests durch, die diese Tatsache bestätigten.)

Die Ergebnisse des Experiments entsprachen unseren Voraussagen. Das afrikanische Virus war für fast alle Affen letal. Das asiatische Virus dagegen machte die Affen zwar krank, aber die Mortalitätsraten lagen wesentlich niedriger. Außerdem verlief die Krankheit, die durch das asiatische Virus ausgelöst wurde, langsamer und sehr viel milder. Die meisten Affen, die mit dem asiatischen Strang infiziert worden waren, erholten sich nach etwa vier Wochen und wurden wieder gesund. Darüber hinaus erwies sich, daß die afrikanischen Affen gegen das asiatische Virus resistenter waren als die asiatischen Affen. Fast alle unsere grünen Meerkatzen überlebten.

Nun konnte man mit einiger Sicherheit davon ausgehen, daß nicht das Filovirus allein für den Tod der Affen in Reston verantwortlich war, sondern überwiegend SHFV – in Kombination mit dem neuen Virus.

Es war auch sehr gut möglich, daß die Kombination beider Infektionen schwerere Erkrankungen ausgelöst und eine höhere Zahl von Todesopfern gefordert hatte. Wir konnten nun mit Gewißheit sagen, daß die Infektion mit dem asiatischen Filovirus bei Affen sehr viel milder verlief als die Infektion mit afrikanischem Ebola und daß die Viren bei Tieren, die ihre Krankheit überlebt hatten, nicht persistierten. Außerdem konnten wir die Öffentlichkeit beruhigen, denn wir waren nun überzeugt, daß das asiatische Virus bei Menschen keine Erkrankungen auslöste. Wir behielten unsere überlebenden Affen noch zwei weitere Jahre lang bei uns und testeten sie regelmäßig, um zu sehen, ob sich bei irgendeinem der Tiere noch eine Spur des Virus fand. Das war aber nie der Fall. Obwohl sie weiterhin hohe Antikörpertiter aufwiesen, stellten sie für andere Tiere oder für Menschen, die mit ihnen umgingen, keine Gefahr dar.

Eine einzige, letzte Frage war noch offen: War es möglich, einen Impfstoff gegen Ebola zu entwickeln? Wenn wir ein unbedenkliches Ebola-Vakzin herstellen wollten, mußten wir wissen, ob die Infektion mit einem lebenden Filovirus vor einer Infektion mit einem zweiten Virus schützen konnte. Ein gentechnisch hergestelltes Vakzin erforderte jedoch einen enormen Arbeitsaufwand, und wenn die Methode sich dann als Fehlschlag erwiese, wäre das ein großer Verlust. Allem Anschein nach produzierte das Ebola-Virus bei Überlebenden keine neutralisierenden Antikörper – Antikörper, die fähig sind, das Virus an der Infizierung neuer Zellen zu hindern.

Mir kam der Gedanke, daß das Reston-Virus vielleicht als experimentelles Lebendvakzin gegen Ebola bei Affen nützlich sein könnte. Theoretisch war das keine schlechte Möglichkeit. So könnte man zumindest demonstrieren, ob ein Schutz vor Ebola prinzipiell möglich war, aber in Anbetracht unseres begrenzten Wissens über den Erreger war der Versuch, auf diese Weise einen Impfstoff zu entwickeln, in der Praxis einfach zu riskant. Als Experiment nahm ich bei zwei Affen, die das Reston-Filovirus überlebt hatten, einen Test vor, um herauszufinden, ob sie nach dieser ersten Infektion auch vor dem tödlichen Zaire-Strang des Ebola-Virus geschützt wären. Ich verabreichte beiden sehr hohe Dosen, höher als man es bei einer natürlichen Infektion erwarten kann. Die Ergebnisse waren ambivalent. Einer der Affen war völlig immun und entwickelte nicht einmal Fieber. Aber der zweite starb an Ebola. Retrospektiv betrachtet hatte das Experiment allerdings ein präzedenzloses Resultat erbracht: Dies war das erste Mal, daß selbst ein einzelner Affe vor einer injizierten tödlichen Dosis Ebola geschützt war. Nach diesem Experiment gab ich die Arbeit mit Affen endgültig auf. Ich mochte die Tiere einfach zu sehr.

Während wir diese Arbeit beendeten, wartete schon ein anderes Virus auf uns – ein Virus, mit dem wir uns schon beschäftigt und das wir als besonders rätselhaft befunden hatten, vielleicht noch rätselhafter als Ebola. Aber es sollte bald mehr von seinen Geheimnissen enthüllen. Wir standen kurz davor, mit dem Krim-Kongo-Fieber nähere Bekanntschaft zu machen.

Wüstenfieber

Als in Saudi-Arabien, in der heiligen Stadt Mekka und im nahe gelegenen Djidda mehrere Fälle vom Krim-Kongo-Fieber (CCHF) auftraten, war die Regierung in großer Sorge. Niemand im Land wußte viel über die Krankheit oder ihre Behandlung. Bob Fontaine, ein CDC-Mitarbeiter, der in Saudi-Arabien ein Ausbildungsprogramm über epidemiologische Feldforschung leitete, schlug den offiziellen Stellen vor, mich als Beraterin einzuladen.

Es war kurz vor der Hadsch, der jährlichen Wallfahrt, die Muslime aus allen Teilen der Welt nach Mekka führt. Es ist Teil der Tradition, daß die Pilger ein Tier opfern und das Fleisch an die Armen verteilen. Da jedes Jahr rund zwei Millionen Pilger nach Mekka reisen, fallen eine Menge Schlachtungen an. Bob hatte den Schlachthof bereits als Quelle des Virus ausgemacht, denn alle bisher Infizierten waren mit frischem Schafsfleisch in Berührung gekommen. Die meisten waren Schlachthofarbeiter. Da die Saudis selbst eine solche Arbeit nie tun würden, blieb sie Gastarbeitern aus armen Nachbarländern überlassen. Die Männer pflegten ihre blutigen Messer zwischen die Zähne zu nehmen, während sie mit den Händen arbeiteten. Wir waren mit der alarmierenden Möglichkeit eines großen Ausbruchs im Zusammenhang mit der Hadsch konfrontiert. Bob und sein Team leiteten Kontrollmaßnahmen ein.

Man hatte mich eingeladen, einen Vortrag über Krim-Kongo-Fieber zu halten. Ungewiß, wie mein Beitrag aufgenommen werden würde, kam ich in Mekka an. Ich hätte mir keine Sorgen zu machen brauchen. Die Anwesenden hörten mir mit großer Aufmerksamkeit zu. Sie wußten von den Fällen in Mekka und Djidda und wollten soviel wie möglich über dieses zerstörerische Virus in Erfahrung bringen. Um ihnen ein Beispiel zu geben, berichtete ich über einen Ausbruch von Krim-

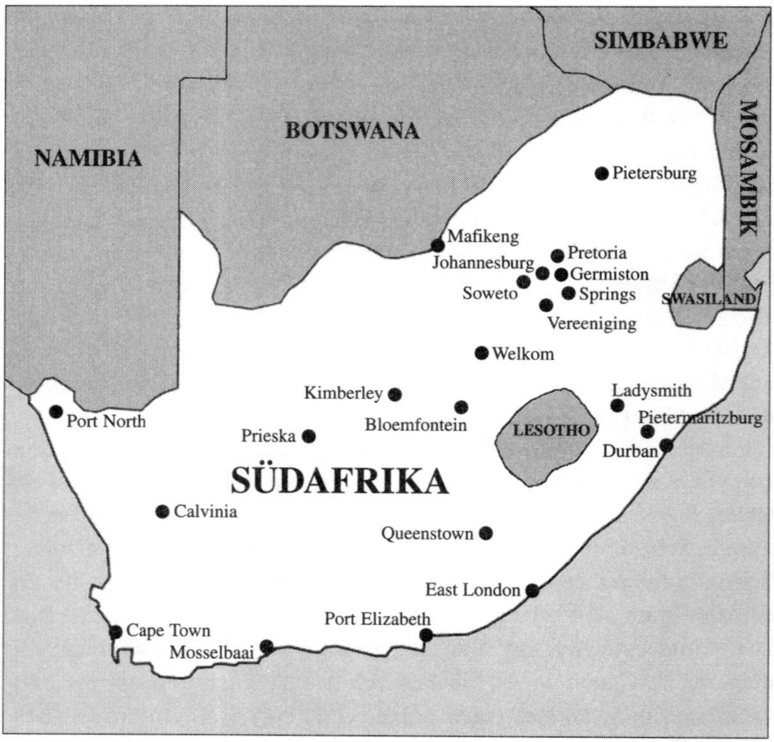
SIMBABWE
MOSAMBIK
BOTSWANA
NAMIBIA
Pietersburg
Mafikeng
Pretoria
Johannesburg
Germiston
Soweto
Springs
SWASILAND
Vereeniging
Welkom
Kimberley
Ladysmith
Port North
Bloemfontein
Pietermaritzburg
Prieska
LESOTHO
Durban
SÜDAFRIKA
Calvinia
Queenstown
East London
Port Elizabeth
Cape Town
Mosselbaai

Kongo-Fieber in einem Krankenhaus in Dubai, einem ölreichen Nachbarstaat am Persischen Golf, der Teil der Vereinigten Arabischen Emirate ist. Ein chirurgisches Team bemühte sich verzweifelt, den Patienten zu retten – in einem kritischen Moment hatte man es sogar mit Mund-zu-Mund-Beatmung versucht. Trotz der heroischen Anstrengungen der Ärzte starb der Patient. Innerhalb der nächsten Tage traten bei den beteiligten Ärzten Schock und Blutungen auf. Auch sie starben.

Ich ließ meinen Blick über das Meer von Gesichtern im Auditorium schweifen. Dann fuhr ich fort und berichtete von einer ähnlichen Episode, die sich in Pakistan zugetragen hatte.

«In Rawalpindi», begann ich, «wurde 1976 ein Schafhirte ins Krankenhaus gebracht. Er erbrach Blut. Der Chirurg, der nicht wußte, was dem Mann fehlte, führte eine Notoperation durch, konnte den Patienten aber nicht retten. Einige Tage später erkrankte er selbst und starb.»

Ich nahm eine Bewegung im hinteren Teil des Vortragssaals wahr. Ein Mann stand auf und sagte:

«Ja, ich kannte ihn. Es war schrecklich. Wir hatten alle furchtbare Angst.»

Absolute Stille trat ein. Ich hielt inne und wartete ab, ob der Mann noch mehr sagen wollte. Aber er schwieg.

Ich setzte meinen Vortrag fort. Nach dem Zweiten Weltkrieg wurde das Virus von russischen Ärzten zum ersten Mal beschrieben. Folgendes hatte sich ereignet: Russische Soldaten waren zu einem Ernteeinsatz auf die kriegsverwüstete Halbinsel Krim beordert worden. Innerhalb kurzer Zeit wurden viele von ihnen von einer mysteriösen Infektionskrankheit erfaßt, die mit Blutungen und Schock einherging. Die Mortalitätsrate war alarmierend hoch. Das Virus verbreitete sich über das Schwarze Meer nach Bulgarien. Dort nahm die Epidemie solche Ausmaße an, daß bulgarische Ärzte und Wissenschaftler alles daransetzten, einen Impfstoff zu entwickeln. Sie verwendeten Hirnsubstanz von Mäusen, die mit dem lebenden Virus infiziert worden waren, und inaktivierten das Virus dann mit Formalin. In einem Hotelsalon in der nahe an der bulgarischen Grenze gelegenen griechischen Stadt Thessaloniki wurde mir das Vakzin gezeigt. Ich gehörte zu einer kleinen Gruppe internationaler Experten für hämorrhagische Fieber, die sich dort versammelt hatte. Ein führender bulgarischer Wissenschaftler hielt eine Ampulle hoch und verkündete stolz: «Das ist der Impfstoff», so als sei der bloße Anblick des Röhrchens Beweis genug. Alle bulgarischen Soldaten, die in Grenzgebieten eingesetzt wurden, habe man mit dem Mittel geimpft, und es sei kein einziger Fall von hämorrhagischem Fieber aufgetreten, behauptete er. Aber weitere Details gab er nicht bekannt. Das kommunistische Regime, unter dem er arbeitete, steuerte einen sehr strikten Kurs. Wir hörten uns seinen Beitrag aufmerksam an, waren aber generell skeptisch.

Der nächste Ausbruch der Krankheit ereignete sich in einem anderen Teil der Welt, in Xianjiang, einer abgelegenen Region Chinas am nördlichen Rand des Himalaja. Die Wüsten Yaklamakand und Gobi sind Teil dieser Region, deren Klima zu den unwirtlichsten der Welt gehört. Die Ruinen alter Handelsstädte, die einst an der Seidenstraße lagen, sind über die weiten Ödländer verstreut. Im modernen China wurden die Wüstengebiete benutzt, um streng geheime atomare Anlagen vor den Augen der Öffentlichkeit zu verbergen. Tom Monath, ein Gelbfieberexperte vom CDC, erzählte mir von einem Erlebnis in China, das mich an meine eigene Erfahrung in Thessaloniki erinnerte. Ein offizieller Repräsentant der chinesischen Gesundheitsbehörden hatte ihm eine Ampulle mit einem ähnlichen formalininaktivierten Vakzin gezeigt und sich ausführlich über die Effizienz des Mittels ausgelassen, ohne jedoch je zu erwähnen, wie es wirkte oder woraus es hergestellt war. Trotz aller Vorbehalte müssen wir uns in Erinnerung rufen, daß CCHF eine akute Krankheit ist, der sehr wohl duch ein simples Vakzin dieser Art vorgebeugt werden könnte. Vielleicht waren die Bulgaren und die Chinesen wirklich auf etwas Bedeutungsvolles gestoßen. Tatsächlich bestand in China und in der früheren Sowjetunion immer großes Interesse an der Erforschung hämorrhagischer Fieber. Das sowjetische Militär, soviel wußten wir, hatte ein großes experimentelles Projekt zur Erforschung dieser Krankheiten eingerichtet. Aber das Interesse des Militärs an den Viren war nicht notwendigerweise altruistisch. Vielleicht lag die Motivation eher in der verhängnisvollen Möglichkeit, CCHF und andere Erreger zu Waffen zu entwickeln und im Rahmen der biologischen Kriegführung einzusetzen.

1956 wurde das Virus schließlich von einem todkranken jungen Patienten im afrikanischen Kongo isoliert; so erhielt das Krim-Kongo-Fieber den zweiten Teil seines Namens. Es wurde nachgewiesen, daß der Erreger der Familie der Bunyaviren angehört – seine natürlichen Wirte sind Zecken. Als Überträger kommen viele Arten von Tieren in Frage, insbesondere aber Schafe und Ziegen. CCHF wird überwiegend von Schildzecken, die in heißen, trockenen Klimazonen vorkommen, verbreitet. Menschen können durch Zeckenbisse, durch den Kontakt mit dem Blut infizierter Tiere oder mit dem Blut oder Gewebe an CCHF erkrankter Menschen infiziert werden.

Nachdem ich meinen Zuhörern die Geschichte der Krankheit dargelegt hatte, berichtete ich von epidemiologischen Studien über CCHF, die wir zu einem früheren Zeitpunkt in Afrika durchgeführt hatten. In Südafrika hatten Joe und ich 1986 eine Reihe von Patienten untersucht, bei denen Verdacht auf hämorrhagisches Fieber bestand. Die Krankheit war in einem wüstenähnlichen Gebiet nördlich der Kalahari ausgebrochen. Wir erfuhren, daß viele der Fälle mit abgelegenen Farmen, auf denen Schafzucht betrieben wurde, in Zusammenhang standen. 1989 brachte CCHF uns nach Senegal. Ein Wissenschaftler namens Mark Wilson, der in einem entlegenen Gebiet der Sahelzone, dem sogenannten Ferlo, Tiere und Insekten studierte, hatte Joe und mir die Möglichkeit gegeben, an dieser Untersuchung teilzunehmen. Wir fanden heraus, daß ein hoher Prozentsatz der Tiere der Region, vor allem Schafe, mit dem CCHF-Virus infiziert waren. Gab es bei Menschen eine ähnlich hohe Infektionsrate? Das war schwer zu ermitteln. Auch die Sahel ist eine Wüstenregion, in der so gut wie nichts wächst. Sie ist ein Gebiet ohne Krankenhäuser, Ärzte, Handelsverbindungen und Transportmöglichkeiten. Es gibt dort gar nichts außer Sand, einigen trockenen, dornigen Gewächsen und hin und wieder einem Wasserloch, das den Tieren der Nomaden als Tränke dient. Der allgegenwärtige wirbelnde Staub dringt in Kleider und Haare, in Augen, Nase und Mund ein.

Die Bewohner dieser unwirtlichen Einöde sind überwiegend nomadische Hirten, die ihre Tiere am südlichen Rand der Sahara entlang zu Weideflächen und Flüssen treiben. Es sind angenehme, freundliche Menschen, überwiegend Muslime, die ein karges, asketisches Leben führen. Aber während die Männer sich nur um die Tiere kümmern, erledigen die Frauen, hochgewachsene, schlanke Geschöpfe, den größten Teil der Arbeit. Sie holen Wasser, zerstoßen die Hirse, die das Hauptnahrungsmittel darstellt, in großen Mörsern, bereiten die Nahrung zu, versorgen die Kinder. Es ist üblich, daß ein Mann bis zu vier Frauen hat. Die Tiere seiner Herde darf man keinesfalls zählen; das brächte Unglück, denn nur Allah sollte wissen, wieviel Tiere ein Hirte besitzt. Dieser Glaube brachte Mark in beträchtliche Schwierigkeiten. Um Daten für seine Forschung zu erheben, mußte er eine ziemlich genaue Vorstellung von der Größe einer Tierpopulation, die er untersuchte, haben. Da er niemanden nach der Anzahl seiner Tiere fragen konnte, ohne gegen die lokalen Sitten zu verstoßen, entschloß er sich zu einer alternativen Methode. Er ging jeden Morgen in das Gehege, in dem die Tiere die Nacht verbracht hatten, und zählte die frischen Dunghaufen. Obwohl das keine ideale Methode war, eine Statistik zu erheben, war es doch die beste, die ihm unter den gegebenen Umständen zur Verfügung stand.

Als wir mit Mark in die Sahel kamen, schlossen wir uns dem Lager der Nomaden an. In ihrer üblichen gastfreundlichen und großzügigen Art hatten sie für uns zwei Grashütten gebaut, die durch eine grasgedeckte Pergola miteinander verbunden waren. Wir zogen es aber vor, auf Feldbetten im Freien zu schlafen. Das einzige Problem, das sich aus diesem Arrangement ergab, war, daß es uns in die Reichweite der Hähne brachte. Ein morgendlicher Hahnenschrei, etwa einen Meter vom Ohr des Schläfers entfernt, bewirkt, daß man wie von der Tarantel gestochen von seinem Nachtlager aufspringt. Die Hähne waren gegen jede Art von Beleidigung oder Drohung unempfindlich und ließen sich durch nichts verscheuchen. Die einzige Art, sie zum Schweigen zu bringen, stellte ich mir vor, wäre, sie zu Coq-au-vin zu verarbeiten.

Was geschieht, fragten wir uns, wenn in dieser Region jemand krank wird? Welche Art von medizinischer Versorgung konnten die Menschen in Anspruch nehmen? Das war nicht leicht herauszufinden. Wir verbrachten Wochen damit, die Nomaden zu diesem Themenkreis zu befragen. Sie waren sehr freundlich und kooperativ, aber wir erhielten keinen Hinweis auf Erkrankungen oder Tod durch CCHF.

Bei den Tieren trafen wir das Virus sehr häufig an, aber es gab keine offensichtlichen Anzeichen für Erkrankung bei Menschen. Vielleicht, so beendete ich meinen Vortrag, handelte es sich bei dem Virus in dieser Region um einen Typus, der Tiere infizierte, der menschlichen Population jedoch keinen Schaden zufügte. Oder die Nomaden hatten Immunität gegen die Erreger entwickelt. Oder – auch das war eine Möglichkeit – alle Infizierten starben, und die Nomaden sprachen nicht darüber. Diese Stämme haben ihre Geheimnisse und behalten vieles für sich. Wir konnten nie feststellen, wie es sich wirklich verhielt. Ein halbes Jahrhundert nach seiner Entdeckung gab das Krim-Kongo-Fieber uns also immer noch viele Rätsel auf.

Auf dem Weg nach Mekka fuhr ich zuerst nach Riad und dann nach Djidda. In Djidda gab es Ärger. Ich reiste allein; das war ich gewöhnt und hatte mir nie Gedanken darüber gemacht, bis ich das französische Vier-Sterne-Hotel betrat, in dem ein Zimmer für mich reserviert war.

Der Hotelangestellte am Empfang warf mir einen beunruhigten

Blick zu: «Verzeihen Sie, Madame», sagte er, «wo ist der Mann, der Sie begleitet?»

«Welcher Mann?» gab ich verblüfft zurück. «Wozu brauche ich einen Mann?»

Dem Angestellten war die Situation entsetzlich peinlich. Erst in diesem Augenblick wurde mir klar, daß ich ohne männliche Begleitung in diesem Land eigentlich gar nicht umherreisen, geschweige denn in einem Hotel absteigen durfte. Ich verlangte, den Manager des Hotels zu sprechen.

Der Manager erschien – und erkannte mich wieder. Früher hatte er in Freetown in Sierra Leone das Mama-Yoko-Hotel, das derselben Hotelkette angehörte, geleitet. Er entschuldigte sich und wand sich wie ein Aal, um mir zu erklären, daß er das Risiko, eine Frau ohne männliche Begleitung aufzunehmen, nicht eingehen könne. Wenn die islamische Polizei Wind davon bekäme, würde man sein Haus schließen.

«Und was soll ich Ihrer Meinung nach tun?» fragte ich ihn. «Ich bin als offizieller Gast der saudiarabischen Regierung hier. Was wird *die* wohl sagen, wenn sie Wind davon bekommt, daß ich gezwungen bin, auf der Straße zu schlafen?»

Schließlich lösten wir das Problem durch eine Reihe von Tricks und Kunstgriffen, die eine ungeheure Menge Papierkram erforderten. Zumindest hatte ich nun ein Dach über dem Kopf. Erleichtert begab ich mich in die Cafeteria, um einen späten Lunch einzunehmen. Der Kellner trat an meinen Tisch und forderte mich sehr höflich auf, im «Familienraum» Platz zu nehmen. Ich wies ihn ebenso höflich darauf hin, daß ich ohne Familie hier sei und mich auf dem Platz, auf dem ich saß, sehr wohl fühlte. Nervös nahm er meine Bestellung auf und brachte das Verlangte, aber es war klar, daß er Instruktionen erhalten hatte, alle Frauen, auch westliche Frauen, aus dem Blickfeld zu entfernen. Die verlokkende Vorstellung, mich später im Swimmingpool des Hotels zu erfrischen, mußte ich ebenfalls aufgeben. Nur für Männer. Meine Bewegungsfreiheit war auf mein Hotelzimmer beschränkt.

Am nächsten Tag traf ich mich mit meinen saudiarabischen Gastgebern, Ärzten vom Gesundheitsministerium, die in lange weiße Gewänder gekleidet waren und schwarzweiße Kaffiyehs auf dem Kopf trugen. Sie erkundigten sich höflich nach meinem Befinden. War alles in Ordnung? War das Hotel angenehm? Ich lachte.

«Ja, danke, es geht mir gut, aber es war schon eine bemerkenswerte Erfahrung.»

«Was meinen Sie – was für eine Erfahrung? Gab es Probleme?»

«Nicht wirklich.» Ich machte eine kleine Kunstpause. «Aber ich glaube, ich weiß jetzt, wie sich Schwarze in Südafrika unter einem Apartheidregime fühlen.»

Zögernd begannen sie zu lachen. Sie wußten, was passiert war. Nach dieser anfänglichen Komplikation ging bei meinem weiteren Aufenthalt im Land alles ziemlich glatt. Aber ich schwor mir, daß keine zehn Pferde mich je wieder hierher zurückbringen würden.

Bob Fontaine und sein Team schlossen die Untersuchung ab. Sie kamen zu dem Schluß, daß Krim-Kongo-Fieber in Saudi-Arabien wahrscheinlich immer präsent war, aber gewöhnlich nur in sehr niedrigen Raten auftrat. Nur unter den durch die Hadsch geschaffenen Bedingungen bekam das Virus Gelegenheit, sich weit zu verbreiten. Tiere für das rituelle Opfer wurden von allen Teilen des Globus importiert, um die ungeheure Nachfrage zu decken. Zu den Ländern, aus denen die meisten Tiere kamen, gehörten der Sudan, Irak, Iran und Jemen – alles geographische Zonen, in denen es Schildzecken und somit vermutlich auch CCHF gab. Ein großer Teil der Importe kam auch aus Neuseeland, zweifellos saubere, unbedenkliche Tiere. Das Problem war nur, daß die Schlachthofarbeiter Tiere aus allen Herkunftsländern für einige Wochen in großen Ställen zusammenpferchten, bevor sie geschlachtet wurden. So fand das Virus ideale Bedingungen, um sich zu verbreiten. Ein gesundes Tier, das sich auf diese Weise infizierte, würde zu dem Zeitpunkt, zu dem es geschlachtet wurde, gerade virämisch werden.

Mit Bobs Unterstützung gelang es den Saudis, das Problem zu bewältigen, indem sie für alle importierten Tiere obligatorische Tests einführten. Seither tritt CCHF in der Zeit vor und während der Hadsch wesentlich seltener auf.

Später, als ich in Pakistan arbeitete, machte ich mir einen Spaß daraus, Männern – Muslimen natürlich –, mit denen ich beruflich in Verbindung kam, zu erzählen, daß ich in Mekka einen Vortrag gehalten hatte. Das war jedesmal ein Knalleffekt. Eine westliche Frau in Mekka? Unmöglich!

Die Jagd auf das CCHF-Virus brachte Joe und mich 1986 nach Südafrika. Horst Kustner, der Leiter der epidemiologischen Sektion des Ministeriums für Gesundheit und Bevölkerungsentwicklung in Pretoria, hatte uns gebeten, Ausbrüche der Krankheit in verschiedenen Landesteilen zu untersuchen. Die Sektion erfüllte im wesentlichen dieselben Aufgaben wie der CDC in den USA, verfügte aber nicht über vergleichbare Ressourcen. Horst, der für den CDC gearbeitet hatte, war Mitte Fünfzig und stand als Leiter der einzigen epidemiologischen Einrichtung Südafrikas ziemlich allein da. Als wir ihn in seinem Büro in Pretoria aufsuchten, machte er einen sehr besorgten Eindruck. Das Krim-Kongo-Fieber sorgte im Gesundheitsministerium für Unruhe. Solange man die Risikofaktoren nicht klar einschätzen konnte, war es auch nicht möglich, ein Interventionsprogramm zu entwickeln. Nachdem Horst uns über alles unterrichtet hatte, beschlossen wir, eine Kontrollstudie durchzuführen.

Es ist sehr schwierig, das CCHF-Virus zu studieren, weil Fälle von Erkrankung sowohl geographisch als auch zeitlich immer in sehr breiter Streuung auftreten. Das experimentelle Arbeiten mit dem Virus wird durch die Tatsache behindert, daß es bei Tieren – das Säugetier Mensch leider ausgenommen – keine Krankheitssymptome auslöst.

Unser nächster Schritt war, Bob Swanepol anzurufen, einen alten Freund, der auf dem Gebiet der Erforschung hämorrhagischer Fieber sehr aktiv war. Er betrieb in Johannesburg ein Level-4-Labor, das – nach dem in den USA – vermutlich das beste der Welt war. Wir brauchten nicht nur Bobs Hilfe, wir wußten auch, daß er es war, der die Labordiagnosen der Fälle erstellte. Bob war ein Veterinärvirologe, ein kleiner, energiegeladener Mann, der einige Jahre zuvor aus Simbabwe (dem früheren Rhodesien) nach Südafrika gekommen war. Er hatte Berühmtheit erlangt, indem er im Tierreservat des Krüger-Nationalparks eine erstaunliche Menge und Vielfalt von Tieren und Vögeln einfing, um ihnen Blutproben abzunehmen. Zu seiner Überraschung hatte jedes Tier, das er untersuchte, Antikörper gegen CCHF, mit einer einzigen Ausnahme, einer Elenantilope. Diese Arbeit war eine beachtliche Leistung. Für uns waren die Resultate dieser Studie von großem Interesse, denn sie zeigten uns, wie überaus häufig das Virus in der Wildnis vorkam. Bob hatte 1984 auch einen Ausbruch im Tygerberg-Hospital untersucht, wo sieben Fälle von Krim-Kongo-Fieber aufgetreten und zwei Patienten gestorben waren. Er sagte uns, daß alle Sekundärfälle in direkten Kontakt mit Patienten und ihrem Blut gekommen waren. Bis zu diesem Zeitpunkt hatte man alle CCHF-Infektionen in Südafrika auf das Schlachten von Tieren, auf Zeckenbisse und – überraschenderweise – auf Bisse oder Kratzverletzungen durch Strauße, die ihrer Federn wegen auf Farmen gehalten wurden, zurückgeführt.

Wir hatten nicht erwartet, daß es mit Bob irgendwelche Probleme geben würde, aber als wir ihn anriefen, reagierte er seltsam zögernd und ausweichend. Wir bestanden jedoch darauf, ihn zu treffen, und vereinbarten schließlich einen Termin. Annamik Middlekoop, eine Statistikerin, die in Horsts Büro arbeitete, begleitete uns. Während wir in Bobs Büro warteten, rutschte Annamik nervös auf ihrem Stuhl hin und her. Als Bob hereinkam und uns begrüßte, war er überraschend kühl, ja, beinahe feindselig. Am Ende erzählte er uns, was ihm Schwierigkeiten machte: Er war mit Horst zerstritten, und sie sprachen nicht mehr miteinander. Bei der Kontroverse, die für meine Begriffe von geradezu barocker Kompliziertheit war, ging es offenbar um das Abstecken von Territorien.

Nun standen wir vor einem Problem: Um unsere Studie durchführen zu können, brauchten wir Bobs Hilfe – seine Laboreinrichtungen und seine Fachkenntnisse –, aber wir waren auch darauf angewiesen, daß Horst uns Epidemiologen aus seiner Sektion als Mitarbeiter zur Verfügung stellte. Die Epidemiologen des Gesundheitsministerums hatten uns eingeladen, ihnen bei einem Problem behilflich zu sein, aber nun sahen wir uns mit Spannungen zwischen ihnen und dem Labor konfrontiert. Diese Art von Konflikt kam gar nicht selten vor und war uns nicht neu. Nur waren wir dieses Mal in einer besonders unbehaglichen Situation, weil wir beide Seiten als Freunde betrachteten. Wir entschlossen uns, dieses Hindernis zu unterlaufen und uns auf die anstehende Arbeit zu konzentrieren. In einem persönlichen Gespräch hörten wir uns an, was Bob bedrückte, und nachdem er sich seinen Zorn von der Seele geredet hatte, entspannte er sich und wurde wieder zu der Person, die wir kannten.

Bob berichtete uns, daß er seit 1981 Fälle von CCHF bei Menschen in Südafrika aufgezeichnet hatte, die er alle in seinem Labor diagnostiziert hatte. Der erste Patient, dessen Blut er untersuchte, war ein zwölfjähriger Junge, der mit Freunden einen Pfadfinderausflug gemacht hatte. Die Jungen waren in den Busch hinausgewandert und hatten nachts im Freien unter einem Baum kampiert. Alle südafrikanischen Jugendlichen unternahmen solche Expeditionen – sie waren dazu gedacht, ihnen durch lebendige Erfahrung Wissen über ihr Land zu vermitteln. Kurz nach seiner Rückkehr von diesem Ausflug wurde der Junge krank. Bei der Untersuchung fand man eine verdächtige Beule auf seinem Kopf: Es war ein Zeckenbiß. Der Zustand des Jungen verschlechterte sich rapide, er bekam Blutungen und starb.

Nachdem Bob das Virus aus dem Blut des Jungen isoliert hatte, fuhr er in den Busch hinaus und suchte den Baum, unter dem die Jugendlichen geschlafen hatten. Er kämmte den Erdboden unter dem Baum ab, indem er eine Decke hinter sich her zog. Das ist die klassische Methode der Entomologen, Zecken zu fangen. Die Decke war voll von Parasiten.

Wir trafen eine Übereinkunft mit Bob. Wir würden mit Annamik und einigen anderen jungen Mitarbeitern aus Horsts Sektion nach Kimberley weiterreisen. Alle Proben, die wir sammeln konnten, würden wir zum Testen in Bobs Labor schicken. Bob war auch bereit, seine Kontaktpersonen in Kimberley anzuweisen, uns Zugang zu allen Informationen, die wir für unsere Studie brauchten, zu gewähren. Horst würde unterdessen in Pretoria bleiben. Auf diese Weise brauchten die beiden Streithähne einander nicht zu begegnen. Viel Arbeit wartete auf uns. Wir nahmen Blutproben von sechshundert Menschen auf Schafzuchtfarmen und in Krankenhäusern. Dazu kamen Sera von rund zweitausend Tieren, Proben, die ein unermüdlicher Veterinär zusammengestellt hatte.

Kimberley ist das Zentrum eines der Hauptgebiete des Diamantenabbaus in Südafrika. Die meisten CCHF-Patienten waren jedoch Schafzüchter von weit abgelegenen Farmen am nördlichen Rand der Kalahari. Im vergangenen Jahr waren mindestens neun Patienten mit Krim-Kongo-Fieber ins Krankenhaus von Kimberley eingewiesen worden. Einer davon, ein Farmer, war gestorben. Auch ein Pfleger war im Vorjahr der Krankheit erlegen, was darauf hindeutete, daß man die notwendigen Schutz- und Sicherheitsvorkehrungen zu lax gehandhabt hatte. Das Krankenhaus war jedoch eine moderne, gut geführte Einrichtung. Für CCHF-Patienten gab es eine Isolierstation, sie erhielten dort gute Pflege, und viele überstanden die Krankheit. Das war in Anbetracht der normalerweise sehr hohen Mortalitätsraten bei CCHF ziemlich ungewöhnlich.

Nachdem die Krankenhausleitung uns ihre Unterstützung zugesichert hatte, teilten wir unser Team in zwei Gruppen auf. Eine würde die Untersuchung im Krankenhaus selbst durchführen, während die andere sechsunddreißig Farmen in der Umgebung besuchen und eine Stichprobenerhebung über das Vorkommen von CCHF erstellen sollte. Die Weidegebiete, die zu einer einzelnen Farm gehörten, dehnten sich über enorme Strecken aus. Das Land war so trocken und verödet, daß ein halber Hektar Land teilweise nur einem einzigen Schaf genügend Nahrung bot. Die Weite und Monotonie dieser Landschaft hat sowohl etwas Bedrückendes als auch etwas Grandioses. Ich fand die Afrikaaner-Farmer, die ich traf, bemerkenswert gastfreundlich und bemerkenswert derb und ruppig. Manchmal hatte ich Schwierigkeiten, ihre Sprache zu verstehen. Bei einem Besuch hatten wir das Gefühl, beobachtet zu werden. Zwei Augenpaare spähten hinter einer halboffenen Tür hervor. Als wir näher kamen, sahen wir, daß es zwei Männer waren, Söhne des Farmers, dem das Gehöft gehörte. Am Ausdruck ihrer Gesichter und an den Ticks und Manierismen in ihrer Gestalt war deutlich zu erkennen, daß sie schwer retardiert waren. Das gab uns Anlaß, über das Ausmaß von Inzucht zu spekulieren, das unter diesen Leuten herrschen mußte. Gewöhnlich lebten auf einer Farm nur eine weiße Familie und eine Reihe von Arbeitern, alles «Farbige». Bei den enormen Entfernungen, die diese Farmer voneinander trennten, war es kein Wunder, daß Ehen unter Verwandten häufig vorkamen. Bewundernswert war das stoische Durchhaltevermögen, das diese Leute an den Tag legten. Einer der Farmer zeigte mir sein «Regenbuch», in dem er seit zwanzig Jahren die Niederschläge in der Region aufzeichnete. Die letzte Eintragung war von 1977. Jetzt hatten wir 1987. Zehn Jahre lang war kein Tropfen Wasser vom Himmel gefallen.

Sobald man in die Farmhäuser eintrat, befand man sich in einer anderen Welt. Es war, als ob die Wüste draußen nicht existierte. Plüschmöbel mit gehäkelten Armlehnenschonern und ordentliche kleine Kaffeetischchen füllten die Wohnzimmer. Wo man hinsah, waren Nippesfigürchen und Andenken an Auslandsreisen aufgebaut: Porzellanhunde, Windmühlen aus Amsterdam, Eiffeltürme en miniature. Besuch von Fremden, der Gelegenheit gab, Neues zu erfahren, war ein rares Ereignis. Wir bekamen gewöhnlich ein üppiges Mahl vorgesetzt, das überwiegend aus geschmortem Lammfleisch bestand. Auf den Falklandinseln wird Lamm- oder Hammelfleisch «365» genannt, weil es an 365 Tagen des Jahres auf den Tisch kommt. Hier war die Situation offenbar dieselbe.

Museumsreife Fernsprechgeräte boten die einzige Möglichkeit, mit der Außenwelt zu kommunizieren. Die an die Wand montierten Apparate wurden mit einer Handkurbel bedient und hatten getrennte Hör- und Sprechmuscheln. Joe fühlte sich an seine Kindheit erinnert; die letzten Telefone dieser Art hatte er in den fünfziger Jahren in Georgetown in Indiana, einem Ort mit fünfhundert Einwohnern, gesehen.

Ein Farmer schilderte uns, wie er an Krim-Kongo-Fieber erkrankt war. Er hatte eine Schildzecke mit der Hand zerdrückt. Wie es der Zufall wollte, hatte er an dieser Hand eine noch nicht verheilte Verletzung, einen Schnitt, der sich quer über die Handfläche zog. Drei Tage später bekam er plötzlich Kopfweh, Schüttelfrost und Muskelschmerzen, die so heftig waren, daß er sich hinlegen mußte. Das war sehr ungewöhnlich für ihn, erzählte er uns, denn er war praktisch nie krank. Auch in diesem Fall wollte er sich nicht unnötig zieren, stand nach ein paar Stunden wieder auf und ging hinaus, um seinen «Jungs» beim Zusammentreiben der Schafe zu helfen. Während der Arbeit bekam er starkes Nasenbluten. Das Blut lief und lief, und kein Mittel konnte die Blutung zum Stillstand bringen. An diesem Punkt mußte seine Thrombozytenzahl bereits dem Nullpunkt entgegengegangen sein, das Blut gerann nicht mehr. Man brachte ihn nach Kimberley ins Krankenhaus. Er gehörte zu den Glücklichen, die das Krim-Kongo-Fieber überlebten.

Als wir unsere Studie veröffentlichten, konnten wir demonstrieren, daß CCHF-Infektionen bei Menschen mit der Schafzucht in Zusammenhang standen, insbesondere mit der Art, wie die Farmer mit den jungen Lämmern umgingen. Das erklärte, warum es gewöhnlich die Farmer waren und nicht ihre Arbeiter, die sich infizierten. Wir konnten auch zeigen, daß der CCHF-Ausbruch im Krankenhaus von Kimberley kein Sonderfall war, der nichts mit der Vernachlässigung steriler Techniken zu tun hatte. Abgesehen von dem Pfleger, der ein Jahr zuvor erkrankt und gestorben war, hatte es unter dem medizinischen Personal keine Fälle von Krim-Kongo-Fieber gegeben. Nur bei einer Labortechnikerin fanden wir Antikörper gegen CCHF. Ihr positiver Status war aus zwei Gründen rätselhaft. Erstens war sie bei der Arbeit mit Proben immer sehr vorsichtig und sorgfältig vorgegangen, hatte Handschuhe getragen und nie einen Unfall gehabt, und zweitens hatte sie nie Symptome von Krim-Kongo-Fieber entwickelt. Das war schwer zu erklären. Es war durchaus möglich, daß dieses positive Resultat gar nichts mit ihrer Arbeit im Krankenhaus zu tun hatte und daß sie von einer Zecke gebissen worden war, ohne es zu bemerken. Wir kamen zu dem Schluß, daß CCHF-Infektionen bei Menschen tatsächlich selten auftraten, trotz der hohen Übertragungsraten des Virus bei Zuchttieren und trotz der Tatsache, daß Menschen ständig mit dem Blut der Farmtiere und mit Zecken in Berührung kamen.

Wenn es aber zu einer Infektion kam, verlief die Krankheit oft tödlich. Das Wichtigste, was wir zu tun hatten, war zu prüfen, ob man die Krankheit mit antiviralen Mitteln erfolgreich behandeln konnte. Da Ribavirin sich bei der Behandlung von Lassa-Fieber als wirkungsvoll erwiesen hatte, wollten wir nun feststellen, ob das Mittel sich auch zur Bekämpfung von Krim-Kongo-Fieber eignete. Wir stellten zwar fest, daß CCHF im Labor sehr sensibel auf Ribavirin reagierte, aber wir hatten keine Vorstellung davon, ob es bei Menschen im konkreten Krankheitsfall ebensogut anschlug. An Tieren konnten wir es nicht testen, denn Tiere entwickelten nie Symptome der Krankheit. Joe und ich erstellten ein Protokoll für die Durchführung einer experimentellen Studie mit Menschen, die mit Krim-Kongo-Fieber infiziert worden waren. Das letzte, was wir hörten, war, daß Ribavirin sich bei den Patienten, die es erhalten hatten, als großer Erfolg erwies. Bob präsentierte die Ergebnisse der Studie später bei einem Kongreß in Berlin. Von dreißig Patienten, die man mit Ribavirin behandelt hatte, war nur einer gestorben, und selbst dieser Patient war Komplikationen erlegen, die nicht unmittelbar mit der akuten Virusinfektion zusammenhingen. Bei CCHF liegt die Mortalitätsrate bei mindestens dreißig Prozent und bei manchen Ausbrüchen noch wesentlich höher – also repräsentierten diese Ergebnisse eine beachtliche Verbesserung. Es ist gut zu wissen, daß diese Daten bald veröffentlicht und allgemein zugänglich sein werden und daß es endlich eine Behandlungsmethode für diese schreckliche Krankheit gibt.

Kathedralen

(Joe:) Meine Ehe wurde gegen Ende der achtziger Jahre geschieden (Sue hatte diese konflikthafte Erfahrung schon hinter sich), und 1990 verließ ich die Abteilung *Special Pathogens* beim CDC. Sue und ich verbrachten auch außerhalb unserer beruflichen Zusammenarbeit immer mehr Zeit miteinander und entdeckten viele gemeinsame Interessen, vor allem Bewegung im Freien und Musik. Wir fuhren mit meinen drei Kindern zum Skifahren und zum Wandern in der Wildnis der Wind River Mountains in Wyoming. Auch in unserer Arbeit gingen wir beide neue Wege, die über den eng begrenzten Bereich der hämorrhagischen Fieber hinausführten. Ich arbeitete über HIV und war später an HIV- und Malariaprojekten im westlichen Kenia beteiligt, und Sue machte ihren Weg in der Sektion für bakterielle Krankheiten, in der ich zwanzig Jahre zuvor beim CDC angefangen hatte. Aber die Atmosphäre in der Sektion hatte sich verändert. Paradoxerweise sahen wir uns jetzt häufiger als zu der Zeit, in der wir in derselben Abteilung des CDC zusammengearbeitet hatten.

Zwei Jahre später, im März 1992, plante ich einen Skiurlaub in Vail in Colorado. Ich war einige Jahre zuvor mit meinen Kindern dort gewesen, und es war eine so wundervolle Erfahrung, daß wir uns alle vornahmen, noch einmal an diesen Ort zurückzukehren. Während ich mich daran erinnerte, hatte ich eine Inspiration. Ich machte Sue einen Heiratsantrag und schlug vor, daß die Trauung auf dem Gipfel des Vail Mountain stattfinden sollte. «Ja», sagte sie, «in einer Kathedrale der Natur.»

Ich telefonierte herum, um in Erfahrung zu bringen, ob so etwas überhaupt möglich war. Es war zwar nicht ganz alltäglich, fand ich heraus, aber es wurden in der Tat jedes Jahr einige Ehen auf dem Gipfel dieses Berges geschlossen. Der Friedensrichter, der diese Trauungen vornahm, trug den unvergeßlichen Namen Buck Allen. Er wohnte in unmittelbarer Nähe der Liftstation und war ein hervorragender Skisportler. Wir legten die Strecke von Atlanta nach Colorado in Rekordzeit zurück. Meine Kinder Kit, Peter und Anne und ihre Freunde wechselten sich am Steuer ab. Vierundzwanzig Stunden später kamen wir in Vail an. Meine dreiundsiebzigjährige Mutter kam zu dem Anlaß im Flugzeug angereist. Um den Gipfel zu erreichen, wo die Zeremonie stattfinden sollte, mußte sie im Skilift den Berg hinauffahren und dann zu Fuß einen steilen Hügel, das sogenannte Eagle's Nest, erklimmen, auf Skistöcke gestützt und von Kit und Peter angefeuert.

Der Himmel war wolkenverhangen. Es war der 17. März, St. Patrick's Day. Buck Allen kam auf Skiern an und postierte uns vor dem grandiosen Panorama der Gore Range. Auf die Zeremonie, die kurz, aber sehr bewegend war, folgte ein Spaziergang den Hügel hinunter zu einer Skihütte, wo wir die Dokumente unterschrieben und den Champagner entkorkten. Wir hielten uns in der Hütte jedoch nicht lange auf, sondern schnallten die Skier an und sausten im sprühenden Pulverschnee die Hänge hinunter. Zweifellos waren wir die einzigen Abfahrtsläufer an diesem Tag, die frische Blumen an ihren Jacken trugen.

Die Heirat war nicht die einzige große Veränderung in unserem Leben. Wir sollten uns bald in einem Teil der Welt wiederfinden, der uns gänzlich unbekannt war und den wir selbst uns nie ausgesucht hätten. Sue wird die Geschichte weitererzählen.

(Sue:) Im September 1991 erhielt Joe überraschend einen Anruf von Dr. Jim Bartlett, dem Dekan der medizinischen Fakultät der Aga-Khan-Universität in Karachi. Bevor er mehr als ein paar Worte herausbringen konnte, brach die Leitung zusammen. Einige Augenblicke später rief er wieder an.

«Keine Sorge, das ist normal», sagte er. «Man wird immer unterbrochen.»

An der medizinischen Fakultät, fuhr Bartlett fort, sei eine Position zu besetzen, und David Fraser, ein früherer CDC-Kollege, der auch in der Lassa-Forschung tätig war, habe ihn, Joe, für diesen Posten vorgeschlagen. Bevor sie sich über weitere Einzelheiten unterhalten konnten, brach die Leitung wieder zusammen. Als ich hörte, worum es bei dem Telefongespräch gegangen war, sagte ich: «Karachi? – Ausgeschlossen!»

Die pakistanische Metropole stand in dem Ruf, eine große, wuchernde Stadt mit enormer Umweltverschmutzung und wenigen

Attraktionen zu sein, soviel wußte ich. Außerdem war Pakistan ein islamisches Land, das seine Religion sehr ernst nahm. Für Frauen bedeutete das in der Regel extreme Einschränkungen ihrer Bewegungs- und Handlungsfreiheit. Meine Erfahrungen in Saudi-Arabien hatten mir nicht gerade Sympathie für islamische Kulturen eingeflößt. Auch Joe hatte nicht die geringste Neigung, sich in Pakistan niederzulassen. Wir lachten über die absurde Idee und vergaßen die ganze Angelegenheit.

Was uns allerdings reizte, war die Vorstellung, die USA zu verlassen und ins Ausland zu gehen, Neues kennenzulernen und wieder mitten im Geschehen zu sein, idealerweise mit einer Möglichkeit, zusammen zu arbeiten. Wir dachten sogar daran, gemeinsam ein eigenes Forschungsprojekt zu entwickeln, wenn wir die Mittel und Wege dazu finden könnten.

Dann rief David Fraser aus Paris an. Er hatte vor kurzen seine Position als Präsident des Swarthmore College aufgegeben, um seiner Hoheit Aga Khan, dem Führer der Ismailiten – einer muslimischen Sekte, die weltweit mehrere Millionen Anhänger hat – künftig als Berater zur Seite zu stehen. Mit seiner neuen Position übernahm David die Verantwortung für das öffentliche Gesundheitswesen und soziale Fragen in vielen Teilen der islamischen Welt. Nachdem er den Sinn und Zweck der Organisation, der er vorstand, erläutert hatte, bat er Joe, seine Entscheidung noch einmal zu überdenken. Dieses Mal wurde die Verbindung nicht unterbrochen.

Wie es sich traf, war die medizinische Fakultät der Aga-Khan-Universität erst 1983 eingerichtet worden. Der Khan hatte sie mit dem Ziel etabliert, junge Pakistani mit westlichen Lehrmethoden und nach westlichen Standards als Ärzte auszubilden. Das Ausbildungsniveau der Institutionen übertraf das aller anderen vergleichbaren Einrichtungen in diesem Teil der Welt. Die Position, die Joe angeboten wurde, war eine Professur in der Sektion öffentliches Gesundheitswesen. Vom Inhaber des Lehrstuhls wurde erwartet, daß er die Studenten in das Gebiet der Epidemiologie einführte. Angehörigen der Sektion stand außerdem die Möglichkeit offen, in verschiedenen anderen Ländern Asiens und Afrikas, wo die Ismailiten ein ausgedehntes Netzwerk von Krankenhäusern, Kliniken, Schulen und landwirtschaftlichen Entwicklungsprogrammen etabliert hatten, tätig zu sein. Obwohl große Bevölkerungsteile in diesen Ländern dem ismailitischen Zweig des Islam angehörten, konnten alle Mitglieder der Gesellschaft ohne Ansehen der Religionszugehörigkeit die Dienste dieser Einrichtungen in Anspruch nehmen. Aga Khans Entwicklungsprogramm, so wurde uns klar, war aufgeklärt und offensichtlich sehr gut organisiert.

Nun war zumindest unsere Neugier geweckt, und wir beschlossen, Karachi einen Besuch abzustatten. Die Stadt wurde ihrem Ruf in jeder Hinsicht gerecht. Es war heiß, staubig, laut, aggressionsgeladen und chaotisch. Andererseits fanden wir die Atmosphäre auch anziehend und lebendig. Alle Transportmittel, deren sich die Menschheit im Laufe der letzten zehntausend Jahre bedient hatte, füllten die Straßen: Kamele und Esel, hölzerne Karren, Fahrräder, dreirädrige Kleintransporter, die Wolken stinkender Abgase ausstießen, phantasievoll bemalte Motorräder, importierte Limousinen, Geländewagen. In den engen Straßen bildeten sich Staus, die alle diese Tiere und Vehikel stundenlang festhielten, und es ging nur zentimeterweise voran. Die Armut war allgegenwärtig, aber es gab keine wirkliche Verelendung. Zwar traf man gelegentlich auf Bettler – oft verschleierte Frauen mit kleinen Kindern –, aber Obdachlosigkeit war in diesem Land kein so großes Problem wie in den westlichen Industrieländern. Hier war die Familie immer noch das Auffangnetz und die letzte Zuflucht. Wer in Not geriet, fand gewöhnlich Verwandte, die bereit waren, ihm oder ihr Unterschlupf zu gewähren. Als kommerzielles Zentrum Pakistans war Karachi außerdem eine Stadt mit großem Wohlstand, der allerdings sehr ungleich verteilt war. Die unermeßlich Reichen und die hoffnungslos Armen lebten Seite an Seite.

Gegen Karachi als Stadt hatten wir ernste Vorbehalte, aber mit der Aga-Khan-Universität verhielt es sich ganz anders. Hier bot sich uns eindeutig eine große Chance. Wir konnten Ideen in die neue Fakultät einbringen, die in diesem Teil der Welt vielleicht den Anstoß zu positiven Veränderungen geben würde. Karachi ist eine der neuen Megastädte, in denen Gesundheitsprobleme innerhalb der Bevölkerung zu Lawinen anzuwachsen drohen. Eine organisierte öffentliche Gesundheitsvorsorge war so gut wie nicht vorhanden, und es gab keine nennenswerte Ausbildung in diesem Bereich. Die Idee, daß eine Privatuniversität mit hohem Ausbildungsniveau ein Programm für den Schutz der öffentlichen Gesundheit aufbaute, war faszinierend, insbesondere in einem Land, wo offenbar niemand wußte, was unter öffentlicher Gesundheit eigentlich zu verstehen war.

Aber das Potential war vorhanden. Viele der jungen Menschen, denen wir an der Aga-Khan-Universität begegneten, beeindruckten uns durch ihren wachen Intellekt und ihre hohe Leistungsbereitschaft. Die

Sektion plante außerdem, ein spezielles Projekt zur Bekämpfung von Infektionskrankheiten einzurichten, was für uns von besonderem Interesse war. Wenn es in Karachi eines im Überfluß gab, dann waren es Infektionskrankheiten. Man sagte uns, wenn Joe bereit sei, das Angebot zu akzeptieren, stünde auch mir eine Position als Leiterin des klinischen mikrobiologischen Labors zur Verfügung. Außerdem würde man mich mit dem Aufbau eines molekulardiagnostischen Labors zur Unterstützung von Feldstudien über Infektionskrankheiten betrauen.

Trotz unserer Bedenken entschlossen wir uns nach langen Überlegungen, das Experiment zu riskieren. Am 1. Juni 1993 reiste Joe nach Karachi ab, und ich folgte ihm zwei Monate später. Meine Unzufriedenheit über die Politik des CDC war im Laufe der vergangenen Jahre immer weiter angewachsen. Ich war froh, der Institution den Rücken kehren zu können.

Die Universitätsgebäude bestanden aus rosafarbenem Marmor und erinnerten an orientalische Paläste. Sie hoben sich kraß von der Architektur des übrigen Karachi ab. Wir fanden ein hübsches Haus in einer ruhigen Wohngegend, das uns Zuflucht vor dem Lärm und dem Chaos, die in vielen Stadtteilen herrschten, bot. Aber es gab viel zu tun, und es war keine Zeit zu verlieren. Wir waren uns der Gefahren bewußt, die Cholera und Typhus für die Gesundheit der Bevölkerung darstellten, aber wir sollten bald entdecken, daß eine andere, ebenso verbreitete und viel gefährlichere Krankheit im Land wütete. Es war eine Epidemie, aber sie lag nicht offen zutage. Um sie ans Tageslicht zu bringen, unternahmen wir eine Reise ins Innere des Punjab, nach Hafizabad. Ein hochgewachsener junger blonder Mann mit dem glänzenden Blick des Erwählten, der zu einer anderen Zeit und an einem anderen Ort ein Ritter an König Artus' Hof gewesen sein könnte, bahnte sich seinen Weg durch eine enge Allee in einer kleinen ländlichen Stadt des Punjab, gefolgt von seinen Akolyten. Diese waren drei oder vier junge Absolventen der Aga-Khan-Universität. Ein ungewöhnlich buntgewürfelter Haufen von Kindern, Ziegen, Hühnern und männlichen Jugendlichen in langen, flatternden Hemden hatte sich an ihre Fersen gehaftet. Die Menge war in der Hoffnung auf eine unterhaltsame, wenn nicht gar rasend komische Unterbrechung ihrer Alltagsroutine zusammengelaufen.

Wir waren wieder auf Virenjagd. Diesmal ging es um Hepatitis, und Sir Galahad, oder vielmehr Steve Luby, leitete die Untersuchung. Steve war kürzlich von Joe dazu eingestellt worden, in der Sektion öffentliches Gesundheitswesen der Aga-Khan-Universität ein neues Epidemiologieprogramm aufzubauen. Das Angebot, in Pakistan zu arbeiten, hatte Steve gereizt, obwohl er das Land nie zuvor gesehen hatte. Er hatte die EIS- (Epidemic Intelligence Service)-Ausbildung des CDC durchlaufen und sich auf Präventivmedizin spezialisiert – für ihn stellte diese Aufgabe also eine willkommene Herausforderung dar. Er war im September 1993 mit seiner energischen und vitalen Frau Jenny, die eine Ausbildung als Lehrerin hatte, sowie vier lebhaften kleinen Kindern und einer ältlichen Katze in Karachi eingetroffen. Jetzt, gerade zwei Monate später, fand er sich mit seiner eigenen Truppe eifriger Rekruten auf der Suche nach Viren im Punjab wieder. Steve agierte bei dieser Gelegenheit als Leiter der Operation und als Pfadfinder. Er benutzte einen riesengroßen, handgezeichneten Lageplan voller Anmerkungen und Notizen. Während wir dahinwanderten, spähte er immer wieder in enge Seitenstraßen hinein. Die Hauswände waren mit handgroßen Kuhdungfladen bedeckt, die später, wenn sie getrocknet waren, als Brennmaterial für Kochfeuer Verwendung finden würden. Steves Plan der Stadt, in der wir unsere Stichprobenerhebung durchführen wollten, war der einzige, der existierte. Hafizabad hat rund 120 000 Einwohner und liegt im Zentrum eines landwirtschaftlichen Anbaugebiets, etwa drei Stunden Autofahrt von Lahore, der alten Stadt der Mogulkaiser, entfernt. Wir waren nach Hafizabad gekommen, weil hier viele Menschen an Gelbsucht erkrankt waren – ein Zeichen dafür, daß sie an irgendeiner Form von Hepatitis litten. Hepatitis ist eine Leberentzündung, und eine ihrer Auswirkungen ist die Gelbfärbung der Haut und der Augäpfel. Aber wir hielten nicht nach einem einzelnen Virus Ausschau. Hepatitisviren treten in vielen unterschiedlichen – und unterschiedlich gefährlichen – Varianten auf. Die häufigsten Formen, Hepatitis A und E, verbreiten sich besonders leicht und schnell in Umgebungen mit mangelhafter Hygiene. Es war kein Wunder, daß diese Viren in einem Land wie Pakistan ideale Bedingungen für ihre Ausbreitung fanden. In der gesamten Stadt Hafizabad bestand das Abwassersystem ausschließlich aus offenen Gräben, und das war keinesfalls atypisch. Die Abwässer flossen aus jedem Haushalt direkt und ungefiltert in diese Gräben, in deren träge fließendem, stinkendem Wasser man sehr eklige Dinge treiben sehen konnte. Verrottende Abfallhaufen, die überall herumlagen, trugen zu dem Gestank bei.

Aber die Abwesenheit vernünftiger sanitärer Anlagen war nicht notwendigerweise allein für den Ausbruch verantwortlich und erklärte auch nicht, warum es so viele Opfer gab. Es gab nur einen Weg, herauszufinden, was hier wirklich vor sich ging: Wir mußten eine Untersuchung durchführen. Blutproben sammeln und sie testen. Aber wir trafen auf eine Reihe von Hindernissen. Da in Pakistan seit 1981 keine Bevölkerungsstatistiken mehr erhoben worden waren, erwiesen sich die meisten uns vorliegenden Daten als veraltet. Wir würden unsere eigenen Methoden entwickeln müssen, um eine zuverlässige epidemiologische Studie zu erstellen.

Steve plante, aus jedem der siebenundzwanzig Bezirke einen Haushalt auszuwählen. Wenn man Schlüsse über eine bestimmte Population oder Umgebung ziehen will, muß man sich auf Stichproben verlassen. Man kann schließlich nicht von jedem einzelnen Individuum an einem Ort, an dem – sagen wir – eine Virusepidemie ausgebrochen ist, eine Blutprobe nehmen. Statt dessen greift man zu mathematischen Hochrechnungen auf der Basis von Daten, die Bedingungen, die für die gesamte Bevölkerung zutreffen, korrekt wiedergeben. Dieselben Verfahren werden bei Umfragen vor Präsidentschaftswahlen oder zur Ermittlung von Zuschauervorlieben bei Fernsehsendungen verwendet.

Theoretisch hätte es einfach sein sollen, Haushalte für die Stichprobenerhebung auszuwählen. In der Praxis war es jedoch ziemlich kompliziert. Sobald man sich einmal in das Straßenlabyrinth von Hafizabad hineinbegeben hatte, war es schwierig, die präzise Rasterung, die Steve auf seiner Karte vorgenommen hatte, nachzuvollziehen. Wir mußten mehr oder minder raten, ob wir uns noch im Planquadrat 18 oder schon im Planquadrat 19 befanden. Die Auswahl der einzelnen Häuser wurde nach dem Zufallsprinzip vorgenommen, und dazu bediente Steve sich eines der unentbehrlichsten Werkzeuge des Epidemiologen: einer leeren Colaflasche. An dem durch das Raster definierten Punkt wurde sie auf den Boden gelegt und in Drehung versetzt. Wir schauten so gespannt zu, als ständen wir am Roulettetisch. Das Haus, auf den der Flaschenhals schließlich zeigte, wurde in die Studie aufgenommen.

Nun war es für Steve und mich Zeit, in den Hintergrund zu treten und den jungen pakistanischen Universitätsabsolventen das Feld zu überlassen. Die Leute, die in diesen Stadtvierteln lebten, sprachen ohnehin nur Urdu oder Punjabi, Sprachen, die Steve und ich nicht beherrschten. Das Geheimnis des Erfolgs einer solchen Untersuchung liegt darin, daß man es schafft, ins Haus hineingebeten zu werden – und die Bewohner dann zu überreden, sich Blut abnehmen zu lassen. Das erfordert Einfühlung, Takt, Charme und nicht selten die Fähigkeit, mit

Engelszungen zu reden. Glücklicherweise erfüllten unsere jungen Kollegen alle diese Voraussetzungen. Aber auch die Menschen, die in den ausgewählten Häusern lebten, hatten guten Grund, zu kooperieren. Sie hatten das Umsichgreifen von unerklärlichen, durch Gelbsucht gekennzeichneten Erkrankungen sehr wohl registriert und waren offensichtlich verängstigt. Tatsächlich hatten die Leute selbst um Hilfe gebeten und so den Anstoß zu dieser Untersuchung gegeben. Sobald wir erklärten, daß wir gekommen seien, um die Ursache der Infektion zu finden und zu verhindern, daß weitere Fälle auftraten, öffneten sie bereitwillig ihre Türen. Manchmal machte die anrührende Gastfreundlichkeit der Menschen es schwierig, mit der Arbeit voranzukommen, so daß wir oft bis zum späten Abend unterwegs waren. Da es in Hafizabad kein Hotel gab, mußten die Teammitglieder zweimal täglich eine Stunde Fahrt in die nächstgrößere Stadt Gujranwala, wo ihr Hotel lag, auf sich nehmen. Die Straße, die zwischen Reisfeldern hindurch dorthin führte, war eng und sehr stark befahren – das Risiko, mit einem entgegenkommenden Laster oder anderen Fahrzeug zu kollidieren, war vermutlich der gefährlichste Teil der Untersuchung.

Nach drei Wochen Klinkenputzen hatte unser pakistanisches Team dreihundertzwanzig Menschen befragt und von den meisten Blutproben genommen. Aus den Ergebnissen der Befragung zogen wir den vorläufigen Schluß, daß es sich bei den meisten Fällen von Gelbsucht vermutlich um Hepatitis E handelte, eines der Hepatitisviren, die durch fäkal-orale Übertragung weitergegeben werden, oft durch kontaminiertes Wasser. Es war bekannt, daß Hepatitis E in dieser Region häufig auftrat. Aber wir konnten natürlich keine Gewißheit haben, bevor uns die Ergebnisse der Bluttests vorlagen.

Unabhängig davon war es natürlich wichtig, daß die Menschen lernten, gewisse Vorsichtsmaßregeln zu beachten, um sich vor Infektionen zu schützen. Sie mußten darauf achten, daß ihr Trinkwasser sauber war und daß sie nur sorgfältig zubereitete Nahrung zu sich nahmen. Aber wir waren darauf angewiesen, unsere Botschaft durch Mundpropaganda zu verbreiten. Befriedigt stellten wir fest, daß die Leute nur allzu bereit waren, uns zuzuhören. Sie luden uns sogar in ihre Häuser ein. Höflich und gastfreundlich wie sie waren, bestanden sie bei diesen Gelegenheiten darauf, uns etwas anzubieten, und setzten uns ausgezeichnete Speisen wie Reispilaf mit frisch gebackenen Chapatis vor. Danach gab es frisches Obst und den ortsüblichen stark gezuckerten und gewürzten Tee mit Milch. Wer hätte sich der Gefahren einer Nahrungsmittelkontaminierung stärker bewußt sein können als wir? Bis dahin hatten wir es vermieden, außerhalb unseres Hotels irgend etwas zu essen. Aber andererseits wollten wir unsere Gastgeber nicht beleidigen. Also aßen und tranken wir und warteten ab, wer als erster gelb im Gesicht werden würde. Es geschah jedoch nichts, unsere Lebern blieben intakt.

Die wirkliche Überraschung kam erst, als wir uns an unsere Computer setzten und die gesammelten Daten sowie die Laborergebnisse analysierten. Sieben von hundert dem Augenschein nach gesunden Personen, denen wir Blut abgenommen hatten, waren infiziert, aber nicht mit Hepatitis-E. Von einer Hepatitis-E-Infektion kann man sich ohne größere Schwierigkeiten erholen. Aber hier handelte es sich um ein anderes Hepatitisvirus, das wie HIV parenteral übertragen wird. Es ist ein stilles Virus, das, nachdem man sich damit infiziert hat, keine offensichtlichen Symptome, in diesem Fall meistens nicht einmal Ikterus – die Gelbfärbung – hervorruft, aber dann für den Rest des Lebens im Körper lauert und langsam wichtige Zellen zerstört. Während AIDS das Immunsystem sabotiert, hat dieses Virus ein anderes Ziel. Viele Jahre – manchmal Jahrzehnte – nach der eigentlichen Infektion zerstört es die Leber, langsam und qualvoll. Der Bauch der Opfer schwillt an, und sie erbrechen große Mengen von Blut. Wenn das Virus sein Zerstörungswerk beendet hat, sterben die Kranken an Leberversagen oder manchmal an Leberkrebs. Dieser gefährliche Erreger wird als Hepatitis C bezeichnet.

Wir wußten nicht, wie wir uns diese Resultate erklären sollten. In den USA ist weit weniger als eine Person unter tausend mit Hepatitis C infiziert. Hier waren es sieben unter hundert. Was ging hier vor? Wir hatten einige Anhaltspunkte. Wie HIV kann auch Hepatitis C durch die Wiederverwendung gebrauchter Injektionsnadeln übertragen werden, und aus diesem Grund ist die Krankheit unter Drogenabhängigen sehr verbreitet. Aber Drogenabhängige waren in Hafizabad nicht zu finden. Obwohl bereits bekannt war, daß Hepatitis C weitaus seltener als HIV durch Geschlechtsverkehr mit einem infizierten Partner übertragen wird, konnten wir diese Möglichkeit nicht gänzlich ausschließen. Aber wir befanden uns hier in einer Provinzstadt mit traditionellen Strukturen und starker sozialer Kontrolle, in der es kaum oder gar keine Prostitution und keine weitverbreitete Homosexualität gab. Außerdem waren einige der infizierten Personen Kinder und verheiratete Frauen. Wir würden sehr intime Fragen stellen müssen, wenn wir herausfinden wollten, was hier vor sich ging. Einige unserer pakistanischen Freunde rieten uns davon ab, denn in dieser Gesellschaft galt es als höchst unschicklich, nach intimen Dingen zu fragen. Aber es gab keinen anderen Weg, also blieb Steve hartnäckig.

«Versuchen wir es», sagte er. «Was haben wir zu verlieren?»

Also kehrten wir mit einem detaillierteren Fragebogen bewaffnet, der einige sehr persönliche Fragen enthielt, nach Hafizabad zurück. Das Schlimmste, was passieren konnte, war, daß die Leute uns die Tür vor der Nase zuschlagen würden. Aber zu unserer Überraschung geschah nichts dergleichen. Trotz des Potentials für Peinlichkeiten und Ärger antworteten die meisten Menschen, die wir befragten, mit großer Offenheit. Sie verstanden die Bedeutung dessen, was wir zu erreichen versuchten, und wollten helfen.

Den ersten Anhaltspunkt zur Lösung des Rätsels erhielten wir, als wir unsere Blutproben in das Labor des örtlichen Krankenhauses brachten, um die Seratrennung vorzunehmen und die fertigen Proben für den Versand nach Karachi zu verpacken. Das Labor war sauber und ordentlich im Vergleich zu vielen anderen, die ich in der Dritten Welt gesehen hatte. Aber es war mehr als dürftig ausgestattet, mit einer alten Zentrifuge, einem veralteten Mikroskop, einigen zerkratzten Objektträgern und einem erbärmlich geringen Vorrat an Teströhrchen, die in einem Holzständer auf einem gefliesten Labortisch standen. Daneben standen dem Labor nur drei Spritzen und Kanülen zur Verfügung. Draußen im Korridor warteten mindestens sechs Patienten, denen Blut abgenommen werden sollte.

Wir setzten unsere Nachforschungen fort. Die Einwohner Hafizabads waren zum überwiegenden Teil arme Leute, aber an praktischen Ärzten gab es keinen Mangel. Einige davon waren tatsächlich qualifiziert. Die anderen hängten einfach ein Schild über die Tür, das sie als Doktor Soundso auswies, und die ahnungslosen Patienten vertrauten sich ihnen an.

Die Ärzte hatten das Feld aber nicht für sich allein. Sie mußten mit den Hakims konkurrieren, den traditionellen Heilern, die mit Kräutertränken, Amuletten und Zaubersprüchen arbeiteten. Die Leute suchten den Hakim aber nur bei geringfügigen Beschwerden auf. Wenn ernstere Krankheitssymptome auftraten, vor allem, wenn sie sich schwach fühlten, zogen sie den Arzt vor. Es herrschte die allgemeine Überzeugung, daß eine Injektion die Lebenskräfte wiederherstellte. Was injiziert wurde, hatte der Arzt zu entscheiden. Und wenn der Arzt meinte, daß eine Infusion angezeigt sei – um so besser. Es stellte sich heraus, daß es sich bei den injizierten Mitteln in aller Regel nur um Vitamine handelte, wenn nicht gar um pures Wasser. Der Anreiz für die Ärzte, Injektionen zu propagieren, ganz gleich, ob sie notwendig waren oder nicht, lag darin, daß sie Geld einbrachten.

Es war nicht schwierig, in den Kliniken und Arztpraxen Spritzen und Kanülen zu finden, verblüffend war jedoch, wie wenig davon vorhanden waren im Verhältnis zu der schieren Anzahl der Injektionen, die verabreicht wurden. Wir hielten nach Sterilisierungsapparaten Ausschau, aber die Spritzen, die wir fanden, waren aus Plastik und für den einmaligen Gebrauch bestimmt. Es ist schwierig, solche Einmalspritzen zu sterilisieren, denn dafür sind sie nicht konstruiert. Wenn man Plastikspritzen in kochendem Wasser sterilisiert, verlieren sie ihre Markierungen, und es wird unmöglich, die Dosis, die man aufzieht, zu bestimmen. Es lief darauf hinaus, daß die Spritzen meistens nur in lauwarmem Wasser ausgespült wurden.

Sterilisierende Flüssigkeiten oder Apparate, in denen man Instrumente kochen konnte, trafen wir jedenfalls höchst selten an. In einer chirurgischen Praxis fanden wir einen elektrischen Sterilisierungsapparat, aber das Gebäude hatte keine Stromversorgung. Es war klar, daß Spritzen und Kanülen, die für den einmaligen Gebrauch bestimmt waren, in einem erschreckend hohen Umfang ohne Sterilisierung wiederverwendet wurden. Unter solchen Bedingungen kann Hepatitis C sich mit bemerkenswerter Effizienz verbreiten. Wir setzten die Analyse unserer Daten fort und stießen bald auf eine direkte Korrelation: Personen, die mit Hepatitis C infiziert waren, konsultierten regelmäßig einen Arzt, um sich Injektionen verabreichen zu lassen. Aber die wahllosen Injektionen waren nicht das einzige Mittel der Verbreitung von Hepatitis C innerhalb dieser Population. Die Infektion wurde auch durch Bluttransfusionen übertragen. Spenderblut wurde hier nie auf Hepatitis C getestet, obwohl der Test seit 1992 auf dem Markt war. Das Problem war, daß eine Bluttransfusion in Pakistan umgerechnet rund zwanzig Dollar kostete und ein Hepatitis-C-Test etwa fünfzehn Dollar – viel mehr als ein HIV-Test. In einer Stadt wie Hafizabad konnte sich das niemand leisten. Das Testverfahren als solches ist überhaupt nicht kostspielig, aber das Patent ist im Besitz eines einzelnen amerikanischen Pharmakonzerns, der die Preise nach Gutdünken festlegen kann. Ein Repräsentant des Konzerns, zu dem ich Kontakt aufnahm, drückte sein Bedauern aus und überließ uns eine Reihe von Packungen mit den erforderlichen Reagenzien als kostenlose Muster. Aber das war's dann auch. Geschäft ist Geschäft.

Was war also unsere Verantwortung? Was konnten wir tun, um diese tückische Epidemie zu bekämpfen? Wir konnten den Umfang des Ausbruchs und die Art der Übertragung ermitteln. Wir konnten die Welt wissen lassen, was wir herausgefunden hatten, indem wir die Ergebnisse unserer Studien in medizinischen Journalen veröffentlichten. Was die Situation komplizierte, war, daß sich gerade zu diesem Zeitpunkt auch AIDS in der Bevölkerung zu manifestieren begann. Dadurch wurde das Problem der Übertragung von Hepatitis C überschattet.

Stellte Hafizabad einen Sonderfall dar? Oder breitete sich die verborgene Epidemie überall im Land aus? Steve ging mit einem Team von Medizinstudenten der Aga-Khan-Universität nach Dur Mohammed Goth. Der etwa zwanzig Meilen außerhalb von Karachi gelegene Ort war in vieler Hinsicht für pakistanische Dörfer typisch, seine Besonderheit war aber, daß er über eine Klinik, ein Familienplanungszentrum und zwei Schulen, eine öffentliche und eine private, verfügte. Der Unterricht fand in Englisch, Urdu und Sindhi statt, und das in einer Gegend, in der die meisten Kinder mit einer anderen lokalen Sprache, dem Baluchi, aufwuchsen. Mitarbeiter der Gemeindeverwaltung boten Besuchern stolz Hochglanzbroschüren an, die schilderten, welche Verbesserungen des Lebensstandards der Bewohner hier erzielt worden waren. Es war also gewissermaßen ein Musterdorf, das seinen Besuchern gute Bildungschancen bot.

Steves Team bezog Posten vor dem Eingang der Klinik und interviewte die Patienten, die herauskamen. Zuerst erkundigten die Studenten sich, ob die Leute Injektionen erhalten hatten, und baten sie dann, Blutproben von ihnen nehmen zu dürfen. Die meisten Patienten hatten ihre Ärzte, die auch regelmäßige Runden im Dorf machten, wegen geringfügiger Beschwerden konsultiert – Fieber, Rückenschmerzen, Krämpfe oder Diarrhoe – Störungen des Wohlbefindens, die in aller Regel keine Injektionen notwendig machen. Das Resultat der Umfrage war verblüffend: Nicht weniger als 82 Prozent der Patienten hatte beim Arztbesuch an diesem Tag eine Spritze bekommen.

Am Abend desselben Tages sahen Joe und ich uns im Fernsehen die CNN-Nachrichten an, als das Telefon klingelte. Es war Aamir Javed Khan, einer unserer besten Studenten, der an der Dur-Mohammed-Goth-Untersuchung beteiligt war. Er klang beunruhigt.

«Ich bin hier mit Shaper im Labor», sagte er. Shaper Mirza war eine hochkompetente junge Labortechnikerin, die den größten Teil der Tests durchführte.

«Wir haben ein Problem.»

«Worum geht es?» fragte ich.

«Shaper hat die Proben, die wir von den Patienten der Klinik genommen haben, gerade auf Hepatitis C getestet. Irgend etwas stimmt nicht. Über sechzig Prozent sind positiv.»

Über sechzig Prozent? Das war unglaublich. Ich bat Aamir, Shaper ans Telefon zu holen. Ich wollte sicher sein, daß ihr kein technischer Fehler unterlaufen war.

«Haben Sie die Proben richtig gereinigt? Waren die Kontrollen alle korrekt?»

«Ja», sagte sie, «ich habe für jeden Test eine Kontrolle durchgeführt und sie bei manchen sogar wiederholt, um sicher zu sein. Wir haben sogar Aamirs Blut als Kontrolle benutzt, und er ist negativ.»

«Wie waren die Werte?»

«Sehr hoch», sagte sie, «alle Werte waren sehr hoch.»

Wir schliefen darüber. Am nächsten Tag beschlossen wir, die Tests zu wiederholen und Aamirs und Shapers Arbeit zu überprüfen. Sie hatten keinen Fehler gemacht. Die Resultate waren dieselben: mehr als sechzig Prozent positiv. Nun waren wir gezwungen, uns der Tatsache zu stellen, daß die Mehrheit der bei einer Stichprobenerhebung zufällig ausgewählten Bewohner eines pakistanischen Dorfes mit Hepatitis C infiziert war, und daß die Ärzte der Klinik die einzig vorstellbare Quelle der Infektion waren. Wir schätzten, daß diese Ärzte im Durchschnitt dieselbe Injektionsnadel für je drei – oder in manchen Fällen noch mehr – Patienten verwendet hatten, ohne die Spritzen zu sterilisieren. Es war ein Alptraum.

Als wir begannen, unsere Aufzeichnungen mit denen anderer Epidemiologen und Ärzte, die ähnliche Untersuchungen durchführten, zu vergleichen, stellten wir fest, daß auch Dur Mohammed Goth kein Sonderfall war, ebensowenig wie Hafizabad. Man brauchte nur die medizinischen Stationen der öffentlichen Krankenhäuser aufzusuchen, um Heerscharen von Patienten zu finden, die an tödlichen Lebererkrankungen litten, viele davon durch Hepatitis C verursacht.

Wir waren uns des Problems immer bewußt gewesen. Nun war uns klar, wie es zu der Situation gekommen war. Hier geschah Ähnliches wie in Afrika bei Ebola- oder Lassa-Ausbrüchen. Teils wohlmeinende, teils skrupellose und geldgierige Ärzte verbreiteten tödliche Viren, indem sie sich moderner medizinischer Behandlungsmethoden bedienten, ohne die dafür geltenden Grundvoraussetzungen zu beachten und ohne auch nur einen Gedanken auf simpelste Hygienemaßnahmen zu verschwenden. Anders als bei Ebola oder Lassa – aber ähnlich wie bei HIV – wurde die Infektion jedoch nicht sofort offenkundig. Das Virus lag jahrelang auf der Lauer, bevor seine tödliche Biochemie sich auf den ahnungslosen Wirt auszuwirken begann. Die Praktiker, die wir interviewten, schienen sich der Fragwürdigkeit und der katastrophalen Konsequenzen ihres Handelns überhaupt nicht bewußt zu sein. Einige waren augenscheinlich auch nicht bereit zu glauben, daß sie Schaden anrichteten, oder es war ihnen gleichgültig. Das Profitdenken, das zum obersten Gesetz dieser Welt geworden ist, kennt keine moralischen Skrupel.

Die kranken Chirurgen

Im Dezember 1995 saßen wir in der eleganten Lobby des Serena Hotels in Quetta um einen Tisch: Leslie Horvitz, zwei junge pakistanische Chirurgen, Dr. Jamil Khan und Dr. Shafiq Rehman, und ich. Joe hatte sich schon zurückgezogen; er lag mit Fieber zu Bett. Glücklicherweise war es nur eine Grippe. Dr. Jamil und Dr. Shafiq lebten und arbeiteten in Quetta, der Provinzhauptstadt von Baluchistan, einer rauhen, dünn besiedelten Region im Norden Pakistans, die an Afghanistan und an den Iran angrenzt. Unser Gesprächsthema war das Krim-Kongo-Fieber. Beide Ärzte hatten intime Bekanntschaft damit gemacht. Es hatte sie beinahe getötet, wie ich sehr wohl wußte, denn ich hatte sie behandelt.

Dr. Jamil, ein Mann von Mitte Dreißig mit einem freundlichen, runden Gesicht und wachen Augen, erzählte die Vorgeschichte. Er sprach ausgezeichnet Englisch, in dem singenden Tonfall, der für den ganzen Subkontinent typisch ist.

«Es begann im letzten Jahr, am 5. Dezember. Ich saß in meinem Arbeitszimmer, als ein Notruf vom Krankenhaus hereinkam. Sie sagten mir, sie hätten einen Patienten aufgenommen, der starke Schmerzen hatte und blutete. Er hatte auch Blut erbrochen. Ich solle so schnell wie möglich kommen. Ich fuhr sofort hin, untersuchte den Patienten und rief den Gastroenterologen, um den Fall mit ihm zu diskutieren. Der Kollege erklärte, er könne über die Ursache der Blutungen bei diesem Patienten nichts sagen, und er müsse eine Magenspiegelung vornehmen.

Am Nachmittag des nächsten Tages führte mein Kollege die Gastroskopie durch, denn vormittags haben wir durch unseren normalen Dienst im Krankenhaus alle Hände voll zu tun. Abends, als ich wieder in meinem Zimmer saß, wurde ich gebeten, den Mann zu operieren; der Gastroenterologe ging davon aus, daß es sich um ein blutendes Magengeschwür handelte.

Ich glaube, es war elf Uhr abends, als wir mit der Operation begannen. Wir hielten fünf oder sechs Einheiten Blut bereit, weil wir damit rechneten, daß es während des Eingriffs zu starken Blutungen kommen könnte. Dr. Shafiq assistierte mir und noch ein anderer Assistenzarzt war dabei, der Anästhesist.»

Dr. Shafiq rutschte unruhig auf seinem Sessel hin und her. Er war einige Jahre jünger als Dr. Jamil und sah auffallend gut aus. Unser Freund fuhr fort:

«Als ich das Abdomen öffnete, sah ich, daß aus der gesamten Magenwand Blut austrat. Es war unmöglich, die Blutung unter Kontrolle zu bringen, obwohl ich es sowohl mit Elektrokoagulation als auch mit Nähen versuchte. Es war einfach nicht möglich, die Blutung zu stoppen. Wir dachten, daß der Patient möglicherweise Analgetika genommen hatte und daß es dadurch zu einer akuten Magenerosion gekommen war. Wir fanden keinen klinischen Ulcus.»

Was Dr. Jamil schilderte, war mir sehr vertraut. Dieselbe Geschichte hatten wir von Chirurgen in Sierra Leone, Südafrika und China gehört. Erst kürzlich hatten Chirurgen in Kikwit in Zaire sich während einer Operation mit Ebola infiziert. Aber was Dr. Jamil beschrieb, war nicht Ebola, wenn auch etwas sehr Ähnliches. Er fuhr fort:

«Wir beschlossen, den ganzen Magen herauszunehmen, um die Blutung unter Kontrolle zu bringen. Ich führte eine komplette Gastrektomie durch und verband den Ösophagus mit dem Duodenum. Die Milz war weich und mürbe. Als ich versuchte, den Magen zu bewegen, riß die Milz, und ich mußte sie ebenfalls entfernen. Sie war vergrößert. Auch die Leber war vergrößert, braunrot verfärbt und stumpf, nicht rot und glänzend wie eine gesunde Leber. Die gesamte Operation dauerte fast zweieinhalb Stunden. Dr. Shafiq stach sich mit einer Kanüle, die mit dem Blut des Patienten bedeckt war, in den Finger. Ich zerriß mir die Handschuhe mehrere Male. Es war ein langer, ermüdender Kampf. Gegen zwei Uhr morgens brachten wir den Patienten schließlich in einen Ruheraum und verließen das Krankenhaus. Das wichtigste war, die Blutung zu stoppen.

Am nächsten Morgen sah ich nach dem Patienten. Er hatte sehr niedrigen Blutdruck. Er war bei Bewußtsein und konnte sprechen, aber sein Blutdruck kam nicht wieder hoch. Gegen drei Uhr nachmittags, als ich wieder nach ihm sehen wollte, traf ich seinen Bruder an. Der Patient war gestorben. Der Mann war erst fünfundvierzig oder sechsundvierzig Jahre alt. Er war aus Sibi.

Ich dachte unentwegt über diese Operation nach. Eines hatte uns beunruhigt: Als der Anästhesist den Mann intubierte, trat viel Blut aus den Nasenlöchern aus. Unser Kollege konnte die Blutung nicht unter Kontrolle bekommen, also dichtete er die Nasenlöcher ab. Er sagte auch, er mache sich Sorgen, weil der Patient so stark blutete, und irgend etwas sei nicht in Ordnung. Der Patient war auch febril.»

Als ich das hörte, lief mir ein Schauer über den Rücken. Es paßte alles ins Bild. Eine kurze, schwere Krankheit bei einem zuvor gesunden Mann aus einem Gebiet Baluchistans, in dem bereits Fälle von hämorrhagischem Fieber aufgetreten waren. Fieber, unkontrollierbare Blutungen, empfindliche, vergrößerte Milz und vergrößerte Leber, Erbrechen von Blut, manchmal starke Bauchschmerzen. Es kam oft vor, daß Patienten, die mit solchen Symptomen in ein Krankenhaus kamen, als chirurgische Notfälle behandelt wurden. Man operierte, und alles war voller Blut. Und das Blut war voller Viren.

Dr. Jamil wandte den Kopf und deutete auf seinen jungen Kollegen. «Am fünften Tag nach der Operation – ich glaube es war ein Freitag – rief Shafiqs Frau mich morgens in meiner Wohnung an und sagte, er habe nach mir verlangt, und ich solle so schnell wie möglich kommen. Er habe sehr hohes Fieber und klage über Kopfweh und starke Schmerzen am ganzen Körper. Ich fuhr sofort zu ihm und untersuchte ihn. Zuerst versuchte ich ihn ein bißchen aufzumuntern und sagte: ‹Was ist denn los mit dir? Ein kleiner Malariaanfall wird dich doch nicht umhauen!› Ich blieb zwei oder drei Stunden bei ihm. Drei seiner Cousins waren ebenfalls da. Er weinte vor Schmerz.

Ich wollte zuerst nicht wahrhaben, wie schlecht es ihm wirklich ging, aber er sagte mir: ‹Das sind nicht die üblichen Fieberschmerzen, dieser Schmerz ist der Bote des Todes. Ich werde sterben. Ich möchte noch einmal *Ras malai* essen, das ist mein letzter Wunsch.› Er bat seinen Bruder, zum Basar zu gehen und *Ras malai* zu kaufen – das sind Süßigkeiten, auf die er ganz versessen ist – und so den letzten Wunsch eines Sterbenden zu erfüllen.» Die beiden sahen sich an und lachten bei dieser Erinnerung.

«Shafiq bat einen seiner früheren Professoren von der medizinischen Fakultät der Universität Quetta, ihn zu untersuchen. Der Professor kam noch am Nachmittag desselben Tages. Ich war zu dieser Zeit im Krankenhaus und machte Visite. Am nächsten Tag erfuhr ich, daß Shafiq die ganze Nacht hohes Fieber und furchtbare Schmerzen gehabt hatte. Der Professor war der Meinung, mein Kollege habe sich eine schwere

Darminfektion zugezogen, und gab ihm Amoxil. Aber dann bekam Shafiq Diarrhoe, und sie mußten ihn an den Tropf hängen, um den Flüssigkeitsverlust auszugleichen. Ich setzte mich mit dem Kollegen in Verbindung, der bei dem verstorbenen Patienten die Magenspiegelung vorgenommen hatte, und berichtete ihm, daß ich bei der Operation keinen Ulcus vorgefunden hatte, sondern nur das massive Austreten von Blut aus der Magenwand. Ich sagte ihm: ‹Mein Freund, der mir assistiert hat, ist sehr krank, und ich habe furchtbare Angst.› Also begleitete er mich zu Shafiqs Haus, um nach ihm zu sehen. Er meinte, wir sollten ihn noch einmal gründlich auf Malaria untersuchen.»

An dieser Stelle unterbrach ich Dr. Jamil und fragte:

«Haben Sie Dr. Shafiqs Erkrankung zu diesem Zeitpunkt schon mit dem Patienten, den Sie operiert hatten, in Verbindung gebracht?»

Er schüttelte den Kopf.

«Nein», sagte er mit Nachdruck, «wir dachten überhaupt nicht an einen solchen Zusammenhang.»

Ich ließ ihn mit seinem Bericht fortfahren, aber ich machte mir meine Gedanken. Sie mußten die Wahrheit vor sich selbst verleugnet haben. Sie wußten, was Krim-Kongo-Fieber war, und es war ihnen bekannt, daß zwei Chirurgen in Pakistan daran gestorben waren. Den zweiten hatte Dr. Jamil darüber hinaus persönlich gekannt, denn sie waren gute Freunde gewesen.

Dr. Jamil nahm den Faden wirder auf:

«Am nächsten Tag hielt ich meine Sprechstunde für ambulante Patienten ab. Plötzlich wurde mir elend, und ich fühlte Schmerzen am ganzen Körper. Als die Sprechstunde beendet war, ging ich auf meine Station und bat die Stationsschwester um ein Fieberthermometer. Ich maß eine Temperatur von 42 Grad. Am Nachmittag hatte ich zwei OP-Termine, also rief ich meinen Anästhesisten an und sagte ihm, daß ich nicht in der Lage sei, beide Operationen durchzuführen. Wir kamen überein, die zweite auf den Abend zu verschieben. Als ich den ersten operierte, hatte ich Schüttelfrost und zitterte am ganzen Leib. Ich fuhr nach Hause und sagte meinem Bruder, daß ich mich nicht wohl fühlte und mich hinlegen wollte. Er sollte mich aber nach ein paar Stunden wecken. Später am Abend fuhr ich zum Krankenhaus zurück. Ich hatte Analgetika genommen und fühlte mich etwas besser. Trotzdem rief ich einen Kollegen an und bat ihn um Hilfe. ‹Ich muß eine Cholezystektomie (Entfernung der Gallenblase) vornehmen›, sagte ich ihm, ‹und ich fühle mich nicht hundertprozentig fit.› Er kam an, als ich mich gerade für die Operation vorbereitete. Ich begann selbst mit dem Eingriff, und er assistierte mir. Aber dann überfiel mich eine Welle von Schmerz, und ich hatte das Gefühl, mich nicht mehr auf den Beinen halten zu können. Mein Kollege übernahm, und ich verließ den OP und legte mich in unserem Aufenthaltsraum hin, stöhnend und weinend vor Schmerz. Ja, ich weinte wirklich.»

Ich unterbrach ihn wieder.

«Wurde Ihnen in diesem Augenblick nicht klar, daß Sie und Dr. Shafiq dieselbe Krankheit haben mußten?»

«Nein. Zu diesem Zeitpunkt war mir das nicht klar. Obwohl wir beide wußten, daß etwas nicht stimmte, erkannten wir den Zusammenhang nicht.

Als die Operation beendet war, wollte ich nach Hause, aber ich fühlte mich nicht in der Lage, Auto zu fahren. Also rief ich meinen jüngeren Bruder an und bat ihn, mich abzuholen. Ich wand mich vor Schmerzen. Bevor ich das Krankenhaus verließ, rief ich einen meiner Kollegen, um seine Meinung über meinen Zustand zu hören. Er fragte mich, wo ich Schmerzen hätte, und ich sagte, vor allem im unteren Rückenbereich. Er tastete meinen Rücken ab und sagte mir, ich solle mir keine Sorgen machen und mich einfach hinlegen und ausruhen. Es käme schon alles wieder in Ordnung. Aber am nächsten Tag ging es mir nicht besser. Ich ließ mir von einem Kollegen Blut abnehmen und schickte es ins Labor. Meine Thrombozytenwerte waren sehr niedrig. Wir ließen auch Shafiqs Blut untersuchen, und auch seine Thrombozytenwerte waren extrem abgesunken. Jetzt wurde uns plötzlich klar, womit wir es zu tun hatten: Es war CCHF.

Wir wußten, daß wir sterben mußten. Ich hatte vor längerer Zeit einen guten Freund verloren, einen Studienfreund, der seinen Abschluß ein Jahr vor mir gemacht hatte. Er war an derselben Krankheit gestorben, nachdem er in demselben Krankenhaus hier in Quetta einen Patienten operiert hatte. Das war 1987, vor sieben Jahren. Plötzlich fiel mir die ganze Geschichte wieder ein, und ich erzählte sie auch Shafiq. Ich hatte furchtbare Angst.

Damals arbeitete ich in Karachi. Mein Freund hatte sich wenige Tage vor seinem Tod mit einer Ärztin aus Quetta verlobt. Auch ich hatte mich kurz vor meiner Krankheit verlobt, drei Monate bevor wir unseren Patienten operierten. Ich sagte zu Shafiq: ‹Jetzt geschieht alles noch einmal.›

Was mit meinem Freund geschah, ging damals durch die Presse, aber ich war zu einem sehr frühen Zeitpunkt in den Fall involviert. Am Tag vor seiner Verlobung suchte er mich in Karachi auf. Wir Leute hier aus dem Norden halten sehr eng zusammen, müssen Sie wissen. Er hatte Fieber und bat mich, seinen Puls zu fühlen; einhundertzwanzig pro Minute, sagte er. Er hatte recht. ‹Ich habe vor ein paar Tagen in Quetta einen Patienten operiert›, sagte er, ‹und der Patient ist am nächsten Tag gestorben. Und nun habe ich Fieber.› Wir sahen uns nur an und sprachen nicht weiter darüber. Dann erinnerte er mich daran, am nächsten Tag zu seiner Verlobungsfeier zu kommen. Seine zukünftige Frau war auch Ärztin, sie hatte ihr Medizinstudium am Fatima Jinnah Medical College in Lahore absolviert.

Die Zeremonie fand in Karachi statt. Mein Freund war festlich gekleidet und strahlte, aber er hatte sehr hohes Fieber. Wir brachten ihn in die Notaufnahme der Universitätsklinik. Man verschrieb ihm Medikamente, Septran und Panadol – das stand später auch in der Presse. Dann wollten sie seinen Thorax röntgen. Während er dort stand, vor dem Röntgenschirm, brach er zusammen. Niemand hatte erkannt, wie schwer krank er war und was die wirkliche Ursache seiner Krankheit war.»

Ich hörte mir Jamils Schilderung an und schüttelte den Kopf. Bei einer klinischen Untersuchung ist es von ausschlaggebender Bedeutung, eine gründliche Anamnese aufzunehmen. Das hatten wir in Chicago gesehen, im Mittleren Osten, in Pakistan, in Afrika und an vielen anderen Orten. Daß man sich in medizinischen Kreisen in Karachi so wenig der CCHF-Gefahr bewußt war, war mehr als verwunderlich. Schließlich waren zwei Chirurgen in Islamabad bereits zu einem früheren Zeitpunkt an hämorrhagischem Fieber erkrankt und gestorben, und der Vorfall war untersucht und veröffentlicht worden.

Dr. Jamil fuhr fort:

«Am Tag nach der Verlobungsfeier – ich weiß noch, es war der erste April – saß ich in meinem Zimmer und bereitete mich auf eine Stipendiatenprüfung vor. Der Oberarzt kam herein und sagte: ‹Jamil, Ihr Freund ist gestorben.› Ich konnte es nicht glauben. ‹Vor zwei Tagen war er noch hier und höchst lebendig›, sagte ich meinem Chef. ‹Wenn Sie sich mit mir einen Aprilscherz erlauben wollen, dann ist es ein geschmackloser Scherz.› Wir machten uns gemeinsam auf den Weg zum Haus seiner Familie, und ich wollte immer noch nicht glauben, daß er wirklich tot war. Aber als wir ankamen, fanden wir seine Leute in Trauer vor, und sie sagten mir, daß sie ihn schon begraben hatten. Er war an unkontrollierbaren Blutungen gestorben. Wir traten ins Haus, um unsere Gebete zu sprechen, und gingen dann zu seinem Grab.

Diese schrecklichen Erinnerungen gingen mir durch den Kopf, während ich selbst krank war. Ich war sicher, ich würde sterben, Shafiq würde sterben. Ich sprach mit meinem Professor und sagte ihm, wir hätten Krim-Kongo-Fieber, es gebe keine andere Erklärung. Unsere Thrombozytenwerte waren niedrig, wir hatten extrem hohes Fieber. Ich sagte Shafiq, ich wolle dafür sorgen, daß wir am nächsten Tag in der Universitätsklinik in Karachi gebracht würden, denn dort gab es Behandlungsmöglichkeiten, die uns in Quetta nicht zur Verfügung standen. Zumindest hatten wir die Chance, dort jemanden zu finden, der sich mit CCHF auskannte. Dann sprach ich mit meinem Vater, erklärte ihm, was ich herausgefunden hatte, und teilte ihm mit, daß ich plante, die Nacht in Quetta im Krankenhaus zu verbringen, für den Fall, daß mein Zustand sich plötzlich verschlimmern sollte. Also gingen Shafiq und ich zusammen ins Krankenhaus. Von dort aus rief ich meinen Freund Dr. Shahid Pervez in der Universitätsklinik in Karachi an und bat ihn, alles für unsere sofortige Einweisung am nächsten Tag vorzubereiten, so daß wir nicht unnötig viel Zeit in der Notaufnahme verbringen mußten. Er versprach, alles Notwendige zu arrangieren.

Diese Nacht war schwierig. Wir hatten Angst, konnten nicht schlafen und waren beide sehr deprimiert. Irgendwann muß ich doch eingenickt sein, denn ich wachte plötzlich mit Atemnot auf. Ich bat meinen Bruder, der bei uns Nachtwache hielt, meinen Blutdruck zu messen. Er war neunzig zu sechzig – sehr niedrig. Mein Bruder rannte sofort ins Labor, um geeignetes Spenderblut für eine Transfusion zu holen, dann weckte er meinen Professor und sagte: ‹Kommen Sie schnell – Jamils Blutdruck fällt ab.› Der Stationsarzt und der Professor kamen beide, um vier Uhr morgens. Sie hängten mich an den Tropf, und mein Blutdruck kam allmählich wieder hoch.

Schon am nächsten Morgen stand in der Zeitung, daß zwei Chirurgen mit einer Virusinfektion ins Krankenhaus eingeliefert worden seien. Reporter kommen oft ins Krankenhaus von Quetta, um zu schauen, ob es etwas zu berichten gibt. Sogar die Zimmernummer war in dem Artikel angegeben. Das führte dazu, daß von sieben Uhr morgens an unablässig Besucher kamen, Kollegen, Krankenschwestern, Freunde. Der Strom riß überhaupt nicht mehr ab, Hunderte von Leuten müssen durch unser Zimmer gegangen sein. Ich diskutierte die Situation mit Shafiq – wir befürchteten, uns in unserem geschwächten

Zustand durch den Kontakt mit so vielen Menschen noch weitere Infektionen zu holen. Also ließen wir uns chirurgische Masken geben, um uns zu schützen.»

Aha, dachte ich, daher trugen sie also chirurgische Masken, als ich sie in ihrem Krankenzimmer in der Universitätsklinik in Karachi aufsuchte. Von ihren vielen Besuchern in Quetta hatte ich nichts gewußt. In der Klinik der Aga-Khan-Universität versuchten wir, strikte Regeln für Krankenbesuche durchzusetzen. Vor allem durften Räume, in denen Patienten mit Infektionskrankheiten lagen, nur von Ärzten und medizinischem Personal betreten werden. Dr. Jamil schaute zu mir herüber und sagte:

«Den Rest der Geschichte kennen Sie ja, Dr. Fisher-Hoch.» Ich drängte ihn trotzdem, seinen Bericht fortzusetzen, denn schließlich kannte ich ja nur meine eigene Version. Jamil erzählte weiter.

«Wir nahmen den regulären Nachmittagsflug von Quetta nach Karachi. Am Flughafen warteten zwei Krankenwagen – einen hatte Dr. Shahid organisiert. Er war auch selbst dort, in Begleitung meines Schwagers. Die andere Ambulanz hatte Shafiqs Schwager, der bei der Armee war, vorsorglich hergeschickt. Auch er stand bereit, um uns zu helfen. Also fuhren wir los, mit Blaulicht und Sirene. Gegen sieben Uhr abends wurden wir in die Universitätsklinik eingewiesen. Die diensthabenden Ärzte kümmerten sich um uns, aber den Spezialisten für Infektionskrankheiten bekamen wir nicht zu sehen.

Er kam am nächsten Morgen. Ich erzählte ihm unsere Geschichte, aber sie schien keinen großen Eindruck auf ihn zu machen. Von meiner CCHF-Hypothese hielt er offenbar nicht viel. ‹Wir werden Urin und Blut untersuchen und einen Halsabstrich machen›, sagte er, ‹und wir werden Kulturen anlegen.› Er vermutete irgendeine bakterielle oder virale Infektion, aber nichts Ernstes. Ich ließ wieder Dr. Shahid rufen und sagte ihm: ‹Dieser Mann verkennt die Situation, er realisiert einfach nicht, womit wir es zu tun haben. Bitte unternehmen Sie etwas, sonst müssen wir sterben.› Also ging Dr. Shahid zu seinem Professor, Dr. Kurshid, und erzählte ihm von unserem Fall und unserer Vermutung, daß wir uns mit CCHF infiziert hatten. Dr. Kurshid erkannte sofort, daß die Sache ernst war. Er und Shahid machten sich unverzüglich auf den Weg zu Dr. Fisher-Hoch.»

Diesen Tag werde ich nie vergessen. Ich saß in meinem Büro und schrieb am Computer, als Professor Kurshid und Dr. Shahid hereingestürmt kamen. Ich war sehr überrascht, sie zu sehen. Dann erzählten sie mir von Jamil und Shafiq, beschrieben die Operation, die sie durchgeführt hatten, und fügten hinzu, daß die Thrombozytenwerte beider Kollegen sehr niedrig seien. Ich vergrub mein Gesicht in den Händen.

«Krim-Kongo-Fieber», sagte ich. «Keine Frage.»

Rasch gingen wir in ihr Krankenzimmer. Während ich noch dabei war, die Anamnese aufzunehmen, kam Joe herein. Wir erkannten beide, wie ernst die Lage war. Die Patienten waren febril und ihr Blutbild war schlecht. Außerdem hatten sie einige violett verfärbte Flecken auf der Haut – typische Anzeichen für CCHF. Nach allem, was wir über die Krankheit wußten, war die Prognose sehr schlecht. Ich fürchtete, daß beide sterben würden.

Im Handumdrehen hatte sich in ihren Krankenzimmern eine Menschenmenge angesammelt. Was hatten alle diese Leute hier zu suchen? Joe und ich sorgten sofort dafür, daß der Raum sich leerte, und beauftragten Jamils Bruder, alle fernzuhalten, die nicht unmittelbar in die medizinische Betreuung der Kranken involviert waren. Dann erklärten wir dem medizinischen Personal mit Nachdruck, was wir eigentlich meinten, wenn wir von «Isoliermaßnahmen» sprachen. Wir mußten sehr direkt werden, denn wir wußten, daß man unsere Anweisungen sonst nicht ernst genug nehmen würde. Noch frustrierender wurde die ganze Angelegenheit dadurch, daß es sich hier ohne Frage um das beste Krankenhaus des ganzen Landes handelte. Wir sahen schon die Schlagzeilen vor uns: «Krim-Kongo-Fieber fordert sechs Todesopfer in Karachis Musterkrankenhaus». Das wäre eine große Sensation – und ein Desaster für die Universitätsklinik.

Es ist eine traurige Tatsache, daß die Notwendigkeit von Sicherheitsmaßnahmen in dieser Kultur offenbar nicht verstanden wird, oder daß man sie einfach nicht so ernst nimmt. Entweder kann man die Leute nicht dazu bewegen, sich an vernüftige Vorsichtsmaßregeln zu halten, oder sie geraten in Panik, wenn die Botschaft endlich zu ihnen durchdringt, und weigern sich, die Patienten zu versorgen. In diesem Fall leisteten wir jedoch erfolgreiche Überzeugungsarbeit. Das Pflegepersonal der Universitätsklinik befolgte unsere Anweisungen strikt, ohne Panik oder Protest. Die Schwestern und Pfleger reagierten in dieser Hinsicht vernünftiger als die Ärzte, die sich überhaupt nichts sagen ließen.

Joe und ich machten uns vor allem deshalb so große Sorgen, weil die beiden Chirurgen bereits vier oder fünf Tage krank gewesen waren, bevor wir sie zu sehen bekamen. Wir wußten aus unseren Erfahrungen in Südafrika, daß Ribavirin sich zur Behandlung von CCHF eignete, aber die besten Behandlungserfolge wurden erzielt, wenn das Mittel zum frühestmöglichen Zeitpunkt im Krankheitsverlauf gegeben wurde. In Shafiqs und Jamils Fall hielten wir es für das beste, das Mittel intravenös zu verabreichen.

Dr. Jamil setzte seinen Bericht fort:

«Dr. Fisher-Hoch und Dr. McCormick kamen gemeinsam mit dem medizinischen Direktor des Krankenhauses, Dr. Mirza, um nach uns zu sehen. Ich erzählte Dr. Fisher-Hoch die gesamte Vorgeschichte. Ich erinnere mich genau, daß sie uns sagte: ‹Ja, Sie können hundertprozentig davon ausgehen, daß Sie mit CCHF infiziert sind.› In diesem Augenblick waren wir sogar etwas erleichtert, weil endlich jemand unser Problem erkannt hatte. Dann sagte sie uns, wir müßten mit Ribavirin behandelt werden, und wir setzten alle Hebel in Bewegung, um das Mittel zu beschaffen. Aber Ribavirin als Injektionslösung gab es in Pakistan nicht. Mein Bruder und mein Freund waren in großer Sorge. Es gab allerdings Kapseln, und sie sagte uns, wir sollten sofort mit der Einnahme beginnen.»

Ich hatte ihnen gesagt, es sei mir gleich, was sie sonst taten, solange sie die Ribavirin-Kapseln alle sechs Stunden pünktlich auf die Minute nahmen. Falls sie die Kapseln nicht schlucken könnten, würden wir einen anderen Weg finden, ihnen das Medikament einzuflößen. In der Zwischenzeit ließen wir nichts unversucht, um an intravenöses Ribavirin heranzukommen. Wir riefen medizinische Einrichtungen und pharmazeutische Firmen in ganz Pakistan an, und als wir damit nichts erreichten, versuchten wir es auch in Singapur und in Europa. Irgendwo mußte es doch einen Vorrat an Ribavirin-Infektionslösung geben, sagten wir uns. Aber es war nichts zu machen.

«Da Ribavirin-Injektionen unsere Überlebenschancen verbessern würden, setzte mein Schwager sich direkt mit dem Hersteller, dem amerikanischen Pharmakonzern ICN, in Verbindung. Aber es dauerte vier oder fünf Tage, bis die Sendung in Karachi eintraf. Zu diesem Zeitpunkt begann das oral verabreichte Ribavirin bei uns bereits Wirkung zu zeigen. Mein jüngerer Bruder beschwichtigte uns; Dr. Fisher-Hoch werde uns retten, und wir sollten uns nicht weiter sorgen. Aber er hatte uns nicht die ganze Wahrheit gesagt. Sie hatte sich zu Anfang durchaus nicht so zuversichtlich geäußert.»

Obwohl wir nur Ribavirin-Kapseln zur Verfügung hatten, ging die Genesung unserer beiden Patienten überraschend gut voran. Aber wir hatten noch andere Sorgen. Wir erfuhren, daß es im Krankenhaus von Quetta einen Hausmeister gab, dem die Aufgabe zugefallen war, nach der Operation, bei der Jamil und Shafiq sich infiziert hatten, die blutgetränkten Tücher auszuwaschen. Nun war bekannt geworden, daß er erkrankt war und zu Hause mit Fieber zu Bett lag. Wir alarmierten sofort die Krankenhausleitung in Quetta. Der Direktor suchte den Mann persönlich auf und begleitete ihn auf seinem Flug nach Karachi. Er wurde sofort eingewiesen und in ein Krankenzimmer gebracht, das dem der beiden Chirurgen gegenüberlag. Als ich den Raum betrat, um nach dem Mann zu sehen, wollte ich meinen Augen nicht trauen. Der einweisende Arzt hatte ihn mit einem anderen, nicht infizierten Patienten zusammengelegt. Das änderte ich auf der Stelle.

Ich sah sofort, daß der Mann in sehr schlechter Verfassung war. Er blutete aus dem Rektum und hatte die charakteristischen violetten Hautverfärbungen, die subkutane Blutungen anzeigen. Es konnte kein Zweifel bestehen, daß er mit CCHF infiziert war. Wir begannen sofort mit der Ribavirin-Therapie. Glücklicherweise war er noch früh genug in Behandlung gekommen. Auch bei ihm schlug das Medikament sehr gut an. Sobald er wieder gesund war, erklärte er, er werde Quetta, diesen verfluchten Ort, für immer verlassen. Aber das letzte, was wir hörten, war, daß er wieder in Quetta lebte und in seinem alten Beruf arbeitete.

Jamil erzählte weiter:

«Wir waren sehr krank. Wir konnten an kleinen Hautläsionen und an den violetten Flecken auf Bauch und Armen erkennen, daß Blutungen eingesetzt hatten. Wir hatten Angst, auf die Toilette zu gehen, weil wir glaubten, das Blut würde plötzlich hervorstürzen, und wir würden an Hämorrhagie sterben. Rasieren war verboten. Auch Zähneputzen war nicht erlaubt, weil es Blutungen verursachen könnte. Wir wurden geistesabwesend und schläfrig. Zwei oder drei Tage fehlen mir, ich habe überhaupt keine Erinnerung, was in dieser Zeit mit uns geschah. Mein Bruder erzählte mir später, daß er uns immer wieder ansprach und unsere Namen rief – er war sich nicht sicher, ob wir aus diesem Dämmerzustand je wieder erwachen würden. Später, als ich wieder bei mir war und meinen Puls fühlte, stellte ich eine Pulsfrequenz von nur fünfzig oder sechzig pro Minute fest. Ich bat den Stationsarzt, bei uns beiden ein EKG zu machen, denn ich glaubte, das Virus habe auch unsere Herzmuskeln affiziert. Dann beobachteten wir, daß unser Urin sich dunkel verfärbte, und befürchteten, daß wir Gelbsucht bekämen, aber

Dr. Fisher-Hoch sagte, der Urin sei vermutlich nur hochkonzentriert, weil wir nicht genug Flüssigkeit aufnehmen könnten. An einem anderen Tag hatte ich starke Schmerzen im Oberbauch und erinnerte mich an die Leber des Patienten, den wir operiert hatten. Ich sagte zu Shafiq, unsere Lebern sähen jetzt vermutlich genauso aus, dunkel verfärbt, mürbe und geschwollen. Nach sieben oder acht Tagen hörten die Schmerzen auf, und Dr. Fisher-Hoch kam in einem normalen Kleid, ohne chirurgischen Kittel und Mundschutz, in unser Zimmer. Sie schüttelte uns die Hände und sagte, wir seien über den Berg und dürften das Zimmer verlassen, weil wir für andere Menschen keine Gefahr mehr darstellten. Die Ribavirin-Behandlung war noch nicht beendet, wir nahmen das Medikament noch eine Woche lang im Krankenhaus und weitere drei Tage zu Haus. Man sagte uns, wir sollten uns auf sechs Wochen Rekonvaleszenz vorbereiten. In dieser Phase waren wir noch so schwach, daß wir müde wurden, wenn wir nur eine Stunde lang mit Freunden zusammengesessen hatten. Nach etwa sechs Wochen waren wir aber tatsächlich völlig wiederhergestellt, und ich nahm meine Arbeit im Krankenhaus wieder auf. Als ich eines Tages nach Haus kam, sagte meine Mutter: ‹Wieso arbeitest du schon wieder soviel? Du bist dünn wie ein Stock, ruh dich lieber aus.› Dann fielen alle über mich her und sagten, ich solle mich schonen. Aber ich fühlte mich gut. Shafiq und ich hatten allerdings beide sehr viel Gewicht verloren. Wir aßen und aßen, als wir wieder zu Hause waren, manchmal vier, fünf, sechs Mahlzeiten am Tag.

Meine Hochzeit mit Saima war schon geplant und fand zweieinhalb Monate später statt. So kurz nach meiner Krankheit hatte ich jedoch Bedenken, ob wirklich keine Gefahr mehr bestand, daß ich sie infizierte. Aber als ich Dr. Fisher-Hoch danach fragte, beruhigte sie mich und sagte, es sei nichts zu befürchten.

Der schlimmste Teil waren die sieben Tage in der Universitätsklinik, als mir das Schicksal meines Freundes, der an CCHF gestorben war, unentwegt im Kopf herumging.»

Nun wandten wir uns Dr. Shafiq zu, der die ganze Zeit geschwiegen hatte.

«Ich habe nichts anderes erlebt als das, was Jamil gerade erzählt hat», sagte er, «aber ich war viel deprimierter. Meine Frau war so verzweifelt. Jamil war noch unverheiratet, aber ich habe eine Frau und drei Kinder. Ich war furchtbar in Sorge um meine Familie. Was würde nach meinem Tod mit ihnen geschehen? Wer würde für sie sorgen? Das war es, was mich von Anfang an bedrückte und mich die ganze Zeit nicht losließ.»

Für einen Augenblick saßen wir alle still und nachdenklich da. Dann rafften wir uns auf und sagten gute Nacht. Mitternacht war schon vorüber.

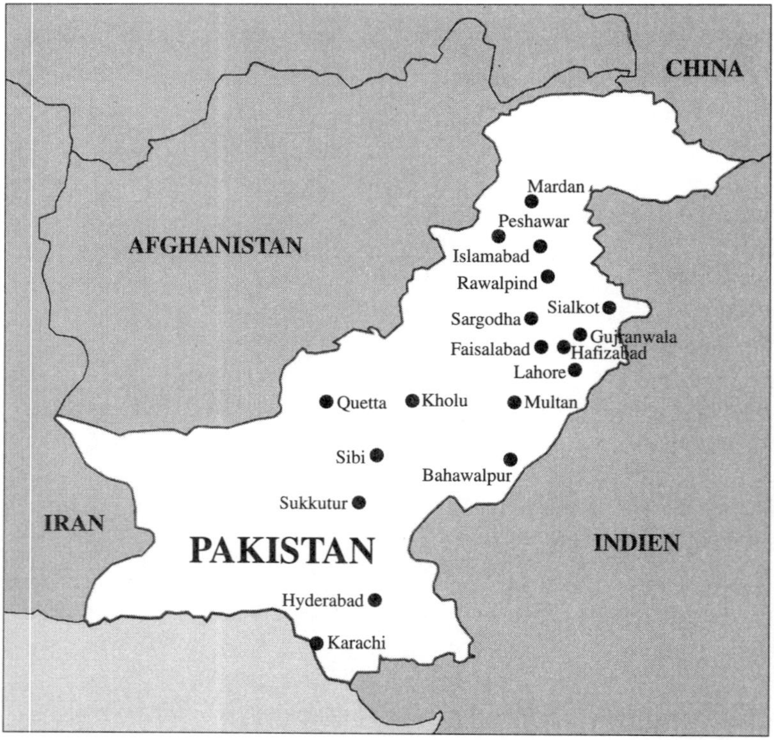
CHINA
AFGHANISTAN
Mardan
Peshawar
Islamabad
Rawalpind
Sialkot
Sargodha
Gujranwala
Faisalabad
Hafizabad
Lahore
Quetta
Kholu
Multan
Sibi
Bahawalpur
Sukkutur
IRAN
PAKISTAN
INDIEN
Hyderabad
Karachi

Zwischen zwei Welten

(Joe:) Ärzte wie Dr. Jamil und Dr. Shafiq, zu deren Rettung Sue beigetragen hatte, erfüllen in Entwicklungsländern eine außerordentlich wichtige Funktion. Sie sind Träger der Zukunftshoffnungen und – als Angehörige eines angesehenen Berufsstandes – des Stolzes ihrer Gesellschaft. Sie sind intelligente, engagierte, hart arbeitende Menschen, die sich dem Dienst an ihrer Gemeinschaft verschrieben haben; die Verbesserungen, die sie schaffen, sind konkret und greifbar. Auch die jungen Teilnehmer unseres epidemiologischen Ausbildungsprogramms an der Aga-Khan-Universität, die ihr Medizinstudium bereits absolviert haben, sind gescheit, enthusiastisch, unermüdlich aktiv und hoch motiviert. Sie wollen etwas Sinnvolles tun, sind risikobereit und streben nicht in erster Linie nach Wohlstand und Sicherheit. Vor allem sind sie bereit, in ihrem eigenen Land zu arbeiten. Die medizinische Fakultät der Aga-Khan-Universität hat ein hohes Niveau und bildet fähige, hochkompetente Ärzte aus, aber ihre Absolventen, ebenso wie die anderer renommierter medizinischer Ausbildungsstätten in Pakistan, streben in der Regel danach, in westliche Industrieländer zu gehen und sich dort weiter zu spezialisieren. Viele kehren nie in ihr Land zurück. Wir bemühten uns, unseren Studierenden zu vermitteln, daß sie nirgendwo größere Herausforderungen oder Befriedigung finden würden als bei der Pionierarbeit im eigenen Land, in dem die Vorsorge für die Gesundheit der Bevölkerung so dringend gebraucht wird. Wenn sie in den Westen gingen, um dort ihre Assistenzzeit abzuleisten oder sich zu spezialisieren, hätten sie immer nur mit einzelnen Patienten zu tun. Und selbst wenn sie dann nach Pakistan zurückkehrten, um in Krankenhäusern zu arbeiten, wäre ihr Beitrag zum Wohl der Gesamtbevölkerung nur marginal. Wir hofften, ihnen eine Vision vermitteln zu können und eines Tages eine kritische Masse von Epidemiologen zu schaffen. Dann, so glaubten wir, bestünde die Chance, das gesamte

Gesundheitssystem des Landes zu verändern und von einem überwiegend klinischen Ansatz zum Konzept der Prävention überzugehen. Ein solches Konzept ließe sich mit den vorhandenen Ressourcen vereinbaren und würde den Bedürfnissen der Bevölkerung weitaus besser gerecht werden.

Sue machte sich daran, an der AKU aus dem Nichts eine virologische Abteilung aufzubauen. Das Studium und die Praxis der Virologie existierten in Pakistan praktisch nicht. Sue arbeitet wie ich mit jungen Leuten in ihrem Labor und beteiligt sich an unseren Forschungsprojekten. Diese Projekte erstrecken sich über ein weites Feld – vom Studium verbreiteter Krankheiten wie Diarrhoe, Pneumonie und Tuberkulose, der Ermittlung der häufigsten Todesursachen innerhalb der Bevölkerung, der Fürsorge für Opfer von Verletzungen, Verbrennungen und Gewalt bis hin zu neuen Konzepten für die medizinische Versorgung der Armen in den Städten und auf dem Land. Im ersten Jahr bildeten wir sechs Epidemiologen aus. Sobald wir sahen, daß sie auf ihre Aufgabe vorbereitet waren, schickten wir einige von ihnen auf Virenjagd. Wir entsandten Aamir Javed Khan in eine der entlegensten Regionen auf dem Angesicht unseres Planeten, in die Bergwüsten von Baluchistan, wo er nach der Häufigkeit von Krim-Kongo-Fieber-Fällen unter den dort lebenden Nomaden forschte. Es war eine schwierige, mühevolle Aufgabe – und er nahm sie begeistert an.

Sue und ich lasen Aamirs Bericht: «Im Sommer 1995 trieb Taj Mohammed, ein Baluchi-Hirte der Khetrani-Nomaden von Narkot im Barkhan-Distrikt von Baluchistan, die Schaf- und Ziegenherden seiner Familie in die Berge hinauf, auf ein Gelände, das er als Sommerweide ausgewählt hatte. In der letzten Augustwoche kehrte er jedoch zu seiner Familie zurück und sagte, er fühle sich schwach und fiebrig...»

Aamir Javed Khan ist unbezweifelbar einer der Besten. Es wäre ihm ein leichtes gewesen, sein Glück im westlichen Ausland zu suchen, denn er hatte das Examen, das ihn für ein Assistenzjahr in den USA qualifizierte, mit Bravour bestanden. Aber er wies diese Möglichkeit zurück. Er ist ein kräftiger, untersetzter, gutaussehender Mann, mal mit und mal ohne Bart, je nach der Intensität seiner Studien (je mehr Zeit er über den Büchern verbringt, desto mehr Bartwuchs), und er hat eine Leidenschaft für gutes Essen. Seine Ahnen waren zentralasiatische Usbeken, wofür sein rundes Gesicht und das Glitzern in seinen schwarzen Augen Zeugnis ablegen. Aamir hatte bereits bei verschiedenen epidemiologischen Projekten wichtige Aufgaben übernommen, unter anderem bei einer AIDS-Studie unter Gefangenen in Sindh und bei unserer Hepatitis-C-Studie.

Die Idee für die Studie unter der nomadischen Bevölkerung der Bergregionen Baluchistans kam mir, als ich im Serena Hotel in Quetta mit Grippe zu Bett lag. Aamir, Jamil, Shafiq und Sue hatten sich zu einer improvisierten Arbeitssitzung in meinem Zimmer eingefunden, und wir sprachen über verschiedene Wege, mögliche CCHF-Infektionsquellen zu identifizieren. Wir sollten Stichprobenerhebungen in der Bevölkerung durchführen, darüber waren wir uns alle einig. Aber wo sollten wir sinnvollerweise anfangen? Da zündete der Funke, und ich richtete mich abrupt im Bett auf. «Bei den Nomaden», sagte ich.

Wir wußten, daß die Nomaden engen Kontakt mit Schafen und Ziegen hatten und folglich auch mit den Schildzecken, die diese Tiere befielen. Vor kurzem waren wir abends in einem ruhigen Innenhof der Aga-Khan-Universität einem Baluchi-Hirten begegnet. Er trug die traditionelle Stammeskleidung, ein langes weißes Gewand und einen locker geschlungenen, malerischen weißen Turban. Er erzählte uns, es habe in seinem Volk in letzter Zeit viele Tote gegeben.

Aamir machte sich mit einem Team in die Berge auf, um den Fällen nachzugehen, über die wir von dem Baluchi-Hirten gehört hatten. Nach einer langen, mühsamen Reise erreichten sie das Kholu-Tal.

«Die Straße ist furchtbar», schrieb er in seinem Bericht. «Von Quetta bis zum Kholu-Tal brauchten wir zwölf Stunden. Es gibt dort keine Hotels, aber wir hatten Glück: Wir fanden in einem Gästehaus der Regierung Unterkunft. Das Tal selbst ist öde und trocken, aber beeindruckend schön. Nachts fallen die Temperaturen unter den Nullpunkt, am Tag ist es sonnig und warm. Es gibt kaum Vegetation, aber dennoch ist die Talsohle voll von den Zelten der Nomaden und ihren Kamelen, Ziegen und Schafen.

Die Baluchis sind über weite Gebiete Afghanistans, Pakistans und des Iran verbreitet. Dieses Volk hat eine hohe Kunst der Teppichweberei entwickelt, und die Frauen fertigen Stickereien von unglaublicher Feinheit an. Es gibt keine Elektrizität. Wasser ist rar. Es gibt kein Gas oder Kerosin zum Kochen. Das ist absurd, denn die reichsten Erdgasvorkommen Pakistans – in Sui – sind weniger als zweihundert Kilometer entfernt. Aber diese Menschen erhalten keinen Ersatz für die Ausbeutung der Bodenschätze auf ihrem eigenen Territorium, nicht einmal Gas. Außerdem sind sie durch den Krieg in Afghanistan an ihren traditionellen Sommermigrationen zu Weidegründen, die hoch in den Bergen liegen, gehindert. In den öden Bergwüsten Baluchistans überleben sie nur mit knapper Not.

Ein universelles Symbol für das Vordringen der Industriekultur in die fernsten Winkel der Welt ist die Coca-Cola-Werbung. Im Kholu-Tal ist weit und breit keine Cola-Reklame zu sehen.»

Aamir war von der strengen Schönheit der Wüstenlandschaft und von dem harten Los der Nomaden offensichtlich tief berührt. Vielleicht hing seine Empathie mit seiner eigenen Herkunft zusammen; die Usbeken kommen aus dem nördlichen Afghanistan und dem asiatischen Teil der früheren Sowjetunion. Sie sind praktisch die Nachbarn der Baluchis, und viele ihrer traditionellen Clans und Stammesgemeinschaften erleiden ein ähnliches Schicksal.

In seinem Bericht hieß es weiter: «Im Laufe der nächsten drei oder vier Tage wurde Taj Mohammed immer schwächer und litt unter schweren Rückenschmerzen. Zunächst entschied er sich, bei seiner Familie zu bleiben und auszuruhen, aber am 28. August begann sein Zahnfleisch heftig zu bluten, und seine Angehörigen brachten ihn ins staatliche Krankenhaus der Bezirkshauptstadt Barkhan, die etwa eine halbe Stunde Fahrt mit dem Geländewagen von Narkot entfernt ist. Der Arzt, der ihn untersuchte, erklärte den Anwesenden, der Patient brauche Schlangenserum, und das sei in Barkhan nicht verfügbar. Er riet der Familie, mit dem Kranken in den eine weitere Stunde Fahrt entfernten Marktflecken Kholu zu fahren, wo das Gegengift beschafft werden könnte. Taj Mohammed hatte zu diesem Zeitpunkt auch aus der Nase zu bluten begonnen. Am 30. August wurde der Patient in Kholu von Dr. Usman untersucht. Dr. Usman leitete eine kleine Klinik, die aus nur zwei Räumen bestand, und arbeitete mit einem einheimischen Naturheiler und Herbalisten zusammen. Sie behandelten und reinigten das Zahnfleisch des Kranken mit einer Kräutertinktur.

Am zweiten Tag nach der Einweisung begann der Patient, Blut zu erbrechen. Dr. Usman rief zwei weitere Ärzte an, die in Kholu praktizierten, Dr. Aurangzeb und Dr. Khair Mohammed, und bat sie, sich den Patienten anzusehen. Das Trio kam zu dem Schluß, daß der Biß einer kleinen, in der Region verbreiteten Giftschlange, der von den Nomaden nicht immer bemerkt wird, für den Zustand des Kranken verantwortlich sei. Man spritzte ihm Schlangenserum. Die Ärzte rieten den Begleitern des Patienten jedoch, ihn in der nächstgrößeren Stadt Multan ins staatliche Krankenhaus zu bringen. Aber Taj Mohammed weigerte sich; er wollte zurück nach Hause, nach Narkot. Dort angekommen, fiel er ins

Koma und starb. Khan Mohammed, sein Bruder, erinnerte sich, daß der Kranke bläulich-schwarze Flecken am Körper gehabt hatte und feine rote Pünktchen auf dem Bauch.

Khan Mohammed war seinem kranken Bruder die ganze Zeit nicht von der Seite gewichen, hatte versucht, ihm zu helfen, und ihm auch das Blut abgewischt. Drei Tage nach Taj Mohammeds Tod wurde Khan Mohammed febril. Er hatte am ersten oder zweiten Tag seiner Krankheit starke Bauchschmerzen und erinnerte sich, daß auf der Bauchdecke feine, punktförmige Blutungen erschienen waren. Er hatte auch Schmerzen im unteren Rücken und in den Kniegelenken. Zwei oder drei Tage lang ging es ihm sehr schlecht, aber dann erholte er sich wieder.

Dr. Usman bekam am 2. September hohes Fieber. Er setzte seine Arbeit während der nächsten zwei Tage fort, obwohl er sich schwach fühlte und Gliederschmerzen hatte. Am Morgen des fünften Tages bemerkte Dr. Usmans Onkel, daß Mund und Zahnfleisch seines Neffen voller Blut waren. An diesem Punkt ging Dr. Usman ein Licht auf, und er teilte seiner Familie und seinen Freunden mit, daß er sich bei der Behandlung des Indexfalles, Taj Mohammed, mit einem Virus infiziert habe. Er war damit einverstanden, daß man ihn in die etwa sechs Stunden Fahrt entfernte Stadt Dera Ghazi Khan brachte. Dort wurde er in eine Privatklinik eingewiesen und von Dr. Yousuf untersucht. Dr. Yousuf machte einen Bluttest, um die Thrombozytenwerte seines Patienten zu ermitteln; sie lagen bei 16 000 (mehr als 200 000 ist das normale Niveau). Er riet Dr. Usman, im Krankenhaus des Nishtar Medical College in Multan medizinische Hilfe zu suchen. Als Dr. Usman schließlich im Krankenhaus von Multan ankam, war es nach Mitternacht, und es war kein Arzt zur Stelle, der sich sofort um ihn hätte kümmern können. Er wurde am frühen Morgen des 6. September auf die Familienstation dieses staatlichen Krankenhauses verlegt. Man behandelte ihn auf Typhus und Malaria, aber ohne Erfolg. Sein Fieber hielt an, sein Zustand verschlimmerte sich, und seine Thrombozytenzahl blieb extrem niedrig. Dr. Usman war noch bei Bewußtsein und konnte essen, aber am Morgen des 7. September begann er aus dem Rektum zu bluten. Die Blutungen hielten den ganzen Tag über an. Er bekam eine Bluttransfusion. Am Nachmittag riet der behandelnde Arzt dazu, den Patienten in die Universitätsklinik in Karachi zu verlegen. Dr. Usman begann Blut zu erbrechen und starb noch am Abend desselben Tages, bevor man ihn nach Karachi bringen konnte.

Am späten Nachmittag, kaum zwei Stunden vor seinem Tod, hatte sich eine Karawane von Menschen, rund vierzig männliche Verwandte und Freunde, um sein Bett versammelt. In Baluchistan, wie in Afrika, sind Krankheit und Tod keine Privatsache. Der Patient war voller Blut und das Bettzeug war blutdurchtränkt; viele der Anwesenden, die trösten und helfen wollten, waren dem direkten Kontakt mit großen Mengen infizierten Blutes ausgesetzt. Die Leiche wurde nach Kholu überführt und begraben. Fünf Tage später erkrankte einer der Verwandten, Jawand Shah, der kurz vor Dr. Usmans Tod in Multan eingetroffen war und sich besonders liebevoll um den Sterbenden gekümmert hatte. Er wurde von Dr. Aurangzeb, der auch in Taj Mohammeds Fall hinzugezogen worden war, untersucht. Der Arzt diagnostizierte Schlangenbiß. Dann wurde Jawand Shahs Blut auf Malaria getestet, und die Tests fielen positiv aus. Aber am nächsten Tag begann der Patient, aus dem Zahnfleisch zu bluten. Auch er wurde ins staatliche Krankenhaus von Dera Ghazi Khan gebracht, wo Dr. Manzoor Ahmed Quamar ihn untersuchte. Seine Thrombozytenwerte waren extrem niedrig, und am Morgen des 19. September bekam er Nasenbluten und erbrach große Mengen frischen Blutes. Jawand Shah starb um die Mittagszeit desselben Tages, seine Leiche wurde am nächsten Tag nach Kholu überführt. Jawands Onkel, Azim Khan, wusch den Toten, um ihn für die Bestattung vorzubereiten...»

An dieser Stelle des Berichts hörten wir auf zu lesen und begannen, die CCHF-Infizierten zu zählen; zehn alles in allem, und vier davon waren gestorben. Aamir hatte Daten über alle in Frage kommenden Infektionsquellen wie Zeckenbisse und den Umgang mit Herdentieren gesammelt. Schildzecken sind Parasiten, die sich mit Vorliebe in der Haut von Schafen, Ziegen und Kamelen einnisten – das Infektionspotential war also enorm. Man brauchte nicht viel Phantasie, um sich eine Stadt wie Multan als Ausgangspunkt einer Kettenreaktion vorzustellen. Karachi ist von Multan eine knappe Flugstunde entfernt. Von Karachi nach Europa braucht man mit dem Flugzeug etwa acht Stunden, und in die USA nicht mehr als dreißig Stunden. Geographische Grenzen bedeuten in unserer heutigen Welt nicht mehr viel, und ein fettes Bankkonto bietet keine Garantie, daß man von tückischen Viren und tödlichen epidemischen Krankheiten verschont bleibt. Wir leisten unserem eigenen Verderben Vorschub, wenn wir die Krankheiten, die in Entwicklungsländern wüten, ignorieren. Karachi, die Stadt, in der wir jetzt leben, ist ein wichtiges Glied in der Kette.

Um das allgemeine städtische Krankenhaus von Karachi zu erreichen, muß man sich durch Straßen hindurchwinden, die von Autos, Bussen, Lastwagen, Motorrikschas, Karren, Eseln, Mulis und Kamelen wimmeln. Die alte Bundah Road führt mitten durch eine desolate urbane Landschaft von rissigen Gehsteigen, zerfallenden Gebäuden und offenen Abwassergräben zum Krankenhaus und weiter zum Hafen hinunter.

Dr. Bazmi Inam, ein Kinderarzt, der sich an der AKU auf das Fachgebiet öffentliches Gesundheitswesen spezialisiert, ist ein schlanker, ernster Mann von Ende Dreißig. Er strahlt eine gewisse Aura von Resignation und Weltschmerz aus, die er vermutlich in Jahren des Kampfes gegen die allgegenwärtige Armut und die Starrköpfigkeit der Bürokraten erworben hat. Obwohl er in der Universitätsklinik der AKU arbeitet, seit sie gegründet wurde, betrachtet er eines der beiden staatlichen Hospitäler Karachis, das allgemeine städtische Krankenhaus in der Altstadt, als seine «Ziehmutter». Dort leistete er seine Assistenzzeit ab, dort sammelte er seine wichtigsten Erfahrungen als Arzt. Von Zeit zu Zeit kehrt er in dieses Krankenhaus zurück, um zu schauen, wie die Dinge dort stehen. Während er das Auto durch den chaotischen Verkehr steuert, zieht er eine Grimasse. «Ich fahre immer mit geschlossenen Fenstern.» Die von den Abgasen der Fahrzeuglawine verpestete Luft hängt wie eine undurchdringliche Glocke über der Altstadt. Durch die Bevölkerungsexplosion, sagt Dr. Bazmi, wird die Umweltverschmutzung ungeahnte Ausmaße erreichen. In einer neueren Studie wurde der Bleigehalt der Luft in verschiedenen Metropolen der Welt verglichen; in Karachi wurden die höchsten Werte gemessen, obwohl der frische Wind, der vom Meer herüberweht, den dichten Dunstschleier gelegentlich auflöst. In Pakistan ist das Benzin, wie sich herausstellte, stärker verbleit als in jedem anderen Land der Welt.

Das städtische Krankenhaus bietet den desolaten Anblick eines Skeletts, an dem noch einige Lumpen hängen. Der Putz der Fassade ist zum größten Teil abgebröckelt, die düstere Eingangshalle schreit nach einem frischen Anstrich. Bazmi sagt, mit dem städtischen Krankenhaus – wie mit den meisten öffentlichen Hospitälern in Pakistan – sei es in den letzten Jahren rapide bergab gegangen. Er schreibt dem korrupten sozialpolitischen System des Landes und der allgegenwärtigen Vetternwirtschaft diesen Niedergang zu. Ärzte und Administratoren gelangen nicht aufgrund ihrer Fähigkeiten zu den höchsten und prestigereichsten Positionen, sondern aufgrund ihrer Beziehungen. Die Bemühungen engagierter Ärzte um die Einführung eines effizienten sozialmedizinischen Systems fanden bei der Regierung kein Gehör. Medizinische Ausbildungsstätten schenken den Bereichen der Prävention und der Familienmedizin wenig Beachtung. Sie bevorzugen die klinische Ausbildung und insbesondere die Spezialisierung auf Fachgebiete. Außerdem wird weniger als ein Prozent des Bruttosozialprodukts auf die Bereiche Gesundheitsvorsorge und Erziehung – zusammengenommen – verwendet; fünfunddreißig Prozent fließen dagegen in die Armee und weitere dreißig Prozent in die Staatsverschuldung. «Wir leiden sowohl unter Problemen, die für Entwicklungsländer charakteristisch sind, als auch unter den typischen Problemen der Industriezivilisation», sagt Bazmi, «und wir können beide Problemkreise schlecht bewältigen.»

Das städtische Krankenhaus in der Altstadt Karachis ist die letzte Zuflucht für die Armen – wie das Mama Yemo Hospital in Freetown, das Treichville Hospital in Abidjan und das öffentliche Krankenhaus in Kikwit, der Schauplatz der letzten Ebola-Epidemie in Zaire. Es unterscheidet sich nicht von den zahllosen, völlig verarmten öffentlichen Hospitälern, die man überall in den Städten der Dritten Welt findet. Das Schreien verängstigter Kinder und das Stöhnen der Verletzten hallt durch den Vorraum der Notaufnahme. Manche der Frauen tragen Saris oder Punjabi-Kleider und Hosen in leuchtenden Farben, andere sind ganz in schwarz und dicht verschleiert. Im Bekleidungsstil der Männer beobachtet man eine Vielfalt, die von westlicher Kleidung über die verbreiteten, um die Hüften geschlungenen Tücher und weiten, langen Hemden bis zu den fließenden Gewändern und üppigen Turbanen der Bergbewohner reicht. In einem aber sind sie sich alle gleich: in ihrer Armut – und darin, daß sie dringend medizinische Versorgung brauchen. Diese beiden Probleme scheinen untrennbar zu sein. Die Behandlung im Krankenhaus ist zwar kostenlos, aber das große Dilemma liegt darin, daß die Patienten die Medikamente und anderen medizinischen Hilfsmittel, die sie brauchen, selbst bezahlen müssen.

Dieses 1700-Betten-Hospital ist das größte des Landes. Typhus und Cholera sind für große Zahlen von Einweisungen verantwortlich – ein unübersehbarer Hinweis darauf, daß sauberes Wasser und unbedenkliche Nahrung in der Stadt Mangelware sind. Das Krankenhaus stellt Verpflegung für die Patienten zur Verfügung, aber es ist den Familien erlaubt, ihre Kranken selbst mit Essen zu versorgen. «Das ist auch besser so», sagt Dr. Bazmi trocken.

Aufgrund mangelnder Mittel ist es schwierig, Medikamente und

Blutkonserven für die Patienten zu beschaffen. Die Wiederverwendung gebrauchter Injektionsnadeln und Transfusionen mit ungetestetem Spenderblut sind allgemein üblich. Medizinstudenten der AKU gründeten kürzlich eine Vereinigung, die Spenden für eine grundlegende, solide medizinische Versorgung der Armen sammelt. Ein Transparent mit ihrem Motto «Wir fühlen mit – wir helfen mit» hängt weithin sichtbar über der Blutbank. Wie in anderen Megastädten Afrikas und Asiens ist auch in Karachi die Bevölkerungszahl explosionsartig angewachsen. Als Pakistan 1947 unabhängig wurde, war Karachi eine schläfrige Hafenstadt mit rund 300 000 Einwohnern. Jetzt beträgt die Einwohnerzahl nahezu zwölf Millionen und wächst immer weiter an, jedes Jahr um etwa sechs Prozent. Seit den frühen achtziger Jahren wurde keine Volkszählung durchgeführt. Politische Ämter und Sitze im Parlament werden gemäß der Bevölkerungszahl jeder demographischen Gruppe verteilt. Aufgrund ethnischer und lokalpolitischer Konflikte war die Regierung unfähig und nicht willens, neue Bevölkerungsstatistiken zu erheben. Die sozialpolitischen und ethnischen Spannungen, die das Wachstum Karachis begleiten, spiegeln sich in den immensen Zahlen jener, die allnächtlich bei «Zusammenstößen mit der Polizei», wie man es nennt, festgenommen, verwundet oder getötet werden. Bazmi bezeichnet die Situation als «unterschwelligen Bürgerkrieg». In anderen Megastädten rund um den Globus findet man zahllose Variationen desselben Themas. Gewalt ist der letzte Ausweg der Armen und Unterdrückten dieser Welt.

In Afrika und Südamerika beobachteten wir dieselbe Situation: Die verarmte Landbevölkerung strömt in die Städte, in der Hoffnung, dort Arbeit und ein Auskommen zu finden. Karachis Ruf als einer der wichtigsten Handelsknotenpunkte des Subkontinents zieht darüber hinaus Menschen aus Zentral- und Südostasien und sogar aus Rußland an. Tausende von illegalen Einwanderern bauen sich in verwahrlosten Stadtteilen provisorische Unterkünfte. Diese Hüttenstädte werden von der Polizei regelmäßig niedergerissen und von den Bewohnern ebenso regelmäßig wiederaufgebaut. Da durch die zunehmende Geburtenzahl und durch Einwanderung immer mehr Menschen hinzukommen, bricht die ohnehin belastete Infrastruktur zusammen. Der Nachtwind verteilt den Gestank ungeklärter Abwässer über die ganze Stadt. In vielen Stadtteilen existiert kein Sanitärsystem, die Abwässer fließen durch offene Gräben. Das Leitungswasser der Stadt ist als Trinkwasser nicht geeignet. In vielen Stadtgebieten muß das Wasser in Tankwagen geliefert werden, entweder weil die Wasserleitungen nicht ausreichen oder weil die Wasserversorgung aufgrund von «Reparaturarbeiten» unterbrochen ist. Da die sanitären Anlagen so lückenhaft und unzureichend sind, gelangen fäkale Materialien in das Trinkwasser und die Nahrung. Typhus und andere Salmonelleninfektionen, Shigella, Cholera, E Choli und viele andere bakterielle oder virale gastrointestinale Infektionen sind daher epidemisch verbreitet. Sie werden – oft unangemessen oder unzureichend – mit Breitbandantibiotika behandelt, was den Effekt hat, daß Bakterienstämme selektiert werden, die gegen viele Antibiotika resistent sind. Es ist ein Kreislauf ohne Ende: Bakterien befallen Millionen menschlicher Körper, werden mit Antibiotika bekämpft und bilden resistente Stämme, die wieder ins Wasser hineingelangen.

Das beste Beispiel ist der Typhuserreger *Salmonella typhi*, das Bakterium, das in den Krankenhäusern Karachis in Blutkulturen am häufigsten isoliert wird: ursprünglich konnte es mit den gebräuchlichsten, billigsten Antibiotika erfolgreich bekämpft werden, aber inzwischen ist es gegen drei oder mehr Antibiotika völlig resistent. Ähnliches gilt für einen neuen Strang von Cholerabakterien, den man mit der Ziffer 0139 bezeichnet; er entwickelte sich in Südasien – Karachi eingeschlossen –, und ist gegen die Sulfonamide, mit denen man die Krankheit zu behandeln pflegte, resistent geworden.

Welche Wahlmöglichkeiten hat die verarmte Landbevölkerung? Nehmen wir die Bergnomaden – was sollen sie tun? In öden Tälern ausharren, wo sie durch den Krieg an der Fortsetzung ihrer traditionellen Lebensführung gehindert sind, und verhungern oder an den zahllos vorhandenen Infektionskrankheiten sterben? Oder ihr Glück in einer Stadt wie Karachi suchen?

Ein krasserer Kontrast als der zwischen dem städtischen Krankenhaus in der Altstadt von Karachi und der modernen, in einer eleganten Wohngegend gelegenen Universitätsklinik der AKU ist kaum vorstellbar. Die AKU, die mit ihren Höfen und ihren Fassaden aus Marmor, Kacheln und rotem Sandstein an das goldene Zeitalter der Sindi-Architektur erinnert, ist wahrscheinlich eine der besten Universitäten auf dem asiatischen Subkontinent. Sie wurde vor zehn Jahren erbaut, für die – zumindest nach pakistanischen Maßstäben – exorbitante Summe von 300 000 Dollar. Obwohl in der Universitätsklinik stets Betten für Patienten reserviert sind, die kostenlos behandelt werden, stehen ihre Dienste überwiegend den relativ Reichen zu Verfügung. Allgemeine Krankenkassen oder Krankenversicherungen existieren in Pakistan praktisch nicht. Zum Universitätskomplex gehören unter anderem die *Medical School* mit ihrer Abteilung für Sozialmedizin und öffentliches Gesundheitswesen, das Klinikum, eine Ausbildungsstätte für Pflegeberufe und ein erziehungswissenschaftliches Institut. Die Anlage der Gebäude, die um eine Reihe von Innenhöfen angeordnet sind, ist der traditionellen Wüstenarchitektur abgeschaut; die Höfe bleiben immer schattig und kühl, selbst in der erdrückenden subtropischen Mittagshitze. Patienten und ihre Familien versammeln sich regelmäßig an diesen friedlichen Orten, um miteinander zu plaudern. Dennoch kämpft die AKU, wie so viele renommierte medizinische Institutionen überall auf der Welt, mit dem Problem, wie man allen – die Armen eingeschlossen – beste medizinische Versorgung zuteil werden lassen und und die dadurch anfallenden Kosten decken kann. Das ist eine sozialökonomische Schizophrenie, für die es kein einfaches Heilmittel gibt.

Dr. Saeed Hamid ist ein freundlicher Mann, der seine Facharztausbildung als Gastroenterologe in London absolviert hat. Seine sanfte Sprechweise und seine zurückhaltende Art überdecken eine gewisse Ungeduld. Da er ständig mit Problemen der öffentlichen Gesundheit wie der epidemischen Ausbreitung von Hepatitis konfrontiert ist, hat er verstanden, daß die Krankheiten, die er behandelt, eher ökonomische und soziale als medizinische Probleme sind. Ein halbes Dutzend eifrige junge Assistenzärzte folgen ihm an vier oder fünf Vormittagen in der Woche bei seiner Visite. Wir schließen uns an.

Der erste Patient, den wir sehen, ist ein dunkelhäutiger, graubärtiger Mann von sechzig Jahren, der an einer schweren Hepatitis B leidet. Dieses Virus wird wie Hepatitis C parenteral übertragen und zerstört langsam die Leber, aber es gibt einen Impfstoff, der gegen Hepatitis B wirksam ist. Das Problem ist nur, daß in Ländern wie Pakistan, in denen die Menschen solche Vakzine wirklich brauchen und schon als Kinder geimpft werden sollten, keine Reihenimpfungen durchgeführt werden. Wie bei vielen anderen Patienten sind auch bei diesem Mann seit Jahren immer wieder Krankenhausaufenthalte notwendig. Das einzige, was jetzt noch für den Patienten getan werden kann, ist die Behandlung seiner Symptome: die Drainage der Flüssigkeitsansammlung in der Bauchhöhle, Albumininjektionen, um sein Serumprotein zu erhöhen. Diese nur zeitweilig wirksamen Maßnahmen stellen keine Heilung dar. Saeed sagt, daß die Geldmittel, die für eine solche Behandlung aufgewendet werden müssen, für die Impfung von fünfzig oder mehr Personen ausreichen würden. Seine Station ist voll von solchen Patienten.

Die zweite Patientin, die Saeed an diesem Morgen besucht, ist ebenfalls im Endstadium einer Lebererkrankung. Sie ist zweiundfünfzig Jahre alt und hat schon zahllose Krankenhausaufenthalte hinter sich. Sie geht selten ein zweites Mal zu demselben Arzt. Das ist ein weiteres großes Problem, erklärt Saeed. Es ist in diesem Land nicht üblich, daß man einen Hausarzt hat, den man mehr oder minder regelmäßig aufsucht, folglich ist auch niemand da, der die Krankheit im Frühstadium erkennt, wenn man sie am effektivsten behandeln kann. Der dritte Patient leidet nicht nur an Leber-, sondern auch an Nierenversagen. Das ist kein Zufall. Patienten, die häufiger Bluttransfusionen erhalten oder regelmäßig zur Dialyse gehen, sind einem größeren Risiko ausgesetzt, durch unsterile Kanülen mit Hepatitisviren infiziert zu werden.

«Wir sagen den Leuten in den Dialysezentren immer und immer wieder, daß sie für Hepatitis-B- und -C-Patienten separate Dialysegeräte bereitstellen sollen, um die Infektionsgefahr für andere Patienten zu minimieren», sagt Saeed. «Aber das ist teuer. Bisher konnten die Zentren nur für Hepatitis-B-Fälle eigene Geräte reservieren, aber nicht für Hepatitis C.»

Auch das veranschaulicht wieder den durch Mangel an Ressourcen und Unkenntnis verursachten unangemessenen Gebrauch westlicher medizinischer Technologien – es werden keine Reihenimpfungen gegen Hepatitis B durchgeführt, aber es gibt Dialyseeinrichtungen in den öffentlichen Hospitälern.

Saeed eskortiert seine Assistenzärzte in die ein Stockwerk tiefer gelegene Notaufnahme. Er will nach einem Patienten sehen, der auch an einer Lebererkrankung im Endstadium leidet und der zwei Nächte zuvor eingewiesen wurde, weil er Blut erbrach. Am Tag nach seiner Einweisung, erzählt Saeed, verließ er das Krankenhaus auf eigene Faust, weil er sich besser fühlte. Kaum war er zu Haus, begann er wieder, Blut zu erbrechen. Also kam er zurück.

«Es wäre besser und auch kostensparend gewesen, wenn er gleich hiergeblieben wäre», sagte Saeed. «Aber ich kann verstehen, daß der Mann nach Haus wollte. Seine Uhr läuft ab.»

Nur wenige Meilen vom Zentrum Karachis mit seinen Bürohochhäusern, Banken und Boutiquen entfernt liegt der Stadtteil Essa Nagri, ein Slum, der in Urdu *katchi abadi* genannt wird. Das bedeutet soviel wie Elendslager. Essa Nagri ist eines von fünf Slumgebieten, in denen die Abteilung für Sozialmedizin und öffentliches Gesundheitswesen der AKU arbeitet. Hier wird die AKU durch Shaista John, eine hübsche, neunundzwanzigjährige Sozialpädagogin, und Safia Dhouri, eine sympathische Frau von Anfang Fünfzig, repräsentiert. Safia ist für den Gesundheitsdienst zuständig und macht Hausbesuche. In diesem Land können nur Frauen eine solche Aufgabe übernehmen, denn Männer würden nicht eingelassen.

Man erreicht die Sozialstation der AKU über eine der sieben ungepflasterten Gassen, die sich durch den Stadtteil winden. In diesen Gassen wimmelt es von Kindern und Eselskarren, untermischt mit Drogenabhängigen und Wasserbüffeln. Als die Sozialstation 1987 eröffnet wurde, waren die Wege so aufgeweicht und von Abwässerschlamm überschwemmt, daß man Planken legen mußte, um darauf zu gehen. Nicht, daß dieser stinkende Unrat jetzt völlig verschwunden wäre – der Bach, der mitten durch den Stadtteil fließt, verströmt immer noch einen widerwärtigen Geruch. Aber zumindest sind die Planken verschwunden, und man kann auf festem Boden gehen. Die Station selbst ist ein spartanischer zweistöckiger Zementbau, dessen Räume mit einigen Holztischen, Klappstühlen und alten metallenen Aktenschränken ausgestattet sind. Es gibt auch eine Kochplatte, auf der reichliche Mengen Tee für Besucher zubereitet werden.

Anfangs war es die Aufgabe der Station, ein gewisses Maß an Gesundheitsbewußtsein zu schaffen und Aufklärungsarbeit in Fragen der Hygiene und Verhütung von Krankheiten zu leisten. Erst allmählich dehnten sich ihre Funktionen auch auf soziale Belange und Gemeinschaftsentwicklung aus. Die Notwendigkeit hygienischer Maßnahmen ist den Menschen jetzt stärker bewußt. Shaista ist besonders stolz auf ein Programm, das sie selbst entwickelt hat und das sie «Kinder für Kinder» nennt. Da so viele Mütter tagsüber arbeiten, werden die älteren Kinder angeleitet, sich um jüngere Geschwister zu kümmern und darauf zu achten, daß sie sich nicht in Gefahr begeben. Schauspielerisch und schriftstellerisch begabt, arbeitet Shaista mit Straßentheater und Sketchen, um die Kinder zu motivieren, in der Abwesenheit ihrer Eltern Verantwortung für den Haushalt zu übernehmen.

Wenn die Kinder Karachis auf eine menschenwürdige Zukunft hoffen dürfen, wird es Menschen wie Shaista zu verdanken sein. Leider gibt es davon nur allzu wenige.

Überall auf der Welt ist der 1. Dezember der Tag, an dem der AIDS-Opfer gedacht und an die Bedrohung durch AIDS erinnert wird. Bis vor kurzem hat Pakistan dieses Datum ignoriert, die Aufklärung der

Bevölkerung vernachlässigt und die Gefahr, die von AIDS ausgeht, heruntergespielt. Seit Jahren sagen Sue und ich und viele andere, die auf dem Gebiet der öffentlichen Gesundheitsvorsorge tätig sind, jedem, der es hören will – und vielen, die es nicht hören wollen –, daß Asien einem besonders hohen AIDS-Risiko ausgesetzt ist. Es lag durchaus nicht in unserem Interesse, Kassandrarufe auszustoßen, aber die Beweise für das tatsächliche Existieren dieser Bedrohung waren geradezu überwältigend. Ich hatte gesehen, was in Afrika geschehen war, und wollte nicht untätig zuschauen, wie sich dasselbe auf einem anderen Kontinent wiederholte. Je schneller die asiatischen Länder handelten, argumentierte ich, desto größer wären die Chancen, die Auswirkungen der Epidemie einzudämmen. Wie tabuiert der Problemkreis in Asien war, sah ich 1985, nachdem ich auf einem internationalen Kongreß in San Antonio in Texas einen Vortrag über dieses Thema gehalten hatte. Wenig später erhielt ich einen empörten Brief von einem thailändischen Arzt; er warf mir vor, sein Land verleumdet zu haben, weil ich auf das Ansteigen der Prostitution und der Drogenabhängigkeit in Bangkok hingewiesen hatte. Erst als die Zahlen der HIV-Infizierten in Bangkok 1989 explodierten, erkannten die Thais, daß die Warnungen, die ich und andere geäußert hatten, nicht unbegründet gewesen waren.

Heute kann kein Zweifel mehr daran bestehen, daß AIDS auch auf dem asiatischen Subkontinent überall auf dem Vormarsch ist, und die Untätigkeit der pakistanischen Regierung angesichts dieser Tatsache ist mehr als beunruhigend. Die Reaktionen sind immer dieselben: «Wir sind anders. Bei uns passiert das nicht.» Die WHO gab jedoch kürzlich eine Erklärung heraus, in der es heißt, daß der Schwerpunkt der AIDS-Epidemie sich von Afrika nach Asien zu verlagern beginnt. Da sechzig Prozent der Weltbevölkerung in Asien leben, rechnet man damit, daß die asiatischen Länder die HIV-Statistiken in bezug auf die Gesamtzahl der Infizierten bald anführen werden. In Indien wird bis zu Anfang des neuen Jahrtausends die weltweit höchste Zahl von HIV-infizierten Personen erwartet.

Gewisse Teile Asiens – Kambodscha, Vietnam und Indien eingeschlossen –, in denen aufgrund extremer Armut in Verbindung mit Chaos und Gewalt ein hohes Potential für soziale Unruhen vorhanden ist, sind einem besonders hohen AIDS-Risiko ausgesetzt. In Pakistan gab es gegen Ende des Jahres 1995 achthundert eindeutig diagnostizierte und registrierte AIDS-Fälle. Aber es würde wohl niemand bestreiten wollen, daß die realen Zahlen der HIV-Infizierten zweifellos weitaus höher sind. Pakistan ist ein Land, in dem siebzig Prozent der Bevölkerung Analphabeten sind, und in dem AIDS-Kranke stigmatisiert werden. Mitarbeiter der sozialmedizinischen Dienste setzen buchstäblich ihr Leben aufs Spiel, wenn sie versuchen, AIDS-Kranke zu befragen, um sich ein Bild davon zu machen, wie die Krankheit verbreitet wird. Bei einer Gelegenheit drohte ein HIV-Infizierter einem Interviewer, er werde ihm «den Kopf wegpusten», falls er es noch einmal wagen sollte, seine Schwelle zu betreten. Der Mann hielt eine schußbereite Kalaschnikow auf den Besucher gerichtet – die Waffe der Wahl in Pakistan seit dem Afghanistankrieg –, und es bestand kein Zweifel daran, daß er bereit war, sie zu benutzen.

Aber selbst solche Schwierigkeiten können uns und unsere Kollegen nicht davon abhalten, unseren Kampf gegen die tödliche Bedrohung fortzusetzen. Seit wir an der AKU zu arbeiten begannen, bemühten wir uns unentwegt, offizielle Stellen zum Handeln zu veranlassen, bevor AIDS das ganze Land überschwemmt. Wir initiierten mit mageren Geldmitteln ein kleines AIDS-Projekt; die Leiterin ist Shela Baqui, eine junge Ärztin, die vier Jahre lang in der Bronx gearbeitet hat. Das Projekt lief nur langsam an, weil die Idee vielen so fremd war. Mittlerweile ist Dr. Sharaf Ali Shah, ein engagierter Arzt, der das AIDS-Programm in der Provinz Sind organisierte, uns zu Hilfe gekommen. Die offiziellen, staatlichen AIDS-Kampagnen und -Projekte waren sehr armselig; sie verschlangen kostbare Mittel, ohne nennenswerte Resultate zu produzieren.

Nach zehn Jahren gibt es immer noch wenig präzise Daten über AIDS in Pakistan. Unsere Zusammenarbeit mit dem Gesundheitsministerium der Provinz Sind (und die Unterstützung der Universität von Alabama sowie des Fogarty-Programms der US-Regierung) erlaubte uns, den Mitarbeiterkreis unserer Initiative um eine Reihe von engagierten Ärzten zu erweitern. Inzwischen sind wir in der Lage, mehr Fachkräfte auszubilden und in Karachi eine Spezialklinik einzurichten.

Dr. Sharaf Ali Shah, ein hochintelligenter und hochmotivierter Mann, erwies sich als fähiger Diplomat; es gelang ihm, den Fortbestand des Projekts zu sichern, während er gleichzeitig dafür sorgte, daß politische und religiöse Interessen berücksichtigt wurden. Um der Bevölkerung zu vermitteln, daß AIDS ein Problem ist, das jeden angeht, mobilisierte er vor allem die Schulen und die Schulkinder. Die AIDS-Erziehung muß so früh wie möglich beginnen, bei den jüngsten

Mitgliedern der Gesellschaft, die – anders als viele aus der Generation ihrer Eltern – noch für neue Ideen offen sind.

Es gibt weitere Probleme von monströsen Ausmaßen: Unterernährung, Umweltverschmutzung, Analphabetentum, ökologischer Raubbau. Alle diese Verheerungen spiegeln den Zoll, den Überbevölkerung und Armut fordern. Diese zwei Faktoren sind unserer Meinung nach die Hauptursachen für die immense Verbreitung bekannter und neuer Infektionskrankheiten. Diese Probleme müssen wir zuallererst angehen, wenn wir positive Veränderungen erreichen wollen.

In gewissen Bereichen hat die Menschheit zweifellos große Erfolge errungen. Wissenschaftler haben Menschen in den Weltraum hinausgeschickt, das menschliche Genom entschlüsselt und begonnen, die Geheimnisse der kleinsten Partikel, aus denen alle Materie besteht, zu enträtseln. Wir sind dennoch der Überzeugung, daß alle diese Errungenschaften nur wenigen zugute kommen oder gänzlich ausgelöscht werden, wenn es uns nicht gelingt, die Probleme der Armut und der Überbevölkerung zu lösen. Es ist uns klar, daß jede Bemühung, das Bevölkerungswachstum zu reduzieren und die Armut von Milliarden von Menschen zu lindern, ein beispielloses Maß an politischer Solidarität und Handlungsbereitschaft und an finanziellen Ressourcen erfordert, ebenso wie das leidenschaftliche Engagement der globalen wissenschaftlichen Gemeinschaft. Und noch etwas ist notwendig: eine umfassende, gemeinsame Vision.

Was können wir den Baluchi-Nomaden, der verarmten Landbevölkerung Pakistans und den zahllosen Armen, denen wir in vielen Ländern der Welt begegneten, also sagen? Welche Optionen stehen ihnen offen? In ihren angestammten Gebieten an hämorrhagischen Fiebern wie Ebola oder CCHF zu sterben? Oder in die überbevölkerten, verschmutzten, gewalttätigen Städte zu ziehen, wo die tödliche Immunschwäche AIDS rasend um sich greift? Sie – und wir selbst – sind zwischen zwei Welten gefangen, und diese Welten kollidieren. In der Welt der Viren sind *wir* die Eindringlinge.

Anhang I: Ein Virenstammbaum

(Wir berücksichtigen hier nur die Viren, die in diesem Buch diskutiert wurden.)

1. Familie der Filoviren

Eine einzigartige Familie von einsträngigen RNA-Viren mit negativer Polarität, die sich gegenwärtig aus dem Ebola- und dem Marburg-Virus zusammensetzt. Sie sind morphologisch verwandte, aber serologisch unterschiedliche Viren, deren Ökologie und natürliches Reservoir unbekannt sind. Fledermäuse wurden als Überträger vermutet, aber das konnte nicht bewiesen werden. Fälle von Erkrankungen treten überwiegend in Afrika auf, fünf Grad nördlich und südlich vom Äquator. Die Viren sind fadenförmig (daher der Name, von lat. *filum*) lang, dünn und schlangenartig; oft sind sie seltsam verdreht, schleifenförmig oder sogar verzweigt. Dieses Erscheinungsbild ist unter Humanviren einzigartig. Alle gehören der Kategorie «Level 4» an. Neuere Molekularanalysen deuten auf eine entfernte Verwandtschaft mit RS-(Respiratory Syncytial-)Viren bei Menschen hin.

Die Inkubationsphase für Erkrankungen, die durch Filoviren verursacht sind, liegt bei drei bis zehn Tagen, und die Krankheiten gleichen sich im wesentlichen. Der Beginn ist akut, mit schweren Kopfschmerzen, Muskel- und Gliederschmerzen, begleitet von hohem Fieber. Daneben können schwere, schmerzhafte Halsentzündungen, Erbrechen und Diarrhoe auftreten. Der Blutdruck fällt rapide ab, und dann kommt es zum hypovolämischen Schock, der die Todesursache ist. Blutungen sind häufig, aber nicht immer schwer; gewöhnlich kommt es zu Zahnfleisch- und Magenbluten, und in den Augäpfeln sind kleine Hämorrhagien zu beobachten. Manche Patienten erbrechen Blut.

Anders als es in populären Berichten und Büchern manchmal dargestellt wird, kommt es nicht zu einer «Auflösung» der inneren Organe. Bei Autopsien erscheinen die meisten Organe tatsächlich normal, und es ist nicht viel zu sehen, außer kleinen Ansammlungen blutiger Flüssigkeit in den Körperhöhlen und geringen Anzeichen von Gewebezerstörung an manchen Organen, insbesondere der Leber.

Bei Primärfällen ist die Mortalitätsrate hoch, wird im Laufe der Mensch-zu-Mensch-Übertragung der Viren aber offenbar geringer; Sekundär-, Tertiär- und spätere Fälle haben gewöhnlich höhere Überlebenschancen. Gegenwärtig stehen keine Impfstoffe und keine wirksamen medikamentösen Therapien zur Verfügung, aber gute medizinische Versorgung und Intensivpflege können die Überlebenschancen beträchtlich verbessern. Die Übertragung endet, sobald adäquate Isoliermaßnahmen ergriffen werden.

Marburg-Virus

Das erste Filovirus, das je gesehen wurde. Es trat 1967 in Laboreinrichtungen in Deutschland und Jugoslawien auf, in denen mit Affen gearbeitet wurde, und zwar in Marburg, Frankfurt und Belgrad. Einunddreißig Personen wurden in dem Jahr infiziert, und es gab sieben Todesfälle. Alle Primärfälle hatten direkten Kontakt mit dem Blut oder Gewebe kürzlich importierter Grüner Meerkatzen aus Uganda. Alle drei Laboratorien, in denen die Epidemie auftrat, hatten ihre Tiere aus derselben Quelle bezogen; die Affen stammten von einer Insel im Viktoriasee nahe der kenianischen Grenze, wo sie in Käfigen gehalten wurden, bevor man sie via London nach Deutschland versandte. Es gab sechs Sekundärfälle, aber diese Patienten überlebten; sie alle hatten mit den primär Infizierten, während diese im Krankenhaus lagen, engen Kontakt. Die Ehefrau eines mit Marburg infizierten Veterinärs erkrankte ebenfalls an hämorrhagischem Fieber, es wird angenommen, daß die Krankheit in diesem Fall sexuell übertragen wurde, denn das Marburg-Virus wurde aus der Samenflüssigkeit des Veterinärs isoliert, mehrere Monate nachdem er genesen war.

Seit 1967 traten in Kenia sporadisch Fälle von Marburg auf. Später starb ein Mann, der sich offenbar in Simbabwe infiziert hatte, in einem Krankenhaus in Südafrika an der Marburg-Krankheit. Nach seinem Tod traten dort mehrere Sekundärfälle auf. Alle kenianischen Patienten hatten sich im Mount-Elgon-Gebiet im westlichen Kenia, nahe der Grenze zu Uganda, infiziert. Von zweien dieser Patienten wußte man, daß sie denselben Ort aufgesucht hatten, die Kitum-Höhle, die später als mögliche Quelle des Virus untersucht wurde, jedoch ohne Erfolg. Bis heute gibt es nur einen einzigen Entwicklungsstrang des Marburg-Virus.

Ebola-Virus

Es wurde 1976 entdeckt, bei simultanen, aber voneinander unabhängigen Ausbrüchen in Zaire (Yambuku) und im südlichen Sudan (Nzara und Maridi). Die beiden Epidemien wurden durch verschiedene Entwicklungsstränge des Virus verursacht, die jetzt als Ebola Zaire und Ebola Sudan bezeichnet werden. In Zaire traten 318 Fälle auf und die Mortalitätsrate lag bei 88 Prozent. Im Sudan erkrankten 151 Personen; 53 Prozent starben. Bei beiden Epidemien war Blut-zu-Blut-Kontakt der Übertragungsweg, insbesondere durch wiederverwendete kontaminierte Injektionsnadeln und den Mangel an Schutzmaßnahmen bei der Krankenpflege. Ein zweiter Ebola-Ausbruch ereignete sich 1979 im Sudan. Eine Baumwollfabrik in Nzara wurde als mögliche Quelle untersucht, denn bei beiden Sudan-Ausbrüchen hatte der jeweilige Indexfall in dieser Fabrik gearbeitet. Erst 1994 trat Ebola erneut auf, zunächst in einem einzelnen Fall in Côte d'Ivoire und dann, ein Jahr später, in weitaus größerem Umfang in Kikwit in Zaire. Der Ausbruch in Kikwit war in erster Linie auf mangelnde Hygiene und inadäquate medizinische Praktiken zurückzuführen. Vom Krankenhaus ausgehend, verbreitete die Epidemie sich dann in der Gemeinschaft. In Westafrika treten sporadisch immer wieder Ebola-Fälle auf. Zuletzt wurde die Krankheit im kriegszerrissenen Liberia und 1996 in Gabun beobachtet. Der Gabun-Ausbruch hing damit zusammen, daß junge Männer mit einem toten Schimpansen in Kontakt kamen. Das Tier war vermutlich an Ebola gestorben. Wenn heute von einer deutlichen Zunahme von Ebola-Fällen die Rede ist, liegt das vermutlich eher an der erhöhten Aufmerksamkeit in medizinischen und wissenschaftlichen Kreisen als an einer tatsächlichen stärkeren Verbreitung des Virus innerhalb der menschlichen Population, aber die Möglichkeit kann nicht ganz ausgeschlossen werden. Das Virus wurde nach dem Ebola-Fluß, einem kleinen Wasserlauf im nördlichen Zaire, benannt.

Reston-Viren
Diese Viren sind mit dem Ebola-Virus serologisch eng verwandt. Sie wurden 1989 bei Affen gefunden, die von den Philippinen in die USA importiert worden waren. Das Virus tritt in zwei Varianten auf; es löst bei Menschen, obwohl es sie infiziert, keine Erkrankungen aus. Trotz seiner Level-4-Kategorisierung ist es also im wesentlichen ein veterinärmedizinisches Problem. Bei Affen löst es Ebola-ähnliche Erkrankungen aus, die aber langsamer und milder verlaufen. Es ist nach dem Ort Reston in Virginia benannt, wo die ersten Affen in einer kommerziellen Laboreinrichtung starben.

2. Familie der Arenaviren

Eine Familie von einsträngigen RNA-Viren mit negativer Polarität, deren natürliche Wirte Nagetiere sind. Das Virus infiziert die Nagetiere als Feten und persistiert, ohne Krankheitssymptome auszulösen. Die Nagetiere scheiden das Virus mit ihrem Urin aus, oft in großen Mengen. Nagetierurin ist vermutlich die Hauptquelle von Infektionen bei Menschen. Das Virus gelangt wahrscheinlich durch Kratzer und Hautabschürfungen in den menschlichen Organismus, obwohl in einigen Fällen auch über Infektion durch Inhalation berichtet wurde. Weltweit verbreitet ist das Choriomeningitis-Virus, dessen natürliche Wirte Mäuse sind und das bei Menschen Meningitis (Hirnhautentzündung) auslöst. Diese Krankheit ist schmerzhaft, aber selten tödlich. Das Virus wird als «Level 3» klassifiziert.

Die restlichen Arenaviren gehören der Kategorie «Level 4» an. Afrikanische und südamerikanische Arenaviren lösen schwere hämorrhagische Fieber aus, manchmal mit hoher Mortalitätsrate. Die Inkubationsperiode liegt bei sieben Tagen bis zu drei Wochen. Die Krankheit setzt langsam ein, mit allmählich ansteigendem Fieber, Kopf- und Gliederschmerzen. Diese Erkrankungen sind von anderen verbreiteten und behandelbaren Infektionskrankheiten wie Malaria und Typhus schwer zu unterscheiden. Viele Patienten überstehen die Infektion und genesen schließlich, aber bei anderen kommt es zu Erbrechen, Diarrhoe, Zahnfleischbluten und kleinen Hämorrhagien in den Augäpfeln. Schwere Blutungen sind bei Lassa-Fieber selten, treten bei den südamerikanischen hämorrhagischen Fiebern (argentinischem und bolivianischem hämorrhagischen Fieber, AHF und BHF) aber häufiger auf. Es kann –

wie bei Ebola und Marburg – zu starkem Abfallen des Blutdrucks und schließlich zum Schock kommen. Gleichzeitig entwickeln sich bei den Patienten schwere Lungenödeme, die zu akutem Lungenversagen führen.

Akutes Lungenversagen ist bei Lassa-Fieber gewöhnlich die Todesursache. Bei manchen Patienten schädigt das Virus jedoch das Gehirn (Enzephalopathie), und kurz vor dem Tod treten Koma und Krämpfe ein. Frauen im letzten Drittel der Schwangerschaft sind besonders anfällig für die Krankheit; der Fetus stirbt gewöhnlich im Uterus. In aller Regel sterben auch die Frauen selbst, insbesondere wenn sie keine gute gynäkologische Fürsorge erhalten.

Lassa kann durch eine medikamentöse Therapie (Ribavirin) erfolgreich behandelt werden, besonders in den frühen Stadien der Krankheit. Bei Fällen von AHF wurden (anders als bei Lassa) auch mit Immunserum Behandlungserfolge erzielt.

In jüngster Zeit sind in Südamerika neue verwandte Viren aufgetreten: venezolanisches hämorrhagisches Fieber und Sabia-Fieber in Brasilien. Es ist zweifellos damit zu rechnen, daß noch weitere Varianten entdeckt werden. Gegen AHF wurde mittlerweile ein Vakzin entwikkelt, und ein experimentelles Lassa-Vakzin wurde erfolgreich an Affen getestet. Mensch-zu-Mensch-Übertragungen und Krankenhausausbrüche sind bei den südamerikanischen hämorrhagischen Fiebern nahezu unbekannt.

Lassa-Virus

Lassa-Fieber wurde 1969 zum ersten Mal beschrieben, als in Nigeria eine amerikanische Missionsschwester starb und eine weitere erkrankte und zur Behandlung in die USA ausgeflogen wurde. Das Virus wurde nach der Stadt Lassa benannt, in der die erste Krankenschwester gearbeitet hatte. In New York traten unter Wissenschaftlern, die das Virus isolierten, zwei Laborinfektionen auf; einer der Infizierten starb. Man findet das Lassa-Virus nur in Westafrika, auf einem Territorium, das sich von Nigeria bis zum Senegal erstreckt. Verwandte Viren gibt es auf dem ganzen afrikanischen Kontinent, aber diese lösen bei Menschen offenbar keine Erkrankungen aus. Lassa wird durch eine verbreitete Rattenart, *Mastomys natalensis*, übertragen. Schätzungen zufolge kommen in Westafrika jedes Jahr etwa 5000 Fälle von Lassa-Fieber vor. Die Mortalität rangiert zwischen 2 Prozent in den Dörfern, 16 Prozent in Krankenhäusern und 30 Prozent bei schwangeren Frauen. In

Westafrika kam es mehrfach zu Krankenhausausbrüchen in Nigeria, Liberia und Sierra Leone mit Todesfällen unter dem medizinischen Personal.

3. Familie der Bunyaviren

Eine sehr große Familie von einsträngigen RNA-Viren mit negativer Polarität, die gewöhnlich nur Vögel, Säugetiere und ihre Parasiten, insbesondere Zecken, infizieren.

CCHF-Virus (Krim-Kongo-Fieber)

Die Krankheit wurde gegen Ende des Zweiten Weltkriegs zuerst von den Russen beschrieben, als es während eines Ernteeinsatzes von Soldaten auf der Halbinsel Krim zu einer großen Epidemie kam. So erwarb das Virus den ersten Teil seines Namens. Im Kongo wurde das Virus jedoch 1956 zum ersten Mal isoliert; so kam der zweite Teil seines Namens zustande. Es wird als Level-4-Erreger kategorisiert. Zu Infektionen kommt es gewöhnlich durch Zeckenbisse, Kontakt mit infizierten Tieren oder mit infiziertem menschlichem Blut. Infektionen bei Menschen sind sehr gravierend, kommen aber glücklicherweise relativ selten vor. Merkwürdigerweise entwickeln sich bei keiner der vielen Tierarten, die durch CCHF infiziert werden können, je Krankheitssymptome. Das Virus wird durch Schildzecken übertragen und ist überaus weit verbreitet, in Afrika, auf dem Balkan, im Kaukasus, im Mittleren Osten, in Pakistan und im westlichen China. CCHF hat schwere Krankenhausausbrüche mit hoher Mortalitätsrate unter infiziertem medizinischem Personal verursacht. Die Inkubationsperiode beträgt zwei bis neun Tage, der Krankheitsbeginn ist sehr plötzlich, mit heftigen Kopf- und Gliederschmerzen, begleitet von hohem Fieber. Manchmal treten Petechien (punktförmige Hautblutungen) oder Ecchymosen (blauschwarze oder violette Verfärbungen größerer Hautpartien, die durch subkutane Blutungen verursacht sind) auf. Der Blutdruck der Patienten fällt ab, und sie treten in den Schockzustand ein, der gewöhnlich die Todesursache ist. Es kann zu schweren Blutungen aus dem Zahnfleisch und aus dem Magen kommen. Manchmal erbrechen die Patienten große Mengen von Blut und sterben tatsächlich an Blutverlust.

HFRS-Virus
(Hämorrhagisches Fieber mit akutem Nierenversagen)
HFRS wurde zum ersten Mal in den dreißiger Jahren in der Mandschurei und in Skandinavien beschrieben; seine Geschichte geht aber wahrscheinlich bis zur Jahrhundertwende zurück. Zu Beginn des Jahrhunderts brach die Krankheit, wie man annimmt, im östlichen Sibirien in der Gegend um Wladiwostok aus, und während des Ersten Weltkriegs in Europa. Jetzt ist sie in China und Korea sehr verbreitet. In urbanen und in ländlichen Regionen wurden unterschiedliche Formen der Krankheit beobachtet; die urbanen Varianten sind gewöhnlich weniger gravierend in ihren Auswirkungen. Die Infektionen werden durch eine Reihe von verwandten Viren (Hantaviren) verursacht, deren natürliche Wirte verschiedene Arten von Ratten und Mäusen sind. Alle Hantaviren werden als Level 3 kategorisiert. (Die Kategorie «Level 4» gilt nur für Hantaviren, bei denen das Risiko besteht, daß sie durch die Luft übertragen werden können). Nagetiere werden als Feten von Hantaviren infiziert, und die Infektion persistiert, solange die Tiere leben. Die Nagetiere scheiden das Virus mit ihrem Urin aus, oft in großen Quantitäten. Nagetierurin ist auch hier – wie bei den Arenaviren – vermutlich die Hauptquelle von Infektionen bei Menschen. Die Viren gelangen wahrscheinlich durch Kratzer und Hautabschürfungen in den menschlichen Körper hinein. Es wurde aber auch gezeigt, daß eingetrocknete Nagetierausscheidungen, die in Form von aufgewirbeltem Staub in die Atemwege gelangen, bei Menschen Infektionen mit Hantaviren verursachen können. HFRS-Infektionen kommen jedoch ausschließlich durch engen Kontakt mit Nagetieren oder ihren Ausscheidungen zustande; Mensch-zu-Mensch-Übertragungen sind nie vorgekommen, obwohl Tausende von Patienten in vielen Ländern mit HFRS und verwandten Erkrankungen hospitalisiert wurden.

Die Krankheit manifestiert sich in sehr unterschiedlichen Formen, je nachdem, welche Variante des Virus für die Infektion verantwortlich ist. Die europäische Krankheit *(Nephropathia epidemica)* ist die mildeste Form; das Virus wird von Ufer-Wühlmäusen übertragen. Die durch das Virus der Seoul-Ratte verursachte urbane Form der Erkankung ist moderat in ihren Auswirkungen. Die HFRS-Erkrankung, die auch viele andere Bezeichnungen trägt, ist die schwerste; der Erreger ist ein Virus, das von einer verbreiteten Art von Feldmäusen, *Apodemus agrarius*, übertragen wird. Die Inkubationsperiode rangiert zwischen zehn und fünfunddreißig Tagen, der Krankheitsbeginn ist allmählich, mit Fieber,

Kopfschmerzen und Unwohlsein. In manchen Fällen tritt eine ausschlagähnliche Streuung von Petechien auf. Die meisten Patienten überwinden die Infektion, aber bei manchen tritt ein Schockzustand ein, der etwa vierundzwanzig Stunden lang andauert. Dann, weitere vierundzwanzig Stunden später, versagen die Nieren, und die Patienten scheiden keinen Urin mehr aus. Nach dieser Krise genesen die meisten Patienten sehr schnell, aber bei manchen stellen sich Blutungen ein, vor allem im Bereich des Gaumens und Zahnfleisches, die sehr schwer sein können. Die Mortalität rangiert zwischen 0 und 15 Prozent, je nach Art des Virus und der Qualität der medizinischen Versorgung, die der Patient erhält. Die häufigste Todesursache ist die Ansammlung von Flüssigkeit in der Lunge. Der Tod kann tatsächlich beschleunigt werden, wenn man durch Infusion zu große Mengen Flüssigkeit in den Körper einleitet. Die Flüssigkeit sickert durch die porös gewordenen Membranen und kann den Patienten buchstäblich innerlich ertränken.

1993 trat eine Form des hämorrhagischen Fiebers bei Menschen in den Vereinigten Staaten auf; man fand heraus, daß der Erreger ein verwandtes Virus, *Sin nombre* war, das Lungenversagen auslöst. Der Überträger ist die nordamerikanische Feldmaus *Peromyscus maniculatus*. Die meisten Fälle kamen in New Mexico und Arizona vor. Diese Erkrankung scheint sich von HFRS zu unterscheiden, denn sie setzt sehr viel schneller und heftiger ein, hat gravierende Auswirkungen auf die Lunge und verläuft oft tödlich. Im Unterschied zu anderen Hantaviren verursacht dieser Erreger offenbar keine Nierenerkrankung.

Anhang II: Das Level-4-Labor

Die Flut von Ausbrüchen potentiell tödlicher Viruserkrankungen in den späten sechziger Jahren – Marburg, Lassa und die südamerikanischen hämorrhagischen Fieber – brachte das ursprüngliche Level-4-Labor des CDC hervor. Das allererste Labor war nichts anderes als ein Campinganhänger auf dem Parkplatz. Zu Anfang der siebziger Jahre wurde in einem besonderen Gebäude ein Labor installiert, das aus einer Reihe von abgeschlossenen Kammern bestand und durch ein System von HEPA-Luftfiltern relativ sicher war. Seinerzeit entsprach das Gebäude dem neuesten Stand der Technik. Die Kammern bestanden aus rostfreiem Stahl und waren durch Stahltüren, die man von innen öffnen konnte, untereinander verbunden. Jedes einzelne Kabinett konnte von den anderen vollständig isoliert werden. Nur autorisiertes Personal, das im Besitz eines Spezialschlüssels – später einer Magnetkarte – war, hatte Zutritt zu diesem Labor.

Was in der Theorie als modernste Labortechnik galt, erwies sich in der Praxis jedoch als hinderlich, ja, geradezu monströs. Um in dem Labor arbeiten zu können, mußte man jedes Experiment akribisch im voraus planen. Zu Beginn des Arbeitstages mußten alle notwendigen Materialien komplett sein. Wenn man etwas vergaß, war man verloren und konnte den Tag abschreiben. Alle Instrumente und Materialien, die in das Labor hineingelangen sollten, mußten einen mit zwei Türen, außen und innen, versehenen Autoklav (ein Sterilisationsgerät, das mit Hocherhitzung arbeitet) passieren. Der einzige andere Weg, etwas in das Labor hineinzubringen (und es mußte klein sein), führte durch einen Desinfektionstank mit versenkter Öffnung. Ihn zu benutzen war ein bißchen wie Höhlenforschung. Soweit die Gegenstände.

Menschen, die das Labor betreten wollten, mußten einen grünen chirurgischen Schutzanzug, ein Paar Turnschuhe und chirurgische Handschuhe anziehen und eine Papierkappe aufsetzen. Wenn man fertig war, durfte man nicht vergessen, das «Besetzt»-Leuchtzeichen an der Tür des einzigen Umkleideraums auszuschalten, weil sich draußen sonst eine lange Warteschlange bildete. Es gab Kollegen (wir wollen sie hier nicht beim Namen nennen), die das regelmäßig vergaßen, so daß die draußen Wartenden schließlich an die Tür hämmern mußten. Das Labor selbst betrat man durch eine Luftschleuse.

Sobald man drinnen war, bestand die nächste Herausforderung darin, die Materialien aus dem Autoklav herauszuholen. Um die innere Tür des Autoklavs zu erreichen und zu öffnen, brauchte man affenartige Greifarme mit drei oder vier Universal-Teleskopgelenken. Dann kamen die Stahlkammern. An jede waren zwei neun Millimeter dicke, lange, schwarze Latexhandschuhe angeschlossen, in die man die Hände und Arme hineinsteckte. Die Handschuhe waren so ausgelegt, daß sie bis zu den Achselhöhlen reichen sollten. Wer kurze Arme hatte – nun, der hatte ein Problem. Um Materialien durch die Kabinettreihe zu bewegen, hüpfte man von einem Latexärmelpaar zum nächsten, streckte die Arme so weit, wie die Handschuhe es erlaubten, und schob die Gegenstände jedesmal ein Stückchen voran. Innerhalb der Kabinettreihe befanden sich einige einfache Laborgeräte sowie eine Sektion für kleine Tiere. Man mußte um jeden Preis verhindern, daß sie entwischten. Bei all diesen Hürden und Schwellen war es ungemein schwierig, das Mikroskop einzustellen und zu fokussieren oder überhaupt irgend etwas zustande zu bringen, vom Einfangen einer entlaufenen Maus ganz zu schweigen.

Anfangs machten wir Witze über die Arbeitsbedingungen im Sicherheitslabor, aber die nutzten sich bald ab. Unter normalen Bedingungen konnte man ein Experiment in einem Drittel der Zeit beenden. Bald zeigte die Erfahrung auch, daß die Unhandlichkeit des Systems beträchtliche Gefahren in sich barg.

Aus der allgemeinen Unzufriedenheit mit dem Kabinettreihenlabor wurde das Schutzanzuglabor geboren. Die Grundidee war, die Schutzvorrichtungen nicht am Labordesign, sondern am Forscher anzubringen. In einem durch variable Schläuche mit Atemluft versorgten «Astronautenanzug» und mit einem doppelten Paar dünner Latex- oder Gummihandschuhe an den Händen konnten wir uns viel freier bewegen und Laborgeräte oder Versuchstiere fast wie unter normalen Bedingungen handhaben. Arme von normaler Länge, mit normalen Ellbogengelenken, kamen wieder in Mode. Das Kammernsysten, soviel war um die Mitte der siebziger Jahre klar, war für gute Laborarbeit ungeeignet.

Auf Karl Johnsons Anregung hin wurde beim NIH ein moderneres Kammernsystem für die Arbeit mit Tumorviren installiert, aber Karl benutzte es dort nie. Vier Jahre später bemühte er sich darum, das System für den CDC erneut zu modifizieren und zu modernisieren. Dieses Mal wurde eine Kombination des Kammern- und des Schutzanzugsystems entwickelt. Ein L-förmiger Bau aus Fertigteilen umschloß die aus Sperrholz bestehenden Innenwände des Labors. Man betrat es durch eine Luftschleuse, in der auch die Lysoldusche untergebracht war; diese diente der Dekontamination, bevor man das Labor verließ. Der erste, längere Arm des L war ein reguläres virologisches Labor mit Labortischen, Luftfiltern und Absaugvorrichtungen. In den zweiten, kürzeren Arm des L gelangte man durch eine weitere Luftschleuse. Dies war die Tiersektion, die mit mehreren separaten Schichtenströmungsisolatoren ausgestattet war. In den Winkel des L eingebettet war ein neues, großes Kammernsystem, das aus zwei Reihen von Kabinetten bestand. Der Kabinettreihenteil des Labors wurde lange vor dem Hochsicherheitsteil, den man mit Schutzanzügen betrat, in Betrieb genommen und fand sofort großen Zulauf. Als das Hochsicherheitslabor schließlich betriebsbereit war, begann eine zögernde, allmähliche Migration, denn diese Erfahrung mit einer Level-4-Umgebung war brandneu. Kaum ein Jahr später war der Kabinettreihenbereich wie ausgestorben; er wurde nur noch als Lager- und Abstellraum benutzt.

Obwohl das Schutzanzuglabor eine wesentliche Verbesserung darstellte, hatte es auch seine Nachteile. Es war sehr klein, und so war es an der Tagesordnung, daß verschiedene Leute zur gleichen Zeit in den gleichen Räumen mit unterschiedlichen Mikroorganismen an unterschiedlichen Experimenten arbeiteten. Es gab häufig Probleme, insbesondere mit den Tanks, die Abwässer aus dem Autoklav, den Duschen und anderen Quellen aufnahmen. Wenn einer dieser beiden Tanks voll war, wurde er hoch erhitzt, um den Inhalt zu sterilisieren. Wir mußten dann mehrere Tage warten, bis die Flüssigkeit so weit abgekühlt war, daß wir sie in das allgmeine Abwässersystem Atlantas entlassen konnten, ohne Gefahr zu laufen, daß alle Hauptrohre brachen. Manchmal füllten die Tanks sich zu schnell, aufgrund zu hohen Wasserverbrauchs im Labor, oder schlimmer noch, durch undichte Wasserhähne. Das bedeutete strenge Wasserrationierung.

Das Labor stand unter beträchtlichem Unterdruck, und wenn irgendwo ein Leck entstanden wäre, dann wäre Luft angesaugt und nicht hinausgeblasen worden. Die Sperrholzwände wölbten sich unter dem konstanten Druck sichtbar nach innen. Wir improvisierten, flickten, reparierten und arbeiteten irgendwie weiter. Eine weitere Gefahr bestand darin, das Halon-Feuerlöschsystem versehentlich in Gang zu setzen. Die Düsen, aus denen das Halon im Notfall herauszischen würde, waren genau gegenüber der Kabinettreihe angebracht, und da alle ihre gesamte Laborausrüstung oben auf den nicht mehr benutzten Kammern verstauten, hätte das einen Mahlstrom von grandiosen Ausmaßen verursacht. Aber das war nicht unsere größte Sorge. Unter all den potentiellen Risiken im Level-4-Labor war Feuer die bei weitem größte Gefahr. Es wäre schwierig gewesen, schnell aus den Räumen herauszukommen, und die Plastikanzüge wären auf unseren Körpern geschmolzen.

Trotz der Probleme wurde in diesem Labor viel gute wissenschaftliche Arbeit geleistet. Es gab zwar gelegentlich Alarm, aber weder in diesem Labor noch in anderen Level-4-Einrichtungen des CDC geschahen je nennenswerte Unfälle. Der einzige schwere Unfall in einem Level-4-Labor (zumindest außerhalb der früheren Sowjetunion, über deren Programme wir wenig wissen) war der Vorfall in Porton Down in England, bei dem Geoff Platt sich mit Ebola Zaire infizierte.

Es war uns jedoch allen klar, daß die bisherige Lösung immer noch ein Provisorium war und daß wir beim CDC solide, permanente Level-4-Laboreinrichtungen brauchten. Zum Teil durch die bedrohliche Ausbreitung von AIDS veranlaßt, wurden 1983 schließlich Geldmittel bewilligt, und wir begannen, ein neues Labor zu entwerfen. Das gesamte Personal der Abteilung *Special Pathogens* beteiligte sich an der Planung, denn wir waren die «Endverbraucher» und wußten am besten, was funktionierte und was nicht. Wir brüteten über Details und schlugen sinnvolle Lösungen vor. Das Resultat war das am besten ausgestattete Level-4-Labor der Welt. Mit dem Bau wurde 1986 begonnen, und einer der Wissenschaftler unserer Abteilung, Dr. Mike Kiley, überwachte die Konstruktion. Es wurden zwei Wand an Wand gelegene Schutzanzuglaboratorien errichtet, von denen jedes um ein Vielfaches größer war als das frühere Labor. Im Vergleich zu unserer alten Arbeitsstätte war dies ein Palast.

Aber wie ist es nun tatsächlich, in einem solchen Hochsicherheitslabor zu arbeiten? Niemand weiß das besser als Sue.

(Sue:) Wenn ich allein arbeitete, wie ich es sonntags oft tat – weil ich ohnehin an der Reihe war, die Affen zu füttern –, begann ich damit, das äußere Laborsystem zu überprüfen: den Tank der Lysoldusche, den Abwässertank, die Sauerstoffversorgung, andere Gase. Dann zeichnete ich die Checkliste ab, zog die Magnetkarte durch den elektronischen Ableser an der Tür und tippte den Code ein. Sesam, öffne dich!

Nun heißt es, herunter mit den Kleidern; ich ziehe einen grünen Chirurgenanzug an und gehe durch die Dusche in den Schutzanzugraum. Wo ist mein Astronautenanzug? Aha, ganz hinten vergraben. Ich finde die richtige Leine und lasse ihn am Flaschenzug herunter. Jetzt ziehe ich das erste Paar Handschuhe an, normale Chirurgenhandschuhe, und dann – nachdem ich es auf Löcher oder Risse überprüft habe – das zweite. Diese äußeren Handschuhe werden mit Haftstreifen sicher am Ärmelabschluß des Schutzanzugs befestigt und sind etwas dicker, aber immer noch so geschmeidig, daß man auch feine Arbeiten damit erledigen kann.

Ich überprüfe den hellblauen Schutzanzug, reinige die Sichtscheibe des Kopfteils, schlüpfe mit Beinen und Armen vorsichtig in den Anzug hinein, ohne mich in den dünnen Schläuchen zu verheddern, die Hände und Füße kühlen, ziehe die Reißverschlüsse fest zu, greife mir eine Atemlufttransfereinheit, schließe sie an und werfe den Schlauch über die Schulter. Jetzt noch einmal tief Luft holen, Kopfteil befestigen, Luft anhalten und schnell durch die erste Sicherheitstür in die Lysoldusche; ich warte, bis die erste Tür sich mit einem Klicken schließt und die zweite Tür der Schleuse sich öffnet. Rasch über die Schwelle und den ersten spiraligen roten Luftschlauch greifen, der von der Decke herabhängt – aaah! Ich hatte keine Lust, in der Schleuse mit dem Anschließen und Abkoppeln der Luftversorgung Zeit zu verlieren. Wenn ich jetzt wieder die Luft anhalte und renne, meine Stiefel finde und schnell genug anziehe, schaffe ich es ins Hauptlabor, ohne zuvor noch einen weiteren Luftschlauch benutzen zu müssen. Das spart Zeit. Das Problem ist nur: Wenn man zu lange wartet, beschlägt die Sichtscheibe des Kopfteils. Also schnell zum nächsten Luftschlauch, der sich neben der ersten Reihe von Käfigen befindet; frische, kühle Luft strömt ein, und der Visor wird wieder klar. Der Schlauch ist so lang, daß ich mich im ganzen Labor umherbewegen kann, ohne zu einem anderen überzuwechseln.

Heute ist außer mir niemand im Labor, also gehe ich die Checkliste durch: Inkubatoren, Kühleinheiten, Meßgeräte. Alles in Ordnung. Den Affen geht es gut. Ich werde sie heute nicht stören, sondern nur schauen, ob sie wohlauf sind, und sie versorgen: die Wasserflaschen kontrollieren und auffüllen, frisches Obst aus dem Kühlschrank holen. Jeder bekommt eine halbe Orange, eine Banane und einige Biskuits. Ich fange an, die Orangen zu schneiden, eine Arbeit, die ich überhaupt nicht mag. Ich habe in einer Umgebung, in der zwischen mir und einer möglicherweise tödlichen Kontaminierung nur ein Schutzanzug aus dünnem Plastik steht, Messer und andere scharfe Instrumente fürchten gelernt.

Nach dem Füttern ist es Zeit, aufzuräumen und die Käfige und Laborgeräte ein letzes Mal zu überprüfen. Alles okay? Gut. Licht aus, hinaus durch die Haupttür, Stiefel ausziehen. Wenn ich mich beeile, schaffe ich es bis zur Lysoldusche, bevor ich wieder Luft brauche. Als die schwere innere Tür der Schleuse sich schließt, drücke ich auf einen Knopf und setze so die Lysoldusche in Gang. Jetzt endlich greife ich nach dem Luftschlauch. Als der Dekontaminationszyklus beendet ist, kopple ich den Schlauch ab, verlasse die Schleuse und öffne schnell die Verschlüsse des Anzugs, so daß ich normale Luft atmen kann. Der Anzug wird ausgeschüttelt, an seiner Leine befestigt und hochgezogen; bis morgen ist er abgetropft und wieder trocken. Jetzt lege ich auch den Chirurgenanzug ab und gehe in eine normale Dusche.

Meine Sonntagsrunden machte ich allein, aber für die experimentelle Arbeit an den Wochentagen war ich auf ein Team angewiesen. Ganz anders als damals in Porton Down waren hier die Frauen in der Übermacht; der einzige Mann, der unserem Team angehörte – und zugleich auch der einzige Afroamerikaner, der zu diesem Zeitpunkt im Level-4-Labor arbeitete, war Sam Trappier. Zwei Mitarbeiterinnen, Mei Castor und Anne Conaty, hatten früher für das Peace Corps gearbeitet. Mei war zur Hälfte chinesischer, zur Hälfte malayischer Abstammung und sehr hübsch. Später verließ sie den CDC, um zunächst Veterinär- und dann Humanmedizin zu studieren. Anne hatte als Peace-Corps-Angehörige in Thailand gearbeitet; sie war ein typisch amerikanisches Mädchen, groß, blond und gutaussehend. Sie entwickelte den PCR (Polymerase chain reaction)-Test für Lassa-Fieber, das erste PCR-System, das zum Diagnostizieren von hämorrhagischen Fiebern verwendet wurde. Dann waren da noch Lynette Brammer, die jahrelang in einem klinischen diagnostischen Labor gearbeitet hatte, bevor sie zum CDC kam, und Cuca Perez, eine elegante Puertorikanerin, die auf ihre Herkunft sehr stolz war und statt *yes* immer *si* sagte.

Am wenigsten hätte man in einem solchen Labor wohl Bertha Farrar als Mitarbeiterin erwartet. Sie war um die Fünfzig, und wir rekrutierten sie, als eine andere Abteilung des CDC aufgelöst wurde. Sie erschien zum Einstellungsgespräch, klein, rundlich, mit dauergewelltem Haar und in einem pinkfarbenen Angorapullover – kaum unsere übliche Level-4-Kandidatin. Joe fand, daß sie gute organisatorische Fähigkeiten hatte, und stellte sie ein. Er ging ganz selbstverständlich davon aus, daß sie das Level-4-Labor nie betreten würde. Niemand von uns machte sich die Mühe zu fragen. Berthas Organisationstalent war phänomenal; sie wurde zu einer würdigen Nachfolgerin Helen Engelmans, die als Ex-*Marine* Ausrüstungs- und Nachschubprobleme mit der ihr eigenen militärischen Effizienz bewältigt hatte. Unter Berthas Management wurde das Lassa-Fieber-Projekt in Sierra Leone immer zur rechten Zeit mit den richtigen Gütern versorgt. Aber das war für Bertha noch lange nicht genug. Sie sagte uns, sie wolle im Level-4-Labor arbeiten. Wir gaben schließlich nach, und auch hier erwies sie sich als eine hervorragende Mitarbeiterin.

Teamarbeit im Labor war von ausschlaggebender Bedeutung. Es war ziemlich schwierig, miteinander zu kommunizieren, wenn man in den Schutzanzügen steckte, wegen des durch den Luftstrom verursachten ständigen Rauschens im Kopfteil. Wenn man etwas mitteilen wollte, mußte man die Luftzufuhr unterbrechen, indem man den Schlauch abdrückte, und aus vollem Hals brüllen. Jede Mitarbeiterin hatte ihre klar definierten Aufgaben, und selbst wenn wir uns zu dritt an einem Affen zu schaffen machten – mit Spritzen in der Hand – wußte jede genau, was die andere tat. Unsere Sicherheit hing davon ab, daß wir uns aufeinander verlassen konnten, denn wir arbeiteten mit gefährlichen Viren und hochinfektiösen, zum Teil sehr großen und kräftigen Tieren.

Wir verließen uns auch auf Lee Alderman, unseren Sicherheitsoffizier, einen freundlichen, sanften Mann, der sich mit den Arbeitsvorgängen im Level-4-Labor genau auskannte. Seine Fürsorge für unsere Sicherheit und auch für unser Wohlbefinden und unsere Bequemlichkeit war ein entscheidender Faktor für den Erfolg unserer Forschungsprojekte. Diese Projekte umfaßten unter anderem eine Reihe von Primatenstudien über hämorrhagische Fieber, die für einen großen Teil unseres heutigen Wissens über Lassa und Ebola die Grundlagen schufen.

Danksagungen

Über das eigene Leben zu schreiben ist ein Prozeß, der Aufrichtigkeit erfordert und bescheiden macht. Wenn es gut läuft, gelangen wir zu einem tieferen Verständnis unserer eigenen Entwicklung und erkennen mit Dankbarkeit, wie unentbehrlich die Menschen waren, die uns auf diesem Weg begleiteten.

Joe

Zuerst möchte ich meiner Mutter Jewel danken. Ohne ihre Liebe, ihre Ermutigung und die Führung durch ihre feste Hand, während ich auf einer Farm im ländlichen Indiana aufwuchs, wäre ich heute nirgendwo. Auch meinem Stiefvater Bob und meinen «zweiten Eltern» Bun und Margaret Weathers möchte ich an dieser Stelle meinen Dank aussprechen.

B.P. Reinsch, mein Mathematikprofessor, John Sandbach, der mich an das humanistische Denken heranführte, und meine Kommilitoninnen und Kommilitonen im «Southerneer House» am Florida Southern College spielten eine Schlüsselrolle bei meiner Erziehung. Für meine Erfahrungen in Belgien und Zaire habe ich Luhahi Emil, Don Hill, Pete Peterson, Marijke van den Berg und meinem dritten Elternpaar, M. und Mme. Noel, zu danken; alle diese Menschen waren wundervolle Lehrer und wertvolle Kollegen. Unter den vielen Menschen, die auf den Verlauf meiner beruflichen Entwicklung Einfluß nahmen, möchte ich den folgenden meinen besonderen Dank aussprechen: Syd Osterhout, der mir die Chance gab, an der Duke Medical School zu studieren, Sam Katz, der mich nach Boston schickte, Johnny Long, der mir die zweite Chance gab, in die Dritte Welt zu gehen. Tom Weller, der große Virologe der Harvard School of Public Health, bildete mich aus und dirigierte mich dann zum CDC. Neben vielen anderen guten Lehrern habe ich Frank Oski, Louis Weinstein und Stanley Plotkin für außerordentlich eindrucksvolle Erfahrungen im Bereich der Pädiatrie und der Allgemeinmedizin zu danken.

Der CDC war überaus gut zu mir. Besonders hervorheben möchte ich die Freundschaft und gute kollegiale Zusammenarbeit mit Bill Foege, Roger Feldman, Walter Dowdle und Pat Webb. Zu großer Dankbarkeit bin ich meinem Mentor in Virologie, Karl Johnson, verpflichtet, dem ersten amerikanischen Giganten auf dem Gebiet der Erforschung hämorrhagischer Fieber. Mein Dank gilt auch Lindsey Whitton und

Mike Oldstone, die sich bemühten, mir molekulare Virologie beizubringen, und meinen Kollegen David Fraser, dem verstorbenen Fakhry Assad, Kent Campbell und Jim Curran sowie meiner Fakultät und den Mitarbeiterinnen und Mitarbeitern des Department of Community Health an der Aga-Khan-Universität. Die letztgenannten sind eine großartige Gruppe, die in Pakistan Veränderungen bewirken wird. Ein herzliches Dankeschön an Laurie Gorrett, die vielen von uns den Weg in unseren Forschungsbereich wies. Und schließlich habe ich Jonathan Mann für eine langjährige, fruchtbare Zusammenarbeit und persönliche Freundschaft zu danken.

Sue

Zuerst muß ich meinem Vater danken, der mein Bedürfnis, Grenzen zu überschreiten, verstand. Ich bedaure zutiefst, daß er starb, bevor er sehen konnte, wie weit ich über meine ursprünglichen Grenzen hinausgelangte. Meiner Mutter bin ich zu tiefstem Dank verpflichtet; sie war immer für mich da und half mir, ein kleines Kind aufzuziehen, während ich Medizin studierte. Meine Schwiegermutter ist eine meiner liebsten Freundinnen; ihr möchte ich an dieser Stelle ebenfalls Dank sagen.

In dankbarer Erinnerung habe ich Mrs. Thomas, meine Musiklehrerin, die an mich glaubte, das Lehrpersonal des Farnborough Technical College, Dame Frances Gardner, die Dekanin der Royal Free Hospital Medical School, die glaubte, daß ich es wert sei, eine Chance zu bekommen, Dame Sheila Sherlock, die mir zu verstehen gab, ich könne so weit kommen, wie ich wollte, und solle es nur versuchen, John Tobin, der mich in Laborvirologie ausbildete und dessen Rat «Was immer du tust, tu es so schnell du kannst» ich nie vergessen habe. Mein Dank gilt auch Bob Mitchell, Harold Stern, Jim Booth und Malcolm Smith, die alle zu meiner beruflichen Entwicklung beigetragen haben, und vielen anderen Kollegen in Oxford und London. Besonders hervorheben möchte ich Chris Bartlett, der mein Interesse an Epidemiologie und Sozialmedizin weckte, und David und Mary Warrell, die mir zum ersten Mal Gelegenheit gaben, in Übersee zu arbeiten. Arie Zuckerman und David Simpson waren es dann, die mich zum Studium der hämorrhagischen Fieber hinführten.

In Atlanta war Joe mein Mentor; das meiste, was ich über hämorrhagische Fieber weiß, brachte er mir bei. Aber auch andere am CDC waren meine Lehrmeister, besonders Bobby Brown, der mich in die Arbeit mit Affen einführte.

Ich möchte auch den jungen pakistanischen Wissenschaftlerinnen und Wissenschaftlern danken, die an der AKU so enthusiastisch und so hart mit mir zuammenarbeiteten, insbesondere Shaper Mirza und Tariq Malik, an die ich Dame Sheilas Botschaft weitergab.

Für uns beide

Wir danken all den Leuten, die in der Abteilung *Special Pathogens* des CDC mit uns zusammenarbeiteten und ohne die es weitaus weniger Geschichten zu erzählen gäbe, und den vielen Kollegen in den vielen Ländern, die zum großen Teil ebenfalls in diesem Buch auftauchen.

Unser besonderer Dank gilt Lee Alderman, dem Sicherheitsoffizier des CDC, der stets über uns wachte, während wir im Level-4-Labor arbeiteten. Zu großem Dank sind wir auch den Mitarbeiterinnen und Mitarbeitern des Lassa-Fieber-Projekts in Sierra Leone verpflichtet, insbesondere Austin Denby. Wir sind sehr traurig über das Schicksal, das dieses schöne Land und seine liebenswerten Menschen ereilt hat.

Wir sind beide unseren ersten Ehepartnern, die uns viele Jahre lang unterstützten, zu tiefstem Dank verpflichtet. Und natürlich danken wir unseren Kindern, Kit, Peter, Hannah und Anne, die uns helfen, die nicht-wissenschaftlichen Seiten unserer Persönlichkeit zu kultivieren, uns kritisieren (manchmal gnadenlos) und uns oft daran erinnern, daß es im Leben auch noch andere Dinge gibt als die Jagd auf Viren.

Und schließlich, da alles gesagt ist, wollen wir die Gelegenheit nutzen, einander zu danken. Wir haben viele Erfahrungen miteinander geteilt und sind uns wechselseitig zu unseren unbestechlichsten Kritikern und engagiertesten Fürsprechern geworden. Uns wurde das große Glück zuteil, sowohl in unserer beruflichen Zusammenarbeit als auch in unserem gemeinsamen Leben Erfüllung zu finden.

Last but not least danken wir Leslie Horvitz und Alan Axelrodt, die uns geduldig halfen, die Geschichten, die wir zu erzählen hatten, in dieses Buch zu verwandeln.

Joe McCormick
Sue Fisher-Hoch